U0138027

★ 第二届中国出版政府奖（提名奖）★

★ 第三届中华优秀出版物奖（提名奖）★

★ 第五届国家图书馆文津图书奖 ★

★ 第九届优秀畅销书奖一等奖 ★

★ 2009年度全行业优秀畅销品种 ★

★ 2009年影响教师的100本图书 ★

★ 2009年度最值得一读的30本好书 ★

★ 2009年度引进版科技类优秀图书奖 ★

★ 第二届（2010年）百种优秀青春读物 ★

★第六届吴大猷科学普及著作奖佳作奖（中国台湾）★

★第二届中国科普作家协会优秀科普作品奖★

★2012年全国科普优秀作品奖★

★2013年度教师喜爱的100本书★

★ 美国纽约公共图书馆"最佳青少年读物"获奖作家代表作 ★

口语化的叙述风格，

跌宕起伏的故事情节，

批判性的思维方法，

典雅时尚的版式插图，

引领读者走进一片迷人的科学世界。

本书被译成多种文字，

畅销世界各地，

是科学教育的首选教材。

科学的历史是一部由"正确"与"错误"共同书写的历史

今天，科学已经渗透到了人类生活的每个角落，科学的力量无所不在。然而本书向读者展现的科学的旅程，并不像我们现在所看到的一路辉煌，科学的历史也从来都不是一部永远"正确"的历史。科学曾经犯过许许多多的错误，而且今后还会继续犯错误。科学的历史就是一部不断从错误中学习的历史。

科学家们设计出的一系列有助于发现自己错误的规则，使科学有一种可以证明自身为错的内在机制，正是科学自身的这种独特的纠错机制和自我批判能力，使得科学成为人类理解自然奥秘最为严谨也最为有效的手段，并使得科学的发展不断突破旧思想的藩篱，超越权威，永远充满活力。

科学的历史是一部由"成功"和"失败"共同书写的历史

与同类作品不同，本书以相当的篇幅介绍了科学史中的失败者。失败的原因不尽相同，有被名利腐蚀，也有不小心误入歧途的——科学的殿堂中不仅有所谓的圣者，还有凡人，甚至有小人和骗子。今天，我们看到的往往是辉煌的成功者，但在科学的历史发展过程中，更多的是那些辉煌背后的失败者。

科学是最具人性化的事物

科学只是事实和统计数据乏味而又琐碎的堆砌吗？科学是一切与人性有关的东西的对立面吗？

科学实际上是一种思维方法，一种生动的、不断变化的对世界的看法。科学对人类的自我认识，更理性地加深了人类对自身的关怀。再没有比科学更充满生机、更充满惊奇、或者更人性化的事物了！

科学家是如何思考的

科学家是如何工作的？是什么驱使他们渴望获得知识？科学家是如何提出问题的？是如何思考问题的？是如何寻求这些问题的答案的？他们用了哪些方法来寻求这些问题的答案？从哪个环节开始，这种探究变成了科学的探究？……本书为你一一作了解答。

批判性思维是科学最宝贵的"精神"所在

科学的思维方法正是这样一种方法：它倡导怀疑古训，怀疑权威，也倡导超越自我，它不让大自然来欺骗你，也不让他人来欺骗你，更不允许你自己欺骗自己。

纵观全书，我们看到科学家提出的理论，有时正确，有时错误，也看到这些理论如何被后人反复纠正、扩展或者简化，不断完善。这种勇于创新的批判性思维，正是科学最宝贵的"精神"所在。

突出科学、技术与社会的关联

科学的力量，以及它与社会、政治、经济和文化的互动，在历史上从未产生过如此重大的影响。从通过计算机和网络获取知识，到繁忙街道的交通管理；从飞越太空的壮举，到无线电通信给人类生活带来的变化；从向疾病进行的科学挑战，到人类寿命延长和克隆技术；从无所不在的教育网络，到庞大的公共卫生计划……科学不再是少数精英在自己的书斋或者私人实验室中的自娱自乐。

特别令人关注的是，本书对女性在科学中的地位和作用，以及来自后现代主义的挑战，也进行了专门论述。这在一般的科学史作品中是极少见的。

"正史"与"野史"交相辉映

读过本书才知道，原来科学的旅程中不乏旁门左道甚至歪门邪道。就在牛顿时代，与牛顿同样着迷于自然界奥秘并且具有相当研究功力的大有人在。但他们却不幸误入歧途；而伪科学的猖獗，早在19世纪就泛滥成灾，法拉第不仅研究电磁感应，还戳穿了当时不少以科学名义而施行的骗术；当然，真正的科学家永远令人肃然起敬，你能想象17世纪的桑克托留斯整日坐在自己特制的椅子上，只是为了测定人体的吸收和排泄之量？本书披露了许多鲜为人知的细节，这正是本书引人入胜的地方之一。

口语化的叙述风格亲切感人

作者口语化的讲述方式，平易近人，亲切易懂，就像是一位智者坐在冬夜的火炉旁与你促膝而谈，娓娓道来；又像是一位讲故事的高手，时而旁征博引，时而条分缕析，故事情节跌宕起伏，充满悬念，把一部在许多人看来枯燥乏味的科学史讲得引人入胜、多姿多彩。

科学教育的首选教材

当前科学教育中最缺乏的是"批判性思维"训练，而我们这个时代比以前任何时代都需要明晰而又具批判性的思考能力，以及把科学方法和原理恰当运用到我们时代处理各种复杂问题的能力。

本书适合大众阅读，尤其适合广大青少年和中小学教师阅读，是培养"创造性思维""批判性思维"，进行科学教育的前所未有的好教材。

揭开被科学辉煌成就遮蔽了的真实历史

——科学史是一部由

"正确"与"错误"

"成功"和"失败"

共同编织的历史

国家图书馆文津图书奖 授奖辞

（节选）

我以为作为"国家图书馆文津图书奖"获奖图书，本书完全可以作为我国公众特别是青少年的科学教育教材，为提高全民族的科学素质服务。

——王渝生 （中国科技馆研究员、全国政协委员、北京市科协副主席）

科学的旅程

（珍藏版）

〔美〕 雷·斯潘根贝格
黛安娜·莫泽 　著

郭奕玲　陈蓉霞　沈慧君　译
陈蓉霞　校

北京大学出版社
PEKING UNIVERSITY PRESS

图书在版编目(CIP)数据

科学的旅程（珍藏版）/（美）斯潘根贝格（Spangenburg,R.），（美）莫泽（Moser,D.K.）著；郭奕玲，陈蓉霞，沈慧君译.—北京：北京大学出版社，2014.3
ISBN 978-7-301-23632-1

Ⅰ.① 科…　Ⅱ.① 斯…　② 莫…　③ 郭…　④ 陈…　⑤ 沈…　Ⅲ.① 自然科学史－世界　Ⅳ.N091

中国版本图书馆 CIP 数据核字（2013）第 308814 号

著作权合同登记
图字：01-2005-1229 号　图字：01-2005-1232 号　图字：01-2005-1233 号
图字：01-2005-1230 号　图字：01-2005-1228 号
The Birth of Science: Ancient Times to 1699
Copyright 2004, 1993 by Ray Spangenburg & Diane Kit Moser
The Rise of Reason: 1700—1799
Copyright 2004, 1993 by Ray Spangenburg & Diane Kit Moser
The Age of Synthesis: 1800—1895
Copyright 2004, 1994 by Ray Spangenburg & Diane Kit Moser
Modern Science: 1896—1945
Copyright 2004, 1994 by Ray Spangenburg & Diane Kit Moser
Science Frontiers: 1946 to the Present
Copyright 2004, 1994 by Ray Spangenburg & Diane Kit Moser
Reprinted with permission of Facts On File Inc. and Andrew Numberg Associates International Limited

书　　　名	科学的旅程（珍藏版）
	KEXUE DE LÜCHENG
著作责任者	〔美〕雷·斯潘根贝格　黛安娜·莫泽　著
	郭奕玲　陈蓉霞　沈慧君　译　陈蓉霞　校
主　　　持	周雁翎
责 任 编 辑	陈　静
标 准 书 号	ISBN 978-7-301-23632-1
出 版 发 行	北京大学出版社
地　　　址	北京市海淀区成府路 205 号　100871
网　　　址	http://www.pup.cn　新浪微博：@北京大学出版社
微信公众号	科学元典（微信号：kexueyuandian）
电 子 信 箱	zyl@ pup.pku.edu.cn
电　　　话	邮购部 62752015　发行部 62750672　编辑部 62707542
印 刷 者	北京中科印刷有限公司
经 销 者	新华书店
	889 毫米×1194 毫米　大 16 开本　35.5 印张　48 插页　600 千字
	2014 年 3 月第 1 版　2022 年 11 月第 19 次印刷
定　　　价	128.00 元

目 录
CONTENTS

序 / 1

科学家作为一个特殊群体，由于他们的方法论特征就是要寻找错误，进行批判性思考，因此他们可能比其他人群更清楚地意识到，错误是多么容易发生！但科学家的精神气质是善于从前人的错误中吸取教训，这就是为什么他们会成为科学家的原因。

第一编 科学诞生

这个时代的特征是相信，宇宙及其万物都可以看成和理解成一部大机器，而科学的任务就是运用科学的新方法，揭示这部机器运转的机制。这个思想横扫了西方知识界！

第二编　理性兴起

18 世纪是一个充满激情和活力的时代，在所有的科学领域，激动人心的发现层出不穷。这是一个才华横溢而又充满梦想的时代，许许多多科学巨人和科学巨著如雨后春笋不断涌现。而对于人类生活来说，这是前所未有的、令人激动的时期。

第三编　综合时代

当19 世纪来临之际，乐观和兴奋的精神弥漫于欧洲大陆的大部分地区，并且跨过大西洋直达刚刚建立的美国。对于科学来说，这也是一个激动人心的时代，常常被称为科学的黄金时代——科学不再是业余爱好者的消遣，科学已经成为令人尊敬的职业了！

第四编 | 现代科学

世纪之交，各种发现犹如百花争艳。科学正无所不在地改变着人们的生活，科学在人类历史中正扮演着复杂和令人担心的角色。随着科学进步带来的日益增多的伦理问题，科学越来越走近社会的心脏和灵魂，越来越紧密地联系着政治、经济、文化、社会和道德事务。

第五编　科学前沿

　　现代科学前沿为我们打开了一个窗口，由此可以看到超越我们自身及利益之外的更加远大的世界。从真正的意义上看，世界的未来取决于科学的未来。在21世纪，人类需要作出许多艰难的选择，要对科学知识的用途作出明智的决策。

有史以来，人们总想知道周围的世界是怎么回事，它由什么组成，其间又有什么奥秘。人们需要知道大地、河流及其河水的上涨规律，需要知道老虎或狮子的生活习性，需要知道食用植物怎样生长、在哪里生长。他们还企图控制可怕的暴风雨、洪水和致命的疾病。那些具有特殊观察天赋的男女成为巫师，他们通过观察积累智慧和知识，作出预言，制药剂，编写圣诗以预卜未来和诊治伤病员。这些就是科学最早的发端：渴望求知。求知的理由往往出自于实用——为了自我保存和人类的延续。尽管常常也出自于对知识本身的偏爱。科学实际上与巫术同根——它源于想要知道和理解我们周围的世界，它也出自于减少伤害、改善生活、治病疗伤以及其他许多实际需要。

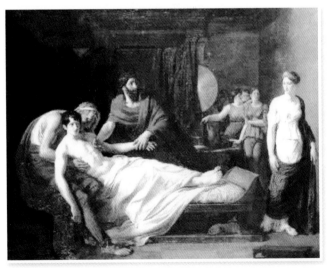

古希腊医生正在看病。那时人们对静脉、动脉以及心脏已经有了初步的认识。

▲ 苏格拉底的死给了柏拉图很大的刺激，他从此打消了年轻时立志从事政治的念头，因为他觉得政治太丑恶肮脏。此后他离开了雅典，十年后回来，建立了一座享誉后世的"柏拉图学园"，招生讲学，研究学问。这个学园存在了900年之久，一直到公元529年罗马查士丁尼大帝将它封闭。有意思的是，在学园的大门口立了块碑，上书："不懂几何学者不得入内！"这里的几何学当然也是泛指数学。

亚里士多德在柏拉图学园受到了很好的教育和训练，他和柏拉图的关系很好。但是，他并不完全同意他的老师柏拉图"理念"第一性的观点，最后创建了与柏拉图完全不同的哲学体系。他曾经说过："我敬爱柏拉图，但我更爱真理。"这句话后来演变成一句名言："吾爱吾师，吾更爱真理。"

◀ 柏拉图去世以后，亚里士多德穿过爱琴海，到小亚细亚游历和讲学。后应邀回到马其顿担任年轻的亚历山大（后来的亚历山大大帝）的老师。公元前335年，年近50的亚里士多德回到雅典，在吕克昂建立了自己的学园，从事教学和著述。吕克昂有一座花园，他和他的学生们常常边散步边讨论学术，所以人们称他们为"逍遥学派"（peripatetic），并以此著称于世。

▶ 这幅木刻画描绘了古人对于天文学的强烈好奇心。人们常用下列两个故事来说明：就是"最没有用"的天文学也还是有用的。

柏拉图讲到一个故事：泰勒斯夜里专注于观察天空，一不小心掉进了井里，正好被一位女奴看到了。她笑泰勒斯只注意天上发生的事情，却连脚底下的事情都没有看见。

亚里士多德也讲了一个故事：泰勒斯一度很贫穷，有一年冬天，他运用天文学知识预测到来年橄榄将大丰收，于是他用很低的租金租下了当地所有的橄榄油榨油机。到了收获季节，橄榄果然大丰收，榨油机的租金一下子涨了，泰勒斯因此发了大财。

◀ 位于爱琴海萨摩斯岛的毕达哥拉斯塑像。毕达哥拉斯学派很像是一个神秘主义的宗教团体，在这个称为"毕达哥拉斯同盟"的团体中，财产是公有的，生活方式是统一的，科学的发现归于整个集体，而且有许多十分奇怪的戒律，比如禁吃豆子，不要用铁拨火，等等。他们认为"数是万物的本原"，而他所说的数就是指正整数，并且相信万物之关系都可归结为整数与整数之比。无理数的出现使他们大伤脑筋，毕达哥拉斯的门徒们竟将发现无理数的、也是毕达哥拉斯得意门生的希帕索斯（Hippasus）处死。

▶ 当我们在赞美雅典城邦制度的民主和自由时，又不能不感到深深的困惑。要知道，古希腊最伟大的思想家苏格拉底，就是被雅典城邦的民主机器，即"五百人议事会"，以281票比220票的投票结果判处死刑的。苏格拉底之死是早期人类历史上最大的悲剧事件之一，同时它也宣告了那种所谓"少数服从多数"的民主神话的破灭。

▶ 两位植物绘画家正在作画。文艺复兴时期的博物学家不再仅仅复制前人的成果，而是从自然中描绘他们所研究的物种。

◀ 文艺复兴时期的科学工作者。文艺复兴为智力和艺术表达打开了新的可能性。科学革命粉碎了长期流行的关于自然和人文的传统观念，取而代之的是新的、可检验的事实与理论，为人类认识自己和自然界制定了新的版图，使人类的地理和智力领地从古代和中世纪狭窄的范围逼近启蒙运动和工业革命的门槛。

▲ 罗吉尔·培根呼吁：实验胜过一切思辨，实验科学是科学之王。教会说彩虹是上帝的手指在天空中划过时留下的痕迹，他却说是阳光照射小水滴的结果。类似这些言论激怒了教会，被以"妖言惑众"的罪名把他投进监狱关了14年。有意思的是，他的思想与同样强调实验方法的350年后的著名哲学家弗兰西斯·培根一脉相传。两个培根，奠定了近代自然科学的实验传统。

◄ 雨果曾评价说："伏尔泰的名字所代表的不是一个人，而是整整一个时代。"伏尔泰最有影响的著作是《哲学通信》，被人称为是"投向旧制度的第一颗炸弹"。伏尔泰的灵柩被巴黎人民永久地安放在了先贤祠中。在他的棺木上，用法文刻着三行文字："诗人，历史学家，哲学家。他拓展了人类的精神。他使人类懂得，精神应该是自由的。"图为伏尔泰全身坐像，被誉为雕塑史上最杰出的肖像雕塑，由法国著名雕塑艺术家让·安东尼·乌敦创作。

▶ 14世纪的一位占星家正在工作。大约到了公元前1800年，巴比伦人在西南亚的美索不达米亚地区渐渐崛起。我们今天采用的日历大部分是由巴比伦人构思的，这一系统基于他们对太阳、月亮和行星的精密观察。他们的目的既为实用，也为满足精神需求。就实用而言，他们需要有知道时间的方法，以便预知季节的变化和河水的泛滥。精神上的需求则来自对占星术的信念，占星术假设行星的位置决定人们的生活。巴比伦人一定是用到了某些器具，他们对夜空的观测精确得令人惊讶，这些观测资料为后世天文学家所用。严格说来，所有这些也都是技术而不是科学。

▶ 出于对阿基米德的敬仰，进攻叙拉古的罗马统帅马塞拉斯下令不得伤害阿基米德。当时阿基米德正在地上的沙盘里专心研究一个几何问题，罗马士兵闯进来，他一声冷峻的断喝："不要踩坏了我的圆！我不能给后人留下一条没有证完的定理。"然而野蛮无知的士兵还是不由分说地一剑刺死了阿基米德。

◀ 帕多瓦大学法布里修斯的解剖课讲堂模型。

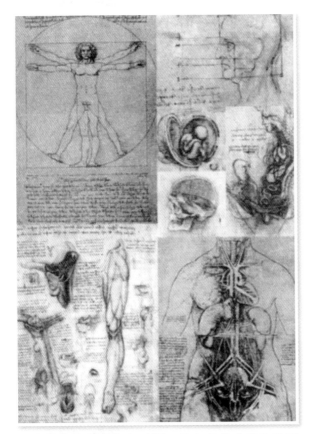

▲ 在伟大的文艺复兴时期，著名的艺术家和发明家、工程师达·芬奇既研究动物解剖学，也研究人体解剖学，并且创作了数目可观的精确素描和笔记。

▲ 胡克制作的显微镜。科学仪器的进步，使得人们可以更好地了解微小的生命体。

◀ 1779年8月9日上午维苏威火山爆发。

◀ 1805年的版画"丘比特在热带地区唤起植物的爱情"，说明了植物的特性是支撑林奈理论的基础，他的整个分类体系就建立在这个基础上。

序

　　在科学上，没有一个理论能够说得到了完全的"证明"，当新事实或新的观察结果出现时，它必定有待于进一步检验和审视。正是科学这一不断自我纠错的特性，使它成为人类理解自然机制最为严谨也最为有效的手段。这种批判性思维正是科学工作的关键要素。科学家作为一个特殊群体，由于他们的方法论特征就是要寻找错误，进行批判性思考，因此他们可能比其他人群更清楚地意识到，错误是多么容易发生！但科学家的精神气质是善于从前人的错误中吸取教训，甚至有时必须抛弃一度显得合乎逻辑，但后来被证明是错误的、误导的、过于局限的或无效的理论，致力于寻求正确或更合理的答案——这就是为什么他们会成为科学家的原因。

35亿年以前地球可能的模样。那个时候，火山爆发是家常便饭，陨星撞击时有发生。了不起的是，在这样毫无希望的环境里，生命迈出了第一步。

我看到的自然界是一个壮观的结构，我们只能极为有限地把握它，因此，一个富有思想的人必定对此怀有"谦卑"之情。

——爱因斯坦（Albert Einstein，1879—1955）

科学，作为全人类的努力，是最伟大的事业之一。它的任务是探索自然界的"壮观结构"及其令人称奇的未知领域。它探索宇宙的重大奥秘，诸如黑洞、类星体以及诸如夸克和反夸克这样极小的亚原子粒子。科学同时也探索人体、红杉树和逆转录酶病毒的奥秘。科学探索的领域包括整个宇宙和宇宙中的万物，从小行星上的最小尘埃到女孩眼睛里的彩斑，从距我们数百万光年之远的星系到土星环背后复杂的机制。

有人可能会认为，科学只是事实和统计数据乏味而又琐碎的堆砌。还有人认为，科学是诗、魔法和一切与人性有关的东西的对立面。这两种说法都有错误的地方——没有比科学更充满生机，更充满惊奇，或者更人性化的事物了。科学在不断变革，在不断对过去的事情进行重新认识，并从中获取新的见解。

提出问题并且试图琢磨其中的机理，是人类最基本的特征之一。而科学史讲述的正是不同的个人、团队和集体是如何对某些最基本的问题寻求解答的过程。例如，人类从何时开始想知道地球是由什么组成，它的形状是怎样的？他们如何寻找答案？他们设计了哪些方法来得到结论？这些方法好不好？从哪个环节开始，这种探究变成了科学？这又意味着什么？

科学要比我们在电影里看到的陌生的试管和奇特的仪器丰富得多。它远不仅是在生物课上解剖青蛙或记住植物名字。科学实际上是一种思维方法，一种生动的、不断变化的对世界的看法。它是发现世界背后机制的一种方式——一种非常特别的方式，用的是科学家设计的一系列有助于发现自己错误的规则。因为，人们用其他方法来看、听或感觉时，很容易产生错觉。

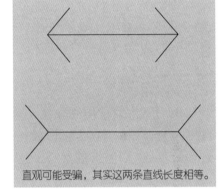

直观可能受骗，其实这两条直线长度相等。

如果你认为这很难令人相信，请看右图中的两条水平线。一条线上的箭头相对；另一条箭头相背。你认为哪条线更长（不包括"箭头本身"）？测量的结果表明，这两条线的长度正好相等。由于通过观察直接下结论容易犯错，人们必须运用"科学方法"，才能回答"我怎样才有把握"这样的问题。如果你真的花时间测量了那两条线，而不是听我们说两条线是同样长度，这时你就是像科学家一样思考。你正在检验你自己的观察，你正在检验两条线"正好长度相等"这一判断，你正在运用最有力的科学工具之一来完成你的检验：即你正在通过测量来量化这两条线。

2300 多年前，一位古希腊哲学家亚里士多德（Aristotle，公元前 384—前 322 年）告诉世界，当两个不同重量的物体同时从同一高度落下时，重的首先落地。这是一种来自常识的论证。毕竟，任何想要检验的人都可以做一"观察"，让一片树叶和一块石头一起落下，石头一定首先落地。你可以自己在家里拿一张纸和一块纸镇对这个判断进行检验。（不过这一检验有些错误，你知道错在哪里吗？）然而，很多希腊思想家并不打算做任何检验。既然答案已经知道，还有什么可争议呢？因为他们只相信人的"理性"能力，认为没有必要诉诸"检验",他们认为观察和实验在智力上和社会上都是低下的。

但是,若干世纪以后,伽利略(Galileo Galilei,1564—1642)出现了,他在物理学和望远镜天文学方面是一位杰出的先驱。伽利略喜欢自己琢磨,自己设计实验,尽管他不可避免会受到限制。和今天的科学家一样,伽利略绝不仅仅满足于观察。他使用了两个不同重量的球、一套计时装置和一块平板或者斜面。当时精确钟表尚未发明,但是他靠自己的装置解决了这个问题。他让两个小球沿斜面滚下,并且仔细测量小球到达坡底的时间。他让斜面取各种不同的角度,多次重复实验。结果表明,在忽略了空气阻力的差别之后,就亚里士多德的例子而言,所有同时从同一高度下落的物体,都同时落地。这一结果也许至今仍与许多人的常识相冲突。在完全真空的情况下(在伽利略时代科学家还无法做到),所有物体将以同样的速率下落!你自己也可以做一个粗略的实验(尽管这绝不是真正精确的实验),把笔记本的单张纸捏成球,然后和纸镇一起同时释放。

且慢!就在一分钟前,你刚刚把一页纸片和纸镇一起释放,验证了亚里士多德关于两个物体不同时落地的结论。现在我们再做一遍这个实验,却是两个物体同时落地,证明伽利略对而亚里士多德错。区别在哪里?原来第二次你把纸片揉成团,使它和纸镇具有相似的形状。如果不揉纸片,就会使纸片受到比纸镇大得多的空气阻力。

伽利略的实验(每步他都仔细做了记录)和他基于这些实验得出的结论,显示了科学的重要特征。任何愿意做的人都可以重复这些实验,或者证实他的结果,或者通过显示实验中的失误和差错,证明他部分或全部不正确。从伽利略那个时代起,许多科学家重复了他的实验,尽管有人试图找错,但是没人能够证明伽利略是错的。更关键的是多年后,当有可能创造真空时(尽管在此之前,他的实验已精确得足以说服每个人),伽利略的结论被证明是正确的:在完全没有空气阻力和具有复杂得多的计时装置的情况下,他的实验和预计完全相符。

伽利略不仅证明了亚里士多德是错的,他还表示:如果亚里士多德本人愿意的话,也可以通过亲自观察、实验和量化证明自己是错的——于是他就会改变自己的观点!至关重要的是,科学的思维方法是这样一种方法,它不允许你自己欺骗自己,也不允许自然界(或其他人)来欺骗你。

当然,科学远不只是观察、实验和引出结论。今天只要人们拿起报刊,对于这一事实就会一目了然,科学正在不断地涌现新"理论":"天文学家发现挑战爱因斯坦相对论的证据"——这是一本杂志的封面标题;"联邦教育委员会谴责教授达尔文进化论的书籍"——这是一份报纸的通栏标题。什么东西叫做"理论"?答案就在"科学方法"的运用过程里。

几乎不会有科学家承认,他们用的是17世纪科学革命刚刚开始时哲学家培根(Francis Bacon,1561—1626)等人提出的完全"独立"和客观的科学方法。培根的方法,简单说来,就是要求每一位正在寻找自然秘密的研究者,必须客观思考,不要被已有的成见左右,结论要建立在对研究现象进行观察、实验和数据收集的基础上。"我不作假设",牛顿(Isaac Newton,1642—1727)在证明万有引力定律之后这样宣布,因为有人要他就引力是什么给出说法。历史学家注意到,就引力的可能性质而言,牛顿显然已有若干想法或者"假设",但是在大多数情况下,他对这些猜测都秘而不宣。在牛顿看来,"假设"已经足够多了,而人们对仔细收集可检验的事实和数据却太不重视。

不过,如今我们知道,科学家并不总是沿着"科学方法"所指引的那条简单而又便捷的道路前进。有时,在实验之前或之后,科学家会有一个想法或者预感(也就是说,比假说还要更不成熟的想法),提出某种新的方法或者不同的途径来探究一个问题。这时,研究者就会通过实验和收集数据,来证明或者反驳这个假说。有时"假说"这个词在平常谈话中用得比较宽松,但是在科学上它必须符合一个重大要求:一个在科学上有效的假说,必须具有一种可以证明自身为错的内在机制,如果它真是错了的话。也就是说,它必须是可证伪的。

不是所有科学家都亲自做实验。例如,大多数理论科学家是用数学来形成论据。但是,假说若想得到科学共同体的重视,就必须具有可通过实验和观察进行证伪的要素。

因此,要成为理论,假说必须通过好几道检验,而且这些重复实验不只出自一位科学家之手。最后,在经过反复检验和评价之后,假说才成为科学界和大众知道的"理论"。

决不可忘记,即使是理论,也必须服从证伪或修正。例如,一个好的理论总要提出一些"预言",亦即能够被检验者用来验证其有效性的事件。只有到这个阶段,大多数著名的理论,例如爱因斯坦的相对论或达尔文(Charles Robert Darwin,1809—1882)的进化论,才得以进入教科书阶段,才能成为其他科学家的有效工具。但是在科学上,没有一个理论能够说得到了完全的"证明",当新事实或新的观察结果出现时它必定有待于进一步的检验和审视。正是科学这一不断自我纠错的特性,使它成为人类理解自然机制最为严谨也最为有效的手段。这类批判性思维正是科学工作的关键要素。

漫画中的科学家,总是以这样一副形象出现:戴着眼镜,穿着白大褂,神情严肃,貌似总不会出错。这可不符合事实。科学家,无论男女,都是和我们一样的人——他们肤色不同,高矮相异,外表多样,有戴眼镜的,也有不戴眼镜的。作为一个群体,由于他们的方法论特征就是要寻找错误,进行批判性思考,因此他们可能比其他人群更清楚地意识到,错误是多么容易发生。但是,他们设法尽可能不出错,并且不遗余力寻求正确的答案。这就是为什么他们会成为科学家的原因。

本书着眼于人们怎样建立这套揭示有关自然机制的体系,用到的材料既有成功的,也有失败的。纵观全书,我们看到科学家提出的理论,有时正确,有时错误;并且看到,我们如何学会检验、采纳、利用这些理论,或者如何纠正、扩展或简化这些理论。

我们还要考查科学家怎样从别人的错误中吸取教训,有时必须抛弃一度显得合乎逻辑,但后来被证明是错误的、误导的、过于局限的或无效的理论。所有这些都有赖于前人的成就,他们留下了充足和丰富的遗产,使后人能够由此取得新的发现和见解。

本书有关章节,以较大篇幅探讨了科学与文化、社会习俗以及历史事件的相互作用,考查了各个时期的怪异信念和伪科学主张,也强调了妇女在科学中的地位和作用。

城市未来　麦考尔（美国）
科学技术把人类推向一个现代化的世界。
但是不能忘记过去的文明：应该形成一种
技术与历史的和谐观念。

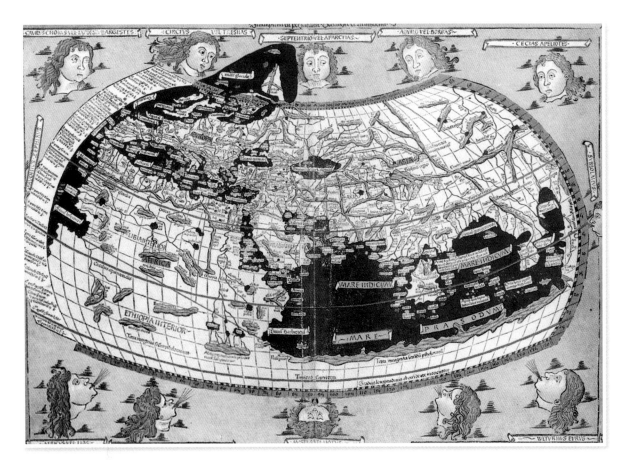

▲ 托勒密的世界地图（15世纪由他的原稿重新绘制）。希腊人知道的世界包括欧洲、西亚和北非。托勒密不知道中国东部的海域，而认为印度洋是被陆地包围着的。

▶ 欧洲中世纪时期，哥白尼的著作被列为禁书，1616年宗教法庭的法令写道："认为太阳处于宇宙中心静止不动的观点是愚蠢的，在哲学上是虚妄的，纯属邪说，因为它违反《圣经》。认为地球不是在宇宙的中心，甚至还有周日转动的观点在哲学上也是虚妄，至少是一个错误的信念。"科学一旦超出了神学规定的界限，就立即成为镇压的对象，而经院哲学则是神学的得力助手。图为哥白尼在他的天文台工作。

▲ 哥白尼的革命思想引发了关于恒星的
新问题：它们是什么？在哪里？人类怎样
理解自己在宇宙中的位置？图为意大利卡
普拉罗拉的天花板上奇妙的星座壁画。

▲ 此图描绘的是1633年审判伽利略时的情景。
（绘于1857年）

▲ 伽利略的《关于托勒密和哥白尼两大世界
体系的对话》一书的原版封面。

▲ 第谷在天文堡里进行天文观测。

▲ 1600年初，开普勒来到了布拉格，开始了自己伟大的征程。图为开普勒在布拉格的故居。

▲ 第谷建立的乌拉尼堡。17世纪人们开始探索新的太阳系。

▲ 位于布拉格的第谷和开普勒的塑像。

◀ 德国魏尔小镇中的开普勒纪念碑。在这宁静的小镇里，开普勒继续沉思在宇宙的秘密中。

◀ 18世纪时天文学成为时尚：研究天空的美丽和有序已在受教育人群中变成一种普遍的追求。

◀ 赫歇尔兄妹合作观测夜空：哥哥观测，
妹妹负责记录数据。

◀ 油画"发现行星"。

▶ 威廉·赫歇尔曾用图中的望远镜
观看夜空星体的运动。

▶ 基于人们对物质的基本理解，逐渐兴起了一门充满神秘色彩的学科：炼金术。炼金术士一直梦想着从贱金属中炼制出黄金。图为炼金术士的实验室。

▼ 炼金术士们认为，物质的本质不在于它的质量、它的组成结构、它的物理和化学性质，而是在于亚里士多德所说的色彩等很容易改变的特性。在他们看来，如果一种金属具有了黄色光泽等黄金的基本特性，它也就变成了黄金。他们不是傻瓜也不是骗子，愚弄了他们的是当时那种现在看来并不高明的哲学。

◀ 油画"磷的发现"。

▶ 这幅曼彻斯特市政
大厅内的壁画，描绘
了道尔顿和学生在收
集水底沼气的情景。

▲ 普里斯特利在伯明翰的房子和实验室。他在那里进行了分解出氧气的历史性实验。这幅版画是由威廉·埃利斯于1792年5月1日雕版制成的。由于普里斯特利同情法国革命，这所房子遭到了一群暴徒的攻击并焚毁。

▲ 17世纪的巴黎，人们常常把化学实验展示当成一种魔法表演。

▶ 著名油画大师大卫1788年创作的"拉瓦锡夫妇肖像"。

第一编

科学诞生

对于科学来说，这个时代的特征是相信，宇宙及其万物都可以看成和理解成一部大机器，而科学的任务就是运用科学的新方法，揭示这部机器运转的机制。这个思想横扫了西方知识界！机械论观点打破了经院哲学无益的看法和把世界归功于神秘原因的传统观念，建立起科学方法的持久威力，以破解有关自然的许多问题和奥秘。

第谷在他的天文台里

引　言

　　近代史上没有哪个时期像现在这样对科学和科学家有如此浓厚的兴趣。我们中的所有人——从中学生和大学生到教师、祖父母、邮政职员和企业家——都需要发展批判性思考的能力，理解科学的目的和方法，正确地看待所知事物，并且接受未知事物的存在。

　　除了拥有多元文化价值的能力以外，重视用其他途径获取知识也是重要的。然而，在过去20年中，有一种强大的趋势，低估了对科学知识的追求，不相信科学家和他们的工作。但是，我们的生存质量却仰赖于科学可能达到的成就。从通过计算机获取知识，到繁忙街道的交通管理，再到跟踪和控制致命疾病的公共卫生计划，我们都要依靠建构在科学发现和科学认识之上的科学和技术。

　　今天，围绕科学的进展出现了复杂的伦理问题，从而引起了某些合乎情理的关注。战争的影响、电子学和无线电通信给人类生活带来的某些变化、向疾病进行的科学挑战以及耐药性疾病的增长、长寿和克隆技术，这些事情引发的问题，都是21世纪的公民必须面对的。这些关注更大声地召唤出这样一种见多识广的公众群体，他们能够理解他们作出各种决定的领域。

　　我们发现我们生活在这样的时代，这个时代比以前任何时代都更需要在世界居民中普及历史知识——特别是科学史知识。不仅如此，这个时代需要明晰而又具批判性的思考能力，以及把科学方法的原理运用到我们时代各种复杂问题的能力。本编告诉你科学方法不断演变的历史，以及对它的发展作出过贡献的人们的经历。讲解这一历史的必要性，现在比以前任何时期似乎更为迫切——特别强调科学家所经历的过程：他们怎样工作？是什么驱使他们渴望获得知识？他们为什么必须重视科技伦理？

　　本书对科学史采取传记体裁，聚焦在许多个人——科学巨人们身上——他们在许多世纪中给我们带来了各种伟大的科学发现。把这些发现置于时代的长河中，探讨科学家采用的过程和方法。

　　"科学诞生"这一编，追溯了科学方法和批判性思考的不断发展——从古代开始到科学革命的年代——包括科学探索与其他认识形式之间的区别。

第一章

古代的人们

观察、测量和巫术

有史以来，人们总想知道周围的世界是怎么回事，它由什么组成，其间又有什么奥秘。人们需要知道大地、河流及其河水的上涨规律，需要知道老虎或狮子的生活习性，需要知道食用植物怎样生长、在哪里生长。他们还企图控制可怕的暴风雨、洪水和致命的疾病。那些具有特殊观察天赋的男女成为巫师，他们通过观察积累智慧和知识，作出预言，配制药剂，编写圣诗以预卜未来和诊治伤病员。这些就是科学最早的发端：渴望求知。求知的理由往往出自于实用——为了自我保存和人类的延续。尽管常常也出自于对知识本身的偏爱。

科学实际上与巫术同根——它源于想要知道和理解我们周围的世界，它也出自于减少伤害、改善生活、治病疗伤以及其他许多实际需要。现在许多人发现这些相互纠缠的现象令人困惑。科学发现有时看来就像巫术——诸如存在能够吞咽宇宙物质的黑洞，量子物理中神秘莫测的夸克，或者就是清除某种疾病的能力，例如曾经每年导致上千人死亡的天花。那么，科学与巫术、民间游医或者占星术、超感官知觉等伪科学之间究竟有什么区别呢？

区别并不在于想要的结果或希望达到的目标，而在于程序。科学提供一种程序或者方法，通过它就能得到可测的结果。每当程序出错，它就会自行纠正。从观念上说，科学是一种直率而公正的集体努力。源于意外的微小细节有可能成为解决重大疑难的关键。当然，利己主义有时会妨碍集体合作。但是，科学有效运作的关键在于符合准则，有条理的思考，且坚定承认实验必须是可重复的。

巫术与科学都注意到人类与自然有相互联系,而巫师也跟科学家一样,寻求利用自然力来为人类服务。可是,巫术和伪科学所依赖的设想不具有科学的准则和测试过程。巫师有时会从动物那儿去寻求技能。例如,设想吃某种动物的肉,就会获得它的技能。给这种动物画像或塑像,就能捕捉到它的力量和特性。打扮成动物的模样,就会拥有该种动物的精力、技能等特性。在古代,巫术师很早就发展出了一套行之有效的实用知识,例如,配制出含有不同成分的药水。他们基于巫术概念来配方,不过却基于实效来操作。就此而言,他们就是"实验家",或至少是现代科学家的早期先驱。

这两种方法相互交错,各不干扰。几千年来,巫师运用敏锐的观察和迷信的咒语以达到目的。也许他们有时知道其中的差别,但他们并不真正了解,究竟是哪种因素在起作用。这两个方面,理性和迷信,因彼此相当而共存。然而,当人们运用知识的努力变得越来越有效时,巫术和妖术的神灵世界就开始改换方式了。

随着巫术及其神灵世界沦为骗术或是操纵民意的手段,这种共存关系有所变质。有鉴于此,古希腊哲学家抛弃了巫术,转而采用完全非巫术的手段,这才有近代科学的起源。这种新手段,其根源可以追溯到古巴比伦人的哲学,不依赖于巫术或神灵世界的假定,不涉及超自然观念。科学既要求运用严格的智力和实验训练,又要求结果能面对进一步的研究。科学要求不断地成长和革新,用新的、更好的范式不断替代陈旧的范式,以更好地适应新近的发现和已知事实。

时间和地点:大约在公元前 500 年的希腊

就像是突然有人打开了窗户,一阵新鲜空气长驱直入因尘封已久而霉变的屋子。就在 2 500 年以前,当地中海的新鲜空气吹进古希腊海港那些沐浴在阳光下的建筑物时,人们开始以崭新的眼光看待世界。古希腊人的这种新见解,与过去相比有什么显著的突破呢?

今天,每当我们提到希腊早期有名的思想家时,我们称之为哲学家,也就是说,他们热爱并且追求知识或智慧。这些哲学家带来的最大贡献就是树立起这样的信心:普通人也有希望去理解和解释大自然的复杂机理。对于今天的我们来说,这种态度再平常不过,但对早期的希腊人来说,却是非同寻常。这正是科学的首次露脸——这不是我们今天知道的科学,而是它的先驱。在希腊哲学家之前,几乎没有人敢于梦想,面对受神灵和上天支配的反复无常的自然界,人类的心智居然可以突破被动的观察。

是什么鼓励希腊哲学家有如此勇气?为什么,在人类历史的这一特定时刻,他们抓住时机开启了知识的大门?谁是他们的先驱?他们是如何走到这一步的?希腊人究竟有什么不同之处?

巴比伦与埃及

向前追溯,在有记录的文明来到之前很久,最初的人类就开始对他们周围的世界提出了基本的问题。这些问题是:夜空中的那些亮点是什么东西?什么是夜晚,为什么夜晚与白天不同?为什么树会倒下?火是什么,为什么它会燃烧?为什么会冒烟,木头会变成灰烬？人是什么,动物又是什么？它们有什么不同？为什么有些植物能够充饥,另一些植物却是有毒的？什么是生命？什么是死亡？石头也有生命吗？

他们开始依据他们的所见所思来琢磨答案。最早也是最原始的回答,是用神灵来解释大多数的自然事件——季节、风、植物的生长、洪水的泛滥等等。神灵,尽管看不见,但被认为在自然界无处不在——在岩石里、风里、云里、河里。就像人一样,神灵也会高兴、发怒、悲伤或忌妒。河流泛滥是因为河神发怒,想要惩罚。神灵也有可能接受奉承、劝说或者哄骗:雨水浇灌农田就是因为雨神很高兴,或者已被哄得心满意足。

在人类漫长的早期史中,大多数有关世界的看法都是充满了神灵或属于神话类型。人们尝试种种方法以便影响周围的世界——治病、抗旱、赢得战争,或者抗涝——用巫术呼唤神灵或上天。他们用咒语和含有魔力的药水。他们通过检查死去动物的肝脏来解读征兆。他们供奉祭品。有时,由于偶然相符,这些方法似乎灵验。每当它们灵验,神灵的世界观就得到加强。如果它们不灵验,人们就会想到可能是自己搞错了药水或咒语,而不去怀疑神灵是否灵验。

但是,与此同时,古人开始发展其他工具来利用周围的世界,这些工具更为可靠。在旧石器时代(可能长达249万年),他们开始加工材料,制作狩猎武器。到了新石器时代(大约10 000至6 000年以前),他们懂得如何种植,于是农业就诞生了。这些进展是实用技术,而不是科学;也就是说,这些工具和方法是为了改善人类生活,而不是纯粹为了获取有关宇宙的知识。尽管如此,这些进展成为人们利用逻辑以便把零散知识串联起来的最早实例。

大约在公元前4 000年,底格里斯河-幼发拉底河流域的苏美尔人首次用动物来犁地并发明了轮子。于是,大规模的农业诞生了。这些先人还造船,这就意味着他们不久就需要发明跨海航行的方法。早在5 000年前,苏美尔人把铜和锡合成为青铜,于是冶金术就诞生了。与此同时,尼罗河边的埃及人也作出了许多同样的进展。

这时,地中海周边地区出现了城市文明,贸易和农业变得足够复杂,以至有必要保存记录。苏美尔人发展了一种方法,在黏土块上书写楔形文字;而埃及人则运用象形文字,在莎草纸上写字。苏美尔人和埃及人都发展了记数系统和方法,用以保存账目,这项工作就委托给了祭司。他们还发展了数学用表:乘法、除法、平方数和平方根。

大约到了公元前1 800年,巴比伦人在西南亚的美索不达米亚地区渐渐崛起。我们今天采用的日历大部分是由巴比伦人构思的,这一系统基于他们对太阳、月亮和行星的精密观察。他们的目的既为实用,也为满足精神需求。就实用而言,他们需要有知道时间的方法,以便预知季节的变化和河水的泛滥。精神上的需求则来自对占星术的信念,占星术假设行星的位置决定人们的生活。巴比伦人一定是用到了某些器具,他们对夜空的观测精确得令人惊讶,这些观测资料为后世天文学家所用。

严格说来,所有这些也都是技术而不是科学。但是,在发展这些技术的同时,人们也发明了许多方法,后人甚至在几千年后,还利用这些方法来寻求关于宇宙如何运作的答案。

今天我们对这么多的方法完全不当回事,于是轻而易举就忽视了这些先人所取得的异乎寻常的进步。任何一个10岁的学生都会背诵乘法表。但是我们中间又有多少人能够掌握当时的计数系统呢？(一个例证就是,罗马人和希腊人当时所用的系统都使乘法和除法变得非常费力。试试Ⅶ乘ⅩⅩⅩⅡ。)第一个发明青铜或者炼铁的人,在实验、观察和思考的过程中,必定于不经意间知道了若干步骤。在中美洲,先人发现只要从木薯秧中去除毒素,就可以食用其块根。为了这一发现,他们必定也经历了一个研究过程,并且用到了逻辑——科学也是依赖了同样的过程。

但是,科学的诞生还有很长的路要走。直到青铜时代(大约5 500年至3 000年以前)为止,还没有人超越实用方法、系统和技术体系,而在建造文明的过程中,这些实用技艺运作良好。有些人,例如巴比伦人,曾经作出过精致的观测和计算以用于占星术。但是在他们的世界观中,巫术依然是重要的组成部分,他们中没有人问过为什么,或者从中去寻找自然的起因。

随后,各种因素的交错使得一种全新的视角有可能脱颖而出。大约在3 300年以前,字母在腓尼基诞生(一种基于巴比伦的楔形文字系统,另一种基于埃及的象形文字),写法和读法都简化了,不仅是经过训练的祭司,普通人也可以通过书写来交流。还有,大约在4 000年以前,亚美尼亚山区有一群人发展出一种有效的方法,可从铁矿石中炼出铁来。大约在3 000年以前,随着炼铁术的渐趋流行,北方的一些部落取得了军事上的优势(其中有一支就是多利安希腊人),他们开始征服当时高度发达的青铜时代文明。

古希腊人:观察事物的新方式

大批多利安人如潮水般从中心大陆的西北部和北部涌入马其顿半岛(这一地区现在叫做希腊)和东地中海。由于他们的组织形式是各自为政,因而在随后的几百年里,出现了几百个独立的城邦。这些城邦松散地联合在一起,保留自己的政府和区域文化。没有中央权威,当男女祭司被请去占卜预测和传授技艺时,他们不像其对手那样,拥有广泛的经济和政治实力。

马其顿半岛及其众多的港湾与附近的小岛,为发展航海经济提供了便利,希腊人可以到处旅行、贸易和开拓殖民地。他们对周围的世界发展出一种强烈的空间意识,正是航海和旅行培育了他们某种几何学意识。他们很快发现,地中海各地的人们在世界观上差别很大。其中的有些对他们有用,有些则无用,但是他们却可随心所欲地择其有用,丢弃无用,有用者就是那些最有效的概念和体系。

和其他的古代文明一样,希腊人也发展了一套复杂的神话体系,其中有男神、女神、仙女、命运女神、缪斯女神,以及神灵世界中的其他生灵。但是与其他文明不同的是,他们明白神灵(尽管能耐更大)也会犯错误,既

就像这块复制品,巴比伦书吏用楔形符号在黏土板块上留下记录。

非全能，也非全知。结果，希腊的思想家也许更少倾向于利用超自然的解释，更擅长于去寻求自然的原因，因为他们有与海洋和其他文明打交道的经验。

于是，假设在这些条件之下，如不存在控制城邦的中央权威，与其他文明频繁接触，已有的神话系统相对开放等等，希腊人发展出了一套看待世界的新视角。但是仍然令人惊奇的是，是什么导致希腊人从相信神话转向寻求知识。他们试图找到大自然的普遍模式，找到秩序。对于希腊人来说，"为什么"似乎是一个好问题，因为它有助于打开人们的眼界，寻求模式和普遍性，借此他们得以窥见现象背后的秩序。

希腊人的做法并不都是行之有效。正如我们将会看到，希腊人之后的许多代思想家亦步亦趋地紧随前人。大多数希腊哲学家都过于依赖主观思辨和智力训练，而很少依赖观察和实验。他们的观念最初源于他们的头脑：他们发展出自然应该怎样运转的观念，然后试图让大自然适应他们的观念。

但是，他们首次为我们开启了一扇通往自然原因的大门，所到之处，是一个可以涉足和解释的世界，能够为人所知的世界，通过简单的类比，而不是宗教教义或迷信，就可揭秘的世界。从前的埃及人、巴比伦人和其他民族曾经发展了数学工具，观察并记下许多事件，并且保存下来。但是他们的方法更像是记账，他们埋头所做的只是保存记录而已。希腊人就不同了。他们要的是寻找事实背后的原因——他们最先系统地寻求自然而不是超自然的原因，并在这个前提下构造宇宙论。正是这一替换完全转变了人们看待世界的方式。

∽ 泰 勒 斯 ∾

对于最早的希腊哲学家，我们所知甚少。这些思想家中，最著名的是泰勒斯（Thales，约公元前624—前547）。他来自于一个叫做米利都的希腊殖民地，就是现在土耳其的南海岸。当时许多其他早期观察者和思想家已经为科学奠定了基础，而泰勒斯则向一种新的、更为客观的途径迈出了关键性的一步。他提出了一个基本问题："世界由什么组成？"在他之前也有不少人问过同样的问题，但是他们的解答就是告诉人们有关神灵的虚构故事。泰勒斯是我们所知的第一人，他把解释严格建立在观察以及推理的基础上——不靠巫师、萨满或神秘预言家的启示。泰勒斯还首倡对话形式，这是西方科学的重要原则。他鼓励别人提出批评，提供其他的解释并且讨论问题。他和另一位希腊思想家，阿那克西曼德（Anaximander，约公元前610—前547）有过漫长的对话。两人坦率地相互抨击和争论。最为突出的是，为了解决两人的争端，他们转而求助于理性和本性。有些历史学家将此转变看做是科学诞生的标志。

泰勒斯的生平细节人们知道得很少，即使生卒年月也不清楚。他的老家米利都，是一个繁华的贸易中心，与小亚细亚及中东有着经商往来。泰勒斯也许是一个商人，在地中海地区四处旅行，也许正是他把几何学与天文学从埃及带到了希腊，因为显然他到过埃及。据说他也是一位卓越的工程师，曾使河流改道以帮助军队迁移。

泰勒斯寻求一种万物本原。他认为这就是水，他还提出了一种宇宙模型，把地球想象成扁平的圆盘，就像一块原木浮在水中，宇宙四周被巨大的水域所包围。

他的学生阿那克西曼德甚至提出更为复杂的模型，后来，阿那克西曼德的学生阿那克西米尼（Anaximenes，约公元前585—前525）宣称这两种模型都有不足，又提出他自己的主张。今天的科学过程就源于这一思考与再思考的经典过程。然而,更为重要的是,这三位伟大的希腊思想家的共同前提在于:相信对自然的真正理解不是来自超自然的解释,通过仔细地观察和推理,人类能够发现自然规律及其解释。

泰勒斯还以天文学家而名声显赫,据说他曾预言过一次日食——大概是依据了巴比伦人和埃及人所作的计算。数百年里没有人能够再创这样的业绩。19 世纪的历史学家和天文学家通过计算得出结论,公元前 585 年 5 月 28 日在爱奥尼亚发生过一次日食,产生了泰勒斯预言的白天变暗现象。但是更近的研究表明,那时能够得到的数据不足以精确预言确切的日子和地点。他获此名声也许是基于他作为科学家的身份——这是一个因深深的崇拜而带来的传说。

～ 米利都学派 ～

就像大多数伟大的希腊哲学家一样,泰勒斯对其周围的人们影响深远。他的两位最著名的追随者是阿那克西曼德和阿那克西米尼,尽管毫无疑问还会有其他不怎么出名的追随者。两人也都来自米利都,所以和泰勒斯一样,以米利都学派的成员闻名于世。阿那克西曼德要比阿那克西米尼更出名些,也许是因为阿那克西曼德,一位活动于公元前 500 多年左右的人物,居然雄心勃勃想写一部宇宙的综合史。他生于公元前 610 年左右的某个时候。正如后来的另一对师生,柏拉图和亚里士多德之间那样,阿那克西曼德不同意老师的主张,尽管他非常尊敬他的老师。他怀疑世界万物由水构成的说法,建议代之以没有形状,也不能观察到的物质,这种物质他称之为无限者,他认为这才是万物之源。

不过,阿那克西曼德最重要的贡献是在其他领域。尽管他没有接受水是原始要素的观点,却仍相信所有的生命起源于海洋,他因此成为最早持有这一重要思想的人之一。阿那克西曼德以在希腊绘制第一张世界地图而闻名,他还最早意识到地球表面是弯曲的。不过,他相信地球的形状是圆柱形,而不是球形,球形被后来的希腊哲学家所推测。阿那克西曼德观察到天空围绕北极星的运动,他也许是第一位把天空看成是环绕在大地周围的一个球体的希腊哲学家,这一思想经过后人加工,在天文学中影响深远,直到 17 世纪科学革命的出现才打破这一观念。

遗憾的是,阿那克西曼德关于宇宙历史的文字大多已经遗失,留存至今的只有少数片断,他的其他思想更是鲜为人知。他的学生阿那克西米尼的文稿大多也不幸遗失了。根据阿那克西米尼的说法,世界既不是由水,也不是由无限者组成,空气本身就是宇宙的基本元素。空气受压就成了水和土,稀释或变薄就发热,变成火。对于阿那克西米尼,我们知道得不多,不过,他可能是第一位研究彩虹的人,并且对其自然原因,而不是超自然原因做过推测。他被认为是首次区分不同行星的希腊人。例如,他识别了火星与金星的不同特性。

由于米利都的早期哲学家打开了大门,希腊思想家开始推测宇宙的本性。这一激动人心的智力探索活动,大部分纯粹是创造性的。这些希腊人,从泰勒斯到柏拉图和亚里士多德,都是哲学家,而非现代意义上的科学家。例如,任何人都有可能创造诸如有关宇宙的天性和结构的"思想",许多次这些思想可能被如此协调和精心地组织起来,或者恰好如此"显而易见",以至于让许多人信服。然而,一个有关宇宙的"科学"理论,却要求更多的东西,而不只是观察和类比,尽管这些观察和类比可以编织形成一套推理体系,其间还不乏严谨的结构,其登峰造极者就是亚里士多德的宇宙模型。但这种模型的底线就是,没有实验,也没有对理论的客观、严格的检验——这些概念希腊人是闻所未闻的——他们希望得到的顶多就是理论的某些内在协调、它能覆盖所有基础并满足推理的要求。

∽ 毕达哥拉斯 ∾

毕达哥拉斯(Pythagoras,约公元前580—前500)曾经说道:"万物皆数。"我们之所以能够通过数学来理解世界,主要应归功于他的主张,尽管他对数字持有某种神秘而奇异的信念。

毕达哥拉斯主张数学是理解宇宙奥秘的钥匙。

毕达哥拉斯出生于萨摩斯岛。他是一位才华横溢、行为古怪的数学家、哲学家和宗教领袖,曾经移居到克劳顿,在那里他建立了一个崇尚数学的神秘主义的教派。今天已经很难分辨什么是毕达哥拉斯实际说过的,什么是他的信念,什么又是他的追随者发明的。著名的毕达哥拉斯定理①,我们在几何学课堂上已经很熟悉了,说的是直角三角形斜边的平方等于另外两直角边的平方和,这个定理可能是由他或者他的追随者之一证明的。但是,正如这个教派的秘密性质那样,甚至如此重大一项成就的起源也难以追溯。然而,人们通常这样认定,正是毕达哥拉斯使得几何学成为一个通过逻辑方式相连的命题系统。

在推测宇宙的性质时,毕达哥拉斯是这样说的,宇宙的中心不是地球,而是一团中心火,地球绕着它运动。毕达哥拉斯还说,我们不能看见这团中心火,因为我们所在的地球总是这边背对着它。但是,来自太阳的光就是这团中心火的反射。毕达哥拉斯学派认为,地球本身是一球体,它被球形的宇宙围绕。毕达哥拉斯学派还指出,太阳、月亮与行星的运动是独立于众恒星的,而且不同于恒星,它们离地球的距离显然有所不同。毕达哥拉斯学派相信,行星和恒星的运动是一个完美的图形,是最漂亮、最完美的几何图形。具有讽刺意味的是,尽管他们正确地辨别了恒星和行星具有不同的特性,却又相信,天体都在做圆周运动,包围地球的宇宙其形状也是圆形,这就给17世纪之前的天文学带来了许多混乱。

善问的希腊人并不把智力博学的兴趣仅指向物质的本性和天空的形式。毕达哥拉斯的一位追随者,叫阿尔克莽(Alcmaeon,约活动于公元前530年—前450年),出生于克劳顿,他的兴趣就转到了医学。由于希腊人对医学以及臆想症有浓厚的兴趣,一个好医生大有用武之地,政策对于医学实践又相当宽松。尽管在那些为穷人和底层人士看病的医生

---

① 即勾股定理——译者注

中,迷信仍然扮演着主要角色,但许多希腊医生已经转向更为务实和实用的研究和治疗措施。

尽管阿尔克莽从毕达哥拉斯学派那里继承了某些神秘观念,但据说,他是出于解剖学研究目的而实施人体及动物解剖的第一人。他发现,在眼睛和连接耳与口的管道(现在叫做耳咽管)之间有视神经存在。他也许已经认识到静脉和动脉的区别,他的医学研究使他相信,大脑也许是智力的中心,这一看法直到很久以后才被大家认同。

赫拉克利特

所有"自然哲学"的研究,或者对自然的研究,不可避免地要让某些希腊人思考,所有这些对普通人来说意味着什么。赫拉克利特(Heraclitus,约公元前540—前480),由于其悲观情绪,而赢得了"悲伤哲学家"的绰号。赫拉克利特出生于米利都附近,他的观点是,生活中没有任何东西是永恒的,万事总处在变化之中,人们一无所靠。赫拉克利特说过,万物本原就是火,它每时每刻都在变化,并且强迫所有其他东西随之而变。依据赫拉克利特的说法,即使是太阳,也不是昨天见到的太阳,而是新的不同的太阳,而到明天,它又要被新的太阳所取代。

阿那克萨哥拉斯

阿那克萨哥拉斯(Anaxagoras,约公元前500—前428)出生于米利都附近,他对宇宙的看法少一些悲观情调。他是出自泰勒斯的爱奥尼亚学派中最后一位伟大哲学家,大约在公元前460年到雅典执教。他是一位执着的理性主义者,反对任何形式的神秘主义,不论是关于上帝的旧神秘主义,还是毕达哥拉斯学派的新神秘主义。阿那克萨哥拉斯也是第一位由于自己的观点而遭受迫害的重要哲学家。

阿那克萨哥拉斯相信,太阳是一块火热的巨石,月亮则是被太阳的反射光照亮。这一观点令当时的人们震惊,因为他们都在赞美天空的完美和纯净。阿那克萨哥拉斯还认为,月亮本身很像地球,也有山峦河谷,甚至可以居住。他还相当精确地用太阳和月亮的运动来解释月亮的相位以及日食和月食现象。他说,恒星和行星都像太阳,是燃烧中的岩石。

对于宗教上保守的雅典人来说,这些不啻为奇谈怪论,而阿那克萨哥拉斯还不过瘾,干脆说,宇宙不是由神创造出来的,而是源自于最初的混沌,一种抽象的心智通过某种旋转方式把混沌变成有序。于是,他解释说,所有的天体都和地球同时出现,因此,地球和天空是由同样的原料组成的。

即便希腊人已经习惯于他们的哲学家进行智力探索活动,但这也超出了他们所能接受的范围。也许哲学家还可以作出更多的解释,但是希腊人仍然相信他们的神以及完美的天空。在雅典从事教学30年,并且帮助雅典赢得了希腊智力中心的名声后,阿那克萨哥拉斯因渎神而受到审讯。

审讯为时不长。一些有影响的朋友帮助他,为他辩护,他才得以免罪。然而,这是一个时代的结束。因害怕再度受审,阿那克萨哥拉斯逃离雅典,躲到乡下,6年后在那里去世。

尽管他还有一些学生继续从事自然哲学问题的研究,但雅典的哲学气氛已经不再关注自然的奥秘。在苏格拉底(Socrates,约公元前 470—前 399)的引导下,哲学家们开始转而关注人类行为和道德哲学之类的问题。

理性主义者和原子论者

在雅典之外,自然哲学继续活跃,其中更有意思的一个学派由德谟克利特(Democritus,约公元前 460—前 370)所开创。德谟克利特继承了他的老师留基伯(Leucippus,约公元前 500—前 440)的思想。德谟克利特提出的一种宇宙观,尽管是基于纯粹的想象和猜测,但在许多方面却惊人地现代。

德谟克利特同意某些理性主义者的观点,认为月亮也许是一个很像地球的天体,有山也有谷。他还推测,银河系很可能是大量恒星的汇集。然而,更为重要的是,他推测世界及其万物,包括人类,都是由看不见的极其微小的粒子聚集而成,这些粒子是实心的并且不可分裂,他称之为原子(atom,源于希腊字 atomos,意思是"不可分的")。在虚空中运动的原子有形状、质量和运动。诸如气味、颜色和味道这样的特性则是由观察者赋予它们的。他还论证说,宇宙本身就是由这些原子组成的一团巨大无比的漩涡,并且用同样的方式已经创造了无穷多的世界。

按照德谟克利特的理论,原子是不可摧的、永恒的和不变的。所有的物质变化都只不过是原子的分离或聚集。德谟克利特还说,即使人的精神,甚至更令人吃惊的是,上帝,假如存在的话,也是由这样的原子所组成。

就我们现在所知,这是一个好理论,但问题在于,像所有其他希腊理论一样,它纯粹是思辨。所以,没有什么方法可以证明或者否定它,因此原子论并不比当时在希腊流行的其他理论更有说服力。再有,公众舆论对它的主要不满在于,这样一种纯粹机械论的宇宙观,绝对没有为上帝的存在留下余地或理由。过了一个世纪,在哲学家伊壁鸠鲁(Epicurus,公元前 341—前 270)的著作中,原子论的这一特点变得更为明显。当时的德谟克利特不能容忍迷信,也反对死后有来生,并且相信人的良知应该是判断是非标准的唯一仲裁。伊壁鸠鲁在公元前 4 世纪反复灌输的正是这一论点,德谟克利特或伊壁鸠鲁因而不受宗教徒或保守的同代人的钟爱。除了罗马哲学家和诗人卢克莱修(Lucretius,公元前 99—前 55)之外,不论在伊壁鸠鲁之前还是之后,原子论都少有追捧者。所以,德谟克利特的原子论注定要沉寂休眠,直到 19 世纪道尔顿(John Dalton,1766—1844)才使它复活。

亚里士多德和"为什么事情会发生?"

对于科学来说,希腊哲学家中最为重要的当属亚里士多德。他具有广泛的好奇心和渊博的知识,他所建立的理论是他之前的人们无法望其项背的。他构思出一套完整的体系,用以解释宇宙的机制。尽管他的理论体系错误百出,并且还有不少令后世学者误陷进去的漏洞,但他依然功勋卓著,因为正是他首次尝试全面解释世界和宇宙的运作机制。

亚里士多德于公元前 384 年出生于斯塔吉拉,爱琴海北岸的马其顿附近,后来他成为马其顿亚历山大大帝的辅导教师和柏拉图(Plato,约公元前 427—前 347)的学生。亚里士多德是雅典柏拉图学院的佼佼者,继承了柏拉图哲学丰富的思想遗产,这一思想遗产又与柏拉图的老师苏格拉底的教导有关。但是,柏拉图和他的弟子关注的是道德和伦理学,强调和谐的重要性,特别是某种数学和谐。对于柏拉图来说,眼见并非为实;他认为,根本性的实在见于数学领域、形式和观念,而不是纯粹的感觉经验。正是在这一点上,亚里士多德向他的老师发起了挑战。

对于亚里士多德来说,观察——而不是数学抽象——是理解实在的最好工具。(后来表明,柏拉图和亚里士多德都只是部分正确:观察和数学两者都已证明是科学发展的重要工具。)亚里士多德相信,宇宙中若是有神性的存在,它必定是一种纯粹的智力形式。人类最伟大的能耐就是头脑的运用,同时他认为,通过客观观察去探究自然原因,这是人所能从事的最好的事情。但是,虽然如此,亚里士多德那庞大的宇宙模型并没有更多依

亚里士多德广阔的视野和对哲学与科学的几乎所有领域充分和严谨的论述,在多个世纪里不断塑造西方思想。

据观察事实,而是更多依据智力思辨,比如,针对这一问题"为什么它就在这里?"(Why is it all here?)的回答。他上来就假设,每件事情都有其目的,好像受一种计划所控制,他还假设,每件事情的存在和运作都是为完成预定的目的。这就叫目的论,亚里士多德哲学中的这一主要思路不幸被证明是一条死胡同,但科学家却是几个世纪都在其中徘徊。

在生物学领域,亚里士多德做了许多精确的观察(例如,他第一个把海豚归类为哺乳动物),此外他还做了一些错误的猜测(他相信心脏是人类智力活动的场所,而头脑仅仅是冷却血液的器官)。不过对于后人来说,具有更为直接重要影响的则是亚里士多德生命"阶梯"的等级秩序观念,所有的生物,从蠕虫到人类,在这一阶梯上都有自己特定的位置。根据亚里士多德的理论,人类是站在阶梯之顶,而所有其他生命依据其完善程度排列在后。亚里士多德的阶梯是一个连续系列,所有可能的生命形式都排列其上,但是他没有想到它们会以任何方式进化,或者曾经发生过进化。

在宇宙学和物理学领域,亚里士多德的思想影响深远。按照亚里士多德的说法,恒星和行星都镶嵌在各自的天球里围绕着地球转,地球则是处于宇宙中心的一个圆球。这并非新思想:柏拉图的另一名学生,欧多克索斯(Eudoxus,约公元前400—前347),第一个提出这一观点来解释恒星和行星的运动,这种运动曾让古人非常迷惑。一旦希腊人开始理性解释所有的观察事实,不再求助于神灵或巫术的解释,天体运动就会成为大问题。柏拉图要求他的学生去寻找怎样的有序系统才能解释这些天体围绕地球的运动,以便"拯救现象"(亦即调和理论与观察事实之间的冲突)。从地球仰望天空,观察者会看到许多谜团。为什么太阳的轨迹不规则?为什么月亮有盈亏周期?为什么行星似乎是由东向西运动,但有时又反向运动(这个现象叫做"逆行")?欧多克索斯首次提出一个似乎有效的系统。他说,恒星被悬挂在一个巨大的、黑暗的外层球壳的内表面。球壳每天围绕地球由东向西旋转一周,并以南北向为轴。行星在它内侧运动,固定在透明的球壳或者天球上,每

个行星有 4 个透明天球。这些天球以不同的轴和不同的(恒定)速率旋转。通过仔细的计算,欧多克索斯提出了一个复杂的系统,其中包含 20 多个这样的天球,用来解释观察到的现象,诸如恒星的循环运动、太阳和月亮的日轨迹、月亮的盈亏和周期性的遮蔽(月食和日食)。但是对于欧多克索斯来说,这些天球只是一种抽象的数学构造,是柏拉图和谐世界观的一部分,他相信,生命和宇宙万物都处于无尽的循环中。

亚里士多德充实了这一有限宇宙的观念,宇宙由层层套叠的旋转天球构成,他相信这些天球包含了所有的物质。但是他并不满意这一模型,因为它不能解释原因。于是他想象这些同心球不只是一种数学解释,而是一台真实的机器,天球由透明材料做成,这种材料就像是晶体,他称之为"以太"(ether)。行星就是由炽热的以太团组成。再有,因为他相信"自然厌恶真空",所以他认为天球之间的所有区域也都充满了以太蒸气。对于容纳恒星的外层天球,他认定其是"原始推动者",具有推动其他天球旋转之功能。为了解释行星轨迹的不规则性,他提出,在欧多克索斯的行星天球之间,必定有一些额外的天球在调节行星的运动,使其表现出逆向和不同速度的运动。整个系统,包括太阳、月亮和恒星,总共需要 55 个天球。亚里士多德发现自己已经陷入困境,唯一能够拯救系统完整性的方法就是进行更复杂的解释,但这就违背了我们现在所知的好科学的第一准则:选择最简单有效的解释。不过这是他所能提出的最佳方案,于是,亚里士多德那层层叠套的天球模型一直流传到中世纪,成为中世纪宇宙观的中心。

亚里士多德还相信,所有的天体都是不朽的,既没有开始,也没有终结——是永恒、宁静、完美的(因为从来没有观察到有任何变化)——反之,地球上每件东西都是可变易朽的。在天上,所有运动都是圆周运动,因而也是和谐完善的;在地上,运动是直线的和不完美的。所以,天体必定具有不同于地球的特性,宇宙中的运动必须用不同的定律来支配。

他解释说,地球上所有物质都可以分成四种不同的元素:土、火、水和空气。每一种元素的运动都是要返回其自然位置,这就解释了为什么物体向地面下落、水"要形成水平面"、空气向四周扩散和火焰向上跳跃。他还认为,所有的元素互相间可以转化或者变化;这一理论为后来的炼金术提供了哲学辩护,中世纪的"科学"就是一门点石成金的学问。

这些解释中的大多数合起来看似乎都不错,但其中有一个重大缺陷,那就是亚里士多德无法对抛物运动作出满意的解释。一块石头如果不去推它,它将保持静止状态,或者朝着地心运动。但是如果你扔或者用弹弓射出一块石头,它的运动又该如何解释呢?如果所有物体都倾向于返回其自然状态,为什么扔出的石头在落到地面之前,还要沿着水平方向走一段距离呢?亚里士多德对他的理论做了一番修补,辩解说那是因为一旦被抛物体脱手不再受力,此时被抛物体扰乱的空气就会提供一种水平推动力。

对于这一解释,亚里士多德恐怕自己也不十分满意,但这却是他能找到的、与其整个理论相匹配的最好解释。这个问题有时被称为"矢箭问题"或"抛物体问题",是一个很好的例子,说明在一个似乎不错的解释体系中,一个小小的不匹配可能就是存在更大问题的征兆。但是在伽利略之前,人们对此一直一筹莫展,时间就这样过去了 1 900 年之久。

第二章

从亚里士多德到中世纪晚期

（公元前 322 年—公元 1449 年）

　　由于亚里士多德，希腊哲学进入鼎盛时期。他最著名的学生，亚历山大大帝，曾经试图用体力来征服这个世界，正如亚里士多德尝试以智力来征服这个世界一样。但是在亚历山大于公元前 323 年去世后，古希腊显赫的日子过去了。然而，在亚历山大的军队所到之处，在我们今天称之为泛希腊化地区，他到处播撒希腊文化的精华，在埃及还建立了著名的亚历山大城。宏伟的亚历山大图书馆见证了希腊思想的最后繁荣，这座图书馆毁于公元前 48 年。随着欧几里得（Euclid，约公元前 325—约前 270）和佩尔加的阿波罗尼奥斯（Apollonius，约公元前 262—前 190）的辉煌工作，希腊几何学达到顶峰。尽管很少有思想家能像亚里士多德那样雄心勃勃，建立起一个包罗万象的知识体系，不过希腊人开创的事业正是在后人那儿得到了纵深进展。

　　古希腊的思想家们为现代科学上足了马力。

阿基米德和直接观察

　　也许古代最伟大的"实干科学家"（working scientist）和数学家是阿基米德（Archimedes，约公元前 287—前 212），他是西西里岛叙拉古人。阿基米德对几何学作出过许多原创性贡献，但是不像同代人，他还是一位实干、动手的思想家，他把聪明才智用到许多兼有科学和工程特性的问题上。

　　阿基米德曾经致力于 π 值的计算，他的结果要好于古代其他数学家。除此之外，他还热衷于机械制造。据说，他发明或完善了许多战争机械，其中包括抛石机。他还设计了具有特殊构造的镜面，在叙拉古港口把太阳光聚焦到敌人的战船上，使之燃烧从而摧毁了对方的作战能力。

　　他最先懂得如何确定重心，并据此推出杠杆原理。据说，他曾经如此吹嘘："给我一个支点，我就能够撬动地球。"他曾在叙拉古街上裸体奔跑，喊着"尤利卡！"（意思是"我找到了！"）据说这一情节发生在这一时刻之后：就在泡澡时，他发现了浮力定律。

　　虽然著名的阿基米德螺旋，一个中空的螺旋圆柱，旋转时会把水抽上来，这可能是阿基米德从古埃及人那里模仿过来的，但是毫无疑问，他是古希腊-罗马最杰出的科学和工程精英之一。

阿基米德是已知的用实验检验假说的最早的科学家之一。

阿基米德在当时已很有名,他死于公元前 212 年罗马人洗劫叙拉古时。据说,罗马将军曾经向他的士兵下令,不要伤害阿基米德,而要给予尊敬。然而,有一个罗马士兵正好撞见阿基米德,当时阿基米德正全神贯注在沙砾上画几何图形,而他所在的城市正在燃烧。据说,阿基米德不耐烦地向士兵示意,要他离开。同样不耐烦的罗马士兵举剑结束了阿基米德的生命。在听到这一悲剧之后,罗马将军悲伤地给阿基米德举办了隆重的葬礼。

科学中的妇女

数学并不专属于男人

亚历山大的希帕提娅(Hypatia,约370—415)被公认为是因其数学工作而闻名于世的第一位妇女。

希帕提娅的父亲,亚历山大的赛翁(Theon),也是一位数学家。据说,她小时曾经帮助父亲证明定理。希帕提娅在亚历山大主持一个哲学学校,由于教授科学、数学和哲学赢得了广泛声誉。还有证据表明,她在设计科学仪器方面也很有创见。

和同时代其他许多哲学家一样,希帕提娅喜欢在沿街散步时提出哲学问题并朗读随身携带的手稿。她思想自由,并且敢于直抒己见。她死于暴怒的基督徒之手,他们认为她的观点属于异端。存有她著作的图书馆也被破坏了。

希帕提娅是一位受人尊敬的哲学家和数学家。

与此同时,在边远地区,例如爱琴岛上的萨摩斯,土耳其和埃及的亚历山大城等地的其他科学家,把他们的高超技能用于天文学,这一为世界上所有文化所共享的普遍科学。

宇　宙

在天文学领域,萨摩斯的阿里斯塔克斯(Aristarchus,约公元前310—前230)和喜帕恰斯(Hipparchus,约公元前190—前120)继承了亚里士多德对宇宙性质的探求。经过托勒密(Ptolemy,约100—170)的加工,这一探求导致一个系统的理论,尽管仍有缺陷,但在整个中世纪一直流行,直到迎来文艺复兴时期和16、17世纪的科学革命为止。

尽管阿里斯塔克斯的工作今天已经少有保存,他的个人生平更鲜为人知,我们还是知道他是一位卓越的数学家。他的大部分时间都用于研究天空,他推测太阳是一个大火球,比月亮约大20倍,也比月亮远20倍。虽然这一数值太小了,但是他的论证却是如此的严密,以至今天许多科学家相信,如果他有幸用上今天的现代仪器,他一定会得到更为正确的结论。阿里斯塔克斯还得出了结论,认为亚里士多德对宇宙的看法是不正确的——太阳和众恒星并不围绕地球旋转,而是地球、月亮和众行星围绕太阳旋转。这是一种意味深长的观点,但很遗憾,他从未找到证明他的猜想的途径。在大多数人的常识看来,如果地球真在运动,应该能感觉得到,于是,阿里斯塔克斯的这一说法似乎无足轻重。

科学侧影：占星术及其根源

占星术的活动开始于3 000多年前的古巴比伦。当时大多数人相信,天上的行星本身就是神灵,或者是神灵之家,或者是神灵的象征,这就有了占星术。人们相信,通过研究行星的运动,以及它们表现出来的相互作用,就有可能预言神灵对人间的影响。起初他们相信,这些影响仅仅是对国王和王国。然而,由于希腊人引入了拟人化的神,占星术者开始相信,占星术还能够预言行星和神灵对普通人的影响。当占星术适用于普通人时,它就变得更为普及了,甚至连著名的希腊思想家喜帕恰斯和柏拉图也都涉足占星术。事实上,希腊人在天空和行星运动领域所取得的诸多伟大成果,本身就是出于占星术的需要,是为了更为正确地辨别天体并且搞清它们的运动。

占星术在中世纪衰落了,主要是因为基督教会的反对。但是它并未受到完全抑制。到了文艺复兴和宗教改革时期,它再次流行。然而,随着科学革命的到来,开普勒和牛顿等伟大思想家的发现证明,天空并非特殊之地,天体也要服从与地面上同样的物理定律。从那时候起,大多数科学家和受过教育的人们开始远离占星术。

尽管如此,今天占星术仍是基于"古代智慧"的一种流行的迷信思想。

❦ 喜帕恰斯和托勒密 ❦

喜帕恰斯,通常被认为是希腊最伟大的天文学家,继承了亚里士多德的观点,认为处于宇宙中心的是地球,而不是太阳。他对恒星做了许多重要的观察,据此编制了最早的精确星表。对于科学史而言更为重要的是,喜帕恰斯试图解释,为什么他对天空的观察不符合亚里士多德的见解,即天体以完善的圆形围绕地球运动。例如,如果行星与太阳一样,取同样简单的轨迹运行,但为什么它们看起来会不规则地在天空漫游呢?毕竟,"行星"这个词在希腊文中的意思就是"漫游者"。于是喜帕恰斯提出一个解决办法,太阳和月亮以中心偏离地球的圆形轨道运行,也就是说,它们不是围绕地球这一中心而运行。他认为,行星围绕地球的运行是一个大圆,同时行星还有另一种小圆运动,实际运行就是类似于环状的运动。这些小圆套上大圆的模式,他称之为本轮模型。这一思想,被两个世纪后的托勒密采纳,在之后许多世纪里一直是主流天文学思想。

喜帕恰斯以观察为基础,编制了一个最早的精确星表。这是19世纪的一张插图,展示他正在亚历山大城天文台上观察恒星。

如果喜帕恰斯是希腊最伟大的天文学家,那么,正是托勒密,使得喜帕恰斯的许多思想具体化,并且还综合了许多其他人的工作,建立起一个以他名字而命名的体系,该体系一直持续到 1543 年哥白尼(Nicolaus Copernicus,1473—1543)把它推翻为止。托勒密大约出生于公元 90 年,出生地也许是埃及,他可能是希腊人,也可能是埃及人,总之不得而知。(但是他不是埃及托勒密皇室成员,这个家族正好在他出生之前居于统治地位。)他在自己的书中,今天被称为《天文学大成》(*Almagest*),给出对于宇宙的看法,其中托勒密总结了古希腊对天体运动的大部分想法。按照托勒密的说法,地球是位于宇宙中心的一个球体。已知的行星以及月亮和太阳,全都围绕地球而运行,从地球上来看,它们的排列秩序依次是月亮、金星、水星、太阳、火星、木星和土星,运行轨道则是偏心圆和本轮模型的复合体。不像亚里士多德,托勒密似乎意识到携带行星的球壳并不是真正的实物,而只是方便直观的数学表达。如果托勒密把天球当做真正的实体,他就不得不凭空再来解释他的小"环"如何与行星相互作用。然而,许多采纳托勒密体系的思想家却是继续把亚里士多德的天球看成是真正的实物,同时又采纳喜帕恰斯-托勒密的本轮模型。显然某种澄清和清晰的思考是完全必要的,尽管托勒密体系有明显的弱点,但这一概念在许多世纪里却成为标准的宇宙观。

图中显示托勒密正在他的天文台里工作,他在公元2世纪详细阐述了亚里士多德的宇宙观念。和亚里士多德的观念一样,"托勒密体系"把地球置于所有天体轨道的中心——包括行星、月亮、太阳和恒星的轨道。

为什么亚里士多德和托勒密的理论能够全面战胜阿里斯塔克斯等人的宇宙模型,并在如此长久的时期内占据如此多人的头脑?为了理解这一点,请大家回忆他那严谨的推理体系,亚里士多德解释了几乎全部的自然奥秘,足以使古希腊人满意。更值得注意的是,基于简单和显而易见的观察,他的体系提供了一种所谓好的"常识性"的解释。人人都看到石头落地、烟尘升起、太阳和恒星围绕地球旋转。他的目的论满足了人们寻求宇宙中目的和意义的需要,相对于尘世生活中的不完美,那完美的天空和天球又提供了某种和谐之美。

至少对于天文学家而言,当他们试图依据亚里士多德的教导对天体运动进行精确的观察和预言时,问题就接踵而至。托勒密提出的正是这样一个问题:怎样才能既保持亚里士多德体系的精神,又能对行星运动给出更精确的预言?《天文学大成》相当数学化,托勒密仔细计算了许多考虑到的现象。它纠正了许多问题,并且为天文学家和占星术家提供了更有用的方法。

事实上,在几乎14个世纪里,托勒密的工作成为天体研究的扛鼎之作。在他生前,经典希腊文化的辉煌时期早已不再。罗马时代开始于凯撒大帝(Augustus Caesar,公元前102—前44)的统治,并在相当长的时期里因向外扩张而欣欣向荣。但是罗马人更擅长于处理实际事务,诸如工程、财政和行政管理,而不是从事科学。随着公元5世纪罗马的衰败,从前在它版图之下的许多区域,西方文明和精神随之走向低潮。

来自东欧和西亚的民族开始横扫欧洲大陆。法兰克人从莱茵河谷推进到法兰西。盎格鲁人涌入英格兰。有一些部落,诸如伦巴人和勃艮第人,在欧洲各地从事游牧业,而匈奴人则定居在东欧,汪达尔人在非洲安营扎寨。相比于曾在这块土地上生活过的希腊人和罗马人,这些部落的文化更为原始。在英格兰,盎格鲁人建设新城用的几乎全是罗马城市舍弃的砖,因为盎格鲁人没有掌握制砖技术。大多数现存的基础设施,例如桥梁和道路,仍投入使用,尽管有些已被损坏。当年位于罗马政府心脏地区的论坛如今成了放牛的地方。在亚历山大城,宏伟的图书馆毁于一旦。世代积累的知识和记录遗失了。

但是,尽管亚历山大城的图书馆遭到破坏,但是亚里士多德的著作以及希腊-罗马时期的其他作品还是得到了保存并留传下来,这主要靠了阿拉伯学者。

阿拉伯科学的兴起

亚里士多德的学生亚历山大大帝以及他的追随者,把希腊文化传播到世界各地,结果带来了希腊文化和其他文化的交融。来自中国、印度、埃及和巴比伦的科学和上述所有区域的希腊知识相混合。贸易通道不只是交流货物,也交流思想,于是在公元400年,数学和天文学的通俗知识出现了。希腊文取代拉丁文成了通用语言。在罗马第一位基督教皇帝,君士坦丁一世的统治期,公元330年,罗马帝国从罗马迁到了新建的君士坦丁堡(现为伊斯坦布尔)。

于是通用语言——贸易和学术语言——开始变换。一支分离出去的基督教派,叫做聂斯托里教派,定居于叙利亚,他们把圣经和其他基督教文献译成了叙利亚文(一种当时在叙利亚运用的古亚拉姆语言)。他们也把亚里士多德、柏拉图和其他人的希腊哲学著作译成叙利亚文。这个民族到处迁移,又在印度和中国定居,随身带去了他们翻译的书籍。

阿拉伯科学家哈扬写过大量有关哲学、机械器具、战争武器和炼金术的书,炼金术就是当时(8—9世纪)的化学。

直到公元7世纪,除了在连接罗马与印度的红海线路上经商,阿拉伯人在地中海社会居于次要地位。但是,随着先知穆罕默德(Muhammad,约570—632)在阿拉伯半岛建立起伊斯兰教,情况开始有了变化。针对希腊-罗马和波斯帝国,伊斯兰信徒开始发起一场大护教战争,在50年内,他们的影响范围从巴基斯坦扩大到非洲和西班牙,轻而易举地使当地的居民转而信奉伊斯兰教。由于在罗马帝国统治下受到压迫和重税盘剥,这些地区的人民欢迎穆斯林的统治。在许多情况下,伊斯兰当局保留当地的管理措施,用当地语言处理事务,并且宽容各种不同的文化。尤其在埃及和叙利亚,直到 11 世纪,希腊语还继续被当做官方语言。

一阵清风再度袭来。正如希腊文明的早期,由于摆脱了宗教带来的文化束缚,人们得以重新培育起对于科学的新兴趣。到了公元 4 世纪,有些基督教徒开始压制希腊哲学,公元 529 年,拜占庭(东罗马帝国)皇帝查士丁尼一世下令关闭所有他认为是"异教"的学校,即使雅典的学校也无一幸免,那里的学校可追溯到柏拉图时代。雅典的教师们逃到叙利亚的鸠地霞浦(Jundishapur)城,在那里重新建立学校,并且把以前翻译成叙利亚文的希腊著作再译成阿拉伯文。阿拉伯的翻译家也参与进来。在保存过去记录的同时,阿拉伯、希腊和叙利亚三种传统相汇合,开启了科学探求的新里程。

在伊斯兰统治区,科学的成长发生在 8—12 世纪。在此期间,第一批大学和科学团体在此建立起来。这些机构鼓励学者考查古希腊的文献,尽可能有所改进。他们的态度是尊重有知识的主体。

对化学的兴趣源于这一信念:金子来自更基本的金属(炼金术)。与早期化学观察相关的知识大多来自阿拉伯炼金术师,例如:哈扬(Abu Musa Jabir ibn Hayyan,约 721—815),或者以他的拉丁名字杰伯尔(Geber)称呼。尽管炼金术的信念最终把科学家引到了死胡同,但他们在追逐幻想中的金子时却发现了许多物质。炼金术的基本词汇也都是来自阿拉伯文。例如,炼金术(alchemy)这个词本身和蒸馏器(alembic),即加热物质的坩埚,都是来自阿拉伯文。有 500 多项工作曾经归功于哈扬。但是近来历史学家指出,某些被认为属于哈扬的手稿,反映的时间跨度却是从 9 世纪直到 12 世纪。其中详细描述了测定金属特性的实验和化学过程。除了这一观念之外,即通过某些有待发现的过程,其他金属能够转变成金子,他们还探讨了这一理论,说的是所有金属都由两种基本金属——汞和硫黄构成,这个思想原先是由中国古代哲学家提出的。

阿拉伯天文学家表面上极为看重托勒密的宇宙体系,但实际上他们还在做严密观测,并且制作精致的天文学表。这些工作的动机,以及从事三角学、代数和几何学,特别是球面几何学的最初动机来自他们的宗教。祈祷必须面向麦加方向,对于远在西班牙的托莱多或者埃及开罗的信徒来说,这尤其是个挑战。人们必须精确地知道麦加的方向以及准确的时间。还有,阴历和阳历之间的差异在确定节日的具体日期时也带来了麻烦。所以,阿拉伯的天文学家建造了比以前大得多的天文台;其中有一些——后来建造的——今天还耸立于印度的斋浦尔和德里以及中国的一些地方。他们的仪器也高度精确,并且做出了优秀的天文学表。

当基督教的军事力量把阿拉伯居民赶出西班牙时,欧洲科学家们却从他们留下的详尽天文表中获益殊多。一般说来,对天文学的兴趣(对天体的观察)大部分源于占星术。但与此同时,一批实实在在的天文学工作完成了。然而,没有一个占星家对天文表满意,因为失误屡屡不断。他们认为,肯定是计算不精确,或者观测还不够仔细。在世界范围内,天文学家和占星家(实际上他们是一回事)都是如此之肯定,认为错误一定是发生在天文表中,以至于经过好几个世纪他们才认识到,在恒星位置和人类命运之间并没有什么联系。

在光学领域,阿拉伯科学家也作出过原创性的重要贡献。在埃及物理学家海赛木〔Abu Ali al-Hasan ibn al-Haytham,约 965—约 1039,也可称之为阿尔哈曾(Alhazen)〕之前,科学家们普遍都同意柏拉图的论点,即视线是从眼睛发出的。海塞木正确地推断出,眼睛能够视物是因为光线进入了眼睛。他运用几何学和解剖学解释了视觉的细节,并通过推理和实验作出这一结论。他也许是欧洲人最熟悉的阿拉伯学者了。他在光学上的工作深深地影响了后来所有对光之本性的研究。

在长达几个世纪的动乱中，基督教会为西方世界的整合付出了经久不懈的努力，在此期间，教会赢得了相当的权力，并且控制了大多数西方学者的思想。尽管亚里士多德哲学和官方教义大致吻合，但也存在不少严重和令人不安的分歧。

哲学家阿维罗伊（Averroes，1126—1198）是最重要的亚里士多德思想的学者。他教导说，宗教和自然哲学都是寻求真理的重要方式，但是他怀疑，两者能否融洽地共存于一个单一的体系中。

诸如阿维罗伊这样的阿拉伯学者在中世纪对世界科学的发展起到了关键性的作用，他们不仅有自己的贡献，而且还是知识的保存者和传播者。在中东的巴格达和大马士革、埃及的开罗和西班牙的科尔多瓦，阿拉伯的思想家都热忱地采纳希腊的科学传统、保存亚里士多德及其学生，以及其他希腊思想家的著作。在12—13世纪里，在西班牙和西西里，在穆斯林和基督徒的接触中，许多希腊科学著作为西欧学者所了解，然后从阿拉伯文译成拉丁文（拉丁文是当时欧洲通用的学术语言）。

经院哲学家：停滞不前的一代

在中世纪欧洲，有一批基督教僧侣经常被人们称为"经院哲学家"，这与阿拉伯科学家对亚里士多德的过分推崇不无关系，因为他们把亚里士多德的思想看成是自然界所有知识的基础。用阿维罗伊的话来说，亚里士多德"掌握了全部真理——所谓全部，我指的是人性，正是人所能把握的内容"。正是这一思想，长期以来被中世纪欧洲修道院和学术机构中的学者所认同和赞赏。

在中世纪，不只是亚里士多德和托勒密的著作被教条式地奉为圣贤之言，其他杰出的希腊思想家也有同等待遇。在生命科学领域，盖伦（Galen，约130—200）的医学著作和第奥斯科理德（Dioscorides，活动于约50年左右）与普林尼（Pliny，23—79）的著作，都成了标准、教条、受尊重的参考书。

毫无疑问，盖伦是继希波克拉底（Hippocrates，约公元前460—前377）之后最著名的希腊医生，公认的西方医学的奠基人。盖伦虽然是希腊人，不过却在奥勒留（Marcus Aurelius，121—180）及其继承者统治下的罗马行医。罗马当局仅允许他对动物作解剖，但是他却通过动物解剖来广泛研究人体解剖学。他首次鉴别了许多肌肉，并且是

希波克拉底由于强调临床观察，获得了把他那个时代的医学实践从迷信中解放出来的声望。

最早证明脊髓重要性的人之一。盖伦大部分的著作得到了保存,尽管也有错误,就像亚里士多德那样,不过对于那些试图重新点燃西欧知识之火炬的人们来说,他是一位备受尊重且当之无愧的权威人物。

第奥斯科理德是盖伦之前的希腊医生,他写下了第一部药典(有用药物及其制备目录)《药物学》(De materia medica),这部书一直保存到中世纪。普林尼编纂了 37 卷目录,有关自然界和动物界的趣闻逸事,取名为《自然史》(Historia naturalis)。这部书今天叫做普林尼的《自然史》(Nature History),书中包括许多有用的描述,也有许多荒谬的过于简化的错误。就像亚里士多德、第奥斯科理德与盖伦的著作一样,它也在中世纪经院时代被奉为权威性的金科玉律——古代无可怀疑的智慧。

只回顾中世纪后期经院学派所做的(或者未做的)大量思考,人们未免会有失望之感。大量的内容相当愚蠢,甚至在当时的某些批评家看来也是荒谬不堪。许多时间都消耗在仔细阅读和解释古希腊的文本上,而不是直接从自然界得到答案。例如,有一位批评家抱怨说,他的同事们花了好几天的时间争论马有几颗牙齿,逐个查寻古代文献,其实他们只要走出去,撬开马的嘴巴看看就行了。当然,从 6 世纪希腊-罗马时代的结束到 10—15 世纪的经院哲学时代之间,自然哲学的原创性思想几乎完全没有。在此期间,基督教会占据支配地位,它与我们现在叫做科学的东西格格不入,人们一心关注的只是以最佳方式去研究所谓"上帝"的世界。我们必须记住,大多数经院哲学家只不过是这样的学者,他们认为自己的工作就是理解古人留下的信件,并且使得这些伟大作品中的古人思想流芳百世。由于欧洲各国教会大学和官方教义控制着大多数教学和学术思想,那些从事其他职业的人——天文学家、医生等,很难摆脱古代信念对他们的束缚,尤其是如此之多的信念还与强有力的官方教会广泛联合。

到了 13 世纪中叶,亚里士多德的思想在教会大学里已牢固确立自己的地位,然而,阿奎那(Thomas Aquinas,约 1225—1274)却为亚里士多德与官方教义的分歧而感到不安,他尝试把两者揉入一个综合体系里。经过艰巨的工作以及对亚里士多德文献的编辑整理,阿奎那给出了一个解决方案。尽管这一学说令更为纯正的亚里士多德学者感到不安,但它却满足了教会的要求,因而成为官方教义。例如,按阿奎那的解释,亚里士多德的"原始推动者"可以看成是"上帝"。天空是完美而和谐的,天球的运动可以看成是按照天使的意愿完成的。对于许多基督教徒来说,到了中世纪,地球又一次不再看成是球形,而是平面的,它的创造过程被想象成和圣经上描述的完全一样。

有一些思想家——诸如培根(Roger Bacon,1214—1294)、布里丹(Jean Buridan,约 1295—1358)、奥卡姆(Ockham)的威廉(William,约 1285—1349)、库撒(Cusa)的尼古拉斯(Nicolas,1401—1464)以及其他人,读者可以在本书的后面部分陆续见到他们——反对和质疑古希腊人的至高权威。但是对于中世纪的大多数思想家来说,他们发现仅仅相信已有的东西,反倒让人心安理得。对于那个时期的思想家,能够拜倒在希腊巨人的足下就已经足够了。然而对于后人来说,只有攀登,而不是站在前人的肩上,才能更清楚地看清这个世界。

科学在印度和中国的发展

科学的早期发展绝不只是局限于地中海岸周边的少数社会。与此同时,其他文化在技术和科学上也取得了相当的发展,其中的某些与西欧原有的概念和理论相汇合,结果产生了科学革命。一个最好的例子就是所谓的阿拉伯数字系统,基于十进位制,由印度思想家最先提出,它的使用可以追溯到吠陀时期,大约在公元前1500年。抽象的印度数字系统经过阿拉伯学者传入中世纪欧洲。

印度学者在语言及其结构与发展的研究上也非常优秀,语言学在印度科学中的地位不亚于数学和几何学在希腊科学中的地位,它是逻辑思想和探究的源泉。印度人在数学领域里,诸如代数,也相当成功。在保健与医学领域,他们提出了详尽的知识体系。他们认为人体由五种元素混合而成(很像希腊的元素)——以太、空气、火、水与土——正是它们令人类成为有知觉的存在。当空气、火和水(也可称为风、胆汁与黏液)等元素在人体中失去平衡时就会引发健康问题。印度人发明了草药疗法和外科疗法,这是印度草医学传统(以2 900年前写下的印度草医学为基础)的一部分,它寻求恢复人体中各种元素的平衡。早在2 500年前,他们就意识到一种被称为阿努(anu)的微小构造块是所有物质的基础——类似于希腊的原子论,尽管他们对物理学从来没有多大兴趣。然而,大多数印度科学的发展局限于本土范围内,所以,对世界其他地区的科学发展影响不大。

中国早期在科学上取得了巨大成就,特别是在技术方面往往早于西方取得类似的突破。但是除了少许例外,由于地理隔绝(陆地上巨大的山脉和无法越过的海洋就像是一道道屏障),亚洲人作出的大多数发明和发现并没有融合到西方文化之中,直到西欧的科学革命之后才打破这一格局。

妙闻(Susruta)是印度文化"黄金时代"里医学著作的作者和有名的外科医生,他最早描述了麻风病并介绍消毒伤口的方法以防止感染。

　　不过人们认为，古代中国哲学家所建立的一种理论有可能是第一个化学理论。希腊和中国都有一种用手头现成的自然物质来模仿血液的做法。在希腊，人们利用氧化铁，也叫做红赭石，与死人的骨头摩擦，以产生红褐色。在中国，人们利用硫化汞或朱砂，结果产生更鲜艳的红色。用硫化汞做实验，硫化汞加热后产生一种易点燃的黄色物质，同时还有一种发亮的流体状物质。这三种物质——红色的硫化汞和它的成分：硫（会燃烧的黄色物质）和汞（发亮流体）——被认为是三种基本物质，是真正的元素。发亮流体被认为是阴性或雌性。会燃烧的黄色物质被认为是阳性或雄性。当两者结合，阴阳处于平衡状态，就得到了生命所必需的血液或生命液（life blood）。一位科学史家指出，这一点与化学的实质何其相近：当汞与硫化合时，元素就在硫化汞化合物中达到了平衡。这一观念显然是通过阿拉伯人才从中国传入西方世界的。

　　大多数学者把丝绸、纸、火药和指南针的发明归功于中国人，西方只是引入了它们。亚洲的发明家在技术和农业领域有无数的贡献，并且在科学的不少领域遥遥领先，在观测、逻辑、数学和数据的组织与收集上手段娴熟。

　　例如，中国天文学家很早就进行卓越地天文学观测。他们有规律地观察和记录新星和超新星（恒星由于爆炸产生大量明亮炽热的气体，因而在夜空中突然发亮），其中包括1004年、1054年、1572年和1604年的超新星。这些现象大多完全被欧洲天文学家忽略或者错过了。他们束缚在亚里士多德的天空十全十美的思想中，以至完全没有记录1054年的特大超新星。这一记录仅在中国和日本存在。中国地理学家制作了最早的精确地图，他们的地图绘制传统大大超过西方，那是因为西方的宗教压制了精确的绘图法。早在公元100年，张衡使用坐标方格用于绘制地图，大大改善了精确度。气象记录在中国可以追溯到公元前1216年，尽管显得粗糙。北宋科学家沈括在11世纪时已提出这一设想：山脉是大陆板块的抬升，而大陆以前是海底，这个事实在西方直到19世纪才得到承认。

　　但是直到17世纪以后，由于航海的进展打破了隔绝，世界其他地方才能够从中国的科学发展中受益。从那时起，两大传统最后汇合成世界科学。然而在此之前，由于诸多不明原因，中国没有经历类似于欧洲科学革命的过程。也许，世界观的伟大觉醒带来了文艺复兴、宗教改革以及现代科学在西欧的诞生，这些需要诸多因素的汇合，而它们恰好最先在14—17世纪的意大利，随后在法国，西欧的其他地区发生了。无论如何，在那段时期里发生的一切，永远改变了人们看待世界、探索世界的方式。

第三章

宇宙体系的颠覆

哥白尼、第谷和开普勒

> "太阳荣居中央。"
>
> ——哥白尼（Nicolaus Copernicus，1473—1543）

对于一个学者来说，15、16 世纪之交是激动人心的年代。探险家和冒险家正在涉足已知和未知的世界，并带回各种传奇般的故事。艺术家、作家和哲学家活跃异常。这是一个巨人辈出的时代，他们中有达·芬奇（Leonardo da Vinci，1452—1519）和米开朗琪罗（Michel-angelo，1475—1564）。学者们在街上和客店里议论着古典时代的辉煌，他们刚刚摆脱中世纪僵化的哲学，开始以激动的眼光迎接未来。

新世界就在地平线上，新的知识领域就在前方召唤。世界仿佛刚从沉睡中醒来，晨曦初露。正如某些科学哲学家所说，范式似乎正在转换。也就是说，人们所掌握的相关事实和理论体系，以前看来是如此的合理可靠，现在却显得像沙丘一样不稳定。

这就是哥白尼于 1491 年面对的一片忙乱的世界，其时正值他开始在波兰克拉科大学求学。就在哥伦布起航的前一年，哥白尼也开始自己的航程，驰向的是有待发现的新的知识领域，他全身心投入这样的航程，如同一位船长全身心勘探未知海域那样着迷。

哥白尼和一场革命的诞生

哥白尼（他的父母给他取名为 Niklas Koppernigk）于 1473 年 2 月 19 日出生于托伦

城,现在是波兰中北部的一个商业中心,他的父亲是来自克拉科的一位商人,专做铜的批发生意[他们家庭的姓也许就是取自铜(copper)],他的母亲华森罗德(Barbara Waczenrode)来自当地有名望的德国家族。哥白尼是四个孩子中最小的一个,在他 10 岁的时候,父母双亡,36 岁的舅舅华森罗德(Lucas Waczenrode)成为这些孤儿的监护人。对于年幼的哥白尼来说,父母早逝确是一场沉重的悲剧。由于舅舅成为他的监护人,导致他的命运发生巨大转机。很难预料,如果他的双亲健在,哥白尼的生活会作怎样的选择。按当时的习俗,他也许会继承父业而进入商贸行业。但是在舅舅的监护下,他却面临完全不同的机会之门。

华森罗德是一位曾分别在克拉科、莱比锡和布拉格求过学的学者,以优等成绩从博洛尼亚大学获取了宗教法规专业的博士学位,1489 年,就在他姐夫去世几年后,他得到一项任命,是到波罗的海一个小公国,叫爱姆兰(Ermland)的地方去当主教。华森罗德懂得学习的重要性,并有足够的经费和社会声望来支持姐姐的孩子们,他鼓励哥白尼和他的哥哥安德勒斯(Andreas)进入克拉科大学。在哥白尼 22 岁时,舅舅为他谋得了在弗劳恩堡(Frauenburg)大教堂当教士的终生职业。这个职位薪水丰厚。尽管他有义务去就职,不过该职位并不要求他连续在职,于是在超过 12 年的时间里,他多次离职,进行自己的学术研究。就在那段日子里,他把自己的姓名 Niklas Koppernigk 拉丁化为 Nicolaus Copernicus,这是当时学者们常有的做法,借以表达他们对古典时代以及志同道合的同事间友情的敬意。

哥白尼是一个具有充沛创造力的年轻人。在文艺复兴的鼎盛时期,他完全有机会融入其中。他迅速适应了大学生活,贪婪地购买书籍(这是印刷术发明以来才具有的一种崭新机会),参加数学和天文学的讲座。他涉足来自意大利的人文主义思想,从中吸取力量以便与克拉科流行的更为僵化的经院哲学教义相抗衡。由于受到意大利那种生机勃勃的学术气氛的感召,哥白尼于 1496 年来到意大利的博洛尼亚大学,然后又到帕多瓦和费拉拉求学。在意大利,他更深地融入了人文主义者的世界,在这个世界里,学者们从一个大学转到另一个大学,针对哲学、艺术和生活写下精彩的长信。这些信件往往像小册子一样在学者之间争相阅读。年轻的哥白尼就是其中一位,他在智力领域里流连忘返,在活跃的人文主义氛围中贪婪地吸取知识。他学习教会法规,从事他最初的爱好——天文学和数学以及希腊文、医学、哲学和罗马法律。在博洛尼亚,他有机会和诺瓦腊(Domenico Maria da No-

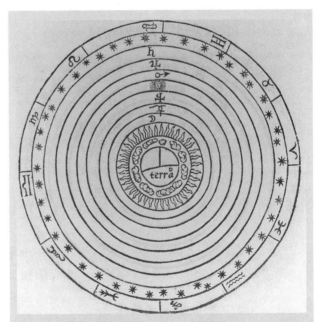

托勒密的体系,是地球在太阳系和宇宙的中心。太阳、月亮、所有行星和恒星都围绕着地球旋转。

vara,1454—1504)一起研究,诺瓦腊是当时最伟大的天文学家之一。这段时光为他以后能在科学革命中扮演伟大的角色奠定了基础。

尽管哥白尼学习教会法规和医学,不过当初他在克拉科大学最初爱上的却是天文学。他阅读了该领域所能找到的全部书籍,利用每一个机会去学习当时所用到的观测方法。在博洛尼亚,在导师诺瓦腊的指导下,他首次进行天文学观测记录。

作为一位有眼光的读者和思想家,当哥白尼意识到托勒密体系(地心说)中存在诸多不相协调之处时,他迅速占据了天文学研究的制高点。当时已有一些天文学家指出,托勒密体系中有太多的预言与实际观测不相符。误差常常达到数小时甚至数天。许多人开始怀疑,是不是这一复杂而笨拙的天球与本轮体系在什么地方出了错。

再有,当时正在南欧复兴的柏拉图主义强调数学、简单性和完美性,诺瓦腊就是这一运动的弄潮儿。一个崇尚柏拉图的简单性和数学美的学者在托勒密那笨拙而复杂的体系中绝不可能找到和谐或优美。哥白尼显然很早就在开始考虑另一个更简单的宇宙结构:日心体系,太阳处于地球和行星的中心。

当然,他并不是第一个有此想法的人。有好几位古希腊人都提出过类似思想,其中包括毕达哥拉斯和阿里斯塔克斯。但是,托勒密复杂的地心体系事实上已经被采纳和灌输了几乎 1 400 年。托勒密体系也与基督教神学吻合得很好,在后者看来,人类就是创造过程的中心,是按照上帝形象而得到的产物。地球作为人类的家园,当之无愧享有这样的优越地位。当我们仰望夜空并且注视天体在头顶的运行路径时,直觉似乎在提示我们,没错,就是这么回事。

1503 年,哥白尼完成了他的教会法规博士论文,回到弗劳恩堡,继续履行那里的行政职务。但是刚刚安顿好,舅舅在海尔斯堡生病,召他前往当其私人医生。三年后哥白尼重新定居于海尔斯堡,1506—1512 年与他的舅舅生活在一起,直到这位主教去世。也许就在这段时间里,他完成了关于日心说的最初草稿。

哥白尼

1514 年,在返回弗劳恩堡之后,他写下了新体系的粗略大纲,并把这份大纲谨慎地拿给朋友们传阅。他把这项工作结集成书,即《要释》(*Commentarious*),后来更为详尽的工作就是在此基础上展开,那就是《天体运行论》(亦译为《天球运行论》)(*De revolutionibus orbium coelestium*),他余生的大部分时间都在做这一工作。

哥白尼的房间在弗劳恩堡大教堂的塔楼里,从这里,可以看到波罗的海上空。他在房顶安装了一个小型观测台,配以少数几件当时的标准天文学仪器(那时望远镜还没有发明),偶尔会爬到塔上去进行观测。

尽管哥白尼被认为是当时一位重要的天文学家,不过他主要还是依赖别人的观察事实,其中包括托勒密的观测结果。他把时间更多的用于精确计算，钻研书本。他仔细地比较了托勒密《天文学大成》几个不同的版本，找出誊抄或翻译中可能出现的错误，并在许多个夜晚冥思苦想。就像他所羡慕的希腊人一样，比起观测来，他更信任的是推理的力量。

他从托勒密那里继承来的问题就是如何解释行星的奇怪行为。太阳、月亮和众恒星看来是每 24 小时在头顶循环一圈，似乎很容易预测，行星则不然。有时，正如希腊人观察到的那样，这些"漫游者"似乎在返回做逆行运动。托勒密对这个问题的解释是：每个行星都在围绕一个看不见的中心运转（小圆），这个中心又围绕地球运转（大圆）。想象一下，你正沿着一个大圆跑步，不时又改变轨道绕着一个小圆跑上几步，随后再回到大圆。这一基本概念，托勒密称之为本轮，可以大体上调和观测结果与亚里士多德早期理论之间的不相协调。亚里士多德认为，所有天体都在同心球壳里围绕地球旋转，球壳一个套着一个。但是，更多更细致的观测表明，托勒密体系似乎越来越经不起观测事实的检验。有些天文学家不得不为已经够复杂的托勒密体系添上更多的球壳和本轮。也许是渴望找到一个更为简单、在数学上更为优美的解释体系，哥白尼在后来写道，"这样一种体系似乎既不足够纯粹，又不能在心智上带给人足够的愉悦"。

伟大的中世纪学者，奥卡姆的威廉，尽管不是柏拉图主义者，不过针对复杂理论，他曾发出这样的警告："若无必要，勿增实体。"今天许多科学家赞同这一思想，称之为"奥卡姆剃刀"，这就是说，当两个理论同时符合观测事实时，最少假设的理论也许最接近真理。当时，科学家相信自然定律是简单的（即使自然本身可能是复杂的），他们倾向于选择简洁而不是复杂凌乱的理论。

哥白尼面临的就是一个凌乱的理论，他需要的是更简洁的理论。

哥白尼问道，如果重新拟订托勒密的方案，使众行星围绕太阳而不是地球旋转，这样对所有的观测和计算会带来什么影响呢？他决定试试。这一决定要求以完全不同和革命性的方式来看待宇宙。

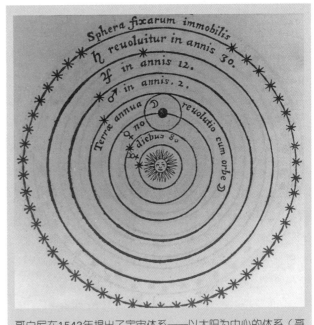

哥白尼在1543年提出了宇宙体系——以太阳为中心的体系（哥白尼体系）代替了1 400岁的托勒密体系。

正如后来他在《天体运行论》中所写："我开始考虑地球的运动……尽管这一想法似乎很荒谬。"不过他认为，作为一个理性的人，他应该有这样的自由，就像希腊人那样，尝试以各种可能的解释来解决这个问题，包括地球在动，而不是太阳在动的思想。尽管有少数希腊哲学家有过同样的思想，但他们并没有详细展开或者试图与实际观测或计算进行对照。正是哥白尼不仅首次考虑这一思想，而且试图计算，如果行星体系取围绕太阳而不是地球的圆形轨道，结果会是怎样。这是一项漫长而困难的工作。但是他终于相信，这一新体系是正确的。行星轨道的中心是太阳而不是地球。

那么,为什么它们看起来像是围绕地球在旋转呢?他说,地球绕自己的轴每24小时旋转一圈,这就造成了天空似乎在头顶转动的景象。他相信,比起固定的恒星天与地球的距离,太阳距地球的距离几乎可以忽略不计(他认为,恒星天位于空间的外沿,正好在最远那颗看得见的行星之外)。太阳的周年视运动是由于地球绕太阳旋转的结果(而不是相反)。他说,只有月亮是围绕地球旋转。火星、木星和土星(当时已知的三颗地外行星)那奇特而神秘的逆行运动是由于这样的事实,它们也像地球一样环绕太阳运动,不过离得更远一些。以更小的轨道环绕太阳运行的地球,有时会超过这些轨道更大的地外行星,于是它们看起来就像是在天空中做退行运动。

在哥白尼看来,只要你敢于打破这一概念——地球必须是宇宙的中心,于是,一切都是那么的显而易见,美丽又精致。但是,传统概念已在上百年的时间里至高无上,它不仅在宗教和世俗思想里根深蒂固,而且在每个人的"常识"里牢不可破:抬头望天,就会看到太阳在"运动",而地球在我们的足下显然静止不动。正如他后来所写,他害怕:"有些人……会马上对我怒吼,把我和我的意见轰下讲台",他还进一步解释说:

"我犹豫了很长时间,究竟要不要发表我为说明地球运动所写的文章,或者宁可仿效毕达哥拉斯学派的先例,把哲学奥秘只口授给亲戚朋友……由于新奇和我的理论的推理明显违反常理,我可以预料会遭到嘲笑,我几乎被迫把整个已完成的工作放在一边。"

1539年,一位年轻的德国路德派的数学教授来到弗劳恩堡,求访著名的天文学家。他的拉丁化名字叫雷梯库斯[Rheticus,1514—1574,出生时名为乔治·约阿希姆·冯·拉赫(Georg Joachim von Lauchen)],他早就非常佩服哥白尼,很有兴趣听到有关日心说的正式表达,因为这一思想早在《要释》完成之前,已在私下流传多年。尽管哥白尼不怎么愿意,但这位年轻人最后还是说服他公开出版。因此,哥白尼体系的最初著作是一份提纲,由雷梯库斯在1540年撰写。许多人认为,哥白尼曾在"九年内几乎四次"克扣隐瞒自己的思想,正如他自己所说,因为他害怕天主教会的惩罚。不过他预料到,即便雷梯库斯的冒险举动会招来官方的大声抗议,但他本人必定会得到赦免,因为教皇和红衣主教都鼓励他出版完整的手稿。(后来的人就没有那么幸运,因为哥白尼正好生活在天主教会相对宽容的末期,此时教会似乎很少意识到在科学和基督教义之间会有冲突。)

雷梯库斯是一位大胆、热心和勤奋的人,他负责监督出版工作。但是印刷的最后阶段是由纽伦堡的一位路德教会的神学家奥西安德尔(Andreas Osiander,1498—1552)负责,出于不明原因,在没有征得哥白尼同意的情况下,他擅自加上一篇没有署名的序。此举也许是希望讨好路德教会的创始人路德(Martin Luther,1483—1546)。路德已经公开宣布反对哥白尼,宣称"这个白痴要颠倒整个天文学,但是《圣经》告诉我们,约书亚(Joshua)命令站住不动的是太阳,而不是地球"。奥西安德尔的序言指出,哥白尼体系纯粹是一种假设,一种假想的方法,是为了帮助天文学家预言行星的位置,并不是想用它来表示实在的宇宙。尽管迟迟才付诸出版,但谨慎的哥白尼也许决不会同意这种避开真理的做法。但是据说,第一批样本从出版商那里运到的当天,正值哥白尼去世,我们也许永远不会确切知道,他是否看到了这篇有争议的序。

第谷：恒星的观测者

1543 年，哥白尼体系以其简单性、规律性和协调性受到欢迎，它作出了更好的天文学预言，至少在当时。但是实际上在当时那也就是它的全部了。除了在这些方面稍稍见长，托勒密地心说或哥白尼的日心说同样有效。两种理论都能解释为什么行星有时看上去逆行，正如希腊人爱说的，都足以"拯救现象"。没有证据也没有观测事实能够支持其中的一方更有说服力，它们都只不过是假说而已。

哥白尼体系使人产生满足感，但是仅仅凭借这种满足感还不能判断它就是真的。在科学上，优美性和合理性不同于实验证据。证据只能来自观测或实验证明了的东西；然后还要观测、再观测，如此重复，最后，看结果如何。在 16 世纪，如果你希望找到有关宇宙运作的真相，你就必须抬头望天，看月亮，看行星，看众恒星——必须长期而仔细地观看。

在望远镜发明以前最伟大的天文观测家是一位具有传奇色彩的怪人，他的名字叫第谷（Tycho Brahe, 1546—1601），出生于哥白尼死后第三年。他是丹麦贵族的儿子，丹麦名字是 Tyge，后来拉丁化为 Tycho。他是一位神童，13 岁就进了哥本哈根大学，起初打算学政治，但在 1560 年，也就是 14 岁时，由于亲眼看到日食，他突然改变了主意。从那

丹麦天文学家第谷以其极为敏锐的观测而闻名于世，他也许是最敏锐的肉眼天文学家。

时起，第谷就以前所未有的热忱、精确和细心地记录，走上了天空观察者的人生道路。

第谷大腹便便，坐在高高的观察台上，形象不佳，且脾气暴躁。18 岁时，由于和另一位数学家在一个晦涩的数学问题上发生争执，最终发展为决斗。决斗中，第谷的鼻子被对方的剑削掉一块，后来，第谷用一块合金材料替代上去（这是一个流传很久的传说，1901年第谷的墓被人打开，从他的遗骸证实了这个传说）。他傲慢而自豪，据说每当进行观测时，都要穿上贵族服装。他懂得享受，酒窖里的酒总是满满的，拥有储存充分的地下酒窖；还雇用一大群仆人，其中包括一名侏儒，为他服务，讨他欢心。据说他拥有自己的私人牢房，每当他的仆人和农奴违反规则时，就被关押在那里接受惩罚。

第谷的养父因抢救丹麦国王弗雷德里克二世而患肺炎去世，出于感激，国王把哥本哈根附近海岸的一个小岛封给第谷。国王还全权委托他建造当年最高级的天文台。

由于他敏锐的观察力和对细节的高度注意，再加上他那精心制作、昂贵奢华的精密仪器（许多是他自己设计的），第谷得到的数据，精度要高于所有人。他以极端的精确和专心致志投入观测，无数个小时，无数个夜晚，详细观测众恒星的位置，记录它们出现的时间，列表比较众行星的位置。

就在他的天文观测台完工后，他敏锐地注意到了夜空中出现的两大奇观。1572 年，第谷认出一颗"新星"（有时叫做"第谷星"，它实际上是一颗爆炸后形成的垂暮的恒星，我

们现在称之为超新星），这是自从喜帕恰斯时代以来看到的第三颗新星。1006 年和 1054 年被日本和中国的天文学家观察到的其他新星，欧洲科学界由于处于封闭状态而不得知。亚里士多德认为月上世界是完美而不变的，对于那些固着于亚里士多德思想的人来说，夜空中的这一星光实在耀眼得令人难以接受。

第谷在他的天文台里

1577 年，有一颗彗星出现，这是给天文学家和迷信的天空观测者带来不安的又一个奇观。如今，最新的理论假设，彗星起源于名为奥尔特云的区域，这个区域远在太阳系之外。它们穿过太阳系，绕着太阳疾驰一圈，随后又沿着原路飞离而去。尽管彗星以前也出现过，但亚里士多德却把它（还有流星）解释为是发生在地球与月亮之间的大气层事件。许多人把彗星的出现看成是灾难临近的可怕警告（有些人至今还是如此）。第谷用卓越的仪器进行精确的测量，从而无可辩驳地证明，这一彗星与地球没有关系，而是沿着远离月亮的上层轨道运行。第谷还观测到，彗星的轨道是椭圆形的，这就再次打击了关于天空完美性的说法，因为据亚里士多德的说法，只有圆才是完美的。同时亚里士多德的另一个理论也受到威胁：如果天空是由层层套叠的水晶球壳组成，彗星的轨道又怎能像第谷观测到的那样穿越这些球壳呢？即便是提出新理论的哥白尼，也给传统的固体球壳留有余地。第谷挑战性地写道："现在对我来说十分清楚，天空不存在固体的球壳。"到 16 世纪末，许多向来被认为是理所当然的东西突然间有了疑问，因为人人都能见到这些奇观，一位怪异、谨慎且脾气暴躁，还带着金属鼻子的观测者不仅见到了这些奇观，还进行了测量。

但是第谷仍然不相信哥白尼提出的地球绕太阳旋转的说法。他同意哥白尼的只是火星与其他行星绕太阳旋转，但对于地球，他的理由是，如果地球在运动，我们应该能够感觉到。这在当时并不是没有道理的假设。如果人骑在马背上越过草地，他一定会感到风从身边吹过；如果人坐在车厢里，他应该感到摇晃和车轮的滚动。他知道真空中的运动会是什么样子（当时没有人相信真空能够存在），或是连续匀速连方向也不改变的运动会是什么样子？（当我们乘坐在以每小时 500 英里的速度平稳疾驰的飞机中时，我们就接近于后一种运动的体验。但是这种体验在第谷时代是不可能有的。）所以，第谷作为一位非常出色的观测家而不是理论家，提出了他自己的折中体系——把托勒密体系与哥白尼体系综合在一起——写进了 1577 年的一本关于彗星的书中，这本书于 1583 年出版。第谷采纳了行星绕太阳旋转的思想,但是他建议太阳本身又围绕地球旋转。这样第谷既保留了传统的地心宇宙,又利用了哥白尼有用的思想,即太阳处于行星体系其余部分的中心。

但是,第谷的好运快要到头了,至少暂时如此。1581 年,他的资助人弗雷德里克二世逝世,继承王位的克里斯钦四世却对这位暴躁的天文学家没有弗雷德里克二世那种感激和羡慕之情。1597 年,这位国王收回了第谷的小岛及天文台,并且向第谷说再见。于是,第谷只好前往德国,求助于德国皇帝鲁道夫二世。这位德国皇帝邀请他在布拉格定居,给他帝国数学家的头衔,其实这就相当于荣誉占星预言家。当时正处于战火纷飞的年代,国家与国家之间,不同教派之间打得不可开交,人人都卷入其中,新教徒与天主教徒互相开战。一个外来的天文学家几乎没有什么可选择的机会,于是第谷欣然从命,因为他知道在业余时间还是有可能继续进行观测的。但是他这时已经是 50 开外的人了,他开始物色一名助手来帮他分析众多没有发表的数据。

1599 年,他发现了开普勒(Johannes Kepler,1571—1630)。

开普勒和椭圆轨道

或者,更准确地说,是开普勒发现了第谷。当开普勒遇到第谷时,这位年轻人已是一位准天文学家和占星术家,薪水不稳定,婚姻糟糕,大学伙伴们还把他当做笑柄。但是他此刻已经写了一本书,于 1596 年出版,在书中,他试图把柏拉图关于固体天球的思想与哥白尼体系调和在一起。这本书的神秘性多于科学性,让许多天文学家感到更加神秘莫测,而不是受到启发,但是开普勒精通数学,这一点吸引了第谷。

但是,这两个人相处并不融洽。开普勒觉得当他向导师求教时,第谷有所隐瞒。"第谷没有给我机会来分享他的实际知识,除了就餐时的谈话,今天讲讲远地点,明天讲讲别的行星的交点。"开普勒多次威胁要离开。

最后,第谷完全屈服了。他说,把火星的资料拿去,分析这些观测结果吧。开普勒竟夸下海口,说他会在 8 天之内得到答案。他不知道在夜空中容易看到的火星运动,已经完整精确地记录在案;他也不知道这些运动与已有预言远远不相吻合。这个项目让开普勒做了不是 8 天,而是 8 年。当完成这项工作时,他才发现,错误不仅出在哥白尼和托勒密的体系中,第谷的体系也有错误。

但是,第谷并没有能活着看到开普勒艰辛工作的成果。1601 年,一生富有传奇色彩而又固

开普勒由于揭示了行星运动的秘密,给第谷的观测结果带来了意义。行星运动遵守的三个定律,现在被称为"开普勒三定律"。

执己见的第谷由于膀胱破裂去世(据说,他在皇家宴会上喝了太多的啤酒,感到自己不便离开,以至无法解手)。他临终时恳求说:"不要让我徒然死去。"开普勒应第谷的请求,继承第谷当了帝国数学家。

开普勒有一次说起他导师丰富的资料积累:"第谷富甲天下,但是像天下大多数富人那样,他不知道如何恰当使用这些财富。"开普勒现在负责第谷的数据库,他知道如何正确地使用它。

与第谷不同,开普勒相信哥白尼的思想是正确的,他着手在第谷丰富的资料中发现太阳系一般轮廓的证据,就从火星遇到的问题入手。观测表明,行星,特别是火星,以不同的速率运行,有时慢,有时快,当越是靠近太阳时速度也越快。开普勒用了 6 年时间,尝试用各种假说来解释这一奇怪现象。每试一种假说都要伴以复杂的计算。当然,他没有计算机来为他处理数据,甚至也没有袖珍计算器或计算尺,因此,处理这些问题需要花费大量时间,需要专心致志,更需要专门技术。最后,他勉强得到这样的结论:行星的轨道不可能是圆的。

1609 年,开普勒在一本名为《新天文学》(*Astronomia Nova*)的书中发表了自己的成果,他提出了后来被称做开普勒行星运动三大定律中的前两个定律。对于关心这类问题的人来说,这本书的出版就像是一场地震。开普勒的观点完全和他自己的柏拉图主义倾向以及基督教神学相反,认为行星不是沿着亚里士多德和托勒密体系中神秘完美的圆形轨道运行,而是沿着椭圆轨道,一种不那么完美的扁圆轨道运行。不像正圆,椭圆有两个中心,即焦点,开普勒说,太阳位于其中的一个焦点。(这就是开普勒第一定律的要旨。)仅仅这一思想就足以引起红衣主教长老会压制该书的出版,事实正是如此。

开普勒在第二定律里提出一个数学公式,来描述行星沿太阳运行时的速率变化。总之,当行星围绕太阳旋转时,从太阳到行星之间的连线,在同样的时间间隔内,扫过同样的面积,无论行星运行在轨道的哪一点上。结果行星越是靠近太阳,连线越短,行星也就走得越快,这样才能扫过同样的面积。

与此同时,在 1604 年,即在不到 40 年内,开普勒看到了第二颗新星,这颗星被称为"开普勒星"。这一事件震惊了欧洲的知识界,它与文艺复兴和宗教改革所带来的影响相汇合,激起一股风起云涌般的新知识浪潮和质疑之风气。一群追随伊壁鸠鲁传统的哲学家走得更远,他们甚至提出,也许是有一大堆原子偶然聚合在一起,形成了新星。但是强调和谐与"天球音乐"的柏拉图主义,在人文主义者的心里仍然占据主导地位。开普勒作为一个虔诚的宗教徒,他反对宇宙被偶然性所统治这样的暗示。他喜欢把这一说法与他妻子晚餐时给他准备的色拉相比较:

> "看起来",我大声说道:"如果盘子、生菜叶、盐粒、水滴、醋和油以及鸡蛋片,在空气里到处飞舞,永不停歇,也许最后偶然聚到一起,正好组成一盘色拉。"我妻子说:"是的,但不会像我做的这样精致漂亮。"

开普勒仍然受柏拉图主义的影响,现在他开始着手确定,行星距太阳的距离与行星绕行一圈所需时间之间的关系,他确信一定存在这一关系。他成功了。1619 年,他在《世界的和谐》(*Harmonices Mundi*)一书里发表了第三定律。他说,任一行星围绕太阳旋转的周期的平方,与其轨道半长径的立方成正比。这个公式适合于他所记录的每一次观测。

开普勒为此心满意足,他把这一定律看成是宇宙最终的和谐与完美的有力证据。

后来发现,开普勒的行星运动定律同样适合于开普勒不知道也从未想到过的天体。当伽利略后来通过望远镜第一个观测到木星的四颗卫星时,观察表明,它们按照同样的原理围绕行星旋转。许多年以后,当聚星体系被发现时,人们发现它们也遵守同样的定律。

开普勒三大定律还预示了科学中的重要变化。不像希腊人和之后的许多人,开普勒并不企图解释行星为什么运动,只是说明行星如何运动。他利用数学和观测数据去讨论行星运动,正如科学作家格雷戈里(Bruce Gregory)所写:"开普勒远远不只是描述了行星运动;他发明了一种对待天体运动的方式,这种方式至今仍有价值。"

对于行星运动的机制,开普勒不仅试图给出科学的解释,而且还对吉尔伯特(William Gilbert,1541—1603)发表于 1600 年的《论磁》一书极感兴趣。开普勒的工作表明,他猜想太阳是以磁的方式对行星施加某种物理控制,从而使行星作旋转运动。

三人组合的遗产

到头来,这三个人——哥白尼、第谷和开普勒——掀起了一场真正的革命,从而使人们换一种方式来看世界。他们从事科学纯粹出于热爱(他们中没人以此为生;现代职业科学家的时代还未到来)。还要记住的是,这三位科学家中的每一位,尽管各有不足或怪癖,但都是在前一位的基础上才谈得上作出自己的贡献,从而带动了科学上重要的进步。这一点正是理解科学及其运作机制的关键。

哥白尼显然信奉亚里士多德水晶球壳和恒星悬挂在外层球壳上的思想。我们今天知道,他并不曾想到地球大气之外的空间是无限的,即使最近的恒星也在 4.5 光年之外。尽管如此——这在科学上是常有的事——他还是为观察事实与理论的不合而烦恼。结果,他开始质疑理论,想到:也许我们是从错误的观点看待整个事物。如果是太阳,而不是地球处于中心,事情会怎样呢?然后,他借助计算,看看这一理论是否有效。它也许并不完全有效,但却比以前任何想法都更有效,于是他给后来者提供了更好的依据。

第谷坚定地相信自己的妥协方案亦即地球依然位于中心,但是他错了。他收集了庞大的观测数据想证明他是对的,然而数据并没有证明他的观点。但是即使他的理论是错的,他也做了仔细而诚实的观测,而这些观测有助于引出比他自己更好的关于宇宙的新设想。这是科学上重要的一点:你的假说错了多少都没有关系,只要你愿意检验它,并允许别人也来检验,重复地进行检验。重要的是这一过程:假设、检验、分析结果,并根据这些结果得出新的结论。第谷是一位伟大的数据收集者,是肉眼观察时代最精确和细心的天文学家。在这方面,他为人类知识的总和作出了无法估量的贡献。

开普勒最初认为,行星轨道必定是圆的。他是一位神秘主义者,一位柏拉图主义者,他的直觉告诉他,太阳系的这一观点一定是正确的。他也错了。他很长时期都没有放弃对圆轨道的设想——直到他试过能想到的各种方案。人们很难摆脱一个已有的假说,但最终他做到了,并提出了一个思想,后来证明它非常漂亮,那就是椭圆。所以,基于哥白尼与第谷的贡献,开普勒得以解决一个宇宙之谜,并且为 17 世纪的后人创造了条件,而即将到来的就是科学革命全面展开的激动人心的岁月。

第四章

一门"广阔而又最优秀的科学"

伽利略和方法的开端

在科学问题上，一千个权威也抵不上一个人的谦卑的推理。

——伽利略（Galileo Galilei，1564—1642）

尽管哥白尼、第谷和开普勒已带来开创性的工作，但传统依然顽强地阻挠人们接受新的宇宙观。"许多年以前，我就成了哥白尼主张的皈依者。"意大利科学家伽利略1597年在给开普勒的信中这样写道。他已彻底信服了，他发现运用哥白尼理论可以解释托勒密体系留下的许多"无法说明的"现象。但是伽利略在同一封信中承认，他长期以来不敢公开发表自己观点，害怕世人会嘲笑他，就像嘲笑哥白尼那样。"如果像您那样，我就应当敢于提出自己的观点"，伽利略向开普勒透露说，"但是我不像您，我却是退缩了"。

从上述伽利略给开普勒的信中，人们容易想象，伽利略是一位胆怯犹豫的人。对自己的观测没有自信，不愿意让自己的思想和观念经受风险。事实上，这封信与其说是这位伟大科学家本人的写照，还不如说是对他时代背景的更好写照。伽利略年轻时是一位易怒、矮壮、有着一头红发的男人，他的思想风格和工作成就在科学史上俨然是一座丰碑。他对运动和力学提出了重要见解，在天文学方面作出了突破性的贡献。最重要的是，他为科学研究带来了前所未有的方法。在生命的最后20年，他深深地卷入一场伟大的争议之中，这就是哥白尼和托勒密体系之争。

伽利略是科学革命时代巨人之一。

"请振作起来，伽利略"，开普勒在回信中写道，"公开亮相。如果我没有搞错，欧洲只有少数杰出数学家与我们见解不同。真理的力量是多么强大啊"。对于经常处于低落状态、更为年轻的开普勒来说,这是一次罕见的乐观情绪的迸发。但遗憾的是,他还是低估了当时保守思想家的顽固,这些人抓住传统思想不放。

伽利略 1564 年 2 月 15 日出生于意大利的比萨,同年莎士比亚在英国出生,米开朗琪罗去世前三天伽利略出生。与他们两人一样,对于当时正在欧洲发生的文艺复兴运动,伽利略是一位真正的参与者。他喜欢音乐和艺术,爱好文学和诗歌,会弹鲁特琴①,并且用画笔和水彩颜料来展示他在天文学上的发现。他也是一位优秀的作家,能够以清晰动人的文笔表达自己,具有讽刺意味的是,这却为他招来了更多的非议之声。若是文笔晦涩,读者就会更少,对于传统思想的威胁也就更少。无论他亮出多少有利于自己观点的证据,但由于笔中带刺,那些被刺痛的人很难不注意到这样的声音。

暴躁的伽利略也是一位老于世故的人。尽管他从未结婚,不过他和他的情妇马琳娜·甘巴(Marina Gamba)生有三个孩子——一男两女。他是一个信心十足、感情丰富的人,钟爱孩子,当后来马琳娜终于和他人结婚离去时,他把孩子留下了,自己抚养他们长大(对于他这样的单身汉,家务事可不是一件容易的事)。晚年,他就住在阿尔赛特里的圣玛梯奥修道院附近,女儿维吉尼亚(Virginia)和利维娅(Livia)也在那里居住。维吉尼亚以修女玛利亚·舍勒斯特署名,与父亲写下一系列家庭信件。这些信件不久前被人发现并被译成英文发表,透露了这位伟大科学家性格中谦逊和人性的一面。

伽利略还是孩提时,随家庭迁移到佛罗伦萨,这里是文艺复兴的中心。他在这里生活到 1581 年,他从周围环境中吸取了丰富的艺术和哲学养料,这些养料就此成为他生活中的一部分。17 岁时他离家来到比萨大学学习医学,这是他父亲,一位贫困潦倒的数学家为他选定的职业。(在当时,医生的潜在收入要高于数学家 30 倍。)

在比萨时,据说,有一天,年轻的伽利略正坐在大教堂里,他注意到天花板下美丽的吊灯在随风摆动。此时的伽利略,更愿意观察并且沉思自然奥秘,而不是通过宗教的方式进行哲学思辨,他不由得全神贯注地观察起吊灯的摆动。他用脉搏度量摆动的时间,并且注意到,在他观测的时间里,在一定的脉搏跳动次数间,吊灯也总是摆动相同的次数。随着时间的流逝,摆弧有所变短,但是摆动的一个来回总保持同样的时间。后来,伽利略在家里进一步研究这个问题。为了验证他的观察,他设计了一套简单的实验。他挂上不同重量的摆锤,使其摆幅分成大、中、小三种,再用脉搏来计时(这是他所能用的最好的测量手段)。在给定的时间间隔里,摆动的次数不变,除非改变摆弦长度。

伽利略已经发现了运动和动力学中某些基本的东西。但是更为重要的是他的方法:他不只是通过逻辑推理,像古希腊和他的大多数同时代人——当时的科学家或者“自然哲学家”那样,而是通过测量时间和距离,并把数学引入物理学中,然后他用实验检验和证明他的观点。

还有,任何人都可以重复伽利略的实验,并且得到同样的结果,这是新“科学方法”中的另一个关键原则。尽管别人,包括培根(Francis Bacon)和吉尔伯特也曾倡导这一方法,但伽利略才是倡导可重复和可检验性的第一人。他成了 17 世纪科学主流中的先锋,其主打思想就是自然定律是数学化的,因此,科学家运用的方法也应该是数学的。

---

① 14—17 世纪的一种拨弦乐器。——译者注

在这一点上，科学史家认为，伽利略比任何前人都更为接近阿基米德。在伽利略之前许多个世纪，即公元前3世纪，阿基米德通过仔细观察杠杆的工作原理和物体如何漂浮起来，然后把他看到的内容抽象成数学公式，这是远远领先于时代的工作。

吉尔伯特：实验科学的先锋

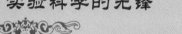

尽管伽利略往往被誉为第一位在研究中真正运用观察和实验这一新科学方法的大思想家，但还是有先行者的。其中最重要的一位就是英国医生和物理学家吉尔伯特。他的研究风格的一个典型例子就是他对磁学的投入。

没有人确切知道，人类是什么时候第一次发现某些被称为"天然磁石"（lodestone）的石头具有天然磁性。许多个世纪以来，人们对磁石充满了好奇。传说第一个这样的物体是在小亚细亚的士麦那附近的马格内西亚城附近被一个牧羊人发现的，几百年后英国人称这类石头为"马格内西亚石"（Magnesian stone），也就是磁石（magnet）。希腊哲学家泰勒斯也研究过类似的石头，但是中国的研究者最早发现，如果让一块磁石自由转动，它就会转到指向南北方向的位置。英国航海家发现这一信息非常有用，在12世纪的某一时期，第一个指南针开始投入应用。这一小小的器件为帮助英国人在吉尔伯特和伽利略时代崛起于世界立下了汗马功劳。

在16和17世纪，磁力仍然是一种非常神秘的力。尽管英国炼金术士培根（Roger Bacon，约1220—1292）的学生帕雷格伦纳斯（Peter Peregrinus，1220—1269）在13世纪研究过磁石，但是对此进行一系列系统和详尽的实验观察的却是吉尔伯特。

吉尔伯特是一位成就卓著的医生，最后取得医师学院院长这一令人羡慕的职位，今天却是以其磁石和磁学实验而闻名于世。他的书《论磁石》被认为是实验科学的首批经典之作之一。伽利略对这本书给予很高的评价，他写道："我想他理应值得最高赞美，因为他做了如此之多全新而又真实的观测，相比之下，又有如此之多愚蠢和骗人的作者，他们写的东西不是来自他们自己的知识，而是照搬已有的庸俗愚蠢之作，从来也不通过实验来满足自身对这些事情的认识。"吉尔伯特从实验中得到的许多结果还引导他作出这样的结论：地球本身也像一块巨型磁石，它的两个磁极非常靠近地理上的两极。（这就是为什么罗盘里的磁石会指向南北方向的原因。）吉尔伯特还根据他接触多种磁石的经验作出假设，地球也许会绕着它的轴旋转，尽管他对哥白尼的日心说毫无兴趣。尽管他的实验让他对磁石有了不少新发现（包括琥珀和其他与毛皮摩擦过的物质也具有相似的吸引性质），吉尔伯特仍然假设，它们的"能力"是由于某种神秘的、也许存在于内部的某种"活"力所致。

吉尔伯特对磁石及其性质的研究一直遥遥领先，直到18世纪，才有研究者开始更严密地研究磁与电的性质。

事实上，伽利略对数学是如此之热爱，以至于最终他成功地改变了职业，尽管与他父亲的愿望相反。但是意志坚强的伽利略并不总是容易相处，因为经常向古代权威进行挑战，比萨大学的许多教授已经与他疏远。在那时，要求一名优秀学者做到的无非是逐字背诵古代著作，并且不假思索地运用这些已被普遍接受的思想。从当时的学风看来，"独立思考"徒劳无益，是对时间的白白糟蹋，因为古人早已说清了一切。所以，尽管伽利略曾经给当时的大数学家里希（Ostilio Ricci，1540—1603）留下了印象，并且有一短期跟随他学习的机会，却没有获得所需的学习成绩，因此不能在比萨继续学习，于是伽利略没有得到学位就离开了大学，1586 年回到佛罗伦萨的家中。

若是对于一位决心和才智都不够格的人来说，故事到此也就结束了，希望和职业随之都化为泡影。但是，伽利略继续学习数学，同年发表一份简短的小册子，介绍他发明的一种流体静力学秤，可用于测量流体压强。部分是由于这一努力的结果，部分也是通过他父亲的周旋，他吸引了几位有影响的贵族的注意，其中一位是蒙梯（Marquis Guidobaldo del Monte），由于他的牵线搭桥，伽利略于 1589 年得到了第一个学术职位，回到比萨大学当初级数学教师。当然，那里没人会忘记他以前的名声——离他声名狼藉的学生时代只不过三年——而伽利略仍一如既往地坦率直言和自信十足，从不在意要去迎合他的同事们。与此同时，父亲在 1591 年去世，把赡养母亲和照顾 6 个兄弟姐妹的经济负担留给了年轻的伽利略。为期三年的合同很快就要到期，他有充分理由相信到时校方不会续签。但是他的朋友蒙梯再次出面，1592 年，威尼斯共和国著名的帕多瓦大学给伽利略提供了数学教席，他的薪金增至原先的三倍。

在帕多瓦，向来自视清高的伽利略似乎找准了自己的定位。他在"大礼堂"演讲，众多学生以及从欧洲各地来的年轻贵族代表慕名而来，其中包括瑞典皇储阿道弗斯（Gustavus Adolphus）。他讲授数学原理的实际应用，诸如如何建造桥梁，规划港口，为城市和建筑物设防，建造大炮，等等。而且作为一名出手不凡的教师，伽利略的讲课风格毫无枯燥乏味之感，相反，他的论述严谨仔细且还常常伴以生动的演示。他向学生展示活生生的事物，而不只是仅仅研究古代文献，试图通过字里行间的比较，从其他思想家头脑里搜寻自然真理。他在班上说明，如果他对着一支口琴吹口哨，口琴就会模仿他的音调：这就是共振。他说明，如果在山上开枪，通过记录开枪时间以及听到枪声时间之间的间隔，就能测得声音的传播速度。他把动物的骨骼拿到课堂上，说明强有力的支撑物不一定非得是实心的，这才有了空心支撑物的问世，这一构造大大降低了建筑成本。他告诉学生要去寻找自然的真理，向他们演示如何利用自己的眼睛、心灵、数学和实验，而不是仅仅利用古代权威手稿去寻找真理。

发现运动定律

伽利略一生最出色的也许是这三件工作：一场物理演示，从比萨斜塔往下扔两个重量不同的物体，比较它们的下落速率；发明望远镜；因忠于哥白尼学说而备受折磨。上述三大业绩，有些纯粹是传统，有些则部分出于虚构，但它们都含有那么一点真实的成分。

首先是关于炮弹、枪弹和比萨斜塔的故事。亚里士多德认为，更重的物体"自然"会比更轻的物体下落得快。这一思想对于当时和以后许多世纪的大多数思想家来说，完全是

比萨8层高的大教堂钟塔，以斜塔闻名于世，是
传说中伽利略做重力实验的地方。

一件明显的事。毕竟，任何人都能够观察到，比如，一根羽毛下落总是比一块石头慢得多。故事这样说，伽利略拿了一枚炮弹和一枚枪弹（形状与炮弹相似，但是较小较轻），登上比萨斜塔的塔顶，让它们同时下落并记录它们落地的时间。当两弹同时落地时，伽利略就证明了，不同重量的两个物体没有以不同的速率下落。精彩的故事不一定是真实的，它首次见于伽利略的一位学生维维安尼（Vincenzo Viviani，1622—1703）所写的一本伽利略传略中，他显然有些夸大，而伽利略本人从来没有写过这一实验。

但是，他确实提出过，物体以几乎相同的速率下落，而与它们的相对重量无关。使得石头的下落速率和羽毛有所不同的，不是它们的重量，而是空气阻力。

伽利略确曾写过一系列亲自做过的小球沿斜面（或斜坡）下滚的实验。他决定采用这些斜坡是因为他没法测量像炮弹自由下落那么快的速率和加速度。为了测量时间，他用上了水钟，这是用水滴测量时间的系统，就像沙漏利用沙粒那样。斜坡上刻有光滑的凹槽，以便让小球保持直线运动，并使小球下滚的速率足够缓慢，即使用他的水钟，也可以精确测量小球滚下的时间。虽然小球是在斜面上运动，但他认识到，它们运动的规律与自由下落基本上是相同的。

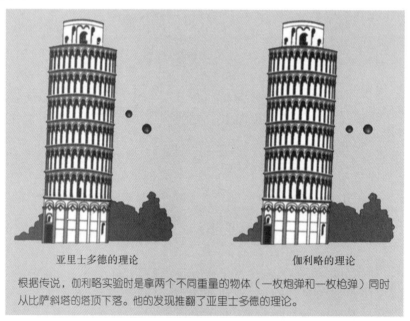

亚里士多德的理论　　　　　　　　　　伽利略的理论

根据传说，伽利略实验时是拿两个不同重量的物体（一枚炮弹和一枚枪弹）同时
从比萨斜塔的塔顶下落。他的发现推翻了亚里士多德的理论。

当小球沿斜坡下滚时，它们似乎是按预期的方式在加速，每经过一秒增加同样的速率。例如，如果小球在第1秒内走1米，下1秒走3米，再下1秒走5米。因此在2秒内总共走了 4 米,3 秒内总共走了 9 米。不论他做多少遍实验,结果大多是一样的。速度的增加总是一样,亦即加速度保持不变。伽利略由此总结出一条运动定律:"在自然运动中物体走过的距离与时间的平方成正比。"今天我们把伽利略的这一发现叫做匀加速定律。它陈述道,如果排除空气阻力的影响,加速度不变。①

纵观伽利略的一生,围绕运动和力学他探讨了许多问题。早在 1590 年,伽利略就写了一本书名叫《重物的运动》(De motu gravium)。其中他运用了 300 年前布里丹(Jean Buridan,约 1295—1358)提出的某些思想,更正亚里士多德对于运动的基本思想。许多世纪以来,学者们努力去澄清箭为什么会飞行这一问题,而亚里士多德的理论对于抛物运动却是含糊其辞。亚里士多德相信,每个物体都要回到其自然位置。但是箭或石头在抛出后还会沿水平方向运动。由于亚里士多德坚持运动需要获得直接推动力,他只能得出结论,这一切缘自空气。当物体运动时,空气被挤至两侧,随后它们又迅速聚集在物体后部,从而为运动提供了冲力或推动力。奥卡姆的威廉的弟子布里丹,向亚里士多德这一论点提出挑战。他认为,物体自身具有的原动力足以维持运动的继续,从而无须借助空气运动。他还认为,适用于地面的情形同样也适用于天体,于是他把这一运动观推至天空,从而认为,天球一旦被上帝推动,就无须天使的帮助,自己就可以保持运动,但这一思想与许多中世纪学者的信念恰恰相悖。

伽利略部分地吸取了布里丹的思想,提出新的冲力理论:如果没有阻力,剧烈运动会保持恒定的速度(速率和方向都在内)。或者,说得更简洁些,在真空中(那里没有大气造成的阻力),一旦物体投入运动,它就会按照同样的速率或方向继续运动。

伽利略后期终于抛弃了许多亚里士多德的思想。但是他从未真正放弃亚里士多德关于物体运动是响应它们内在的"愿望"或天然趋势的思想,例如,岩石落到地面是由于"需要"返回它的自然状态。伽利略已经是如此的具有反叛和独立精神,但他还是没有看出,物体的运动纯粹与它们的惯性质量和施加的力有关。那要靠牛顿后来的工作。

就在研究运动性质的同时,伽利略还提出地球表面的物体不受地球运动影响的思想(用以捍卫哥白尼的日心说)。但即便是伽利略也有他的盲点,他宣称潮汐现象证明了哥白尼关于地球在运动而非静止的思想是正确的,可见伽利略的论点有时也自相矛盾。

望远镜:眼见为实

说到伽利略与望远镜的发明,其实他并不是发明者。大约在 1609 年,他听说佛兰德斯(Flanders)有一位眼镜制造商发明了一种器具,是一根装有透镜的管子,通过它可以观看到还在海上的船只上的细节,甚至看到爬在帆缆上的水手。根据传闻,伽利略推断它应该是如何设计,并且自己动手做了一套。即便他不是第一位制造望远镜的人,但他无疑是第一位想到用它对天空作系统观察的人,而不只是用来辨认海上船只和战争中观察军队的动向。他把望远镜对准月亮、恒星(包括银河系)与众行星。他所看到的一切在 17 世纪的欧洲引起了巨大的轰动。

---

① 请读者注意,当时伽利略无法直接测量小球的速度,因为小球正在做匀加速运动。实际上伽利略在实验中测的是路程与时间的关系,通过路程与时间的平方成正比,证明小球做的是匀加速运动。——译者注

　　他发现，月亮并不像亚里士多德以来大多数天文学家和哲学家所假设的那样，是光滑和完美的球体。他根据自己的观察写道："我确信，月亮的表面并不像大多数哲学家所想的那样，是完全光滑、没有高低不平、完美的球体……月亮上的坑坑洼洼……之大，似乎在大小和规模上都超过了地球表面的崎岖不平。"事实上，他看到了月亮上有高山和暗色的区域，他称之为"月海"（这个名称现在还在用着，尽管我们现在知道，月亮上实际不存在水）。

　　后来的一个晚上，使他十分惊奇的是，当他盯住木星时，他发现靠近这颗行星有三颗，后来又发现一颗，一共四颗未知的星体，他称之为"新星"。以前从未有人看到过它们。现在人们称之为木星的"伽利略卫星"，以示对伽利略的尊敬，它们都是围绕木星运转的巨型卫星，取名为：木卫一——爱莪（Io）、木卫二——欧罗巴（Europa）、木卫三——盖尼米得（Ganymede）和木卫四——卡利斯托（Callisto）。但是，它们都太小，用肉眼是看不见的；这是人们第一次凭借足够的放大仪器看见它们。

伽利略的望远镜之一。

木星卫星的发现对于哥白尼的日心说有特殊的意义。许多反驳者攻击哥白尼体系时说，如果地球不是在宇宙的中心，那么，为什么只有地球才有月亮围绕着它旋转呢？现在伽利略找到了另一个行星，它不只有一个，而是有四个卫星！

利帕希和望远镜的发明

望远镜自从发明以来，就一直是，今天更是天文学家最有用的工具之一——从空间望远镜到巨型山顶天文台，以至于遍及全球的业余天文学家的庭院望远镜。这一划时代的仪器发明通常都归功于来自德国威塞尔的一位眼镜制造者利帕希（Hans Lippershey，1570—1619），他定居于荷兰一个名为佛兰德斯的地区。

其他工匠也在17世纪初开始制造望远镜，但是利帕希在1608年为他的望远镜申请专利，从而成为第一个为这一发明提供文字资料的人。通常就以这个日子作为发明时间，但是望远镜也许在此之前就已存在了——只是没有公开使用。当荷兰政府与西班牙交战时，拿骚（Nassau，当时是荷兰的一部分）的杰出军事领导人和战略家莫里斯（John Maurice，1567—1625）可能已经秘密地把望远镜投入军事应用。

利帕希制作眼镜（眼镜片从13世纪或更早时候就已经投入使用），无疑在他的商店周围会有废料。有一个故事是说，一天两个儿童正在利帕希的商店玩透镜，当他们从一前一后的两个透镜看远处，惊讶地发现远处房顶上的风向标靠近了许多。利帕希逐磨出了其中的窍门，认识到在两个透镜之间加一根管子的想法具有可行性。

根据记录，利帕希由于这项发明从政府处获得一大笔酬金，政府要求他重新设计为双眼望远镜。但是，他并没有获得专利——这项设计是如此之简单，以至于不可能有什么秘诀需要保护。

这一想法也许是正确的。伽利略，还有其他人，离利帕希并不太远。听到望远镜的传闻，伽利略随即给出这一说明："经过很短的时间，我就通过深入研究折射理论成功地制作了这样的仪器……然后通过凹透镜，我就看到放大的物体近在眼前。"他还加上一句："我没有把心思放在地面物体上，而是专心致志的观察天体。"

然而，伽利略也和利帕希一样，认识到"观察器"的军事用途，"观察器"是利帕希为望远镜起的名字。伽利略对望远镜的地面用途有很多想法，其中之一就是把他的一台望远镜献给了威尼斯的贵族，用于观察靠近的敌船。作为交换，他得到了500斯库盾（scudo，意大利的钱币），一年后任何一个威尼斯人只要用两个斯库盾就可以买到荷兰制造的类似望远镜了。

许多其他的发现接踵而来。伽利略把望远镜转向金星，发现这颗行星也和月亮一样，具有相位——会经历盈亏过程。由此他得出结论，金星也和月亮一样，不是自己发光，而是反射太阳的光。对金星的新发现看来也符合哥白尼的革命思想，以及开普勒所作的修改。看起来，伽利略的望远镜已经使哥白尼的"古怪思想"变得越来越可能了。

1610年，伽利略把他的观察发表在一本名为《星际使者》（*Sidereus nuncius*）的小册子里。结果他赢得了巨大的名声和成功。他成了美第奇宫廷科西莫二世（Cosimo Ⅱ de' Medici，1590—1621）托斯卡纳（Tuscany）大公爵的"哲学家和首席数学家"。他被选进科学家的骨干团体——林琴学院（Accademia dei Lincei，也可译为山猫学院，名字取自视觉最锐利的动物山猫）。当然，伽利略也招来了不少同辈人的忌妒。

科学中的妇女

被遗忘了的天文学家

不仅在400年的历史中，在更近的历史中也是如此，对一个时代的伟大事件和进步作出过关键性贡献的许多人，却从来没有被提到。记住这一点是很重要的。有两位天文学家都是非常优秀的观测者，却在大多数历史中被忽视了，今天她们应该可以因为自己的工作获得荣誉了。

第一位是温克尔曼（Maria Winkelmann Kirch，1670—1720），1670年出生于莱比锡，非正式地给天文学家阿诺德（Christoph Arnold，1650—1695）当助手。但是，她的工作一直不被其他天文学家承认。后来，她嫁给了比她大30岁的科尔西（Gottfried Kirsch），1700年迁居到了柏林。在那里，科尔西在新建立的皇家科学院谋得了天文学家的职位。她夜复一夜，肩并肩地与丈夫共同工作，科尔西先生非常欣赏她的能力。1702年，当她发现一颗彗星时，他说明如下：

"初晨大约两点钟，天空晴朗，繁星点点。几夜以前，我曾经观察到一颗变星，我妻子（在我睡觉时）想自己找找看。就在这时她发现天空中有一颗彗星。她立刻叫醒了我，我发现这确实是一颗彗星。我很奇怪为什么在今晚之前我没有看到它。"

但是，因为记录者是科尔西，而不是温克尔曼，因此是科尔西获得了发现的荣誉——这很像研究生作出了发现，而荣誉却归于他或她的指导教师一样。

科尔西去世后，温克尔曼申请他的职位。哲学家莱布尼兹（Gottfried Leibniz，1646—1716）曾经评论道："她和最好的观测家一起观察，她懂得如何巧妙地操纵四分仪和望远镜。"但是她的申请却被拒绝了。

另一位名叫伊丽莎白·亥维留斯（Elisabeth Catherina Koopmann Hevelius，1647—1693），是格但斯克的伟大天文学家约翰·亥维留斯（Johannes Hevelius，1611—1687）的年轻妻子（结婚时她16岁，而他51岁）。现存的记录表明，人们认为她是一位能干的观察家，伦敦皇家学会派天文学家哈雷（Edmond Halley，1656—1742）前去格但斯克观摩她丈夫的天文学方法时，她曾和哈雷并肩工作。事实上，这里有些误会。后来，哈雷送给她一套昂贵的服装，以换取她丈夫著作的复制本。由于伊丽莎白和哈雷的年龄只差了十岁（她更大些），难免就引起了流言飞语。所以，伊丽莎白的科学工作虽然没有详细的记录可查，不过她在历史上却是留下了这一趣闻逸事：一位可爱的女人，招致一位雄心勃勃的年轻天文学家为之倾倒。

同年 7 月,伽利略把望远镜转向土星。在此他发现了另一件让人惊奇的事:他发现在土星那黄色球体两侧,看上去像是有突出物或把手样的东西。他秘密写信给他的资助人、势力强大的美第奇家族成员:

　　"我发现了另一个非常奇怪的景观,应该让殿下知晓……但是,请保守秘密,直到我的工作发表……土星不是单一的星体,而是由三颗星组成,它们彼此紧密接触,从不变换位置,并且沿着黄带道排成一列,中间那个比边上两个大三倍,它们的位置呈如下形式:o○o。"

布鲁诺:科学的殉道者?

科学史上的许多记载都会提到布鲁诺(Giordano Bruno,1548—1600),一位多明我会修道士的命运,把他看做是16、17世纪早期科学家深受宗教迫害的范例。但是,严格说来,布鲁诺并不是这场令人激动的革新运动的真诚参与者。

布鲁诺是一位怪异、隐晦且善于思考的人,1548年出生于意大利那不勒斯附近一位穷士兵的家里。在那不勒斯大学学习之后,1563年进入多明我会的一家修道院。他是一位激烈的思想家,也是热忱的神秘主义鼓吹者。他善于演讲,敢于对各种问题直抒己见,因此被教会看成是异端,常常处于危险之中。他经常到处逃亡,在逃亡过程中产生了越来越极端的神秘主义和狂热思想。他从罗马逃到日内瓦,在巴黎寻找避难,在欧洲各地游荡。在逃亡期间,他也在英国和德国做过演讲,直到1592年在威尼斯被逮捕。

布鲁诺的哲学是各种观念的大杂烩,其中包括相信空间是无限的,也许还有人生活在宇宙的其他世界里。正是这一信仰使得科学史的通俗读物经常提到他。但是没有证据表明布鲁诺是通过逻辑或科学的过程得到这些结论的。相反,它们只是许多相互抵触的概念的例证而已,他以这些概念编织了他那套独特的神秘主义体系。

布鲁诺在经过7年的审讯之后于1600年在罗马的火刑柱上被活活烧死。他一直到最后都拒绝妥协,甚至,根据某种记录,在火刑柱已经点燃时,拒绝接受递给他的十字架。有些通俗书籍宣称,布鲁诺的死刑是因为他相信空间的无限性和其他行星上有居民。然而,在教会为他定下的一系列异端罪名中,这些只是微不足道的细节。毫无疑问,他因自由言论和思想而献身。

布鲁诺被宗教裁判法庭以异端罪受审,因为他不像伽利略那样宣布放弃,因而被拴在火刑柱上活活烧死。人们树立了一尊塑像,以纪念他为自由思想的原则所做的牺牲。

然后,他用代码组成字谜,以表示他作出发现的日期。这是一条经重新排列后没有意义的拉丁文短句(smais mr milmep oet ale umibunen ugttauir as)。但是,它是如此简短以至不可能给人留下把柄,据说迄今为止还有其他不为人知的发现。今天,科学家仍然为一项发现能否得到认可而烦恼,不过定期出版的同行评议(peer review)期刊,为某项发现的公开发表提供了正式渠道。第一个提交研究结果的论文,并且通过其他内行科学家评审(同行评议)的研究者,在大多数情况下,就获得了出版许可。伽利略当时没有这样的制度安排。所以,字谜就提供了发现的日期和这一事实,只要把字母重新排列,就可以表明某项发现确曾已被作出。在使发现公之于众之前,伽利略还要再多想想,他看见的究竟是什么。

他所看到的一直使他迷惑。事实上,有时土星看起来像是"三联体"行星。这令人困惑,但是在他的望远镜里图像实在是太模糊了,难以看得更清楚。最后,他又以字谜形式公布答案:Altissimum planetam tergeminum observavi,意思是"我观察到了最高的行星(即土星)的三联组合"(当时土星是人们知道的最远的行星,所以是"最高的")。

使伽利略更为惊奇的是,两年后的1612年,把手,或者三联体似乎又消失了。正是他首次观察到这一光学赝像,这是由于地球刚好与土星光环处于同一平面上,所以地球上的观察者只能看到光环的边缘。由于光环很薄,用他的望远镜不可能看到。

在1655年以前,没有人能够作出更好的解释。这一年,荷兰的物理学家和天文学家惠更斯(Christiaan Huygens,1629—1695)运用更大的、经过改良的望远镜,看到了伽利略没有能够看到的东西。惠更斯起初也用密码写下这一发现。一旦确证,他随即公布消息。他认识到,土星周边弥漫着"一个薄薄的扁平的环,环与土星没有实质性接触。"

辩论与妥协:审讯

在当时情况下,伽利略的发现和著作不可避免地会被视为是对宗教的冒犯而招来批评。更糟的是,由于他写作的通俗风格,不但会使读者转向哥白尼体系,而且会使他们以一种崭新且棘手的方式对自然进行思考。1616年罗马宗教法庭宣告,把太阳看成是宇宙的中心,或者我们今天所谓的日心说,是一种异端思想。当然,在伽利略的时代,人们相信宇宙就是我们所谓的太阳系。宗教法庭动用它那巨大权力,特别禁止伽利略讲授哥白尼理论或者在写作中为其辩护。

奇怪的是,当几年后教会找人重新编写哥白尼的著作,使它能更好地符合当时的神学理论时,伽利略自愿接受这项任务,他也许是考虑到他那高超的论据可以把事情说清楚,也可能是相信教会正在采取更开放的立场。

1632年,他出版了《关于两大世界体系的对话》(Dialogo sopra i due Massimi Sistemi del Mondo)。书中采取三个人辩论的形式,其中一人是为哥白尼辩护,另一人则为亚里士多德说话,名叫辛普里丘(Simplicio)。伽利略申明他给出的是一场公正与平等的论战。但是这位亚里士多德的发言人为伽利略真正想说的意思提供了清晰的线索,与此同时,关于哥白尼思想的辩护论据,则显得更有条理,更加流畅。教会当局被激怒了。由于新教正在一旁密切关注事态进展,天主教会不能袖手旁观,好像它正在放弃传统。更重要的是,教会不能甘于示弱。

在70岁时,伽利略被传召到罗马。他被控告为异端,因为他相信"太阳在世界的中心,并且处于不动位置,而地球不在中心"。教会看穿他是在打擦边球,以回避1619年教会的指令。就谁才正确道出世界的真正机制这一问题,大多数伽利略的反对者甚至拒绝通过伽利略的望远镜观看，也不愿听取他的论证。他通过观察而进行论证的方法是一种新尝试，而对方却相信他们已经掌握了真理。如果伽利略的望远镜确实显示了某种东西，那么这必定就是望远镜本身的不足所致，他们为什么要为此而浪费时间？伽利略已经是够有勇气了，他坚持自己的信念，不过他还是要尽力抓住好运，当然，他从未表现出圆滑世故的一面。

在罗马，伽利略以异端罪被判入狱。最后在圣玛利亚苏普拉·密涅瓦（Santa Maria Sopra Minerva）教堂里，由于害怕酷刑，他以著名的公开认罪的形式表示妥协："我不再坚持并且已经不再坚持哥白尼的这一主张，既然我已接到命令，我必须放弃它。"

据说，当这位风烛残年的科学家刚刚离开现场，就听到他依然在倔强地喃喃低语："不管怎样，地球确实在动！"但是，尽管伽利略顽强无比，不过他也知道谁在掌握局面。强大的教会赢得了这场战斗。伽利略也许有时会鲁莽，却决不傻。当时他怎样想，我们永远不会知道，但是在这种情

伽利略的《关于两大世界体系的对话》的扉页，画面上显示在亚里士多德（左）、托勒密和哥白尼之间进行着想象中的热烈讨论，他们三人当然从未见过面。

况下，他不可能说出这类话。这一传说只不过是对他的人格以及在历史上的丰功伟绩的一种赞美罢了，显然毫无事实依据。

尽管伽利略实际上从未被关进监狱，他的巨著还是被取缔了，他的余生被软禁在阿尔舍特里（Arcetri），在那里他影响了哲学家霍布斯（Thomas Hobbes，1588—1679）的思想轨迹，年轻的诗人弥尔顿（John Milton，1608—1674）以及其他人拜访了他。尽管教会为此不快，但他还是在世界史上为自己留下了英名，他知道这一点。正如他说的，他"已经开启了巨大而又优秀的科学之门，而我的工作只是一个开端，比我更出色的人将会探索其最遥远的角落"。

爱因斯坦曾经写道："纯粹的逻辑思维不能使我们得到有关经验世界的任何知识；所有真实的知识都是从经验开始，又归结于经验……正是由于伽利略看清了这一点，特别是因为他将此引入科学界，他成了近代物理学之父——实际上，也是整个近代科学之父。"

伽利略死于1642年1月8日。1992年，罗马教皇约翰·保罗二世作出了一个极不寻常的姿态，他以天主教教会的名义承认伽利略受到冤枉。《纽约时报》的头栏评论说："350年后梵蒂冈说伽利略是正确的：地球在动。"

伽利略去世之际，科学革命的火炬传到了另一代。其中有一位年轻人接过了火炬，从而成为那个时代最热忱和最有才华的科学家之一，他就是化学家和物理学家波义耳（Robert Boyle，1627—1691）。

第五章

波义耳、化学和波义耳定律

波义耳是每个学生都知道的科学家,他发现了以他名字命名的定律——尽管波义耳自己却总是把"波义耳定律"归于他的一名学生唐尼(Richard Townley,? —1711)。无论如何,波义耳作为当时一名先驱科学家的名声要远远超出他的这一命题:容器中一定量气体的体积与其压强成反比。毫无疑问,他的最大贡献是把化学确立为一门纯粹科学:致力于探讨自然界的基本过程,而不只是为了实用目的,为了制取产物而采用的一系列配方以及方法。它也决不仅限于炼金术士的这一努力,要把贱金属转化成黄金,于是充满希望地投入,却以一无所获而告终。

化学的开端

化学的最初转变开始于 16 世纪,这时化学开始从传统工艺——陶瓷上釉、制作合金、为普通金属镀上银和金(冶金学)以及生产染料——中脱离出来。古人的实用工艺和炼金术活动,对早期认识物质的结构、组成和特性,它们是怎样与其他物质相互作用,以及它们的转变,也就是说,对了解物质的化学过程,有过巨大的贡献。慢慢地,实践者开始褪去炼金术这一神秘色彩(尽管许多人,包括波义耳和牛顿,还继续从事炼金术活动)。化学作为科学开始崭露头角。大约与此同时,古代研制药物的方法也开始演变为一门科学,它立足于观察药物带来的相互作用及其治疗效果,这就有了药理化学。随着化学缓慢地以科学的面貌出现,好几位科学家对其知识的稳步增长作出了贡献。帕拉塞尔苏斯(Paracelsus,约 1493—1541)和其他人对药理学的贡献将在本编第八章讨论。与此同时,化学的其他领域也开始引起人们注意。

阿格里科拉

在对化学知识的积累作出贡献的科学家中有德国医生阿格里科拉(Georgius Agricola,1494—1555),他探讨如何用化学药物治疗疾病,但是他更著名的工作却是对矿物学和冶金学的研究。他写过一本书,被认为是应用化学方面的首部著作,书名叫《论金属》(*De re metallica*)(1556 年出版),其中探讨了采矿和冶金中涉及的各种实际过程。

比利时的佛兰芒族医生和炼金术师赫尔蒙特(Jan Baptista van Helmont,约 1579—1644)发明 gas(气体)这个词,源于 chaos(混沌),他还成功地离析出好几种气体。他应用定量方法,通过使物质燃烧、发酵以及其他过程,对气体进行研究,并分析由此产生的蒸气。他还主张物质在化学反应的过程中不生不灭。

然而,赫尔蒙特具有浓郁的神秘主义色彩。他致力于寻找哲人石,据说它是炼金魔法术的关键。此外,他还声称,有这么一种"武器药膏",若是某人受伤,只需把这种药膏涂于致伤的武器上,就可治愈这一伤口,这一说法引来诸多非议。为此,1625 年西班牙的宗教裁判所谴责他是异教,赫尔蒙特的余生从此遭到软禁。伽利略也有类似的命运。因此,赫尔蒙特的大部分著作在其死后才出版,他也才为世人所知。

基于"chaos"一词,赫尔蒙特新造了"gas"这个词。

大多数化学史家承认,直到 18 世纪,化学中的真正革命才达到高潮。也许部分原因在于,有如此之多的化学家陷于炼金术这一神秘主义氛围中,致力于寻找能够点石成金的哲人石以及所谓的长生不老药。然而,还有一个理由,就是化学家试图了解的物质过于复杂。什么是人体化学?人体是由哪些成分构成?行星呢?动物呢?是什么使金属熔化?制造玻璃的化学原理是什么?酸是什么?醋呢?酒呢?这些基本问题不容易回答,特别是在当时的设备之下。

还存在许多其他绊脚石。在讨论化学问题时没有共同语言,没有我们现在所用的归类术语,如有机物和无机物,气液固三态,酸碱盐的分类。17 世纪初还没意识到气体的存在。更糟的是,当时有些过于偏激的理论,不仅没有条理,相互矛盾,而且不符合新兴物理学和天文学中的世界观。难怪自然哲学家、物理学家、天文学家以及其他科学家都视化学为伪科学,是神秘过时的东西。

科克郡的天才

波义耳是科克郡第一任伯爵理查德·波义耳(Richard Boyle,1566—1643)大家庭中出生的第 7 个儿子和第 14 个孩子。年轻的波义耳有许多优势条件。他的家庭很富有,而且是贵族,他又是一个神童,家里给他请了私人教师,并且让他出国受教育,这个机会给他提供了广阔的视野,使他比同代人更少地受亚里士多德的传统束缚。波义耳 14 岁时伽利略去世,当时他正在意大利研读这位大科学家的著作。他也受到笛卡儿(Rene Descartes,1596—1650)的很大影响,笛卡儿当时已经被公认为最有影响力的哲学家之一,也是一位很有名望的科学家和理论家。

知识的分享

17世纪科学的变化是如此之快，以至于科学家发现他们需要相互间经常保持联系，通报科学消息。到17世纪40年代，有一群英国科学家开始经常聚会，非正式地交换看法，并且报告他们的实验情况及其结果。于是，在1660年11月28日，他们中的几位——其中有波义耳和雷恩（Christopher Wren，1632—1723）——正式建立了"物理数学实验知识促进学院"（A College for the Promoting of Physico-Mathematicall Experimentall Learning）。这群人开始每周在伦敦的格雷欣（Gresham）学院聚会，雷恩是这里的天文学教授，大家报告新发现和实验中的见闻。波义耳过去的助手胡克（Robert Hooke，1635—1703）成了第一任实验主管。

1662年这个组织获得许可，得到了国王查理二世颁发的第一份特许证书，于是成为伦敦皇家学会。1663年又得到第二份特许证书。到了1675年，皇家学会成功地说服国王建立一个皇家天文台（也叫做格林威治天文台）；由于当时的英国需要绘制精确的地图，而这又离不开能够精确测定星座位置的天文台，于是，天文台的建造就有了正当理由。弗拉姆斯提德（John Flamsteed，1646—1719），英国第一位皇家天文学家，着手制作恒星位置详表和星图。哈雷继承弗拉姆斯提德任台长，在这里他发现了一种方法，可借助观测月亮来判断海上的经度。

起初，学会面向那些科学事业和向皇家学会捐献财富的业余爱好者。后来学会变得更有选择性，会员只吸收作出过重要贡献的科学家（并不一定是专业的，专业是指以其为主要谋生手段）。

1666年，一个类似的组织，科学院（Academie des Sciences），在法国巴黎成立。发起人是考伯特（Jean-Baptiste Colbert，1619—1683）和路易十四。法国科学院提倡科学，担当法国科学中心的角色。但是，法国科学院与英国皇家学会相比，更多表现出官僚色彩而非私人友情，它最初是一个由选中的12人组成的小团体，这些人以学会的名义匿名开展工作。

交流无所顾忌地越过了国家界限，甚至在两国关系紧张时也不例外。17世纪科学家之间的通信十分频繁。其实，皇家学会秘书的主要任务之一就是担当信使的角色，为欧洲各地的专业和业余人士提供来自各种渠道的科学新发现。

波义耳于1644年回到不列颠群岛，并决定留在英格兰，因为在他的家乡爱尔兰，新教徒和天主教徒之间冲突不断。1643年他父亲去世，分得的遗产可以让他独立生活，并把一生投入科学。在已经成为牛津科学界的一员之后，他又参加他们的聚会，这一活动被非正式地叫做"无形学院"，聚集在一起深入研究新的实验方法。这正是英国哲学家培根

（Francis Bacon）和伽利略新近提倡的方法，波义耳已经有所掌握。1654 年波义耳迁居到牛津，1660 年，该团体的成员组织了后来成为世界上最早、最受尊敬的科学社团——伦敦皇家学会。

关于真空实验

波义耳听说德国物理学家盖里克（Otto von Guericke，1602—1686）在 1650 年建造了第一台空气泵，目的是探讨真空（不包含物质的空间）是否存在。关于这个问题，亚里士多德没有经过试验，就断然回答"不"。盖里克的空气泵类似抽水泵，它的各个部件相当紧凑以至足够密封。盖里克把容器中的气体抽空，成功地证明了真空的可能性。亚里士多德说过，声音在真空中无法传播，而盖里克证明，在他所创造的真空里，人们确实听不到钟声（正如亚里士多德所想），尽管如此，声音可以在液体、固体和空气中传播。通过进一步实验，盖里克证明动物无法在真空容器中生活，蜡烛不能在其中燃烧（当时对气体还知之甚少——氧气甚至还没有被发现）。在一场引人注目的演示中，他还证明，即便 50 个人同时猛拉一根拴在活塞上的绳索，都无法克服空气压力使得活塞进入真空状态。

波义耳把化学科学带到近代。

1657 年，波义耳开始听说这些实验，并且得到胡克的帮助，胡克心灵手巧，善于制作各种器具装备。他们两人设计了比盖里克更好的空气泵。这次实验成功之后，人们常常把空气泵产生的真空叫做"波义耳真空"。

当时化学家和物理学家面临的重要挑战之一，是设计能够进行精确定量测试的仪器。波义耳还发明了温度计，那是一种真空并且完全封闭的装置。他也是第一位证明伽利略关于自由落体定律为正确的人：在真空中，不同重量的物体以同样的速率下落。如果没有空气阻力，羽毛不会浮在空气中，它将和比它重得多的铅块以同样的速率下落。在另一个有趣的实验中，波义耳还证明，钟的滴答声在真空中是听不到的，但是电的吸力可以穿过真空并在另一侧产生效应。

根据这些真空实验，波义耳开始研究气体的性质。

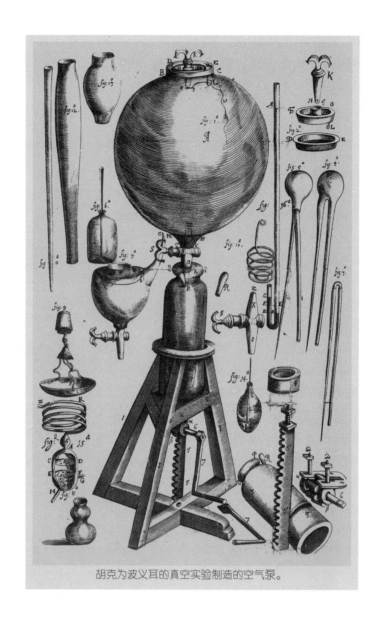

胡克为波义耳的真空实验制造的空气泵。

认 识 气 体

　　很难想象，今天甚至连小孩子都知道的许多概念，17 世纪那些一流化学家却不知道。1662 年，波义耳表示，他可以压缩空气。他还发现，如果施加于气体的压力增加一倍，它的体积就会减少一半。用更为简洁和完整的话来表述，就是如果气体保持恒定的温度，则其体积与压强成反比。实验步骤如下：在一个 17 英尺长、一端封口的 J 型管内压入空气，另一开口端灌入水银以防空气逃逸。然后，增加汞的数量，使压强加倍，则空气的体积减为一半。再增加汞的数量，使压强增加为三倍，则空气的体积减为三分之一。如果减小压强，空气将成比例地膨胀。这一原理被称为波义耳定律。波义耳则诗意般地称之为"空气的弹性"。

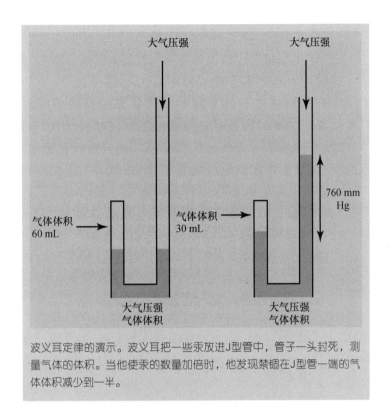

波义耳定律的演示。波义耳把一些汞放进J型管中，管子一头封死，测量气体的体积。当他使汞的数量加倍时，他发现禁锢在J型管一端的气体体积减少到一半。

波义耳的结论是：除非空气是由微粒或粒子组成，否则不可能以这种方式被压缩，因为在微粒中间才有空隙存在。因此，当压强增加时，这些微粒可以靠得更近些。波义耳的同事们重复他的实验，对这些结果留下了深刻的印象。自从希腊哲学家德谟克利特和希罗（Hero，公元 60 年左右）的时代以来，原子的概念首次有了长足的进展。正是德谟克利特最先提出原子观；希罗是古希腊的工程师，他在大约公元 62 年写道，空气一定是由原子组成，因为它是可压缩的。

波义耳在气体方面的工作为接近他的目标铺平了道路：把化学确立为一门基于机械论之上的、理性的理论科学。他发现的重要概念为理解物质的本性，尤其是气体，打下了扎实的基础，它们在 18 世纪结出了丰硕的果实。

化学的搭建：方法与元素

以今天的标准来看，波义耳不是一个彻底的近代化学家。他热心于炼金术并且相信金子可以从其他金属转化而来。通信证据表明，他和牛

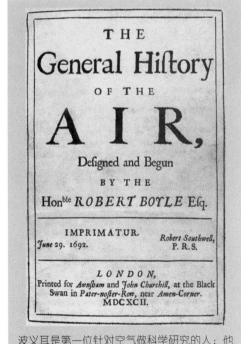

波义耳是第一位针对空气做科学研究的人；他的书《空气的一般历史》（The General History of the Air）在他死后的1692年出版。

顿秘密(所有的炼金术都是如此)分享他们相信能最终实现炼金术目标的配方和物质。不过,他坚持的某些基本原则,却有助于把化学建成一门科学。

在他那本出版于1661年的《怀疑的化学家》(*The Sceptical Chymist*)一书中,他怀疑希腊人的这一说法,亦即元素(一种基本的、不可分的物质)能够直觉地认识到。波义耳强调说,元素只能通过实验才能提炼出来。波义耳并未抛弃传统的元素观,只是他认为这些元素应该通过实验得到,从而为接下来的三个世纪里诸多元素的发现创造了条件,这些元素都是古人、他的同代人,甚至他本人连做梦都未曾想到过的。

他提出,元素实际上是一种物质实体,只有通过实验才能确认。如果实验证明一种物质不能进一步分解,那么这就证明该物质就是元素。他还看到这一特性:几种元素可以组合在一起,形成其他物质——但是由此形成的化合物往往可以再分解,重新得到原来的元素。对于化学来说这是重要和决定性的一步,它因此而有资格与物理学及天文学平起平坐。这一功绩甚至远胜于波义耳定律,它是波义耳对化学和科学的最大贡献。

波义耳坚持把实验作为主要证据,这对当时的科学家产生了巨大的影响。波义耳决意要让化学引起自然哲学家的注意,因此他成功地使那些自以为是严肃科学家的人们相信,化学值得研究并且加以关注。至于下一步进展则不得不等待另一位有洞察力的化学家——拉瓦锡(Antoine-Laurent Lavoisier,1743—1794),他在接下来的世纪兴起一场化学革命。

与此同时,物理学的革命也远未完成。伽利略打开了许多大门,并且为此打下基础。随后,不利的周遭环境迫使一位尚未确立人生志向的学院研究者不得不度过一段额外的长假,结果这却成为有史以来最为重要(也许是这样)的一段科学生涯的开端。这个研究者的名字就是牛顿。

第六章

牛顿、运动定律和"牛顿革命"

如果我看得更远,那是因为我站在巨人肩上的缘故。

——牛顿(Isaac Newton,1642—1727)

伽利略的去世标志着一个时代的结束。在意大利,伽利略已经为强有力的新"科学方法"奠定了基础。但是即便在伽利略的时代,确切地说是到他逝世为止,意大利的伟大文艺复兴运动已经开始接近尾声。到了 17 世纪中叶,意大利已经不再为科学家提供最好的训练基地了。

在欧洲其他地方,新的政治结构采取了或多或少的统一政策,正在代替旧的封建社会,由单一民族组成的国家。但是,在意大利,旧的城邦仍然互相间持有敌意,似乎看不到团结起来形成统一力量的迹象。与此同时,到了 15 世纪末,航海家发现了一条绕过非洲好望角,通往东方的海上贸易通道,可以代替穿过中东的陆上通道,而意大利多年来曾经垄断了这条陆上通道。1661 年,英国人得到了印度的孟买,结果英国与印度的贸易大幅增加。具有讽刺意味的是,1492 年,正是意大利人哥伦布(Christopher Columbus,约 1451—1506)为欧洲人发现了大西洋彼岸的新世界,哥伦布当然不是以意大利的名义而出航,因为没有足够财富作支撑的、各个城邦相互独立的意大利是没有兴趣送他出航的。到了 17 世纪中叶,英国、法国、荷兰因此而财运亨通。当时意大利和希腊已经不再是西方世界的中心了。所以,扩张的精神在英国等国正在为科学的新进展提供更好的土壤。

再有,罗马天主教会对于宗教改革的强烈抵制在英、法等国收效甚微。1534 年英国建立了独立的英格兰教会,由英国国王,而不是教皇担任首脑。17 世纪 40 年代发生了一系列内战,也叫做清教徒革命,思想自由的事业因此更是得到大大地推进。即使英国在 1660 年回到了君主政体,政治和宗教领域观念上的冲突仍然引起了思想动荡,从而鼓励了独立思想和新观念的出现。

伟大的综合者

这就是牛顿于 1642 年 12 月 25 日出生后来到的世界[他的生日是按当时英国采用的罗马儒略历(即公历)计算的],这个世界充满了政治骚乱和宗教冲突。然而,他的家乡却是一个相对平静的农场,位于林肯郡的伍尔索普乡村,林肯郡是英国东部以农业为主的郡。由于早产,他是如此瘦小,以至母亲如此形容,他可以装在一个量杯中。牛顿的童年

牛顿在物理学中的地位只有20世纪的天才爱因斯坦才能向其挑战。

非常孤独——父亲在他出生前去世，三岁时母亲改嫁，把他交给了祖母，他的童年大部分是和祖母一起度过。作为一个孩子，他常以制作一些小玩意来自娱自乐，诸如里面点着蜡烛的风筝，在天空中闪闪发光，还有水钟和日晷。有段时期他与一位药剂师搭伙，在那里他迷上了炼金术。他不乏好奇心，但在学校里还看不出什么苗头，至少在发生这起事件之前：班上有一个小恶棍，偶尔成绩居于班上的前列，有一天牛顿和他发生了冲突。出于好强和荣誉感，牛顿突然开始发奋学习。

牛顿的母亲总是认为她的儿子应该接管农场事务，因为这时她的第二个丈夫也已去世。但是当牛顿离开学校承担农务时，显然他没有这方面的才干，相反，一有机会他总是与书为伴。多亏他的叔叔，一位剑桥三一学院的成员，把他送到剑桥大学。牛顿于 1661 年入学，1665 年毕业。即使在 23 岁的年纪，他仍没有显示出特殊才华。毫无迹象表明他会成为科学革命的巨匠，从哥白尼、开普勒和伽利略以及其他人的思想中脱颖而出。也没有迹象表明他会在理论物理学和动力学方面作出伟大贡献。同样他也未表露出会在光学和数学领域取得巨大成功。

但是在 1665 年，一场鼠疫——大瘟疫——袭击伦敦，这座城实际上成了死城。剑桥也难以幸免，于是，牛顿离开大学回到相对安全的林肯郡农场，在那里，他利用 18 个月的长假，开始整理一些思想。在这段时期里，他奠定了微积分的基础，这是一种数学计算方法，它的发明使得科学家能够应付复杂的方程式。也就在此期间，他注意到了一个苹果落到地面（尽管不像传说的那样落在他头上）。（历史学家对此事的真伪提出质疑——但是有人辩护说，至少可以说明，看来牛顿的思考是建立在观察之上的。）这件事使他若有所思，也许把苹果拉下地面的力跟维持月亮沿轨道运行的力是同一个力？这一观念代表了与亚里士多德传统的决裂，亚里士多德坚持说，地上和天上运行的是两套完全不同的定律。而牛顿开始看到，苹果与月亮遵循同样的自然定律，只有一套普遍的定律，而不是两套。

在牛顿被迫闲居乡间时，他还做了一系列涉及光的精彩实验。当时，每个人都假设白光是因为缺乏颜色。为了试验这一点，他把一块棱镜放在一个用厚帘子遮住的暗室前面，让它刚好位于暗室的开口处，以便阳光穿过它投射到屏上。光线分解成如彩虹般的颜色——红、橙、黄、绿、蓝和紫。这些颜色是从哪里来的？是棱镜产生的吗？牛顿猜测它们是光线本身的成分，所以他把折射光，也就是彩虹"光谱"以相反方向穿过另一个棱镜。各种颜色重新合并，在屏上出现了清晰的白光点。

1667 年牛顿回到剑桥，1669 年成为那里的数学教授。回到剑桥时，他刚好 25 岁，对牛顿来说，一生的主攻方向已经确定，但是他现在已经不再离群索居。他生活在这样一个伟大的时代,科学受到广泛关注,到处都充满挑战、交流和争论,他卷入其中,也许身不由己。1672 年,牛顿被选为皇家学会会员,他在这里报告了有关光的实验和光学理论。尽管话语不多,但他还是看到了荣誉以及公开交流的价值所在。

然而对于牛顿来说,与皇家学会打交道并不事事顺利。皇家学会的实验主管胡克也做过某些类似的实验——尽管不如牛顿那样透彻明确,于是,他马上提出反驳。1665 年,胡克曾在他的著作《显微术》(*Micrographia*)中公布过光的波动理论,把光的传播比作水波。他还提出过一个颜色理论,用以解释薄膜的颜色和通过薄云母片观察到的光。但是他的观察只局限于两种颜色,红和蓝,而他的解释也不甚充分。尽管如此,他还是感到牛顿踏进了他的领地,于是一场终生的怨仇开始了。

孤独的童年在牛顿的一生留下了深深的烙印,他一辈子不结婚,经常陷入轻微的妄想、具有动辄抗争的性格。因此,他在许多情况中都不能与其他科学家或同事密切合作。然而,正如他自己首先承认的那样,在其他人工作的基础上,他使那些似乎有效却又充满矛盾的方法和理论得到整合、澄清和综合。

比牛顿早出生约 100 年的牛顿的同胞培根(Francis Bacon)以及法国哲学家笛卡儿的科学方法是一个很好的范例。1620 年培根提出现在所谓的归纳(a posteriori)推理法。和伽利略一样,他相信科学思想必须建立在第一手观察和实验的基础上。再有,关于普遍真理的结论应该基于特定的观察事例而推出。他认为,演绎(a priori)推理法,一种希腊人深深迷恋的"空谈"哲学,已经在相当长的时期内使思想家误入歧途。培根的思想得到了支持,因为这些思想很好地符合英国的宗教状况。英国的宗教看重个人的宗教体验,而不是教条。这些思想也与下一世纪的工业革命相当合拍,这场革命强化了英国日益增长的经济实力。

与此同时,比培根年轻 35 岁的笛卡儿在法国却以不同方式提出了对立观点,他在 1637 年出版了《方法谈》(*Discours sur la méthode*)。他信奉演绎推理,其中先验推理是关键步骤,其推理过程是从一般到特殊。

对于笛卡儿来说,关键问题是人们是怎样获得知识的。例如,我怎么知道我存在?在《方法谈》中,他的结论是"我思故我在"(Cogito ergo sum)。他提出机械论宇宙的思想,认为是上帝创造了宇宙,但宇宙的运行却是根据最初确立的法则(他差一点就提出了这样的思想:宇宙一旦投入运行,上帝就不再干预;这一思想是后来在启蒙运动时期提出的)。他认为,宇宙是由两种类型的物质组成——一种是创生出来的,或叫"广延";另一种是灵魂——能思想的存在(人类)才拥有它——这样的二元论成了笛卡儿哲学的重要部分。笛卡儿对 17 世纪的欧洲有巨大影响,尽管他似乎以某种方式回到了旧希腊的老路上。

笛卡儿被认为是第一位近代哲学家,他对科学、数学和哲学作出过重大贡献,他主张运用数学和科学就可以对物理世界作出预言。

但是，笛卡儿也是第一位试图用数学方法来描述宇宙总貌的人。他至少有一项重要贡献，就是发明了解析几何学，这才有可能对付那些从前未曾碰到过的复杂计算。在微积分引入数学宝库之前，这是希腊古典时期以来，在科学的定量工具方面最伟大的突破。

牛顿接受了上述两大遗产，他拿来培根、伽利略和吉尔伯特的实验主义和归纳方法，使之与笛卡儿的定量方法相结合，打造出新的、甚至更强大的方法，这就是运用数学工具表达并且构建实验结果。

笛卡儿还试图解释开普勒引入的问题，行星为什么以椭圆轨道运动？这是当时最大的奥秘。然而奇怪的是，他对此的态度与其说是数学的，不如说是描述性的。笛卡儿和亚里士多德学派一样，主张不存在真空之类的东西，是巨大的流体或以太旋涡带着行星围绕太阳旋转。他还进一步提出：尽管上帝为运动建立了基本定律，但新的恒星、太阳系和行星还是可以从运动着的旋涡，这一物理宇宙永恒的运动中形成。笛卡儿的机械论宇宙观对当时的欧洲思潮产生过强烈影响，并为后来 18 世纪的启蒙运动打下了基础。但是他又从他的"空谈"哲学里发展了关于以太和旋涡的思想：它们纯粹是一种描述性的理论，缺乏定量证明。

丰特内尔：第一位职业科普作家

尽管曾有人为受过教育的读者写过有关科学的著作和文章，丰特内尔（Bernard le Bovier de Fontenelle，1657—1757）却是第一位非科学家，一生致力于撰写书籍和文章，向普通人解释科学。丰特内尔是律师的儿子，出生于法国的鲁昂，他有资格从事法律工作，但他却想成为作家。他先是涉猎诗歌和戏剧写作，但成绩平平，随后对科学产生兴趣。他的第一本科普著作是介绍天文学的新发现，题目是《关于世界多样化的谈话》（*Entretiens sur la pluralité des mondes*），出版于1686年。这本书立即取得成功并在以后的许多年里不断修订和再版。作为笛卡儿哲学和科学观点的热心支持者，丰特内尔从未完全接受牛顿的观点。但是，他才识渊博且文笔优美，他的作品有助于使许多读者了解他那个时代的科学活动和理论。他不限于"大宇宙图景"，而且还写了许多领域和科学家，几乎涉猎他所接触到的每一个领域。在1696年成为法国科学院院士——一个很高的荣誉——之后，他在长达42年的时间里，与科学院合作，担任科学院的终身秘书。在这个岗位上，他完成了最伟大也最有名的著作——《历史》（*Histories*），书中总结了他那个时代所有领域的科学家的工作，以及一系列献给已逝著名科学家的颂词。丰特内尔在气质和才能上都极有天赋，是一个好奇心十足，非常快乐的人，他热爱自己的工作，而且超常发挥。他在充分享受生命之后安详地去世，离他的一百岁生日只差一个月。

行星按椭圆轨道运行的问题吸引了 17 世纪最优秀学者的关注,其中包括荷兰的惠更斯(Christiaan Huygens,1629—1695),有人认为他是 17 世纪后半叶,仅次于牛顿的最伟大的科学家。他第一个定量估计使一个物体做旋转运动所需的力。皇家学会三个会员——胡克、雷恩和哈雷——据此考虑行星围绕太阳旋转的情况。他们提出一个公式,可以从数学上解释围绕太阳的圆形轨道:如果太阳对行星的吸引力与距离的平方成反比,行星将以圆作为轨道。换句话说,如果火星离太阳的距离是水星的两倍,则太阳对火星的吸引力是它对水星的四分之一。如果更远的行星离太阳是四倍距离,吸引力将只有十六分之一。但是仍旧没有人能够解决椭圆的奥秘。

哈雷在 22 岁时成为皇家学会会员,1684 年在剑桥遇到了牛顿。于是他向牛顿提出椭圆轨道的问题。早在 1665—1666 年,牛顿在 18 个月的长假中,在家乡农场里就已经得到了与胡克、雷恩和哈雷相同的数学公式,即"平方反比"定律。考虑到苹果和月亮都受地球吸引力的影响,他估计,这种力应该随着与地心距离的平方关系而减少。但是当要着手进行证明时,他需要知道,相比于苹果,月球离地心有多远,但他没有正确的数据,只好止步不前了。因此他从未发表这一工作。但是现在,他有了地球半径的修改数据可供依据,再加上有了更为成熟高明的数学技巧。结果就是牛顿最伟大的著作《自然哲学之数学原理》(*Philosophiae naturalis principia mathematica*),简称《原理》,诞生了,他写这本书用了 18 个月。

但是,这一工作成为胡克和牛顿之间另一场争论的焦点,胡克指出,他在很久以前给牛顿的一封信中提出过平方反比定律。皇家学会收回了对出版这一著作的承诺,但是哈雷插手进来,提供出版所需的钱,暂时调和了胡克和牛顿之间的争执。哈雷还亲自校对排版。1687 年第一版面世,共三卷,只印了 2 500 本。

运动三大定律

沿着哥白尼、开普勒和伽利略的脚步,牛顿在《原理》中描述了一种用数学表达的世界观。在第一册中,他考察了支配运动的定律,根据这一基本概念总结了伽利略的许多工作。

伽利略已经认识到,力改变物体的运动,如果不受力,运动中的物体就会沿着直线一直运动下去。所以一开始,在著名的牛顿第一运动定律,也叫做惯性定律中,牛顿总结了伽利略早已说过的:静止中的物体倾向于保持静止,运动中的物体倾向于以恒定的速率沿着直线不断运动。

在第二定律中牛顿提出,作用在物体上的力越大,物体的加速度就越大。但是质量越大,物体的加速度就越小。

最后,牛顿在他的第三定律中提到,每一个作用力都有相等的反作用力。或者说,一个物体对另一个物体施力,则第二个物体对第一个物体施同样大小而方向相反的力。发射火箭就是牛顿第三定律生效的一个好例子。火箭对喷出气流产生一股向下的推力,依据牛顿第三定律喷出气流会产生反向力。如果喷出气流的向上推力超过了火箭的重量,火箭就从发射架升起,进入大气。

牛顿第一个区分了物体的质量与重量,这两个词至今还有许多人在日常语言中互换使用,但是它们在物理学中的意义有重要的不同。物体的质量是指它对加速的反抗,或者,换一种方式来说,物体的质量就是它的惯性的多少;而物体的重量则是它和另一物体(如地球)之间引力的多少。下述例子可以说明这两个概念有什么不同,比如,宇航员的重量(宇航员的身体与地球之间的引力大小)在太空可以忽略。但是宇航员的质量(对加速的反抗),不管他是否站在地球上,都保持不变。牛顿重视语言的精确性,以及他使用数学这一普遍的语言,是对科学发展的重要贡献。科学发展到他这一时代已经足够复杂,因此比以往更需要清晰的区分。

牛顿利用《原理》第一册中的三个定律作为基础,计算地球与月亮之间的引力。他得出结论:引力正比于两个物体的质量,反比于它们中心之距离的平方。更重要的是,他认为,这一引力定律适用于整个宇宙。他还证明,他的公式能够解释所有开普勒定律。

在《原理》的第二册,牛顿讨论了笛卡儿的观点,亦即宇宙充满流体,行星和恒星的运动受旋涡支配。对宇宙的这种解释似乎回答了许多问题,因而得到了许多支持者,特别是在欧洲大陆。但是牛顿发现,当他把定量方法运用于这一理论时,它就不再有效。他用数学方法探讨流体如何运动这一问题,从而证明旋涡的运动不能"拯救现象"。实际观察到的行星运动与旋涡理论不符。由此,笛卡儿的体系终究无效。

牛顿《原理》的第三册,也就是最后一册,立足于前两册的基础上,写得非常有趣。如果他提出的定律和结论都是正确的话,牛顿认为,他就应该能够不仅解释科学家已经观察到的事实,而且还能对尚未观察到的现象作出预测。于是,他提出了一些让人极为惊奇的预测。

例如,牛顿证明地球不同部分的引力合在一起,使它形成球体。但是,由于它沿着自己的轴旋转,这一额外的力将会影响到球体的形状,从而在赤道处有所突出。已知地球的大小、质量和旋转的速率,他就预言了突出的大小。牛顿在一生中做过许多努力以验证这一预言,但由于地图制作者计算有误差,好像他是错了。但是实际上,他的预言不仅没错,而且精确到百分之一。

另一个著名的预言中,牛顿主张彗星并不像看起来那么神秘——它们也以椭圆轨道围绕太阳运行,但是相比于其他行星,它们的轨道更为扁平,也要更长,于是,它们甚至会跑到太阳系的边缘之外。

这一观点激发了哈雷的兴趣,他在1682年曾经观察过一颗以他的名字命名的彗星,并认识到它们大约每隔75—76年出现一次的模式,他猜想这是由于同一颗彗星每隔一定时间重复出现的缘故。基于这一前提和牛顿的计算,哈雷预言哈雷彗星将会在76年后,即1758年回归。当然,他没有活着看到——牛顿也没有看到。但是哈雷彗星确实回归了,正如它一如既往的表现,最近的一次是在1986年。下一次将在2061年。

许多人认为《原理》是一部空前的最伟大的科学著作。它依据两个世纪以来物理学积累的伟大成就,运用科学革命中出现的新的定量化工具,解决了支配宇宙总体规划的巨大问题。最后,牛顿还使我们的宇宙观一举突破古希腊人那种卓越却是有限的见解,从而进入更为精致以及有用的境界。牛顿并不是所有事情都对。例如,他认为应该存在"绝对运动",后来爱因斯坦用他的相对论证明那是错的。但是牛顿的推理极其严谨并且相当深刻。他把人类对宇宙的认识向前推进了巨大的一步。

光 的 本 性

牛顿早期的光学实验导致他思考光的本性,这是当时另一个令人着迷的问题。惠更斯和胡克都主张,光和声音一样,都以波的形式运动,牛顿却看出其中存在的某些问题(又一次与胡克唱反调)。声音可以绕过拐角被听到,但如果没有镜子帮助,人就无法绕过拐角看东西,光一般是不能绕过拐角的,除非它被表面反射。所以牛顿同意德谟克利特的想法,认为光是以一束粒子(他称之为"微粒")的形式从光源发射出来。这一理论并不能解释所有的事实,但是牛顿战胜了当时大多数的反对意见,从而使18世纪的科学家在没有借助于波动理论的情况下取得进展。然而,19世纪的实验科学家发现用波动理论可以更好地解释他们的结果,于是他们认为牛顿在这个问题上犯了错误。但是现在的理论认为,光具有波粒二象性——这就解释了为什么要花这么多时间才能成功地确定光的本性。

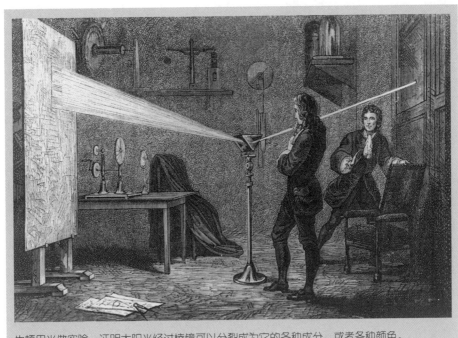

牛顿用光做实验,证明太阳光经过棱镜可以分裂成为它的各种成分,或者各种颜色。

牛顿在1704年出版了《光学》(*Opticks*)一书,总结了他对光的工作,之所以发表得这样晚,也许是他明智地要等到对手胡克去世。这次他用的是英文,而不是像《原理》那样用拉丁文。

牛顿:时代的英雄

哈雷曾经问牛顿,他为什么能够作出这么多发现?牛顿回答,关键在于他从不依赖灵感或运气来给他提供洞察力。他依赖的是全神贯注,对难住他的问题作不懈的思考,决不放松——利用每一个可能机会,从每一个角度进行探索——直到最终有了答案。

他解决问题的名声是如此之大，以至于他即便匿名提供答案，也能被人一眼认出。有一次一位瑞士科学家提出一系列问题公开竞猜，牛顿用了一天时间就解决了，并且匿名递交上去。兴奋的挑战者认为，只有牛顿，不会是别人："我认得狮子的爪子。"有一次莱布尼兹设计了一个复杂的问题，专门为了难住牛顿，但是牛顿用了一个下午就把这道难题解决了。

查特勒特在18世纪把牛顿的著作译成法文，她的工作使牛顿在欧洲的影响广为传播。

牛顿常常吵架，又很小气，这确实是真的——和胡克吵架；和惠更斯吵架；和莱布尼兹吵架，为的是谁先发明了微积分（他们两人几乎同时独立完成）；和弗拉姆斯提德吵架，为了谁有权使用皇家天文学家丰富的天文观测记录。他私下里鼓励他的朋友参与争论，给他们提供"炮弹"，在一旁煽风点火，而很少自己出面进行自我辩护。牛顿的崇拜者常常不满地看到，牛顿的伟大被这些卑下的争吵所玷污，在他们看来，既然一个人已经功成名就，他就应当处处都表现得像一个超人那样。但也许正是牛顿那种自我主义，既迫使他卷入如此之多直言不讳的争论之中，又驱使他全神贯注作出如此之多的成果，以至今天的我们依然受益匪浅。无论如何，牛顿是人，不是神。仅仅这一事实就应该鼓励我们达到他那样的高度。

1689 年牛顿成为国会议员，1696 年成为造币厂的总监，并且制定一系列改革措施。3 年后，他辞去剑桥的职务，成为造币厂总管。1703 年牛顿被选为皇家学会会长，这个职务一直保留到去世。1705 年，他被安妮女王封为爵士。

牛顿爵士 1727 年 3 月 20 日在伦敦逝世，被当做英雄厚葬在威斯敏斯特大教堂。声名远扬的法国哲学家伏尔泰（Voltaive，1694—1778）当时正访问英国，对此他表示极大的惊奇，这里竟以大多数国家只用来对待国王的礼仪来对待一位数学家。他把对牛顿的热情带回到了法国，在情人查特勒特（Emilie du Châtelet，1706—1749）的帮助下，传播牛顿的著作，查特勒特曾经把牛顿的《原理》译成法文。

在 20 世纪的爱因斯坦之前，没有人能够成功地解决牛顿物理学留下的许多问题。在牛顿《光学》重出的一个版本的前言里，爱因斯坦写道：

"对于他，自然界是一本打开的书，一本他读起来毫不费力的书。他用使经验材料变得井然有序的概念，仿佛就是从经验本身，从那些精致的实验中自动涌现出来的那样，他摆弄那些实验，就像摆弄玩具，并且还以无比的细致入微描述了这些实验。他集实验家、理论家、工匠尤其是讲解能手于一身。我们眼前的他，坚强，有信心，而又孤独：创造的乐趣和细致精密体现在每一个词句和每一幅插图之中。"

毫无疑问，牛顿爵士是有史以来最伟大的科学家之一。

第三部分
生命科学中的科学革命

第七章

从维萨留斯到法布里修斯

哥白尼的名著《天体运行论》出版的同一年，维萨留斯（Andreas Vesalius，1514—1564）也出版了他的七卷名著《人体结构》（*De humani corporis fabrica*）。前者代表了对天体结构的革命性新见解，后者是从罗马帝国时代以来对人体解剖学的首次重要研究，这两本著作使1543年成了科学革命的分水岭。

在《天体运行论》中，哥白尼对一千多年来受到尊崇的地心说和托勒密理论发起了挑战。与此同时，维萨留斯在《人体结构》中，向古人强加于16世纪医学的思想枷锁发起挑战。

医学也像天文学那样，在那些年代被一个人主宰，他的话，历经许多世纪成为无可争疑、不容争辩的"定律"。在天文学，这个人是托勒密；在医学，这个人则是盖伦，一位大约公元130年出生于小亚细亚的希腊医生。

☙ 盖伦的杂乱遗产 ❧

盖伦是一个聪明、善辩和自信的人，受过金钱所能够买到的最好教育。18岁时，他已经完成了两年的医学学习，并且在柏拉图和亚里士多德哲学以及斯多噶（Stoics）和伊壁鸠鲁的学说方面颇富造诣。接下来的几年他继续在希腊、腓尼基、巴勒斯坦、克利特岛、塞浦路斯、科林斯、士麦那和亚历山大学习医学，深入钻研希波克拉底、亚里士多德和柏拉图的著作。当他于158年完成学业时，回到家乡帕加马城（今土耳其的贝尔加玛城）从事医学实践。就在这里，盖伦在以后的几年里受到了最广泛的医学训练。作为医生以及专门为角斗士疗伤的外科医师，他在伤员身上动手术、给断骨复位、指导病人日常配膳。这是实践解剖学和医学的速成班，就在这些年里，盖伦出版了第一部医学著作。

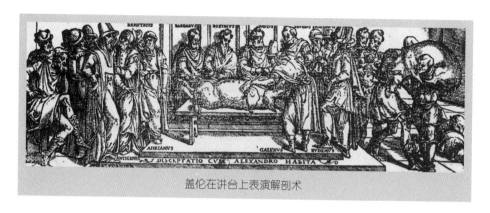
盖伦在讲台上表演解剖术

　　当盖伦6年后移居罗马的时候，他已经是一位著名的医生了。在那里他取名为克劳迪亚斯·盖伦纳斯（Claudius Galenus）。当他成功地医治了城里许多尊贵市民后，他的名声迅速扩大。他喜欢吹嘘自己的成功，常给公众演示解剖学。他极其相信自己的能力，从不因为他的病人以及其他人没有立即赋予他"奇迹的创造者"这一称号而气馁，也不会对城里其他有名医生的不称职行为袖手旁观。当争执达到白热化时，盖伦只好在对手的压力下被迫离开罗马。不过这种驱逐很快就以盖伦的凯旋而告终，因为他被指定为罗马皇帝奥勒留（Marcus Aurelius，121—180）的御医。再次回到罗马以后，他继续给富人和有影响的宫廷要人看病。这个时期他写了一系列的书，它们对于未来的医生们产生了深远的影响，其中既有正面影响，也有负面影响。

　　盖伦生活在基督教开始兴起并逐渐走向强势的时代。尽管他不是基督徒，但他提出，宇宙中每一种东西都是上帝为了某特定目的而创造的。他相信人体及其结构是创世主能力与智慧的证明，其中体现了神圣的设计。这一目的论信念使他的工作得到了基督教教会的欢迎，并有助于他的著作在接下来的许多世纪里流传。

　　遗憾的是，盖伦的目的论，也就是对神圣目的的信念，其影响阻碍了生物学与医学领域的发展达1500年之久。只要医生相信存在这种神圣设计，他们往往就不会客观地观察症状，或准确地解释病因。例如，盖伦相信胎儿的脑子在出生前没有形成，因为很明显，胎儿出生之前并不需要大脑。这是一个宏大的假设，肯定不是基于观察——可以想象，这会引导医生作出何等错误的判断。

　　盖伦写出的论文数量真不少，共有256篇或者更多些（根据某些资料，也许共有500篇之多）。当新工作有进展时，他要求旁边站着20位速记员记录他的口述。盖伦的工作不仅涉及医学，也涉及哲学、法律、文法和数学。然而，他的论文大多数还是关于医学的，其中有15篇涉及解剖学，他尤其对此感兴趣。他最著名的一本书，题目是《论解剖准备》（*On Anatomical Preparations*），在1400多年里一直是解剖学的标准教科书。遗憾的是，这一著作含有许多严重的错误，他的许多其他医学著作也存在同一个问题，包括他对人体中血液运动错误的认识。他的许多错误在当时是无法避免的。盖伦的确是一位敏锐又仔细的解剖学家，但是罗马法律禁止他解剖人体。所以他只能用羊、牛、狗、熊、猴和猿来代替，他认为猿与人类基本上相似。所以，盖伦对人体解剖学的所有描述都是针对他所解剖的动物而言。盖伦本人反对过度盲目尊重书本，他说道："如果有人希望观察自然的构造，他应该信任的不是解剖学的书本，而是自己的眼睛。"尽管如此，他自己的书，经辗转传抄,有时还抄错,上千年地传下来,就像天文学中托勒密的书一样,成为医学和解剖学中无可置疑的内容。

当维萨留斯于1533年开始步入医学生涯,迎头撞上的正是"盖伦的权威",间接地也就是亚里士多德的权威(他的哲学为盖伦的教育提供了基础)。

其他人大多默默无闻。在医学领域,也有若干有用的工作,其中最引人注目的是两位波斯医生,拉泽斯(Rhazes,约864—925)和阿维森纳(Avicenna,980—1037)。然而,在罗马陷落之后和整个中世纪,医学和解剖学持久走在下坡路上。在伟大的文艺复兴时期,著名的艺术家和雕刻家达·芬奇既研究动物解剖学,也研究人体解剖学,并且创作了数目可观的精确素描和笔记。不过,人们一般认为,达·芬奇并不是科学家,而是艺术家。还有,尽管他的工作在许多细节上都非常精湛,但他的好奇心却使他涉猎过广,以致不能将聪明才智长久地专注于某一领域。

拉泽斯是9世纪和10世纪巴格达的一位著名医生。由他仔细记录的化学实验,帮助中东地区建立了科学传统。

解剖学家维萨留斯

到了16世纪,观察和实验的概念开始在蓬勃兴起的科学各个分支领域中逐渐扎根。正是年轻有为的医生维萨留斯渴望摆脱盖伦给解剖学研究设置的枷锁。维萨留斯出生在比利时布鲁塞尔的一个医生家庭。他的祖父和曾祖父都是医生,父亲是查理五世的药剂师。他很早就选定了自己的职业。早在少年时代,他就已经常常在母亲的厨桌上解剖狗、猫和其他小动物练习技术。正式的医学学习是从16岁开始的,以后的几年他在比利时的鲁汶大学就学,然后于1533年转到巴黎大学。他先是跟随巴黎大学的医学专家苏尔维亚斯(Jacob Sylvius,1478—1555)学习,后来当了他的助手。维萨留斯很快因灵敏勤奋、富有主见而名声大振。但这些主见很快就导致他和苏尔维亚斯发生激烈争吵。不过他依然我行我素,好在他的名声越来越大,以至于其他医生和学生经常拜访他,学习他的解剖技术。但是他不仅与苏尔维亚斯,还与其他同事发生争吵。争执主要源于维萨留斯越来越对盖伦学说感到不满,在当时的经院传统之中,盖伦的著作被不加批判地全盘接受。

1536年夏天,法国与神圣罗马帝国之间爆发战争,21岁的维萨留斯被认为是敌国侨民,被迫离开巴黎回到劳万。由于他没有毕业就被迫离开巴黎,于是在回到劳万之后立即再拾医学。

之后的几个月对于维萨留斯的医学生涯可谓惊心动魄。医学学生被要求观看人体解剖,但教会和当局并不欢迎解剖,他们严格规定用于教学的尸体数量。于是,维萨留斯又多了一项技能,成了盗墓能手。有一次他甚至从绞刑架下偷回已经腐烂的罪犯尸体,然后把支离破碎的尸骨藏在自己的床下。

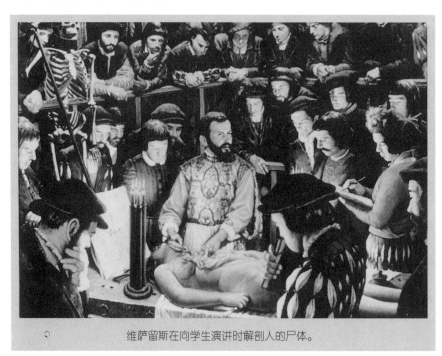

维萨留斯在向学生演讲时解剖人的尸体。

在第二次来到劳万并经历短期的军事服役之后,他转到威尼斯大学。在那里短暂访问期间,他成了一名讲师。他的讲课风格不仅使大多数同事目瞪口呆,而且还使他们勃然大怒,因为他不再沿用传统的做法,亦即教师本人在高高的讲台上高谈阔论,而具体的解剖却交给助手或低级的理发师来动手完成。他愤怒地谴责道,原先的方式,"是可恶的做法",那些教师们,"犹如高高在上的寒鸦,以目中无人、喋喋不休的方式说着他们从未研究过的东西……"。维萨留斯一改往日形象,他亲自动手操刀解剖,同时向听众进行讲演,尽管要忍受难闻的气味。一场完整的解剖大多要花两三天,尽管他们经常是在露天进行解剖,但因当时没有冷冻技术,气味使学生和操作者都很恶心。

这位行踪不定的解剖学家的下一站是意大利著名的帕多瓦大学。在那里,他完成了学业,1537年12月获医学博士学位,并被任命为正式教授。维萨留斯23岁时成为欧洲最有声望的医学人员。

在帕多瓦,维萨留斯可以完全放开反对盖伦学说。由于盖伦的解剖是在猿猴而不是人体身上进行的,一些眼光敏锐的人体解剖学家不可避免地发现盖伦著作中的错误。甚至很可能在维萨留斯对这位早期解剖学权威发起挑战之前,就已有人发现那些错误了。事实上,有护教论者辩解说,自从盖伦以来,人们对人体的认识显然已经有所变化。例如,股骨显然变直了,而不像盖伦描绘的那样是弯曲的。据盖伦的辩护人解释,这可能是因为盖伦的时代不穿紧身裤所致。这些辩解并不总是能说服每个人,但是怀疑者大多保持沉默。

正是维萨留斯,以其对工作和真理的激情,终于发起了攻击。有讽刺意味的是,尽管他自己的人体解剖揭示了许多有异于盖伦之处,不过正是通过对猴子的解剖才令真相大白。正如他后来所写,他发现,"在椎骨上有一块小的凸出物"。盖伦曾多次描述到这一特征,但是维萨留斯从未在自己的人体解剖工作中看到此突出物。答案立刻浮出水面。盖伦解剖的是猴子,而不是人。人体解剖的标准文本描述的根本不是人,而是将猴子的实际解剖进行润饰后再推定为是人体解剖。

一旦他公开宣布盖伦从未做过人体解剖,维萨留斯随即开始对盖伦文献的权威地位发起全面攻击。这不是盖伦作为一位医生的个人过失,毕竟在当时他已尽了最大的努力,事实是,正如维萨留斯所说,猴子和人之间有太多的不同,猴子的解剖怎能拿来作为人体解剖的图谱呢!

在帕多瓦,维萨留斯用图解的方式生动地说明了这一点。他把猿的骨骼和人的骨骼并排放在一起,指出猿与人在骨骼上有 200 多处区别。他指出,盖伦所说的椎骨突出,只存在于猿的骨骼上,人的骨骼上却没有。

一石激起千层浪。帕多瓦大多数医生仍然捍卫纯正的盖伦学说,引起鲜明对照的是,维萨留斯的讲课广受欢迎。使许多人震惊的是,他仍然亲自执刀,并且把每次解剖的时间从三天延长为三周,并对解剖和演讲的每一细节都做了周到细致的安排。为了减小尸体腐烂引起的不便,解剖工作就在冬天进行,同时解剖若干不同的尸体,以便对不同部位进行比较和对照。

为了使他的听众不限于教室和公开讲座中的人群,因此在 1543 年他出版了著名的《人体结构》一书。这是一个里程碑事件——它是如此重大以至今天往往把解剖学的发展分成三段:前维萨留斯时期、维萨留斯时期和后维萨留斯时期。

《人体结构》是当时人体解剖学方面最为精确的一本书,今天它仍然以其精确和细致而令人称奇。该书的细致和精确正如

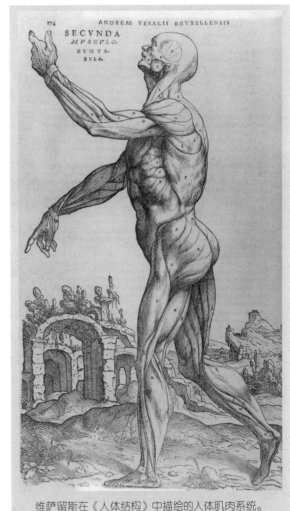

维萨留斯在《人体结构》中描绘的人体肌肉系统。

同维萨留斯的演讲风格,同时,它还极大地得益于其中的精美插图,它们出自维萨留斯和

凯尔卡尔（Jan Stephen Van Calcar，1499—1550）之手，后者是威尼斯伟大的艺术家提香（Tiziano Vecelli，约 1477—1576）的学生。人体按其自然位置显示，许多肌肉和器官都绘得如此精确，以至于可以和今天最精美、最昂贵的教科书上的插图相媲美。多亏 14—15 世纪印刷业的完善，文字和插图都可以精确复制，而没有太多错误，特别是插图，如果是按古代的方式手抄，就像盖伦的著作那样，那么错误就会在所难免。就印刷工序而言，维萨留斯不惜工本，选择了来自巴塞尔的著名印刷家欧珀林纳斯（Johannes Oporinus，1507—1658），他以细心著称。

尽管《人体结构》一书在许多方面都堪称优秀，但今天的医科学生还是可以很快指出该书的许多错误和不足。虽然维萨留斯的解剖学思想已是令人惊叹地精确，但他在许多领域仍是盖伦的学生。他的生理学（解剖学研究的是生命体的结构，而生理学研究的是其功能）仍然充满着古代的传统。例如，他相信消化功能是由食物在腹腔里经过某种"烹饪"而完成的。他还认为呼吸是为了"冷却血液"。他原先还接受盖伦关于心脏和循环系统的观点，相信血液一定是通过看不见孔隙，从心脏的一侧输送到另一侧的。然而，在 1555 年出版的《人体结构》第二版中，他又来讨论血液如何穿过心脏隔膜的问题。显然是勉强地得出结论，认为没有证据支持由盖伦提出且流传如此之久的说法。他写道："不久前，我还不敢对盖伦有丝毫的偏离，但情况却似乎是，心脏的隔膜是如此的厚实紧凑，与心脏的其余部分没有什么不同。所以，我看不出哪怕最细小的微粒，又怎能从右心室穿过隔膜转移到左心室的。"

现在我们知道，尽管有少数缺陷，但《人体结构》仍然是成功之作。出现过许多"盗版"，也就是未经他的允许，文字和插图被剽窃和重印。在他生前以及死后很久，这类活动绵延不断。

奇怪的是，《人体结构》也是维萨留斯最后的著作。也许他厌倦了盖伦的捍卫者们挑起的抗议风暴，或者也许是他相信自己已经做了该做的工作。在这本书出版不久，他就放弃了解剖学的教学，担任神圣罗马帝国皇帝查理五世及其儿子——西班牙菲利普二世的医生。在去耶路撒冷朝圣归来的途中，他的船在希腊海岸边被风暴严重损毁，在设法抵达桑特岛后不久，他于 1564 年 10 月去世。

⚭ 变化的由来 ⚭

维萨留斯对"盖伦的专制"给出了主要的，却不是最后的一击。维萨留斯那令人信服和雄辩的论证使许多医生转变了态度，但是还有许多人仍然被盖伦的传统约束。比如帕多瓦大学，虽然维萨留斯在这里教过学，但多年里这里依然是盖伦学派和亚里士多德学派的据点。尽管如此，貌似难以攻破的盖伦学说中已有一道裂缝已被发现，维萨留斯的许多同代人和后来人开始以他们自己的方式继续寻找新的裂缝。

这些人中更有趣的一位是法国外科医生巴累（Ambroise Paré，1510—1590）。他是一位理发匠兼外科医生（barber-surgeon）的儿子，巴累早年也从事这一地位低下的行业。真正的外科医生的服务一般只限于宫廷显贵、高等神职人员和有钱商人；其他病人只能找理发匠兼外科医生，他们往往兼管理发和外科业务。这些业务包括放血、切缝疖子、拔牙和放脓，当需要时，许多理发匠兼外科医生也做截肢手术和其他外科手术。由于他们缺少训练和资质，那些受过良好教育和合格的外科医生与内科医生就极其看不起他们。

巴累天生具有敏捷的头脑和灵巧的双手，当他后来在军队服役时，这一才能就有了最好的展示机会。在以后的 30 年里,他为法国军队服务,当时法国正陷于和西班牙的一场旷日持久的战争中。巴累参加了 20 个战役,出版了 20 本书,这些书对外科的进步起到深远影响。在书中,巴累批评了像用沸油处理枪伤之类的做法。他支持用纱布结扎血管,而不是烙血管(用灼红的铁块或化学制品烙血管以达到止血目的,这在当时被认为是标准的治疗方法)。由于这些书是用法文,而不是拉丁文写的,因而那些更"有学识的"医学权威根本就看不上它们。巴累还写了维萨留斯著作的概要,以便让他的同行们也能知道维萨留斯的观点。

此时,维萨留斯在帕多瓦大学的教学岗位已由他的一名学生法娄皮欧(Gabriel Fallopius,1523—1562)接替。法娄皮欧最终升到正式教授的位置,他的著名工作就是对内耳和生殖器官的详尽描述。他也是法娄皮欧管(即输卵管)的发现者,尽管他并不理解它们的功能。他还发明了避孕套。

法娄皮欧在帕多瓦的继承人是他的一名学生——解剖学家法布里修斯(Hieronymus Fabricius,1537—1619)。在法布里修斯的成就中,最值得一提的是手臂和腿部的静脉瓣膜的发现。虽然他曲解了它们的作用,认为它们只是有助于血液在静脉里来回移动时不致晃荡得太厉害。其实,它们真正的作用是血液单向流动的调节器,只有在认识到心脏和循环系统的功能以后才能理解这一作用。法布里修斯是哈维(Wilian Harvey,1578—1657)的老师,哈维后来认识到血液只沿一个方向循环,而瓣膜的作用就是防止回流(参看第八章)。

尽管解剖学家正在缓慢取得进展,就像是刚刚开始绘制人体内部图谱的探险家,但是单靠解剖学是无法解决功能奥秘的。每个器官与整体有着怎样的关系?它们是怎样起作用的?要全面了解人体和它的工作方式,还有很多东西要知道,还要发展新的理论,但答案不能仅仅依靠解剖学,还需要其他领域作出进展。

由于法国外科医生巴累没有受过正式教育,所以他用法文,而不是用传统规定的拉丁文写作。正是由于这个原因,他关于外科的思想以及他对维萨留斯工作的总结更容易传播到广大公众中去。

第八章

帕拉塞尔苏斯、药物学和医学

菲里帕斯·奥列奥拉斯·特奥弗拉斯塔斯·博姆巴士塔斯·冯·霍亨海姆（Philippus Aureolus Theophrastus Bombastus von Hohenheim）——这个名字实在是太长了！历史上称之为帕拉塞尔苏斯（Paracelsus，1493—1541），他是 16 世纪最古怪的人物之一。他是一个炼金术士、一个庸医、一个神秘主义者、一个怪人？还是一个医生、医学改革者、斗士、教师？所有这些他同时都是，他是一个难以捉摸的人。和许多同时代人一样，他对于中世纪哲学有着坚实的基础，但同时又是一位真正的文艺复兴时期人物。他具有不止一种形象，对于世界和宇宙，既信奉过去的传统，又追求新的思考方式。他热忱地相信观察和实验，认识到有必要独立思考，摆脱盖伦的控制。但是他绝不放弃炼金术，并且仍然是通过古代神秘力量来探索真理。要使这些相互矛盾的方面达到统一，那是不可能的。

炼金术士在工作。炼金术的实践不仅要有学识，而且要有实验技巧，许多炼金术士因此对化学和药理学的发展作出了贡献。

自从在古代中国和埃及发端以来，直到 16 世纪，炼金术已经走过了很长的一段路，并且基本上沿着一条主干道在走。它的主要目标和主线，是把贱金属转变成黄金，但是其他更神秘的目标也在激发人们的兴趣。对于许多人来说，从提纯黄金的方法中得到的力量，一定也会回报发现者以长生不老的仙丹，从而永葆圣洁并获得永生。16 世纪炼金术士的基本追求就是要找到"哲人石"——能给发现者带来物质和精神财富的最终秘钥。

埋头沉醉于这些器具和设备之中：火炉、外形精致的玻璃容器、坩埚、量具、研钵和碾槌——许多炼金术士都是些古怪和有紧迫感的人。冒着巨大的风险，带着强烈的愿望，怀着成功的信念，也许输赢就在实验的下一步细小变化中（也许要加一小滴汞，一点点这个，一点点那个，或者熔解时间再稍长些），难怪这些人往往变得如此之怪。总之，炼金术士的基本信念就在于行动本身，亦即实验和探究，也许就是这些改变了他们的性格。

不过这些改变并不总见得是好事。对于许多人来说，他们不懈地追求古代秘而不宣的知识，因为他们相信通过这些知识能够找到哲人石，但这种追求本身却有可能被扭曲。大多数炼金术士还相信占星术和其他巫术及神秘艺术。许多人是数字命理学①者，相信数字的秘密预测能力。更多的人试图在巫术和秘传技艺中寻找"真理"。相当多的人被宗教当局控告，说他们和魔鬼在做交易。有些人认为他们也许能够做这样的交易——假如只有他们能够发现正确的咒语用来呼唤那些老恶魔的话。如果不灵，他们至少能够搞定某些更小的魔鬼。

还有些人，为了募集研究费用或者博得奇迹创造者的名声，转而彻底地做假和行骗。他们精心设计并制作骗局以愚弄那些轻信者，使之相信他们已经发现了秘密，真的可以把某些普通金属转变为金或者真具有什么秘传技艺。有些炼金术士还为这种欺骗寻找借口，说那是必要的，这样就可以赢得时间，使他们最终能够发现真正的秘密。有时这种欺骗是一种容易的途径，可以很快从易受骗者那里谋取钱财。

医生帕拉塞尔苏斯

帕拉塞尔苏斯出生于现在瑞士东部的某个地方。他的父亲是一位医生，是贵族家庭的私生子。他的母亲是艾因塞登（Einsiedeln）附近的本那迪克廷（Benedictine）修道院的一名女仆。关于他的儿童时代，人们知道的很少。他母亲显然有着反常的脾气，在帕拉塞尔苏斯 9 岁时，她去世了，可能是自杀。根据一些谣传，帕拉塞尔苏斯本人也是贵族的私生子，被他父亲"收养"。

关于他学医的过程，资料要更详尽些。从 14 岁起，他开始到处迁移，16 岁时在巴塞尔大学有过短暂停留。有些资料说他还是乌尔兹堡的特利塞缪斯（Trithemius）主教的学生。尽管他一生都在从医，却没有证据表明他实际获得过医学文凭。

我们知道，作为一名医生，帕拉塞尔苏斯正式开业是在位于泰勒（Tyrol）的著名的富格（Fugger）矿区。也许正是在那儿，他对炼金术产生了浓厚兴趣。该矿的所有者之一，富格尔（Sigismund Fugger）就是一个狂热的炼金术士，这里也是开展炼金术活动的理想场所，实验所需的不同金属随手可得。也正是在富格矿区，帕拉塞尔苏斯开始形成他那富有争议的医学理论。

---

① 例如中国的八卦。——译者注

帕拉塞尔苏斯名字的意思是"胜过塞尔苏斯",塞尔苏斯是罗马很有声望的医学学者,受过良好教育、经验丰富。这一行为说明,帕拉塞尔苏斯善于在旁观者眼里树立自己的形象——他非常自负,既招来羡慕者,也容易树敌。但是他并不只是吹牛。他最反感的事情之一,就是盖伦那些巨著所带来的危害性,比如放血疗法就是基于"体液"失调这种传统观点。

根据盖伦的传统教导,这种教导又来自于亚里士多德哲学的极大影响,认为所有疾病都是人体内部四种"体液"失调的结果。根据古人的说法,这些"体液"分别是血液、黏液、胆汁

PARACELSUS

帕拉塞尔苏斯与盖伦的生理学概念决裂,但又宣称在他的手杖顶部藏有"长生不老的秘密"。

和抑郁液(黑胆汁)。每个人体内部都维持着这些体液的独特平衡。这些物质中的某一种占优势,就决定一个人的某种独特天性。这样一来,一个人的天性如果是悲哀或者忧郁,那是因为在其体内含有太多的黑胆汁。正是个人这一独特的天然状态,使他区别于其他人。当四种体液的平衡被打破,这个人就生病了。医生的使命就在于发现每个病人的独特自然平衡态,并且通过诸如放血、清洗、发汗或者强迫呕吐之类的方法使其恢复平衡。

帕拉塞尔苏斯抛弃了体液的观念,认为它不是基于观察到的生理学事实。他还谴责由于给病人放血,造成了许多不必要的死亡。在他的著作中,提倡功能生理学的观念,认为活的生命体是一个生物学单元。

由于同矿工及其冶炼工打交道,帕拉塞尔苏斯经常要治疗硅肺病这种职业病,通过观察,他得到了一些不同的结论。不久他就开始相信,引起人体失调的原因不是想象中内部体液之不平衡。他讽刺这些想象是荒谬和陈腐的。相反,他认为疾病是由于某种外部原因引起的。他的理由是,在矿工的情况中,硅肺病也许是由于从空气中吸进了什么,或者通过皮肤接触吸收了什么之故。这是一个重要的见解,成为他后来提出的理论的基础:许多疾病源于"种子"的扩散,一种最早的微生物理论。随着他越来越相信生命是一种化学过程,而疾病是人体化学过程的缺陷,帕拉塞尔苏斯开始思考如何运用炼金术来创造化学药品以恢复人体健康。他写了第一本关于矿工职业病的书,他的研究让他把铅、硫、铁、硫酸铜、砷和硫酸钾的不同化合物引进医学实践中。他还用乙醚作为麻醉剂进行实验,把鸡当做试验品。

炼金术士帕拉塞尔苏斯

帕拉塞尔苏斯的一位同代人,德国的矿物学者、医生阿格里科拉(Georgius Agricola,1494—1555),也正在做着类似的工作。他把化学用于医学,称为"化学疗法",这标志着一个重要的开始——通过化学或者新的无机药物治病。这与古人以及今天还有许多人信奉

的简单有机草药大不相同。

遗憾的是,帕拉塞尔苏斯在内心深处依然是一位炼金术士,仍然深深地沉浸在炼金术士玩弄的巫术和迷信里。例如,他相信占星术,这就导致他相信,人体的不同部位受行星所支配。他认为,心脏受太阳的影响,大脑受月亮的影响,肝则服从于木星的影响。他还得到这样的结论:人体的生理过程不仅是化学转变,而且还神秘莫测,受一种名叫"精素"(archeus)的神秘精神实体的控制。根据他的理论,精素藏在胃里。当这个实体死了或遗失了,就会导致死亡。在医治伤员时,他仍然相信古代"武器膏药",在致伤的武器上,而不是在伤口上涂以膏药。根据古人的信念,一种感应力量会通过武器上的血传给伤者的血,从而产生治疗效果。他还宣称不需要女人的参与,在葫芦里就可以孵化出一个胎儿,一种完全长成的微型人。

帕拉塞尔苏斯在他的实验室里工作。

大约2400年前,希腊医生希波克拉底以他的"希波克拉底誓言"建立医生道德规范,告诫说:"最重要的是不伤害。"

帕拉塞尔苏斯具有这么多稀奇古怪的想法，难怪他是并且一直是一位有争议的人物。在离开富格矿区后，他作为炼金术士和医生的生涯飘浮不定。他的个性，与他的思想一样古怪，帮不了他。他的自我中心主义达到了狂妄的程度。他还是一个脾气火暴的酗酒者。有钱的时候，他是一个花花公子，生活放荡；钱用完了，又成了一个唠叨不休的抱怨者、多疑症患者，总是把自己的问题全都归于别人的不公正和愚蠢。这使他无法建立一位可靠医生应该具有的名声。

有一段时间他在斯特拉斯堡做开业医生，取得了短暂的成功，于是被邀请到瑞士的巴塞尔大学，就任一个空缺的教学岗位。一上任，他就激怒了其他医生，因为他拒绝希波克拉底誓言——这一条规矩所有医生至今都还在执行——接着，又公开焚烧盖伦的著作，大言不惭地宣称："我的胡须知道的比你和你的作者还多。"这种行为令人望而生畏，特别是传说他当时喝醉了酒。

经过风风雨雨的两年后，帕拉塞尔苏斯被要求离开巴塞尔，他的余生几乎就在四处奔波中度过。从一个城市转到另一个城市，他不断对盖伦和古代的体液理论进行攻击。他还攻击并激怒当地的医生，因为他看到了他们行医过程中的不足和无知。他把神秘主义、炼金术和医学混杂在一起，使他的余生成了一个有争议的、好斗的和隐退的人物。每一个短暂的成功似乎都注定了失败，他的脾气变得越来越怪。他声称可以命令魔鬼，按他的意愿摧毁所有的对手。他还声称，他发现了炼金术士长期寻找的"长生不老的秘密"，这个秘密正藏在他的手杖虚幻的顶部里。

这位爱胡言乱语的帕拉塞尔苏斯究竟有多少是他实际相信的，又有多少是虚假和夸大的，人们也许永远也不会知道。他生命的最后几年处于贫困潦倒和绝望的境地。1541年9月24日他死于萨尔茨堡。有人说他是被敌人谋杀的，又有人说他死于一次酗酒事件。

这位怪人对科学史究竟有多大贡献，仍是一个有争议的问题。肯定还有别人，例如与他的同时代的人，阿格里科拉，也开始从化学角度认识人体并且对疾病作化学治疗。荷兰医生与理论家苏尔维亚斯（Franciscus Sylvius，1614—1672）代表了17世纪化学疗法的最高点。他教导说，化学过程是生命体所有功能的基础。他提出了某些医学理论，不过这些理论实际上走进了死胡同。但是总体而言，科学家们甚至常常从本身不怎么行得通的答案中获得知识。每一位科学家都在按自己的方式推动化学和医学的发展。但是，那个时代没有一个人能够像激情洋溢的帕拉塞尔苏斯那样，在捍卫这一革命思想中如此直言不讳和富有勇气。他向传统而又僵化的盖伦观点发起挑战，并把生命过程看成是化学过程，这一做法有助于开辟生理学早期历史的新阶段。他把炼金术看做是研究医学的基础，这就为一种普遍的自然哲学提供了基础，这种哲学正是基于在人体和周围环境之间建立起可观察的联系。其他人，例如桑克托留斯（Sanctorius，1561—1636），开始走上由化学疗法这一新手段所开创的生理学的另一支道。帕拉塞尔苏斯和其他化学疗法学者打开了一条通向生命科学的新路。单就这一页献，他就值得赞誉。

桑克托留斯

桑克托留斯是伽利略的朋友，1587年从帕多瓦大学医科毕业。在威尼斯开业行医几年后，被任命为波兰国王的御医。14年后在威尼斯重操旧业。1611他被任命为帕多瓦理论医学教授，1629年辞职，重新开始私人行医，继续进行研究。

桑克托留斯研究的是医学力学，这是他首创的一个领域。在伽利略的定量实验影响下，桑克托留斯开创了新陈代谢（维持生命过程的各种变化）的近代研究。当然，桑克托留斯并不知道他做这些事的意义。他是一位盖伦主义者，他试图通过实验认识人体四种体液的精确平衡。为此，桑克托留斯决定测量进入以及离开自己身体的每一件东西。30年里的大部分时间，他都坐在自己特殊设计的"称量椅"上。他注意到排出的东西比摄入的要少，于是，提出了一个理论叫做"感觉不到的排汗"，他认为这就解释了失去的部分。他的理论流行了一阵子，尽管这个理论有错误，但更重要的是，他首先提出了对人体过程进行精确称量的思想。他发明了一种笨拙但是可用的温度计，用来测量人体温度；他发明了测量湿度的仪器，还发明了一种特殊的床，躺在这张床上，病人可以

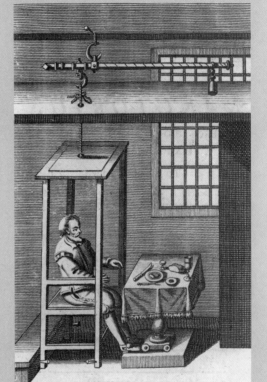

桑克托留斯坐在他的称量椅上。

在水中冷却或加热。他还发明了一种测量脉搏的工具，这是一个可调节的单摆，其摆绳可以变长，也可以变短，从而适应脉搏的节拍。通过比较摆绳的长度，就可以测量脉搏节拍的变化。

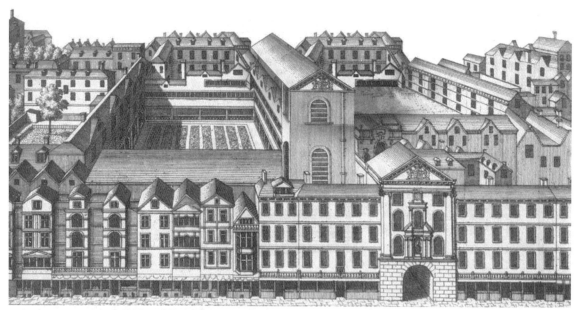

▲ 1615—1643年哈维被派往伦敦圣巴塞洛缪医院工作。圣巴塞洛缪医院是伦敦第一家医院，建于1123年。图为1723年的圣巴塞洛缪医院。

▲ 哈维（正中间）正在解剖一头活鹿。

▲ 1628年《心血运动论》的封面。

▶ 哈维（左三）在和英国国王查理一世（左二）讲解一只被解剖了的麋鹿。图中的男孩是王储，后来继位，成为查理二世，此图绘制于1640年。

▲ 四体液病理学说认为：人体内含有多种不同种类的液体，某种体液过多或不足都会引起疾病。因此，包括"医学之父"希波克拉底在内的许多古希腊医生都采用放血疗法。

第九章

哈维：心脏和血液的运动

尽管维萨留斯已经开始对盖伦解剖学理论发起了挑战，帕拉塞尔苏斯等人又试图削弱盖伦对于临床医学的控制，但 17 世纪的生理学仍然被旧思想所压制。

要理解人体生理学，关键在于理解心脏和血液。我们这一部分故事的英雄，是一位温文尔雅的英国医生，他的名字叫哈维。

❧ 关于血液的早期思想 ❧

早在盖伦时代之前，人们已经认识到血液对于人体有特殊的重要性。即使在最原始的社会里，血液也被赋予特殊的品质。今天我们仍然在说血债和血誓。我们常说："萝卜榨不出血来。"敌人之间可以说有"血仇"。残忍的竞争被说成是"冷血的斗争"。在某些社会里血用来为婚事和商业契约作见证。有些古代的部落相信饮血会得到勇气和青春。在通俗文化中一直有吸血鬼的传说，说的是吸血鬼靠他人的血生活，以保证他自己的永生，这种故事在现在的书和电影中还有。今天许多所知甚少的人们仍然相信，输血可以把供血者的个人品质传给受血者。

希波克拉底和亚里士多德都知道，血液在人体内的运动对于生命过程至关重要。

亚里士多德的研究得到这样的结论，心脏是人体的中心器官。根据亚里士多德的说法，它是智慧的所在。心脏还控制血液在全身的流动，并且通过血液给动物提供热量。

通过广泛搜集所能找到的古代关于血液的知识，再加上自己的实验，盖伦得到了不同的、细致得多的结论。他相信人体在生理学上，是由三种不同的器官、液体和灵气所支配。这三大系统分别位于肝、心和大脑。

根据盖伦的理论，所有的血液都来自肝脏。身体摄取食物后，在胃里"蒸煮"或"烹调"，然后转变成流体状的物质，叫做乳糜。乳糜移动到肝，在那里转变成血液，并且充满支配营养的"自然灵气"（natural spirit）。肝是起始点，又可以说是所有静脉的源头。静脉网络就像是体内灌溉系统，向全身提供血液，它是暗红色的，携带着它所含的营养物和"自然灵气"。身体的每个部分吸引各自需要的血液，血液通过涨落而流动。

盖伦认为，血液通过静脉抵达心脏的右侧，有一些血液穿过隔膜（两室的分界）上看不见的微孔，从右侧转到左侧。在心脏右侧，血液与从肺吸入心脏的空气混合，于是它充满了"生命灵气"（vital spirit），"生命灵气"支配情绪，于是血液变得更为鲜红，通过动脉系统向身体的其余部分输运。

　　一部分动脉血来到大脑,在这里制造出"动物灵气"(animal spirit),并通过神经系统分流到全身。盖伦认为,神经系统是空心管道的网络。"动物灵气"支配感觉和运动。

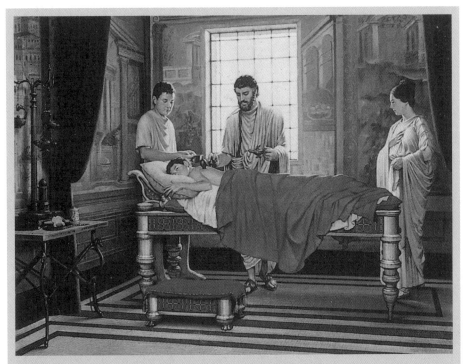

盖伦尽管赢得了二世纪伟大医生之一的名声,他的权威使他即使错了也有人相信——他对人体里血液的用途及其分流所持的看法也是这样。

　　随后,在盖伦看来,血液的基本功能是分流重要的"生命灵气"。"灵气"本身使血液运动。肺的功能是给天生就是热的心脏进行冷却和通风——心脏之所以热因为它是"灵魂"所在的位置。他还相信,心脏的首要任务是制备"生命灵气"。

　　跟盖伦的大部分理论一样,整个系统,包括"灵气"的各种神秘的注入方式、与神学思维的一致性以及它那精致的内部协调,对许多基督徒来说都很有吸引力。然而,到了 16世纪,它开始漏洞百出。或者说,某些解剖学家在寻找某些非常重要的孔隙时遇到了麻烦,他们要找的是心脏两室之间的隔膜上的微小孔隙或通道。

　　塞尔维特(Michael Servetus,约 1511—1553),一位富有争议的坦率直言的西班牙医生,最早得出心脏里不存在通道的结论。他对盖伦和其他解剖学家的研究,再加上他自己的直接观察,导致他对身体内部血液的运动形成另外一种理论。塞尔维特的理由是,如果通道不存在,则不可能有那么多的血从心脏的右侧流向左侧。他注意到肺动脉相当粗大,血液从心脏到肺部的流动非常有力,他认为这是由于送到肺部的血要超过其营养所需的量。他争辩说,血液必须到肺部才能换气,就在通过肺部时改变了颜色。后来它又通过肺静脉返回。他认为,实际上它并没有穿过隔膜。塞尔维特并不是有名的解剖学家,而是以医生而闻名,但是他的这一"小循环"思想也许鼓励了更多的人,向盖伦强加于生理学的智力和哲学枷锁发起挑战。

遗憾的是,当时正是宗教冲突此起彼伏的年代,塞尔维特作为一个神学家如同作为一个医生那样敢于直言。他那异端的宗教观点使他不仅成了天主教徒的劲敌,而且也成了新教徒的劲敌。不是每一个人都会轻易接受别人的指责,但他显然是太冒险了。天主教会和新教徒都愤怒地要求把他立即处刑。他设法逃脱天主教宗教裁判所的抓捕,却在日内瓦被新教徒抓到。在那里,他拒绝了早先被判绞刑的"宽恕",被捆上铁链,绑在树桩上活活烧死。

然而,对盖伦的挑战从未终止。另一位更有名的解剖学家也由于没能发现对于盖伦理论如此重要的细微通道而烦恼。1555年,维萨留斯写道:"隔膜和心脏的其余部分同样地厚实和密集。所以,我看不出哪怕是最小的粒子可以穿过它从右心室转移到左心室。"当时,维萨留斯在对待生理学问题时,仍然是一位盖伦主义者,他假设孔隙一定存在,但非常之小,以至于还没有被发现。

与维萨留斯同时代的一位不知所措的人这样写道:"心脏的运动只有上帝才知道。"

维萨留斯有一个学生,名叫哥伦坡(Realdo Colombo,1516—1559),继维萨留斯之后担任帕多瓦大学的外科和解剖学教授,他是《人体结构》最激烈的反对者之一。他曾经写过一篇医学论文,题名《论解剖学》(De re anatomica),由他的子女在1559年出版。尽管有批评说它是《人体结构》的粗劣模仿(但没有插图),不过它确实包含了哥伦坡关于人体中血液运动的理论。哥伦坡读过塞尔维特的书,他可能是从塞尔维特那里借用了血液从心脏的右侧经过肺部流向左侧的论点,但是他写得更加清楚,而且他是第一位发表这个所谓小循环思想的著名解剖学家。然而,这一工作并未真正触动盖伦那盘根错节的心血管体系的根基。哥伦坡的声望还不够有吸引力,他的证据也不够充分,还不足以说服大多数人。心脏和血液问题的解答,以及针对盖伦生理学的真正革命,有待于70年后另一位才华横溢、专心致志的英国医生来最终解决这一问题。

就像另一位伟大的科学家达尔文,我们将会在本书的另一编里遇到达尔文,哈维是一位不自觉的革命者。哈维尊敬盖伦和亚里士多德,是一个从容、优雅和保守的人。然而,哈维发展了血液循环理论,并且就此给出了细致的证据,从而使盖伦医学遭到最为沉重的打击。

小书里的大思想

哈维出生于英国南部海岸。他的父亲是一位富裕的农民,后来转到商业界,最终成为福克斯通的市长。和他的六个兄弟一样,哈维拥有舒适的生活。尽管哈维是兄弟中唯一进入学术界的人(其余六位都成了富裕的商人),但兄弟之间一直保持密切联系。他的两个姐妹,一个早死,另一个情况不明,但是他的兄弟们都长寿富足,并在经济和情感上常常彼此帮助。哈维度过了一个无忧无虑的童年,这也许有助于他日后形成一种适度的自信感。

10岁时,哈维进入坎特伯雷的国王学校,1593年获得医学奖学金又直接进入剑桥大学。甚至就在儿童期,他就已对医学显示出浓厚兴趣,和维萨留斯一样,在自家厨房里解剖小动物。当地的屠夫和附近的屠宰场还给他动物的心脏,供他研究。

1597年,哈维从剑桥的圣加伊乌斯学院获得文学士学位,1599年,他来到当时世界上最适于年轻人学习医学的地方——意大利著名的帕多瓦大学。在这里他成了有名的法布里修斯的学生。法布里修斯刚刚建成帕多瓦第一座户外阶梯教室,就是为了做解剖之用。他是当时仅次于维萨留斯的伟大解剖学家,首次发现静脉中的瓣膜。法布里修斯对21岁的哈维产生了深远影响。哈维成了法布里修斯的特别助手,和"师父"建立了亲密的关系。正是在帕多瓦,哈维养成终身的习惯,总在腰部挂一把镀银的短剑。也是在帕多瓦,他开始对咖啡上瘾,不同于今天,咖啡在当时可是非常稀罕的饮料。许多历史学家从哈维同代人的评论中了解到,哈维脾气急躁,易烦,经常失眠,他们认为正是喝咖啡的习惯导致这位原本随和易处的医生出现上述现象。

然而更重要的是,正是在帕多瓦,哈维对心脏与血液运动问题产生了浓厚的兴趣。法布里修斯在1603年发表关于静脉瓣膜的思想,但是,哈维肯定更早就听说这事,因为他与法布里修斯共事。在法布里修斯手下学习时,以及在阶梯教室听解剖学演讲时,他都有所触动。晚年他曾经写信给波义耳,提到正是静脉瓣膜使他想到人体中血液的流动有可能是单向的。帕多瓦的空气总是充满了暴力味,哈维的一个朋友在一次刀战中手臂动脉被刺伤,一场惨烈的事故就此酿成。在处理伤口时,哈维注意到,血是一阵阵喷出来的,其情形全然不同于血液从静脉里的平缓流出。在年轻的哈维看来,那血液仿佛就像是被泵出来那样。

哈维正在演示他的血液流动的思想。

他的教授们教过他,身体内部有两种大不相同的血:一种来自肝脏,供给营养,或"动物灵气";另一种来自心脏,提供"生命灵气",含有热和能。在爱好探究的哈维看来,它们尽管颜色不同,但似乎很相近。他尝了尝,连味道都是一样的。也许它们就是同一种东西。如果真是这样,他开始想,也许只有一种血在全身流动。也许它实际上就是靠心脏来抽运的。这就是一个思想的诞生,而且和他的亚里士多德哲学不相冲突。

当哈维还是帕多瓦大学的学生时,伟大的伽利略正在那里教书,但大学里仍然保持着旧传统,天文学以托勒密理论为主,医学大部分按照盖伦的理论。亚里士多德教导过圆形循环的完善和精致。哈维后来写道:"我开始想,是否存在一个类似循环的运动,正如亚里士多德所说,空气和雨水正相当于更高级物体的循环运动。"

出于谨慎和保守,他在帕多瓦没有公开发表自己的思想。思想并不等于证据。1602年,他获得医学博士学位,回到英国开业行医。在那里他娶了一个著名医生的女儿,他的事业蒸蒸日上,先后当上医学院的研究员、圣巴塞洛缪医院的内科医生、内科和外科医生学院解剖学教授以及詹姆斯一世和查尔斯一世的御医。在为国王服务的生涯中,哈维一直是查尔斯国王的亲密朋友和心腹。

就在他的社会和医学声誉达到如日中天的时期,他仍然孜孜以求地汲取知识。他对人体知识是如此投入,以至竟然把好朋友,甚至自己的父亲与姐姐的遗体也拿来解剖。

到1616年,他的演讲笔记表明,他已经独自得出关于血液在体内循环的见解。他的革命性著作《心血运动论》(*Exercitatio anatomica de motu cordis et sanguinis in animalibus*)在12年后出版,一直被看成是早期科学的重要著作之一。尽管哈维在哲学上是亚里士多德学派和传统主义者,但他的实验和研究技术却是近代的。

哈维和动物繁殖

哈维并不仅仅只关注循环系统。他还对动物繁殖的问题有兴趣。他是率先研究小鸡在蛋中发育的人之一,其研究结果发表在1651年出版的《动物繁殖》(*De generatione animalium*)一书中。在没有显微镜帮助的情况下,他每天敲开一窝蛋里的一只蛋,仔细检查小鸡的发育。仅靠肉眼观察,他注意到发育最早是从一个极小的斑点开始(这是第一个不借助仪器看到的胚胎构造),他在哺乳动物中寻找类似的东西,结论是:所有生物必定都从一个简单的、未分化的血点开始生长,他把这一血点称为“原基”(primordium)。通过跟踪小鸡在蛋内的发育,他把胚胎的逐渐发育称为“渐成过程”。尽管我们现在知道他的思路是正确的,但这一工作却没有像血液循环的研究那样在当时被人们所接受。遗憾的是,这本书没有记录他对血液循环的伟大工作,却以大量篇幅论述一般而又有些庞杂的亚里士多德哲学。

另一种更古老的观点很快取代了哈维的渐成论。其他研究者得到错误结论,认为胚胎在卵内早就以微型整体的形式存在。在胚胎内有另一个卵和另一个已经成形的微型胚胎,里面又是更小的卵和胚胎,层层套叠,就像中国套箱*。一个比一个更小,直到完全看不见,甚至用当时最强大的显微镜也看不见。这种观念叫做“预成论”,其根源可以追溯到柏拉图和他的完美形式的思想,并且还得到教会的认可。甚至伟大的显微学家马尔比基(Marcello Malpighi, 1628—1694)(我们在下章会遇到)也通过研究相信,必定存在某种预成形式。这种观点以及类似说法一直流行到18世纪末,直到沃尔夫(Caspar Friedrich Wolff, 1733—1794)及其他人的工作才给这个问题带来了新的转机。

---

* 中国套箱据说是过去中国家庭送女儿的嫁妆,一个大箱子里面层层套着一个个更小的箱子。

哈维把这件事看成是流体力学问题。他仅仅关注这一问题，拒绝把它与整个自然图景联系起来考虑。他只关心血液如何流动，心脏的哪个部分对它的运动起到作用。他在《心血运动论》中并不关心神秘的"灵气"，他解释说："除了推动血液，使之运动并分流到全身之外，心脏是否还为血液添加些什么东西——热、灵气、完美——必须在以后逐步深入，并且还要靠其他理由才能确定。"尽管哈维在哲学上和气质上是传统的亚里士多德主义，他还是汲取伽利略及其时代之精神，把人体当做机械来处理，并且认为他的使命就是理解心脏和血液的运动机制。

和伽利略一样，他的研究也是通过仔细和艰辛的实验。他在序言中写道："我并不认为学习和教授解剖学，应从哲学家的公理出发，而是要从解剖事实和自然的结构出发。"

他的论证以事实为据，这些事实源于广泛的解剖及动物活体解剖。他仔细地讨论心脏瓣膜的结构、大血管的构造和隔膜里找不到孔隙或通道的事实。他解释说，假如有人坚持盖伦传统的血液运动观点，那是毫无意义的。

从机械论的观点看这个问题，哈维论证说，我们可以把心脏简单地看成是肌肉，通过收缩而起作用——把血液泵出。他指出，把心脏上面的两个腔室（心房）与下面的两个腔室（心室）分开的瓣膜是单向的，因此，血液只能沿一个方向流动，从心房到心室，而不能相反。哈维正确地解释了法布里修斯提到的静脉瓣膜，指出它们的作用是控制血流方向，而根本不是控制血液的流量，正像法布里修斯所设想的那样。静脉瓣膜只允许血液从静脉流向心脏，而心脏里的瓣膜只允许血液进入动脉。

接下来他提出了一些基本数学论据。他计算过，一个小时里心脏泵出的血量是一个成年人体重的三倍！按照盖伦系统的要求，在这样短的时间里，要在静脉的末端创造如此之多的血，同时又要在动脉的末端分解它们，实在是不可想象的事情。他论证说，必定是同样的血，在不停地循环，从心脏到动脉，又从动脉回到静脉，然后再回到心脏。

血液和空气

哈维成功地证明了血液的循环，但是他无法完全解释这种循环在体内的功能。这要留给17世纪另外四位杰出的实验家，他们通过各种相关实验得到了答案。

波义耳迈出了第一步。他利用空气泵证明，没有空气，老鼠或鸟都无法生存。胡克在独立研究之前曾经短时间当过玻义耳的助手，他做了这样的实验，使狗的肺部固定不能动弹，但只要把空气吹进去，狗就能继续活着。他的这些实验其实是最早的人工呼吸演示，同时也证明生命的延续需要的是血液里的空气，而不是肺的实际运动。罗尔（Richard Lower，1631—1691）的实验则揭示了暗色的静脉血在通过肺部时，转变为鲜红的动脉血，他由此而悟出，这一定与空气中的什么成分有关。最后是梅奥（John Mayow，1643—1679），他证明血液里的这一成分是"硝气精"（spiritu nitro aerus）。

他进一步以放血实践为例，用绷带绑紧动脉，可以使脉搏暂停，而稍微放松绷带，静脉中有血液的缓慢流动。再有，两个瓣膜之间是空的静脉不能从上游得到补充，这是单向运动的又一例证。

其他的例子和实验进一步强化了他的论点。他认为，血液的运动是一个闭合的循环。他的理由是，心脏是肌肉，其功能相当于一个泵，通过静脉回收血液，然后靠交替的舒张和收缩把血液经过动脉泵出去。

用他自己的话来说："动物身体里的血液锁定在一个循环之中，运动不止。那正是心脏靠其脉搏完成的动作或功能，也是心脏运动和收缩的唯一目的。"

这是精心构思、严密取证的论据。尽管篇幅不大（只有 72 页）、印制糟糕（印在廉价的纸上，还有很多排字错误），但他的书却使许多人立刻转变观点。对许多临床医生来说，它立竿见影地解释了许多现象，其中包括感染、中毒或蛇伤为什么会如此之快就扩散到整个系统。它还迅即带来了静脉注射的可能性，以便使药物迅速扩散至全身。它甚至激发了早期的输血尝试。但是这些大都没有成功，因为当时不知道还有不同的血型。

但也有守旧者。传统很难消失，哈维最先发出这样的抱怨：一个人只要过了 30 岁，就难以理解他的工作。但是，他仔细搜集的证据最终还是获得成功，尤其还有人沿着他的足迹继续工作，其中特别是马尔比基，他填补了哈维论证中的最后空隙。

伽利略攻击传统观点及其经院哲学，却没有能够看到他的观点赢得广泛接受。相比之下，哈维则幸运得多。在 1657 年去世时，他的工作几乎普遍被接受，除了一些封闭的环境，特别是法国更为保守的某些医学界人士。

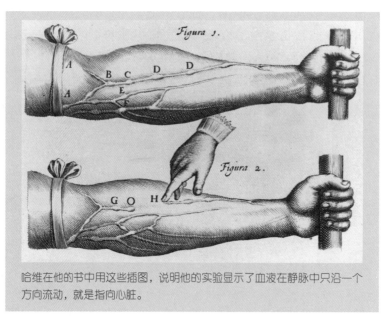

哈维在他的书中用这些插图，说明他的实验显示了血液在静脉中只沿一个方向流动，就是指向心脏。

这是对盖伦以及过时医学传统的最后重击。盖伦思想的基础，在遭受维萨留斯、哈维和其他人的沉重打击后，逐渐走向崩溃。哈维的工作，标志着动物生理学的新起点。也许更重要的是，在沿着把近代实验方法应用于生物学的道路上，他们已走出了重要的一步。

盖伦曾经写道："如果有人希望观察自然如何工作，他不应该相信解剖学的书本，而应该相信自己的眼睛。"也许可以这样说：安详而又保守的哈维，正是遵循盖伦的智慧，以自己的方式向他如此热爱的古人表示崇敬之情。

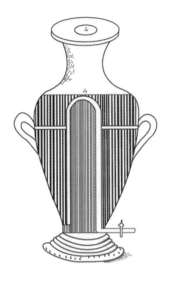

◀古希腊医生、解剖学创始人赫罗菲拉斯著有《论解剖学》等，在解剖人体时最早发现了血管，并第一个区别了动脉和静脉：动脉有搏动，静脉没有搏动。比希波克拉底前进了一步。赫罗菲拉斯曾用滴漏测量单位时间内人的脉搏的次数，但他没有将脉搏和心跳联系起来。图为赫罗菲拉斯用过的滴漏。

▶阿纳尼大教堂天花板壁画中的盖伦画像。

◀1543年，比利时医生和解剖学家安德烈·维萨留斯发表了《人体构造》，指出了盖伦解剖学中的错误，完成了对骨髓、肌健、神经等系统的描述。为以后发现血液循环奠定了基础。左图是第一版《人体构造》著作中维萨留斯画像。

▲ 这幅《解剖》画（1559年）表现的是一堂解剖课，老师正在进行解剖，学生在参考教科书和记笔记。

▲1553年，西班牙医生米格尔·塞尔维特重新提出"小循环"（"肺循环"）理论。再次推翻了盖伦关于心脏中隔有筛孔的论点。由于他的观点违背了当时的宗教教义，1553年10月塞尔维特被卡尔文教派当做"异教徒"在日内瓦活活烧死，年仅42岁。

◀1652年，丹麦医生托马斯·巴托林描述人体淋巴系统，捍卫哈维的血液循环理论。而他描述的淋巴系统是静脉系统的辅助部分。

第十章

奇妙的微观世界

　　……无论在哪里我发现什么稀奇现象，我认为自己的责任就是把我的发现记在纸上，以便让所有的聪明人都能知道。

——列文虎克（Antoni van Leeuwenhoek，1632—1723）

　　最终完成哈维血液循环理论的人是马尔比基。马尔比基1628年出生，正是哈维的著作《心血运动论》出版的同一年。马尔比基是一位新型的科学研究者。17世纪的"显微学家"很少关心大思想和大理论，他们面前的世界非常之小，小到就是眼睛面前的一些"事实"。在很大程度上，他们正行进在发现的旅程中。他们没有过去的哲学包袱，只是记录他们眼睛能够看到的，无意去纠正旧信念或创建新信念。

　　没有人准确知道第一台真正的显微镜是什么时候发明的。透镜的使用可以追溯到亚述人，比希腊时代还要早得多。罗马作家和哲学家塞涅卡（Lucius Annaeus Seneca，公元前4—65）曾经记下他的这一发现，把装有清水的球体放在适当位置，就可以把字放大。托勒密写过一篇光学论文。在意大利古都庞贝和古代亚述首都尼尼微的废墟中曾发现磨过的透镜（Ground lense）。13世纪的炼金术士和作家培根（Roger Bacon）写过关于折射光的光学特性和各种透镜的放大性质的书。1558年，瑞士博物学者盖斯纳（Konrad Gesner，1516—1565）用放大镜研究过蜗牛壳，我们在下一章还要遇到他。

　　许多历史学家把荷兰显微镜制造者简森（Zacharias Janssen，1580—1638）看成是第一位用复合透镜来增加放大能力的人。第一台这样的复合显微镜也许是大约1590年生产的。到了17世纪中叶，诸如此类的各种显微镜已经在一群小范围的专业科学家手中流传，用来观看人类从未见过的东西。就像伽利略用望远镜作出的发现一样，他们的工作也为透视自然界及其奥秘增加了一个重要的新窗口。路易斯十四的御医波拉尔（Pierre Borel，1620—1689）写

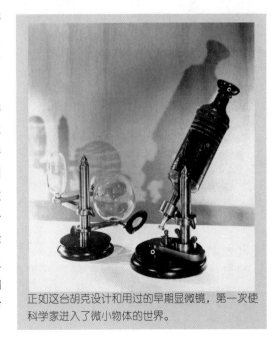

正如这台胡克设计和用过的早期显微镜，第一次使科学家进入了微小物体的世界。

道，在显微镜的帮助下，"不起眼的昆虫变成了庞然怪物……无数的东西被发现……新的世界打开了"。

马尔比基与毛细血管

早期伟大的显微学家之一马尔比基，在意大利博洛尼亚大学接受教育，1656 年在那里获得医学学位。博洛尼亚的气氛是沉闷和保守的。例如，要求医学学位候选人宣誓，如果他们给没有公开承认和宣布自己是虔诚天主教徒的病人治病超过三天，就甘愿接受失去学位的处罚。马尔比基总是不愿服从这样的管教，于是，他离开了博洛尼亚大学，不久成为比萨大学的教授。在这里他与思想前卫的数学家和解剖学家波雷里（Giovanni Alfonso Borelli，1608—1679）交上朋友；他们的友谊持续了许多年，两位科学家都因此互受激励。马尔比基和波雷里在一起完成解剖实验，长时间讨论伽利略和笛卡儿的先进思想，并始终保持通信联系。波雷里在显微镜的帮助下，有了一些新发现。马尔比基很可能在比萨就开始专门从事显微镜研究。然而，由于个人问题，最终他还是不得不返回博洛尼亚，他的余生大部分用于教学和显微镜观察。

从学生时代起，马尔比基就已经对哈维的工作有了深刻的印象。他是哈维的热忱羡慕者，钦佩哈维在血液循环问题上的细致工作。但是哈维严谨的论证中仍有一个重大缺陷：为了使身体内部血液的流动"形成一个循环"，在动脉和静脉之间一定还存在着某些联系——然而这一联系从未有人发现过。哈维的大多数追随者都假定这一联系一定存在，只是一直没有得到证实。

马尔比基在显微镜下研究蝙蝠翅膀，发现哈维关于血液是如何返回心脏的问题的解答：这就是现在叫做毛细血管的微型血管。

马尔比基在 1660 年和 1661 年所做的一系列实验和显微镜观察为此提供了关键线索。他先是研究狗的肺，然后转向对几百只青蛙和蝙蝠进行解剖和显微镜观察，从而证明血液在肺里的流动经过了复杂的网络。这对最终理解呼吸作用至关重要，因为这样就容易理解空气是如何从肺部扩散到血液中，以及如何通过血液输向整个身体的。

然后，马尔比基作出了重要的发现：在用显微镜研究蝙蝠的翅膀膜时，发现了微型血管（后来叫做毛细血管）的存在，正是这些细得肉眼看不见的毛细血管，把可见的最细动脉和可见的最细静脉连接起来。正是这一发现最终使哈维的循环理论得以成立。他又用显微镜对许多青蛙做了更多的观察，进一步验证了自己的发现。（他在给波雷里的信中评论说，他感到似乎"用尽了几乎整个青蛙种族"。）他甚至突然想出了一个聪明的办法，把水注入肺动脉，观察它如何进入肺静脉。实际上，他把肺里的血洗净了，于是肺组织变得透明，毛细血管也看得见了。他证明了哈维是正确的。

但是马尔比基的工作并不限于这一主要发现。他还把显微镜转向研究植物解剖学和动植物的发育解剖学。他研究了鸡的胚胎，不过，他的结论有误导性。尽管在许多细节上，他的工作还是非常精细，但他的观察却导致他错误地相信：他发现了小鸡在鸡蛋里的发育形式，而这只鸡蛋根本就未被母鸡孵化过。这导致他和其他人得出相同结论，认为他为一种古老的观点提供了一个证据：新的生命体以某种完整尽管微小的形式，已经存在或预存于精子或卵内。当时在某些书中已经有这样的插图：精子细胞中存在完全成形的微型人体。于是，这一古老的哲学思想一时间得到了它不应该得到的科学认可（参看第九章中的"哈维和动物繁殖"）。

～ 格鲁看到了植物组织 ～

并不是所有17世纪的显微镜专家都如此重点关注动物生理学。最活跃的显微镜专家之一，格鲁（Nehemiah Grew，1641—1712）是英国植物学家和医生，他主要把显微镜用于观察植物（马尔比基偶尔也把显微镜用于研究植物解剖学和动植物发育解剖学）。

博物学落后于物理学和天文学有许多理由。首先，这个领域很复杂，相比于物理科学，博物学家需要在更多的领域打好根基和掌握专门技术。为了认识生物，他们需要化学和仪器作为帮手，但这些尚未得到开发。他们需要分类系统。他们还需要详细考察形态学、比较解剖学和生理学的方法。再有，在考虑到博物学时，人们发现，摆脱人类中心主义的观点更为困难。直到17世纪末，生物科学家才开始意识到，探讨翅膀如何工作或研究植物的茎，都有其内在的价值。只有到这个时候，他们才开始把这些追求看成有其本身价值，它不在于为人类某些实际目的服务，而在于为了知晓自然的机制。几个世纪以来，解剖学和生理学的研究，包括对人类和动物研究，都是医学的仆人，它的价值只在于满足医学需要。关于植物栽培及其植物学知识，仅当它用于食物或草药时，才被认为是有用的。生物学的这些偏见实在难以摆脱。

格鲁及其他人用现在大家熟悉的比喻，把宇宙的机械论观点与宗教调和在一起，这就是说，钟表由伟大的钟表大师设计制作并投入运转。而上帝就像那位钟表大师，创造了所有的部件，并使之运转。格鲁写道："自然就是一部大机器，由上帝之手创造和控制。"

这一观点与人类中心主义观点不谋而合，所以，打算建立一种内在有效的科学研究方法的格鲁，甚至相信植物都是有"美德"（Virtue）的。哥白尼也许证明过宇宙并不围绕地球旋转，但是在博物学家眼里，人类仍然处于自然的中心位置，动物学家研究动物解剖学就是以人体作为参考。英国皇家学会试图鼓励在农业中运用科学方法，这是一个积极的步骤，但谈不上激进，肯定不能和科学革命相提并论。所以，这样的指导对生物学家摆脱旧观念无济于事，而与此同时，他们在物理科学领域的对手却由于依赖观察和实验已经取得了成功。

格鲁承认博物学家需要更激进些。在1672年出版的《植物哲学史》（*Philosophical History of Plants*）一书中，格鲁提出了一个植物生命的研究纲要，试图为真正理解植物的生命史而创造条件：

"首先，植物，或者它的任一部分，生长靠的是什么手段，种子又是如何长出根和茎……植物所需的养料又是怎样及时地在不同部分制备的……它们不仅在大小，而且在形状上，怎么会有如此之显著的差异……然后询问，它们为什么会有各种不同的运动；为什么根向下生长，且这种生长有时垂直，有时更呈水平向；为什么茎总是向上生长，且这种生长在不同的季节会有不同的长势……再有，什么决定了它们的生长季节；什么决定了它们的生活周期；为什么有些是一年生，有的是二年生，有的是多年生……最后，种子又是如何储备形成和适于传播的。"

在试图回答这些问题时，格鲁对植物解剖学的研究使他成为最早认识到花是植物生殖器官的人之一。他还认识到花朵是雌雄同体的，也就是说，在一朵花中同时含有两种性器官。格鲁认识到了雌蕊和雄蕊在生殖过程中的作用。他还证实了雄蕊产生的花粉粒，其作用相当于动物中的精子细胞。

波雷里和机械似的身体

　　法国哲学家和数学家笛卡儿对17和18世纪的思想家产生过巨大的影响。尽管他不是科学家，也没有做过实验或有过原创性研究，但是他提出的关于宇宙的机械论观点，其影响可与牛顿的理论相匹敌。笛卡儿论证说，宇宙中所有的物体，不仅是恒星和行星，也包括动物和人，都可以用纯粹的机械论术语来理解。

　　意大利数学家和生理学家波雷里是生理学家和显微学家马尔比基的亲密朋友。没有证据表明波雷里曾经正式学习过医学；他的早期兴趣是数学和伽利略的新天文学。他对伽利略非常倾慕。1656年在比萨大学获得数学教授职务后，他逐渐和马尔比基建立了友谊，两人一起工作，并完成了一系列解剖学研究。在伽利略和笛卡儿的影响下，波雷里立志要把物理学中的新方法运用于人体研究。在《论动物运动》（*De motu animalium*）一书中，他用几何学和力学原理，例如杠杆原理，讨论单块肌肉和肌肉群的运动。他还研究人体和动物的姿势以及鸟的飞行力学。他在试图把力学原理运用到身体的内部器官时则不太成功。例如，他相信胃只是简单的碾磨器具，没有认识到消化是一种化学过程，而不是力学过程。

　　然而，在17世纪后期，并不只有波雷里才用严格的机械论术语来解释人体的工作原理。由于对牛顿和笛卡儿的方法在物理学所取得的成功留下了深刻印象，还有少数人也试图用新方法回答生命体问题。事实上，这些研究者在18世纪初开始划分为两类：一类是力学医学家，相信生物体的一切功能都可以用基于力和运动概念的物理和数学原理加以解释；另一类是化学医学家，相信所有身体功能都可以作为化学事件来解释。遗憾的是，许多年来这两个对立的阵容一直争论不休，每一方都坚持认为自己才是唯一有效的方法，这反而不利于更完整地理解生理学。

不同于他的同事,格鲁突破了传统的研究方法,运用化学中常用的实验方法,观察这些技术(如燃烧、焙烧和蒸馏)产生的效果。遗憾的是,由于受时代限制,他只能使用欠完善的实验室工具,从原始粗糙的技术装备到低劣的显微镜透镜,于是,他的许多雄心勃勃的研究计划只好搁浅。

斯瓦姆默丹考察昆虫

与此同时,荷兰博物学家斯瓦姆默丹(Jan Swammerdam,1637—1680)把显微镜镜头转向昆虫王国。在他悲剧性的短暂而痛苦的一生中(他患有忧郁症,情绪常常起伏不定),研究了3 000种以上的昆虫。出于对秩序和归类几乎有着难以克制的冲动和着迷,他还解剖了人和动物的尸体,从而成为一名比较解剖学专家。1667 年,他获得医学学位,但从未正规行医。尽管他因发现红血球(后来才认识到它是血液中的携氧结构)而著名,但斯瓦姆默丹的大部分工作还是在昆虫方面,他因此而赢得世界上第一位真正昆虫学家的美名。在和数千种微小昆虫打交道的过程中,他首创了许多新的解剖用具并且建立了十多种适合于微观操作的新工具。在考察他尤为喜爱的实验对象(蜜蜂)时,他最先发现"蜂王"实际上是雌蜂;发出嗡嗡声的是雄蜂;其余的普通蜂都是中性的,斯瓦姆默丹称之为"工蜂"。

当斯瓦姆默丹在 1673 年参加一个极端狂热且隐秘的宗教朝拜后,他的科学生涯就此终止,但是他的私人动物博物馆(他曾经试图把它跟他的仪器以及书籍一起出卖,但没有成功)收藏的数千种昆虫,经仔细的解剖后全都陈列了出来。由于病痛、超负荷工作,他于1680 年去世(时年仅 43 岁)。尽管他的大部分著作在生前没有发表,不过有关昆虫解剖的工作还是以文集形式分两卷于 1737—1738 年间出版,书名为《自然界圣经》(*Biblia naturae*)。后来,这些著作被公认是 18 世纪昆虫微观解剖学的最佳研究成果。

插图大师胡克

作为一名物理学家,胡克因其对弹性的研究和他跟牛顿的争论而闻名于世,但他同时也以生物学家而闻名于世。他对昆虫的显微研究仅次于斯瓦姆默丹,1665 年他第一次观察到了细胞[①]。他的著作《显微术》(*Micrographia*)出版于 1665 年,内有不少精确而美丽的素描,展示了显微研究的成果,共 57 幅——大部分是胡克本人所作,少部分也可能出自著名建筑师雷恩(Christopher Wren,1632—1723)之手——它们显示了诸如此类般的奇迹构造,例如苍蝇的眼睛、蜜蜂刺的形状、跳蚤和虱子的解剖图、羽毛的结构以及霉菌的形状。

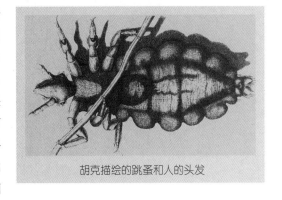

胡克描绘的跳蚤和人的头发

---

① 胡克所谓的细胞,并不是活的细胞,实际上只是软木组织中一些死细胞留下的空腔,是没有生命的细胞壁。尽管如此,胡克的发现引导后人对细胞继续研究,建立了细胞学说,使生物学从宏观深入到微观,从形态结构的研究深入到细微结构的研究。他所提出的"细胞"这个名称一直沿用至今,成了表述生命基本结构的专有名词。——译者注

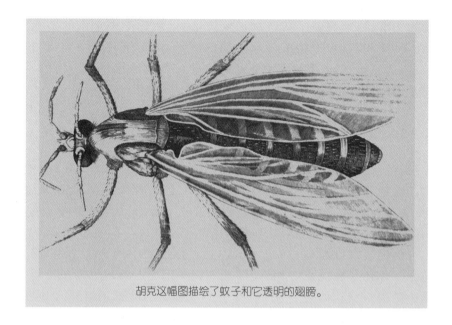

胡克这幅图描绘了蚊子和它透明的翅膀。

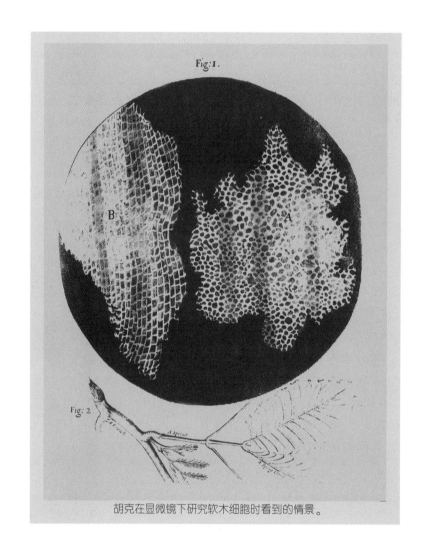

胡克在显微镜下研究软木细胞时看到的情景。

《显微术》中还有胡克的化石理论（当时颇有争议，但后来证明是对的）、他对光和颜色的详细理论，以及他对呼吸和燃烧的观点。他最有名的显微观察是他发现和研究了软木植物的蜂房结构，他称之为"细胞"（cell），因为它们很像修道院里修道士的单人住房（monastic cell）。他在许多植物中观察到了类似的结构，认为"细胞"也许可以充当某种通道使液体流遍全身，正如动脉与静脉在动物体内扮演的角色那样，为血液流动提供管道。

∽ 列文虎克的"可怜的小生灵" ∽

毫无疑问，17 世纪最突出的显微镜专家是自学成才的荷兰显微镜制造者列文虎克，许多人称之为 17 世纪最伟大的业余科学家和显微镜专家。1632 年 10 月 24 日，列文虎克出生于荷兰的代夫特，他的父亲是制篮匠，母亲是啤酒商的女儿（代夫特这个独特的古城以精美的瓷器和啤酒著称）。列文虎克的童年平平淡淡。他小时父亲就去世了，母亲改嫁，但他却幸运地在一个相当标准的文法学校接受了正规教育。16 岁时，他被送到阿姆斯特丹当布料商的学徒工，学做纺织品生意。他大部分时间是当出纳员。1654 年，他结束学徒生活，回到代夫特，开始自己的纺织品生意。22 岁结婚，有两个孩子。由于经商有道，他被任命为这一小城市的市政管理员。表面上，他是典型而且相当成功的小城市商人，和代夫特安静的街上其他几十户中产阶级店主没有什么区别。他因守时正派而受人尊敬。他衣着得体，举止合乎礼仪，廉洁奉公。

然而，不知何故，列文虎克开始制作起显微镜来了。也许是他的一种爱好，也许是生意上的需要——按惯例，负责的布料商常用放大镜检查亚麻布的质量。不知何时，他把透镜从检验亚麻布转向其他东西。不过，可以肯定地说，这一转变一定很早就开始了。他所制作的几百台工艺精良的显微镜，如此精湛，远超过布料商的简单需要。列文虎克的显微镜都是单透镜的。当时双透镜或复合显微镜虽然功能很强，却受色差现象所干扰：观察到的每件东西周边都被一层颜色所包围。这一现象令人难以看清细节，有时甚至根本就不可能看清。看来关键就在于制作出单透镜显微镜，其放大倍数不低于复合透镜，但没有色差问题。列文虎克开始着手制作一个单透镜，先是小心地把透镜磨制成一个小玻璃珠子，再把它嵌入黄铜盘上的一个洞眼里，然后把待研究的物体放在适当的位置，离开透镜的距离可以用不同的活动销来调节。当显微镜被使用时，在大部分时间里要握住整个仪器使它对准光，然后通过它观看。列文虎克的透镜微小而又接近球形，具有很高的放大能力——其中有一个如今还保存着，可以把物体放大到原来的 275 倍——但是这也要求强光聚焦，往往会引起严重的眼睛疲劳。

1673 年，医生和解剖学家格拉夫（Reinier de Graaf，1641—1673）给伦敦的英国皇家学会写了一封信，人们这才首次意识到列文虎克在制作和运用显微镜方面有着独特才干。尽管格拉夫已经患病，但他还是以自己的科学工作赢得了可靠的名声。他的信表明，默默无闻的布料商，列文虎克制造出了他所见过的最好的显微镜。这一消息立刻引起学会主席的注意。格拉夫还附上列文虎克给他的一封信，信中描述了列文虎克的一些活动和观察：他用显微镜观察霉菌、蜜蜂的口部和普通虱子等。这些事实令主席大感兴趣，于是他写信给列文虎克，要他提供更多的细节和草图。列文虎克回信说，他可以提供细节，但是他不善绘画，需要有人帮他来画。

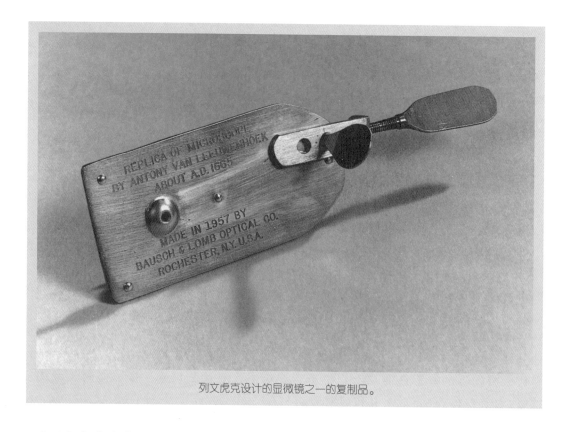

列文虎克设计的显微镜之一的复制品。

对于皇家学会来说,这一关系开始可能是一种恩赐——列文虎克以简单口语式的荷兰文写的信,显示了他对科学文件的无知。但是接下来发生在业余科学家和皇家学会之间的通信展示出的却是一项极为投入的事业。全部信件竟达 372 封之多。在列文虎克一生(1723 年他在 91 岁时去世)中持续进行了 50 年的通信联系,正是科学史上最不寻常的事件之一。

列文虎克的信采取平淡朴素的方式,信的开头总有一些简单谈话,讲到代夫特的生活、他个人的生活习惯、他那可爱的狗或者生意上的起伏,然后转向描述他那些令人惊奇的各种显微镜下的观察结果。一封信里常常会谈到三或四个不同和不相关的观察——没有按照常规来做——学会秘书则耐心地将其加工成惯常的格式,以供学会成员阅读。如果说,信中关于个人生活的内容是随意漫谈式的,那么他的数百项观察报告则付出了艰苦的努力并相当精确。由于报道迅速,列文虎克成了世界上最著名和最受尊敬的显微镜专家。

在通往微观世界的路上,列文虎克的贡献超过 17 世纪任何一位学者。正如伽利略在这个世纪的早期,用望远镜扩大了人类对天空和宇宙世界的认识那样,列文虎克则把他的显微镜转向这样一些日常物质,诸如从他自己牙床上刮下的碎屑和一滴水,从而展示了另一个做梦也想不到的维度。和伽利略一样,他看到了人类以前从来没有看到过的事情,并且在这样做的同时,他永远地改变了人类对自然的认识。

尽管列文虎克在通向微观世界的旅程中作出过许多发现,其中包括对马尔比基发现毛细血管的验证和精液中精子的发现,但是最让同代人惊奇的,还是"小动物"的发现。他用显微镜观察一滴水,发现了他所谓的"可怜的小生灵",那是肉眼看不见的,也是以前想都想不到的。"它们停下了,它们站住不动,看上去像一个点",他写道:"然后转起来,快得就像旋转的陀螺。它们画出的圆周不大于一颗细沙子。"1676 年 10 月 9 日的一封信更令人惊奇,他写道:

"在上述三种之间漂流的其他小动物,它们小得不可思议;如此之小,在我看来,我判断,即使把一百个这些小动物撑开摆在一起,也不会超过一颗粗沙子的长度;如果这是真的,那么一百万个这些小生物也够不上一颗粗沙粒的体积。我还发现了第五类,它的厚度相当于上述提及的那种小生灵,但长度几乎是它们的两倍。"

在 1683 年另一封信里,他写道:

"我习惯每天早上用盐刷牙,然后用水漱口:经常在饭后用牙签清洁牙背,再用布用力擦抹……然而我的牙齿总不够清洁,在我的门牙和白齿之间有一些东西嵌在里面,或者生长在那里……一种小的白色物质,稠得就像面糊一样……极为诧异的是,我总会看到在这些物质中有许多非常小的活着的小动物,动得非常可爱。"

看来世界充满了生命,要比以前想象的更多。水滴里存在活物,嵌在人的牙缝里的小颗粒中也存在活物!

列文虎克观察到了一个梦幻般的微观新宇宙,那就是原生动物和细菌。他的许多发现直到很多年后才被人们完全理解,但是这位谦逊的布料商耐心细致的方法和永不知足的好奇心,为后人打下了基础,并且在他有生之年,给他带来了做梦也没有想到的荣誉。

列文虎克经常把他的显微镜对着光来进行观察。

　　1680 年，列文虎克被选为皇家学会会员，这是当时世界上最有威望的科学团体。对于一个自学成才的小业主来说，这是人生之路上的一个了不起的飞跃，对于这一荣誉，他几乎有些不知所措。但由于络绎不绝的来访者打乱了他原先平静的生活，他为此而感到不快。在一处他记载，四天里接待了 26 位来访者。有一天甚至俄国的彼得大帝也来访问，乘坐特制的"运河游艇"沿运河抵达代夫特。列文虎克恭顺地带上一些仪器和样品来到艇上，因为皇家访客不希望引来城里羡慕的人群。

　　但是，人们的关注并未影响他的工作。1716 年，这时列文虎克已经 84 岁，劳万（Louvain）大学授予他一枚奖章和一首赞美诗，是用拉丁文写的，这一成就相当于今天的荣誉学位。因为他不会读拉丁文，诗是别人念给他听的。他后来在给皇家学会的信中写道，这使他"眼泪夺眶而出"。

　　直到 1723 年去世前，他仍然积极工作。他最后一封写给皇家学会的信，是他女儿寄出的，他赠给这一杰出科学家组织一只箱子，里面装有 26 件最精致和最心爱的银质显微镜。

　　马尔比基、格鲁、斯瓦姆默丹、胡克以及列文虎克，这些人带给生命科学的不仅是一种新的研究领域，更有　种新的无偏见的研究方法。决不能说这些人缺乏哲学或事先的期待，他们更为关注的是盯着自己的显微镜，去发现和记录他们所看到的，而不是证明或推翻某些古代的或新的理论。除了少数例外，大多数 17 世纪显微镜专家——不是想要创造让其他人跟从的思想，而是让其他人跟着关注在他们的透镜下可能被发现的事实。他们不是大思想家，但是每人都在为知识库增加积累，以便其他眼光更为宽阔和深邃的人们能够利用这些知识来构造和验证理论，多亏这些显微镜专家，科学获得了一种新的有用的工具，甚至今天，这一工具不仅依然以其简单和基本的形式，而且还以精致的高技术设计形式，继续收集事实并且为我们打开一幅新的令人激动的自然图景。

第十一章

认识生命的广泛性

今天报纸、杂志和电视台的评论家都在告诉我们,我们正在经历一场"信息爆炸"。由于计算机、卫星电视和新的印刷方法之类的现代技术,它们的效率和速度使得许多新发现、新思想、新事实以及新理论每天都涌入我们家中。要跟上这些最新进展并非易事,而要完全理解它们的意义更是难上加难。17世纪人类也经历过类似的信息爆炸。哥伦布之后大探险运动给欧洲带来了大量新知识。文艺复兴为智力和艺术表达打开了新的可能性。科学革命粉碎了长期流行的关于自然和人文的传统观念,取而代之的是新的、可检验的事实与理论。

对于每个人来说这都是令人兴奋的时期,包括那些植物学和动物学研究者,他们关心的是如何追踪和描述动植物王国中所有的新发现。

收集和描述自然界奇迹是一种传统,可以追溯到古希腊。这类收集作品,中世纪学者称之为《植物志》和《动物寓言集》,它们不仅是为了让那些有学问的神学家们知道上帝作品的多样性,也是为了让读者知道这些动植物的用途、奇异特点或者它们对人的心智的启迪作用。

然而,植物志中有时也会有稀奇古怪的说法,它们肯定不是基于密切的观察。例如,1605年出版的由杜勒特(Claude Duret, 1539—1619)编写的《植物志》(*Histoire Admirable des Plantes*),提出这一看法,认为鱼是从树上落入水中的果实中产生的,小羊可以从类似植物的树干上生长出来。当然《植物志》大多数普通条目则实际得多——提供大量有关草药的插图和描述以及它们在医药、茶叶、调味品等方面的用法。

这幅图采自杜勒特的《植物志》,显示了鱼是从落入水中的果实发展而来和鸟来自落到地面的果实这一信念。

然而，到了 17 世纪，简单地罗列动植物的描述和插图已有所不足，这就好像把上百张棒球卡随意扔进大篮子里一样。需要有某种方法把收集到的知识组织起来，找到合适的系统对其归类。

有了棒球卡，你就可以试着把所有的运动员按组分类。然而，要对那些神奇的动植物进行分类可不是一件容易的事。想象你现在正从无到有创建一套"自然卡片"。你拿着铅笔和纸片来到某处的树林里，开始把你看到的各种植物和动物画出来，并且在素描旁边写下你的文字描述。经过数个月的工作，你画了几百张纸，积攒了一大堆收集到的信息。你需要按某种次序进行归类。从哪里开始呢？也许最容易的是把植物和动物分开，但是你怎样开始分类和编目呢？一般来说，你会找某些相似性，事物总有一些共同之处。你可以把相似的某些植物归在一类；有些可以吃，有些不能吃；或者按大小来分动物，按陆生和水生来分，按能飞的和不能飞的来分。显然还有许多方法可以用来分类，有些方法可能更有效些。

亚里士多德是知识大爆炸时代的哲学家，他给自己设定的事业则更庞大。他决定收集各种生命体的信息——不仅是动植物，还包括人类等一切其他生物，然后把这些信息放入一个具有不同层次的系统中。

这些层次构成了后来叫做"存在巨链"的思想雏形。实际上，在亚里士多德看来，这不过是自然的"阶梯"。他相信地球上每件东西都位于某一阶梯上，无生命的在阶梯底层，依次是植物、甲壳动物、卵生动物（爬行类、鸟类、鱼类、两栖类）、哺乳动物，站在阶梯之顶的是人。亚里士多德还试图把阶梯的每个"横档"再细分，不过并不总是成功。例如，他把动物王国分成有血的和无血的（现在叫做脊椎动物和无脊椎动物）。他还提出了三种"灵魂"理论，它成为中世纪的主导思想。他教导说，只有生物才有灵魂。对于植物，由于它们只会生长和繁殖，他认为它们有"植物灵魂"；而对于动物，它们还可以运动和感觉，因此他加上"动物灵魂"；对于人类，人可以思考，于是他再加上"理性灵魂"。这些灵魂在亚里士多德看来就是某种神秘的活力原则。正是它区分了生命界与非生命界。

继亚里士多德之后，希腊植物学家西奥佛雷特斯（Theophrastus，约前 372—前 287），尽管不如他的前辈那样雄心勃勃，但接管了亚里士多德的图书馆，在亚里士多德退休后掌管学园，继续进行亚里士多德式的植物学研究，他描述了 550 种以上的物种。

然而，更重要的是希腊医生第奥斯科理德（Pedanius Dioscorides，约 40—90）的工作。中世纪植物学（草药学）的根源，大部分可以追溯到这位希腊思想家。尽管一系列不同的工作往往都归功于他，但有一部手稿可以肯定是他写的，通常以其拉丁名字《药物论》（*De materia medica*）称之。第奥斯科理德是一位军医，研究植物学主要就是以供医用，他是一位非常仔细和精确的观察者。第奥斯科理德描述了 500 种植物，每种都有产地、入药方法和医学用途。尽管有人认为，这一著作的早期版本倒是一个更为精确的排列系统，他死后经过许多世纪流传下来的版本，却是根据植物名字按字母排序的。这是一种简单的排列，许多后来的植物志和动物寓言都是这样做的。第奥斯科理德和盖伦一样，希望他的工作会激励其他人跟随他的脚步，而不是简单地抄袭。但是许多人却正是在抄袭他。与盖伦在解剖学和生理学方面的地位一样，第奥斯科理德成为中世纪学者的最终权威，后人一心一意，毫无疑义地奴从他。他的书如同法律条文般被阅读、研究和传授。遗憾的是，有些认为是他的书并不是他写的，而另外一些书也许是可信的，却至少被拙劣地传抄。一千多年的手抄对第奥斯科理德的原著带来严重的破坏。从一个抄写员传到另一个抄写员，小错误就会演变成大错误。

有时碰上那些追求艺术效果的抄写员,故意或不经心地改动文稿——为了美观,在植物上多画一些树叶;不诱人的花朵变成更诱人的;细长的根变成粗壮的。抄写员出于厌倦或"灵感",精心地对原稿进行润色,效果就会变得很荒唐:有一种植物叫做水仙,它的花瓣上被画成似有小人在爬行;可以看到鹅从树上长出来;还有羊在植物上生长。

从根茎中长出来的植物羊

植物羊的故事可以追溯到希伯来人关于类人动物的一种传说,但后来被说成是从地面生长出来的羊。这一植物羊故事经过许多世纪传遍全球,也许不是开始于希伯来传说,因为最早的手稿来自中国,日期可追溯到公元5世纪。

骑士曼德维尔爵士(Sir John Mandeville)①于1356年讲过一则故事,他回忆有一次访问鞑靼地区(这一地区包括土耳其帝国统治过的克里米亚),在那里他吃了羊肉餐,那羊就是在树茎上长出的。这一"鞑靼的植物羊"的故事经年流传,大多数人相信它是真的,据说这种羊的羊皮,在欧洲农村和市场里可以卖出好价钱。

最后在1698年,欧洲的博物学家有机会考察植物蔬菜羊的整个样品,那是来自于中国的一个收藏品。伦敦皇家学会的斯隆爵士(Sir Hans Sloane,1660—1753)考察了它,发现所谓的"羊"实际上是蕨类植物的根茎,上面有类似羊毛的斑纹,经过雕刻有点像羊。后来,

图上描绘的是"鞑靼羊",一种所谓植物羊,它长在土壤里的根茎上。

当更多的这类植物输入欧洲,真相逐渐大白;经过进一步询问,得知这类雕刻一般是用生长于俄国、印度和中国的根茎做成的。

《动物寓言集》经过许多世纪的流传,问题更多。这本动物集锦的最流行版本据说最早见于亚历山大,时间大约在公元200年。多少年来出现了许多抄本和临摹本,而其原件则是由许多著作编辑而成。它大量借用了希腊、埃及和亚洲流传的口述故事,以及亚里士多德和罗马著名学者老普林尼(Pliny the Elder,公元23—79)的话。老普林尼在观察维苏威火山爆发时去世,这次火山爆发摧毁了庞贝城。老普林尼是一位百科全书式的编纂者,他的主要著

<hr>

① 曼德维尔爵士为公元14世纪佚名作家所写的巨篇游记小说《约翰·曼德维尔爵士航海及旅行记》一书中的主人公。——译者注

作《自然史》[(*Historia Naturalis*),大约出版于公元 77 年],试图把世界上所有知识总结在 37 卷的文字中。该书汇集了可靠的事实,普通常识以及不可思议的奇闻逸事和貌似动听的虚构,本质上是一部文萃,其内容源于 2 000 多种古书和近 500 位作者。作为一名不太具有评判鉴赏能力的思想家,老普林尼似乎把他读到和听到的所有事情都不加选择地接受下来。许多神话般的动物都可以在《自然史》中找到,例如:具有狗头的人,具有巨壳的海龟(其壳大到可以当房顶,独角兽),美人鱼,飞马以及其他许多野生和滑稽的生物,所有这些都被当做事实不加修饰地表达出来。不过,除了胡说,他也罗列了一大堆有事实根据的说法,内容涉及更为有根有据的动物、天文、生态、烹调、希腊绘画、采矿和他感兴趣的任何事情。

到了中世纪,《动物寓言集》以及它的许多手抄本和衍生读本已经变成通俗读物,书里有大量精心描绘的虚构动物插图。其影响一直延续到整个文艺复兴,甚至到 17 世纪末。之所以如此,部分原因是由于这类书以多种方式成为基督教道德说教的理想媒介。书中的虚构动物几乎适用于任何目的。例如,神秘的长生鸟"按自己的意愿点着了火,直到把自己烧尽。在第九天后,它从自己的灰烬中飞起! 现在,我们的主耶稣基督就显示了长生鸟的特性……"还有蚁狮,一种蚂蚁和狮子的杂交物,注定要饿死,因为它有不吃肉的蚂蚁特性,而狮子特性又不允许它吃植物——这些动物寓言的含义是,谁要同时为上帝和魔鬼做事,谁就注定要灭亡。有时,阐述道德的文字要比描述动物的还多两三倍。在这一风气的带动下,许多其他的"自然史"也变成了道德说教的工具,例如修女圣希尔德嘎(St. Hildegard,1098—1179)写的《原因与治疗》(*Causes and Cures*),在这本书里,按照《创世纪》作为指导来编排植物和动物。

由于这些书充满了虚构、神话和说教,于是无须惊讶的是,这些动物寓言的每一个新版或抄本都变得越来越与真实脱离。结果,它们失去了本该具有的以科学方式来理解自然史的功能。

也有一些例外。在 13 世纪中叶,才华横溢且高度特立独行的德国皇帝弗雷德里克二世(Frederick Ⅱ,1194—1250)出版了一本有关猎鹰训练术的书,题名《用鸟狩猎的艺术》(*The Art of Hunting with Birds*)。弗雷德里克二世不能容忍迷信或经院式的说教,拒绝把事实与虚构混杂在一起的通常做法,书中所及只限于他仔细观察过的内容。结果他呈献给读者的就是对数百种鸟的训练有素的精确研究,书中还附有准确的插图和对其行为、解剖与生理学的可靠描述。

弗雷德里克二世远远超过了他的时代,其他人并未立即跟上去从事那种亲临现象的仔细观察。经院哲学家马格努斯(Albertus Magnus,约 1200—1280)大约在 1250 年出版了《论动物》(*De animalibus*)一书,但差不多都是旧调重弹。尽管偶尔会有质疑,但大部分内容依旧是那些神秘动物和亚里士多德、老普林尼和其他人的民间传说。

文艺复兴时期在描述性植物学方面有所进步,三位德国植物学家值得特别注意。他们是布伦菲尔斯(Otto Brunfels,1489—1534)、波希(Jerome Boch,1498—1554)和富克斯(Leonhard Fuchs,1501—1566)。他们的贡献不仅在于提供了比现有植物志更好更真实的描述,而且还收录了许多新的当地植物。更重要的是,他们的工作变得越来越流行,从而促进了当时正在兴起的回归自然运动的展开,这一运动的主旨是要对动植物采取第一手考察。然而,他们三个人仍然受到第奥斯科理德的影响。富克斯的《自然史》(*Nature History*)最为有名,他的文稿或多或少直接依据第奥斯科理德,按字母把植物排序,尽管他试过由自己来建立基本的植物学术语。

雷迪和自然发生说

进入17世纪，许多人还相信苍蝇和其他昆虫是从尿、垃圾或其他腐败的物质中自发产生的。有些人相信，大如老鼠之类的动物是从垃圾堆里自发出生的，青蛙、螃蟹和蝾螈则直接从黏土中产生。医生和炼金术士赫尔蒙特甚至认为，将瓶子里填塞糠麸和旧碎布后放在暗处，就可以生出老鼠来。第一位科学地对待这些问题的是名叫雷迪（Francesco Redi，1626—1698）的意大利医生。

雷迪是17世纪不出名的实验家之一，他经受过文艺复兴的洗礼。作为一位作家、语言学家、诗人和科学家，他在比萨出尽风头，成为两位托斯卡大公爵的私人医生，一位是费迪南二世（Ferdiand Ⅱ，1578—1637），另一位是科希莫三世（Cosimo Ⅲ，1670—1723）。雷迪在科学上最著名的工作就是他一系列简单而又计划周密的实验，它们向流行的自然发生说发起了质疑。

在雷迪做的许多实验中，有一个典型实验是这样的：把一条死蛇、一些鱼和几块牛肉密封放在一些大罐里，又把同样的样品放在一些敞口的罐中作为对照。密封罐内的肉不生蛆，而敞口罐里的肉却生蛆。他重复这些实验，其中一半的罐用纱布罩住出口，这样可使空气进入罐内，却不让苍蝇进入。结果在纱布罩住的罐里也找不到蛆。

雷迪写道："由此看来，死动物的肉并不能产生蠕虫，除非有活物的卵进入里面。"这一实验并不能完全否定自然发生说——那些愿意相信的人依然相信——但它却是沉重的一击。

作为意大利实验科学院（Accademia del Cimento）的一员，雷迪还是新科学方法的热心鼓吹者，他呼吁"所有人的努力都应该集中到实验，集中到测量标准的制定和研究方法的精确上来"。

博物学家格斯纳

最有影响的新"自然史"是格斯纳（Konrad Gesner，1516—1565）于1551年开始出版的《动物史》（*Historia Animalium*）。格斯纳是瑞士的博物学家，有百科全书式的兴趣和惊人的活力。他的《动物史》是浩瀚的五卷百科全书，共有4 000多页。他是一位多产的百科全书作家，还编写了一套《万有文库》（*Bibliotheca Universalis*），里面列出所有已知的用希腊语、希伯来语和拉丁语写成的著作，还附上每本书的内容摘要。他自己太忙了，没有时间亲自来观察许多动物，只好运用广泛的书信交流来完成《动物史》。格斯纳和别人一样，没有尝试进行分类，而是运用简单的字母排序，"以便于工作中使用"。

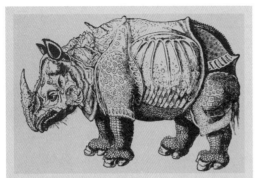

和早先的《动物寓言集》一样，格斯纳的著作里也有奇异怪物的介绍，其中有所谓的极乐鸟，它总在雄鸟背上的一个洞里下蛋，因为它飞得太高，以至于找不到地方筑窝。另一种是蛇怪，一种蜥蜴式怪物，被大毒蛇从雄鸟蛋里孵化出来。值得赞扬的是，格斯纳为了兼顾完整性，他通过注释区分了这些怪物和更现实的动物，既包括可信的又包括不可信的。对于每一种动物，格斯纳都描述其习性和行为、如何捕捉以及在食物和医药方面的应用。格斯纳的著作极为通俗，在很大程度上要优于过去数百年来为严肃的博物学家所提供的所有相关著作。

这个有点稀奇的犀牛显示了格斯纳的想象与实际相结合的才能。

化 石

今天对于化石起源于有机体这种说法，已经没有疑问了，但是对于像雷（John Ray，1627—1705）这样的17世纪博物学家，他们却提出了一个令人困惑的问题。尽管雷是一位虔诚的神创论信徒，但他还是抛弃了他的同事提出的大多数流行理论。他的科学研究向他指明，化石是生物体的残骸，但它们中的大多数都和现在仍然存在于地球上的生物有所不同。这就意味着，有一些物种已经不复存在，因此地球并不总是像它现在这个样子。有些历史学家认为，雷已经接近于进化论的边缘——在达尔文之前200年。但是雷和他的许多同事却致力于把他们的观察与他们的信念调和起来。

化石（石化后具有植物形状的物体、动物骨骼、贝壳和牙齿）在亚里士多德时代就已经知道和讨论过。到了文艺复兴，格斯纳、雷以及其他学者把化石收集起来并放在博物馆和橱窗里进行展示，但是，有关它们的特性和起源的问题仍然没有解决，争议不断。有些博物学家，诸如帕里赛（Bernard Palissy，1510—1589）、斯腾诺（Nicolaus Steno，1638—1686）和胡克认为，它们是石化的动植物遗骸，由于洪水而沉入坚固的岩石里，也许就是在《圣经》所说的诺亚洪水时期形成的。然而其他人则为存在着如此之多从来没有见过的已成化石的物种而感到困惑。它们似乎是在向基督教的信徒们质疑，既然上帝作为造物主是完美的，他就不会允许哪怕一个物种灭绝。这些人由此得出不同的结论。有人相信化石是自然的直接产物，它是类似于晶体那样形成的。其他人则认为这正是柏拉图的理想形式，它们自由漂浮在空间中，随后径直沉入岩石里。还有一些人（尽管他们中少有严肃的思想家）则争辩说，这些都是上帝的试金石，放在岩石里，用这些谜团来测试人类的信念。

到了17世纪末，化石是有机物残骸的认识开始占了上风。18世纪地质学研究的进展最终说服了大多数理性的思想家，使他们承认这一论点的有效性。

到了 17 世纪末,人们又开始想知道,有什么方法能把蜂拥而来的动植物新知识理出个头绪来。当时的情况极为混乱,尤其是世界各地带来了如此之多的新发现。亚里士多德曾经描述过大约 500 种动物。17 世纪初,已知植物大约只有 6 000 种。到了 17 世纪末,已知植物的数量已猛升到接近 12 000 种。研究动物的学者也遇到类似的问题。今天我们知道,地球上的物种达到 100 万—2 000 万之间(由于估算方法不同)。新信息来得太快,以致没有人能够全面吸收消化。按字母编目不是解决方法。首先,某种特殊的植物或动物也许在每一本书上都能找到,但是这取决于原书使用的是什么语言。博物学家需要打破语言壁垒,找到更好的办法来命名植物和动物。他们也需要更清楚地理解,当他们说到某"种"特殊的植物或动物时,那意味着什么。在自然中有没有基本的类别或单位? 17 世纪物理学界的惊人发现已经证明,在物理宇宙中似乎存在与建立秩序有关的自然定律。那么,难道不会有相似的定律或规则,一旦被发现,也可用于为逐渐复杂的动植物世界建立秩序?

尽管这个问题的解决还不得不等上许多年,但 17 世纪末英国博物学家约翰·雷的工作还是向这个目标迈进了重要的一步。

雷和物种观念

雷 1627 年 11 月 29 日出生于英国艾塞克斯的黑诺特里,是一位乡村铁匠的儿子,虔诚地信教,在剑桥受教育,1651 年获硕士学位。他天生就是一位动植物的敏锐观察者,同时又强烈地信仰古代亚里士多德的自然阶梯说,根据这一学说,每一种生物,从最低等到最高等都在严格的等级秩序中占据固定的位置。然而,遍及英国和欧洲的观察使他相信,植物和动物都可以大体系地分成基本单位,这有助于对它们的特性和相互关系得到更清晰的理解。

雷的主要洞见在于确定"物种"的概念。一个物种是指这样的一群生物体,其成员能够相互交配并产下可育的后代。1686 年他在著作中解释说:

> "经过长期和认真的研究,我确信,鉴定一个物种的突出特征就在于,通过种子而繁衍,并在此过程中维持自身不变。这就是说,不管在个体或物种中发生了什么变化,只要它们是源于同样的种子并且还是同样的植物,那么,这些就属于偶然变化,而不属于物种之间的区别。"

同样的规则也可运用于动物。公牛和母牛都是同一物种的成员,因为当它们交配时,就会生产出与它们相似的后代。琐碎的变化,诸如植物花朵的颜色、动物后代的大小或者动物的习性,都不再被看成是一个物种的基本特性。雷断言,"不同物种的形式总是保留其特性,一个物种不会从另一个物种的种子生长出来",这一结论对流传了好几百年的动物寓言集中的各种怪物是沉重的一击。尽管他还相信亚里士多德的物种不变说,但他也意识到,某些变异有可能通过突变而产生。对于分类问题来说,这还不是完整的解决方案,但都是关键的一步,标志着以往混乱的局面有望得到整理。

雷是一位多产作家,他最重要的著作是在 1686—1704 年之间写成的三卷本《植物综述》(*Historia plantarum generalis*)和 1693 年出版的《四足兽大纲》(*Synopsis methodica animalium quadrupedum*）。在这些书和其他著作中,他试图根据解剖学的相似性为动植物建立某种新的分类方法,例如,以二腔心脏和四腔心脏区分动物,并且把"披毛的四足动物"分成"有蹄的"与"有爪的"两类。

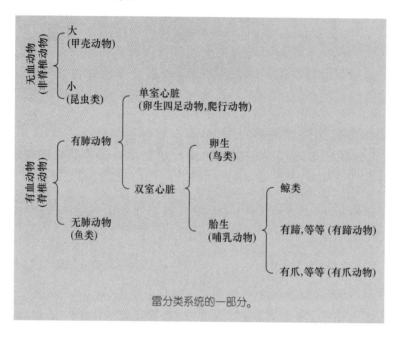

雷分类系统的一部分。

　　雷于 1705 年 1 月 17 日在黑诺特里去世,在他生前未能真正成功地为动植物建立一套完整和可被接受的分类系统。尽管他的物种观念给予后人以很好的启示,但他的大多数思想都被 18 世纪辉煌的瑞典植物学家林奈(Carolus Linnaeus,1707—1778)所取代。林奈在雷去世后的第二年出生,他建立了第一个近代分类系统,从而成为近代分类法的奠基人。

　　林奈更重要的工作是打开了一条新通道,后人借此得以对地球上的生命及其所有生物体之间的关系进行从未有过的深入研究。

第四部分
科学、社会和科学革命

第十二章

17 世纪：一个转变时期

　　科学革命给科学方法和科学发现带来了极大转变——建立了富有成效的新规范和图景，特别是在物理学和天文学方面。然而那些并没有参与科学事业的人——面包师、农民、店主以及其他人——则几乎根本就未触及由当时的科学思维转变所带来的大部分变化。大多数人都没有机会（或者爱好）去读哥白尼、伽利略、开普勒、牛顿等人写的书，而口头传递又非常之慢（并且不够准确，今天仍然如此）。跟 18 世纪的英国工业革命不一样，科学革命对于参与者固然是激动人心的时代，但对普通平民的生活却并没有多大影响。在科学家中间，新观念与许多旧有的抵触观念同时并存。在刚刚形成的科学界，调整与再调整、质问和反质问的过程持久展开，以便各种不同的哲学和世界观进行协调整合。调和理性和非理性的努力，以及把新思想纳入原有社会习惯和信念的过程，对于科学始终是一个挑战性的任务，今天仍然如此。

迪伊：科学家和魔术师

　　在某个时代里许多思想并列冲撞的结果就是，许多人同时拥有在今天我们看来是互相矛盾的各种哲学。迪伊（John Dee，1527—1608）就是这样的情况。作为一位能干的数学家和科学家，他的工作、思想和生活成为不同世界观相互纠缠的交叉点。

　　在 21 世纪，魔术和法术的爱好者一眼就能认出迪伊的名字，在他们眼里，这是一个英雄的名字。然而，尽管他曾经是受人高度尊重的科学家和数学家，但今天已经很少有人把他看做是一位科学家了，大多数人甚至都不知道他的名字。但是在文艺复兴时期的英国，他的名字几乎就是魔法用语。他是一位博学的学者，英国皇室的数学顾问。与此同时，他又是占星术、魔术和炼金术之类"隐秘艺术"的早期实践者。他与女巫交往,相信女巫可以和天使通话。跟几百年来以及今天的科学家一样,他希望知道宇宙最深处的秘密。他承认科学为扩展知识打开了许多可能性。但是他认为,他看到了更容易的捷径,这正是他出错的第一步。对许多科学史家和文艺复兴思想的现代研究者来说,迪伊是一个有疑问的人物——一个悲剧性人物,才华横溢,着迷般地追求科学真理,却不幸迷了路,徘徊在玄想和法术的黑暗胡同里。

迪伊是一位能干的学者和数学家。他在一次宫廷阴谋中被捕入狱。

迪伊1527年7月13日出生。关于他的出生地有好几种说法,有说是在伦敦,也有说是在伦敦附近的蒙梯湖小乡村。他的父亲名叫罗兰·迪伊(Roland Dee),他的母亲名叫外尔德(Jane Wild),两人在1524年结婚。罗兰·迪伊是一位成功的纺织品商人,在商会中有很高的名望,他还是皇家法庭的低等官员。

关于迪伊的童年所知甚少,只知道他在艾萨克斯的切姆斯福德上学时是一个敏捷和好奇的聪明孩子,后来他到剑桥的圣约翰学院上学,学习希腊文、拉丁文、几何学、数学、天文学和哲学。1546年,他成了三一学院的初级研究员,1547—1550年,在各地旅行、研究和演讲。他的第一爱好是数学,在巴黎停留时,在巴黎大学做过一系列精彩的演讲,内容关于欧几里得的《几何原本》(Elements)和几何学基础。后来他编辑欧几里得著作的比林斯雷(Billingsley)译本时,增加了一篇著名的前言来赞美数学的用途。迪伊的演讲是如此的成功,于是巴黎大学聘他为教授,但是迪伊谢绝了,正如他后来同样谢绝了牛津大学数学讲师的职位。由于珍视自己的研究自由,他不得不花许多时间来平衡这两者:一方面是他需要的研究自由;另一方面是他的保护人要求他应尽的义务。他还得寻找和认可那些在经费保障上更可靠的保护人。

在旅行中,迪伊还来到布鲁塞尔附近的劳万,1548年遇到能干的地图制作师墨卡托(Gerardus Mercator,1512—1594),两人建立了友谊。他们的友谊是如此亲密,以至于墨卡托送给迪伊两台著名的地球仪和一些新设计的天文学仪器。迪伊的声望越来越高,于是,皇家宫廷注意到他,在他回到英国以后不久,大约在1552年的某个时候(正值英国和爱尔兰国王爱德华六世统治期),迪伊成了宫廷占星师和非正式顾问,负责咨询有关地图、地理学、天文学和航海等事务。这是一个优越的职位——英国皇家宫廷在经费上,如果不说在政治上的话,绝对是他最可靠的资助人。

迪伊的数学才能使他在这些职位上如鱼得水,他不久又成了各类航海官员和英国探险家的顾问。在与迪伊交流关于地图方面的详细知识时,有一位探险家甚至在证人面前许诺要把未来航行中所发现的纬度50度以北的所有土地赠送给迪伊(这可能包括现在加拿大的大部分地区——不过这次航海失败了)。迪伊还是一位能干的密码破译师,他的编密和解密才能使侦查部门和保密部门常常靠宫廷的支付来找他咨询。

许多科学家也许会忌妒迪伊的职位和他的科学声望给他带来的好处。为此，他可能已在伦敦社交界和宫廷中为自己精心筑就了一处安全场所。不过自从学生时代以来（也许甚至更早），迪伊就开始过上某种双重生活。早在剑桥时代就有关于他的传闻，说他用数学知识和力学幻想构建了一台令人称奇的装置，就在学校上演戏剧时，一只巨大的机械甲虫，载着一位演员飞离舞台。观众被这一突如其来的情景和机械甲虫的动作吓呆了，传闻开始到处散布，说甲虫根本就不是一种简单的机械装置，而是被它的制作者施过魔法。有人传言，迪伊就是一位魔法师。

然而，迪伊从未想过要这样行事——从未想过。魔法师从事的是所谓有害巫术，是罪恶和法术。据说，魔法师寻求的是个人权力以及和魔鬼及邪恶生灵的周旋。他们甚至试图召唤恶魔撒旦来按他们的命令行事。

皇室阴谋

在英国皇家宫廷里，迪伊必须躲避的政治阴谋也许超过任何其他宫廷和其他时代。其他依赖宫廷资助的科学家，比如第谷，也曾遭遇变故，但是英国宫廷在16世纪上半叶，由于君主的轮番上台，以及处死、叛国和可怕的阴谋，他们提供的资助特别靠不住。

迪伊第一位强大的资助人爱德华六世（Edward VI，1537—1553），是英国国王亨利八世（Henry VIII，1509—1547）与其第三任妻子简·西蒙（Jane Seymour，1508/1509—1537）唯一的儿子。亨利八世公然与天主教教义对抗，他曾经有过六个妻子，要么与她们离婚，要么判处以死刑，这样一来他与教皇和罗马教会的关系彻底破裂，于是他把宗教改革后的新教引入英格兰，建立英国国教，自任教会首脑。爱德华9岁时父王去世，他于1547年初登基。他的舅舅爱德华·西蒙（Edward Seymour，1506—1552）被指定为护国公和萨默塞特公爵。在阴谋家的蛊惑下，爱德华下令剥夺萨默塞特的权力，并处以死刑。第二年爱德华死于肺结核。王座变成了旋转门，接下来继位的先是简·格雷（Lady Jane Grey，1537—1554）夫人，她没有真正登基，然后由他的两个同父异母姊妹轮流即位，一位是玛丽·都铎（Mary Tudor，1516—1558），在位5年，被称为玛丽一世；另一位是伊丽莎白（Elizabeth I，1533—1603）。

在玛丽统治下，天主教重返英国并且疯狂反扑，凡被女王看成是新教徒的，都被镇压，女王也因此得到绰号"血腥的玛丽"。许多曾经得到皇室偏爱的人，例如罗兰·迪伊和约翰·迪伊，均被剥夺私人财产，打入监牢，甚至更糟。

当玛丽去世后，她的同父异母妹妹伊丽莎白继位，是为伊丽莎白一世，英格兰和爱尔兰的女王，她带来了相对的稳定，她的统治期持续近50年，正是英国复兴的顶峰时期。

迪伊确曾寻求魔法力量,但是他要找的是"自然魔力",是被人相信隐藏在过去的秘密文本和神秘仪式中的数学秘密。他希望这些可以为理解有关人类及其宇宙的和谐和最终真理提供钥匙。当然,这两种魔法都不存在。但是,迪伊沉浸于其中,并未意识到这是一种无用的追求,许多与迪伊同样聪明甚至更聪明的人也深陷其中,还有许多理性的追求者因此而迷失在自己建造的迷宫里。

更糟糕的是,其他动乱,政治的和宗教的,不久即降临迪伊的生活中。

迪伊在年幼的国王爱德华六世的宫廷里找到了有力的资助。但是他必须为继续获得资助而奋力拼搏,因为爱德华的保护人(舅舅)被处死刑,接着又是爱德华本人的死亡。继而是一连串王位竞争和轮番登基,在这命运的转折关头,迪伊不得不站稳脚跟保持平衡。在玛丽·都铎统治时期,他和他父亲都被捕入狱,父亲还被剥夺财产,尽管两人后来都获释了。当伊丽莎白即位时,迪伊发现她似乎比玛丽更容易相处。他被要求运用他的占星术来为她选择最佳登基日期,他因选了一个好日子而时来运转。在这一辉煌的成功之后,迪伊成了伊丽莎白与宫廷的亲信。他向伊丽莎白个别辅导初等数学,在迪伊第二个妻子去世时,女王甚至光临他家表示悼念。(但是,按照习俗,她不能进入屋子,因此迪伊是在屋前向女王致敬的。)

所有这些阴谋和动荡必定给迪伊的研究带来了影响。但是,他收集了大量图书,成为16和17世纪私人藏书最为丰富的科学家之一。(不幸的是,这些藏书大多在1666年的伦敦大火中烧毁了,那次大火烧毁了伦敦许多地区。)在玛丽短暂的统治年代,迪伊曾经企图说服女王建立国家图书馆,但没有成功,如果建立了这样的图书馆,世界各地的学者就会来此研究和细读这些旷世珍本。既然玛丽对此没有兴趣,他决定建立自己的大型图书馆。尽管在伊丽莎白的统治下,有了宫廷这一稳定的靠山,但迪伊的经济情况并没有改善。尽管他是宫廷宠臣,但特殊待遇并没有使他的钱包鼓起来。在失去父亲的财产后,为了减少开支,他和他的第三个妻子,搬到他母亲在蒙梯湖的家中去住,次年母亲去世,他继承了这所房子。在以后的5年里,他开始建立私人藏书馆。这是一项令人惊奇的成就。当完成时,共收集到了4 000多本书和无数涉及数学、科学和人类知识的手稿。剑桥的大学图书馆当时收藏的还不到500本,远远不如迪伊的私人藏书。为了收藏这些书籍、手稿以及建一个科学研究的实验室,他扩建了母亲的住房,甚至购买和重建了临近的一些房子。这个图书馆吸引了英国和欧洲的学者,正如他曾经希望国家图书馆做的那样。

但是,他的图书馆并不是每个房间都对访问学者开放。有一个锁着的房间仅供迪伊个人使用,他还在继续研究炼金术、魔法和当时所谓的"水晶球占卜法"(scrying,用一个特殊的物品,例如磨光的石头或水晶球,据说可以使人窥探未来或过去,或者直接与精灵对话)。

21世纪有科学头脑的人,很难体会迪伊在追求宇宙真理中竟然转向神秘主义和法术。但是,在迪伊的时代,科学与神秘主义之间的分界线并不像今天这样截然分明。(即使在今天,面对现代宇宙学的某些思辨,外行的观察者有时也会疑惑,是不是这一分界线又有些模糊了。)然而,时代有所不同。即使是像牛顿那样举世公认的最伟大的科学家之一(出生于迪伊死后35年),还要花费他宝贵的时间用于研究炼金术和寻找隐藏在《圣经》文字中的秘密。

迪伊决不是第一个想从秘术和法术中寻找答案的人。迪伊的特殊悲剧在于,这样一位才华横溢精练能干的人,在智力野心的驱使下竟如此深地陷入骗局之中。有些历史学家认为,如果迪伊不是陷入不当交往,他也许不会如此之糟或走得如此之远。他也许还会继续其正当和有价值的数学及科学工作,使他晚年的努力不致有害,并且是在秘密受控的情况下进行。

但是迪伊确实陷入了不当交往。问题在于,无论迪伊的数学能力如何高明,也无论他是多么善于操纵他从法术和宗教书籍中收集来的秘传知识,但他就是不能通过水晶球等物体来占卜。无论他多么努力,或者花多少时间来凝视他那特殊的磨光的石头,清澈的玻璃球,他却是啥也看不见。既然看不出任何名堂,他就不可能招来精灵或天使,为他解答宇宙的终极奥秘。然而,迪伊非但没有从这样的事实中吸取教训,相反却是执迷不悟。于是在 1582 年的 3 月,迪伊陷入了与凯利(Edward Kelley,1555—1597)的交往。

尽管自己搞不定此种占卜术,但迪伊却相信,如果他想要在解开宇宙奥秘上有所进展,必须与某些精通此道的人作些交易。占卜师,就像今天的"灵媒"(medium)或"通灵者"(channeler)无处不在,只要你能找对路子。在找到凯利前,迪伊已经试过一个占卜师,但此人看来就像是一个间谍,试图探到迪伊的秘密或者是要搜集证据,以便控告迪伊是巫师,当然,他没法得到迪伊的信任。也许是由于迪伊自己的失误与轻信,或者是由于凯利的花言巧语,迪伊终于雇用了凯利。

凯利的早期生活所知不详,只知道他的真名是塔尔波特(Edward Talbot),出生于兰开夏郡,有一个无赖的名声。曾犯有伪造罪,因而他总是带着无边便帽,以遮盖受罚时割掉的双耳。开始迪伊并不信任凯利。但是不久凯利似乎证明他确有占卜能力,于是完全获得了迪伊的信任,并且凯利夫妇还搬进了迪伊的房子。

凯利不久就开始和幽魂取得了联系。透过迪伊的特殊石头和玻璃球,他似乎老练地与精灵、天使,甚至一度还和魔鬼通上了话。当凯利凝视占卜器具时,迪伊仔细地记下凯利谈话中有关他的每个字。不用说,迪伊从来没有听到神灵的声音,但却是充满了惊奇,惊奇的是他的新伙伴竟如此容易就和神灵接上了头,以及他带来的如此有趣的谈话。

当凯利拿一块更强大的占卜石块召唤精灵时,谈话变得更为"令人惊奇"。不久之后,在精灵的帮助下,凯利在迪伊的住处展示少量神秘红色物质。据凯利说,这些红色物质是真正的"哲人石"的一部分,炼金术士长期梦寐以求的正是这东西,它可以使追寻者脱胎换骨求得灵魂的纯净,同时还可使贱金属转变成金子。当然,他还没有足够的量来完成这一过程。但是凯利肯定,在精灵与天使不断的帮助下,有可能达到这一魔幻般的结果。与此同时,他们不断从精灵那里取得信息,并一起研究一种由天使发出的奇怪新密语,迪伊称之为"伊诺克语"(Enochian)。不用说,通过凯利传递的"伊诺克语",迪伊那酷爱数学和密码的头脑立刻被此吸引住了,迪伊和凯利的关系因此而更紧密了。

迪伊仍然在为伊丽莎白和宫廷服务,但由于他如此深陷于凯利所谓的与精灵的交流中,于是在蒙梯湖,有关他行为的流言飞语开始四处流传。人们曾经领教过他的机敏以及对数学的酷爱(许多人认为那正是法术的工具),并且还隐约记得他当初那巨型甲虫的表演,于是在周围居民的心目中,迪伊变得越来越可疑了。

这幅图被认为是描述迪伊16世纪80年代在波希米亚的宫廷里的一次访问。

　　不过有利的传闻也传到了国外,欧洲贵族对此产生了特殊的兴趣。据说,迪伊发现如何制造金子。迪伊第二次搬家成了众说纷纭的秘密,并且真相从未大白。是迪伊由于狂热追求宇宙终结真理而瞎了眼,以至沦落为凯利那野心计划中的一个无辜受骗者?还是由于进展不大,野心不再而变得心灰意冷,并且出于对金钱的需要,以至在接下来的几年,在这场两人共同策划的骗局中,充当一个共谋者?

　　无论答案是什么,迪伊和凯利有能力制造金子的传闻不胫而走,欧洲的许多贵族世家纷纷邀请他们去那里的宫廷工作。迪伊向皇室请了假,和凯利一起,带上各自的家庭,前往欧洲旅居。

　　最有赚头的一次邀请来自一位名叫拉斯基(Laski)的波兰贵族。迪伊和凯利对他作出的保证是,从天使得到的信息预言,他不久将从他们的炼金术获益,于是,拉斯基以豪华的住所和装备良好的实验室迎接他们到达波兰。不必说,每当拉斯基询问他们实验的进展时,他们总是说已接近完工,但成功总是遥遥无期。当然,天使和精灵总是不断降临、作出承诺,并且提供预言。与此同时,尽管凯利在占卜时越来越大胆冒失,但迪伊还是如实记载在笔记本上。随着更多精心策划的天使和精灵"名流"不断造访,迪伊发现自己在科学研究上花的时间越来越少,越来越多的时间却用于陪伴凯利与精灵对话。

　　最后,随着岁月流逝,拉斯基开始明白,尽管精灵作了承诺,但他还是失去了一大笔钱,却没有制造出钱来。资助迪伊和凯利的实验显然成为一笔主要开支。不久迪伊和凯利的资助被中止,他们不仅失去了资助,而且找不到任何经费来源。自负的迪伊,这位受伊丽莎白女王信任的科学顾问和占星术家,发现自己到头来只好与凯利为伍,两家人在欧洲各大城市游荡,充当算命先生、占星术士和炼金术士(要看有没有适当的资助人),承诺把金属转变成金子。当然,他们从来没有成功地做出多次承诺的金子,尽管凯利狡猾地向上门的顾客解释说,他们已经掌握了秘密知识,可以达到这一目标。

迪伊和凯利的关系不可避免地开始紧张。在迪伊看来,凯利得到了太多特权,总是在顾客面前吹嘘自己,好像他在智力与身份上已与迪伊平起平坐。与此同时,在凯利看来,迪伊已经成为和自己一样的另一个江湖小贩。

由于旅行的劳累,对顾客的屡屡失信,与精灵的对话变得越来越复杂,再加上凯利那不断膨胀的虚荣心,迪伊终于病倒了,他决定返回英国自己的家里。他甩下凯利一家,和妻子回到故乡。由于在伦敦受到伊丽莎白的热情款待,他的健康有过短暂恢复,但是当他返回蒙梯湖的老家时,发现家中被洗劫一空,迪伊在欧洲施行巫术的传闻鼓动了一群暴徒,他们破坏或者偷窃了迪伊许多有价值的财产,其中包括他喜爱的藏书。

炼金术士的研究。

尽管女王在伦敦热情地接待了迪伊,但在迪伊离开期间她已经另有亲信。不过他们依旧保持友好关系,当伊丽莎白得知迪伊经济状况窘迫时,她好意地给他安排各种小小的差事和薪金,但是他们的关系已今非昔比。

迪伊依然单枪匹马地继续自己的研究,直到他一生的最后日子,还在寻找他那梦寐以求的能解开宇宙秘密的魔钥。他在1608年死于蒙梯湖,死时几乎一无所有。

在迪伊夫妇离开后,凯利继续在欧洲漫游,寻找类似的资助人,并且声称他已经发现了真正的哲人石,可以把金属转变为金子。在生意萧条时,他以普通的算命法和其他简单的骗人手段谋生。凯利的末日也快到了。他被当做巫士和异教徒在布拉格逮捕,释放后又在德国被捕。有关他的最终命运众说纷纭,最可信的说法是他死于德国南部的一次越狱企图中,并没有天使来帮他。

在今天看来,迪伊的故事无疑是一场悲剧,它清楚地表明,一个聪明而好问的头脑,由于雄心而误入歧途,因为缺乏耐心而陷入神秘主义及其自命不凡的泥潭。这是一个因轻信而受骗的故事——愿意相信诱人的神话,以为权力和财富可以从炼金术以及与“精灵”的对话中得到。但是问题仍然存在:既然他具有如此敏锐和务实的头脑,在他的同胞看来这些都是令人惊异的才能,那么,简单的骗局和花招又怎会使他完全上当?或者他是被某种奇怪的扭曲心理所驱使,以至沦落为骗局的合谋者,一个骗人的魔法师,自动放弃对真理的追求,甘愿以骗术了此一生?不管是哪种情况,既然他曾一度献身于追求数学和科学的真理,他的故事就确实是一个悲剧。

信仰交错的年代

在那个神秘主义与炼金术,科学和数学纠缠交错的年代里,迪伊的悲剧并不是个别事例。他在理性与非理性之间保持平衡的行为正是当时大多数科学家经历的写照。总的说来，17世纪正是一场缓慢转变的开始，这场转变甚至延续到了今天。从古代和中世纪流传下来的迷信、神秘主义、炼金术、占星术和命理学，它们在整个16世纪强大无比，到了17世纪依然不可小觑。这些从过去传来的伪科学回声与其科学对手：理性、客观性、物理学、化学、天文学和数学之间展开了一场竞争。即使在今天我们依然看到，在21世纪的大众文化中经常存在古代和中世纪传统的残余——其中包括所谓的"新世纪"信念，相信天使、招魂术（crystal power）以及"另类医学"中种种毫无根据的强迫活动。

保密与权力

　　根据传统和出于保护既得利益的目的，炼金术士往往都要使炼金术知识处于绝对保密状态。无须惊讶，因为炼金术士的目的就是要取得会导致巨大财富和权力的知识。只要发现哲人石，就相当于获得了成功之钥，如果是这样，炼金术士就能够向那些有财力支付的人开出天价。17世纪科学家就有这样的习惯。皇家学会的会刊是保密的，好几位有名科学家在其生涯中都曾为保密问题所困扰。

　　牛顿以其警觉和保密闻名。他常常对自己所用的方法秘而不宣，以此来保护自己的声望，除非他已对结果确信无疑并准备进行公开发表。他还经常隐瞒在实验早期阶段所作的假设，直到证明它们是有效和值得相信的。结果他给人的印象是他从来不犯错误。根据一些历史学家所述，他甚至隐藏真实的工作和大量成果所需要的关键所在——为此，他积极编造神话，把他的思想说成是来自灵感。其中的真相只有通过细致考察他的笔记和论文，才能揭晓。

　　牛顿的对手胡克也以同样的谨慎来处理尚未成熟的工作，不过他还多出一重烦恼：担心已有人做过。当他正在检验自己的结果是否正确时，会不会有人抢走发现权？或者，会不会有同事设下骗局通过讨论的方式从他这儿原封不动地窃取思想？他如何证明自己第一？（事实上，他相信牛顿从他那里抢去了不止一个荣誉。）于是，胡克想出了一个计谋。在他的一本有关太阳目视镜的书尾，他引入一段有关另一课题的神秘信息，他所发明的一种弹簧钟。可以精确测量时间的工具是大家非常需要的，特别是物理学家，他当然知道谁发明了这一工具就会出名。这一发明的关键是一个概念，这个概念本身就很重要，他这样写道："弹性或弹簧的真正理论以及对此的特殊说明是这样被发现的，计算物体被它们移动的速率的方法。ceiiinosssttuu。"显然读者对此如堕雾里。

　　两年后，当胡克对时钟和它背后的理论感到满意时，他发表了一个解释。他以前发表的字谜非常神秘，他解释说，实际上是Ut tensio sic vis。他写道："也就是说，任何弹簧的力量都与由此产生的张力呈同步比例，亦即一倍的力使它拉伸或弯曲一倍距离，两倍的力则拉伸或弯曲二倍距离，三倍力量拉伸或弯曲三倍距离，依此类推。由于理论很简短，检验的方法也很容易。"计谋产生了效果——没有人跟他争发现权，今天这一原理就叫做胡克弹性定律。

17世纪，迷信充斥于文化中。当人们看到天空中出现彗星时，就相信这是一场灾难将要来临的预兆。传统教导说，这类说法是真的，而经验似乎又肯定了它：在彗星出现后，往往（在某个时候）有一些可怕的事情发生。这种普遍信念的记录可以追溯到公元前11世纪（可能是公元前约1059年）的中国，甲骨卜辞记录了彗星的出现，正好在这个时候，两个首领之间爆发了战争。国王雇用占星术士来预测吉凶。他们和公众都相信彗星的出现是一种警告或信号，预示可怕的悲剧正在酝酿。在更近的历史里，罗马皇帝尼禄（Nero Claudius Drusus Germanicus，37—68）处死了政府中的几个成员，因为他相信一颗匆匆流逝的彗星预告了即将来临的叛逆活动。在法国北部的小村庄贝叶（Bayeux），悬挂着一幅花毯，用来纪念1066年黑斯廷斯战争中英国被诺曼底人征服。画面上的一角出现了彗星，带来了厄运的信息。诸如此类的事例大量存在。17世纪末，哈雷认识到彗星是在轨道上运行，并且遵循牛顿证明过的控制夜空中其他天体的同一引力定律。但是迷信并没有在一夜之间消失。（但是这又能怪谁呢，既然要到1758年这颗彗星回归，才能证明哈雷的预言是对的，尽管这时哈雷已经去世。）

为什么盖伦错误的观念会流行如此之长的时间，致使医生和生理学家不能认识人体如何运作的重要事实呢？有多少病人由于医生不知道血液的流动、心脏的搏动和肺的功能而无谓地死亡？历史学家猜测，盖伦流行的原因是因为他的理论令人感到安慰。它为人所熟知并且与当时流行的信念系统相吻合。它以种种神秘主义的暗示来支配"精灵"；和神学思想有密切联系，并且还有令人满意的内在协调性。一般说来，生理学的机械观——包括任何生物体，人、植物或动物——都让17世纪的人们感到不自在。某些科学家，例如格鲁（Nehemiah Grew，1641—1712），信奉宇宙就像是一个钟表的观念，并想象它的制作者是一位强有力的无所不知的钟表匠。其他人则宁可采用更少机械论，更多思辨色彩的方法来思考。

医生和化学家赫尔蒙特，迪伊的同代人，在化学上完成了相当出色的工作。他成功地分离了数种气体，提出严格的定量研究方法，清晰地认识到物质的不灭性，并且完成了许多实验工作。他对他研究的气体是如此熟悉，可是却相信他在这些气体中检测到某种特殊性能，表明它们可能是生命灵气。

伟大的天文学理论家开普勒也曾经以占星术维持生计，显然两者没有什么矛盾。波义耳涉猎炼金术。牛顿以大量时间按炼金术配方做实验，他的配方还是与别人交换秘密时得到的呢。

波义耳和牛顿交换炼金术的秘密，并且直接体验到做不可能之事的挫折——不过他们坚持认为那是可能的。

在从波义耳的遗产中得到配方之后，牛顿甚至认真提炼过"哲学汞"。他还恳求并且得到过一点红色的物质，这是配方中的主要成分。一位历史学家假设，他也许在实验室封闭的角落里长时间与汞样品打交道，过多接触了汞，以致引起严重的汞中毒，使他在1692—1693年间患上了神经衰弱——这一猜测被这一发现所佐证：对牛顿头发的样品作现代微量分析时，发现了高浓度的汞。如果是这样，他就是在冒严重的个人风险，此外还要耗费宝贵的时间，去寻找传统中的，可望而不可即的正在消失的黄金。事实上——尽管很难想象——牛顿在神秘主义、炼金术和宗教方面写的书比科学方面还要多。

并不是每个人都容易受骗上当。英国讽刺作家琼森（Ben Jonson，1572—1637）写过一部戏剧叫做《炼金术士》（The Alchemist），最早上演于1610年。主角是一位魔法师，宣称能够从贱金属炼出金子。琼森把他描写成江湖骗子，他有能耐吸引那些追随者看他充满噱头的表演——琼森这样写道：

"出售飞舞的（精灵）、人老珠黄妓女和（哲人）石，

直到它，和它们，以及所有的都化作浓（烟）消失。"

琼森不能容忍骗子、夸夸其谈者和行骗的艺术家，他看到炼金术士利用人们的轻信施展花招和骗术，骗取钱财，宣称他们能提供珍贵无比的"哲人石"，然后在烟幕的掩护下逃之夭夭。

迪伊和凯利的故事证明，巫术、精灵世界和神异、秘密的咒语有着多么大的吸引力。凯利的占卜术明显是一种诡计——如果不是在开始，那么在最终他一定会意识到，不仅从来没有什么精灵对他说话，甚至根本就没有什么精灵。巫术和炼金术的"能力"只是一种快速、容易取得名声和钱财的捷径，至少他自己希望如此。当迪伊在病痛和疲惫中退出他和凯利组成的联盟时，最终他一定认识到了这一点。

17世纪著名的戏剧家琼森在他的戏剧《炼金术士》（The Alchemist）中，刻画了那些追求点石成金的人的贪婪，批评了他们的道德规范。

但是，人们不会去责备牛顿、波义耳、胡克和17世纪其他认真的科学家，不会责备他们竟想找到容易的答案。他们以同样的精力去从事炼金术和科学实验。这些科学家生活在巫术和严格的科学新方法同时并存的时代。也许需要经过几代人，才能使大多数科学家认识到，炼金术和其他巫术是根本不会有成果的。他们发展了越来越复杂的测试技术，以免被愚弄——最主要的是不再愚弄自己。

接下来的一个世纪将迎来一个尊重理性思维、科学方法和自然奇观的鼎盛时代——不再相信巫术或迷信。光辉的理性灯塔似乎有能力最终解决所有问题，有能力解开宇宙的奥秘。这是真正的启蒙时代——另一个伟大发现和新颖见识的年代，它们甚至比上一个世纪的成就更伟大。

结 论

✤ 一个演变中的遗产：科学方法 ✤

17世纪末，世界发生了急剧变化。文艺复兴和科学革命为人类认识自己和自然界制定了新的版图。人类的地理和智力领地从古代和中世纪狭窄的范围逼近启蒙运动和工业革命的门槛。启蒙运动和工业革命是18世纪的伟大运动，正是它们打开了近代世界的大门。

牛顿说过："如果我看得更远，那是因为我站在巨人的肩上。"从古希腊到17世纪末，世界上已知有这样一些巨人：柏拉图、亚里士多德、哥白尼和牛顿等等。他们都给予世界认识自然的新途径，并且使它从旧的思考方式中解脱出来。进入18世纪，人类以不同的眼光和新的理解来看待自然。有关事实的命题不再留给未经证实的权威了。观察引领头脑。自然不再被认为是上帝反复无常的操纵所产生的结果，而是作为一个自动的、自我维持的系统被理解。人们可以看到，自然变化遵循的是自然和可理解的规律。也许使许多人最受震撼的是这一思想：地球非宇宙中心。随之而来的是颠覆性的认识：人类也不是宇宙存在的目的。

对于科学来说，这个时代的特征是相信，宇宙及其万物都可以看成和理解成一部大机器，而科学的任务就是运用科学的新方法，揭示这部机器运转的机制。这个思想横扫了西方知识界。但是，并不是每个人都为之欢欣鼓舞，而且它也不总是有益。例如，在生物学的许多领域，机械论的思考方式经常成为障碍。很长时期以来，生物学中严格的机械论者认为，血液变热是由于血液沿血管流动时与管壁摩擦所致。尽管有这类枝节问题，但机械论观点还是打破了经院哲学无益的看法和把世界归功于神秘原因的传统观念，并建立起科学方法的持久威力，以破解有关自然的许多问题和奥秘。

到了18世纪，许多科学的门外汉，例如社会思想家、政治家和哲学家都打算把新的科学方法引入自己的学科。这样做，往往带有戏剧性，但并不总是成功。到了18世纪末，一种思潮注定要出现，它确实出现了——随着许多人重归传统宗教，古代的法术信念出现了一种新形式，还出现了一种叫做浪漫主义的新运动，于是，在科学与社会之间开始形成一种新的分裂，它的各种影响一直持续到今天。

但是,科学和科学方法的威力(或者说,各种科学方法,因为今天几乎不会有科学家还宣称他只效忠于一种方法)已经成功地保存了下来。确实,对于许多人来说,科学仍然是人类所有事业中最美好和最具深远影响的。

今天科学家继续在探讨自然的奥秘,在继续打开类似中国套箱那样的东西。这就是自然的本性,也是人类的本性。

"我不知道世人对我是怎样看法,但是在我看来,我不过像一个在海滨玩耍的孩子,为时而发现一块比平常光滑的石子或美丽的贝壳而感到高兴;但那浩瀚的真理之海洋,却还在我的面前未曾发现呢!"牛顿这样写道,字里行间表达了科学的精神——对知识的渴求并且越来越认识到:发现的东西越多,引起的问题就越诱人。科学就在这一精神中茁壮成长,人类独特的探险事业,也在这一精神中发扬光大。

▶ 牛顿的自然哲学统治了他那个时代，即使到了20世纪，它仍被人们奉为神圣的信条。图为李比希肉类萃取公司的宣传画，图左上方为牛顿的画像。

◀ 牛顿出生的故居和门前那棵闻名于世的苹果树。现在苹果树还在，但已经不是原来的那一棵苹果树了。

◀ 剑桥大学三一学院教堂窗户上的牛顿像（左二）。

▲ 讽刺万有引力理论的版画。
最上面的牌子上写的是"称重旅店"；对每个人的批注是：A. 绝对引力；B. 反抗绝对引力；C. 部分引力；D. 可匹敌的引力；E. 水平或好看的景象；F. 机智；G. 比较轻浮或花花公子；H. 有些轻浮或淘气的愚人；I. 绝对轻浮或标准笨蛋。

▲ 牛顿在给他的学生讲解光谱颜色的形成过程。
（着色铜版画，1783年，克里斯蒂安·盖泽尔。）

▶ 两个三棱镜的实验进一步证明白光是复合光，由7种不可再分的基色光（红、橙、黄、绿、青、蓝、紫）合成。牛顿于1672年进行的5个光学实验。他记录了自己的实验："我为自己制作了一个三角形的玻璃分光镜……我把分光镜放在光线的入口，因此而使光能够折射到对面的墙上。""然后，我再放上另一只分光镜，让光线也从中通过。这么做了以后，我把第一只分光镜拿在自己手中，转动一下，看看第二只分光镜折射的时候会把光线照到墙面的什么地方。""当任何一种光线从其他的光线中分离出来以后，它会顽固地保留自己的色彩。""我让光线从有色媒介中穿过，并以各种方式结束光线。但是，从来都不曾从中产生出任何一种新的颜色。""我时常带着惊奇看到，分光镜的所有色彩聚积，因此再次混合之后，会产生光线来，是完全和纯粹的白色。"

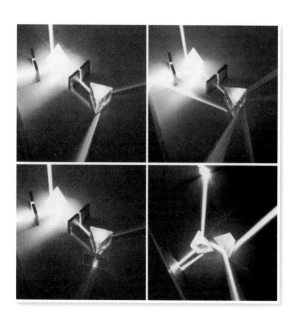

◀ 威斯敏斯特大教堂中的牛顿纪念像。在圆球下斜靠着的是牛顿，他的右肘枕在堆起来的四本书上，这四本书是他写的《神学》《年代学》《光学》和《自然哲学之数学原理》。在牛顿身边的是一群小天使。

▲ 这幅油画表现了牛顿的生活。

▲ 牛顿画像。这时的牛顿显得威武而自信。

▲ 意大利物理学家伏打，他一生做过无数电学实验。

▲ 1819年，整个欧洲都在用电流做实验，这时奥斯特正在哥本哈根大学教授物理课。他也不例外，在一次课堂演示中，他拿起一根通电导线，让它靠近一枚磁针。长期以来，关于电和磁的关系一直存在种种猜测。奥斯特也许猜想到了电流和磁铁相互间会有某种效应。果然他是对的。这是一种突然瞬时的反作用，磁针晃动了，不过不是沿着电流的方向，而是与电流方向垂直。奥斯特改换电流的方向，磁针再次晃动。不过这次方向相反，但仍然与电流方向垂直。奥斯特第一次在学生面前演示电与磁之间存在的联系，从而打开了一项新研究领地的大门:电磁学。后来证明，这是19世纪最有成效的领域之一。

▲ 伏打向拿破仑展示自己的电池。

◀ 法拉第的实验桌（复制品照片）。在寻找科学规律的时期，人们往往并不知道这些原理和定律将来会有什么用，甚至也不知道它们将来是不是一定会有什么用。当有一次法拉第演讲完以后，坐在后排的一个老太太问法拉第："你的这个理论有什么用？"法拉第幽默的回答很妙："刚出生的婴儿有什么用？"当初麦克斯韦在研究电磁场理论的时候，绝不会想到以后电力的应用会导致一场新的工业革命，以致现代生活如果离开了电，简直是不可想象的了。原子物理的前46年基本上都是基础性的研究，卢瑟福就根本不相信核能会有可能被释放，而且有我们今天所知如此强大的力量。

▼ 法拉第实验时使用的线圈，至今保存在英国皇家学会。

▶ 法拉第经常给青少年做科学演讲。当时他的演讲成了伦敦重大事件，参加的人非常多，几乎每一次都爆满。

◀ 法拉第大部分时间都在实验室里做实验。他发现了电磁感应，并提出"场"的概念，从而深刻地改变了物理学的发展。

▶ 法拉第用铁屑显示磁场中的磁力线，以此证明磁场的存在。法拉第指出：带电体和磁体周围的整个空间，都连续分布着一种叫"场"的介质，电力和磁力正是由场来传递。磁力线和电力线则是场的结构和变化的一种形象化描绘。后来爱因斯坦继承和发展了法拉第"场"的思想，对法拉第的这一思想给予了高度评价，他指出，法拉第的一些观念"伟大和大胆是难以估量的……借助于这些新的场概念，法拉第就成功地对他和他的先辈所发现的全部电磁现象，形成一个定性的概念"。他还说："场的思想是继牛顿时代以来，物理学的基础所经历的最深刻的变化。"

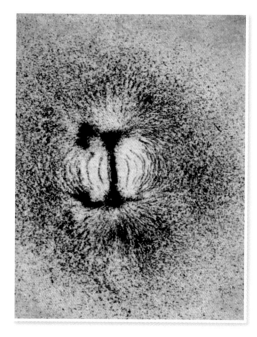

◀ 赫兹正在实验室里用他设计的实验仪器寻找电磁波。

▲ 1850年前后的一座煤气工厂。用煤气照明早在18世纪90年代就使用了。
它在工业革命中发挥了中坚作用,使工厂能够通宵达旦地工作。

◀ 1802年一
次化学讲演
中的讽刺性
场面。

◀ 1850年左右，在伦敦一座科学院的展览大厅里，正在展示当时的技术。

▶ 1853年，在伦敦水晶宫恐龙模型内举行的科学聚会。

◀ 美国繁忙、喧闹的城市、华丽的高楼大厦、煤气灯照明的街道，在出生于无名小镇的爱迪生眼里，肯定是另外一个世界。这样的情景蕴含着机遇。虽然爱迪生还没有意识到，但煤气街灯向他提供了一个最大的机遇！

第二编

理性兴起

The Rise of Reason

18世纪是一个充满激情和活力的时代，在所有的科学领域，包括物理学、天文学、地质学、化学和生理学，激动人心的发现层出不穷。这是一个才华横溢而又充满梦想的时代，许许多多科学巨人和科学巨著如雨后春笋不断涌现。而对于人类生活来说，这是前所未有的、令人激动的时期，因为此时自由、平等、博爱的人权理念已经唤起民众，民主的政府和自由主义正在替代旧的专制政权。工业革命引人注目地改变了生产力的潜能。在这些科学家的哲学里洋溢着乐观主义，许多政治领导人和平民也莫不如此。这个时代对人的智力、人的尊严的赞美以及对知识的渴求，对当今时代仍有启迪意义。

1769年库克船长在"奋进号"上正在考察新西兰。

引　言

　　到了 17 世纪末,科学家已经成功地挣脱了对古代和中世纪那些权威的盲从,无论那些权威的来头有多大。科学家们满怀新的反叛热情,彻底颠覆了托勒密在天文学、盖伦在生理学、亚里士多德在物理学以及几乎所有其他领域中的地位。这种反叛最终被称为"科学革命",反叛者急切地用怀疑主义重新审查每一条古训,用新的理性、观察、实验和数学标准检验每一项假定。

　　人们以世界将变得更好这一信念迎来了 18 世纪,这一信念有一个名字,叫做进步主义。这是一个充满激情和活力的时代,在所有的科学领域,包括物理学、天文学、地质学和生理学,激动人心的发现层出不穷。关于气体及其特性的重要认识,使化学摆脱了边缘性的"烹调"传统和对巫术与炼金术的依赖,转变成一门真正的科学。天文学中越来越完善的仪器导致对太阳系和外层空间有了许多新发现。国际性的合作探险有可能对地球进行测量,并且计算了太阳系的大小。这是一个才华横溢而又精力充沛的个人能够想象并且编纂巨著的时代,这个巨著就叫做《科学、艺术和贸易的系统词典》,或者叫《百科全书》,它详细叙述了那个时代里所有的人类知识。

　　奇怪的是,却有某些科学家对于这样的激情无动于衷,在他们看来,未来似乎已是一种井然有序可以预知的过程,因此科学进展似乎成了平凡乏味的事情。伽利略、笛卡儿和牛顿等倡导观测和实验新方法的人们所经历的反叛激情已成过去。没有人再相信古代权威,大功已经告成,接下来要做的无非是按部就班的事情。

　　与此类似,对于今天的许多非科学家来说,科学和理性也已光环不再。对科学的冷漠,以及对科学家的令人不安的不信任感,正日益渗透到大众思维之中。在运用科学发明和知识方面,科学家已经成了政治决策的替罪羊。科学向我们提供的巨大的破坏力足以摧毁我们居住的地球,消灭整个人类。技术的影响——例如汽车尾气的排放——已经开始折磨地球脆弱的环境。我们不再天真地相信科学能够解决一切。

　　更有甚者,文学中有一种被称为后现代主义的消极倾向,已不再局限于文艺评论,而是成为一种世界观,正跨过学科和国界,在大学和公众中广为流传。后现代主义质问,我们究竟能不能得到真正的知识,显然它的基本态度与科学及理性的态度直接对立,正是后者致力于理解宇宙以及我们身边的万物。在人类学中,后现代主义这样来为自己辩护,人类在不断地创造文化,而文化又像是一个万花筒,其间穿插着变化、适应和重新解释。鉴于人类的情况就是这样,后现代主义为人类生活和文化发展的演变过程提供了一种有用的描述。法国哲学家德里达（Jacques Derrida，1930—2004）采取的也是同样的原则，并且通过使用一种被称为解构（deconstruction）的批判方式，将其用于文艺。解构主义者在评判中假设有这样一个世界，其中没有任何东西是可知的。每一件事情都可以有多种解释，不同解释间的冲突绝不可能消失。语言具有表征意义的无限能力，任何东西都不可能只具有单一意义。解构主义哲学来源于 19 世纪哲学家尼采（Friedrich Wilhelm Nietzsche，1844—1900）对统治的憎恨和由于语言的误用而带来的神秘主义色彩，但是它确实破坏了有效交流和明确交流的任何可能。

此外，后现代主义和解构主义的遗产还使公众失去了形成看法、构建价值和进行理解的工具。由于理解被看做是无益的，人民的权利遭到了剥夺。解构的前提成了许多大学毕业生的信条，并且已经渗透到整个公众的思维中。由于这些前提是科学和理性思维过程的对立面，于是许多人把科学看成是缺乏生气和干巴巴的东西，认为科学缺乏神秘性和美感，与生命的复杂性不相协调。

没有什么东西可以走在真实的前面。科学正是对宇宙奥秘的赞美。科学家离不开自然界和生命的复杂多端——他们越是层层剥开"实在"（就像剥开洋葱一样），就会越多地发现有待探索的事物。他们的目标就是要寻找有待理解的复杂性的下一个层次，通过层层向下窥探来发现新的关系。

因此，现在正是恰当的时机，让我们来看启蒙时期和 18 世纪的人们如何利用崭新的方式进行探究、检验和观察，以便发现世界的运作机制。他们的探索和失误中有着太多精彩的故事，诸如燃素说，要解释为什么会有燃烧现象，尽管它未说到点子上，却显示了科学自我纠错的特性。他们为气体而打造的崭新试验；温度测量的进展；化学术语的改进；有关恒星、行星和彗星的发现，以及生物界的分类——等诸如此类的故事，它们不仅表明这些工作是有用的，而且还是富有魅力的。对于人类生活来说，这是独特的、令人激动的时期，因为此时人权、公正的政府和自由主义正在替代旧的专制政权。工业革命引人注目地改变了生产力的潜能（无可否认，许多滥用必须被纠正）。在这些科学家的哲学里洋溢着乐观主义，许多政治领导人和平民也莫不如此。尽管有些天真，但他们的信心和热情却是令人振奋，富有感染力。他们对人的智力、人的尊严的赞美以及对知识的渴求，对当今时代仍有启迪意义。他们相信改进和发展，他们是 18 世纪的科学巨人，在他们的生活和工作中，有着任何时代的读者都愿意倾听的故事——特别对那些刚刚步入职业生涯的人来说。

本编通过考察塑造科学史的科学家们，来讲述科学的发展。在此，我们介绍 18 世纪的科学家怎样扩展科学方法，从而帮助他们剥去假象，更清楚地观察自然，更好地理解周围的宇宙。他们的进步尽管激动人心，却并不一定可靠，正如你将在有关燃素说这一科学侧影里听到的迷人的故事那样。这个故事反映了人物许多不同的气质——居维叶（Georges Cuvier，1769—1832）出彩的演技、卡文迪什（Henry Cavendish，1731—1810）的古怪风格、拉瓦锡的出色智慧与自负以及他那悲惨的结局、林奈的独自奋战、贝希（Laura Maria Caterina Bassi，1711—1778）的卓越才智，等等。这些都是科学中的动人故事。

第一章

探索新的太阳系

　　人们往往通过不同的途径获取知识，寻求解释和答案。他们还会运用自己智慧的头脑——想象力和信念，从杂乱无序的现象中理出头绪。最早他们讲的是神和超人的故事，据说是神和超人的力量推动世界运转，使太阳升起，天空下雨，庄稼丰收。由巫师和神职人员主持仪式，试图控制瘟疫和疾病，驱赶干旱。

　　然而，就在一开始，人类也用自己的观察和计算能力。很早以前，世界上有一些地方，包括中国和美索不达米亚盆地，开始发展了数学、语言和书写工具。为了描述现象和作出解释，他们还发展了更为定量和客观的方法。到了公元前1800年，后起的中东闪族人和巴比伦人，对恒星和行星做了许多精确的观测，建立起数字系统和留下记录的方法。楔形文字和象形文字系统甚至起源更早，到了公元前1300年，腓尼基人在早先埃及人和巴比伦人文字系统的基础上又发明了字母。公元前最后的四或五个世纪，这时已是古希腊时代，分析方法、逻辑学和几何学已经相当完善。特别是，有一些希腊思想家已经开始探讨更多非神秘主义的解释。亚里士多德也许是希腊最伟大的思想家，他还提出过第一个综合的自然理论，讨论宇宙怎样运作，设想行星和恒星镶嵌于天球中，被天球带动而围绕地球旋转。他有好几位追随者，对这个理论作出了澄清和改进，其中有一位思想家，叫托勒密，几个世纪后生活在埃及的亚历山大城。

　　希腊人的数学、哲学和科学思想一度处于领先地位，直至罗马帝国垮台才结束这一局面，因为此时许多手稿都毁于入侵的野蛮部落，他们经过的城市，无不被洗劫一空。不过，也有一些得到了保留，大部分是靠了阿拉伯学者，后来又转移到欧洲修道院里的修道士手中。部分可能是由于手稿得到了保存，部分也可能是从未有人对它提出过质疑，于是，亚里士多德关于宇宙的观念,即宇宙是由一些环绕地球旋转的同心球面组成的思想,在托勒密的论证下,历经 14 个世纪,一直是对宇宙的最好解释。

后来,哥白尼大胆发挥想象力,在 16 世纪对这一理论进行重新审议,把太阳,而不是地球,放在旋转行星的中心。被称为哥白尼体系的日心说(在当时指的实际上就是宇宙)整个颠覆了传统的宇宙体系以及人在其中的位置。这时又有两位伟大的天文学家增加自己的观测和计算以验证哥白尼的思想,但大多数人都把他们看成是异端,这两位天文学家就是丹麦的观测家第谷和他的短时助手开普勒。当意大利天文学家伽利略在他 1632 年出版的著作《关于两大世界体系的对话》中捍卫这一思想时,受到了天主教会的审判,他的书也被查禁,直到 1835 年才正式开禁。尽管审慎的探讨和推理支持哥白尼的学说,但如果一个人仅以字面意义来解读《圣经》,他就无法从中读出任何有关日心说的暗示。神学家及其追随者意味深长地在旧约里找到这样一则故事,说的是上帝让太阳在天空中停止不动,这才使约书亚领导的人民赢得了决定性的胜利。于是,读者就会这样推理,太阳必须绕着地球旋转,而不是相反。为了解决观测到的事实和圣经权威之间的冲突,教会当局建议,宁可保持对圣经的忠贞,也不要信奉伽利略的观点,修改圣经中的解释。教义还认为,上帝是按照自己的形象创造人类,因此上帝不可能创造这样一个宇宙,其中地球不在宇宙的中心。于是在两派之间展开了激烈的争论,一派坚持认为,通过运用理智和感觉,人有能力去发现事物的机理;另一派则宁可依赖传统权威去寻求答案。

今天,几乎每个人都理所当然地接受哥白尼关于地球围绕太阳旋转的思想。但是在当时,因这一思想而引起的骚动表明,要依照新事实来摆脱旧有观念是多么艰难。什么使得哥白尼体系在当时有如此强大的力量,甚至克服了来自宗教和传统方面的精神和政治压力?那就是新方法论的诞生,其中大部分来自伽利略的实验工作。科学家终于承认这种方法对于解决问题特别有效,不久人们普遍称之为"科学方法"。

科学方法要求解释应该以观测、收集到的事实和测量结果作为基础,而不是基于推理、情绪反应、视觉、传闻或信念。科学方法只承认一再得到实验确证的解释。这些实验结果,经过理论总结,可以用来对尚未观测到的其他现象作出预言。然后,当有机会对这些预言之一进行检验时,检验的结果可以拿来跟预言进行比较。这样,实验和观测的结果总被用于修改现有的理论,这就是科学的"自我纠错"过程。人们看待世界方式的这一根本性转变,正是发生于本书首卷所提到的时期,通常就叫做科学革命。

17 世纪许多最重要的科学发现都集中在意大利。运动物理学和天文学成就斐然。这个时期在意大利研究生命科学的许多著名科学家中有:人体解剖学的创始人维萨留斯;英国医生哈维,他在血液循环领域里获得突破性的进展;意大利生理学家马尔比基,他在青蛙的肺里发现了毛细血管。

然而到了 17 世纪末,中心已经开始向北转移到了法国和英国。特别是英国,由于它的经济依赖北美、非洲和亚洲等地的殖民地,因而急切需要有关航海的可靠知识。英国政府认识到有关恒星及其位置的知识是航海的关键,于是设立皇家天文学家这一职位,指定弗拉姆斯提德担任这个职务。1662 年,哈雷、雷恩和胡克等人建立科学家社团,取名为皇家学会(它的座右铭:"不要听从别人而要亲自观察")。英国伟大的科学家牛顿,于 1671 年成为皇家学会会员,1687 年出版《自然哲学之数学原理》,该书综合了科学革命的思想,提出了宇宙的基本原理,自然界遵循的运动"定律"。

到 18 世纪初,伽利略和牛顿等巨人的杰作已经彻底变革了科学和对知识的追求方式。这些思想家建立了认识自然的新方法,永远改变了人类对自身和宇宙的理解。

科学有一种令人激动的特性,这就是,每一个新理论都会产生新问题,并对旧问题提供新的解释。理论越好,由此提出的问题越富有价值。牛顿的《自然哲学之数学原理》中所包含的理论也不例外。牛顿宣布引力可以普遍解释宇宙中和地面上万物的运动,但法国人却很怕接受引力概念。引力的本质是什么?牛顿自己没有说。它是物体固有的一种力吗?对于这个问题,牛顿回答:"恳求您不要把这一想法归之于我。"法国人认为,这像是中世纪的诡辩,于是,把牛顿的理论看成是"形而上学的怪物"。

部分是为了解决这些问题,18 世纪初的科学团体——特别是英国的皇家学会和新成立的法国科学院——完全卷入牛顿和科学革命提出的两个引人入胜的问题:(1)地球的真实形状是怎样的?(2)太阳有多远?这两个问题促成了一系列激动人心的探险,探险家们的科学热情史无前例。

凸 起 之 战

牛顿根据他的引力理论曾经预言,地球的形状也许不像古希腊人所想象的那样是完全的球形。

牛顿声明,由于受不同的引力作用,诸如太阳和月亮的拉力,我们的地球在赤道处会鼓起,而在两极处变得扁平。牛顿的预言不仅为检验其理论提供了一种途径,而且看似抽象的观念对当时人们的旅行还具有实际意义,特别是在海上航行的人们。如果牛顿是正确的,所有的世界地图就是错的。对于英国人而言,这尤为关键,一旦找到答案,不仅能够证明或者否定牛顿的理论,而且还可以改变或修订现行的航海程序。由此引起的对于航海和探险业的巨大震荡,在历史上只有哥伦布和麦哲伦(Ferdinand Magellan,1480—1521)时代巡查印度群岛和发现美洲才能与之相比。事实上,这些科学问题引发了人们如此浓厚的兴趣,以至于历史学家戈尔兹曼(William H. Goetzmann,1803—1863)把这段时期称为"第二个大发现时期"。

实际上,关于地球形状问题的争执由来已久,牛顿并不是第一个提到这一想法的人。在 17 世纪,"扁球"之争趋向自热化,成了英国和法国之间长期争执的一部分。一边是卡西尼(Giovanni Cassini,1625—1712),当时是巴黎天文台台长(受路易十四的召唤,离开家乡意大利投奔法国而来)。卡西尼在法国天文学充当了保守派代言人,他的保守主义和天文台的岗位还传给他的家族,先后共三代。他不仅反对哥白尼的日心宇宙说,而且还通过笛卡儿的宇宙观来施加自己的影响。笛卡儿是牛顿的对手,他认为地球被裹挟在一个旋转的漩涡中围绕太阳而转,组成漩涡的是一种精细物质。按照笛卡儿的说法,地球静止地处于漩涡的中心,因此是不动的,它在轨道上的运动是由漩涡带动的。对于很多人来说,这一说法比牛顿那无法解释的"神秘力"要实在得多,于是,在法国,笛卡儿的追随者,包括卡西尼,坚持认为,地球的形状应该像两极拉长的"扁长球体"(美式足球那样)。

部分是为了证明这一观点,卡西尼的合作者里希尔(Jean Richer,1630—1696)在 1671 年启程去南美北海岸法属圭亚那地区的卡宴城,这个地方非常接近赤道。在那里他和巴黎的卡西尼配合,完成了一系列实验和观测,其中有一个是精确测量秒摆长度。令卡西尼惊讶的是,在卡宴,秒摆的长度比巴黎更短,而不是更长。他拒绝接受这个结果并因此疏远以前的朋友。然而,牛顿却主张,这些测量证明赤道处的引力弱于两极的,于是恰好可以引出这样的预测:地球在赤道处会有凸起。

这时,与牛顿对立的笛卡儿的观点在法国科学家中间成为一种民族标志,证明它的真实性变成了一种荣誉。卡西尼和皮卡德(Jean Picard,1620—1682)根据扁长球体理论提出一种方法,用以确定纬度中 1 度的距离。以此作为出发点,他们开始描绘通过巴黎到"地球两极"的经度走向。同时,法国的制图师也在制作权威的、科学的法国地图。

然而,到了 18 世纪 30 年代,通过伏尔泰的著作——伏尔泰过人的机智使他被迫流放英国好几年——又由于伏尔泰的朋友和情人查特勒特把牛顿的著作从拉丁文译成法文,于是牛顿理论开始在法国流行。法国科学院决定一举解决地球形状问题,于是在相隔甚远的地方测量各地的地球曲率。选中的点尽可能靠近赤道和北极,因为按照牛顿的预言,这些地方差别最为明显。为此组织了两支探险队,一支 1735 年向南去秘鲁,另一支一年后向北起航去很远的拉普兰。

拉普兰探险队由莫泊丢(Pierre de Maupertuis,1698—1759)领导,参加这支探险队的有好几位杰出科学家,其中摄尔修斯(Anders Celsius,1701—1744)是来自瑞典乌普萨拉的著名天文学家,克莱罗(Alexis-Claude Clairaut,1713—1765)是杰出的法国数学家,他 10 岁时就出版第一本关于数学的书,18 岁入选法国科学院。莫泊丢则是一位杰出的法国物理学家,1728 年,在牛顿死后不久访问英国。在那里,皇家学会选他为会员,他开始成为牛顿理论的热心支持者,回到法国后更狂热。他很高兴有机会领导这次科学考察,验证牛顿的万有引力理论。

1736—1737年莫泊丢领导一组科学家和技师来到普兰,协助测量地球的形状,这是法国科学院组织的集体活动的一部分。

莫泊丢的队伍于 1736 年起程后,在北方冰冷的不毛之地中面临大量困难,有一次在波罗的海几乎遭遇海难。他们勇敢地面对寒流,垫着鹿皮睡在坚硬的岩石上,靠野果和捕鱼为生。克服害虫和迷雾的干扰,终于成功地完成了测量任务,于 1737 年胜利回到法国。测量结果在 1738 年发表,表明地球并不像希腊人所设想的那样是完全的球形,也不是如笛卡儿学派所坚持的那样,是扁长的球体。相反,它是离赤道处越远,则凸起越不明显。莫泊丢和他的同事们证明了牛顿是正确的。

与此同时,前往秘鲁的探险队在南美洲安第斯高原上的丛林深处踏上探险之程。这支队伍由 34 岁的孔达米恩(Charles-Marie de La Condamine,1701—1774)领导,他是一位经验丰富的科学探险家,他所率领的这支探险队在秘鲁度过了 14 年的艰苦生活,其间他们穿越了茂密的丛林,勇敢地面对狂风呼啸的高原上温差极大的生活环境,正是自那次探险以来,这块高原就被称为厄瓜多尔。莫泊丢于一年后离开法国去北半球探险,完成任务后安全返回国内,要比孔达米恩的团队早回国十来年。但是他的测量较为粗糙,不够细致,仅仅只是完成而已,因此就这次探险对 18 世纪的知识所带来的全面影响而言,孔达米恩的探险队要远远超出他的同事。

孔达米恩学过数学和测地学(关于地球形状和大小的科学),1730 年由于测量和绘制非洲和亚洲海岸图的工作被选为法国科学院院士。1735 年,他和他的团队从法国的拉罗切利港起程,驶向哥伦比亚和巴拿马,越过巴拿马地峡,向曼塔港进发。在这里,他的团队一分为二,一支由孔达米恩领头,其中还有水道测量家与数学家布格(Pierre Bouguer,1698—1758 卡西尼学派的成员),他们向北前行 70 英里,沿着赤道勘测到了第一套数据。另一支,包括法国和西班牙的科学家,前往更南边的瓜亚基尔港,通向基多城的基地就设在这里,此地正处于赤道,安第斯山脉的高地。孔达米恩和布格完成测量任务后,布格重新加入另一支队伍前往基多,而孔达米恩则和埃斯梅拉达总督、测量员兼科学家马丹那多(Pedro Maldonado,1704—1748)继续在当地进行考察。他们靠独木舟航行,陪伴他们的是一伙从贩奴船逃出来的船夫。这两位科学家沿着人迹罕至的线路从埃斯梅拉达河来到基多。沿途是一片翠绿的丛林,其间还有爬藤植物以及各种奇异的植物和动物,孔达米恩详尽记录了沿途所见。他发现自己置身于一个声音和景色都极为丰富的世界之中:色彩艳丽的巨嘴鸟和鹦鹉,细小的蜂雀,吵吵嚷嚷的猴子与悄无声息的美洲虎,还有鳄鱼和貘。他遇上了使用吹箭筒的原住民,并带回一些原住民使用的毒药到欧洲。他看到丛林居民在橡胶树上引流汁液,注意到他们把这种柔软物质塑成有用的物体,于是收集了第一批橡胶样品带回欧洲。除了对数学、测地学和天文学的研究之外,他还涉猎了博物学和人类学,他那敏锐细腻的观察能力在这些学科中也派上了用场。

等到孔达米恩和马丹那多抵达基多时,测量地球曲率的任务进展不顺。多疑的政治家们怀疑这个小组是为了搜寻印加财宝,对他们在勘测中留下作为记号的锥形石块产生误解。所以,孔达米恩不得不抽出时间到利马,以便为他们不受干扰地完成勘测任务而申请许可。最后他们成功地沿着高原绘出一条基线。然后,他们往南向昆卡附近进发,于1743 年 3 月终于完成最后的测量。

就在那里，孔达米恩再一次与马丹那多汇合，穿过安第斯去亚马逊河，沿路走了数百英里。孔达米恩是第一位对该地区进行详尽全面考察的欧洲人。沿路他收集了几百种植物标本，并且未曾中断他自赤道起就开始的观察。

孔达米恩和他的小组又用了好几年才完成任务，但是他们的探险，对于地球形状的测量，不仅比拉普兰探险队更仔细更精确（这就为牛顿的理论提供了坚实的验证），而且还为大范围的科学探险建立了一个扎实的传统，这就是发扬坚韧不拔的精神，全面精确地采集每一种事实。

科学中的妇女

博洛尼亚的物理学家贝希

贝希（Laura Maria Caterina Bassi，1711—1778）生于意大利博洛尼亚，她注定是西方历史上第一位成为著名物理学家的妇女。贝希的家庭很看重教育，20岁时，她在拉丁文和哲学上的成就已经获得公认。此时她已获得四项杰出荣誉：博洛尼亚科学院授予她投票资格；在平民宫（Palazzo Pubblico）的公开辩论中成功地为49个科学和哲学职位辩护；她从博洛尼亚大学获得哲学博士学位；第二年秋天获得博洛尼亚大学的任命。

博洛尼亚是一个相对自由的城市。当然，贝希作为一位年轻未婚的妇女，要在传统上是男人的事业中一显身手，必然要面对博洛尼亚社交界的某种冷遇。和同行科学家的聚会往往会有些尴尬，或者因这种聚会的要求过于挑剔而拒她于门外。在她嫁给维拉提（Giovanni Giuseppe Verati，1707—1793）以后，情况就好多了。维拉提也是一位科学家，他的兴趣是在医学、解剖学和电在医学中的运用，这对贝希的专业背景是有益的补充。维拉提对妻子的事业全力支持，甚至充当过她的教学助理。

贝希的学术生涯得益于家族亲友的赞助，他们身居高位——在罗马的参议院（保证了她在博洛尼亚大学拥有稳定的教学职位）和梵蒂冈（保证了她在学术团体中有立足点）任职。在意大利之外，她的工作得到了法语团体和英语团体两方面的承认。然而，在当时各种偏见和傲慢面前，如果没有这些支持，她也许不可能登上讲台发表她的工作。相比于当时其他想在科学上发展的妇女来说，她显然占有优势，但正是她的杰出才能使她有可能从这一优势中得益。

贝希的研究成果发表在5篇论文中，她的教学也得到高度评价。1745年她取得本那德廷尼学会完全会员资格，这个学会声望很高，是梵蒂冈资助的科学家团体。1745年，她还成为蒙泰尔托学院（Collegio Montalto）教师，10年后成为博洛尼亚大学科学学院实验物理学教授和系副主任。

贝希1778年在参加科学院的演讲会后几小时突然去世。时年66岁。

金星凌日和库克船长

日-地距离问题激励了第二波探险激情,它在数量上和强度上甚至超过上次对地球形状的测量。

几乎从一开始,天文学家就试图测量太阳、月亮和恒星到地球的距离。但是由于没有直接的测量方法,要解决这个问题实在太难了。有两位古希腊人,阿里斯塔克斯和喜帕恰斯曾经试过,但是没有成功。(阿里斯塔克斯认为,太阳到地球的距离大约是月亮到地球距离的 18 至 20 倍,但实际上大概是 340 倍。喜帕恰斯的估计更正确些,但仍然相差甚远。)直到 1800 年后,开普勒对行星轨道有了关键性的发现,人们才找到更好的方法。开普勒意识到,行星以椭圆轨道围绕太阳运动,每个行星距太阳的平均距离,与行星运行一圈所需的时间有一定的数学关系。所以,如果能测定某颗行星到地球的距离,并且知道这颗行星绕太阳一圈的时间,就有可能测定地球到太阳的距离。通过运用三角测量法(基于三角法建立的测量系统),在理论上有可能测定地球到附近行星的距离。1672 年,卡西尼曾经试图利用火星来做这项计算,他用望远镜测量小的角度。他得到的太阳距离——8 600 万英里,远比前人更接近我们现在知道的结果——9 300 万英里,但是过程和结果依然有不确定性并令人失望。

后来,哈雷指出,金星也许是比火星更好的候选者,因为它比火星更接近地球。但是金星距地球的最近点,也是距太阳的最近点,这样它就难于被观察到,除非遇上一个罕见的时刻,就在它越过日轮那瞬间。从地球上看这一现象,就叫做凌日,有时也称之为掩始,因为对于观察者来说,行星好像隐藏在太阳那巨大的发光球体之中。1691 年哈雷建议说,这样的凌日应当是地球上不同地方同时测量的极好机会,就从掩始现象开始发生那刻进行计时,此时在太阳光的映衬之下,金星显出轮廓,直至它在另一端消失为止。但是金星凌日并不经常发生。实际上在 100 多年期间,只发生两次(一对),两次间隔 8 年。从轨道计算得知,下一对将在 1761 年和 1769 年出现。1716 年,哈雷向皇家学会提交报告,号召立即行动起来,在世界范围内进行合作观察。

于是,各就各位。新闻媒体报道这一使人兴奋的事件。凌日之际观察金星的最佳位置被标示出来。来自世界各地的科学家聚集在一块。还有来自美国的科学家,其中包括梅森(Charles Mason,1728—1786)和狄克逊(Jeremiah Dixon,1733—1779)(他们是美国梅森-狄克逊线的勘测师,这条线标志着美国南北的分界)。梅森和狄克逊是坐船来到非洲的好望角。1761 年,122 位观测者,从 62 个不同的地点观察金星,观测点从纽芬兰到西伯利亚、从北京到加尔各答、从里斯本到罗马……这也许是第一次伟大的国际科学合作事件,人们热情高涨,但是尽管观测认真,准备充分,结果却不够明朗。

这是因为金星被一层大气环绕着,它的边缘模糊不清。结果出现了一个所谓"黑点"或"黑线"效应,当金星已经完全进入日轮时,即使眼力最好的观察者也难以精确地辨别。和雨滴沾在雨伞上一样,金星的外沿似乎也沾于周围的天空。结果甚至在同一观测点,首席观察者用相同的望远镜来观测,得出的结果都不尽相同,实在令人失望。

幸亏还有一个机会:1769 年再次凌日。这次观测点增加为 77 个,观察者的人数达 151 位,许多观测点位于边远与世隔绝的地区,其中包括墨西哥的下加利福尼亚、西印度洋群岛、拉普兰和俄罗斯的北极地区。其间发生的最著名的事件是由伟大的科学家兼探险家库克（Captain James Cook，1728—1779）所率领的一支船队的航海经历，这艘船名为"奋进号"，目的地是南太平洋新发现的塔希提岛。

1769年库克船长在"奋进号"上正在考察新西兰。

这是库克第一次在太平洋里航行，整个航行期间，他们收集了大量知识，而欧洲从前对此一无所知。1768—1771年间，"奋进号"探险的初始目的当然是观察和测量金星凌日。库克本人就是一位能干的天文学家，他有依靠恒星导航的非凡才能。和他一起观察金星凌日的还有天文学家格林（Charles Green，1734—1771）。此外，这个科学团队还包括班克斯爵士（Sir Joseph Banks，1743—1820），他是一位富有的年轻探险家、艺术家，曾为"奋进号"上国际自然历史联合会的其他8位成员提供经费，购买科学供应和设备。团队中还有几位杰出的斯堪的纳维亚科学家。

1769 年 4 月，"奋进号"抵达塔希提，距 6 月 3 日的凌日还有大量时间，于是他们建造了观测站（这个站现在仍然叫做金星点）。但是凌日这一天令人失望。正如库克在他的航海日记中所写：

> 星期六，3 日。今天天气晴朗，正如我们所愿。整天看不到一片云彩，天高云淡，所以我们有足够的有利条件来观察金星越过日轮的全过程；我们清楚地看到，在金星周围有大气或尘埃阴影，大大干扰了对于相交时刻的观测，尤其是在两个内部相交点上。索伦德尔博士、格林先生以及我自己的观测数据，对于相交时刻的记录都有所不同，并且这种不同超过期望值。

条件看来相当不错，但即使这样，仪器还不够灵敏，还不足以提供确定、精确的测量。

一旦世界各地对 1769 年的金星凌日的测量结果得以汇总并且作出分析——大概经历了 60 年——就得到了结果，得到的平均值是 9 600 万英里，比先前所有的数据都更接近正确值 9 300 万英里。（我们今天公认的数据精确到小数点后好几位，是用雷达技术在 20 世纪中叶得到的。）基于 1769 年的测量，得知太阳系几乎等于托勒密所估计的整个宇宙大小的 100 倍，这对人们的世界观是一种极大的冲击。但是，18 世纪的科学家并不满足于这一点，他们追求的是更精确的测量，就此而言，库克对自己的航行显然有所失望。

库克 1769 年探险的另一项主要任务是向南航行，寻找尚未勘探过的澳洲大陆。对于这一任务他也没有成功。但是，正如科学上常常发生的那样，失败中不乏有成就，因为他是在从未有人探索过的水域里航行。他发现了 70 个岛屿，取名为社会群岛。他到达了新西兰的海岸，在大堡礁上停留，发现了植物湾和库克湾。他的博物学家们第一次看见袋鼠。班克斯和他的同事索伦德尔（Daniel Solander，1733—1782）收集了 17 000 种植物新物种、几百种鱼类和鸟类以及许多动物的皮毛。船上的艺术家回到欧洲，带回了具异国情调的各类绘画，素描作品，原住民风俗还有欧洲人根本无法想象的动植物品种。库克还曾两次到达太平洋，最后一次竟以悲剧告终。他被夏威夷人杀害，而就在几天之前，他们还把他当神来供奉。不过，库克船长的三次探险都带回大量发现，内容有关新大陆的人种、植物、动物及地块知识。

库克代表了 18 世纪流行的那种兼容并收的科学家形象，当时，一位伟大的航海家可以对科学作出重大贡献：为天文学提供精确的测量和观测，为地理学提供地图和海图的编制，对植物学、动物学和人类学提供丰富的观察事实和比较描述。这是伟人可以在许多领域作出贡献的时代。实际上这个时期各个领域的界线尚未形成，独立的学科是后来的事——在这个时期，化学家可以既是物理学家也是生理学家，地质学家也可以是植物学家和动物学家，数学家和音乐家同时也可以是天文学家。

第二章

恒星、星系和星云

对于那些眺望太空,试图揭示其神秘性的人们来说,18 世纪带来的是一批崭新的挑战。直到 17 世纪末,行星的复杂路径还始终吸引着权威天文学家的注意。记录可以追溯到公元前数千年,那时最早的占星术师注视着这些"漫游者",把复杂的哲学和法术活动(诸如占星术)建筑在他们所见的现象基础上。相形之下,在天空稳定不动的恒星似乎更可预测,唯一的例外是现在解释成地球围绕太阳的运动。古人——即使机智的古希腊人和善于观察的古代中国人都相信恒星和行星不一样,它们是不动的。伟大的希腊哲学家亚里士多德和几个世纪以后的追随者托勒密都把宇宙想象成是由层层镶嵌的天球组成,其排列就像是一个围绕着地球的洋葱,不动的恒星镶嵌在外层球面上。17 世纪哥白尼的新见解澄清了许多有关太阳系的混乱看法,意识到太阳处于中心位置。但即使这一新的革命性宇宙观,也把不动的恒星放在行星轨道之外。哥白尼、开普勒和牛顿以及牛顿定律解释了行星的运动。但是如果牛顿定律确实是"普遍"的,那么,恒星是不是也有可以预测的运动? 牛顿没有提到这个问题。为此我们将目光转向牛顿的年轻信徒——哈雷。

关于恒星和彗星

哈雷生于 1656 年 11 月,是富有的伦敦肥皂制造商之子。就在成为牛津大学学生时,他对天文学发生了兴趣。就在 19 岁,还是一个学生时,他就出版了一本关于开普勒定律的书。这本小册子引起了弗拉姆斯提德的注意,同年弗拉姆斯提德就任英国第一任皇家天文学家,正开始收集北半球新恒星表。他对哈雷的书印象深刻,鼓励这位年轻人进一步做下去。

到了 17 世纪 70 年代中期,望远镜和其他设备的改进表明旧的星表有许多不精确之处。急需新的星表。于是,正当弗拉姆斯提德等人忙于为北半球天空编制星表时,雄心勃勃的天文学家哈雷却想到南半球的天空尚无人问津。于是,他说服了父亲资助这一旅行,向牛津大学申请了休学,就登上了去南半球的航船,为那里的繁星制作星表。

之后的一年半,1676—1678 年,哈雷和全体船员待在非洲西南海岸外面荒凉的圣海伦纳岛上,始终孤独地守着望远镜。气候极其恶劣,对天文观测极为不利,对年轻的哈雷也不例外。但是最终他起航回到英国,带回以前从未有过的南半球星空的星表,列出了不下于341 颗以前从未在图中标注过的星星。如果气候更为有利的话,哈雷原本希望列出更多。但是 1679 年发表的《南半球恒星表》(Catalogus Stellarum Australium)已经足以使哈雷在伦敦的科学精英中名声大振。弗拉姆斯提德欢呼他是"南半球的第谷"。几年后,弗拉姆斯提德却和哈雷发生争执,为的是要匆忙出版弗拉姆斯提德自己的一部星表。但是这得哈雷说了算,他充分地利用了这一点,尽管做得极有礼貌和周到。由于巨大的成功,哈雷被邀加入享有盛名的皇家学会。这里的一切令人兴奋,年轻的哈雷突然发现自己置身于一群巨人当中,其中有牛顿、胡克、弗拉姆斯提德以及魅力超凡的雷恩。但是,聪明谦逊并讨人喜欢的哈雷很快就被接受了。出乎意料的是,他甚至和沉默寡言、经常发脾气的牛顿交上了朋友。第一件事情是《自然哲学之数学原理》的问世。哈雷不仅鼓励牛顿出版这一革命性的巨著,而且自己掏腰包资助出版,因为皇家学会的经费不足。对于哈雷来说,钱从来都不是问题,他父亲被神秘地谋杀后,他继承的遗产足以让他过上舒适的生活。

非凡的古德利克

在古德利克(John Goodricke,1764—1786)短暂的21年生命中,天文学为他带来安慰,也为他带来名声。古德利克生于荷兰,是英国外交官的儿子,他短暂的一生是在无声世界中度过的,不能听也不能说。不过,他的双亲都很富有,他们理解并且鼓励儿子在十几岁时发展对天文学的兴趣。在闪烁着繁星的夜空下,古德利克安详地享受着这份寂静。由于智力出色并且还有一双善于观察的眼睛,每晚他都会拿起望远镜。

有一颗星星引起了他的注意。英仙星座的大陵五(Algol)一直令天文学家深感困惑。亚里士多德曾经教导说,恒星是完美永恒的,但是在夜空中闪闪发光的大陵五,其亮度却在不断变化。也许正是这一特点吸引了古德利克的注意。和他一样,大陵五也与众不同,孤独地在群星之中闪烁。

古德利克决心解开大陵五之谜,这件事要有惊人的耐心和细致的观察。大部分时候都是用肉眼(也就是不依靠望远镜)来观测,因为他需要在望远镜所及视域之外比较星星的亮度。

好几个月的紧张研究和仔细记录使古德利克相信,这颗星的变化是有规则的,它有一个特定的周期或循环。在经过更多的紧张研究后,他得以证明大陵五的亮度变化有一个规则的周期,正好是三天。这是第一个有关一颗变星的变化规律的确凿证据。

1782年,古德利克试图回答大陵五为什么亮度会发生变化的问题,他提出,这或者是它的表面有黑斑,或者是有一颗我们看不见的伴星围绕它旋转,周期性地阻挡了恒星发出的光线。这是一个大胆的假说,尤其这是出自于一位不知名的17岁业余天文学家之口。古德利克关于大陵五有一颗神秘伴星的理论要到很久以后才得到验证——人们发现大陵五不是有一个,而是有两个伴星。不过,尽管还没有得到验证,古德利克的论文还是为他赢得了令人向往的皇家学会科普利奖章。古德利克于1786年逝世,正好是他22岁生日之前,当选皇家学会会员的两周之后。这位年轻人一直病魔缠身,他的死是由于在寒冷的夜晚呆得过多的缘故。

在今天已知的36 000颗以上的变星中,很少有像大陵五的神秘性这样容易被解释的事例,但大陵五本身仍然有许多异常的特性。然而,由于年轻的古德利克,我们对天空的理解中多了一小块知识作为点缀。

求知心切的哈雷对安逸的生活毫不为所动,不久他再次投入艰苦的工作之中。在他远航去圣海伦纳的旅途中,他曾观察到船上的罗盘并不像通常相信的那样总是指向北极。也就是说,地球磁极和北极并不是一回事。尽管可以把这一差别看成是次要的,但是对于航海家和船长来说这却是一个重要的发现。17 世纪后半叶的世界性贸易已经开发了许多新的海上通道,竞争十分激烈。正如需要新的星图一样,人们也需要新的和更好的海图,以供海员提高航海效率。1698 年,在哈雷的指挥下,第一艘仅为科学目的而被委派和装备起来的船只离开伦敦起航。这艘船命名为"情人红",虽小却坚固,在海上航行了两年,正是在此期间哈雷和他的团队测量了世界各地的磁偏差,编制了新的航海图表,并且试图测定几十处重要港口的精确纬度和经度。

哈雷第一个根据牛顿运动定律计算彗星的轨道。在这一画面中我们看到哈雷彗星和欧洲航天局的太空船乔托。乔托在1986年访问过哈雷彗星。

哈雷回到伦敦,已是一位熟练的海员,他急于开始另一类研究,这次是要钻研几百种古代天文学书籍和图表。在航行中,哈雷开始对古代星表与当代星表之间的许多分歧发生了兴趣。尽管古老的星表有许多明显的错误,有的甚至错得离谱,但他还是注意到,有许多正确标注的恒星其位置与近代观测存在差别。经过仔细的研究,他证明至少有三颗主要的恒星:天狼星、南河三和大角星,自从希腊人标注之后,它们的位置已有变化。

某些天文学家正开始怀疑的事,现在哈雷证明是真实的。恒星竟然也在运动。甚至在太阳系之外的天体看来也处于不断的运动之中,并且这种运动是可以预测的——这一推测其实已隐含于牛顿的引力定律中,现在由于哈雷的仔细研究终于证实了它。古代的宇宙观又一次被牛顿的万有引力和几何学观察所粉碎。这个新信息对以后的天文学具有巨大影响。

但是哈雷的名声却来自于他对彗星的研究。长期以来人们对于彗星在夜空中神秘莫测的出现一直抱着敬畏和迷信的心态。在对古代记录深入思考后,哈雷发现其中存在某种规律。当他试图根据彗星在几个世纪里出现的记录,计算彗星轨道的形状时,他看到计算结果符合牛顿理论。但是，精确的信息实在太少，他不得不放弃自己的计划，直到作出有趣的发现。他的计算强烈地暗示，四个已知的彗星，分别在 1456 年、1531 年、1607 年和 1682 年出现，它们很可能就是同一个彗星，依据牛顿的引力定律每 76 年沿自己的轨道返回太阳系内一次。哈雷预言，1758 年它还会回来。尽管他在 1742 年去世，比他的预言实现的年份要早了 16 年，但今天已被称为哈雷彗星的这颗彗星，却是对这位最早认识其运动规律的天文学家的最好纪念。

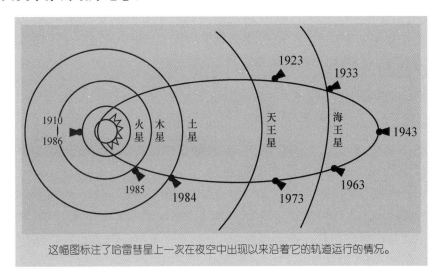

这幅图标注了哈雷彗星上一次在夜空中出现以来沿着它的轨道运行的情况。

新 宇 宙 观

如果恒星和行星都在运动，那么太阳系之外的宇宙就再也没有必要像人们往常认为的那样是神圣、静止和完美的处所。同样，如果牛顿定律对于所有天体都是有效的，就像 18 世纪中叶的观测事实显示的那样，那么，建立总体宇宙的新模型和新推测就非常必要。

18 世纪中叶，一些学者提出各种理论，它们开始彻底改变人类的宇宙观和我们在宇宙中的地位。这些人中有法国作家和博物学家布丰（Georges Louis Leclere de Buffon，1707—1788），强烈宗教信仰的业余科学家莱特（Thomas Wright，1711—1786），年轻的哲学家康德（Immanuel Kant，1724—1804），还有一位是杰出的数学家拉普拉斯（Pierre-Simon Laplace，1749—1827）。

莱特

莱特是兴趣广泛的英国思想家。受过良好教育，并大量读过当时流行的哲学和科学著作。和 18 世纪许多思想家一样，他被科学观察与思考和宗教信仰之间的矛盾深深困扰。他的天文学观察和阅读引导他去思考：如果围绕太阳运动的行星成了一个轨道系统，那么，有了牛顿引力定律，很可能恒星本身也是某个或者许多类似轨道系统的一部分。然而，如果天空就是这样组成的，那么，在这个机械论和引力相互作用的新宇宙中，上帝的领地在哪里？莱特既不是训练有素的天文学家，也不是严格和系统的思想家，他只是提出了一系列不同的宇宙模型。其中最早的一个模型是，太阳、太阳系以及恒星都围绕着一个巨大的中心运转，这个中心也许是固体，也许不是固体，但无论如何，它是上帝的领地。

在这一巨大系统的外围，远离太阳系和众恒星之处，则是一片神秘黑暗的"冥界"之地，它包围了所有。这是一个极其神秘的体系，但在精心修饰之后，则有某种可取之处。在 1750 年出版的《宇宙起源理论和新假说》（*An Original Theory and New Hypothesis of the Universe*）一书中，莱特提出另外一种可能性：宇宙可能实际上是一个旋转着的扁平圆盘，而不是众恒星和太阳系围绕共同的中心运动的壳形。他仍然坚持上帝或者某一神灵占据共同中心的思想，但是他也建议所谓的星云，天空中存在的神秘的雾状的白斑，既不是恒星，也不是行星，而是在远离圆盘之处。

康德

德国思想家康德，可能读过莱特的书，也可能是读过有关的评论，他以敏锐的心智迅即抓住了莱特那结构松散的思想中的某些要点。

1755 年，康德在《自然通史与天体论》（*Univeral Nature History and Theory of the Heavens*）一书中提出了自己的思想。作为一部理论宇宙学和天文学的著作，它是一项真正意义上的巨大成就。沿着莱特开辟的道路，再加上他本人对牛顿物理学的钻研，康德指出，星际系统和太阳系一样，形状也像一个扁平圆盘。正如太阳系中的行星在黄道带的平面内以椭圆轨道围绕太阳旋转，康德提出，恒星也许也在围绕着一个公共的未知的中心旋转。

不像莱特，康德没有让神灵占据假想的中心位置。康德提出，可见的恒星构成了这一共同"星系"，但是由我们的太阳系以及和其他恒星共同组成的，围绕某个未知中心旋转的系统，也许并不是宇宙中存在的独一无二的系统。实际上，宇宙也许是由许多这样的星系组成的。康德进一步指出，我们也许已经看到了那些其他的星系，事实上，它们也许就是天文学家观察到的、莱特提到的星云。康德指出，这些星云大多都是椭圆形或圆盘形，它们离我们是如此之遥远，于是，在所有恒星的映衬之下，它们看上去就像是乳白状的模糊一片。这是一个富有灵感和大胆的思想火花，尽管到 20 世纪才得以证实，却为宇宙学开辟了一个广阔的新天地：浩瀚无边的宇宙，充满了漂浮、旋转着的岛状星系，这是一个人类从未梦想过的更为宏大壮观的宇宙。

然而必须提醒，康德的思想虽然以牛顿物理学作为基础，富有灵感，但仅是思辨。尽管他富有物理学和数学的修养，但是后来他更多还是以哲学家的身份引人关注，而不是一位真正意义上的物理学家或数学家。

遥远星系（NGC 4013）主盘的侧视图，是哈勃空间望远镜在2001年拍摄的。有证据证明围绕圆盘中心的暗带是星际尘埃区，在那里有可能形成新星。

拉普拉斯

1749 年出生在法国诺曼底的拉普拉斯则不同于康德。他是一位才华横溢而又富有灵感的数学家,是 18 世纪最有影响的科学家之一。尽管今天大多数人不一定知道他,但他扎实的数学工作弥补了牛顿留下的某些缺口,并为康德的思辨提供了更为扎实的基础。

梅斯尔和他的星表

梅斯尔(Charles Messier, 1730—1817)是一位彗星猎手。就像许多当时以及如今的天文学家一样,他迷恋于在夜空中寻找和追踪那些扑朔迷离的流星。在他的一生中,发现了不止15颗新彗星,因此赢得"彗星搜寻者"的绰号。梅斯尔和其他专注的科学家一样,沉浸于自己的专业之中,不受外界干扰。在他早年通过望远镜的观测中,经常被天空中一些微小的乳白色物质所迷惑,它们被叫做星云。当梅斯尔开始工作时,对它们了解不多。康德作过一些猜测,但是威廉·赫歇尔(Friedrich William Herschel,1738—1822)的经典工作尚未诞生。而梅斯尔正在跟踪彗星,不可能去关注星云,他面临的问题是,星云容易被误认为彗星,由于它距离遥远因而移动很慢,这就需要花费大量的时间来跟踪它们。

梅斯尔决定,解决这个问题的唯一方法就是建立一个星表,把那些混淆视线的星云和它们在天空中的精确位置列出来,以便使其他彗星猎手知道它们的精确位置,这样就不会耽误本可用于寻找彗星的宝贵时间了。

这是一件艰苦的工作,要知道在他那个时代望远镜还很原始,这件事需要极大的耐心。但是梅斯尔到1781年竟列出了103个天体。由于梅斯尔的著名工作,今天许多希望能看到大仙女座星系、球状星团、银河星团、行星星云,甚至超新星残骸之类奇观的业余天文学家和职业天文学家,都可以很快找到它们。

1773 年,拉普拉斯在考察木星轨道时,想要弄清为何当土星轨道扩张时,木星轨道会出现持续的收缩。在分别发表于 1784 和 1786 年之间的三篇论文中,他证明这一现象是周期性的,周期是 929 年。在详细解释这一现象的理由时,拉普拉斯的论文同时也解决了牛顿遗留下来的一个重要问题,那就是太阳系的稳定问题。牛顿曾经被太阳系各行星之间复杂的引力相互作用这个问题所困扰,并得出结论,为了保持整个系统的稳定,有时需要某种神力的干预。拉普拉斯在他的同事,数学家拉格朗日(Joseph-Louis Lagrange,1736—1813)的帮助下,从数学上证明,由于围绕太阳旋转的所有行星都沿同一方向,因此它们相互间的离心率和倾斜度总是足够的小,以至于无须外界的干预,就能保持长期的稳定。或者,如同拉普拉斯所写:

拉普拉斯运用牛顿引力理论，成功地说明了所有行星运动。拉普拉斯的星云假说提供了理性的和富有成效的方法，解决了恒星如何起源的问题。

"从整体考虑，行星和卫星的运动都是以接近圆形轨道运行，它们沿同一方向，所处平面相互间只有微不足道的倾斜，这样的系统就会围绕一个平均态振荡，偏移值非常之小。"

实际上，拉普拉斯说，太阳系本质上具有一种自我纠错机制，它不需要神力把它扳回原位。

拉普拉斯写过许多重要论文，从数学的角度出发，讨论与牛顿理论及行星和卫星引力相互作用有关的大大小小各种问题。不过，他最通俗、最受读者欢迎的是1796年出版的《宇宙体系论》（*Exposition du Système du Monde*），这是一本天文学通俗读物，就在它的后记中，提出了解释太阳系起源的理论。

"星云假说"，拉普拉斯以此来命名自己的设想，但他也许不知道康德已经提出这一假说，只不过没他的严格，并略有不同。不管是谁的星云假说，这一思想很快流传开来，并且被19世纪里大多数天文学家接受。

简单来说，这一假说的大意如下：最初太阳起源于巨大的旋转中的星云或气体云。随着星云旋转，气体收缩，此时其旋转速率不断增大，直到星云中最外面的物质无法靠引力维持为止。在这一过程中，这些气状物质就凝聚在一起，形成一颗行星，而中心星云则继续加快自旋速度并进一步收缩，此时又留下更松散的物质，形成另一颗行星。而中心星云则在中心处形成稳定的太阳。这一理论存在许多疑问和尚未回答的问题，但它却令人耳目一新，因为它是最早尝试运用科学和理性推理来解释太阳系的起源，而没有借助于神灵或超自然的力量。

拉普拉斯知道，他的"理论"已经带有思辨的成分，但是他毫不怀疑，天体的所有奥秘以及其他种种都可以靠数学和牛顿定律的推理加以解决。他不够谦逊，也不够宽厚（他的同事对他往往又忌妒又羡慕），但他却是启蒙运动最虔诚的信徒，对机械论的宇宙观坚信不疑。这是理性时代许多科学家共同的信仰，但是很少有人像他那样进行强有力的表述，他写道：在牛顿的宇宙中，决无偶然现象，假设有这样一种情况，"在一个理智之士看来，只要给出宇宙初始时刻所有作用力的大小，以及所有物质的瞬时状况，就能推断出宇宙中各种最大物体的运动……一切都是确定的，过去和将来都等同于现在"。

拉格朗日伯爵，18世纪公认的伟大的数学家之一，也曾研究过行星运动。

然而,并不是 18 世纪所有的牛顿追随者都是如此雄心勃勃的哲学家。尽管理论依然享有自己的地位,但许多天文学家,特别是在英国,宁可回避这种庞大的理论设想,转向更有效和更实际的研究,把科学革命的教训和牛顿的定律运用到日常的实用天文学之中。

齐心协力:威廉·赫歇尔和凯洛琳·赫歇尔

如果数学家拉普拉斯是 18 世纪最有影响的理论天文学家,那么,音乐家和业余天文学家威廉·赫歇尔则是启蒙运动最有影响的实干天文学家。赫歇尔 1738 年生于德国的汉诺威,1757 年为了逃避军事服役来到英国。在德国他是一位有名的音乐家(双簧管、风琴、小提琴,样样都会,还当过音乐会主持人),到英国重操旧业,先是教授和翻制音乐。然而不久他就站住了脚,当上了军乐队指挥,成为有名的作曲家和风琴演奏家。1766 年,他受雇成为贝斯的奥斯太岗(Octagon)礼拜堂的风琴演奏家。这是一个好职位,使他有时间教学、指挥和作曲。这一工作报酬丰厚,使他有足够的钱发展他在天文学方面的兴趣。1772 年,他的妹妹凯洛琳(Caroline Lucretia Herschel,1750—1848)来到英国和他一起工作,此时的赫歇尔对恒星和行星是如此入迷,以致他已读了数百本天文学、微积分和光学的书籍。他还购买了一台小型望远镜,开始把自己的夜晚时间用来凝视贝斯的天空。

凯洛琳很快就被哥哥的热情吸引住了。她也是一位有造诣的音乐家和歌唱家,不久就帮助赫歇尔从事管弦乐作曲、复制他的音乐,同时还表现出对天文学和望远镜几乎同样浓厚的兴趣。就在妹妹来到身边不久,在妹妹的帮助下,赫歇尔建造了第一台小型望远镜。从那时起,就一发而不可收。很快建造了另一台稍大一些的望远镜,接着又添置了一台。

这些望远镜都很有趣,要比通常相似长度的望远镜宽许多。当问到为什么他的望远镜与众不同时,他解释说,他不仅追求放大率,而且还注重采集光线的能力。望远镜镜面越大,捕捉到的光线就越多,可以看到的恒星和星云也就越多。赫歇尔早已迷恋于太阳系以外的宇宙。在他漫长的生涯中,在凯洛琳的帮助下,他确立了星际天文学这一学科,使天文学家的眼界远远超出了太阳系的范围。不过有趣的是,正是有关太阳系内的一件发现使他声名鹊起,也使观测天文学再获生机,并且使他获得世界级知名度。

尽管赫歇尔是一位很有耐性和细心的观测者(他曾测量过一百多个月亮上的环形山,并用三种不同的方法亲自校验了三遍),但他还是更感兴趣于发现而非计算。对于赫歇尔来说,夜空宛如是一个浩瀚隐秘的海洋,因为少有人勘探,因而充满了发现机会。为了能在夜间巡视星空,他设计了一套仔细"扫描"天空的方法。每天夜晚他只对天空的某一小块区域工作,一般仅为两度左右的一条带,在休息之前往往可以巡视两遍。第二天他再巡视临近的另一条,直到把他所在区域的可见夜空逐步扫描完毕。

1781 年 3 月,赫歇尔在一次仔细扫描中发现在土星之外很远处有一颗新行星(当时天文学家认为土星是最远的行星),这是一项著名的发现。其他天文学家曾经看到过这颗不久被命名为天王星的行星,但是他们总把它当成一颗恒星,因而毫不在意。然而,赫歇尔在夜空扫描中记住了数千恒星的位置,于是迅速意识到这一小光斑是一个"漫游者",因

威廉·赫歇尔是一位杰出的音乐家，开始做天文观测时是业余的。但由于发现天王星很快就被公认为18世纪最伟大的观测天文学家之一。

为这个地方不应该有恒星。那它是彗星还是行星呢？赫歇尔向当时的皇家天文学家报告这一发现并等候回答。皇家天文学家在计算它的轨道之后回复说，这是一颗行星。确实是行星，由于它离得如此之远，于是，太阳系的大小几乎比人们公认的增加了一倍。赫歇尔一夜成名了。

奇怪的是，在牛顿之后，天文学在所有人看来都已回归平常。毕竟，牛顿已经解释了每一件事情，该知道的都已经知道了。理论家正在对付不切实际的哲学，但是这些哲学大多是太难了而无法认真对待，而那些一线的天文学家忙于计算和编制星表。不时有新恒星公布，但是对于大多数人来说，一颗恒星就是一颗恒星而已。然而，一颗新的行星就不同了，这是以前所不知道的，却又离我们更近，甚至普通人也能实际去想象它的存在。更为激动人心的是，人们会想，也许太阳系里还有未被发现的东西吧，也许科学家并不是什么都知道。

这位音乐家和业余天文学家突然使天文学再度令人激动。但是对于赫歇尔来说，兴奋有点过头了。他被指定为皇家学会会员，有人请他喝酒，聚会，赴宴，并给乔治三世（George Ⅲ，1738—1820）当宫廷天文学家。正如凯洛琳很快认识到的那样，这最后一项荣誉对她兄长是一个巨大不利。有了它，虽然可以领到一笔年金，却必须辞退音乐家的工作，变成全职的天文学家。遗憾的是，年金远不及他当音乐家的收入。不过赫歇尔却认为，不可以拒绝国王的任命。必须寻找别的办法维持收入。他们是优秀的望远镜制造者，事实上，有人说，他们做的望远镜是世界上最好的。兄妹两人不得不制造并出售这些精制仪器，以换取额外收入。

与此同时，因为有了更多的时间可以从事新的事业，赫歇尔致力于建造梦寐以求的大型仪器，使他能够看得更远。他写道："我要比所有前人都看得更远。"天王星是他的骄傲。1787年，他又发现了天卫三和天卫四（天王星的两颗卫星），并且，在他结束工作之前，他又发现了土星的两颗卫星。但是赫歇尔的至爱依然是满天的繁星以及那些庞大的望远镜，正是它们使他有可能探望更远的星空。

他的望远镜并不都是成功的。有一台"巨人"望远镜，当赫歇尔爬上它的底座时，由于不堪承重而塌了下来。另一台，计划要安装一面直径3英尺的镜面，于是，他不得不用"一大堆马粪"作为镜片铸模，热心的凯洛琳加工制作了这些马粪。就在浇铸的那一天，过热的铸模熔化了，熔化的金属随之流到地板上，顿时作坊变成了一座恶臭熏人的小型维苏威火山，凯洛琳和赫歇尔只得拔腿就跑。

1772年，凯洛琳·赫歇尔来到英国加入她兄长的观测工作。

在某些人看来,赫歇尔兄妹一定是全力以赴在建造望远镜,其实他们为观测挤出了足够的时间。1788年赫歇尔和一位有钱女子结婚,这使他们不用再忙于建造望远镜,于是才有可能专注于自己的望远镜和观测。

哈雷证明过,恒星并不总是"固定"的,而是在天空中做"固有运动"。1783年威廉在观测中证明,太阳也在天空中运动,这是他作出的第一个"有关恒星的重大发现"。我们的太阳系确实在做整体运动。太阳、行星和月亮不仅彼此在做复杂的相对运动,而且这种运动的舞台本身也处于运动之中,因为整个系统在相对天空而移动。不仅太阳不再是宇宙静止的中心,而且现在看来,太阳系也不是。人类又再次发现自己在宇宙中并不占有优越地位,而只是栖居于一个小球上,这个小球也只不过是伟大的宇宙中的一个小小参与者。对于18世纪的思想家来说,越来越明显的是,整个宇宙就是一种永不停息的运动之舞。

观测天文学家凯洛琳·赫歇尔是8颗彗星的独立发现者,也是她兄长的密切合作者。她活到98岁,把一生奉献给了天文学。

不仅是万物都在运动,而且"万物"要比人们所能想象的更多。

赫歇尔总是着迷于天上神秘的片状星云物,有些思想家猜测,这些星云是大量恒星的集合,因为它们太远了,无法看清楚。用他那更大更精确的望远镜,赫歇尔就能看清它们中的许多,并且证明,它们确实是大量恒星的集合或者说就是星系。不过,他早期认为所有星云都是巨大星系的结论后来被证明是错的,因为许多星云不能再分解成确凿的恒星,他猜测,许多星云是某种"发光流体"组成的巨云,是形成"未来太阳的原始材料"。

18 世纪 80 年代,在和凯洛琳对所谓的双星做了一系列长期观测之后,他还证明牛顿定律确实是普遍的。许多双星不一定正好成对,而是相互靠得非常之近,以至于被引力锁住,在一个彼此共有的轨道上运转。这就进一步证明了,牛顿定律的有效性远远超过了太阳系,延伸到了整个浩瀚的太空。

赫歇尔于 1816 年被封为爵士,他的观测几乎从未中断,直到 1822 年去世时为止。在启蒙运动时期的所有天文学家中,正是他的贡献更多地使天文学走向现代。他的望远镜观测使理性时代思想家的思辨变成了现实,这些思想家开始看到并且理解人类在宇宙中的地位——处在这一卑微的名为地球之行星上的我们,与那些游荡着的恒星和星系一起,只不过是浩瀚宇宙中的沧海一粟。

对于有些人来说,这些知识是可怕的。人类和地球在科学家眼里变得越来越不重要,不再享有特权。然而,对于其他人,一个奇异的新世界正在展开。因为哈雷、赫歇尔和其他观测天文学家开始向我们揭示,那是什么;像康德、拉普拉斯那样的思想家则企图按宇宙的机械论特性理解它如何而来。所有的片段如何形成一个整体? 如果宇宙确是充满了星系,星系又是怎样形成的? 恒星和行星又是如何形成的? 宇宙本身从何而来? 它有开始吗? 有结束吗? 这些都是大问题,甚至需要许多年才能建立起一套严肃的理论,必须知道更多东西,需要发展许多新仪器和技术。还有更多基本的物理学有待理解。这一"控制"如此之多东西的神秘"引力"究竟是什么? 什么是光? 什么是热? 恒星如何"发光"?

这是一个费力和复杂的议程——它将会占用许多的科学家好几百年的时间。自从古希腊以来,没有人试图解释这么多问题。但是,牛顿已经给予他们一把钥匙——而且启蒙运动的思想家们相信,他们用那把钥匙就可以轻易解开所有的自然奥秘。这是他们的荣耀,因为这项任务远比他们想象的要复杂得多。

第三章

新地质学的诞生

正当 18 世纪天文学家继续关注宇宙深处和太阳系这一迷人领域时,另一些思想家开始把注意力转向地球自身的历史以及它的起源。如果天体可以被理解为一部按牛顿定律运行的巨型钟表机制,是不是也有一种机制可以解释地球各种特征的创生?为什么会有陆地和海洋?为什么会有山峦和低谷?为什么岩石有不同的种类?某些岩石看上去像是镶嵌有各种生物或物体,那些奇怪的特征意味着什么?

古希腊哲学家曾经猜测过形成地球特征的原因。米利都的泰勒斯曾经注意到海浪冲击海岸造成的破坏力,但是蜿蜒的河流持续侵蚀河床的破坏力也不亚于海浪。泰勒斯说,显然水有改变地形的巨大能力。在泰勒斯看来,水是如此重要以至他相信水是地球上所有物体的本原,包括有生命的和无生命的。泰勒斯说,地球自身可以看成是一艘浮游在巨大海洋中的船,海洋中翻滚的波浪可能是地震的起因,我们的地球因此而颠来晃去。尽管泰勒斯以及其他希腊思想家的许多思想在今天看来天真得不可相信,但他认识到水的力量是塑造和形成地形的基本力量这一点却是一项重要的早期观察结果。当然,他的思辨仅仅只是思辨而已。伟大的希腊思想家都是哲学家,不是科学家,因为古希腊人并不想,也不打算科学地"证明"自己的思想,他们就没有办法比较,哪种猜想更正确。所有的参与者都有权利持有某种观点,假如他们的智力正常的话。

大约公元前 100 年,世界上的文化、商业和政治权力中心转移到了罗马,罗马人不理思辨那一套。他们更注重实际而不是哲学,宁可把时间花在设计最好的方法来建造道路、桥梁、隧道和沟渠,以便扩展罗马的权力和声望。对于罗马人来说,操心为什么大山会矗立在那里,是无益之举,取而代之的是,他们更愿意找到最好的方法,以建造越过或绕过这些大山的道路。

罗马衰败之后,西方世界大多数智力活动都局限于修道院,求知兴趣大多转向东方。在那里,在伊斯兰的学堂里,许多古希腊和古罗马的思想得以保留。然而,阿拉伯的知识分子,尽管他们借用、保留和补充希腊的知识,却很少对我们今天所谓的地质学感兴趣。伟大的阿拉伯哲学家阿维森纳(Avicenna,980—1037)虽然尝试建立一个算不上精致的系统,借用了古希腊的一些思想,加以补充,但是仍有许多问题大多是出自他自己的解释。

文艺复兴时期,当求知之风开始从东方缓慢地吹回西方世界时,在知识门类的清单中,地质学研究仍然处于末位。杰出艺术家达·芬奇兴趣广博,他于 1508 年就地质学问题提出了自己的思想。其中有些想法来自阿维森纳的思想,例如山脉是由高地侵蚀而成,不过达·芬奇也提出自己的看法,比如,河流的形成靠的是雨水和融雪,在意大利北部发现的奇异化石贝壳是曾经在此生存过的海底生物的遗骸,当陆地被海水淹没时,它们就已经死了。不过大体说来,相对于阿拉伯人或古希腊人,达·芬奇的地质学思想并未高明多少。

由于基督教会的介入,情况变得更为复杂,整个中世纪,文明之薪火几乎受教会一手操纵,但是,一个强有力的单一权威力量的形成非一朝一夕之事。既然古人对于地质学问题兴趣不大,那么,当他们①涉猎此领域并大胆提出自己的看法时,就不会面临任何正式或明确的反对意见。如果他们对此保持相对沉默或见解缺乏深度,那么,这种停滞更多与他们缺乏兴趣或训练有关,而与现有权威的干涉无关。

然而,随着基督教教会的权力越来越大,情况有了很大变化。17世纪伽利略的天文学观测使他得出结论,是太阳而不是地球处于太阳系的中心,这一结论激起了教会的愤怒。它与当时的教义直接矛盾,而教义是基于圣经世界观和托勒密流传下来的天文学系统。对于教会来说,来自上帝的启示是神圣的,圣经是主宰一切的最终权威。基督教徒可以去询问地球的历史,但是他们只能转向圣经去找答案。

1654年,有一位爱尔兰主教,名叫厄舍尔(James Ussher,1581—1656),根据圣经的年表仔细计算了地球的年龄,确定地球的第一天是公元前4004年的10月23日,也许是上午9点钟。他还为整个宇宙的创造过程建立了一个时间表,结果是一个礼拜,正如圣经所述。厄舍尔的计算在当时很受欢迎,因为大多数神学家都同意,地球的年龄在5 000年和6 000年之间。当早期学者开始涉猎地球及其形成这一领域时,面对的正是这一背景。

当然,地球看来远不止几千年,任何一位有心的观察者显然都会看出这一问题。随处可见的断裂和风化现象,高耸的山脉、深谷和悬崖,这些事实都在强烈地暗示,地球曾经遭受过巨大的沧桑之变。实际上神学家一般也都同意,地球正处于严重的衰落中,也许维持不了多久了。然而,它怎么可能在这么短的时间内变化如此之大呢?

另一个问题是,岩石中埋藏的化石。化石的知识可以追溯到古希腊,但是它们的存在一直令人困惑。在17世纪末,许多严肃的思想家逐渐接受化石是过去生物的有机遗骸。但是,依然有不少人死死守住更神秘的或者柏拉图的观点而不放。

形成和化石(formations and fossils)这两个词其实具有内在的联系,它们正是17和18世纪地质学研究的焦点所在。

斯蒂诺的化石

第一位认真考察这两大重要问题的思想家是17世纪丹麦人斯蒂诺(Nicolas Steno,1638—1686)。斯蒂诺出生于哥本哈根,是一个富有的金匠的儿子。他和许多早期科学家一样接受过医学教育,并且幸运地成了托斯卡大公爵的私人医生。因为大公爵很健康也很慷慨,所以斯蒂诺没有后顾之忧,可以有足够的时间从事他感兴趣的工作,他的兴趣之一就是化石。

当斯蒂诺解剖鲨鱼时,把鲨鱼的牙齿与所谓的舌状石比较,古人曾经认为这种舌状石

---

① 指中世纪学者——译者注

是夜间从天上掉下来的。在确信舌状石确是石化的鲨鱼牙齿后,斯蒂诺成了化石的热心收集者,到处访问采石场,考察各种不同岩石的形成过程。

仔细的研究使他确信,化石是保存在岩石中的生物残骸,这些生物曾经栖居于海中。1669 年,他在一本书中提出了这一论点,这本书的题目很别扭,叫做《关于在固体中自然封存之固体的论文之序》(*Prodrome to a Dissertation Concerning a Solid Naturally Enclosed Within a Solid*)。斯蒂诺说,埋有化石的岩石是由泥浆水沉积而成,其中既有海水也有淡水。有些化石,例如鲨鱼牙齿和海生贝壳类显然就是海洋生物,因此发现这些化石的区域必定曾被海水覆盖过。他还指出,其他生活在淡水中的生物,也许是被诺亚洪水带到此地的,当时人们普遍相信这场洪水发生于大约 4 000 年前。发现的大骨头和牙齿很可能是更近期的生物,诸如大象的遗骸,公元前 218 年,汉尼拔军队可能是骑着这些大象与罗马人作战的。

他还提出一种言之有理的说法,浸没于水中的巨大岩层有可能坍塌,形成山峦和峡谷。但是,据斯蒂诺说,并不是所有的山峦都是这样形成的。有些显然是火山岩,是从地球深处燃烧着的火喷出的灰烬和岩浆。有些是流水侵蚀的结果,与激流冲出悬崖与峡谷的过程一样。

斯蒂诺还对托斯卡纳地区的地质史提出了一些一般性理论,他认为,这一理论也许适用整个地球。总之,这是一项令人钦佩的成果,但是斯蒂诺却半途而废了,因为他是一位极端的路德教徒。由于常常陷入深深的不安之中,显然他有严重的心理危机。后来他失去对地质学的兴趣,皈依天主教,到德国当了一名神职人员,晚年在苦修中度过。

若是撇开他所处的时代,就很难正确评价斯蒂诺的智力成果。还有一些人也曾试图提出类似的理论,例如涉猎广泛的英国皇家学会会员胡克。大多数 17 世纪后期关于地球创生及其形成的思辨,留传到了 18 世纪,然而它们不是带有深深的宗教烙印,就是企图把宗教故事与新科学观生硬地结合在一起。但是,其中有一个理论脱颖而出,这就是布丰伯爵提出的理论。

布丰对地球的测试

布丰本质上是一位博物学家,他认为,他那于 1749 年开始出版的 44 卷巨著《自然史》(*Histoire Naturelle*),应该从头开始述说。他写道:"地球通史必须居于首位,其后才有地球上其他事物的历史。"他的思想大多只是对当时主要思想的重述,但是他对地球形状的讨论在保守的法国同代人中引起了震动。

他写道:"事实上,现在是陆地而且有人居住的地方,以前确曾处于海水之下。这些水曾经淹没最高山脉的顶峰,因为我们发现在这些山上,甚至在它们的顶峰上,有海洋生物的遗骸,它们与现在的贝类没什么不同。无须怀疑,它们如此相似就是同一物种。"就我们今天所知,布丰的许多思想是不正确的。但是,布丰使它们成为一个整体(尽管非常笼统),这对于 18 世纪的思想家来说,本身就是一种极大的激励,由此他们明白,可以像布丰那样,对于有关宇宙的老问题试图给予新的、理性的回答。

受哲学家莱布尼兹的启发,布丰说,由于一颗彗星撞击火热的太阳,从中带出了一些碎片,地球就源于这些碎片。他用铁球做了几个实验,把铁球加热,测量它们冷却的速率。

从这些结果他估计出如地球这样大的球冷却的速率。再基于此算出冷却所需时间,由此得出结论,地球已是非常古老。他建议,地球也许有 75 000 年或 100 000 年。布丰的估计已经比厄舍尔 1654 年计算的 6 000 年多了十倍以上。赫顿(James Hutton,1726—1797)后来得到了类似的结论(不过,他也大大低估了地球的年龄)。但是布丰是最早把这一思想传播给广大听众的。出于敏锐的政治直觉,布丰把自己的研究说成仅仅是假说,并且还在叙述中设法为宗教保留位置,这就避免了与教会发生重大冲突。

布丰伯爵的科学生涯涉猎广泛,成绩辉煌。他写了关于自然史的著作,他解释地球起源的自然主义理论是那个时代第一批没有与宗教紧密栓联的理论之一。图中显示他运用多个透镜检验阿基米德的说法是否正确(阿基米德声称可以把太阳光会聚在锡拉库扎港中的罗马舰队上使之起火)。他成功地使150~250英尺远处物体着火,据此,布丰认为阿基米德的说法应该是真的。

根据布丰的假说,地球经过了七个漫长的阶段。这与圣经创世纪中的七天相当吻合——但是这里的"天"要比我们通常理解的"天"长得多。经过最初阶段——地球的形成是由于彗星与太阳的碰撞——地球旋转并且冷却了 3 000 年,在此期间演变成球形。第二阶段地球冷凝成为一个固体。根据布丰的计算,这大概经过了 30 000 年。第三阶段,地球周围气体中的蒸汽形成巨大的海洋,覆盖了整个地球。他解释说,这个时期潮汐作用开始影响地球演变,并且把海洋生物带到地球各地。他计算这个过程大约持续了25 000年。火山活动主宰了第四阶段,因为在以后的 10 000 年中海洋开始消退,从而在高地上留下许多海洋生物的遗骸。随着陆地开始形成以及变冷,植物开始生长。在第五阶段,持续了近5 000年,第一批陆地动物开始出现。在第六阶段,陆地继续演变,大陆开始相互分开,漂移了将近 5 000 年,直到变成如今的格局。最后在第七阶段,布丰声明,人类出现在地球上,达到演变过程的顶峰。

这是一个大胆有序并且简洁的思辨性理论,具有巨大的吸引力,尤其是它可以解释许多奥秘,诸如在高地和山顶上发现的海底化石。

但是，布丰不得不在他的工作中尽力避免与宗教发生冲突，而地质学真正的进展只有等到启蒙运动的思想家对传统发起全面攻击，这样科学家才能摆脱束缚，关注他们在岩石中发现的线索。

当更多的研究者开始探索这个领域时，一些情况很快就明朗了，某种岩石，叫做沉积岩，它们位于平行地层中，是由水下的沉积物而形成。埋于这些岩石中的化石有助于确证这一思想，但是一个棘手的问题依然存在——许多层积岩存在于山区，甚至是在最高的山峰被发现。显然，现在的大片陆地必定曾经处于海底，正是在那段时期，形成层积岩的物质被沉淀在那儿了。那么，在岩石形成之后，陆地又是怎样从海里出现的呢？就像许多在启蒙运动后兴盛起来的科学领域一样，地质学的早期岁月也是被机械论一统天下。

两个相互对立的新理论迅速崛起，并且最终它们都不再流行。但是每一方面都对莱伊尔（Charles Lyell，1797—1875）的先驱性工作有所贡献。莱伊尔是一位富有钻研精神的苏格兰地质学家，他为现代地质学打下了基础。他还为地质学家和生物学家提供了新的钥匙，使他们能够透过表面现象去理解地球和人类的历史。

魏尔纳和海神的遗迹

魏尔纳（Abraham Gottlob Werner，1750—1817），他那个时代最有名的地质学家，出生于普鲁士。他的父亲是一家大型炼铁厂的检验员，魏尔纳的年轻时代大多花费在他对采矿和矿产的兴趣上。在福莱堡的矿产学院学习了两年（1769—1771）之后，他转到莱比锡大学继续学习。作为一个出色的学生，他全身心投入学业中，吸取每一项与采矿、矿产、岩石和矿物学有关的知识。

1775年，魏尔纳回到福莱堡学院成为一名讲师，他在这里生活了近40年，成为当时最有名也是最受欢迎的教师。作为一名精力充沛、身体力行的"动手型"教师，他鼓励学生们走向野外，亲自研究岩石和矿产，而不是仅仅听从别人的意见。

魏尔纳教的地球理论，后来被称为水成论（Neptunism）。这个名字得自罗马的海神（Neptunism），反映了魏尔纳的基本假定：地球起初完全被巨大的、泥泞的原始海洋所覆盖。海洋内悬浮着大量的物质，当海平面开始下降时，海底结晶出"原始的"岩石。魏尔纳解释说，这些岩石后来就覆盖了整个地球。魏尔纳并没有解释原始海洋是从哪里来的，或者它

地质学家魏尔纳提出了水成论，说的是在地球形成的过程中，地球上覆盖了浩瀚的海洋，所有岩石都是在沉积过程中形成的。

撤退的机理是什么。不过,据魏尔纳的说法,随着海水的持续消退,很久以后,第一块干燥的陆地(岩石的原始沉积)就露了出来。

然后,渐渐形成了新岩石层,它不再是原始形成的一部分,而是由海洋中的物质进一步结晶而成,此外还包括从原始的地球表面侵蚀出来的沉积物。随着海水进一步退去,更大的陆地面积出现了,其中不仅包括这些"过渡"岩石,还有许多年前形成的原始岩石所形成的高山。

魏尔纳继续说,后来大块的地表侵蚀物夹带巨量的沉积物返回海洋,在海洋里沉积并且形成"二次"岩石层。暴风和海面上的惊涛骇浪搅乱了这些沉积下来的"二次"岩石。然后,随着海水再度消退,这些"二次"岩石也露出水面,再度遭受侵蚀并沉积于海里,形成新的淤积。魏尔纳解释说,就在最近,海水还在消退过程中,于是,我们才能看见这些仅在最底层才能发现的岩石。

火山,似乎让魏尔纳的某些同代人感到困惑(有人认为所有陆地起初都可能源于火山),但是按照魏尔纳的说法,它们对于地球表面的形成影响不大,他解释说,它们也许是由于地球表面附近燃烧的煤层引起的。

在那些为火山感到困惑的人(但是并不认同所有陆地都源于火山的思想)中就有赫顿,魏尔纳的同代人和长者。尽管他在1788年以前并没有提出关于地球表面如何形成的思想,但是他的观点,后来人们称之为火成论,在18世纪后半叶引燃了一场最大的地质学争论。

❧ 赫顿和冥王的怒火 ❧

赫顿1726年生于爱丁堡,是一位注重实际的苏格兰人,在完成法律实习之后,1749年在莱顿大学取得了医学学位。不过他从未执过业,而是转向了农业。然后,经过一段节衣缩食的农民生活之后,他又成为制造商,建立了一座生产氯化铵的工厂,在这以后,他退休从事研究地质学。这可不是在人生旅途上兜圈子。他早期对化学的兴趣,使他转向医学,而当他开始研究农场里的岩石和土壤时,兴趣又移向了矿物学。

1788年,赫顿那引起争议的新理论第一次发表在爱丁堡的《皇家学会学报》上,尽管他已经为此工作了20多年。赫顿并不关注魏尔纳的论据,即沉积岩位于水下,而是质疑这一主张,亦即形成这些岩石的所有物质,都曾经悬浮在覆盖整个地球的原始大海里。

赫顿的理论基于系统的观察和思考,他不仅提出与水成论不同的主张,而且还建立了一个重要原理,为此他被称为地质学的奠基人。这个原理叫做现实论(Actualism),它主张,地球的表面是由各种因素——侵蚀和火山——形成的,这些因素今天仍然在起作用,并且仍然可以观察到。这个原理与19世纪莱伊尔进一步发展的均变论有密切联系,通过使现实论与其他若干因素相结合,这就形成了现代地质学的许多基本前提。

魏尔纳拒绝讨论地球和原始海洋的起源(尽管其他人,包括布丰,有所讨论)。他的理论只不过假设原始海洋存在过,其各种环境与今天大不相同。

赫顿假设,大陆和海洋几乎同时形成,这样我们才能理解眼前的事实,亦即地球处于"持续的"过程之中,并把这一过程看成是一个无尽的循环,"没有开始的痕迹,也没有终止的迹象"。

他解释说,陆地表面处于被风、水和冰冻缓慢侵蚀的过程中。碎片被河流带到海洋中,又沉积在海底。

在海底,来自地球深处的压力和热量"烘烤"地层,使之变成沉积岩。不同的岩石层源于被侵蚀陆地的特性。后来,由于一系列地震,导致海底向上隆起,于是,沉积岩露出水面成为陆地。赫顿继续说,这种岩石在漫长而缓慢的过程中变形,岩石的裂缝允许熔岩从地球深处渗出,当到达地球表面时就形成了火山。由热而形成的火成岩还会进入沉积岩地层,在那里缓慢冷却,形成诸如花岗岩之类的结晶岩石。与此同时,稳定的侵蚀过程继续

18世纪的火山爆发使许多地质学家把注意力聚焦在地球内部的热和它在形成地球外壳中的作用。

进行,开始磨损新形成的陆地表面。进一步的侵蚀还会磨损沉积岩和暴露花岗岩,于是新的沉积岩层在海底继续形成。这些岩石也许会由于地球内部的压力和运动,被迫隆起,由此构成一个今天依然在持续的循环过程。

赫顿明白,这一过程不仅是机械的,他还意识到,现在观察到的变化正是经长期演变后地表成为这个样子的原因。赫顿建议,这些长期循环在整个地球历史中,以同样缓慢的方式和同样缓慢的速率起作用。他还看出,地球历史一定非常之长——比大多数科学家设想的更长——所以,地球比人们相信的要古老得多。

1795 年,赫顿扩充了他的理论,出版了两卷本的著作《地球理论》(*Theory of the Earth*)。他的书很难读懂,并且还引起争议。魏尔纳的追随者把它看成是对魏尔纳水成论的直接攻击,保守的神学家认为它是对圣经中创世说的攻击。尽管如此,赫顿的火成论(Plutonism,出自 Pluto,意即阴间的冥王,因为赫顿的循环变化所需的能量大部分来自地球的内部)还是吸引了一些热心的追随者。1802 年又有更多的追随者加入,因为普莱费尔(John Playfair,1748—1819)写了一本名叫《赫顿理论说明》(*Illustrations of the Huttonian Theory*)的书,使得赫顿许多晦涩的表述更为通俗直白,从而令赫顿的理论更容易被人接受。

如果就此能够得出结论,说赫顿是正确的,他的理论确已胜出,这当然不错。然而,历史和科学决不会如此简单。赫顿的基本前提——地球的地质变化是均匀和循环的,并且经历很长的时间——这些基本上正确,但是他对变化机制的解释却是错的。后来在 19 世纪,莱伊尔吸取了赫顿的均匀性原理,再经综合之后,给出了一个更真实的世界图景。

居维叶和灾变论

18 世纪后半叶,水成论与火成论的争论成为当时地质学领域的主旋律——著名法国动物学家居维叶加入了这场争论,但他并未带来实质性突破。居维叶是当时最权威的科学家之一,他富有才华,善于把握机会,对自己的观点确信无疑,在广泛研究化石之后,他得出这一结论:仅当世界在其整个历史过程中,经历过一系列大洪水,各种化石的存在才能得到解释。居维叶论证说,每一场这样的大洪水都毁灭了地球上一切生物,只留下化石记录。每次洪水之后,生命又重被创造。这一观点迎合许多宗教思想家,特别是当居维叶解释说,最后一次大灾难(他的理论后来就叫灾变论)就是《圣经》第一篇《创世纪》中描写的那场洪水。居维叶解释说,在那次灾难中,上帝出面干预允许某些生物幸存下来,正如圣经描述的那样。显然居维叶是在宣布,地球并不像赫顿说的那样,经历一场缓慢和渐变的连续过程,而是一系列剧烈灾变的产物。

居维叶是如此强大,以至他的灾变论很快就取代了魏尔纳那乏味的"原始海洋"理论,并且还把赫顿和他的火成论说得一无是处。魏尔纳和赫顿都是专家,不是通才,两人都试图把地质学当做一门科学来处理,他们相信自己提出的机制符合观察事实。事实证明,两人都行进在一条死胡同里,尽管赫顿为未来开辟了一条充满前景的道路。

居维叶以其谨慎的方法和成熟的理论吸引了当时大多数科学家的想象力。但由此造成的巨大阴影却是严重压制了地质学中有益的争论,这一状况一直持续到 19 世纪。

◀莱伊尔对地质学的研究引发地质学史上的另一次重要论战，即关于地壳运动变化方式的灾变论与均变论之争。

自然界的突变与渐进的关系是一个古老的课题。在地质学史上，这两种观点一直在争论着。

▶瑞士著名科学家阿卡则提出了古代大陆冰川作用的理论。1840年，莱伊尔听取了阿卡则在伦敦地质学会上宣读的有关冰河期的报告，这使莱伊尔深受启发，他在《地质学原理》中讲述了对冰川的认识。

◀著名地质学家威廉·巴克兰把莱伊尔引进地质学的大门。在大学期间，莱伊尔选修了他讲授的地质课程，参加了地质学小组的课外考察。通过这些活动，莱伊尔受到了地质学的基本训练，为他以后专门从事地质事业奠定了实践基础。图为巴克兰在教室讲课。

▲《地质学原理》中的一幅说明滑坡的图。

▼ 年轻时的亚历山大·洪堡洪堡是水成论代表维尔纳的学生，但他也是给水成论以致命打击的人。有一次在波茨坦考察期间，莱伊尔拜见了洪堡，两人畅谈了许多地质理论问题，这些进步的地质思想，对莱伊尔影响很大，对充实和修订《地质学原理》的有关篇章起了指导作用，他在有关章节比较充分地反映了洪堡的观点。

▲ 达尔文时代船上的生活场景。在实地考察期间，达尔文把《地质学原理》当做地质考察的向导、地质工作的指南。达尔文认为莱伊尔的书是一本"可钦佩的书"，并很快成为莱伊尔理论的热心拥护者。该画由随同"贝格尔号"出航的画家安格斯塔斯·依尔创作。

第四章

近代化学的诞生

1794 年 5 月 8 日,法国有史以来最伟大的科学家之一——拉瓦锡,在断头台上被处死。作为已被废黜的皇室政府税务官员之一,许多人把他看成是人民的公敌,"税农"(Fermiers Généraux)的一员——通过克扣底层穷人向不受欢迎的国王上交税款而获利。更要命的是,拉瓦锡曾经反对接纳马拉(Jean-Paul Marat,1743—1793)加入法国科学院,这一举动招来了灭顶之灾,因为马拉决忘不了他投的反对票。当马拉在法国革命政府掌权时,他看到了一条报仇的途径,于是把拉瓦锡逮捕、审讯和定罪。革命法庭通过了判决,宣布"共和国不需要科学家",拉瓦锡的处决按计划执行。

这是科学史上恐怖的一天,因为就在几年之前,在其他四位伟大化学家的帮助下,拉瓦锡终于开始澄清自古以来禁锢化学的混乱局面。这四位化学家是舍勒(Karl William Scheele,1742—1786)、普里斯特利、布莱克(Joseph Black,1728—1799)和卡文迪什。5 年之前的 1789 年,拉瓦锡出版了他的《化学基础论》(*Elementary Treatise on Chemistry*),从而在化学中引起一场科学革命。51 岁,正是拉瓦锡能力的巅峰期。就在拉瓦锡受刑后的次日,拉格朗日说过这样的话:"砍下这样一颗头颅只要一瞬间,但要再长出一个这样的脑袋,也许要 100 年!"

拉瓦锡和"税农"们站在革命法庭前接受审讯。尽管他的同代人承认他是大科学家,拉瓦锡还是被判决推上断头台。

～ 烹饪和神秘主义者 ～

苏格兰化学家布莱克爱对他的听众说："化学和所有其他科学一样，源于聪明人对于日常生活不同技能中大量事实的反思。"化学，部分就因为它与日常生活密切相关，因而在所有的学科中，最慢摆脱传统的混乱局面。化学的自由发展，受制于这两大阻碍因素。一方面，它混迹于平凡的日常生活之中（希腊哲学家尤为鄙视任何动手的学科，而化学密切地与炊事、贸易和医药联系在一起）。另一方面，在炼金术士的摆弄之下，它还是一门秘传技艺，而这些炼金术士寻求的是如何把其他物质转化或者改变为金子。（有些炼金术士保持沉默，是因为他们天真地相信，他们就快接近成功了；还有人不作声，只是因为他们不愿在行骗时被人抓住。）在所有科学中，只有化学因为受早期实验家的控制而拒绝引入科学方法。物理学有牛顿发现的普遍运动定律，天文学有地球的转动及其围绕太阳而旋转这一发现，生物学有哈维在心血运动方面的工作。但是，化学抗拒任何类似的突破，这可以理解，因为直到 20 世纪，才有关于化合物组成和发生在分子水平上的复杂化学反应过程的理论。所有这些在 18 世纪都是完全不知道的；我们所知道的原子理论在当时根本就无法想象。

结果就是，在 18 世纪初，那些对物质的混合和加热感兴趣的人们，在研究时毫无头绪。除非对空气和水、"气体"的存在以及燃烧过程等基本事实有所掌握，否则，科学家很难取得进展。18 世纪科学家面临一系列棘手的难题，他们对此反复思量，燃烧、煅烧和呼吸等过程都被认为是至关重要和相互联系的现象，但又难以捉摸。许多优秀的脑袋为此花费大量时间，从波义耳和胡克的时代起，一直到 18 世纪末。

～ 燃素说的诞生 ～

不幸的是，为解释燃烧现象而建立一个完整理论的最初努力却把科学引到一条漫长的死胡同里。这个想法最初源于一个名叫贝克尔（Johann Joachim Becher, 1635—1682）的人，他是一个近代炼金术士，曾向荷兰某些城市领导人推销炼金术，宣称他可以用银把沙子转变为金子。由于演示不成功，他逃到英国。他关于物质的想法也不太合理。他说，所有物体都由空气、水和三种土构成，他称这三种土为油脂土（*terra pinguis*）、水银土（*terra mercurialis*）和石头土（*terra lapida*）。

17 世纪后期，斯塔尔（Georg Ernst Stahl, 1660—1734）把贝克尔的油脂泥土改称为燃素（phlogiston），并把它说成是一种强有力的——"火焰、炽热、白热、热的"——流体，当物体燃烧、煅烧或以其他形式氧化（尽管这个术语在当时还未使用）时，就会释放或者消耗这种流体。1697 年，斯塔尔提出燃素说，在之后的 90 多年中，它成了化学的基本要义，成为解释一系列令人困惑的化学现象以及全部化学的框架。

尽管燃素说后来被证明是一条死胡同，但它并不是一无是处，因为它引发了一系列的实验，去研究燃烧、氧化、呼吸和光合作用。

但是这些实验很快就暴露出许多问题。首先，金属在氧化过程中，质量总是增加，而不是减少。如果在这一过程中物质损失了，正常的情况质量应该减少，而不是增加。为了既能解释这一点，又不致丢弃这个理论，许多化学家作出了更复杂的解释：既然人们不能真正看到燃素（看到的只是从燃烧物质中发出的火焰），因而它就不是普通的物质。也许它更像是 18 世纪化学家假设的"微妙的"或"没有重量的"流体，例如磁性、以太、热、光和电，并且和它们一样，都是没有重量的。也许，它甚至有负重量，所以，当出现在物质中时，实际上（莫名其妙地）使物质的重量减少了。所以，每当燃烧发生时，燃素释放出来，物质的重量反而增加。

然而，尽管重量问题令人困惑，但 18 世纪大多数化学家还是继续相信燃素说，并不认为有不可抗拒的理由要抛弃它，无论如何，它毕竟对气体的研究作出过划时代的贡献。

化学家开始发现，对于科学地探索化学组成来说，气体至关重要。该领域的突破为发现其他元素和化合物以及最后为 19 世纪原子论的建立奠定了基础。黑尔斯（Stephen Hales，1677—1761），英国的一位教区牧师和业余科学家，发明了一种收集气体的装置，叫做集气槽，从而使这些发现成为可能。集气槽把发生化学反应的烧瓶与收集气体的容器分开，从而有可能分离得到不同的气体。但是他和当时大多数化学家一样，并没有真正意识到它们是本质上不同的物质，而认为它们只不过是不同类型的空气。

布莱克和"固定气体"

布莱克是格拉斯哥大学和爱丁堡大学的化学教授，他的功绩不仅在于发现了二氧化碳，而且建立了定量分析方法。

布莱克出生在波尔多，是一位葡萄酒商的儿子，1740 年返回不列颠群岛接受教育。在格拉斯哥大学和爱丁堡大学完成医科学习后，回到格拉斯哥开业和教学。他很受学生们的尊敬[学生中有瓦特（James Watt，1736—1819）]，有一位学生这样形容他："具有强烈而又训练有素的想象力、专心致志的注意力和严谨扎实的推理能力，它们完美地合成一体，成为科学研究的良好禀赋。"

在他后来的岁月里，他的学生写道："他的面容继续焕发出发自内心的满足感……安逸、真挚和优雅。"

年轻的布莱克当时正在攻克的一项课题是，弄清"乔安娜夫人秘方"中的一个重要成分，该秘方用于处理膀胱结石，就在这一过程中他发现了"固定空气"。他在实验中运用了自己发明的定量方法，但他用来描述实验的许多名词今天都已不太熟悉。不过按现代的表述方法，布莱克那时发现，碳酸钙在加热时会转变为氧化钙，同时释放出一种气体，该气体可以和氧化钙重新组合，又形成碳酸钙。由于这种气体可以重新组合，或者固定于它原来所在的固体中，因此他称之为"固定空气"，今天我们更熟悉的名称是二氧化碳。

实际上在此之前别人也对二氧化碳有过研究，但是，布莱克的研究更为全面。他证明了，二氧化碳可以从饮食，从矿物分解、燃烧以及发酵中获得。关于气体，他还有一项突破性工作，这就是证明气体也可以像液体和固体一样，可进行实验操作和测试。布莱克认识到，二氧化碳是空气的自然成分，人体呼出二氧化碳，在二氧化碳里蜡烛无法燃烧。这时他陷入了谜团。置于密闭容器中的蜡烛终将熄灭，这是符合逻辑的，因为燃烧的蜡烛会产生二氧化碳。但是当布莱克用化合物把二氧化碳吸收掉之后，蜡烛在密闭的容器中仍然不会燃烧。他把这个问题交给他的一个学生，让他作为博士论文来研究这个问题，这个学生名叫卢瑟福（Daniel Rutherford，1749—1819）。

卢瑟福仔细地完成了这一受控实验并且发现，不仅蜡烛不能在某种气体中燃烧，而且老鼠也不能在这种气体里生活。就像他的老师，他也是燃素说的信奉者，相信这种气体已经吸足了燃素（燃素无法通过空气进入蜡烛使之燃烧，或者让老鼠呼吸）。他称之为"燃素化的空气"，今天我们称之为氮。卢瑟福因发现这一"有害"气体而获得声誉，尽管其中的细节是几年以后由拉瓦锡澄清的。

布莱克的定量方法传给了他的学生和整个科学界，实践证明，这一方法和他对二氧化碳的发现一样重要。因为在对碳酸钙加热的原始实验中，布莱克仔细测量了损失的重量，他才有可能摸清反应情况，而在此之前的有关气体实验中，化学家对此却是一无所知。

布莱克写道：一旦他发现了固定空气，"在我面前似乎打开了一个新的也许是无比宽广的领域。我们不知道大气中有多少种气体，也不知道它们各自的特性"。在这里，他似乎预见了与他同时代的卡文迪什和普里斯特利即将取得的发现，还有其他人后来的发现，例如瑞利男爵（Baron Rayleigh，1842—1919）和拉姆塞爵士（Sir William Ramsay，1852—1916）在1904年由于对大气成分的研究获得诺贝尔奖。布莱克在物理学领域里的工作同样重要，并且对工业革命有着深远影响。

卡文迪什分解水

卡文迪什无疑是18世纪最古怪的科学家。他出生于英国一个显赫而又富有的家庭，从来不用为钱财担忧。事实上，他曾经这样告诉银行，如果让他费心过问理财这样的俗事，那么，这家银行就会失去他这个价值数百万的客户。不必说，银行方面再也没有打扰过他。正当卡文迪什家族其他成员与国王亲近并参与重大政治策划时，卡文迪什的唯一兴趣却是纯粹的科学研究。

卡文迪什孤独成癖，他不愿意见人，也不愿意与人谈话。有一天，偶尔撞见一位女仆在他的屋子里，以后他就造了一个专门的楼梯，供他独自使用，以免这种事情再发生。有一种说法，这个女仆被解雇了。遗憾的是，卡文迪什只挑选了小部分工作发表，因此他最先作出的若干成就未获承认。

不过，他的某些工作还是被同代人知道了。1766年，他向皇家学会提交一篇关于"人工空气"的论文，证明存在一种先前从未研究过的显然可以燃烧的物质（后来拉瓦锡称之为氢）。他还研究了二氧化碳的特性，和布莱克一样，也称之为"固定空气"。

他最重要的成就最终还是发表了。1784年1月15日，他演示了他的人工空气在燃烧时产生了水。这是一条令人震惊的新闻。亚里士多德曾经认为，水是组成所有物质的四大元素之一。但是如果气体燃烧会产生水，唯一的解释只能是，水源于这两种气体的化合。这就对希腊的元素说敲响了丧钟。

卡文迪什是一位性情古怪的人，他发现了氢，探讨了二氧化碳（当时叫做"固定空气"）的特性，并且证明水不是元素，这与亚里士多德的说法相反。[1]

卡文迪什和布莱克一样，在物理学方面也有不少工作，而且他也用空气做实验。1785年，他让电火花通过空气，用今天的术语来解释这一实验，就是他迫使空气里的氮与氧结合，然后分解这种在水里得到的氧化物（在这个过程中他设法产生的是硝酸）。他不断增加氧气，希望最终能够把全部氮气消耗掉，但是总有很小的量——仅仅是一个气泡——残留着。他想了想，认为这种气体一定是某种以前没有遇到过的东西，对化学反应有极强的抗拒力。其实，这就是我们今天所谓的惰性气体。卡文迪什就这样发现了氩，尽管直到一个世纪以后才由拉姆塞进行确证。

舍勒和普里斯特利发现氧

普里斯特利是英国一位论派牧师[2]和政治上的激进分子，最终为他惹来了麻烦。他公开支持美国殖民地居民反叛乔治三世，反对奴隶贸易和宗教偏见，还同情法国革命。他的大部分书涉及宗教和教育，其中有一本在1785年被公开焚烧。此外，他从事的气体研究似乎也有些反常：在他所居住的利兹城的一家酿酒厂开始做实验——发现布莱克的"固定空气"在与水混合时，会产生一种令人愉快的泡沫饮料，这就是碳酸水。实际上普里斯特利发明了苏打水。

普里斯特利对实验充满了好奇和激情，但是他并不按部就班地选择实验类型或步骤或方法。（他迷信机遇的作用。他喜欢说：如果他懂得化学，他就永远做不出任何发现。）但是一旦他做上实验，就会非常仔细地观察。结果，正如19世纪化学家戴维（Humphry Davy，1778—1829）曾经说的那样："没有人曾经发现过这么多新的和奇怪的物质。"其中包括氨、二氧化硫、一氧化碳、氯化氢、氧化氮和硫化氢。还有就是：氧气。1774年普里斯特利用直径12英寸、焦距29英寸的一块透镜，从燃烧的氧化汞中提取到一种气体。这种新"空气"似乎比正常空气更纯，可以使蜡烛燃烧得更旺。他试验呼吸这种新空气的效应——让老鼠试、让植物试，甚至自己亲自试。他发现吸入它感觉"非常轻松"。按照燃素说，他称这种新空气为"缺乏燃素的空气"，它与布莱克发现的不支持生命的奇怪空气性质正好相反，于是得到了这样一个相反的名字。

---

①　本书肖像是根据大不列颠博物馆中 W. 亚历山大的绘画制作的，可能是现存唯一的一幅。

②　基督教中的一个派别，认为上帝只有一位因而否定基督具有神性。——译者注

科学团体的成长

在具有科学意识的18世纪里，科学团体以多种形式和规模出现。像月亮学会这样的由波尔顿（Matthew Boulton，1728—1809）在1766年前后创建的非正式小型团体，往往是在朋友和同事之间形成的〔瓦特、普里斯特利和伊拉兹马斯·达尔文（Erasmus Darwin，1731—1802）都是月亮学会杰出的成员〕。与此同时，大型的国家级学会和协会也层出不穷，许多直到今天仍然具有强烈影响。伦敦的皇家学会（创建于1662年）和巴黎科学院（创建于1666年）最为著名，柏林科学院（创建于1700年）和圣彼得堡科学院（创建于1724年）也颇有声望。大西洋彼岸，美国哲学学会〔富兰克林（Benjamin Frankin，1706—1790）1743年创建于费拉德尔菲亚〕为当地初出茅庐的科学思想家提供了第一个例会组织。

今天依然如此，科学团体的资金往往无法保证。继承巴黎科学院的风格，柏林科学院和圣彼得堡科学院基本上由少数精英科学家组成，由君王资助，不过政府方面的资助总是反复无常。伦敦和费城的学会则自我维持，经费源于参加的科学家和其他有兴趣者的私人资助。

18世纪里，各种各样的学会，大的和小的、正式的和非正式的，对于科学的传播起到重要作用。它们不仅提供了一个组织，通过这个组织会员可以聚会，交换最新的科学信息，而且大多还出版论文和杂志，借以更广泛地传播科学发现。再有，学会在促进科学界的国际交流方面也很有价值。

到了18世纪后期，各种各样的学会，诸如曼彻斯特文学和哲学学会（创建于1781年）和爱丁堡皇家学会（创建于1739年）开始满足这样的需要：有确定的组织负责接纳远途而来的成员。再有，18世纪初以后，更专业的学会，诸如林奈学会（创建于1788年）、地质学会（创建于1807年）、天文学会（创建于1820年）和化学学会（创建于1841年）满足了更专业化的兴趣。

英国皇家研究所（创建于1799年）是今天科学社团在许多方面的先驱，它最早打破传统，功能不再限于科学社团，而且还致力于面向普通公众举办演讲科学理论与实践的讲座。英国科学促进协会（创建于1831年）更进一步，它组织了一系列特别成功的民间聚会，由世界级科学家主讲，大量有兴趣的听众参加听讲。

这些协会都致力于进一步推动科学研究的兴趣和传统，不过它们的创建者往往还有其他目标，经常是政治性的、宗教性的，或者，在工业革命后成立的一些社团，还有经济目的。尽管罕有纯粹出于保卫理想化的自主科学传统这一目的，但这些社团至少为交换信息和鼓励科学发展提供了宝贵的场所。

普里斯特利是氧的两位发现者之一（另一位是舍勒），当时他们把氧称为"缺乏燃素的空气"。

普里斯特利并不知道，与此同时，瑞典化学家舍勒也发现了同一种气体，但是他的发现还未公布。事实上，既然他们各自独立作出这一发现，他们应该得到同样的荣誉。

1780年，普里斯特利迁居到伯明翰，在那里他的神学理论遭到当地居民的反对，但是他发现当时有一个叫做"月亮学会"的科学家团体却是对他格外支持。该组织，部分是由进化论者达尔文的祖父伊拉兹马斯·达尔文组织，他们通过家庭聚餐的形式非正式集会，志趣相投地讨论科学。它就是后来在历史上出现的"智囊团"的前身之一，每个月满月的夜晚大家聚在一起，这样不至于在黑暗的伯明翰乡村里迷失回家的路。

蒸汽机的发明者、布莱克的朋友瓦特经常出席该集会，伊拉兹马斯·达尔文也常常出席，不过他总是带来富有争议的话题。小组的中心人物是波尔顿，他的乐观主义、商业技巧和对蒸汽动力的热情，成为工业革命的动力之一。讨论往往在下午两点钟开始，一直持续到晚上八点钟。对于普里斯特利等人来说，对燃素和热、水的组成以及冶金学、电学和天文学等方面的问题进行生动广泛的讨论，是对他们工作的持续鞭策。

普里斯特利在伯明翰建造了一个精致的实验室，被誉为是欧洲装备最好的实验室之一，里面所有的最新设备无疑是在咨询了他那些能力高超的新朋友后装备起来的。他投入地工作然后在家里炉火边写实验结果，他的孩子们围在他身边，这也许不是集中注意力的好方法，但是他认为关起门来写作是一种孤僻的行为。他写道："我的方式总是，先全力以赴针对一个课题，直到有令人满意的结果，然后就不再想它。我很少回头看我发表过的东西，当这样做时，有时它对我几乎又是新的一样……"

具有讽刺意味的是，就在拉瓦锡被砍头的那一天，他因为同情法国的革命者，疯狂的反革命分子焚烧了他的房子，他启程前往美国避难。他早就是富兰克林的朋友，后来又成了杰弗逊（Thomas Jefferson，1743—1826）的朋友，在美国他找到了安身之地，在一位论教堂找到了一份工作，又在宾夕法尼亚大学担任教授职位，他的最后十年在平静的写作中度过。

拉瓦锡和燃素说的灭亡

19世纪德国化学家李比希（Justus von Liebig，1803—1873）曾经说过，拉瓦锡"没有发现前人不知道的新物体、新特性、新自然现象。他的不朽光辉在于他把一种新的精神注入了科学内部"。

拉瓦锡被认为是近代化学的奠基人，他让他的同事们从一种崭新的角度来对待定量技术，这是化学领域所有进步的基础。当布莱克和卡文迪什专注于定量分析时，拉瓦锡则成功地说服其他化学家认识这一方法的重要性。他为化学做的事就像是伽利略为物理学做的事：引进严格的方法论、经验论和定量方法。

就在演示定量方法的重要性时，1799年，普洛斯特（Joseph-Louis Proust，1754—1826）发现了定比定律，内容是：在化学反应中，交换的是整个单元。这是不久后即将出现的原子论的早期暗示。例如，一个化合物也许含有两种元素，比例是4：1，但绝不会是3.9：1或4.2：1，等等。一种元素也许会以不同的比例与其他元素结合，产生不同的化合物，但是这些化合物仍然遵守定比定律。例如，二氧化碳是由碳和氧以3：8的重量比组成的，而一氧化碳（同样元素以不同比例组成）则是由碳和氧以3：4的重量比组成。事实证明，这一定量发现对于现代化学是一块重要基石。

拉瓦锡是一位有活力的实验家和能干的交流者，人们公认他是近代化学的奠基人。

拉瓦锡是一位科学世界中的推动者，他的钱财固然是来自税农，却大量花费在科学事业上，他的私人实验室是欧洲主要科学人物的聚会场所。杰弗逊和富兰克林在那里都受到过热情款待。拉瓦锡的妻子玛丽·安妮（Maria-Anne Pierrette Paulze，1758—1836），14岁就嫁给了他，她积极出席这些聚会并且记录有关情况，为拉瓦锡的书制作描绘这些聚会的插图。她还将拉瓦锡书籍翻译成英文，添加注解，积极地参加科学活动。

在1772—1774年间，拉瓦锡进行了一系列实验，演示在受控条件下燃烧不同物质，其中有金刚石、磷、硫、锡和铅。他在密闭容器里燃烧金刚石、锡和铅，当这些物质加热时，人们早就知道，它们会改变颜色，产生的物质叫做"生石灰"或者"金属灰"，其重量要超过原来的金属。但是当拉瓦锡称量整个容器时，其中包括容器里的所有东西——空气、金属、生石灰和容器本身，他发现重量没有变化。这就表明，整个系统中必定有某一部分损失了重量，这一部分也许就是空气（他怀疑燃素有负重量的观点）。如果空气确实有所损失，那么，至少在密闭的容器里要产生部分真空。果然，当他打开容器时，空气冲了进去。当他再次称量容器和所含物质时，结果比原先重了。所以生石灰一定是空气和金属的生成物。因此可以断定，生锈（和燃烧）的过程并不涉及燃素的损失，而是从空气中获得了什么。

燃素说灭亡了。拉瓦锡夫妇组织了盛大的聚会，在隆重的庆典仪式上，夫人玛丽·安妮穿着得像一位女祭司，他们焚烧了斯塔尔论述燃素的书，表明燃素说对化学的控制已告终结。

从拉瓦锡的实验得出的另一个重要结果是：他还揭示了一条基本原理——质量守恒定律，这条定律在19世纪成了"化学的防护堤"。

后来，在1774年10月，普里斯特利访问了拉瓦锡，并用缺乏燃素的空气解释他的实验。拉瓦锡很有兴趣地听了他的介绍，突然意识到，普里斯特利分离出了空气的一部分——空气大体上由两种气体组成，一种支持燃烧和呼吸，另一种则不能。而燃素说，正如他已经得出的结论，是一种引人误入歧途的理论。现在真相似乎已经明朗：普里斯特利分离出了空气中支持燃烧的气体，他发现的新气体与物体不能在其中燃烧的空气完全是两码事。1779年，拉瓦锡宣布，空气由两种气体组成，第一种支持燃烧的，他称为氧气（oxygen，希腊字根的原意是"产生酸"，因为拉瓦锡认为氧存在于所有的酸中），这个名词保留了下来。另一种气体他称为硝（azote，希腊文的意思是"无生命"），1790年有人重新命名为氮，这个名字沿用至今。

科学家常常参加拉瓦锡夫妇主办的集会，在集会上拉瓦锡做演示，玛丽·安妮对实验作详细记录。

有一段时间拉瓦锡试图掩饰这样的事实：正是普里斯特利才引出他的这些见解。他认为普里斯特利只不过是打杂工，并不知道自己在做什么。毕竟，普里斯特利不像他那样把毕生精力奉献给化学。也许他对普里斯特利有某种民族偏见，也可能有一些政治对立，但最可能的是,他希望人们记住自己是某个元素的发现者,不过他的意图从未成功。然而,他确实解释了普里斯特利作出的发现。他扮演的角色是理论家,是普里斯特利实验工作的解释者,他们的工作是某种实验和理论的合作,在实验结果变得越来越复杂时,这种合作对化学将变得越来越重要。

在巴黎皇家植物园演示的化学实验,特别是鲁埃尔做的表演。鲁埃尔最著名的学生之一就是拉瓦锡。

拉瓦锡还澄清了卡文迪什的工作,重复了他的可燃气体实验。卡文迪什曾经在空气中发现这种可燃气体,燃烧后可形成水。拉瓦锡把这种气体称为氢,在希腊文中的意思是"产生水"。这与拉瓦锡为新化学描绘的图景相当一致。动物吃了含有碳和氢的食物,吸入氧,把它们结合在一起,形成二氧化碳和水,通过呼吸又把它们呼出。

拉瓦锡正在演示空气的成分。

然而,新化学开始受到欢迎。尽管普里斯特利、卡文迪什和赫顿从未丢弃燃素说,但是,布莱克以及若干人还是转向了拉瓦锡的思路。

有人要为一本百科全书写一篇关于化学史的文章,求助于拉瓦锡,拉瓦锡意识到,化学中面临这一问题,就是不同时代,不同国家对物质的命名不尽相同。化学需要有一个国际命名法,以便统一反映物质的成分——不要这里是用途,那里是颜色,甚至还有诗意的幻想。于是,拉瓦锡为化学做了类似于林奈为生物学做的事情:他建立了一个系统的命名法。和另外两位化学家一起,他在 1787 年出版了《化学命名法》(*Methods of Chemical Nomenclature*),建立起一个清晰合理、能够反映成分的命名系统,这个系统几乎立即就得到了称赞(个别坚持燃素说的人除外),直到今天仍在使用。

在 25 年中,拉瓦锡使定量测量成为化学家的基本工具,结束了燃素说,建立了质量守恒定律,并且提出了一套化学命名的新系统。

随着拉瓦锡在 1794 年去世,他所参与的化学大革命走向终结,但是化学的进展并未就此止步。在拉瓦锡、布莱克、舍勒、普里斯特利、卡文迪什,某种程度上甚至包括斯塔尔奠定的基础上,19 世纪的化学家们得以更精确地理解化学元素、它们的特性、它们相互反应的机理,以及在反应中所发生的过程。道尔顿将以拉瓦锡和布莱克的定量分析为基础,再结合古希腊人德谟克利特的原子论,从而在 1803 年提出第一个定量原子理论。1869 年门捷列夫(Dmitri lvanovich Mendeleev,1834—1907)把已知化学元素列在周期表中。到 19 世纪末,玛丽·居里(Marie Sklodowsk Curie,1867—1934)和皮埃尔·居里(Pierre Curie,1859—1906)发现放射性元素。这些过程将为电子和量子力学的理论奠定基础。

与此同时,许多把化学带到新时代的人们,也在物理学中作出了激动人心的发现。

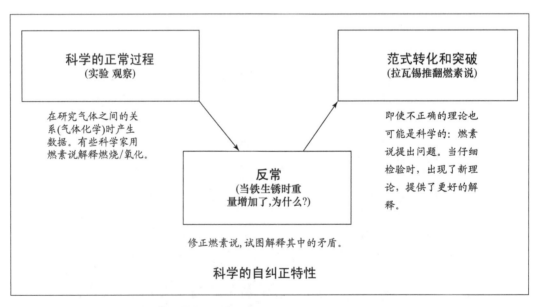

燃素说的让位提供了科学的自我纠错能力的一个极好例证。科学家试用这些概念看看是否合适,如果假说并不符合发现的新事实,就花时间修改假说,或者根据结果提出新的假说。

化学的语言

我们曾经使用的语言充满了不一致、歧义和不精确性。里面有很多诙谐和美好的用语，可以转变含义，用来开玩笑，借类比来丰富语言，用双关语来增加情趣，或者通过修饰使语言更为动听。但是对于科学，清晰和精确却是首要的。直到化学家清除了他们所用语言中的不精确性，化学才真正成为近代科学。

1787年，拉瓦锡和他的同事考查了化学中所用的语言，发现其中充斥着混乱。古老的炼金术和化学书籍来自许多语言——有希腊语、希伯来语、阿拉伯语和拉丁语——给物质命名往往是根据各种类比和印象。硫和汞被称为"父亲"和"母亲"；"西班牙绿"表示醋酸铜；根据类比，化学反应被称为"怀孕"。

新的命名方法是为了减少混乱而设计的，从最重要的方面反映了拉瓦锡的思想，他认为化合物中元素的名称应该反映在化合物的名称中。所以锌花变成了氧化锌，矾油变成了硫酸。命名系统还表明化合物中元素的相对比例：亚硫酸所含氧比硫酸少，当它们与金属的氧化物结合时，所得的化合物分别为亚硫酸盐和硫酸盐。

化学命名法的这一转变在18世纪化学的科学革命中起到了关键作用，拉瓦锡在其中所起的作用成为他被认定是近代化学奠基人的理由之一。

第五章

热和电的奥秘

牛顿对物理定律,特别是对引力的研究,在 18 世纪初由于对地球形状的测量活动而得到巨大推动。与此同时,物理学在两个领域出现巨大进展,继工业革命之后,不久就引发一场变革,这两个领域就是热学和看似神秘的电学。

什么是热?

热向来是物理学的巨大奥秘之一,在 18 世纪以前,还无人接近于解决这个奥秘。古希腊人对它的特性曾经提出三种猜测——它是一种物质;它是一种性质;它是普通物质的一种偶然属性(粒子运动的结果)。类似第一种和第三种的说法在 18 世纪仍然在一争高低。这是很难掌握的概念,原因之一就是一直没有找到一种方法去测量热的量或者度。

因此,第一道障碍就是要建立一种好的测量系统,以便对不同环境中的热进行定量比较。1708 年,丹麦天文学家罗迈(Ole Christensen Roemer,1644—1710)最早认识到,温度计需要两个固定点,于是,他设定两个可观测的温度,作为一定范围内的顶端和底端——一端是雪融,另一端是水沸腾。荷兰的华伦海特在 1714 年对罗迈的刻度做了一些修改,并且在他设计的温度计中,酒精换成了汞。这就意味着水的沸点以上的温度也可以测量,因为汞的沸点比酒精高得多。与此同时,瑞典的天文学家摄尔修斯(Anders Celsius,1701—1744)利用同样的两个固定点,把其区间分成 100 个单位,这就是 1742 年他设计的所谓摄氏温标。他的同胞,生物学家林奈把他的温度计掉了一个头,让沸点为 100,熔点为 0,今天使用的就是这种摄氏温度计,全世界的科学家都在用它。

18 世纪,受到认可的热理论是由波尔哈夫(Hermann Boerhaave,1668—1738)建立的,他认为热是一种特殊物质。这一学说和燃素说极为吻合。就像光与电一样,燃素被认为是"没有重量的"的流体。尽管拉瓦锡粉碎了燃素说,不过他却继续认为,热是某种流体,可以从一种物质流到另一种物质,他称之为热质。拉瓦锡于 1789 年出版的《化学基础论》一书中就有这些内容。这个理论在 18 世纪表现不错,但到了 18 世纪末,拉普拉斯使热质概念成为一种新的复杂的一般物质观,他的数学分析又大大提高了这一理论的威望。

华伦海特的故事

许多人知道野蘑菇可能有毒，但是华氏温度计的发明人、波兰发明家华伦海特（Daniel Gabriel Fahrenheit，1686—1736）的父母却不幸遭此厄运。他15岁时，父母因为误食了毒蘑菇而双双去世，留下了四个未成年的孩子。在当地格但斯克市议会的监护下，华伦海特和他的三个弟妹，都被人收养。收养华伦海特的是一位店主，在这家小店里，他一面帮助店主打理生意，一边学习簿记。不久，他得到了一次到阿姆斯特丹旅行的机会。

在阿姆斯特丹，他第一次看到了温度计，这是60年前在佛罗伦萨发明的。华伦海特对它入了迷，决心自己亲手做一个。但是，作为一个受监护的未成年人，他有义务返回自己的家乡，不能独自留在阿姆斯特丹。于是，他决定趁监护人不注意开溜。就这样，他潜逃了9年之久，一直到24岁。在此期间，他周游了欧洲各国，和科学家谈话，讨论他感兴趣的仪器。他发现，大多数温度计的刻度是任意的，没有一个标准。"热"是由佛罗伦萨一年中最热那天的温度来确定，因为温度计是在那里制作的；"冷"则标记一年中最冷的一天。华伦海特认识到，需要找到一种在特定温度下会改变形状的物质，这样，不同温度计指示的温度就可以具有同样的意义。28岁时，他成功地制作了两支温度计，当把它们放在同一地点时，得出的读数几乎相同。从这以后，华伦海特一发不可收，研制了一系列更精致准确的温度计。

布莱克博士和他的朋友瓦特

18世纪60年代，苏格兰化学家布莱克教授也对热的本质很感兴趣。在工业化的格拉斯哥和爱丁堡，热这个问题尤为重要，因为苏格兰和英格兰在1707年的合并带来了富庶的经济，这就为当地威士忌酒工业开发了良好市场。大型酿酒厂用大量燃料，产生大量的热，把液体转变为蒸气，然后又不得不释放这些热量，使蒸汽凝聚成液体。为了经济地管理酿酒厂，绝对需要知道在这些过程中究竟涉及多少热量。实际上，需要从蒸汽中释放大量热，这直接影响了酿酒厂的收益。

布莱克常常说，他不能理解为什么酿酒厂的经理们不更多关注有关的科学原理，这些原理显然对他们的生计有非常重要的影响。但是在传统上，纯粹科学和技术进步之间的联系却很少被意识到，也很少得到支持。甚至今天，每当生意需要紧缩开支时，研究和开发部门经常是首先被削减的对象，经济衰退时，大学也经常是缩减预算的对象。

布莱克从未发表他的讲演稿，在讲演中他透彻地讨论了自己的思想，但是他的编辑罗比孙（John Robison，1739—1805）却发表了选自布莱克的笔记本和自己记录的材料：

英国化学家布莱克第一个分离出二氧化碳并演示了二氧化碳的特性（他称之为"固定空气"）。

"鉴于阳光充足的冬日山峦上的积雪并不立即融化，严寒的夜晚也不是立刻使池塘水面覆盖厚冰，因此布莱克博士确信，大量热已经被吸收，并且固定在从雪花里缓慢融化的水滴中；另一方面，当水缓慢地转变成冰时，大量热从水里释放出来。因为，在解冻过程中，当温度计从空气移到融雪中时，温度计往往下降；在严寒中，把温度计插入结冰的水里，温度计往往上升。因此，在第一种情况里，雪获得了热；而在后一种情况里，水正在重新释放热。"

1762 年，在大学哲学俱乐部聚会期间，一些教授在格拉斯哥非正式相聚，布莱克进一步讨论了他的观点。他指出，冰在融化时并不改变温度，但是，冰附近的物质却变得更冷了，然而冰的温度并没有升高。这是怎么一回事？热消失了吗？华伦海特曾经观察到，水可以冷却到冰点之下而不结冰，不过此时对水不能有任何扰动，否则它立刻结冰。当发生这种情况时，实际上温度是上升了！所以，当水冻结，也就是说，它的状态从液态变成固态时，它放出热。布莱克看出，水仍然保持液态，因为它含有一定的热量；当热被释放，液态消失，液态的水变成了固态的冰。

由于液态水中的热不会在温度计上显示，布莱克称之为"潜热"，表示它存在却不能用平常的方法来测量。

布莱克还提出一种测量潜热的方法。他测量融化一定量的冰所需的热量，然后把这些热量用于冰融化后所得的水，发现它的温度上升了 140°F。

在 1762—1764 年之间，布莱克把冰的潜热概念延伸到水转变为汽这一相似现象。他发现，用同样的火力把沸水转变为水蒸气，所需时间是把水从室温加热到沸点所需时间的 5 倍。

此时，一位意想不到的新朋友加入了这一研究，这位新朋友就是为大学制作仪器的技师瓦特。瓦特设计了一种装置，用于演示布莱克在课堂上讨论的潜热概念并为之提供实验证据。一个意外的惊喜是，瓦特根据他从布莱克那里得到的理论启发，成功地为他正在修理的蒸汽机发明了一种新装置：分离凝聚器。结果这一发明成为提高蒸汽机效率，使之成为运输和工业获取足够经济的能源之关键。瓦特的蒸汽机以煤或焦炭为燃料，于是工厂可以在任何地方设立，可以远离河边，而靠水力开设的工厂必须就设在河边。蒸汽机不久就用于几乎所有的工业，从煤矿到冶炼厂，再到纺织厂，以及后来出现的火车和轮船。

布莱克对此非常满意，他乐于给学生们讲述瓦特的成就。当瓦特在 1769 年申请到专利时，他获得了应有的回报。罗比孙写道："布莱克博士从未这样高兴过，就像这些收益是给他自己的一样……两个朋友都认为这一段成功的研究是他们一生中最愉快的事情。"

更早些时候，布莱克还证明过，不同物质的同样质量，需要不同的热量（比热）才能使它们升至同样的温度。或者，换一种说法，当两种重量相同、温度不同的不同物质放在一起时，其平衡温度并不是两个温度的中点。也就是说，同样的热量作用于两种不同的物质，产生的温度变化各不相同。布莱克信奉的是热的流体理论，因此当他得出不同物质具有不同的所谓"比热"时，他更加相信，培根的（以及后来伦福德重新制定的）热动说与比热的存在是矛盾的。遗憾的是，这一观点后来成为科学史的一个案例，说明正确的科学有时似乎也不支持一个有效的理论。

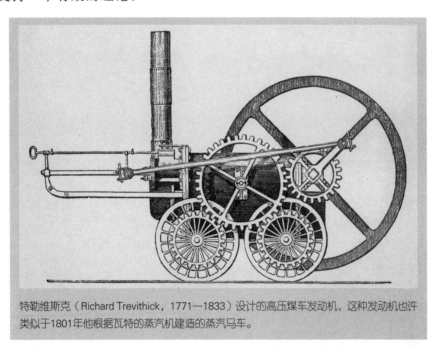

特勒维斯克（Richard Trevithick，1771—1833）设计的高压煤车发动机，这种发动机也许类似于1801年他根据瓦特的蒸汽机建造的蒸汽马车。

伦福德伯爵与热作为运动

伦福德伯爵原来的名字是汤普森（Benjamin Thompson，1753—1814），生于美国马萨诸塞州的沃本恩。他的生平有些离奇古怪，虽然不够高贵，但确实充满趣味。年轻时，为了庆祝废止印花税法案而制造烟火，他差点因此而丧命，那时他在塞伦一家零售店工作。康复后，他在波士顿另一间零售店又工作了一段时间。19岁时，汤普森与一个富有的寡妇结婚后就来到新罕布什尔州的伦福德（现在的康科德），在那里他的妻子继承了一处地产。但是，因为革命战争爆发，汤普森开始为英国人服务，暗中监视邻居，于是，局面变得复杂。也许待在家乡不太愉快，他留下了妻儿，随英军撤离波士顿。

在英国，汤普森为英国殖民地秘书处工作（他对美国的了解使他很受欣赏），后来与皇家学会主席班克斯爵士（Sir Joseph Banks，1743—1820）相识，通过班克斯，他见到了当时著名的科学家。

在战争结束前，他以英军陆军中校的身份返回美国殖民地。然而不幸的是，英国输了。他被迫永久流放，只好重返英国。在英国，他的投机性格再次暴露，不但受贿，甚至还可能为法国人当过间谍，对付英国人。

纽康门蒸汽机和工业革命

18世纪初最重要的发现之一是，由煤制成的焦炭可以用来代替木炭，供高炉使用。但是在发现焦炭可以用做燃料之前，每个炉子每年要消耗200英亩的木材。这一发明，一般归功于贵格会教徒、制铁业主达尔比（Abraham Darby，1678—1717），1709年，他首次将该发明用于英国希洛普郡的科尔布卢克戴尔他自己的高炉上，达尔比就是在这里为1712年发明的纽康门蒸汽机制造铁锅炉的。英国铁匠纽康门（Thomas Newcomen，1663—1729）发明的这种蒸汽机有助于为工业革命做好准备。这是一种简单的装置，先使大量冷水烧成蒸汽后进入汽缸，产生大气压力，推动活塞。到1733年这种蒸汽机广泛用于煤矿抽水，以免积水淹没煤矿通道，从而使煤的产量大大提高。

1783年，他得到乔治三世的允许前往欧洲大陆，在那里他为巴伐利亚的选帝侯①西奥多（Karl Theodor，1724—1799）效力。汤普森对付各种行政工作绰绰有余，当过战争大臣和国会议员。他为无家可归者建立贫民习艺所，引进瓦特蒸汽机和马铃薯，还做了其他一些好事。选帝侯很满意，于是汤普森在1791年成为神圣罗马帝国的伯爵，取名为伦福德，也许是出于怀念留在新罕布什尔州的地产的缘故。

汤普森，后来被称为伦福德伯爵，过的是浪子生活，开始于美国，终结于英国和法国。他最出名的是对热的本质的探索。

伦福德在巴伐利亚时，对科学极有兴趣，深深地关注热的本质问题。1798年，他在慕尼黑掌管大炮镗孔的工作，注意到当钻孔机钻孔时，金属会变得非常之热——热到必须用水冷却。对此，热质说的支持者会这样解释，在切削过程中，无重量的热质流体从金属中不断被释放。但是伦福德注意到，只要钻孔在继续，就会不停地释放热，并且如果测量在此过程中释放的热质数量，其总数足以熔化金属，假如（以某种方式）再把它灌回空弹壳的话。他还注意到，如果他用的钻孔机钝到无法切割金属，此时，金属反而会变得更热，至少不低于这一情况下所释放的热质——即如果正是切割过程引起热质释放的话。

---

① 德国有权选举神圣罗马帝国皇帝的诸侯。——译者注

于是伦福德提出了热动说,也就是说,钻孔机的机械运动转变成了热。因此他说,热就是运动的一种形式。在他之前,培根、波义耳和胡克都曾经暗示过这一思想。

伦福德的思想很快得到一些人的强烈支持,他们抛弃了热质说转而支持热动说。但是在 18 世纪末,热质说仍然受到大多数物理学家和化学家的青睐,他们无疑仍然受到拉瓦锡权威见解的影响并且相信数学对热质说的支持。直至焦耳(James Prescot Joule,1818—1889)提供了一种数学上的定量说明,即一定量的机械功会产生多少热,这才证明伦福德是正确的。

在巴伐利亚,他那投机取巧的性格终究不再表现。伦福德于 1798 年回到英国,鉴于他的成就,他在英国被接纳进入皇家学会,同年创建了皇家研究所。托马斯·杨(Thomas Young,1773—1829)和戴维,两位正在崭露头角的年轻物理学家,成了这个研究所的演讲者,特别是戴维,他对伦福德的理论充满热情,发表了一个由他亲手做的支持该理论的实验结果。但是大多数物理学家仍然没有被说服,直到 1871 年麦克斯韦(James Clerk Maxwell,1831—1879)最终建立分子运动论,这已是 70 年以后的事了。

1804 年,伦福德(他的第一位妻子已经去世)娶了拉瓦锡的遗孀玛丽-安妮,她很有钱,当然也很有名(在与伦福德结婚后,她仍然保留拉瓦锡的姓)。他 50 岁,她大约 47 岁。但是,他们的婚姻生活并不顺,一结婚就开始争吵,只在一起过了 4 年。伦福德私下认为,与自己相比拉瓦锡上了断头台还是幸运的。正如一位历史学家所说,伦福德算不上出类拔萃,但也做到仁至义尽了,至少在伦福德自己看来——他离开时只带走玛丽-安妮·拉瓦锡的一半财产。

伦福德与第一个妻子所生的美国女儿在 1811 年来到他身边,照顾他的晚年生活。虽然他性格粗野,常常肆无忌惮,但是除了对科学的贡献外,他还作出了许多实用性的发明,其中包括双层蒸锅、滴注咖啡壶以及炊事套具。他有意不申请专利,以便人们可以免费使用。1814 年去世时,他把大部分遗产留给了美国,还给哈佛大学捐赠了一个应用科学的教授职位。

电学:大型室内游戏

很长时间来,人们对电知之甚少。古希腊人和古中国人都知道,一块琥珀,如果经过摩擦,可以吸引诸如羽毛或布片之类轻盈的东西。希腊人把这一化石树脂物称为 elek-tron,这就是电(electricity)这个字的由来,但是对电却知之甚少。

1600 年,吉尔伯特在他的《论磁》一本书里区分了磁和电,磁就是磁石吸铁的能力,电则是琥珀(和他发现的其他物质,如黑玉和硫黄)被摩擦后吸引物体的能力。他最早指出,这一特性并不是琥珀、黑玉和硫黄固有的,它是一种流体,经过摩擦产生或者转移。但是他对电没有作太多讨论,因为他认为这一现象不值一提。

很长时间以来电都被认为不值一提。17 世纪爱尔兰科学家波义耳与当时任何人一样欣赏一项愉快的娱乐,他这样记述:

> "……一绺绺假发,干燥到一定程度后,就会被人的肢体吸引。我通过让两位漂亮的女子戴上它们证明了这点。有时我观察到,她们无法阻止假发飘向面颊,或者贴

在面颊上，尽管她们没有用胭脂。"

波义耳的同代人，萨克森地区马德堡的盖里克（Otto Von Guericke，1602—1686），用一个旋转着的硫黄球当做起电机，做起电学实验。他把熔融的硫黄和其他矿物质注入一个当做模子的玻璃球中，然后撤除玻璃球，这一器械"与婴儿的头一般大"。为了使它能够绕轴旋转，盖里克穿过中心打了一个孔，插进一根带有把手的铁棍。然后一只手握住硫黄球，另一只手使它转动。摩擦使球带电，于是球就可以吸引其他物体。盖里克发现，他能把电传到其他物体，诸如另一个硫黄球。他还注意到另一件有趣的事情：原先会吸引硫黄球的物体，一旦与硫黄球接触后，就会被硫黄球排斥。

用电做实验既有娱乐性——没有危险才行——也可受到教益。

到了18世纪，带电玻璃球和棍棒成为风靡欧洲的娱乐用具。聚会上，宾客们以这样的方式彼此逗乐：相互电击、吸引羽毛之类的轻盈物体、使对方头发竖立。

当然，科学家感兴趣的是现象背后的原因。他们猜测，这可能是另一种"没有重量的"流体，尽管已知的流体大多可归入热和燃素，而燃素就是引起燃烧的物质。为了解释盖里克注意到的吸引/排斥现象，最流行的理论是二流体论。一种流体排斥，另一种流体吸引。用毛皮摩擦玻璃棒或玻璃球会转移一部分流体，产生电荷。而相反的流体彼此吸引（与磁铁中相反的磁极相互吸引一样）。

1729年迎来一次突破性事件，格雷（Stephen Gray，1666—1736）发现，当他用软木使玻璃管的任一端带电时，不仅玻璃管，而且软木也带电了。他发现了导电现象。还有一种叫做莱顿瓶的装置，因荷兰的莱顿市而得名，它的问世带来了更多富有成果的实验。1745年左右，荷兰与波美拉尼亚的发明家分别发明了这种莱顿瓶。这是一个玻璃瓶，里外两层分别被金属所覆盖，本质上是一个储电器［半个世纪后伏打（Alessandro Volta，1745—1827）称之为"电容器"］，可以储存由摩擦产生的大量静电荷。如果想让带电的莱顿瓶放电，只要把手靠近它的中心棒就行，在早期的电学研究中，许多研究者因此而遭受猛烈电击。当一片金属靠近莱顿瓶时，只见接缝处会进出火花，同时还伴有噼啪声。

像玻璃球及玻璃棒一样,莱顿瓶成了社交集会上的热议话题。但是它的发明也标志了对电的本质和特性进行认真研究的开始。

富兰克林:电学行家

美国科学家富兰克林生前以国家领导人、外交家、天才发明家和心灵手巧的织布工而赢得声誉。他还因其充满灵感和活力的心智而著称于世。他是许多欧洲科学家的朋友,包括普里斯特利和拉瓦锡。他的电学工作,有些甚至冒了极大的危险,更是闻名遐迩。

42岁那年,他以一名富裕商人的身份退休,从此无牵无挂地投入早在1746年就已开始的电学研究。他提出了一种理论,认为摩擦电是"电流体"的转移,从而使表面带"正电"或"负电"。正电可能就是一种多余的流体,负电则是一种流体的缺乏。尽管流体理论本身在18世纪后就销声匿迹,但正电荷和负电荷的概念则一直沿用至今。这个"单流体理论"打破了被普遍接受的"二流体理论"。

富兰克林还提出电荷守恒定律,这个定律是说:为了产生一个负电荷,一定会有等量的正电荷出现。还有,宇宙中所有的负电荷和正电荷必定完全平衡。所以,如果有人用羊毛衫摩擦气球,气球得到了负电荷,但把正电荷留在羊毛衫上。然后,如果把气球靠近墙面,它会吸在那里,因为它的负电荷吸引了墙上原有的正电荷。富兰克林的电荷守恒定律和单流体理论有助于解释刚刚发明的莱顿瓶背后的原理。

莱顿瓶那大容量的电荷储存能力使得有可能用它来做各种类型的实验,派上不同的用场,进行各种表演。富兰克林对此十分欣赏(他曾经如此赞叹:"多么奇妙的瓶子……多么神奇的瓶子!")。于是1749年,他和朋友们决定在苏基尔河岸上举行一场聚会。聚会的主题就是电及其应用和奇观。他们计划通过水来隔岸传递火花,用电击杀死火鸡(可以使鸡肉更嫩),并在由"电瓶"点燃的火上烘烤。但是,这一天以相当令人震惊的记录结束,富兰克林在给他的兄弟约翰的信中写道:

"正准备用两个大玻璃瓶(其中的带电量相当于40个普通小瓶)放电杀死火鸡时,由于疏忽,电荷竟整个通过我自己的手臂和身体,这是因为当我的一只手握住一根使两个瓶子相连的电路时,另一只手刚好碰到了位于顶部的金属连线,于是产生了火花。据现场的同伴们(他们中有的正在与我说话,有的正在相互交谈,我想是我不小心导致了这一结果)说:闪光非常亮,噼啪声也非常响,如同枪声。然而,我立刻失去了知觉,既没有看到闪光,也没有听到响声,也没有感觉到双手受到的电击……我无法描述我的感受,这是从头到脚对我全身的打击似乎来自内部也来自外部。在这以后,我最先注意到的就是身体的急速摇晃,然后逐渐缓和,感觉也逐渐恢复。"

噼噼啪啪的声响和火花的形状使富兰克林想到莱顿瓶中的静电与天空中的闪电之间的关系,由此导致他做了著名(也是危险)的实验。1752年的一个雷雨天里,他放飞了一个特制的风筝,牵着风筝的丝线连着一个尖尖的金属钥匙。他的思路是:丝线(丝绸导电性能很好)会把天空的电传到地面(假设天空有电)。他注视着天空,等候合适的时机,当看到云层中隐现闪电时,他立刻握住钥匙。只见一个火花顿时迸出,就像莱顿瓶放电一样。富兰克林还让闪电使莱顿瓶充电。他由此证明,闪电在本质上就是电,于是他被选为伦敦皇家学会会员。

富有进取心的富兰克林

　　富兰克林除了积极从事科学和政治活动以外，还是美国第一位重要的出版家，自1732年开始，他的《草民理查德年鉴》（*Poor Richard's Almanack*）在以后的25年里连续发行了25版，成为殖民地时期最流行的出版物（仅次于《圣经》）。年鉴是一本农业手册，里面全是有关健康和个人卫生的各种建议以及随意却是有用的信息，字里行间充满乡土气息，据说出自于理查德之口，实际上就是富兰克林本人。

　　富兰克林当过邮局总监，他重整了杂乱无章的殖民地邮政服务，除了改善一般的邮政服务之外，也改进了《草民理查德年鉴》的发行工作，增加了乡村邮政力量，提高了邮递速率，改进了从缅因州到乔治亚州的通道，这一通道后来称为国王大道。

　　经商的成功以及诸如富兰克林火炉之类的实用性发明，使他家境富裕，衣食无忧。1748年，他提前退休，接下来他要把余生奉献给科学研究。他的研究工作包括著名的电学实验，以及关于光的设想，这一设想反对光的微粒说，预示了19世纪初托马斯·杨的工作。

富兰克林多才多艺，兴趣广泛——他对于电学研究（及其娱乐价值）充满兴致。

　　富兰克林在1743年创建了美国哲学学会后，又在1749年创建了一所学院，即后来的宾夕法尼亚大学。1757年，他作为宾夕法尼亚议会代理人出访英国，并且多次往返于大西洋两岸，参加皇家学会活动，与此同时积极参加美国殖民地独立运动，并成为这一运动在英国的首席代言人。

　　也许最负盛名的是，富兰克林是1776年《独立宣言》的起草人之一，也是这一宣言最著名的签名者之一。在法国担任外交官（1777—1785）期间，他成功地为美国获得了来自法国的援助，在革命战争末期的和平谈判中发挥了积极作用，正是这场谈判保证了美国在1783年的独立。

　　美国第一位世界级人物富兰克林，在战争后获得了如此之高的声望，以至于他很快就发现自己再次陷入民事和政治活动之中。他继续在很多方面发挥作用，包括在批准美国宪章中发挥的重要作用，直到1790年去世。

但是，富兰克林非常幸运。后来有两个人试图重复他的实验，都被电击身亡。

富兰克林崇尚实用，总是把自己的知识立即付诸应用，他发明了第一支避雷针，到1782 年，在他生活的费城，就有 400 户人家装了避雷针。他还在自己的家里装上铃，每当带电的云团在上空越过就会叮当作响，于是他就抓住机会收集电荷或进行实验。

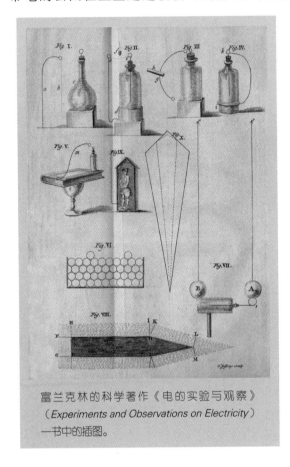

富兰克林的科学著作《电的实验与观察》（*Experiments and Observations on Electricity*）一书中的插图。

在一个风雨交加的日子里，富兰克林用风筝和金属钥匙证明闪电是电的一种形式。幸运的是，他活着记录了实验结果。其他的实验者却没这么幸运。

库仑定律

1785 年，库仑（Charles-Augustin de Coulomb，1736—1806）建立了另一条重大的电学定律。他决定用两个带电的软木球测量电力，软木球固定在一根棒上，棒又挂在一条金属丝下。在附近，他放了两个带相反电荷的软木球。他准确地知道每个球上带的电荷，从金属丝的扭曲量还可以计算两球之间的吸引力[①]。结果使他和所有人大吃一惊。他发现两个电荷之间的电力取决于两个电荷的强度。也就是说，两个电荷的电量越大，它们之间的吸引力越强。他还发现，它们离得越远，吸引力越弱。如果距离加倍，吸引力只有原来的四分之一；如果距离是原来的三倍，吸引力将降到九分之一，等等。他把这些观测结果总结成库仑定律，说的是两个电荷之间的力正比于电量的乘积，反比于电荷间距离的平方。

---

① 库仑在实验中并不是直接测量电量和电力，他也没有可能精确测量电量和电力。他是通过比较的方法，证明电荷之间的电力与电荷之间的距离的平方成反比。——译者注

库仑和他的同事非常吃惊地认识到，这一平方反比关系正好和牛顿的万有引力定律类似。从库仑的工作可以明显看出，引力和电的作用方式非常类似。接着，他又对磁做了类似的研究，发现磁力也服从平方反比定律，这是非常令人兴奋的消息，因为它证明这三种基本力都服从类似的定律。宇宙，确实是按一套简洁、有序的原理运行。当18世纪行将结束时，物理学家一定有一种兴奋感，预期未来的发现，尤其会在电学领域，这门原来"不值一提"的学科，突然变得格外引人关注。

18世纪的曙光照亮了新时代的黎明，在这个新时代里，电将被人类利用并产生效益。到了1800年，意大利物理学教授伏打发明了第一只电池，使科学家可以储存电，从而在实验室的条件下更有效地研究电。到了1831年，英国物理学家和化学家法拉第（Michael Faraday，1791—1867）通过磁铁在铜线圈里的运动产生了电，制成第一台发电机。

18世纪给物理科学留下的遗产

在物理科学中，18世纪给后人留下的遗产，包括了很多平实却是关键的贡献：对定量分析重要性的新认识，伽利略的严格方法论、观察和实验原则的继续运用，实验技能的完善等等。

再有，18世纪哲人[①]和实验家在物理科学的每个领域都作出了理论和实验的进展。

天文学里新行星的发现、太阳距离的测量以及关于星云和星系这一新概念的建立，揭示了太阳系和宇宙要比先前想象的更大更复杂。

地质学家，在与圣经中的创世论进行论战的同时，也对岩层和其他地质形成进行了广泛的研究，从而形成了关于地球历史的丰富理论。到18世纪末，由于居维叶的灾变论被广泛采纳，他们暂时受到压制，但是赫顿已经为均变论的发端做好了准备，事实证明这一理论更有成效，至少在当时。

18世纪我们已经看到化学领域发生了真正的科学革命，它与中世纪的联系已被彻底中断。布莱克和拉瓦锡建立了新的定量方法；普里斯特利、舍勒、卡文迪什、拉瓦锡等人都对重新认识气体作出了贡献；新的科学命名法对化学语言带来了急需的准确性。

在物理学领域，由于成功地测量了地球形状，牛顿的万有引力定律得到验证。尽管有关电的本性的争论还刚开始，电作为一种流体或"热质"的理论一时还难以清除，不过有关电的特性的发现及其测量方法的问世，使得工业革命的某些技术突破成为可能。18世纪我们还目睹了对电现象的第一批科学研究，其中包括第一个电容器——莱顿瓶——的发明和有关其特性的探讨。

然而，在物理科学中还有许多需要做的事情。电的真正本质是什么？什么是磁？什么是热？什么是光？化学反应的核心奥秘是什么？宇宙究竟在何种程度上超越我们的梦想？地球是年轻还是年迈？是什么力量使它成形？

---

① 法国启蒙运动中出现的通俗哲学家。——译者注

这些探究留给了未来的世纪。神奇复杂的故事还有更多幕要上演。事实上,它也许绝不会闭幕。但是现在,18世纪的科学研究者通过他们与自然的对话,已经打开了一张富有挑战性的新清单,这个清单提出了物理科学中的许多问题。现在该轮到下一代研究者去寻找新答案了。不过,那是另一个故事。

与此同时,在生命科学中,理性时代和牛顿革命的精神,正在为复杂的研究路线提供新的结构。

第二部分
18世纪的生命科学

第六章

林奈：伟大的命名者

　　假如有这么一位时间旅行者，他从 16 世纪早期一下子进入 18 世纪，他可能会因不再认得这个世界而迷路。17 世纪伟大思想家的多种才华，改变了物理宇宙的面貌。地球不再是宇宙的中心，只不过是围绕太阳旋转的另一颗行星。太阳本身以及整个太阳系都在运动。亚里士多德和托勒密那美好而完善的天球已经远逝。恒星都在动。天文学家说，充满整个天空的似乎是其他星系，所有这些星系都在运动。有人猜测，在那些星系中，还有其他太阳系围绕着它们的太阳旋转。似乎是，每件东西都在运动、永不停息，并且可通过数学进行推算。

　　只有在博物学这一领域——就是我们今天所谓的生命科学——那位迷路的时间旅游者才能找到熟悉的思想。此时，物理科学家已经把运动，而不是静止或永恒性，当做自己的指导原则。但是对那些研究生命体的人（博物学家）来说，在 18 世纪之初，一个古老的观念仍然占据着统治地位：存在巨链。这就是 18 世纪初期统治生物学的至上观念：生命形态是上帝创造的，是固定不变永远同一的，各种生命形式都是一个伟大计划中的一部分，就像梯子上的一条横档，或者链条中的一环。

　　存在巨链的思想起源于古希腊，被基督教哲学家进一步完善，主张能够存在的每一件东西都早已存在，而且总是存在。也就是说，从无生命的物体到生命体，不管是昆虫还是鱼或者人，都沿着一条由低等向高等逐步排列的链条各就各位，且次序稳定不变。在这一链条中，植物的位置高于岩石，动物又高于植物，其中有些动物比其他动物要高，而人类更高。在许多人心里，这条巨链甚至延伸得更远——越过人类达到天使的等级，再延伸，越来越完美，直至上帝。链条上每一等级都是固定不变的，等级的一头低，另一头高。每种生物的位置都是上帝在创世时安排的，以后就再也不能变动或改变。此外，根据这一观念，自从宇宙的开始，就没有创造任何新的物种，也没有任何物种灭绝。因为不管哪种情况发生，都会改变链条上的等级，而这是不可能的，因为上帝已经在最初就完美地安排好了一切。

林奈就是这种观念的虔诚信奉者。但是，正如科学家中常常发生的情况那样，他的伟大工作推进了人类知识。尽管带来的效果恰与他的信念相悖。存在巨链的观念以及对于永恒不变性的坚持，即使在 18 世纪，就已临近崩溃，而林奈的主要工作——一个不存在等级的庞大分类体系——以某种方式促成了它的垮台。

林奈：一个逃学者

1707 年 5 月 23 日，林奈出生于瑞典南部，他是一个穷牧师的儿子，他家屋子附近生长有一棵巨大的菩提树（linden tree），"林奈"此姓由此而来。林奈的父亲原本希望儿子像自己一样，以牧师为业，但林奈不是好学生，对神学不感兴趣，他宁可逃学去做自己的事情。他不是没有自己的爱好，而是他的好奇心集中于学校不教授的领域：他爱上了植物学。

这种情况使林奈在家里受到巨大的压力和谴责，大多数孩子在这样的情况下也许会变得消沉。但幸运的是，校长慧眼识珠，不仅借他植物学书籍，还和他成为朋友。物理老师也帮他说话，婉转地向他父亲指出，他的儿子很聪明，对感兴趣的课程学得很快。这位老师还指出，对植物学的兴趣有利于步入医学生涯。物理老师的干预看来使林奈一家有所妥协，他甚至把林奈带回自己家，帮他温习功课，为进入附近的隆德大学作准备。

但是在隆德大学，林奈过得并不顺利。他的确对医学不感兴趣。即便他对医学有兴趣，也会深深地失望，因为这所学校正陷于财政困难，系里只有一位医学老师。他很快又产生厌学情绪，再一次逃学，流连于田野之间。

不过，林奈再次福星高照。他寄宿在系里一位名叫斯托保斯（Kilian Stobaeus，1690—1742）的老师家。一天晚上，斯托保斯发现林奈潜入图书馆偷读教授的植物学书籍。当斯托保斯要求林奈解释时，林奈向主人保证他绝不会造成伤害。在解释的过程中，他显示了如此渊博的植物学知识，以至于斯托保斯允许他在图书馆随意阅读并且还给他鼓励和友谊。

然而，尽管有了斯托保斯的友谊，林奈在隆德还是不愉快。由于学业不佳，他转学来到离斯德哥尔摩 40 英里的乌普萨拉大学，他被那儿著名的植物园所吸引，但是他再次失望。乌普萨拉大学曾经是一所值得骄傲的学校，但那时

林奈为动植物建立了第一套结构完善的命名系统。

和隆德大学一样,财政上陷入困境。植物园难以维系,至于医学系,更是连自己的实验室都没有,沦落到只能在药店里开设化学课的境地。

当时的林奈贫困潦倒,不幸又患上了坏血病、头痛病和营养不良症,如果不是幸运地又有一位老教师与他相遇,也许他只好中途从乌普萨拉退学。一天他又逃学(老毛病又犯了),在植物园里研究花的构造,不期然撞上了对植物学有强烈业余爱好的神学家摄尔修斯(Olaf Celsius,1670—1756)。于是重演在隆德的幸遇,他的逃学行为非但没有受到规劝和训斥,反而得到允许,使用摄尔修斯藏书丰富的植物学图书馆。

林奈与摄尔修斯相遇的结果,是这位老人邀请林奈和他住在一起。林奈开始给其他学生辅导植物学,由此赚取一点报酬。在乌普萨拉的教师中,林奈因其植物学知识而逐渐获得声望。

在读了一篇有关植物性别的论文之后,林奈开始了自己的研究,尤其针对植物的雄蕊和雌蕊。研究结果写成了一篇短文,作为新年礼物送给摄尔修斯。摄尔修斯被深深打动,抄了几份,广为流传。其中有一份在瑞典皇家科学院宣读,科学院意识到其价值所在,决定以科学院的名义正式出版。这是林奈第一次体验到成功的滋味。

从那时起,林奈时来运转。他很快被任命为植物园的植物学讲师。

他的生涯开始出现转机,但他被这一从天而降的幸运冲昏了头脑。由于他向来具有个人主义情结,因此他变得越来越古怪和自我中心主义了。他的虔诚(尽管并不打算成为牧师)也令他变得自以为是和道貌岸然。还有,他的野心一发而不可收。多年来,他一直在证明自己以及对别人的要求是正确的,最终,他以正统植物学家的地位被人们接受。

成功的味道是甜蜜的,如此之甜蜜,以致他决定要以惊人的业绩来进一步巩固自己的成功,他要让自己从贫困潦倒的乌普萨拉大学中脱颖而出,远远领先于他的对手们,甚至那些具有更高声望的对手。

拉普兰的旅程

1732年,由于瑞典政府提供一笔小额资助,林奈前往拉普兰进行野外探险,研究崎岖地形中的植物生长。拉普兰位于斯堪的纳维亚的极北地区,就在北极圈内。这段经历是他一生中最为惊心动魄的事件,每次写自传,他都要带上一笔(他写过四篇不同的自传,每一篇都与前面有所不同)。探险活动历时5个月,他所能带上的装备相当简单(全部资助费用仅100美元)。一路上,他首先要设法应付恶劣的自然环境。在徒步穿行荒凉的北方地区时,随时进行记录并采集植物标本。大多数时候,他总是依靠步行,裹着兽皮睡觉,同时也用兽皮当外套以御寒。他沿着博蒂尼亚湾的河谷盆地艰苦跋涉,向着北方缓慢挺进,一路上,要穿越水深过膝的寒冷的沼泽地,在丛林中披荆斩棘,还要翻山越岭。

在斯堪的纳维亚北部地区,林奈总共探测了4 600平方英里,大多数时候是在北方寒冷的土地上步行,返回时带回了可观的收集物,其中有100多个新物种。他还带回一套色彩鲜艳的拉普兰人服装,在公开或正式场合,他都会穿上这套服装,好让所有人都记起他的那次探险活动。

回到乌普萨拉以后,他的声望如日中天,但是他的钱包仍然空空。于是,他继续开设讲座,听众和崇拜者自然是越来越多。幸运的是,他爱上了一位富裕医生的女儿,这位医生不仅由衷赞赏这位富有冒险精神且对事业高度投入的植物学家,而且还给了他足够的钱,把他送到荷兰的一个小型大学,去完成医学学位。这并没有费很大的劲,因为几个月内他就拿到学位返回。无论如何,学位使他有所依靠,如果他的植物学生涯难以维系的话。

不过现在,林奈确信他不太需要这种依靠。

⌘ 让多样性井然有序 ⌘

林奈在拉普兰的探险,令他感受到植物生命的多样性,于是,他不得不面对其他博物学家也曾面对的一个最古老和最令人困惑的问题。但是林奈已经找到了一种解决方法。当他再次返回乌普萨拉时,他开始写一本早在计划中的小册子,他相信这本书可以永久确立他的植物学声望。

他是对的。1735 年出版的题名为《自然系统》(*Systema naturae*)的小册子,建立了一套独特的生物分类体系,并且还使他成为瑞典最著名的科学家,近代分类学的奠基人。经过许多年的不断修改和进一步补充,他的书终于为植物学家和博物学家处理这一最为棘手和困惑的问题铺平了道路:如何为世界上各种生命形式进行命名和分类。因为只要人们一直在观察并且记录有关自然界的一切,他们必定就会设法去命名对象并且揭示它们之间的相互关系。例如,同样的植物在世界各地不同的地区发现,很可能在每个地区有不同的名称。研究这种植物的自然科学家和学者必须找到一种方法来识别它,这就是说,当他们在交流时必须用同一个名字。在理想情况下,该名字还应当表达该对象的某些特征性的和有用的信息,以便研究者可以把类似的对象集中在一起研究它们的异同。例如,狗和鲸明显不同:鲸生活在水里,而狗不是。但是狗和猫

林奈在拉普兰的探险经历了寒冷的天气和危险的地形,但是他收集的样本足以使他在生命科学领域光芒四射。

又有什么不同呢?它们都生活在陆地上,都有皮毛和四条腿。仅把生物分成生活在水里和生活在陆地这两类还远远不够。分类单位太大,很容易误导。事实上,在林奈时代就有一位著名的科学家正是沿着这一思路,把海狸和鱼分在一类,因为它们都是生活在水里。

无须说,这绝对是一种误导性的分类方法,其程度之严重,以至于有一段时间基督教会允许在斋戒日吃海狸(那天不允许吃肉,只能吃鱼)!

17世纪末,英国博物学家约翰·雷在解决分类问题上有所进展。但是随着探险家和商人不断向外扩张,新的动植物品种如潮水般涌来,显然寻找某种新的命名和分类体系已是刻不容缓。仅当此时,针对这些激动人心的新发现,才需要投入严肃的科学研究。

林奈知道,他所提出的系统不是"自然的",也不是自然的根本计划,更没有反映存在巨链的最终轮廓。他的主要目的只是创造一种既实用又方便的命名系统。他取得了如此的成功,以至于他的系统的大部分在200多年以后的今天仍然在使用。林奈把植物和动物分成小的分类单位,他称之为属,这些属再细分为物种。他还用了科学家喜欢称之为双名法的命名法,用一个两分法的系统来命名。由于拉丁文当时是国际上通行的科学语言,所以他的命名都以拉丁文表示。这一传统一直延续到了今天。每一个双名前面是属(更大些,包括下面的单位),后面是种(更小,更专一化的分类单元)。他把有某一共同点的动物或植物归为一属,(例如这种共同点通常表现为一种结构,体型或某种特定的繁殖方式)例如,斑马和马显然有相似性,而马和狗的共同之处就少多了。所以,林奈把马和斑马分在同一属[马属(Equus)]中。相反,狗分在狗属(Canis)中(顺便提及,同一属中还有狼)。共享的属名表示在属这一单元上有相似性,但斑马和马还是有区别的。所以斑马就叫做马属斑马(Equus zebra),而马取名为马属家马(Equus caballus),名字的第二部分表示种,强调的是属中不同成员的独特方面。林奈承认,命名过程颇费心思关键在于是什么构成一个物种:能够互相繁殖的生物体吗?不能繁殖的生物体,例如骡子,怎么办呢?林奈写道:"智慧的第一步,是了解这些物种本身。这一概念在于对物体有确切了解,系统地将其分类,给予它们适当的名字才能区分和了解物体。分类和命名将是我们这门科学的基础。"在很大程度上他是对的。毫无疑问,他的系统给生物学研究带来了一种方法。随着《自然系统》的发表,林奈随即名闻遐迩。最后对于大多数人来说,分类的僵局似乎就是被这位瑞典博物学家打破的。林奈成了民族英雄,成了植物学界的王子,当时有许多人就这样称呼他。

与17和18世纪的许多其他科学革命不同,林奈的伟大突破似乎给人这样一种错觉,即它并不带来意识形态的反叛。不像哥白尼和伽利略,他并没有让太阳系颠倒,也没有威胁已有的宗教思想。相反,他似乎只是沿着亚当的足迹,给上帝的创造物取名。他建立的只是尘世间的秩序,而不破坏宗教的秩序。存在巨链仍然完好无损。他的研究和分类使他相信,根据上帝

林奈总是穿着拉普兰人的服装,即使回到家里。

的计划,物种的不变性乃是自然的法则。每种创造物,在链条上有其确定位置,那是由创世主亲自设计的。尽管有证据表明,林奈后来就新物种的起源问题,看法稍有改变,但他的意图,他最著名和最有影响的工作,依然强烈支持这一传统观点,即物种不变和上帝在创世中的独特作用。

他写道:"不存在新的物种:(1)因为同类个体总是代代繁衍;(2)因为每一物种中的成员总是其后代的源头;(3)因此必须把这种血缘上的一脉相承性归于某个全能全知的存在,也就是上帝,他的工作就叫创世。每一个生命体的机制、定律、原理、构造和感觉都证明了这一点。"

尽管他拒绝步父亲的后尘加入牧师的行列,但他相信,他的工作允许他追踪一条更重要的途径,正如他后来所写,这条途径见证了"创世主的真正脚印"。由于性格中向来充满各种矛盾,林奈从未放弃过他的傲慢,也没有放弃他的虔诚追求。

所以,对于大多数人来说,林奈新系统的问世就像是智力奇迹。从瑞典一所穷困潦倒的大学里突然冒出希望,最终居然解决了长期以来就存在的分类难题。林奈为辨认极其多样的生命体带来了秩序和方法。几乎同时,他的系统还在世界范围里引发一场收集标本的热潮。林奈本人也指导许多热心的学生们周游世界,寻找新的发现。这是危险的工作。有人估计,林奈的学生中有三分之一死于这种探险过程中。但是,神秘的新物种再也不会被冷落在角落里,遗忘在储藏室里或者秘藏于博物馆了。现在每一种植物或动物都可以被标记或者"辨认",每一个新发现都可以找到它的适当位置,为迅速扩展的自然地图增添有用的新知识。

由于库克船长等人的远航,物种的数字迅速猛增。林奈知道并且给予科学名字的有4 200种动物和7 700种植物。今天已经逐渐扩展到350 000种植物和100万种以上动物。对于一名主要靠自学成才的博物学家来说,林奈的体系确实是一巨大成就。1738年,他一返回瑞典就参加医学实习,1741年被指定为医学主任。一年后,他搬到乌普萨拉任植物学教授。1761年,林奈,这位瑞典穷牧师的儿子,被任命为瑞典贵族院议员,并且册封为卡尔·冯·林奈。他1778年去世,把一个传奇般的受人尊敬的形象留给了他的祖国。

但是,并不是每个人都认同林奈的工作,既然其中有着明显的错误和缺点。在倡导理性批判和怀疑主义的18世纪,许多科学家和哲学家对于其中的矛盾深感不安。其中有些批评在接下来的19世纪,形成了一场生物学中的革命,这场革命甚至比17世纪伟大的哥白尼革命更要波澜壮阔。这就是进化论。

林奈总在反对任何进化思想,但它已初现端倪了。他相信,所有物种都是在最初被分别创造,他确信,在创世之后没有形成过新物种,也没有任何物种灭绝。

林奈的工作被他的追随者稍加改动,其中就有居维叶。居维叶改动了一些细节,使命名系统因注重相互关系而更贴近自然。但居维叶和林奈都未曾预料的是,这一由严格保守的瑞典植物学家建立的命名系统,在下一个世纪里,却因达尔文及其进化理论的出现而无情地被抛弃。

第七章

布丰和自然界的多样性

在那些对林奈及其新命名系统抱怀疑态度的人中间，最严厉和最有影响的是布丰伯爵。布丰和林奈同一年出生，布丰出生于法国，他在许多方面与林奈正好相反。林奈出身贫寒，大半生得为钱而奋斗；布丰却拥有富裕并受过良好教育的双亲。林奈对宗教虔诚（他的批评者常常说他写得就像他亲历创世现场一样），而布丰则是一位怀疑论者。林奈工作严谨，富有条理；而布丰却以直觉和思辨为主。林奈的对手称其乏味、严格、自以为是，而布丰的对手则称其为纨绔子弟、花花公子。

然而，除了社会地位和个人性格，两人还有更根本的差别。对于林奈来说，世界是上帝壮丽和完美的作品。在这一完美的作品中，他自己只是扮演了"谦恭的"角色。但林奈相信，他的所做要比"谦恭"更多些，因为他在完成亚当未竟的事业——通过辨认和命名，有助于我们理解上帝所创造的宇宙的奇妙、秩序和目的。

布丰的世界则不受神意所控制，它仅受"定律要素和力的相互结合"所控制，是牛顿式的世界，按照自然定律行事，有自己的目的，而不是按照神的目的或计划。在牛顿看来，这是一个运动和连续的世界。

布丰在蒂简附近他自己的蒙特巴庄园里，用了好几个夏天研究自然和读书、写作。

和他的同代人伏尔泰一样，布丰在英国度过了一段时期，之所以离开法国，是因为年轻气盛，参加决斗而被放逐。也像伏尔泰那样，他立即被牛顿学说那严谨的逻辑和巨大的成功所吸引。为了更好地掌握英文，他把牛顿的一本微积分著作翻译成了法文，并且还熟读英文书籍，首先是物理学方面的，这是他早期的兴趣，后来转向植物学书籍。当他返回法国时，他不仅大致掌握了牛顿力学的概念和典范，而且还大致领略了英语的习惯用法和风格。

布丰决心向世人呈献他自己的综合性的宇宙观，对于一个从前的花花公子来说，这不啻为是一种雄心勃勃的计划。幸运的是，他的工作在 1739 年得到了法国科学院的承认，他被选为预备院士，32 岁那年被任命为皇家植物园（Jardin du Roi）主任。在这个岗位上他能够采集大量标本，并使这座植物园成为一流的研究中心。

❧ 自然历史的百科全书 ❧

皇家植物园为布丰提供了一个充分发挥才干的舞台，他不仅才华横溢、文笔生辉，而且还有足够的自知之明，懂得自己还需要更多的训练。他在巴黎过冬，不过夏天总在蒂简附近他自己的庄园蒙特巴度过，在那里他为自己制定了一个斯巴达式的作息时间，每天早上 6 时起床。因为知道自己有赖床习惯，他就另付小费，要贴身男仆按时叫他起床，每天的工作仅仅中断两次：整理头发，搽粉。这个习惯坚持了 50 年。杰弗逊在当美国驻法大使时，曾经被邀请到蒙特巴庄园吃饭，他回忆说：

> "这正是布丰的习惯，除了吃饭时间，他都在工作，并且决不会客，无论客人以什么理由。但是，他家的大门总是敞开，包括花园。有一个仆人非常周到地引导参观，并且邀请所有的生人和朋友留下来吃饭。我们看见布丰在园子里，但是会尽量避开他。不过当我们在一起吃饭时，这时的他，就像平时那样，是一位非常健谈的人。"

布丰于 1745 年开始写他的百科全书式的《自然史》（*Histoire naturelle*）。最早的三卷在 1749 年出版，立即获得了巨大成功。尽管他原先计划只用几年时间出上个若干卷，但事实上这个工程却花费了他大半生的时间，最后在他生前有 36 卷问世（在其他人的帮助下），另有 8 卷在他死后出版。

尽管布丰在写作时间上有着严格的规定，但是他并不是一个训练有素的科学家。尽管他倾心于牛顿革命，但在实际研究中，他并不遵守脚踏实地的观察、实验和数学分析这一套科学工作的基本准则。布丰试图建立一套宇宙的总体图景，在此过程中，他要利用牛顿力学的概念和新机械观，来考察宇宙的每一个细节，并对它的组成及其由来提出思辨性的看法。

尽管巨著本身具有现代性，但这一令人兴奋的努力却在许多方面把当代读者引向古人，布丰指出，古人都是"……伟大的人物，并不局限于单一领域的研究。他们有崇高的胸怀、宽广而深厚的知识以及广阔的视野"。仿佛是对批评有先见之明——并且也许是暗指观察细致的林奈，他继续说道："……乍看上去，它们给人的印象似乎是缺乏细节描述，但只要在阅读时稍加思考就不难明白，微不足道的细节并不值得付出更多的关注，正如我们最近已经给予它们的关注那样。"

不用说，从布丰长达 40 多卷和近 50 年的思考和写作中，今天的读者可以找到许多缺陷、矛盾、错误和马虎的地方。但重要的是，要意识到《自然史》在当时所具有的震撼力和巨大影响。它们激励了其他受过更严谨训练的思想家，去抓住布丰思想中富有挑战性和思辨的内容，从而集中对它们进行更为细致深入的研究。

在第一卷中，布丰开门见山地说明他与林奈系统的不同，嘲笑林奈的系统是枯燥无味的分类，总的说来是"人为"体系。他认为："错误在于没有认识到，自然过程总是一步一步发生的……从最完善的生物到最不定型的物质，其间几乎总是存在不可察觉的界限……将会发现存在大量中间物种和对象，它们居于两个等级之间。不可能将这类对象固定于一个位置，要把它们放入一个普遍系统，必然是徒劳的努力。"

布丰在负责皇家植物园期间，大大扩展了园里对稀有和异常植物标本的收藏，使这个地方成了对外国显要人物和其他访问者很有吸引力的场所。

那么，布丰提出的是什么呢？说起来还真不好把握，因为他的思想总带有思辨成分，又在不断变化，并且分布在许多年的工作和许多著作中。他的出发点是这一信念：所有分类系统都只不过是人类使用起来方便的产物，至于自然界本身并不是按纲、目、属和物种这样间断的分类单位而组成。无论这种分类体系对自然界的研究者是多么有用（或者有害），它们只不过是人为和任意的排列。布丰说，自然是由单个有机体组成的，这些有机体相互之间呈现微小而连续的渐变。然而，随着岁月转移，他的分类思想显然在改变。1749 年，在他最早的作品中，他强烈地怀疑，对于丰富多彩的生物世界，任何分类系统都是可能的。但到 1755 年，他承认存在相关物种。不过他说，物种是"自然界中唯一客观和基本的实体"。所有其他的分类仍然是人为和误导的。

如果布丰就停留在这一步，那么今天我们所知的布丰也许只是 18 世纪科学史中的一个平凡而又有趣的注脚而已。但是，不像其他博物学家，他蔑视这类读物，其中"充满大量干巴巴的术语"和"乏味做作的手法"。布丰的雄心在于编织出一张更宽广的网，以生动形象的手法来再现一个完整的自然界,提供一部有关地球的面面俱到的历史,作为生命体的家园,地球就是一部运动中的巨大机器。事实上,运动正是其中的关键。因为布丰一开始就相信,生命本身也许就是这一巨大运动中的一部分,亦即,就像作为生命家园的地球及宇宙一样,生命,也不是静止的而是处于演化之中的。

～ 内 在 模 式 ～

正如本编第三章所述,针对地球历史的漫长性,布丰已有相当令人诧异的见解,尽管他竭力避免跟教会当局引发冲突,因为教会反对这一说法,即地球可能比《圣经》所说的6 000 年更为古老。

然而,生命是布丰最感兴趣的对象,一旦他着手描述地球历史,就开始针对地球上生命形式的演变提出重要而又有趣的见解。尽管这些见解散见于许多著作和多年来的工作中,其中不乏离奇性,有时还相互矛盾,但这些想法的本质却暗示了一场重大智力转移的开始,它超越了静态的生命观,冲破了存在巨链带来的思路上的束缚,并且为 19 世纪达尔文的伟大工作铺垫了基础。

布丰开始思考生命及其演变时,心中有一个强烈的信念:生命,也像宇宙一样,只有用严格的机械论,也就是说,用牛顿学说的术语,才能作出解释和得到理解。布丰寻求的是物理解释和因果关系。牛顿以他对引力的工作,已经证明这类物理关系并不总是一目了然。物体之间的相互作用并不一定要相互接触。它们甚至不一定要靠得很近:想想太阳和月亮对地球的影响。布丰相信,在生命科学中,可以作出同样的假定。

当思路不畅时,布丰偶尔也会即兴发挥。他从胚胎这一长期存在的问题着手(胚胎问题将在本编第八章讨论,涉及生物繁殖,或者 18 世纪所谓的生殖问题)。布丰采纳某些人主张的理论,认为胚胎是在子宫里由雄性和雌性精液混合形成的(尽管今天听起来有点奇怪,当时雌性精液却是常用之词)。受时代局限,他作了这样的推理:精液是由"有机粒子"构成的,它们可能来自食物,也可能来自大气,因为那里充满了微小的生命粒子。他解释说,一旦这些粒子进入精液,随后它们就会自行组成胚胎的复杂结构。然而,这些粒子怎么"知道"组成某一特定物种,而不是另一种呢?

在这里,布丰试图围绕一个旧观念来做新文章,这一旧观念就是柏拉图的永恒"本质",但不太成功。这就是说,理想形式存在于时间和空间之外,与特定的表现无关。布丰认为,每一物种都对应一个"内在模式",它通过某种方式指导粒子进入它们恰当的位置。(这个"内在模式"是什么? 它是怎么来的? 实际上又是怎样操纵粒子到位的? 布丰从未给出令人满意的解释。)作为这一内在模式的产物,物种是"固定的"。每个物种都是特定模式的确定和特殊产物,内在模式从最初起就存在于宇宙之中。模式决定一种生物体的全部细节,使无序的有机粒子形成具有特殊性状的动物或植物。布丰甚至想到,这些事先存在的模式会在其他行星上产生同样的物种,与地球上的物种完全相同,如果恰当的温度和其他环境要求都得到满足的话(这在当时可是一种激进思想)。在他的"内在模式"假说中,布丰还是与那些更激进的唯物主义者有所不同,他们认为,所有生命的起源都是自然发生的结果——是随机的,完全由环境决定。

但是,尽管布丰坚持永恒观念,但他也意识到,物种看来是会变的。在他的观察过程中，他注意到，例如，存在退化的器官，它们发育不全，而且显然毫无用途。他写道："猪，看来并未体现原初特殊和完善的计划，因为它是其他动物的混合物：它具有明显无用的部分，或者有的部分派不上任何用场，它的脚趾骨骼发育完全，然而全然无用。"这些"无用的部分"似乎暗示在物种中存在不完美性。如果每个物种都从一开始就发育完善，而且自那以后从未变化过，那么，为什么现在会存在这些不完善呢？他解释说，这个对环境作出回应的过程，就是"退化"。但是布丰也相信，只要引起退化的环境影响消失，那么，物种就会回到它的原始形式。这里，他再次和后来的进化论有所区别，进化论把这些变化看成是一系列连续变化的一部分，而不是临时或者可逆的变化。（顺便提及，布丰的思想甚至在遥远的美国激起反响。杰弗逊因此而送他美洲大黑豹的毛皮，以驳斥布丰关于新世界的动物在体型上已经退化的说法。）

～ 布丰的遗产 ～

布丰富有挑战性，文笔优美，是一位相当有影响力的科普作家，其影响不仅面向当时的年轻动物学家，而且还有整个公众阶层。他的著作大部分是由专论组成，内容涉及各种哺乳动物，既有科学价值，也有文学价值。尽管他的不少思想洋洋洒洒大而无当，但针对林奈的过于拘泥细节而言，他的这种居高临下式的手笔却能带来启发。他拒绝物种演变思想，坚定地否定任何这种可能性；但是他所收集的事实似乎又与他支持的"物种固定"论相背。事实上，达尔文把布丰看成是"当代以科学精神来论述物种起源的第一位作者"。

布丰清晰的描述和浩瀚的著作，包括他对《百科全书》的贡献，留下了丰富的遗产，尽管他的哲学立场往往很难界定。

布丰那闪烁其词的议论也许就是为了避免教会当局来找麻烦。他的不少更激进的同事认为他过于模棱两可。或者也许他的著作只是反映了在漫长的写作期间他自己看法的变化。然而，他并没有完全逃过教会的愤怒。1751年6月15日，布丰被传唤到索邦神学院，告诫他放弃《自然史》的某些部分，据称是因为触犯了教义。当局特别提到这样一些部分：地球年龄，行星从太阳中诞生，以及真理只能通过科学得到等论点。布丰答应不再出现这些犯规的异端邪说，并且在今后降低写作调子。但是他继续写得富有挑战性，只是更谨慎而已。布丰死于1788年。更多因为他是贵族一员而不是他那富有争议的思想，革命者捣毁了他的坟墓和为他建立的纪念碑。但是，他的精神鼓舞了当时好几位伟大的博物学家，其中包括拉马克（Jean Baptiste Lemarck，1744—1829）和居维叶，他们两人将在第二编第九章介绍。

第八章

动物机器：生理学、繁殖和胚胎学

布丰，当然不是唯一被指控为信奉异端邪说的人。18世纪再没人像《人是机器》（*L'Homme machine*）（1748）一书的作者拉美特利（Julien Offroy de La Mettrie，1709—1751）那样，典型地代表了后牛顿时代的唯物主义学说。也再没人比他更激怒教会当局的了（也许，除了伏尔泰之外）。

拉美特利与当局交恶已有一段很长的历史。早年他曾把布尔哈夫（Hermann Boerhaave，1668—1738）的著作翻译成法文，遭到巴黎大学医学系的谴责（巴黎大学非常保守，一直不愿接受16世纪和17世纪维萨留斯和哈维的工作）。布尔哈夫是荷兰广受尊敬的医学和化学教师与作家。作为一位顽强的叛逆者，拉美特利继续出版针对学校当局的讽刺性小册子和一些"异端书籍"，不怕引火烧身。尽管拉美特利本人是牧师，却毫不在意地提倡与宗教教义唱反调的唯物主义思想。

巴黎皇家植物园教授朱西厄（Bernard de Jussieu，1700—1784）从黎巴嫩带回一棵雪松，正在运往法国。库克船长的世界探险和林奈的拉普兰之旅大大地扩展了科学家对世界其他地方生物多样性的认识。结果导致标本大量流入，这有助于对生命过程和特性的新理解。

拉美特利最著名的著作《人是机器》在莱顿出版（莱顿在荷兰，那时荷兰比法国更开放），也许是希望避开保守的法国教会。在这本书里，他把人描写成完全受物理和化学因素控制的机器。这是一种激进的思想，是牛顿革命最终运用于人类本身的尝试。他还否定了笛卡儿的二元论，二元论强调的是把心灵或灵魂与躯体分开。拉美特利坚持说，人只不过是另一种动物，是一种"会说话的猿猴"。由于这本书，拉美特利破天荒地为近代生物学奠定了基础，因为他认为人与动物并无本质区别。

拉美特利与其说是一位科学家，不如说更像雄辩家和哲学家，受到他以及在他之前的哈维工作的激励，着手系统地探讨生物体的机理。在这一过程中，下述三大领域是主攻目标：努力理解使机体得以维持的生理学机制（包括消化和呼吸）、繁殖过程和胚胎发育。

对于后牛顿时代的生物学家来说，躯体机器是那个时代的观念。哈维已经用他的血液循环研究证明，血液通过动脉和静脉就像水通过管道一样，靠瓣膜控制，靠心脏压送。没人会在这一观念面前止步不前：躯体和机器的对比只能到此为止。

动物为何能动？

18世纪最杰出的生理学家之一，哈勒（Albrecht von Haller，1708—1777）出生于瑞士伯尔尼。与许多学生一起（他也是那个世纪里的一位伟大的教师），他逐个考察器官的构造和功能，使解剖学成为一门实验科学，还把动力学原理运用到生理学研究。

哈勒是一位严格和勤奋的实验家，他对观察、记录和求知的渴望是如此之强烈，以至于直到临终，他依然保持着科学家的习惯。弥留之际，1777年12月12日，此时他的身边围绕着医生和朋友，他把手指放在手腕上，感到微弱的脉搏渐趋衰弱，于是，他平静地报告说："动脉不再跳了。"

在生前，哈勒以同样的果断，探讨了肌肉的应激性和神经的敏感，从而为循环系统生理学作出了重要贡献，其中包括循环时间和心脏的自主作用，并且首次对呼吸进行了扎实的讨论。

他的《生理学原理》（*Elementa Physiologiae Corporis Humani*）一书被誉为是18世纪最权威的著作。19世纪的伟大生理学家马让迪（Francois Magendi，1783—1855）曾如此埋怨，每当他想到要做一个新实验时，就会发现在《生理学原理》一书中哈勒已经给予详尽的描述。哈勒系统地扩展了解剖学知识，用实验把这些知识和生理学联系起来，并且把动力学原理运用到生理学问题上。

在活体实验（以活着的有机体为对象）中，他充分运用扎实可靠的方法，逐步深入到功能和过程的细节之中。他把"应激性"（irritable）定义为接触时会发生收缩，把"敏感性"（sensible）定义为当受刺激时把信息传递给大脑。他试验过各种刺激方法——扎、捏和某些化学品。他还测试各种器官，如腱、骨、脑膜、肝、脾和肾，发现全都不具敏感性。他还发现肌肉的应激性是由于神经的刺激。例如，通过刺激某些神经可以使膈膜收缩。这样他就深入阐明了在那些活体肌肉组织或刚死去动物中自发性收缩现象的本质。

他的方法往往是分析客观的，并且在已发现的数据基础上向前推进。在谈及他对大脑和神经系统的研究时写道："由于大脑和神经的特性相同，它们的功能也一定相似。在研究时,我们要尽可能地运用实验,无论如何在一开始,就要严格限于感官提供给我们的证据。"

他从实验中发现,只有神经才是感觉器官,所以身体中只有与神经系统连接的那些部分才能体验到感觉。

哈勒持之以恒地投入工作,实验报告总附有证据。当然,他可能会受一个错误理论的误导而给出自己的有影响力的看法,本章后面还将解释这一点,但是他集中代表了那个时代的生物实验家。总的说来,他最大的贡献体现在对生理学研究的精神和方法的影响上。尽管今天的他相对不为人所知,但他的影响却遍及当时的欧洲。

列奥谬尔(Rene-Antoine Ferchault de Reaumur,1683—1757),昆虫学的创建者之一,他就昆虫的生活周期和行为写过一部六卷本的纲要。他

哈勒被认为是最伟大的近代生理学家之一。

对活昆虫的观察如此细致,以致为他的同代人和对手布丰写作《自然史》奠定了基础。其实,索邦神学院要攻击的正是布丰背后的列奥谬尔。

列奥谬尔仔细研究昆虫(诸如毛虫和蛙虫)的行为。

在他的著作中,列奥谬尔还强调要关注昆虫的大类,而不是仅仅陷于对个别物种的细节描述上,从而为居维叶以及他对林奈分类系统的修订打下基础(见第九章)。列奥谬尔还发明了一种温标和一种陶瓷,他的研究人员帮助建立了法国的镀锡工业,对法国炼钢工业也有很大贡献。但是在生物学中,深入揭示消化过程也许是他的最大功绩。

他有一只宠物鹰,这只鹰会把不能消化的东西吐出来。列奥谬尔训练它学会吞下金属细管,管端开口,里面含有海绵。当这些细管果然被吐出后,他检查海绵,发现有被消化的迹象,因为里面渗透了胃液。列奥谬尔分离出胃液,证明当它作用于肉食时,会使肉食软化。他写道:"当我把鹰的少许胃液沾于我的舌头上时,尝起来有点咸,而不是苦,尽管……被胃液作用后的骨头尝起来不是咸而是苦。"他还发现,当他把一小块肉放在金属细管里,鹰吐出后已被部分消化,而不是像有些理论家认为的那样,或者成为粉末状,或者腐烂掉了。

斯帕兰扎尼（Lazzaro Spallanzani，1729—1799）继续列奥谬尔的实验，他意识到，当测试胃液对肉的作用效果时，温度应与实验动物的体温保持一致。斯帕兰扎尼用其他鸟类做了同样的试验，其中有一只乌鸦，他用一根线取出已部分消化的食物，发现在 7 小时之后，大部分食物已完全被消化汁溶解。

然而，斯帕兰扎尼并不满足于这些结果，他走得更远，竟拿自己做实验。尽管担心自己也许会窒息而死（事实上，列奥谬尔的鹰就是这样死的），但他还是吞下一个小亚麻包，里面装有一些嚼碎的面包渣。当小包在 23 小时后从他身体里取出来时，面包不见了，而小包依然完好无损。他后来又吞下木质小球和盛有食物的开口金属管，管子两端被纱布包住，但是这些使他呕吐。他发现，在这个特殊的课题上，他的科学好奇心已经超出了极限。

意大利生理学家莫尔加尼（Giovanni Battista Morgagni，1682—1771）对于患病组织（而不是健康组织）的考察，给疾病起因和进程从解剖学的观点提供了新的见解。他对640具尸体的解剖，使病理学得到了发展，因此莫尔加尼可以看成是病理学的创始人。

伟大的生命科学实验家斯帕兰扎尼正在进行鸟类消化实验。

拉瓦锡破译呼吸问题

科学上的许多进展依赖于前人已经解决的障碍，此时，当一位具有特定视角，背景和研究技巧的人恰好应运而生时，他或她就有机会脱颖而出。拉瓦锡，一位已经在化学的其他领域颇有建树的科学家，当他面对呼吸问题时就有这样的好运气，因为在他面前所有必须解决的障碍都已被拿下：哈维解释了血液的循环，澄清呼吸运动；马尔比基已经完成对肺的微型解剖；至于气体化学，部分也是出自他本人的努力，已取得前所未有的进展。至18 世纪末，气体成功地被分离和鉴定，导致了一场化学革命（见第四章），现在终于可以开始研究呼吸问题了。

到 1777 年，拉瓦锡发表了一篇题为《动物呼吸的实验和空气通过肺所发生的变化》的论文。此时他已意识到呼吸过程中涉及两种不同性质的气体，一种是"特别适于呼吸的空气"（氧），另一种是"固定空气"（二氧化碳）——拉瓦锡把呼吸解释成缓慢地燃烧或氧化过程。尽管他的英国同事普里斯特利错失了这一点，但拉瓦锡抓住了关键，呼吸正是利用氧气和释放二氧化碳的过程。他与拉普拉斯合作（见本编第二章），设计了一个实验装置，可以定量测出动物热的产生，以便研究呼吸的物理化学基础。利用他们改进过的量热计，可以定量地比较呼吸和燃烧，并得到了令人兴奋的结果。呼吸和燃烧的类比不再只是美好的隐喻。拉瓦锡现在可以在他的《热学论文集》中作出这样的结论："呼吸过程中，纯空气转化为固定空气时所释放的热，正是维持动物热的主要原因。"

有机体如何繁殖？

那些对博物学有兴趣的人们面临的最棘手的问题之一就是，动物如何产生后代。哺乳动物的卵子直到 1828 年才被发现，19 世纪末才有人观察到卵核和精子的结合。这些关键性的发现所要求的技术和设备在 18 世纪还不具备。结果，18 世纪的许多想法只能是猜想，这样的猜想倒是不少，有时基于事实，有时基于直觉，有时又基于他们立足的世界观。有些博物学家认为，卵（例如对于鸡和蛙）与受精和胚胎发育没有关系。许多人或者否认精子的存在，或者把它们当成一种寄生虫，对繁殖过程如果不是有害，也没有什么用处。许多人，包括林奈，认为体外受孕绝不会发生。林奈坦率声称："在任何活着的有机体中，卵的受精或怀孕绝不可能发生在母体之外。"这些问题中的某些，虽然不是全部，恰恰源于斯帕兰扎尼所做的精彩实验。

斯帕兰扎尼对科学的热情也许受他表姐贝希所激励，贝希在博洛尼亚大学担任数学教授，在当时这对妇女来说是一个难得的荣誉（见第一章"科学中的妇女"）。斯帕兰扎尼兴趣广泛，从地质学（埃特纳火山爆发时，他曾带领一支探险队去那里考察）到生理学，再到物理学（他担任勒佐大学物理学和数学教授），一直到希腊文和哲学（这两门课他都教过）。但是，尽管他兴趣广泛，他还是被认为是最伟大的实验家之一。通过仔细控制的实验，他破除了——至少是暂时地——自然发生的古老信念。他还花时间完成了非常有趣的有关生殖的若干实验。

17 世纪几位杰出科学家，包括哈维和法布里修斯，曾经提出过一个思想，认为促成受精的关键因素是在精液中。实际上，他们认为它是非物质的，是一种看不见的力量，类似于磁力，他们称之为"精气"（aura seminalis）。斯帕兰扎尼用青蛙做实验，证明这一思想是错误的。在实验中，他杀死正在下卵的雌蛙。如果正常产出并随即与精液接触的卵和平常一样发育，但是通过解剖从雌蛙体内取出的卵，也即从未与精液接触过的卵却不能发育，尽管在理论上可以推测，它已足够地吸纳了附近的精气。

既然这些实验不错，他就决定再向前走一步。在下一次实验中，他给雄蛙缝制了紧身的达夫绸短裤。尽管穿着这些奇异服装，青蛙仍然想和往常一样交配。但是此时精液不能接近雌蛙的卵子。精液以及它携带的一切都留在短裤内，尽管雌蛙下了很多卵子，却没有一个得到发育。但是，当斯帕兰扎尼把达夫绸短裤里保存的液体涂在卵子上时，被涂过的卵子却正常发育了。斯帕兰扎尼还从雄蛙的精囊里直接采集精液，仔细地施与卵子。这样处理过的卵子也能发育成为蝌蚪。完善的科学实验之关键步骤就在于确保"控制"，以保证当实验者不施加影响时，上述观察结果就不会再出现。于是，斯帕兰扎尼还观察了实验中未经任何处理的卵子——它们分解了。

 詹纳：征服天花

当詹纳（Edward Jenner，1749—1823）还是一个年轻的医学实习生时，他就开始思考从乡村挤乳女工那里听到的一件事。女工认为，她从不为感染天花担忧，因为她已经感染过一次牛痘了。牛痘是一种极其温和的疾病，非常普通，从乳牛的乳房转移到挤乳女工手上，引起小脓包疹子。牛痘类似于天花，但是病情轻得多。在詹纳当乡村医生的英国格洛斯特郡乡村地区，牛痘可以导致对天花免疫的事实已经是普通的知识。

众所周知，如果一个人幸免于轻微的天花，他或她就会对下一次感染具有免疫力，事实上，有些医生已经给少数富人嫁接过这种温和的病症，以保护他们不受18世纪席卷欧洲的天花大流行的传染。接种很花钱，其危险程度几乎和疾病本身一样。接种过程有时甚至会致命，并且往往给病人留下丑陋的伤痕。

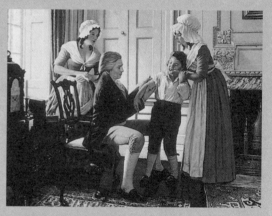

詹纳在接种天花疫苗。

詹纳用了几乎20年研究这个问题，对牛痘和天花病人作详细记录。最后在1796年5月，他做了一个实验。他从受感染的挤乳女工手上取得牛痘脓液，在名叫菲普斯（James Phipps）的8岁小孩身上"种痘"。正如詹纳期望的那样，小孩染上了温和的牛痘，但也和詹纳希望的一样，很快就恢复了。两个月后进行下一步。这时詹纳给小孩接种致命剂量的天花。这是非常危险和有争议的实验，但是小孩一直保持健康，并且没有任何迹象表明他感染上了这种致命疾病。又几个月后，詹纳重复他的试验，再次给年轻的菲普斯注射另一份强剂量的天花浆液。小孩仍然健康。

詹纳的结论是：牛痘病毒与天花极其相似，因此身体能够同时对这两者产生抗性，但是牛痘症状非常轻微，种痘后只会引起轻微的不适。

"种痘"这个词的英文vaccination是根据拉丁文的牛痘（vaccinia）而造的新字。詹纳发表了他的发现。尽管起初有人怀疑，遇到阻力，但英国在1800年还是完全接受了种痘，并很快被世界其余地方采纳。值得一提的是，詹纳本人在他家乡的庭院里，每天要给300多位穷人种痘。到了1800年，估计有100 000人获得了新的免疫力，许多国家很快实施强制性种痘，在这以后，天花发病率急剧下降。

尽管后来发现，天花种痘术并不终生有效，还必须"重新激活"或者后续"增强"，然而，詹纳的措施不仅使世界摆脱了一种可怕的疾病，而且建立了免疫学这门科学，并且还为后人的研究打开了通道，促使巴斯德（Louis Pasteur，1822—1895）、科赫（Robert Koch，1843—1910）等人针对其他疾病寻求治疗和免疫的方法。

斯帕兰扎尼突然想出一个人工授精的方法。1779 年,他成功地把类似过程用于一条母狗。尽管他肯定不是第一个成功进行人工授精的人(几个世纪以来,阿拉伯的牧马人早已这样做了),但他却是最早把这一手段用于科学,在此过程中,进行精心控制,并且对结果作出记录。

至少他在科学界引起了轩然大波,1781 年瑞士博物学家邦尼特(Charles Bonnet,1720—1793)写信对他说:"我不知道是在哪一天,但总会有一天您发现的方法将会运用于人类本身,造成我们很少考虑过的严重后果。"

18世纪关于自然发生的争论

认为有些生物体可能自发起源于无机物质的思想曾经反复出现,并且在分子水平上,20世纪的若干个备受瞩目的生命起源理论中,它也起过重要作用。

在17世纪,雷迪驳倒了希腊思想家亚里士多德提出的思想,认为有机体(例如蛆、绦虫或昆虫)可以突然从黏土,或者一块腐烂的肉或者排泄物中滋生出来。但是,由于17世纪发现了许多显微镜下才能看见的有机体,于是自然发生的问题再次出现(尽管它们的发现者列文虎克认为,它们来自和它们一样的亲代)。

18世纪的布丰对自然发生提供了相当有分量的见解。他的一位英国朋友,显微镜学家尼达姆(John Turberville Needham,1713—1781)曾经在1748年与他合作做了一系列似乎有着有决定性意义的实验。尼达姆把羊肉汤烧开,再密封于玻璃瓶中。几天后打开容器,发现有许多微生物存在。他的结论是:微生物从无生命物质中产生了。他推论说:"在物质的每个微粒以及组成动植物结构的每一个可见的丝状体中,都有一种繁殖力(vegetative Force)。"根据数学家、哲学家莱布尼兹关于存在单子或活分子的观点,尼达姆认为,动植物死后会分解成"某种宇宙种子",一种"所有生命的源泉",新的生物体从中反复产生。

但是20年后斯帕兰扎尼重复了这个实验,这次用的是更科学的控制方法。他让不同烧瓶煮沸不同时间,发现微生物的耐热性各有不同。有些稍微加热就死去,有些则在沸水中煮了几乎一小时仍然活着。对于尼达姆的实验,斯帕兰扎尼指出,有些原来就在羊肉汤里的孢子煮很短的时间是不能杀死的。

斯帕兰扎尼的实验确切地证明,需要彻底的消毒技术,这样就暂时解决了关于自然发生说的争议。但是到1810年,法国化学家盖·吕萨克(Joseph Louis Gay-Lussac,1778—1850)提出异议,说斯帕兰扎尼的消毒容器缺氧气,而氧是生命自然产生时所必需的。这样一来,斯帕兰扎尼实验的权威性就成了问题,自然发生之争再次变得悬而未决。

但是精液的什么成分引起受精,这个问题仍然存在。所以邦尼特向斯帕兰扎尼建议做另外一个实验,从而导致了另外一系列精彩的故事。斯帕兰扎尼把仔细称量过的青蛙精液放在一块载玻片上。然后用少量的麦麸,一种天然的凝胶,把 26 个卵粘在另一块载玻片上,并使它翻面盖在盛有精液的那块载玻片上。卵子是潮湿的,但是卵子实际上没有真正接触精液。当把这些卵子放在水里时,它们没有发育。但是如果把这些精液涂在其他卵子上,那些卵子却发育了。这说明这些精液仍然有活力。于是精气之说终于不再有效。由此,斯帕兰扎尼得出结论:"青蛙的受精,并不是精气的作用,而是精液中可察觉(感觉得到的)部分作用的结果。"

邦尼特建议试试是否还有其他能影响的因素——血液、血液提取物、电、醋、酒、尿、柠檬和酸橙汁、油等等,也许能得到有趣的结果。斯帕兰扎尼一一照着做了,但是没有一样能引起发育。他试图测验精液的活力究竟如何——什么能够消除精液的受精能力——结果发现,将精液稀释、置于真空里、冷藏和用油处理,都不能消除精液的受精能力。然而,加热、蒸发、酒或用滤纸过滤,却能使精液失效。

最后的一个线索使斯帕兰扎尼想到做另一个实验,他用滤纸过滤精液,结果是过滤后的稀液没有能力使卵子发育,但是滤纸上留有黏稠的残余物。当斯帕兰扎尼把这一残余物涂在卵子上时,卵子发育了。然而由于某种原因,斯帕兰扎尼忽视了这一重要细节的意义,得到的结论却是:并不是残留在滤纸上的精子,而是残留在滤纸上的一小部分精液导致了卵子受精。本来斯帕兰扎尼应该从他的实验中得到正确的结论,是精子而不是精子周围的液体起到受精的作用。但是由于某种无法了解的原因,使他错失这一结论。他前面的实验结果也许使他受到了蒙蔽——使他认为没有精子的精液起到受精的作用,精液中的精子显然已被杀死,因为他已对它们做过这样的处理:放在真空中,加热,蒸发以及用醋处理。或者他由于先入为主的信念而误入迷途,认为精子是一些寄生虫,通过性交逐代传递,是一种普遍存在的性病。

与此同时,为什么动物的卵子受孕后会发育,仍然是一堆谜团。

沃尔夫挑战预成论

哈勒曾经写道:"雌性的卵巢不仅包含她的女儿,而且还有孙女、曾孙女和曾孙女的女儿,如果一旦证明卵巢可以含有许多后代,就不妨说它含有全部后代。"这种预成论的思想已经存在很长时间,不过这种微型人(指的是预先形成的小人)究竟是藏在卵巢里还是精液里,则取决于人们相信哪一种繁殖理论。富有想象力的显微镜学家甚至还画出了他们认为看到过的挤在单个精液细胞里的微型人。

但是,沃尔夫(Caspar Friedrich Wolff, 1734—1794)对于胚胎发育和分化的分析提出了新方法。1759 年,他撰写了划时代的论文《发生理论》(*Theory of generation*),从此改变了胚胎学的历史进程。文中叙述了他对各种植物所作的观察,由此提炼出一个哲学命题,认为胚胎发育是"渐成的",也就是说,各部分是逐渐生成的结果。

他显然不知道他的大多数同事,包括伟大的生理学家哈勒,都坚定地相信预成论。沃尔夫把他的论文送给哈勒(当时沃尔夫只有 26 岁)。哈勒很快就基于宗教理由否定了沃尔夫的论文。明知遭到拒绝,沃尔夫尖锐地回答说,科学家必须追求真理,不应以神学为依据来作出判断,这不是科学立场。不过,对于沃尔夫来说,提出的也不过是一个有欠分量的假说;所以就此而言,他的论文缺乏过硬的证据反驳哈勒的异议。

但是,18 世纪生物学家遇到了两难境地。尽管哈勒、斯帕兰扎尼和邦尼特都满足于已有的宗教背景,并且希望忠于《圣经》的创世故事,但他们又打算把生理学其他领域正在使用的机械论方式挪用于生殖研究。

在眼下的情况中运用实验方法有些麻烦。自从列文虎克时代以来,显微镜并没有太多改进。可以使生物学家区分不同组织和细胞的着色技术还未发展。更多的进展来自植物研究,因为通过显微镜,植物的细节比未着色的动物组织更容易看清。所以,沃尔夫大多数有关动植物的结论都只是基于对植物的显微镜观察。正是在种子里,他在原始未分化的材料中,看到了树叶的原基和花的部件。

于是在 1768 年,沃尔夫描述了他对小鸡肠子形成过程的研究。他发现,小鸡肠子是在胚胎发育过程中从一个简单的组织发育而成。它先以一定的长度折叠形成一个凹槽,然后封闭形成管子。他还在更高级的动物中发现,在发育完成

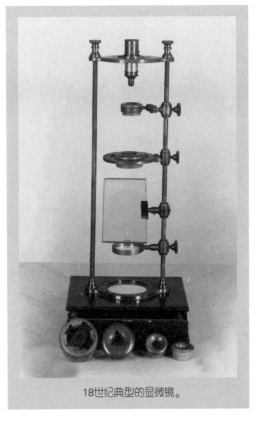

18世纪典型的显微镜。

之前,胚胎肾会消失。为了纪念他,这种结构被称为沃尔夫体。他坚持说,预成论不能解释上述两种情况。小鸡的肠子不可能在鸡蛋里预成,他曾一步一步地观察过它的发育,他的结论是:这个过程一定是由简单均匀(相似)的组织,分化为更复杂的各不相同的结构。

沃尔夫写道:"我们可以得出结论,体内各种器官并不始终存在,而是逐渐形成的,不管其形成过程如何。我并不是说,它们的形成是由于某些粒子的偶然结合,是某种发酵过程,是通过机械原因或是通过灵魂的活动,我只是说,它是逐步形成的。"

沃尔夫是最早成为自然哲学信奉者的生物学家之一。自然哲学是一种受浪漫主义影响的德国哲学,主张自然中渗透着一种生命力,它能激发创造和繁殖过程。

作为自然哲学的信奉者,他认为他观察到的过程显示了某种生命力,它作用于匀质的有机物上,使它分化出各种结构。但是他不能再向前推进了。

最后,尽管沃尔夫已走得够远(赫胥黎认为他是一位被大大低估了的天才),但他并没有赢得这场反对预成论的战争。因为那场论战需要细胞理论来提供一种框架,从而理解精液、卵子和胚胎。再就是生物学家必须放弃他们钟爱的 18 世纪思想,包括机械论和自然哲学。他们必须放弃把有机体看成是机器的努力,但同时又不能放弃解释这种运作机制的希望。那些为理解胚胎发育而战的人们,和那些为抓住进化这一重大问题而奋斗的人们一样,只有在未来的 19 世纪才能看到他们战斗的胜利。

第九章

近代进化论的先行者：拉马克和居维叶

18世纪对"物种不变论"——所有物种永远保持不变——的论战在世纪末由于两个人的工作而达到白热化，这就是拉马克和居维叶。他们两位都是法国人，这也许并非偶然；巴黎那时已经成了生物学研究中心。这座城市坐落于一个辽阔盆地中，底下埋藏着无数贝壳、珊瑚、哺乳动物和各种化石。拉马克和居维叶两人成了主要竞争对手，一个是研究无脊椎动物的专家，另一个是研究脊椎动物的专家。

⌘ 拉马克打开进化论的大门 ⌘

达尔文曾经说，拉马克是"最早关注物种起源问题的人，他的结论引起了人们极大的注意，他的杰出贡献在于唤起人们关注这一可能性，即无论是有机界的变化，还是无机界的变化，都是自然规律作用的结果，而非奇迹的干预"。由于19世纪达尔文的巨大贡献，也由于当时同事们的嘲弄，拉马克在科学史上的地位有所遮蔽。但是，拉马克却是第一个有勇气提出这一观念，即物种不是固定不变，而是在时间中会逐代发生变化。他富有直觉，尽管有时会脱离科学知识而走得太远。他试图综合各种理论，不仅包括生物学，还包括物理学和化学。

拉马克是家庭里11个孩子中最小的一个，不过他获得了家族的封号德·拉马克。但是他的好运也就到此为止，因为封号并没有收入。作为一个身无分文的年轻人，他被送到耶稣会学习，以便将来成为一名神职人员。但是当父亲去世时，他获得了一小笔遗产，于是立即买了一匹马，骑上它告别了未来的神职人员生涯。16岁时，他加入德国军队，在7年战争中表现英勇，得到提升。但是22岁那年，因为脖子上的慢性淋巴结炎症，不得不中途放弃军事生涯。拉马克来到巴黎试试运气，在那里结过几次婚，学过植物学、医学和音乐，当过银行职员。

进化论的先驱拉马克爵士。

在此期间,他成了哲学家卢梭(Jean-Jacques Rousseau,1712—1778)的朋友,两人一起远行,讨论自然和历史。他发现自己可以靠写作谋生,结果写了两本平淡无趣的书,一本关于医学,一本是年历,他还根据自己的气象学知识提供了11年的天气预报,但年年都不可靠。

拉马克事业的真正起飞源于他重新拾回对植物学的兴趣,当年随军驻扎于地中海沿岸时,他首次燃起对植物学的兴趣。他写了一本《法国植物志》,1778年出版,取得巨大成功,加印了好几次。这是第一本野外手册,能够帮助读者识别法国花卉品种,被植物学家和业余爱好者广泛使用。

在布丰的帮助下,拉马克开始步入博物学领域。布丰不仅关心他,还雇他当自己儿子的家庭教师。1781年,他成为皇家自然历史博物馆植物部的助理,这是一个有薪水的岗位,并且还有很多旅行的机会,以便为博物馆收集植物标本。不久发生了法国大革命,雇用他和布丰的政权垮台了。但是大革命也给他带来了好运。1793年,革命政府要物色人选担任博物馆的昆虫、贝壳和蠕虫部门(相当于我们今天所谓的无脊椎动物学)的低职位教授,拉马克被选上了,尽管他在这一领域并没有真正的基础。(与此同时,他的未来对手居维叶被任命为脊椎动物学教授,显然这是一个更有声望的职位)。然而,拉马克镇定自若,抓住这个机会,就在接近50岁的年龄,改行投入这一新的课题,并很快取得巨大成果,包括撰写了7卷本的《无脊椎动物史》(*History of Invertebrates*)一书。

拉马克成功地把林奈留下的一大堆烂摊子整理得井井有条。他把蜘蛛纲节肢动物(蜘蛛、扁虱、螨虫、蝎子,全都有8条腿)与昆虫纲(只有6条腿)分开。设立了甲壳纲(螃蟹、龙虾、鳌虾及其类似物)和棘皮动物门(体表带刺的动物,如海星和海胆)。无脊椎动物和脊椎动物这两个词实际上是拉马克提出的,他还新造了biology(生物学)这个词。

1809年出版的《动物哲学》(*Zoological Philosophy*)是他最好的著作,其中,拉马克提出物种演化的两个重要因素:第一,所有生物都有演变为更高级生命形式的基本趋势,并且自然界本身也倾向于复杂性的增加;第二,获得性的遗传,这是他最著名也是遭受批评最多的观点。

亨特兄弟: 放荡科学家的故事

威廉·亨特(William Hunter,1718—1783)作为英国顶尖医生和解剖学家之一而享有盛名,而他的弟弟约翰·亨特(John Hunter,1728—1793)在格拉斯哥则享有另一种名声。和严肃认真的哥哥形成鲜明对比,约翰举止粗犷、酗酒,每个知道他的人都认为他只不过是一个有文化的笨蛋。他酒后滋事,在苏格兰的乡村策马狂奔。人们说,他的特长在于动手能力极强,似乎生来就能娴熟地使用工具。

究竟为什么哥哥威廉要把他请到伦敦,在其私人解剖学实验室里当助手,这是一个谜。大家都认为兄弟俩在一起对谁都没有好处。

  无可否认，尽管约翰没有放弃那种放浪的生活，但是，他有一双娴熟的手，能够快速完成解剖任务（就在哥哥威廉演讲的同时），于是成为威廉实验室总管。其实，威廉非常欣赏弟弟的技艺（尽管他野性依然未泯），于是说服弟弟同意去切尔西军事医院学习。令人惊奇的是，约翰轻而易举地取得了优异的成绩。1754年，他在圣乔治医院学习外科。在当了一年住院外科医生后，回到哥哥那里，成为威廉私人解剖学校的全职合作伙伴。

  然而，兄弟之间仍时有摩擦。约翰仍然拒绝戴假发，并且坚持让人叫他"杰克"。当威廉找他谈，要他到牛津学习时，他并不是很高兴。就在第一学期结束后，约翰马上放弃了学业，对朋友说："他们想让我成为一个老妇人，向我灌输拉丁文和希腊文。"尽管厌恶阅读和写作，但他还是对此有所改进。他愿意过上好生活，包括在戏院里拥有最佳座位，活跃于伦敦的高贵社交圈。戏剧性的是，没有多久他就作为生物学基础方面最重要的研究者之一，迅速在伦敦获得知名度。他不仅在研究方面，如追踪男性胎儿睾丸的发育，定位鼻腔和嗅觉颅内神经，研究脓的形成，而且作为解剖学家，他的名声都很快超过了哥哥。

多才多艺的先驱约翰·亨特最有名的事情是建立了比较解剖学博物馆，收集的标本展示了结构和器官功能方面的比较学观念。遗憾的是，许多标本在第二次世界大战中被摧毁。

  哥哥威廉的声望是稳定的。他的专业是妇产科，利用科学方法，大大减少了儿童出生时的死亡率。他投入一场旷日持久的事业中，独自奋战，以便摆脱当时的助产术，因为自17世纪以来，它已经从一门温柔细心的技艺退化成漫不经心的操作，更多成为缺乏训练的实习医生赚钱的营生。

弟弟约翰由于健康的原因,决定去一个更温暖的地方并成为一名军队外科医生。在葡萄牙,约翰过上了较有规律的生活,因而他的情况有所好转。在那里,他还花时间研究动植物标本,同时成为贝雷岛(大西洋中的一个小岛)军事探险队的一名外科医生。在英国军队和西班牙军队交火期间,他开始研究枪伤,这项重要研究使他作为外科医生的名声大振。

回到伦敦,约翰发现他原来在威廉学校的位置不再空缺,于是他就自己开业。与哥哥一样,他也教授解剖学和外科学。尽管他继续鄙视"书本知识",不过在两兄弟中,他更讲究科学,在手术中建立和采取了特殊护理。约翰还解剖和研究了 500 多种动物,在淋巴系统的研究上独创一帜,证明腱在被切断后还可以重新结合,在血液凝结的研究中也独树一帜,并有重要探索。他还涉及小鸡胚胎,在这个领域里有许多精致和准确的绘画作品。

1767 年,约翰被选为伦敦皇家学会会员后,努力克服他对写作的厌恶,为科学文献作出了许多重要的、不同的贡献。从《人类牙齿的自然历史》到《适于解剖学研究的动物保存指导手册》以及《论地质学的观察和思考》,他的工作显示了他的敏捷和好奇的头脑。

不足为奇的是,约翰在他的后半生经常和哥哥发生激烈争吵(每次都宣称对方多次"抄袭"自己的著作),他们的争吵持续到 1783 年威廉去世。约翰也于 10 年后去世,病因缘于他在 1767 年开始做的一个实验,他把梅毒病人的脓液输入自己的身体。具有讽刺意味的是,他提出的梅毒和淋病理论是错误的,这导致梅毒研究被误导了半个世纪。

约翰的与众不同在于,他追踪研究自己病程的进展,直至最后一刻。他的与众不同还在于,他死于在皇家学会董事会上与同事的激烈争吵导致中风,但更可能是没有治愈的梅毒。

拉马克认为生命是从胶状或黏液物质,在热或电的过程帮助下自然发生的。他不同意那些人的想法——是大洪水和其他灾难塑造了动植物界的历史。他认为,生命在漫长的时间里经历了环境的逐渐变化。事实上,拉马克比他的同代人更深刻地意识到地质学时间的漫长。他认为,环境的长期变化对物种并没有产生直接变化,但是,环境变化会影响神经系统,从而给生物的整体结构带来变化:在动物身上会激发一种欲望或者需要,使得肌肉和器官受到刺激,发生某种变化,以回应周围环境的改变。拉马克认为,动物生命的需要实际上塑造了它的器官和特性,雌雄个体皆不例外,然后传给它们的后代。例如,长颈鹿(他相信长颈鹿起初和羚羊一样)为了够得着高高在上的树叶,于是使劲伸长它们的腿、脖子和舌头。每一代都伸长一点点,经过许多代,它们的腿、脖子和舌头越来越长,直至成为现在这个模样。其他动物的性状也曾经过历代长期的演变。例如,田鼠和鼹鼠,不能看东西,因为它们生活在地下,由于长期不用,视觉退化。鸭子的脚趾有蹼,是因为要用它来划水。拉马克并没有说物种获得新性状,仅仅是由于它们的需要或欲望,就像许多批评者所误解的那样。他的理论还带有更多的机械论特点。他推测,有机体内的欲望或需要会转化成某种流体,流进需要变化的器官里,例如,当长颈鹿伸长脖子想接近树叶时。

然而，"获得性遗传"并没有得到严格的检验。长颈鹿也许成功地伸长了它们的脖子听来有那么点道理，但是诸如条纹、斑点或麻点，又是怎样产生的呢？大多数动物不可能依靠尝试或由于需要而改变颜色。事实也不支持获得性遗传观念，即使个体能够成功地改变其解剖结构。

尽管在这一问题上，拉马克因误入歧途而不断招来人们的指责，但无可否认，正是他把进化引入生物学思想的前沿，他是第一位这样做的生物学家。伊拉兹马斯·达尔文（查尔斯·达尔文的祖父）在 50 年前曾经提出过类似思想，但是他的工作更多是一种猜测，并不具有缜密的思维（这一点常常使他的孙子感到窘迫）。居维叶直截了当地反对拉马克，他宁可采用灾变论的思想（见第本编三章关于地质学部分）。在这一点上，拉马克和居维叶有过激烈争论，居维叶不饶人，永远也没有原谅这一争吵。

拉马克晚年双目失明，在极其困难的时刻，居维叶讽刺性地指责他："也许是你自己不会恰当使用眼睛来看自然界，才使它们丧失视力。"但是，拉马克在女儿的搀扶下，继续参加各种科学集会，力图为自己的观点辩护。他写道："发现和证明一个有用的真理是不够的，还需要能够使它得到公认。"1829 年，他在一贫如洗中去世，而他那有用的真理仍然未得到公认。总的说来，拉马克在同代人和后人中激起的热情，很遗憾，更多是由于嘲弄，而不是科学兴趣。

居维叶试图关闭这扇门

拉马克之所以不受欢迎和受到嘲弄，大部分是由于他的竞争对手居维叶所致。居维叶是当时的一位科学巨人，他那无与伦比的观察和演绎能力使他赢得盛誉，在他生前，法国政治交替更迭，他在政治上的精明使他立于不败之地。由于他的声望，他的思想在当时完全盖过了拉马克，就像赫顿在地质学中的情况一样（见本编第三章）。

比较解剖学家和古生物学家居维叶。

居维叶有着扎实的比较解剖学知识，正是基于这一背景，他反对拉马克的进化思想，因为在他看来，一个动物的解剖结构和生理功能是如此完善地相互结合，以致在逐代相传的过程中，任何一种变化都会引起已有平衡的失调。居维叶主张，动物身体的任何部分，本质上都相互关联——形式伴随功能。一个器官的形状和用途暗示一组相关的器官及其功能。他甚至在梦中也可以重建一个动物的整体生活方式或者至少有一个著名的故事支持这一说法。

好像是在一个深夜里（也许在当地咖啡馆里酒喝多了），有一名学生决定对居维叶开一个玩笑，于是打扮得像个魔鬼一样，来到他的床前。"居维叶、居维叶，我来吃你了。"这个"魔鬼"大声吼道。这时居维叶仍然半睡着，平静地回答道："带角和有蹄的生物都是食草的。你吃不了我。"居维叶转身又睡着了。

居维叶1769年出生于瑞士小镇蒙特贝利亚一个较为贫困的法国胡格诺派教徒家庭，这个家族逃到这里是为了躲避路易十四对新教徒的迫害（不过，居维叶的新教徒身份在18世纪的法国并没有给他带来麻烦，而法国的革命当局于1793年吞并了这块他出生的地区，使居维叶正式成了法国公民），居维叶的父亲是一位法国退伍军人。

居维叶是一个神童。受到母亲的鼓励，4岁学习阅读，14岁进入斯图加特学院。在那里，他那训练有素的研究方法加上惊人的记忆力，使他名声大震。据说，在他的晚年，从他那19 000本藏书的任何一本书中选取任何一段，他都可以倒背如流。儿童时代的居维叶特别喜爱布丰写的书，他是从叔叔的书架上找到它们的，他叔叔和许多欧洲人一样，喜欢收藏这些书，一卷接着一卷，只要书一问世就加以收藏。

居维叶19岁毕业后，在诺曼底担任一位伯爵的13岁儿子的家庭教师。此时的居维叶不仅对科学发生了浓厚的兴趣，而且还通过与社会不同阶层的接触获得了许多有益的社会技能，这些人中有伯爵、退任将军和伏尔泰的一位朋友。他还遇见一位动物学家提雷尔（Etienne Geoffroy St.-Hilaire, 1772—1844），提雷尔后来在1795年帮助他取得了巴黎自然历史博物馆脊椎动物学教授的职务。他为在革命战争中成功当上将军的拿破仑（Napoléon Bonaparte, 1769—1821）喝彩，1798年拿破仑邀请他一起去埃及，然而，居维叶拒绝了。拿破仑欣赏居维叶，当他掌权（先是执政官，后是皇帝）后，为居维叶在政府里安排了职位。1803年，居维叶成为法国物理科学与自然科学院永久秘书，1808年，拿破仑让他主管法国教育研究。当波旁皇族1815年返回时，居维叶也许会被废逐，但他们还是起用了居维叶，让他当以前的帝国大学现在是巴黎大学的校长。居维叶在路易十八（Louis ⅩⅧ, 1755—1824）的内阁也担任职务，尽管1824年路易的一位更反动的兄弟查尔斯十世（Charles Ⅹ, 1757—1836）继承了皇位，居维叶有过一段短暂的失意，但是1831年，随着查尔斯十世的再次放逐，新国王路易斯-菲利普（Louis-Philippe, 1773—1850）授予他男爵，任命他担任内务部长，然而居维叶没有活到上任，他在1832年5月的霍乱流行中去世了。

尽管居维叶强烈反对任何有关进化论的暗示，但他还是对19世纪进化论的形成贡献了好几个观念。他第一个想到把他的比较解剖学原理运用于化石。他认识到，埋葬在岩层中的化石，代表了地球历史的某一时段，沉淀下来有待考察。他催促他的同行们提出问题，进行调查，进行实证研究。

他以训斥的口气说："博物学家在构筑其体系时，对研究事实的特性似乎少有想法。"

采集者已经积累了大量化石，随便堆放在一起，不用心归类。居维叶责备他们把化石收藏仅仅看成是"古董，而不是历史文物"，从而不去寻找是什么规律决定了它们被发现的位置，以及这一位置与它们所处岩层的关系。他按序提出了一系列他认为应该知道的问题，诸如"特定的动植物是否仅出现于特定的岩层，在其他岩层就不可能存在？什么物种先出现，什么物种后出现？这两类物种是不是总是这样依次出现？"等等。

也许我们会对居维叶严谨的治学态度留下深刻印象，以至于忽略这一事实，居维叶认为他可以通过这一线索确定地球的历史，因为今天我们早已认为这是理所当然的想法。但是，为了根据化石建立地质学记录，这就意味着特定的古生物物种应该只能够在特定年代的岩层中找到。如果真是这样，化石就应该代表灭绝物种，而这正是居维叶时代的一个热门争议话题。许多他的同代人(包括杰弗逊在内)认为,灭绝不可能发生。他们坚持说,那些眼下看来还是未知的化石,一定代表了某种在地球某处依然生存着的物种,只是未被发现而已。

居维叶发展了一种根据动物少数部件重建整个动物的能力。1796年,他考察类似大象的古代化石,发现它不属于与之相近的两个现存物种。他证明,南美动物化石大懒兽,是一种巨型地面懒猴,现在已经灭绝,但与其相近的小型懒猴今天依然存在。1812年,他给一种能飞的大型爬虫取名为翼手龙,因为它的膜-翼沿着巨型手指延伸。他对这些发现的解释是,生命的历史必定反映创生(和灭绝)的顺序,每一种都比上一种更现代。

居维叶还细分了林奈的分类系统,把动物界分成四个基本"类型",强调林奈系统本质上具有平行特点。平行等级对长期来盛行的存在巨链有严重后果,更不用说拉马克的分级方法,这两种方法居维叶都反对。四种类型分别代表具有相似内在结构的动物类群,每一类基本结构中还伴有无穷多变的外部构造,以适应环境的不同要求。正是内部结构的类似性,而不是外部特性的有序排列,形成他的分类基础,而物种之间的亲缘关系正是基于这些相似性。居维叶还是最早把化石也包括进分类系统的学者。

居维叶的解剖学知识和关于动物(现存的和灭绝的)骨骼结构的知识在他那个时代是举世无双的。

居维叶的化石研究和他的分类系统,在某种程度上,为达尔文的思想奠定了基础,达尔文主张在自然界的演变中,单一的原始形式可以同时以不同的方式发生变化,从而导致多样性的分化,其中最能适应特殊环境的种类自然就能保存下来,或者被选择。

但尽管如此,居维叶还是反对进化思想。他知道,化石一定是很古老的,它们之所以被埋葬在岩层中,就因为经历了很长的时间。他也知道,化石埋得越深,岩石越古老,化石与后来种类的解剖结构差异就越大。他建立的分类系统暗示了从原始模型而来的分化,其实由此很容易跨向进化论,可是他为什么不呢?

有些批评者说,居维叶有一个主要盲点:他相信《创世纪》中有关地球历史的说法。但是居维叶却坚持说,他的反对本质上基于科学理由,基于他对动物内部结构的了解,因为这些内部结构相互吻合得如此之好,以至他可以肯定,物种是固定的并且具有明确的界限,进化是不可能的。他还从灾变论找到理由,相信由此可以解释古化石和显然已经灭绝物种的存在。激进的启蒙时期唯物主义者,诸如美特利和伊拉兹马斯·达尔文,都猜测过生命的起源和可变性。但是新近发现的比较解剖学的事实,使这些观念显得过于天真。生命现象的复杂性似乎排除了自然过程创造这些形式的可能性。

在居维叶去世时,19世纪地质学家莱伊尔已经对他的地位发起了几次攻击。莱伊尔强化了均变论——这是赫顿提出的思想,认为现在发生在地球上的过程为理解过去的一切提供了基础,这是一个"静态"地球——由此可解释所有的地质现象,而无须诉求于灾变论。这正是生物学思想史中即将发生一场革命的初始暗示。

有讽刺意味的是,尽人皆知拉马克和居维叶都错了。拉马克错在主张获得性遗传观(他不是这一思想的首创者,这也不是他的主要思想)。居维叶则错在坚持灾变论和物种的固定性。只有在科学史的长河中,他们两人的功绩才能得到更好的评价。

居维叶治学严谨,他使科学熠熠生辉,井然有序,他的功远大于过。他对科学的投入以及精辟发挥,为科学知识赢得了尊重和敬慕。居维叶威望的衰落,部分是由于莱伊尔后来的著作,不过莱伊尔曾经提及对居维叶处所的一次访问并且承认,这位已成为过去的居维叶对于自己的工作付出巨大心血,他使一切变得井然有序,他作出的贡献无与伦比:

> "昨天我进入居维叶的圣所,真是物如其人。每个部分都如此井井有条,难怪他每年都能诞生巨著,却不会给他本人造成多少麻烦……自然历史博物馆正对着他的屋子,里面的一切他都收拾得井然有序;然后是解剖学博物馆,与他的住处紧挨着;后面部分是图书馆,有一排房间,每个房间存放一个课题的著作。其中一间全是鸟类学著作,另一间全是鱼类学,再有一间是骨学,还有一间是法律书籍!等等……普通工作室没有书架,这是一间长长的屋子,设备舒适,从上方采光,摆着十一张供站立者使用的桌子和两张矮桌……"

居维叶的经验主义——他注重观察和实验的结果——体现了理性时代的主要倾向。拉马克也成功地推进了近代科学最伟大和最权威的理论之一。如果说他们犯了什么错误,那是因为遭遇了不可避免的束缚,而任何敢于提问并且敢于回答的人都会遭遇此境。正如科学作家古尔德(Stephen Jay Gould,1941—2002)所写:"有些事情也许可沿直线到达,但是通向科学真谛的道路总是和人的头脑一样弯曲和复杂。"这一说法既展现了科学的挑战性,也展现了科学的神奇性——真理是以奇异和迂回的方式显露的——19世纪的科学探险将进一步展示这一点。

第三部分
18世纪的科学与社会

第十章

一个理性和革命的时代

　　18世纪有时也被称为自信的时代,这个时代人们肯定理性的力量,认为它可以发现所有的终极真理和解决一切问题,包括智力、哲学和社会等方面的问题。所有这些乐观情绪大部分来自17世纪的成功。从科学革命的伟大思想家——哥白尼、伽利略和牛顿——那里,科学家继承了一把钥匙,似乎可以解开所有的自然奥秘。在18世纪黎明到来之际,世界——实际上,整个宇宙——似乎尽可皆知。

　　当然,农民耕田,接生员完成她的职责,店主卖货,他们都没有余暇去思考宇宙的特性或人类在宇宙中的地位。但即使是农民、接生员和商人,他们也和无数其他人一样,发现时代的精神在改变。并不是每个人都喜欢这种改变,也不是每个人都能理解和接受它,但是到了这个世纪结束时,这一变化实际上已经触及西方世界的每个人。18世纪三大政治和社会经济革命——美国革命、法国革命和工业革命——都由这一新形势而触发,它的影响有助于阐述我们今天生活的世界。

　　位居这一变化中心的是牛顿。牛顿证明,自然按规则运转,而规则又是可知的。自然不再像是反复无常和不可预料的力量,取而代之的是,它被基本定律所管辖,它随时都遵守这些定律。在18世纪的思想家看来,牛顿对于这些定律的发现,就是揭示一个类似钟表结构的宇宙。正如前几章所述,科学家把这个世界以及其中的万事万物,都看成是大机器里的一部分。他们进一步认为,只要考察它的各个部分及其相互关系,并运用常识和推理,就能够认识世界这一机器是怎样工作的,就好像熟练的手艺人只要把钟表拆成零件,就可以明白钟表是怎样工作的一样。

　　在哥白尼、第谷、开普勒和伽利略工作的基础上,牛顿对科学方法的威力给出了最后的证明。这一新的自然观在当时引起了一连串后果。17世纪的科学家不仅纠正了古人对于物理界的歪曲理解，而且有些人——最著名的是英国生理学家哈维——还运用新方法发现了人体的内部机制。当科学家过于严格地把"牛顿式的"和"机械论的"解释用于人体生理学时，生物学的进展偶尔也出现失误，但是18世纪思想家明白，运用科学的观察和实验方法有可能成功地回答许多难以回答的问题。从古代思想家的著作或者宗教权威那不变的世界中寻求解答的做法，再也不会出现了。

～ 理性和社会 ～

新视角把18世纪的思想家从古希腊理论的权威下解放出来，这些理论从来也没有用实验或观察检验过。这些思想家认识到，要获得关于世界的知识，必须通过主动、好奇和训练有素的心智活动，同时把理性的思维、观察和实验运用于各种问题，而不是被动地面对希腊和拉丁文手稿以及那些毫无生气的学者。

在这一新的"启蒙"观中，有没有宗教的地位呢？牛顿本人也被这个问题困惑过。作为虔诚的宗教徒，牛顿从未放弃对上帝的信仰。事实上，他相信偶尔也需要上帝干预，以保证太阳系的运转具有类似于机器那般的精确。最后他得出结论，宇宙奇异的构造和机制，如同钟表般精确，显示了创世主的宏伟力量和最高权威。18世纪数学分析发现，太阳系保持稳定不需要上帝的干预，于是在这之后，许多人放弃了宗教信仰而转向自然神论，后者是一种以理性为基础的自然宗教。自然神论者中还包括富兰克林和杰弗逊等，他们认为是上帝创造了世界和一切自然定律，但是，在创造完毕后则使其按照机械规律自行运转。

然而，正如牛顿预见到的那样，这一观点让某些人开始思考，一个钟表式精确的宇宙是否还需要上帝的存在。结果——这一可能性使牛顿感到困惑——有些启蒙运动的思想家变成了无神论者，认为不需要，也不存在任何神灵。尤其是一帮法国哲人，他们努力建立一种道德哲学，它不是以启示宗教，而是以人类伦理思想作为基础。他们中有伏尔泰、狄德罗（Denis Diderot，1713—1784）和孟德斯鸠（Baron de Montesquieu，1689—1755）。这样一来，尽管大多数人仍然是有神论者，保持对上帝的忠诚并且相信传统宗教关于奇迹的说教，但牛顿的遗产也引进了对宗教和哲学基本论点的新怀疑。

理性的胜利也对社会结构和价值提出了新问题。科学家发现自然界有"自然定律"，那么，类似的自然"定律"是否也有可能治理所有道德、社会和政治活动？如果真是这样，许多人相信，只要运用理性思考，那些定律也可以被发现，并且为人类谋利益。有些哲学家希望在新的科学社会政治观中找到人性的位置，他们中有康德，启蒙一词就是他创造的，用来表示这个时代理性的兴起和智力的辉煌，还有休谟（David Hume，1711—1776）、莱布尼兹、伏尔泰、卢梭以及其他人。他们通过大量出版物把科学和哲学的新思想带给广大公众。其中最有影响的是由法国记者、哲学家狄德罗开始编纂的35卷《百科全书，或科学、艺术和贸易系统辞典》（*Encyclopédie ou dictionnaire raisonné des sciences，des arts et des métiers*）。

在巴黎，作家、哲学家和艺术家往往受到富裕的、聪慧的法国女子邀请，到她家里的沙龙中聚会并且交换看法。正是在这个时代里，哲学家之间生动热情、富有条理的讨论不但在巴黎的沙龙里进行，也在长篇通信中体现，其中还有妇女的参加。在当时，曾接受过必要的教育以至能以更直接的方式作出贡献的妇女寥寥无几，但其中有一个著名的例外，就是查特勒特，她把牛顿的著作从拉丁文译为法文，并使其广为传播，从而在法国产生很大

杰弗逊考察了18世纪流行的许多思想：从个人权利的政治到自由的哲学，从对政府如何维持平衡的关切到个人参加科学过程，以及相信人类寻求进步的能力。

影响。还有一些妇女，其中包括贝希、凯洛琳·赫歇尔和玛丽-安妮·拉瓦锡，都积极参加了18世纪的科学活动。

启蒙运动的新思想在西方世界如野火般燎原，冲破社会、地理和政治的屏障。越过大西洋，在美利坚殖民地，它激励了政治领导人和政府决策人的思想，他们中有杰弗逊，潘恩（Thomas Paine，1737—1809）和富兰克林。杰弗逊以及18世纪其他一些博学多智的人们，尤其受到英国哲学家洛克（John Locke，1632—1704）的影响。洛克在1689年出版的《人类理解论》（*An Essay Concerning Human Understanding*）中宣称，上帝构筑了自然定律以保证人类的快乐和幸福。在这些定律中，最重要的是生命、自由和财产的权利。再有，洛克论证说，人们最初生活于无拘无束的自然状态，但强者破坏了这种安宁状态，从弱者手中取得不公正的利益。为了保卫自己，免遭虐待，享受上帝赐予的权利，人们在特殊的约定下选出了统治者。统治者保护和帮助人们继续享有自然权利，而作为交换，人们同意遵从统治者的决定和命令。然而，如果统治者开始侵犯他们的自然权利，那么人民就有权不听从，必要时，甚至推翻那个统治者。

在17世纪的英国，当议会从专制的君主政权夺取了统治权时，自然人权的思想就已经茁壮成长。1628年，议会迫使查尔斯一世签署权利请愿书。这份请愿书规定，征税要得到议会同意，对军事法作出限制，没有特殊指令不得抓人入狱。由于查尔斯几次专横的行动，在1642年开始的一场内战中，议会推翻了国王，以清教徒将军克伦威尔（Oliver Cromwell，1599—1658）为首的共和制取代了君主制。但是1658年，克伦威尔去世，革命失败。1660年，议会邀请被处决的国王的儿子查尔斯二世（Charles Ⅱ，1630—1685）即位。但是议会在1688年再次掌权。在一场被称为"光荣革命"的行动中，议会把王冠授予国王的新教徒女儿玛丽（Mary Ⅱ，1662—1694）和她的丈夫奥兰治的威廉（William Ⅲ，1650—1702），取代了她那天主教徒的兄弟詹姆斯（James Ⅱ，1633—1701），本来玛丽排在她兄弟后面。1689年，正是洛克出版《人类理解论》的那年，议会草拟了所谓的英国"权利法案"，建立了议会政府。英国发生的这些事件，加上科学革命的影响，对西方世界的政府产生了巨大影响。

18世纪许多法国思想家都很羡慕英国政府，它们试图建立有关人类治理、教育和社会的哲学，基于对人性本质的理解而制定理性公正的政策。这些哲学也给当时的思潮留下了深深的烙印。它们促进了法国的改革，反抗过分的绝对君主专制。它们反对贵族特权，因为这些贵族仅仅是由于出身，几乎不赋税，却获取最好的职位。哲学家们还强烈抗议法国天主教会享有的特权，他们不纳税，却有权审查书籍，限制它们的出版（就像一个世纪以前的意大利，教会把伽利略的《关于两大世界体系的对话》置于禁书名单中一样）。

有些人,例如孟德斯鸠男爵,尽管身为贵族、位居高位,却致力于提出这样的主张:国家政策应该保证所有人的个人权利。孟德斯鸠建议分权原则,把权力分散在政府的三个部门,这个体系极大地影响了美国宪法的制定者们。他坚持认为,立法、执行和司法三个权力应该分开,没有一个实体可以拥有绝对的权威。

哲人们支持洛克的观点,人性本无善恶,儿童的心灵就像一块白板。洛克写道:十个人里有九个,"是好是坏,有用无用,全靠教育"。这一思想有其深刻的政治含义——人们不应由于出生获得特权,只能根据他们作出贡献的能力,而这有赖于教育。社会可以通过好的教育产生好的公民。

在大洋彼岸,当北美殖民地试图摆脱来自英国的经济和政治束缚时,杰弗逊和他的同事们借用了许多洛克的思想。美国的《独立宣言》回荡着洛克的许多思想;1776年的美国革命,美国《权利法案》,民主政府取代殖民统治,全都反映了洛克的影响。

在欧洲,许多18世纪的君主,诸如普鲁士的弗雷德里克二世(Frederick II,1712—1786)把自己看成"开明的统治者"。然而,这些统治者经常只是在口头上承认正在铺天盖地涌来的"人权"这一新名词。与此同时,他们继续压榨老百姓,把他们看成自己的臣民,当国王感到臣民及其所有都属于他时,他就会像对待中世纪的农奴一样对待他们。

法国是最伟大的启蒙运动思想家和科学家的故乡,变化却是姗姗来迟。可是变化一旦来到,却引起狂热、混乱甚至血腥的局面。法国人不满足于旁观英国人和美国人在享受人权,而自己的社会却仍然停留在过时的封建制度下,深受专制统治的折磨。当哲人们正在撰写权利平等的书籍时,法国的资产阶级或中产阶级,也正在成长壮大,他们更富裕,也更有雄心;农民和城市工人生活贫困;贵族则在寻求更多的权力。与此同时,法国正面临严重的经济危机。1715年去世的路易十四(Louis XIV,1638—1715),生活奢侈还大肆征战,留下了巨额债务。后来的路易十五(Louis XV,1710—1774)和路易十六(Louis XVI,1754—1793)借债更多,花费也更奢侈。由

普鲁士的弗雷德里克二世是这个时期贵族的典型,他信奉启蒙运动的思想,却没有认识到这些思想说到底意味着帝王和贵族的终结。他把自己看成是科学的伟大朋友,这张图显示的是弗雷德里克欢迎哲人和百科全书作者达朗贝尔访问柏林。

于教会和贵族大多豁免赋税,甚至大多数富裕的资产阶级也不用缴税,国家收入的唯一源泉就是极端贫困的农民和城市工人。

1789 年 6 月，资产阶级试图改变政府格局，他们建立了新的立法机构，取名为国民大会。但是，起义已经不可避免。1789 年 7 月 14 日，巴黎市民聚集在巴士底狱外面，这是一座由大碉堡构成的监狱，象征君主政权的不公正和压迫。愤怒的群众袭击了监狱，杀死了指挥官和一些卫兵。大革命开始了，几年间血流成河。1793 年 1 月，路易十六被送上断头台。他的妻子安托内特（Marie Antoinette，1755—1793）同年也被处死。所谓的恐怖时期开始了，在 1793 年 9 月至 1794 年 7 月之间，至少20 000人（也许比这两倍还要多）被处死。

1795 年，血腥的残杀终于结束，一部新宪法被采用。新法国，新政府，它是根据哲人主张的许多启蒙运动原理建立起来的，其中包括保护个人权利。当拿破仑在 1799 年作为第一执行官开始掌权时，他建立了一套新的法律《拿破仑法典》，就是基于大革命的理想。

技术的新生力量

与此同时，另一种变化——以工业革命闻名的生产机械化——开始改变世界的经济格局。工业革命开始于 1750—1760 年，最初在英国，这里有各种因素，其中包括农业的进步，它们汇聚在一起，才使急剧变化成为可能，这些变化既有正面效应，也有负面效应。1701 年，有一个名叫图尔（Jethro Tull，1674—1741）的人发明了机械播种机，很快又有马拉耕耘机出现，结果粮食产量急剧增加，足以使英国不断增加的人口可以做到自给自足，从而无须依赖进口，这样一来，就可以腾出财政资源进口其他原材料，以供生产之需。英国在其殖民地有充裕的资源供给，特别是棉花，并且还有广阔市场来推销产品。

纺织工业是最早由于一系列发明而引起急剧变化的产业，在这之前它依赖成百上千的织布工和纺纱工，他们分散在各自的村落里。1733 年，凯伊发明飞梭，加快了织布速度，结果一个织布工需要消耗几个纺纱工生产的纱线。18 世纪 60 年代，哈格雷夫斯（James Hargreaves，1720—1778）发明了所谓的詹妮纺纱机，靠一个转轮可以使纺纱机带动好几个纺锤。不过推动这些"机器"的动力仍然是人力，但是到了 1769 年，阿克莱特（Richard Arkwright，1732—1792）解决了如何用水力驱动纺纱机的问题，在 1785 年，卡特莱特（Edmund Cartwright，1743—1823）又发明了水力驱动的织布机。现在纺织工艺的瓶颈在于如何保证足够的原料，以供应速度已大大加快的生产过程。但是到了 1793 年，有一个美国发明家惠特尼（Eli Whitney，1765—1825）解决了这个问题，他发明了轧棉机，可以自动除去棉籽。

到此，租赁或拥有新机器，对于个体织布工来说已经是过于昂贵了，要利用水力，就有必要在织布和纺纱地点附近存在流动的水源。于是，企业家开始建造和组织生产效率更高的工厂、购买设备、雇用工人和为货物开拓新的市场。纺织业主开始以效率高得多的工厂体系代替过去的家庭手工业。结果是更快地生产出了更多的货物，这些货物更低廉，更容易得到，这是一个人人获益的进展。

钢铁工业的进展加上惠特利的这一设想，即机器制造业使用标准化的通配零件，也大大提高了机械制造业的效率。正如前所述，1769 年，瓦特改建了第一台实用蒸汽机。现在，因为英国有优越的煤炭和铁矿资源，几乎每种工业在流线型生产线上都可以用上这一廉价的动力资源。

凯伊和飞梭

　　工业革命最早的发明中最有影响的就是凯伊（John Kay，1704—1764）发明的飞梭。它于1733年取得专利，是对原有织机改进后的产物。在凯伊的发明之前，要织宽幅布需要两个织布工，分别站在织机的两侧，沿着布的宽幅来回投掷梭子。凯伊的工艺简单多了。他把梭子安装在小的滚筒上，可以沿木质轨道来回滚动。一个织布工可以迅速把它从一侧移动到另一侧，只要拉一根绳索，在木槌的敲击下，它就能来回运动。

　　这项发明加快了织布的速度，并且可以织更宽的布，同时还使以前需要两个人干的活变成只需要一个人。凯伊的发明最早见于科尔彻斯特，但这里的织布工对此并不高兴。他们说，凯伊要抢他们的饭碗。凯伊则说，现在需要更高的织布产量，因此也需要更多的织布工。但这种说法不解决织布工的问题，因为他们害怕的是，即使需要增加布的产量，他们也仍然会失去工作。

　　凯伊把他的机器拿到利兹去，希望在那里会引起兴趣，但是他的运气仍然不好。利兹的制造商喜欢这一机器，却拒绝付给使用机器的报酬。他对这些商人的诉讼实际上是无效的，因为他们联合起来在法庭上和他辩论，让他把大部分金钱花在昂贵的诉讼费上。

　　1745年，情绪低落濒临破产的凯伊回到家乡伯利城。此时在英国飞梭已经流行，开始取代织布工。尽管他并没有从自己的发明中赚到钱，但愤怒的劳工们还是闹到他家里，捣毁了他的家，迫使他逃离自己的家。他逃到曼彻斯特，可最后还是躲藏在羊毛袋里，被迫逃离这座城市。凯伊感到在英国不安全，就移民到了法国，在那里他身无分文地死去。

　　然而，社会效应并不都是正面的。企业主希望工人从事长时间紧张而重复的工作。工作条件恶劣且危险，还有童工问题，过去在家庭手工业里，儿童总是和父母一起工作，但现在他们受雇于工厂却要面临恶劣的状况。工人不再享受在家里工作的那种自由和独立了，每天的大部分时间都花费在不愉快的环境里，在工厂老板的监视下工作。英国乡村的田园已经破败零落，成为越来越嘈杂和肮脏的工业化城镇。改革终于来了，人们学会了如何以更人性化的方式利用新技术，工业革命大大改善了生活的一般标准。此外，推动这些改进的技术也为更多进展奠定了基础，包括电力，这些进展将在下个世纪来到。

第十一章

科学的斗士：普及理性意识

18世纪的精神生活丰富多彩，其具体表现就是在这个世纪的中叶，法国诞生了一项伟大的出版计划。这一出版物后来成为一部浩大权威的知识汇编，不过开始只是一个平常的计划。这一切开始于一位名叫米尔斯（John Mills）的英国企业家和巴黎的皇家出版商布勒顿（Andre Le Breton）之间的接洽。米尔斯的想法是出版现有的英文百科全书——钱伯斯（Ephraim Chambers，1680—1740）百科辞典的法文翻译本。这部百科全书表达清晰，文笔通顺，布勒顿同意这一计划。但是后来，米尔斯和布勒顿发生一场争执，米尔斯撤销承诺。布勒顿找到了另一编辑，又雇用了两名职员校对译文。当时并不知道，这两名职员中的一位，竟是日后推动法国一场被称为启蒙运动的关键人物，他的名字是狄德罗。

狄德罗和百科全书的编纂

狄德罗开始是一名普通的自由作家，后来成为百科全书的创建编辑，在他的构思、组织和引导下，该书（多卷）成了启蒙运动的防护堤、进步的宣言和各种知识价值的赞歌。

狄德罗1713年10月5日出生于法国的朗勒斯，从1729年到1732年在巴黎学习各式课程。他广泛吸收各种知识——戏剧、数学、语言、法律、文学和哲学。他积极进取，只要和人谈到哲学，就变得容光焕发，就好像他在理性思维中看到了光明的未来。和许多同代人一样，他认为正确的推理或者理性思维，自然会导致人类知识、进步和幸福的增长。

1745年，当布勒顿与狄德罗签署一份普通的译者合同时，他只有32岁，是一位资产阶级自由作家，正为生计而拼搏——设法使妻子高兴，否则她就会因为钱而与他翻脸。刚开始时，由于有了固定的收入，他就很满意了。但是不久之后，他就开始想象一个更大的计划——编纂一部全新的法国百科全书。百科全书的想法本身并不是新思想——中世纪有许多知识的汇编者们，他们收集信息，抄成一卷又一卷。但是这次不一样。每个领域都有专家撰写科学、哲学、文化、文学、数学、历史和贸易（贸易是第一次收集）等方面的最新成果，加以描述，并且进行讨论。著名数学家达朗贝尔（Jean le Rond d'Alembert，1717—1783）作为副主编加入了编辑部。布勒顿很快就被这一新的冒险举动所吸引，他看出这将是一项回报丰厚的优秀投资项目。

百科全书的正式名称是《百科全书，或科学、艺术和贸易系统辞典》（以下简称《百科全书》），它关注更多的东西。对贸易的强调是这部书的独创，狄德罗希望为本书增添一种基本的、确实有用的内容。狄德罗把一批"百科全书编纂者"召集在一起，请他们提供有深度的专家点评、题献、修辞以及哲学上的综合。他们中有很多权威人士，如伏尔泰、卢梭和孟德斯鸠；重要科学家如布丰；甚至包括了少数神职人员。这些专家们敢于直言，其见解涵盖宗教、政治、哲学等领域，不乏进步性

达朗贝尔，狄德罗的副主编，负责《百科全书》的组织，还是许多文章的作者。

甚至革命性。这些哲人高举知识的旗帜，以响亮的战斗口号召唤人们放弃保守思想。他们的目标是依赖笔杆的力量，反对教会和国家内保守的势力。《百科全书》是一部理性的辞典，探讨每种艺术和科学的应用，但是它也有挑起争论的目的：提出启蒙运动的哲学原则，赞美理性主义哲学和人类思想的进步，战胜一切敌对势力，以便真正理解人性之根本。

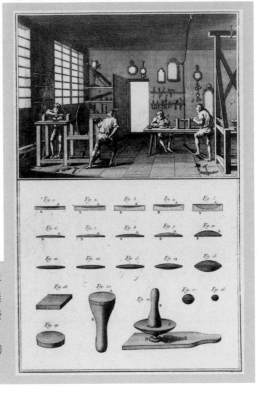

狄德罗坚持在《百科全书》中加入许多插图，包括这一类的插图，这是透镜制造商店里的工具。一般认为这些内容在有品味的读者看来过于低贱，但在狄德罗的指导下，贸易所用到的技术得到了罕见的重视。

《百科全书》在狄德罗的编导下，1751—1772 年间出版了 28 卷（另外 7 卷后来出齐），其中许多卷完全是雕刻版画，描绘各种贸易、植物学、生理学、器具和技术的具体细节——这是狄德罗坚持要做的工作。但是，第一卷的出版并没有受到普遍欢迎。甚至引起了许多争议，教会、政府以及很多普通读者都愤怒反对：这些哲学家怎么能擅自假定，自然界没有理性不能说清楚的奥秘呢？教会知道笔杆的力量，也知道它会造成威胁。作品中无拘无束的笔调还引起了政府人员的关注。

请听听他们的斗争

在某种程度上，世界上每家报纸的编辑室都会面对与狄德罗和《百科全书》编纂人员同样的困境：自我审查以免审查权力交付别人；或者坦白报道真相，表达不受欢迎的意见；不进行自我审查，并面对由此产生的后果。不管人们对他们的政见和哲学有什么意见，但都能够看到这些百科全书编纂者对自己的事业是勇敢和热情的。他们为这些勇敢行为付出了代价。狄德罗在担任《百科全书》主编的同时，还另外撰写了几本书和论文。他知道这些内容带有挑战性，有些书他没有署自己的名字。但别人也不是傻子。一天早上正当他坐下开始工作时，警察上门来了，把他送进了监狱（这使布勒顿十分沮丧，他眼看着整个投资失去了掌舵的船长）。狄德罗还算幸运，后来他出狱了。与此

一群《百科全书》编纂者聚集在狄德罗的家里。

同时，伏尔泰早期也因为写过一些讽刺性的诗篇，冒犯了掌权者，在巴士底狱坐了一年牢，后来他被放逐到英国，在那里呆了三年。因为政府控制了所有法国的印刷业，审查很容易。孟德斯鸠、霍尔巴赫（Baron d'Holbach，1723—1789）、赫尔维系亚斯（Claude Adrien Helvétius，1715—1771）等人的著作都遭过查禁。

审查有时也会来自内部。布丰等人有时写得很露骨，后来又收回了这些话。《百科全书》有一卷很有趣，在快要发售时，突然发现里面有狄德罗手迹的校样页，上面还有布勒顿在付印之前试图使文字有所缓和的笔迹，这显然是为了避免引起教会官员、耶稣教会和警察的关注。

所以，当 1751 年最初几卷问世时，法国政府和教会审查官立即取缔了它们，罪名是鼓励造反精神，以及提倡"道德败坏……反宗教和无信仰……"。狄德罗最后说服了审查官放行其中的几卷，但是许多文章都经过仔细措辞，以免再次引起他们的愤怒。出版继续进行，最后总共出版了 35 卷。

伏尔泰和理性的案例

伏尔泰比脱颖而出的《百科全书》主编狄德罗大几岁。他在 1694 年 11 月 21 日出生于巴黎，原名阿鲁埃（Francois Marie Arouet），后来改用伏尔泰这个笔名。他受教于耶稣会教师，得到过自由思想家的培养，具有敏锐的智慧和犀利的思维风格。他被许多人看成是最有影响的启蒙运动哲人。

伏尔泰的文学成果涉猎甚广且产量惊人，今天最出名的是随笔、短篇故事和小说，其中也贯串了他的许多思想。伏尔泰是非理性的敌人，不管在哪里发现有人胡说八道，在教堂里、在政府里、在一切无法容忍的情况下，他都要与之斗争。他谴责赋税系统、监狱和审判系统以及审查制度的不公正。他把那些敌对势力称为无耻之徒，他的著名口号就是"打倒无耻之徒"。

18 世纪前半叶的进步是和这些哲学家以及他们的奋斗分不开的。虽然战斗过程非常艰巨，但是他们的影响确实得到了回报。美国建立的政府反映了孟德斯鸠、杰弗逊和富兰克林的思想，他们都是启蒙运动的名流。哲人们开始被荣誉社团和学术团体所接纳。报纸和书籍出版物大为改善，以便面对更明智的公众，更为广泛地传播新思想。然而，启蒙每向前迈进一步，都会遭遇更黑暗并且来自于更深层的逆流和潜流。

第十二章

黑暗的逆流：骗子和庸医

　　并不是所有西方文明都是启蒙运动的产物。正如历史学家汉普顿（Norman Hampton）所写："……如果启蒙运动是 18 世纪的产物，那么，18 世纪并不是启蒙运动的产物。"迷信和神秘主义仍然在 18 世纪的生活中流行。民间故事、民间医药、神话和巫术仍然支配着农民和乡村穷人的思想。吹牛者、骗子和庸医在熙熙攘攘的街道穿梭叫卖。在贵族和社会名流的官邸、宫殿和豪华的住宅里，财富与厌倦同步增长，这就催生了对新奇与古怪之物的追求。

　　牛顿带来的新世界观使人们感到不安。人们拒绝接受一个机械论的宇宙——仅受刻板的物理规律所控制。许多人仍然紧紧依附于教会，只是信心不如以前了。还有许多人转向追求过去所谓的安逸——寻找心理上的安全保护网，尽管它严厉苛刻但有着可以信赖的规则和仪式。不少 18 世纪的知识分子从中世纪所谓的浪漫生活中寻找安慰，这种浪漫体现为高贵骑士及其背后的传奇故事。

　　共济会和玫瑰十字会之类的秘密社团在入会和日常仪式中越来越神秘和玄妙，其成员人数也不断膨胀。许多分化出去的社团和流派，如雨后春笋般在大小城镇出现，他们浪漫地看待亚瑟王骑士、古代炼金术秘密和"被遗忘的智慧"。

　　伏尔泰、狄德罗和富兰克林的时代也是卡里奥斯特（Alessandro，conte di Cagliostro，1743—1795）、史威登保（Emanuel Swedenborg，1688—1772）和梅斯梅尔（Franz Mesmer，1734—1815）的时代。这是一个科学和理性的思想家和占卜者鱼龙混杂的年代。正当史威登保和梅斯梅尔以科学家的生涯开始，又以神秘家的身份死去时，卡里奥斯特和其他骗子，例如所谓的圣-日尔曼（Saint-Germain），从不夸口说自己是在作科学思考。卡里奥斯特和他的同事们既不鼓吹理性，也不是诚实的宗教徒，他们迷惑追随者的心灵，从轻信的公众那里骗取钱财，以填满自己的腰包。

　　卡里奥斯特可能是 1743 年出生于意大利的巴勒莫，人们相信他原来的名字是巴尔桑罗（Giovanni Balsanno），历史学家称他是那个时代的"大骗子"。他周游欧洲各国首都，几乎涉猎过所有的神秘伎俩。他自称能从坟墓里召唤古埃及死人，变金属为黄金，预见未来，治愈病人，发现秘密宝藏，并且就像他的同代人，神秘的圣-日尔曼一样，也许能长生不老——或者至少能活三四百年。不用说，他愿意把最后一项特异功能与他那些有钱有势的追随者分享。当然，价格不菲。然而，价钱对于那些人来说不在话下，于是，由卡里奥斯特自己调制的奇异的长生不老药，也就成了权贵们华丽客厅里的享用品。卡里奥斯特不当街头的小贩，他定期在皇家宫廷里做骗人的买卖。有讽刺意味的是，他的垮台与一场声名狼藉的欺骗游戏有关，其间涉及法国王后的一串项链——终于导致他被捕入狱。

卡里奥斯特的同代人,圣-日尔曼伯爵的知名度要低些。和卡里奥斯特一样,他也总是以欧洲富人和精英分子为目标。他的许多追随者相信他已经有好几百岁,圣-日尔曼从来也不否定这类谣传。有一次,有人问他的随从,圣-日尔曼是不是真的700岁了,随从回答不知道,因为他自己跟随圣-日尔曼只有200年。和卡里奥斯特一样,圣-日尔曼也推出自己的魔幻长生不老药,宣称有治疗和通灵的能力。许多人说他确实发现过"哲人石",这是炼金术士追求的基本目标。他们相信这种石头不仅可以变金属为黄金,而且可以给人类以力量、智慧和长寿。

卡里奥斯特和圣-日尔曼伯爵都声称与共济会有联系,或者更明确地说,与该会的高级和神秘骨干有联系。尽管这些神秘骨干不一定存在于共济会内部,但提到他们却有助于卡里奥斯特和圣-日尔曼获得轻信者的信任。对于18世纪很多人来说,共济会代表了与古代和神秘的过去年代中所谓的神秘事物及其力量的一种联系。

共济会的起源和活动被神话和传说弄得模糊不清。有些传说来自共济会本身,有些是被作家和记者以浪漫和感人的手法想象出来的。然而,宣称共济会可以追溯到古埃及,甚至更早,看来证据不足。

历史学家得出结论,共济会开始于14世纪,作为石匠和建筑工的行业会社,其目的是通过成立会社的形式来保护行业利益。石匠的技能是一门宝贵的手艺,尤其对于建造高耸入云的纪念碑和大教堂来说,因此,他们欣赏自己独有的地位和自由,并排斥那些更低层次的工人来涉足这一行业。通常在中世纪,他们就已经参加工程和建筑物的建筑设计,他们有必要保护行业秘密。而外行、外来者和冒充者会败坏这门技艺,并且还会使技术熟练的行业工人蒙受损失,因为这些人开价更低,但做工拙劣。为了保护自己免受这类侵扰,石匠们采用秘密标记与符号,这样当他们在陌生地方与陌生人合作时,或者当工程需要必须雇用临时熟练工时,就可以互相识别。

随着17世纪大教堂的建造告一段落,石匠们开始向外公开招募会员,但会费是通常会员的两倍。尽管第一批加入者都是有钱或者有社会地位的特权阶级,但共济会强调个人品质高于社会地位的民主意识,很快吸引了许多自由思想家和知识分子的参与。由于这些非石匠人士的加入,共济会渐渐变得不再是手艺人的行会,而更多是一个社交性的组织。然而,对于共济会外面的许多人来说,共济会仍然是一个精英组织,知晓过去年代长期保存下来的不少秘密。许多人仍然相信,这些共济会的秘密不只是石匠技术,还涉及炼金术士和巫师长期寻求的神秘和魔幻技能。

遗憾的是,正当许多地方分会变成进步和民主思想的中心时,也有不少分会趁机从事炼金术和巫术等勾当。这些分会在其入会仪式和各种活动中强调神秘色彩及秘术,以此来诱惑新成员。通过把自己与公众心目中有关18世纪共济会的秘传技艺相联系,诸如卡里奥斯特和圣-日尔曼之类的人物打着共济会的幌子,再对与共济会有关的神秘传说添油加醋。

18世纪许多人都忙于探求令人满意的精神系统——不管是宗教的、神秘的还是隐讳的——希望能超越令人沮丧的牛顿机械论宇宙。正当许多哲人、科学家和知识分子满足于对宗教采取自然神论者的姿态时,其他人仍然感到不满,于是去寻求他们所希望的所谓在生命和宇宙之间更深也更紧密的联系。

史威登保就是这样的探索者。他1688年出生于瑞典的斯德哥尔摩,是瑞典皇家牧师的儿子,后来成为采矿业的职业顾问。作为一个科学家他备受尊敬,创建了瑞典第一份科学杂

史威登保。

志，发表过大量有关宇宙学、化学、物理学、生理学以及心理学等方面的论文。在几乎三分之二的时间里，史威登保都是一名执着、多产的科学家。但是，在他进入七旬之际，竟向世人宣布，救世主耶稣在梦中向他显灵，指示他放弃科学研究，转向宗教启示，这令他的许多同行大跌眼镜。

史威登保照此做了，在他长寿的余生中，写了30多本书，透露上帝和天堂的秘密。最后发展成一个复杂的，有时自相矛盾，谈不上自治，并且常常是幻想式的宇宙，一种史威登保式的宇宙。毫无疑问，史威登保本质上出于真诚（肯定不是卡里奥斯特式的骗子），但是他报道的在天使和精灵中间的见闻和冒险，确实使许多认识他的人大为摇头。他声称访问了天堂和地狱，面对面地与上帝谈过话，还访问了众行星。他描写了金星上的居民，其中有和蔼仁慈的，也有凶残骇人的。他解释说，月亮人个头不大于小孩，但力大无比、声如洪钟。他说他获得了神眼、通灵的能力和特殊的感官知觉，能记得过去的科学世界，他甚至声称要与牛顿的灵魂谈话。

史威登保是疯子还是一位无害的怪人，或确实是一位先知？这些问题常常有人提出，他那众多的读者只好自己去寻找答案了。可以肯定的是，面对启蒙运动的新思想带来的变化，许多人感到困惑和不安，不过他们在史威登保的神学和依据他的"灵性"和"新基督教"建立起来的教派那里，却找到了安慰和帮助。对于今天的许多人来说，他的思想依然散发出同样的魅力。

和史威登保一样，梅斯梅尔（Franz Anton Mesmer，1734—1815）开始也是科学家。但他和史威登保不同的是，直至进坟墓，他还把自己称为科学家，尽管许多人不同意他的自我评价。

梅斯梅尔，1734年出生于德国康士坦茨湖旁伊兹南的一个小村庄里。他的父亲是为天主教堂的主教服务的猎场看守人。人们对梅斯梅尔的儿童时代知之甚少，只知道他家中有九个兄弟姐妹，他母亲显然曾经鼓励过其中的几个孩子加入天主教会。历史记录表明，其中至少有一个，名叫约翰，后来成了天主教神甫。梅斯梅尔排行第三，1743年开始在当地修道士开办的学校里接受教育，1750年进入巴伐利亚的蒂林根大学。在这里他学习了四年哲学，对笛卡儿有特殊兴趣。然后他转到寅格斯塔特大学，

梅斯梅尔声称"动物磁性"可以治病。

在耶稣会士的指导下学习神学。在学习结束后,他不想进教堂当神甫,又在 1759 年转到维也纳大学学法律。一年后的 1760 年,又转变方向,这一次是医学,1767 年他 33 岁时从医学院毕业。

不知从什么时候开始,梅斯梅尔对帕拉塞尔苏斯的著作着了魔,他用拉丁文写的学位论文取名为《行星影响下的物理医学调查》。他后来提到这篇论文时,则称之为《行星对人体的影响》。这篇论文深受帕拉塞尔苏斯宇宙理论的影响,试图在天体影响和人体健康之间建立联系。

关于梅斯梅尔最早究竟是在何时何地有了这一不久将会改变他一生的思想,人们说法不一。可以知道的是,他在 1768 年娶了一位极其有钱和擅长社交的女子,名叫泡希(Maria Anna von Posch)。她比梅斯梅尔年长,以主办豪华集会和时髦沙龙闻名于维也纳。在这些集会和沙龙里,维也纳的贵夫人聚在一起讨论时髦课题。梅斯梅尔已经在上等社会里受宠,结婚以后迅速成为维也纳显贵中的主流人物,他的朋友中有莫扎特一家和他们的儿子——早熟的音乐神童沃尔夫冈(Wolfgang Amadeus Mozart,1756—1791)(家里称之为沃尔佛尔)。

有一次,梅斯梅尔和一位有钱的病人谈话,病人告诉他以前曾经成功地用磁石治好了病,这是他首次把磁石治病这一怪诞可疑的说法与他从帕拉塞尔苏斯那儿学来的宇宙理论联系起来。既然帕拉塞尔苏斯也曾说过,曾经成功地用磁石从病人体内吸出了病,随后又把这些疾病引向地面,于是,梅斯梅尔开始寻找一个理论,以便成功地把他关于行星影响人体健康的思想,与医学治疗中磁石的用途相结合。

结果就是引出了他那晦涩和混乱的“理论”,他的推断是,也许有某种普遍的“磁流体”或者磁力渗透于整个人体,正如有一种普遍的流体渗透于宇宙之中,以便使所有的天体处于完美的和谐状态中一样。这一流体的扰动就引起了疾病,但是通过利用磁性作用于这种不可见的“流体”,就可实现流体的调整。即便在当时这也是一个疯狂的想法,并且立刻遭到同时代人的抵制。但批评不会让梅斯梅尔止步不前,他认定自己就是一名科学家,于是,他开始用磁石为病人治病了。

不久,梅斯梅尔开始宣称他已取得某些惊人的成功,甚至有更多令人吃惊的发现,但他又宣布,磁石并不是病人神奇康复的真正原因,他自己才是。他确定,磁石并不是治疗的工具,只不过是他的传导者。治疗作用来自他本人才有的“动物磁性”,这种动物磁性通过磁石传导,使病人失调的“动物磁性”恢复平衡。

不用说,并没有很多医生对他的新“发现”表示热心,尽管它招来了一大帮无聊又爱发牢骚的社交界妇女跨入他的家门。梅斯梅尔出场了,目光锐利且充满自信,威严中不乏居高临下的姿态,他很快发现自己的候诊室坐满了等候“治疗”的社会名流。他对病人的要求(除了钱)只有一个,就是他们必须对他的能力有完全和坚定的信心。梅斯梅尔宣称,只要做到这一点,他可以治愈任何人。这是一个过分的承诺,必然会导致麻烦。麻烦,并且也是梅斯梅尔在维也纳的垮台,是由一位巴黎小姐引起的。这位巴黎小姐是一个盲人。

故事本身充满丑闻又错综复杂,我们长话短说——梅斯梅尔的治疗失败了。更糟糕的是,他拒绝为自己的失败承担责任。梅斯梅尔宣布,巴黎小姐看不见,是她自己的不是,而不能怪他。在这场丑闻中,虽然有一些愚蠢的追随者支持梅斯梅尔,但他的生意一蹶不振,只好决定迁到更陌生的地方去以便继续行骗。

下一站就是巴黎。1778年,梅斯梅尔搬到塞纳河边这座城市。这里是伏尔泰、笛卡儿和狄德罗的家。似乎为了证明它是世界性的城市,巴黎也为怪人、骗子和冒名顶替者提供了避难所。就在梅斯梅尔来到巴黎的前一年,一个名叫"光明会"的秘密会社在这里建立了总部,其他所谓的秘密会社,诸如共济会,也继续活跃在这个城市里,这里充满无拘无束的智力和艺术氛围。这座城市也是圣-日尔曼和卡里奥斯特活跃的地方,肯定会有梅斯梅尔活动的空间。

起初生意进展缓慢,但是,梅斯梅尔很快就从一位有钱人那里得到支持,生意开始兴隆。不久,梅斯梅尔医生的谈话和他奇异的新发现开始在沙龙里广为流传。"梅斯梅尔主义"成了时尚,"动物磁性"成了豪华客厅里的谈话主题。这位庸医被罩在光环之中,他已完全沉浸于自己的角色之中。

许多新"科学思维"的支持者相信,科学会把迷信和巫术之类扔进历史的垃圾箱。他们相信,形形色色的行骗者面对以严格著称的科学将会销声匿迹,假先知、炼金术士和占卜师将会消失,而科学和合理的思维将会盛行。遗憾的是,他们低估了人类对于奇迹和惊异的需要,也低估了有些人如此容易受骗,因为这些人乐于相信,世界最好不受自然和物理学定律的约束。

世界看来充满了由科学和技术所带来的神奇,这合乎情理,但是许多人并不善于区分什么是科学,什么不是科学。对于很多人来说,这无所谓。奇迹就是奇迹,惊异就是惊异。人们会想,富兰克林及其他人演示电的神奇跟梅斯梅尔医生的奇迹以及他那令人惊讶的"动物磁性"有什么区别?

梅斯梅尔医生是怎样亮相的呢?他肯定在巴黎学到了很多东西。穿上飘逸的长袍,不相信的人看他像是个骗子,相信的人看他却是真正的预言家,他举起"神圣慈善之手",穿行于病人中间。

顾客聚集在梅斯梅尔的磁性浴盆周围。

为了接待病人,梅斯梅尔把他的豪华住房隔成一间间特殊的病房。在每间病房的中心,是他那著名的浴盆,他保证这是真正科学的器具,可是许多人仍然觉得非常神奇。浴盆直径 4 英尺,深 1 英尺,里面放着一些盛有"磁化水"的酒瓶。一旦瓶子放好,再为浴盆充上普通水,有时会在其中置入若干铁棍,再盖上盖子,盖子上事先已打好一些孔,以便铁棍可通过这些孔伸出来。病人围着浴盆坐着,每个病人手拿铁棍的一端,等候从铁棍传来魔力,接受治疗。为了加强疗效,梅斯梅尔本人也会出场,他穿着豪华的长袍,手持铁棍。偶然他会靠近并用铁棍接触一位病人,让自己强有力的"动物磁性"共同参与治疗。

梅斯梅尔神奇浴盆的故事在巴黎社会的高层不胫而走。为了使事情更令人激动,不仅要有奇异的疗效,还暗示可以产生其他更为有趣的效果。围绕着浴盆同时还有梅斯梅尔医生的强力出场,果真发生了奇怪的事情。男人和女人似乎都失去常态,有时甚至作出极怪异的行为。

梅斯梅尔成了巴黎的时尚,但是他的野心更大。不过他依然没有博得来自科学界的尊重。随着他的故事不胫而走,他的狂言也越来越多地传到同行的耳中,那些过去只是对他的荒谬举止一笑了之的人也就越来越多地关注起他的行为。越来越多的同行开始把他看做是一个骗子和庸医,而不是误入歧途的科学家。

当巴黎城漏出风声,说梅斯梅尔正在组织他自己的秘密社团"和谐会",以促进动物磁性用以增进"社会更多的福利"时,这场闹剧也快收场了。是时候了,法国政府决定调查梅斯梅尔的言行。

1785 年,法国政府提议的委员会开始调查梅斯梅尔的理论。组成人员包括某些显赫人士,例如当时在法国居住的富兰克林、法国一流化学家拉瓦锡、天文学家贝里(Jean Sylvain Bailly,1736—1793)和古罗廷(Joseph Guillotin,1738—1814)(断头台的英文 guillotine 就是用他的姓名命名的)。

在经过彻底的调查之后,委员会交出一份详细的权威报告,从而彻底击败了梅斯梅尔,使他在巴黎名声扫地。委员会的结论是,绝对没有"动物磁性"存在的证据。所有所谓的"治愈"和据说它存在的效应都是梅斯梅尔的客户和病人受激后的想象。一句话,"动物磁性"不存在。存在的只是一名居高临下、刚愎自用的治疗师,他的"建议"触发了病人作出某种反应。

梅斯梅尔的辉煌日子一去不复返,回到维也纳后,他成了一个受人讥讽的人。一直到死,他都坚持说自己毁于忌妒的竞争对手,他们诋毁他的科学成就和他的重要发现,他认为自己发现了宇宙中一种新的强大之力。

18 世纪涌现出了各种骗人庸医。鉴于梅斯梅尔以及诸如此类丑角的盛行,某些历史学家把 18 世纪称为"庸医的黄金时代",就不足为奇了。与这个时代并列的是科学史中最伟大的一些进展。在汤普森 1710 年出版的《旧伦敦的骗人庸医》(*The Quacks of Old London*)一书中,阿第逊(Joseph Addison,1672—1719)对伦敦街上许多庸医有如此评论:"如果有人头疼、肚子疼或者衣服上有污点,他可以得到适当的治疗和药物。如果有人要复婚,或者马被偷了或迷路了,如果他需要新的布道、药糖剂、驴乳或任何他的身体或精神需要的东西,在这里也能找到。"

和我们这个时代的许多骗子庸医一样,18 世纪的伪科学家很善于用科学的外衣装饰他们的民间医药和"疗效"。这些人当中,有一个自称为卡特尔费尔托(Katterfelto)的人,赶着一辆大篷车旅行,带着一群黑猫和刚刚发明的"太阳显微镜"(他的广告这样说)。据当时一篇文章记载,通过这一神奇的工具,人们可以看到,"树篱上的昆虫……比所有昆虫都大;还有那些引起最近流行性感冒的昆虫,看起来有鸟那样大;在一个如针尖般大小的水滴中,可以看到有 50 000 个以上的昆虫;在啤酒、牛乳、醋、面粉、血液、干酪……里,情况都是这样"。

卡特尔费尔托在用他那令人惊奇的"太阳显微镜"作为诱饵之后,进一步向那些心悦诚服的听众兜售神秘的"布拉托医生的药物",他承诺这种药能治许多种病。显然这位好医生愿意满足所有病人的需要,他还到处作"自然科学"和医学讲座,讲座内容还涉及赌博、纸牌和台球技艺。

伦敦也像巴黎那样,有很多骗子和伪科学家在上层阶级招徕生意。其中最为声名狼藉的一个,名叫格拉汉(James Graham,1745—1794),他在这个城市最富庶的几个地区活动。格拉汉出生于英国,年轻时移民到了美国。正是在费城生活期间,他听说了富兰克林的电学实验。1775 年回到伦敦以后,格拉汉立即开始宣扬他那神奇新式"电医学"。有了电这个最新流行品,格拉汉很快发现自己大受顾客青睐。

格拉汉宣称,他可以治愈所有疾病,治疗方式就是用一顶带电的头套,使病人突然遭受电击。也许由于电击体验是那么刺激和新颖,人们都把电击看成是医疗的效果,从而慷慨地为治疗付费,格拉汉很快发现自己成了富翁。他的下一步就是要建立一个更大规模的工作室,他称之为"健康神庙"。1779 年"健康神庙"开张,格拉汉给蜂拥而来的顾客进行各种奇异的治疗。在神庙豪华的客房中,有钱有势的顾客们不仅听格拉汉讲解电医学带来的神奇功能,还亲自试验各种治疗。

然而,格拉汉最心爱的器具是他那著名"天床"。在神庙最豪华的房间里,安置着天床,12 英尺长,9 英尺宽,可以放置成不同角度。周围是轻松的音乐,上方安置一块大镜面,一对恋人——在付出高价后——可以在这里美美地过上一夜,从床头板传出的电击,更是强化了这种美不可言的感觉。格拉汉声称,由于有这种"电流体"的助兴,幸福的恋人们将会"有幸获得后代"。

随着人们越来越认识到智慧和知识不再是教会的专有,权贵们开始大量遭遇这类骗子。对于哥白尼、伽利略和牛顿的真正追随者来说,他们在实验室里为探索自然秘密而辛勤劳作,但同时也为那些表面看来令人神奇的启示和"发现"找到了卖家——这些人既混迹于街头巷尾,也出入于寻求刺激的上层人士中间。随着周围的权威开始动摇,困惑的公众在各种变化面前迷乱失措。他们中大多数人在生活中第一次认识到各种可能性的存在。由于大多数人忽视了科学方法,只知道科学结果中的奇迹,于是在他们看来,似乎任何事情都是可能的。如果是富兰克林,为什么不可能是梅斯梅尔或格拉汉? 如果牛顿可以解释行星的运动,谁说卡里奥斯特不能解释人类未来的动向呢?

正当科学革命的种子开始在 18 世纪收获果实时,在许多人看来,也许什么果实都会有,或者至少没有什么事情是不可能的。如果自然的奥秘确实可以被揭示,难道不可能在这些奥秘中隐藏着科学探索不到的东西吗?

具有讽刺意味的是,这个时代本来希望看到理性和科学方法赶走了古代迷信的根源,但到头来它却产生了一种更为强大的新迷信,其中之一就是以自然机制替代神灵和魔鬼的作用,正是这些作用产生了许多人仍然在梦寐以求的超自然效应。

具有讽刺意味的还有,这一"自然的超自然主义",作为 18 世纪黑暗的遗产之一,绵延不绝,甚至进入 21 世纪。

结　论

反革命的开始

对于许多历史学家来说，启蒙运动于 1776 年（美国《独立宣言》发表）和 1789 年（攻陷巴士底狱，法国革命开始）之间走到了尽头。然而，即使在这些动荡剧变之前，反动势力已经开始逐渐侵蚀启蒙运动的核心理念，如理性和科学。并不是每个人都信奉理性的学说。有些思想家，其中有卢梭，就厌恶和害怕科学和新近发展起来的技术，企图通过感觉和激情来寻求"启蒙"。为了理解生活的基本真理并且过上一种合乎伦理的生活，人们需要信念和感觉经验。

还有一些人，其中有德国作家和哲学家歌德（Johann Wolfgang von Goethe，1749—1832），在他看来，新科学观自负乏味，为此他写下了若干警世之作，其中还有剧本和随笔。许多人感到，科学已经剥夺了自然和人性之中的诸多美感以及精神价值，于是，他们开始转向其他通向真理的渠道。有些人，例如歌德和德国的自然哲学学派，宁可采取更浪漫和"整体"的自然观，这种观点在英法又被一群被称为浪漫主义的作家和艺术家伤感化和浪漫化了。也有人察觉，由于受科学新方法的影响，宗教自身也有受侵蚀的危险，因而他们宁可以一种更为传统的心态来面对圣经及其教义。

但是，尽管艺术和宗教在 18 世纪末有这样的反冲，科学方法的影响还是波及生活的每个领域，从政府到工业，从心理学和教育到哲学，并且带来思想的高度活跃。

狂飙突进运动

德国的狂飙突进（Sturm und Drang）运动抓住了 18 世纪后期文学界的叛逆心理，它们反对科学方法所要求的训练，反对理性思维，把它看做是启蒙运动理想的"狂热崇拜"对象，是僵化乏味的东西。随着浪漫主义的先驱开始成形，文学灵感被认为得益于自然界、直觉、个人才智、幻想、激情和冲动的哺育。那正是一场精神状态自发转向的开端，最终它席卷欧洲大部分国家。情况就像是一个巨大的钟摆，开始摆向相反的方向。在德国，诗人和戏剧家席勒（Friederich von Schiller，1759—1805）和歌德都以积极参加狂飙突进运动而开始他们的生涯。

歌德是科学家、诗人、戏剧家、小说家和浪漫主义运动的早期领导人。

歌德出生于德国的法兰克福，16岁在莱比锡开始大学的学习，在这里他写出了第一篇诗文和第一批戏剧。后来他到斯特拉斯堡学习，在那里遇到了哲学家和文学评论家赫尔德（Johann Gottfried von Herder，1744—1803），赫尔德为歌德早期参加狂飙突进运动铺垫了基础。赫尔德引导他领略哥特式建筑的优美、德国民间音乐的旋律，还使他接触了莎士比亚（W. William Shakespeare，1564—1616）那范围广阔、非经典的戏剧作品。歌德吸取了这一丰富的文化教育内容，他的多才多艺在他的第一部小说《少年维特的烦恼》（*Die Leiden des jungen Werthers*）中发挥得淋漓尽致，此书于1774年出版。这部小说对个人主义的赞美和文字的风格让人回忆起卢梭的伤感小说，而主角少年维特成了理想化的浪漫英雄。然而，对于歌德来说，狂飙突进运动只是少年的一段时光。他还要继续写他的史诗《浮士德》（*Faust*），还要对生物学和科学史有所贡献。评论家通常都把歌德和席勒看成是经典学者，而不是浪漫主义者。

对有些人来说，狂飙突进运动是通往另一个世界的桥梁，这是一个浪漫主义的世界，其间涌动着一股来自深处的波涛，不以那种强有力的哲学面目出现，它就针对启蒙运动，甚至走向它的反面。如果说启蒙运动赞美了科学及其过程与方法，浪漫主义则是在逃避科学。如果说启蒙运动是世界性的，浪漫主义则是在赞美我们可以称之为"根"的东西，诸如民间音乐和民间故事。

运动的进展各个国家不尽相同。在英国，它是法国革命的回应，是早期浪漫诗人布莱克（William Blake，1757—1827）、华兹华斯（Wordsworth，1770—1850）和柯勒律治（Coleridge，1772—1834）对大革命后法国恐怖时期的回应。这三位浪漫主义者的抒情诗成为那场运动的标记。

在德国，赫尔德信奉浪漫主义，把它看成是对法国智力模式的拒绝和对德国家园的拥护。

法国既是瑞士出生的卢梭的活动家园，又是推动浪漫主义发展的政治事件的所在

卢梭对个人的赞美和把感觉置于理性之上的吸引力，形成了19世纪初发展起来的浪漫主义运动的奠基石。

地,但法国启蒙运动的力量还是拖了法国浪漫主义的后腿,直至19世纪三四十年代,法国才迎来浪漫主义。

美国则几乎完全错过了浪漫主义运动,因为美国是"启蒙运动政府"的样板,整个就是按照启蒙运动的设想而建立起来的一个制衡体系,具有合乎理性的结构。

尽管民族的骄傲和个人主义都是有益的东西,但因此而抛弃科学和理性则是不合逻辑的。可能除了梭罗(Henry David Thoreau,1817—1862)以外,那些技术、科学和理性的反对者中,谁会愿意放弃这些已经进入他们生活之中的各项便利技术呢?即使梭罗,据说当他想品尝家庭美食时,他也要穿上徒步旅行鞋,走到慷慨的邻居家里,利用那里设备齐全的厨房进行烹调。

人这种动物有许多侧面,因而一定要给人性的多样化留有尽可能多的空间,人性发展的最大潜力就蕴藏于其中。并不是每个人都一定要成为科学家。敏感、天性和个人权利的差别,对于人类的努力至关重要。但是刻板地看待科学,忘记科学提供的诸多思想并且抛弃理性思维,就等于文化自杀。

在浪漫主义的时代里,科学的命运及其对自然背后奥秘的不断揭示,似乎预示着前面的海面将是风大浪急。但是19世纪的科学仍然大有希望,这是一个伟大的变化和激动人心的发现不断涌现的时代。正是在这个时代,由于有了对人类的重新发现,将从根本上改变人类看待自己的方式。对地质学的发现,将改变我们对地球的理解。对物理学、化学和天文学的认识,将改变我们看待宇宙及其运作机制的方式。未来的日子也许会带给我们认识上的大彻大悟,但同时还有旧观念与新事实的令人困惑的冲突,这一不断变革、自我纠错的人类奇观,我们称之为科学。

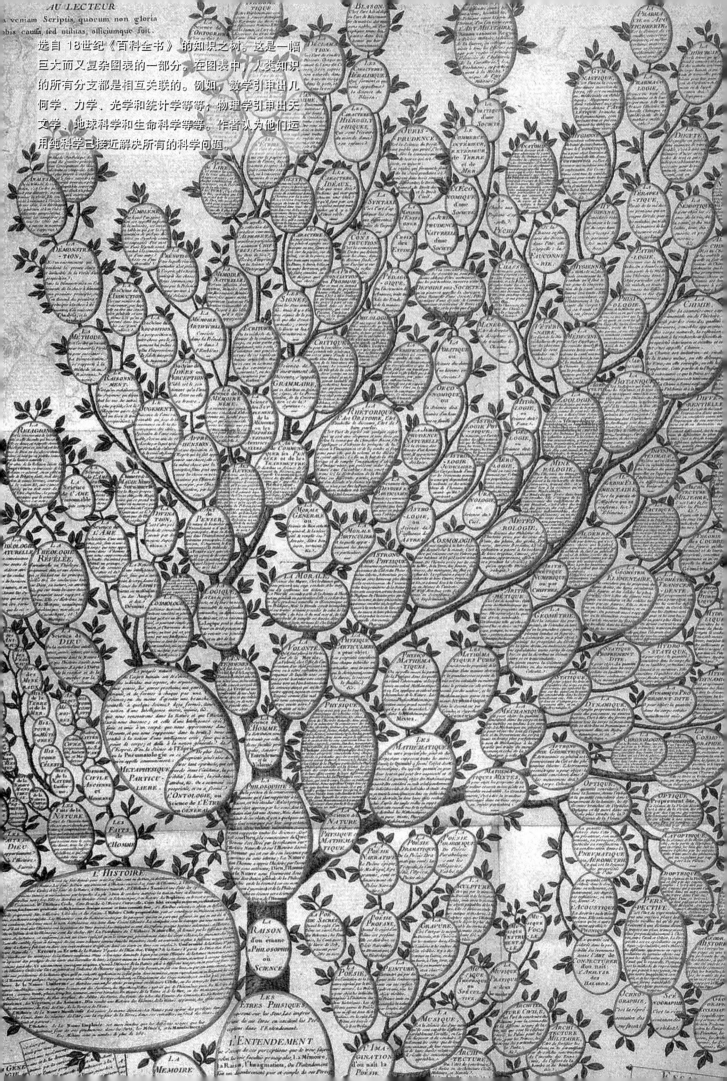

选自 18世纪《百科全书》的知识之树。这是一幅巨大而又复杂图表的一部分。在图表中，人类知识的所有分支都是相互关联的。例如，数学引申出几何学、力学、光学和统计学等等，物理学引申出天文学、地球科学和生命科学等等。作者认为他们运用纯科学已接近解决所有的科学问题。

▲ 1903年，爱因斯坦夫妇在伯尔尼小商场街49号二楼租了一个房间。在这个房间里他创立了狭义相对论。现在这个房间是爱因斯坦纪念馆。照片中左起第一个门就是49号入口。

◄ 瑞士伯尔尼专利局，1902—1909年，爱因斯坦在这儿工作了7年。照片上是新建的专利局，位于爱因斯坦街2号，旧的已经拆去。

▲ 爱因斯坦的书桌。与其他物理学家堆满昂贵实验器材的实验室大不一样，爱因斯坦进行理论研究时，所需要的只有纸和笔。

▲ 爱因斯坦纪念馆内景。

◀ 表现爱因斯坦相对论的艺术图片。图片让人感到一种极具震撼力的美与和谐，但同时又让人感觉玄之又玄，从而使相对论蒙上了更加神秘的色彩。

▶ 埃舍尔的木版画"相对论"。任何事物都是相对存在的。我们直立的时候，总是以为我们的头顶上的天为上，脚下的地为下。但是由于地球是圆的，分别处于东半球和西半球的人的"上"和"下"正好相反。这些哲学观念也是爱因斯坦相对论研究的基础。图中，埃舍尔把这种相反集中到了一起。

◀ 漫画"相对论的影响"。在《物理世界奇遇记》一书中，作者伽莫夫创造了一个职员汤普金先生的形象。汤普金读了相对论的书后，梦见自己到了另一个世界，这里的光速只有每秒15千米。许多相对论预测的效应都很容易观察到。这本虚构的小说从侧面反映了相对论在人们的社会生活中产生的影响。

▶ 历史上最著名的方程，以及爱因斯坦极富纪念意义的手迹。

◀ "曼哈顿计划"基地。"曼哈顿计划"是美国 1942 年 11 月开始的加工、装配和实验原子弹的计划。基地选在新墨西哥州洛斯阿拉莫斯的农场学校中。图为基地的工作和生活场所。

▶ 宾斯顿的油画"沉重且相对的思考"。牛顿的万有引力定律解放了人又锁住了人。人们豁然开朗：人为什么不能向天上飞而只能困在大地上。

▶ 在行驶的列车上用摆锤演示广义相对论。广义相对论颠覆了"绝对的时空观"，如果时间和空间是绝对的，就相当于可以去除所有的星辰、原子和质子，也就是说去除宇宙中的所有物质，只剩下时间和空间。爱因斯坦认为正好相反，空间和时间是由宇宙中的物质来决定和定形的，时间和空间可以被弯曲和变形，就像放在床垫上的物体的重力使床垫弯曲变形一样。光线在大物质（如太阳）的附近时可看到明显的弯曲，钟表在较强的引力场走得比平时要慢，在宇宙的尺度里，所有这一切都可得到验证，但对人们的日常生活却无关紧要。对于人们的日常生活来讲，牛顿和伽利略对自然的经典描述就足够了

▲ 最近有研究者指出，作为同学和第一任妻子，米列娃对爱因斯坦的伟大发现所作出的贡献要比人们以前所认为的多得多。尽管在使爱因斯坦一举成名的5篇论文中都没有米列娃的名字，但是在其中3篇最初的手稿上都有米列娃的署名。这些手稿现保存在俄国博物馆。在这张2005年为纪念爱因斯坦发表狭义相对论100周年而发行的邮票中印上了米列娃与爱因斯坦的合影。这或许是越来越多的人开始意识到米列娃在相对论发现过程中曾经起到的作用。但这种看法也遭到不少学者的反对。

▲ $E=mc^2$是一个极其神奇的公式，原子弹的基本原理就出于这个公式。正因为它的神奇，所以很多有关爱因斯坦的漫画上，都画有这个公式。

▲ 爱因斯坦的头发被画成原子弹爆炸时的蘑菇云。

◀ 卡文迪什实验室第一位主任麦克斯韦。

▼ 麦克斯韦在其他科学领域亦有突出贡献，比如研究光弹性，他设计的"色陀螺"获得皇家学会的奖章。图为位于美国夏威夷莫纳克亚山上的为纪念这位伟大科学家而命名的麦克斯韦望远镜。

▲ 纪念赫兹（左）与麦克斯韦（右）的邮票。

▶ 1879年10月8日，年仅48岁的麦克斯韦在剑桥去世。这是麦克斯韦的墓碑，他被安葬在家乡的一座老教堂的庭院里。

▲ 布鲁塞尔的标志性建筑——原子博物馆，其结构创意源自玻尔的原子模型。

▲ 玻恩的墓碑。墓碑上有 $pq - qp = \dfrac{h}{2\pi i}$ 的公式。

▲ 柏林大学。普朗克在这儿提出了辐射计算公式，引发了物理学的一场革命。此后，爱因斯坦、玻尔、海森伯、薛定谔等沿着此方向最终创立了量子力学。

▶ 位于格丁根的普朗克研究所。

◀ 1958年4月25日，海森伯（讲台旁）在普朗克诞辰100周年的庆典上讲解他那颇受争议的"宇宙公式"，银幕上是该公式的投影。

▶ 1965年夏天在一次物理学会议的合影中，海森伯（前排左4）与美国"氢弹之父"爱德华·特勒（前排左3）在讨论着什么。

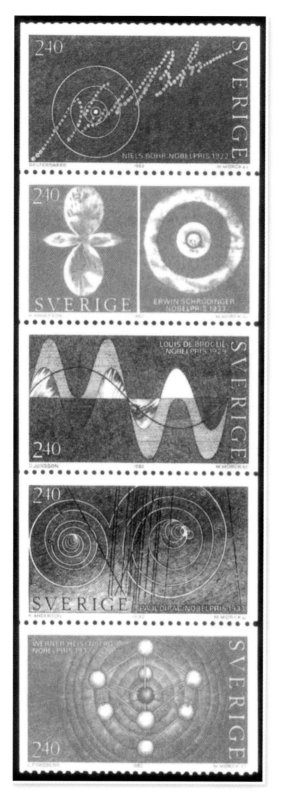

▲ 陈列在维也纳大学主楼里的薛定谔雕像。

▲ 薛定谔的墓碑。

▲ 量子力学中著名的薛定谔方程，它揭示了微观世界中物质运动的基本规律。

▲ 1982年瑞典发行了一套5张的"诺贝尔奖得主——原子物理学"纪念邮票。这套邮票很好地总结了量子力学兴起和发展的历史，从上到下分别纪念的是玻尔、薛定谔、德布罗意、狄拉克和海森伯。

第三编

综合时代

The Age of Synthesis

当19世纪来临之际,乐观和兴奋的精神弥漫于欧洲大陆的大部分地区,并且跨过大西洋直达刚刚建立的美国。这是一个妇女穿长裙、男人打领带、蒸汽机刚刚对生产过程和旅行方式产生影响的时代。对于科学来说,这也是一个激动人心的时代,常常被称为科学的黄金时代——科学不再是业余爱好者的消遣,科学已经成为令人尊敬的职业了!人们聚集在一起,以极大的热情争听科学讲座。全社会都在享受科学带来的从未有过的恩惠,人们似乎正在走进一个崭新的世界,而这个世界将通过科学变得更加美好!一切都已准备就绪,一场伟大的突破很快就要来临。

伟大的生命科学实验家斯帕兰扎尼正在进行鸟类消化实验。

引　言

……我相信，科学的进步，将会逐步走向完美，沿着许多不同的途径，从各个方面向此逼近。

——物理学家汤姆生（开尔文勋爵）（Joseph John Thomson，1856—1940）

当19世纪来临之际，乐观和兴奋的精神弥漫于欧洲大陆的大部分地区，并且跨过大西洋直达刚刚建立的美国。这是一个妇女穿长裙、男人打领带、蒸汽机刚刚对生产过程和旅行方式产生影响的时代。对于科学来说，这也是一个激动人心的时代，有时人们称之为科学的黄金时代，人们聚集在一起，争听科学课题的讲座，人们似乎正在接近更好的世界，这个世界将通过科学变得更加美好。

这个时代可以使小说中头戴猎鹿帽装扮的古怪私人侦探变成英雄，即使——也许正是因为——他的谈吐更像逻辑学家，而不是莽撞的私人探子。自从16世纪以来，到了19世纪之初，科学已经给了社会许多恩惠，一切都已准备就绪，一场伟大的突破很快就要来临。科学不再是业余爱好者的消遣，就像17世纪列文虎克从显微镜窥看"小动物"和18世纪赫歇尔兄妹从其自制的望远镜中凝视天空那样。科学已经成为令人尊敬的职业了。

两项伟大的突破即将发生，每一项都会改变人们的生活方式。第一项是电池的发明，本来，它只能充当客厅里的玩物或是聚会中的游戏之用，现在电池逐渐成为一种动力，居然可以使万家灯火通明，还可用于各种电器产品——遍及世界各地的零售商店及各行各业。同样是这个电池，打开了诸多扇研究之门，其中有对电磁理论、电磁波频谱和光的理论本性等概念的探讨，而在技术和实验方面则有电动机、发电机和电解术的问世。到了21世纪初，一位名叫伏打的人在1800年创制的简单电池，竟能使通信、信息技术和计算能力发生一场世界性的革命，这一变革是19世纪公民难以想象的。

第二项革命性突破发生在生命科学领域，一个叫做"适者生存"的理论或者进化论，改变了人们看待自身、地球及其周围动植物的方式并且改变了宇宙中每件东西的地位。人类不再被看成是万物中的顶点，而开始有了自知之明、谦卑之情，这是一种更伟大的意识：纯粹是出于运气，我们才有幸进化成能思考有感觉的生灵。不过这个理论的特殊之处在于，尽管它已获得可靠实在的证据支持，但自从哥白尼时代以来，没有一个理论像它那样受到如此之多的争议。

第三编探讨的就是这两大故事,当然,还有其他许多方面——关于1800—1895年间,科学家以及他们从事科学的许多故事。但是,先让我们花一点时间讲讲科学的本质和19世纪的科学家是怎样展开工作的。在17和18世纪,哲学家和思想家试图摆脱古希腊先哲曾经用过的那种被动"空想"的研究方法,当时以为靠这就能知道世界的运作机理。取而代之的是,他们开始运用后来叫做科学方法的研究途径。许多人以为,这是达到可靠结论的唯一途径:第一,观察要仔细、客观;第二,要建立这样一种假说,从中能够推出可被验证的预言;第三,要设计和完成可以提供确凿证据的实验。(更多关于科学方法的内容,参看本书的序)

但是到了19世纪初,科学家开始认识到,大多数问题能够沿不止一个方向成功地解决。有些问题更适于用某种类型的测试方案来对付;有些问题则适于另一种类型。英国理论家开始用模型来代表——不一定采用对象本身——借此可以思考对象的结构或者关系。模型不是用来代表原来的实体。它只是为了帮助想象化学反应中的分子相互作用的过程,一个生理学过程的步骤,或者一滴水沿着玻璃窗滑下时的物理特性。

直觉有时也是有益的。许多科学家凭借预感投入工作。也许他们在一开始有一种特殊的推理思路,模糊地认为"它看来是正确的"。随后再设计一系列客观的检验方法来看看其是否正确。

但是重要的事情是要记住,科学是能够自我纠错的,不管用什么方法。这就是科学与其他真理的不同之处。它很像玩七巧板,如果在拼图的早期阶段,你放错了位置,当图案的其他部分显示出来时,你终究会看出错在哪里。你可能在天空的中央放了一片树丛,或者在一只蝌蚪上添了马尾。你可以把放错位置的图片换回来。

但是放错位置的图片也可能有用处。其他与之匹配的图片环绕在一起,整个图案也许就出现了一个有用的新亮点。这正是动态的科学的迷人之处。我们在读科学史时很容易得到这样的印象:每一件事情都在向前推进,一个发现顺利地导致下一个发现。但实际上,科学的进程是波浪式的,有时得到了大量数据,它们却似乎相互矛盾或看不出意义。许多看上去不错的理论得到的结果却被别的理论排斥——有时候正确,有时候却错误。被抛弃的理论有时又会死而复生。或者"错误"理论的某一部分突然被发现与另一理论的某一部分吻合。这些都对知识的宝库作出了贡献,并且也是不断增长的有关宇宙及其机制这一动态理解过程的一部分。

19世纪带来了一项关键性的发现和一项简单的发明——英国一位名叫道尔顿的教师提出了一个理论,而在意大利一位名叫伏打的物理学家发明了电池,再加上达尔文的生物学理论,这三项成果为科学的重大进步奠定了基础,其影响不只限于人们如何看待宇宙,而且也涉及他们的日常生活方式。

第一部分
19世纪的物理科学

第一章

原子与元素

除了原子和空虚的空间，不存在任何东西，别的说法都只是意见而已。

——德谟克利特（Democritus，约公元前460—前370）

当道尔顿沿着曼彻斯特周围的小山坡进行每天的散步时，他戴的宽沿黑帽和穿的深色衣服，与北英格兰的灰暗天空形成强烈对比。随着工业化进程的推进，城市烟囱里冒出来的烟和荒野阴湿的雾相混合，道尔顿小心翼翼地测量了这一天气现象，并且注意到兰开夏郡气候发生的连续变化，他不仅对大气作研究，而且完成了许多实验。在他的邻居看来，他似乎是一个奇怪而孤独的人。但是对于科学来说，这位几乎没受过什么教育、离群索居、特立独行的贵格会信徒却是19世纪初伟大的人物之一，他提出了近代科学最基本的理论之一，这个理论将成为近代化学和近代物理学的基础。

道尔顿享有重建古代原子论的盛誉，他是在1803年一篇论文的结尾时首次提及这一理论，到1826年，他的名声已经广为传扬。这一年，在英国颇负声望的科学家学会——皇家学会——的会议上，化学家、物理学家戴维（我们将在本章后面提到他）声称：

道尔顿发展了原子理论，而首先提出原子论的是古希腊哲人德谟克利特。道尔顿对原子概念的重新审视为19世纪科学家打开了许多前行通道。

"道尔顿先生的不朽荣誉在于,他发现了普遍适用于化学事实的简单原理……从而奠定了未来工作的基础……他的功绩将与开普勒在天文学的功绩并辉。"

然而,道尔顿并非第一个提出这一思想的人。

自然界的基本单位

古人曾经猜测,所有物质都是由几种基本元素构成的。希腊人认为是四种基本物质,他们称之为元素:空气、火、水和土。信仰阿育吠陀哲学的印度人从希腊引进了四元素理论,古中国的道家则提出了相生相克的五行理论,五行者,金、木、水、火、土也。

但是,大多数古代哲学并没有包括原子思想。公元前5世纪有一位希腊思想家名叫留基伯,想知道如果把物质分成尽可能小的粒子会是怎样。例如,如果把一块石头一分为二,然后再一分为二,依次进行,很快(比你想象的要快)就分成了碎屑。你还能把碎屑一分为二吗? 能,留基伯回答(尽管据我们所知,他并没有再分)。你究竟能分到什么程度? 留基伯想,最终你也许会得到最小粒子,而这一假想的微小物体,小到无法看见,他称之为原子(atom),这是一个希腊字,表示"不能分的"。

他的学生德谟克利特,在留基伯的基础上继续发展原子论,坚持认为原子之间除了虚空没有任何东西,所有事物,包括人的意识,都是原子组成的,原子根据自然定律机械地运动。这些想法今天听起来似曾相识,但是,留基伯和德谟克利特得出这一结论,不是靠实验,而是像希腊人经常做的那样,靠的是推理。后来的阿拉伯科学家拉泽斯也持类似于德谟克利特的原子理论,并且主张是原子构成了四种元素。到了11世纪,印度的科学家发展了一种独特的原子理论,可以两个原子结合成一组,也可以三个结合成一组。

17世纪,胡克认为,容器(如气球)的器壁受到的气体压力,也许是周围原子的随机碰撞引起的。他的同代人波义耳早就认识到,气体也许是理解原子的关键所在(他喜欢把原子叫做"微粒")。他用一支J形管做的著名实验证明空气可以被压缩。他认为对此的恰当解释可以是这样:气体中的原子平常被虚空远远分开,然而在压力作用下却彼此靠近了。然而,它并没有证明原子的存在,因为其他各种解释对此也能成立。

后来18世纪的科学家发现,水是由氢和氧这两种元素组成(因此水不是元素)。他们还发现了我们现在称之为氧、氮和二氧化碳的气体,他们称之为不同类型的"空气"。当时还发现了其他一些元素,因此古代的元素观(包括元素的数目以及特性)似乎不再有效。但是所有物质都是由数目相对较少的元素组成这一基本观念仍然有效。

然而,原子论起初不被大多数科学家看好。因为两位有影响的希腊思想家柏拉图和亚里士多德并不同意留基伯和德谟克利特的思想。虽然存在少数持异议者,但他们并没有拿出令人信服的实验证据来证明原子的存在。

"新化学"

因此,早在道尔顿出场之前,原子论已经存在很长的时间,但从未有人找到一条途径来提供实验事实,证明这一不可见的基本单元确实存在。也从未有人找到一种方法来解释迄今已知不同物质所具有的不同化学特性。

然而，来自其他方面的途径为化学奠定了基础。拉瓦锡、普里斯特利和布莱克证明，化学也和物理学一样，测量方法至关重要。主要通过在实验前后的称重，他们得到了定量的实验结果，并且证明在定量分析的基础上可以建立完善的理论和结论。

拉瓦锡还发展了后来所谓的物质守恒定律——意思是物质不可能创生，也不可能消灭，仅仅可以转变。他还提出，化学元素就是用化学方法不能再细分的物质。18 世纪末，化学家又发现了一大堆以前从不知道的新元素。

但是，只有道尔顿的原子理论才能为这些现象背后的结构提供解释。

 ## 道尔顿的原子

年轻时的道尔顿，似乎并未显示出他有震撼科学界的能力。他不是一位伟大的实验家，既无出众才华，也不善辞令，因而他没有机会上"最好"的学校。小学时上的是只有一间教室的学校，但令人惊讶的是，12 岁时他接管了这所学校的整个教学。在空余时间，他自学过牛顿和波义耳的书。此后不久，道尔顿开办了自己的学校，但是他讲课欠佳，3 年后就关闭了，因为所有的学生都离开了。

道尔顿和当时的许多科学家不一样，他在演讲方面很少取得成功。他带有粗俗的乡村口音，生硬的表达方式少有魅力，因此无法以演讲谋生，只能靠辅导和教学维持生活，同时把所有业余时间都放在科学兴趣上。（每当有人问他为什么不结婚时，他总是冷淡地回答："我没有时间，我的头脑全是三角形、化学过程和电学实验，哪有时间去想其他事情。"）

他是贵格会教徒，严格遵守穿着简单的宗教习惯，这也许和他的色盲症有关，他只能选暗色服装。

 ### 认识道尔顿症

直至成年，道尔顿才意识到，自己看不到其他人能够看到的颜色。例如，粉红色在他看来是蓝色的，他无法分辨淡粉红色。开始他还以为是别人搞错了。当他对一些朋友和他的兄弟进行了非正式调查后，这才发现在所有人中，只有他和他的兄弟才会把粉红色、蓝紫色和紫红色看成是蓝色。

是什么原因造成这一差别呢？追求真理的人往往是无畏的，道尔顿要求他的助手朗桑姆（Joseph Ransome，1841—1918）在他去世后解剖他的眼球，决心要让科学解决这一奥秘（这种症状后来就叫做"道尔顿症"，即色盲）。朗桑姆研究了眼睛里的流体和视网膜，希望能够找到线索，但一无所获。于是，道尔顿的眼球在曼彻斯特文学和哲学学会的照料下，保存在一个容器中。

大约150年后的1995年，一组来自剑桥大学的生理学家得到允许，对于视网膜上三种类型的视锥细胞（正是它们使人能够分辨颜色）进行DNA和基因测试。他们果真在中等波长的光学色素中发现了缺陷，于是道尔顿之谜得到了解决。

道尔顿毅力非凡，做事有条不紊，具有百折不挠的精神和强烈的好奇心。他从1787年起写气象日记，毕生坚持，他对气体的研究作出了好几项贡献，他第一次对原子理论作出了清晰的叙述，这一切都是为了坚持不懈地钻研自然奥秘。

到18世纪末，空气的本质和它的组成仍然有许多未解之谜，道尔顿对此极感兴趣。就在他一生的日常散步中，他就做了几乎200 000次气象观察，最后一次是在他78岁去世的那天。可以说，对气象的研究导致他涉及气体及其组成的研究。

空气大体上是由氧、氮和水蒸气组成的，这已经知道，但是为什么这一混合物有时很难分离呢？为什么更重的气体——氮，不沉在容器的底部，或同样，沉在大气更低的区域呢？道尔顿用一个简单的自制装置，称量了组成空气的不同元素，得出了重要结论。

道尔顿发现，气体混合物的重量等同于各个成分单独测量时重量之和。他这样解释：

> "当分别标记为A和B的两种弹性流体（气体）混合在一起时，它们的粒子相互间没有排斥力；A粒子之间互相排斥，但不排斥B粒子。因此，作用于任一粒子上的压力或总重，完全来自于和它相同的粒子。"

这就是所谓的道尔顿分压定律（1801年发表），这一说法基本上可以归结为如下的思想：混合物中的不同气体相互不受影响。或者：气体混合物的总压强是每种气体单独存在时的压强之和。道尔顿当然知道波义耳对气体的工作，这一新的信息显然更明确地指向这样的想法：气体是由看不见的微粒组成的。

但是他继续往下想这个问题。是不是所有的物质——不只是气体——都是由这样的粒子组成的呢？普鲁斯特（Joseph Louis Proust，1754—1826）在1788年曾经指出，物质往往以整的单元组合。也就是说，化合物能够以4∶3或者以8∶1的比例结合。但是，化学反应却不会按，比如，8.673克氧和1.17克氢的比例进行。一种方式可以解释这一所谓的定比定律，就是假设每种元素都是由微粒组成，为了尊重德谟克利特，道尔顿把这种微粒称为"原子"。（这个名称有点混淆，因为我们现在知道，道尔顿当然不会知道，原子并不真是"不可分的"。它们也是由看似不可分的更微小的粒子组成的。正因为这个原因，现在许多科学家宁可把道尔顿的原子称为"化学原子"。）道尔顿还建议，不同化学物质的原子是不一样的，某些早期原子论者也有这样的看法。但是并不像德谟克利特认为的那样，不同物质的原子只是形状上的差别。道尔顿注意到，它们的差别在于重量，他还确定了一个事实，即每种元素都有自己特定的重量。

Dalton's 1808 symbols and formulae

道尔顿给每一个元素设计了一个新符号，按原子量的上升次序排列，原子量是他自己根据以氢原子的原子量为1的概念计算的。

1803 年 9 月，道尔顿以氢的重量为 1 作为基础，其他所有元素都是这个重量的倍数，提出第一份原子量表。后来，他又对此表进行扩充，使之包括 21 个元素。

由于道尔顿的工作，化学家开始认识到存在不同类型的原子，任何一种元素的原子都是相似的，具有与其他元素的原子不同的特殊性质和相对重量。

阿伏伽德罗假说

1802年，盖-吕萨克（Joseph Louis Gay-Lussac，1778—1850）确定，所有气体在给定的温度增加下，有相同的膨胀率。［道尔顿也独立地得出了同样的结论，还有一个名叫查尔斯（Jacques Charles，1746—1823）的人，早在他们两位之前，已独立提出了上述定律。这一常压下气体具有恒定膨胀率的原理现在叫做查理定律①，因为查尔斯最先提出它。］

阿伏伽德罗（Amedeo Avogadro，1776—1856）在1811年宣布，这条定律必定意味着，（同一温度下）同样体积的不同气体必定含有同样数量的粒子（注意他没有说"原子"）。这一概念就叫阿伏伽德罗假说，在19世纪上半叶掀起了相当激烈的争论。

如果真是这样，为什么一定体积的氧气或氢气的重量是这些气体原子量的两倍呢？（我们现在知道，氧和氢原子在自然界中总是成双地给合于一个分子里——但是在阿伏伽德罗的时代，人们并不知道这一点。）阿伏伽德罗设想，如果使一份体积的氢气和一份体积的氯气相化合，就会得到一份体积的氯化氢气体，而不是你想象中的两份。这是否意味着氢原子和氯原子分离后再相互结合呢？阿伏伽德罗说，不。他假设有些元素也许是原子的结合物，实际上，他想的是有些气体——包括氧、氮和氢在分子中自然出现时就是由两个原子组成的（O_2，N_2，H_2）。［阿伏伽德罗第一个运用分子这个词，意思是"小质量（little mass）"，在这个意义上，他是第一个区分原子和分子的人。］然而，化学界许多重要人物——包括道尔顿和著名瑞典化学家贝采里乌斯（Jons Jacob Berzelius，1779—1848）——都根据相似原子相互排斥的假设反对这一思想。因此阿伏伽德罗假说被埋没了许多年，直到1858年才最终被人们接受。

---

① 此处作者把查理定律和盖-吕萨克定律混为一谈。一般把盖-吕萨克定律定义为：一定质量的气体，当压强保持不变时，它的体积 V 与热力学温度 T 成正比。即 V/T＝恒量，而把查理定律定义为一定质量的气体，当体积保持不变时，它的压强 p 与热力学温度 T 成正比，即 p/T＝恒量。——译者注

　　道尔顿进一步论证道,看来,两个元素可以化合成不止一种化合物。例如,碳和氧可以化合成今天我们所谓的一氧化碳,还可以化合成二氧化碳。但是,它们是以不同的比例化合,但一氧化碳和二氧化碳中氧的质量却构成整数比(二氧化碳中碳和氧的质量比是3:8,一氧化碳中则是3:4,8恰好是4的2倍)。道尔顿猜测,一氧化碳也许正好是一个碳粒子与一个氧粒子化合(四个碳粒子的重量等于三个氧粒子的重量)。他估计,二氧化碳则是一个碳粒子与两个氧粒子结合(这个假说后来得到了验证)。这就是所谓的倍比定律,道尔顿于1804年发表。一位名叫希金斯(William Higgins,1763—1825)的科学家在1789年曾提出过这一思想,但是没有实验证据,直到道尔顿的出现。道尔顿的许多同事对这一定律感到兴奋,因为它使原子理论更容易被人们接受。

　　道尔顿敢于提出这一想法,是因为他注意到当元素组成化合物时,一种元素的一个或多个原子与来自另一元素的一个或多个原子结合形成一份化合物。例如,一份水总是由一份氧和两份氢组合而成。一份水的重量与两个氢原子加一个氧原子的重量相等。道尔顿测试了几十种化合物,总是得到同样的结果。

　　道尔顿的原子理论有可能解释各种元素是怎样形成化合物的。他说,原子集合在一起组成其他物质,在这一过程中,它们总是一个与一个,或者一个与两个或更多个,以整数的,而不是分离的方式化合——形成其他物质。

　　1808年,在《化学哲学新体系》(*New System of Chemical Philosophy*)一书中,道尔顿发表了这一思想。他声称,原子是化学元素的基本单元,每种化学原子都有自己的特定重量。

　　他写道:

> "物体有三种不同的类型,或者三种状态,即所谓的弹性流体(即气体)、液体和固体,这已得到哲学化学家的注意。一个显著的例子就是水,水作为一种物体,在一定的条件下,就有这三种状态。我们认为,水蒸气是一种完全的弹性流体,水是完全的液体,而冰则是完全的固体。不言而喻,这些观察已经导致这一普遍被接受的结论,即:所有大小可感知的物体,不论是液体还是固体,都是由大量极小的粒子组成的,或者是被一种吸引力束缚在一起的原子所组成,吸引力的强弱视环境而定……"

　　他继续解释,化学分解和合成只不过是这些粒子的重新组合——把它们相互分开,或者把它们结合在一起。正如拉瓦锡所说,在这一过程中,物质从不会被创生,也不会被消灭。道尔顿宣称:"我们可以产生的所有变化,仅仅在于把处于凝聚或者结合状态的粒子分开,以及把以前分开的再结合在一起。"这些见解就是今天仍然有效。

　　道尔顿的原子论正是在别人失败之处取得了成功,这是因为他提供了一种能够作出明确预言的模型。当然,他的理论中有些内容后来被抛弃了,但是,其核心内容保存了下来,这就是:每个原子都有特定的质量,在化学反应中元素的原子保持不变。

　　沿着这条路,道尔顿还引出了其他一些发现。他第一个发表这一结论:当一种气体与另一种气体在同样的温度下被加热至同一温度时,它们的膨胀率相等。他在1794年发表的文章中首次描述了色盲。

　　1833年,道尔顿的仰慕者和朋友们共同出资为道尔顿建立一座雕像。雕像坐落在曼彻斯特皇家研究所的前面。一些享有盛誉的学会给他荣誉,包括伦敦的皇家学会和巴黎的科学院。1832年,当他获得牛津大学的博士学位时,有幸晋见了英国国王。当时仪式上唯一的问题是要求他必须穿上宫廷服装,还要佩带一把剑,而这就直接违背了他所信奉的宗教的和平主义原则。但是最终他和英国的显贵人士达成了妥协,他可以穿牛津的外套,至于佩剑问题则不必强求。他或许知道,或许不知道,牛津的外套是鲜红色的——仍然与贵格会的习俗相违背。但是在这位色盲科学家看来,外套是灰色的。

道尔顿 1844 年去世,由于在原子理论和气体行为方面的工作,他受到了人们高度尊重。出殡那天,四万多人排列在街道两旁为他送行,他们再也不能作为学生进入他的课堂了。在道尔顿的一生中,他所取得的成就为 19 世纪物理学和化学的伟大进展提供了准备。足够幸运的是,他看到了人们对他贡献的认可。

电 的 连 接

我们还会回到化学中原子和元素的传奇故事,不过,现在先到意大利,在博洛尼亚大学生物学教授伽伐尼(Luigi Galvani,1737—1798)的实验室作短暂停留。这是 1771 年的夏天,实验室里脏乱不堪,木桌上零乱地放着几十对青蛙腿(据某些记载,可能是用来做一盆汤)。

伽伐尼是解剖学家和医生,不是物理学家。不知什么原因,伽伐尼突然想试试用起电机的火花来刺激蛙腿的肌肉。他发现这时蛙腿会发生痉挛。

伽伐尼这样推理:如果是电火花引起肌肉颤搐,那么就可以用来验证美国科学家富兰克林根据风筝实验提出的假设:闪电也是电。伽伐尼把蛙腿挂在铁栏杆上的铜钩下,准备检验这一假定。当雷电来临时,蛙腿果然颤搐了。但是又发生了这一现象:没有雷电时,蛙腿也会颤搐。伽伐尼发现,只要两种不同的金属同时接触肌肉,颤搐就会发生。

伽伐尼不能断定这一现象的原因。是金属引起颤搐?或者是肌肉,即便是死肌肉,仍然保留某种固有的"动物电"?也许伽伐尼的生物学兴趣导致他倾向于得出这一想法:蛙腿这样的动物组织也有电力。他在 1791 年发表了该结果。另一位意大利人伏打看到这一发现后,也开始做这方面的工作,从而导致了另一场革命。

伽伐尼研究电如何影响动物神经和肌肉。

伏打读了伽伐尼的文章,重复他的实验,又在自己身上做了另外一种实验。他把一片锡箔和一枚银币含在口里——一个在舌尖,一个在舌根,这两块金属是用铜线串起来的。他发现这一装置在他嘴里产生了明显的酸味。他正确地作出判断,酸味表示电荷的存在。

他写道:"值得注意的是,在锡和银相互接触时,酸味就一直存在……这表明电从一处到另一处的流动在不受阻碍地进行。"

他认识到,金属不仅是导体——电实际上就是它们产生的! 伽伐尼错了:蛙腿显示的不是动物电,而是金属电。然而,伽伐尼还是起了重要作用,他的实验把人们的注意力引向这个事实,由此戏剧性地打开了研究电的大门。从那时以后的 150 年中,电成为一种有价值的科学工具,电的工业和商业用途数不胜数。伽伐尼的名字成了人人皆知的用语,例如由于害怕而受到刺激(galvanized by fear);有些用词也与伽伐尼有关,例如镀锌铁(galvanized iron)和电流计(galvanometer,检测电流用的装置)。

1797 年,伏打成功地得到了流动的电,它不是当时最容易得到的来自莱顿瓶的静态电。1800 年,他给伦敦皇家学会写信,描述了他发明的第一个电池——电流可源源不断地从中产生。

戴维的电化学

在 18 世纪末,电对每个人都有着巨大的魔力,既包括科学界,也包括大众。人人都在谈论富兰克林用风筝丝线和闪电做的实验,社交名流也喜欢在野餐和聚会中做静电游戏。但是没有一个人清楚地知道自己做的是什么,或者为什么能这样做,部分原因就在于没有连续的电源。

由于伏打发明了所谓的伏打电池后,情况才不一样。伏打的工作不仅打开了探讨电的本性的道路(在理论物理学和工业两方面都产生了辉煌成果),而且为发现新的元素和探讨化学键的本质提供了突破性的工具。

现在我们的故事再回到化学。就在伏打向伦敦皇家学会报告他的发现之后不久,戴维开始思考如何把伏打电池用来解决某些化学问题。戴维,也许最有名的是他发现了两种元素,钠和钾,他还为矿工发明了安全灯。1800 年,他(和杨一起,杨的工作将在本编第四章讨论)受雇于皇家研究所,这是一个新建立的研究实验室和教育机构。

戴维是家里 5 个孩子中年龄最大的,他出生于 1778 年,是英国康沃尔郡西海岸的判扎斯城一位木雕家的儿子。1794 年,年轻的戴维只有 16 岁,父亲去世,家庭负担只好落在他这位长子身上。于是,戴维在本地一位外科医生那里当了一段时期的学徒工,但是在 19 岁时他对实验化学、物理学以及相关领域发生了浓厚兴趣。他开始检验拉瓦锡夫妇在《化学基础论》一书中的思想,并得出某些革命性的结论。通过观察冰块的摩擦实验,他断言:热,不像大多数化学家所设想的那样,是"不可称量的流体",而是运动的一种形式。不幸,戴维太年轻,还有一点粗心大意,对自己的实验结果过于自信。结果,科学界对他的看法相当冷淡,普遍持怀疑态度。对此戴维相当失望。

但是 1798 年,戴维成了贝多斯(Thomas Beddoes,1760—1808)的助手,贝多斯是多才多艺的化学家和擅长于用气体进行治疗的医生。在贝多斯的布里斯托尔气体研究所,戴维把他自己当做实验对象,就像实验室中的豚鼠那样。他自己制备一氧化二氮(又称为笑气,后来被牙科医生广泛使用),有一天他总共吸入了 16 夸脱。他后来说,这一天他"完全陶醉了"。他研究了这一气体的生理学效应,于 1799 年写了一篇详尽的论文,因此而成功地获得作为化学家的名望[还在社会名流中享有盛誉,这些名流中有两位诗人柯勒律治(Samuel Taylor Coleridge,1772—1834)和华兹华斯(William Wordsworth,1770—1850),特意到他的实验室里访问,欣赏他发现的"陶醉效应"]。

伏打和电池的诞生

由于伏打电池的发明，开创了19世纪电学的时代。这是第一个能够连续不断提供电流的电源。以前从未有人做过此类研究，全世界的科学家（包括富兰克林在内）对静电已经研究了一个世纪。但是，只要一个火花或一阵电击，静电马上就放完了，而伏打电池却可以持续提供电流。尽管几年内没有发现它的实际用途，但化学家和物理学家很快就把它用作分析物质的工具。

伏打是比萨大学的物理学家，他的最初灵感来自伽伐尼对青蛙的工作，不过他又按自己的想法做了一些实验。由于对"动物电"的说法有怀疑，他对这一事实印象深刻：只要存在两种不同的金属就会产生电。他还注意到某些金属搭配会产生更厉害的颤搐。当他把锡箔和银币放在舌头上时，由于舌头主要是肌肉，颤搐不太厉害，但是他却尝到了酸味。这使他猜想，会不会电是经唾液从一种金属传到另一种金属的呢？伏打用许多溶液进行了实验，最后决定用浓盐水。他发现，如果把不同类型的金属片层层堆积，再把这样堆积起来的夹心板浸在浓盐水中，就能得到一个非常有效的电池组（每个夹心板就相当于一个电池）。这就是著名的伏打电池。

它的潜在价值立刻得到了各地科学家的赏识，甚至惊动了法国的拿破仑。拿破仑授予伏打伦巴第地区伯爵和参议员的荣誉（伦巴第是伏打的家乡，不久前被拿破仑征服）。伏打1800年在一封给伦敦皇家学会的信中，赞美了这一发明惊人的简单性。他写道："是的！我说的这种装置，无疑会使您惊奇，它只不过是一叠按一定方式连接起来的不同种类的导体。"

伏打令人称奇的装置往往被人们称为"伏打电堆"，早在它用于改变家庭和街道的照明方式之前，就已经成为与望远镜及显微镜一样重要的科学仪器。

伏打电池——一叠"三明治"，由浸润在浓盐水中的两种不同类型的金属片组成。

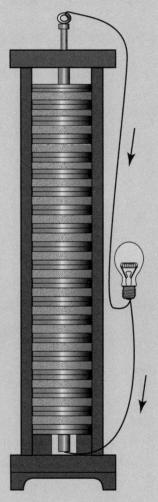

伏打的电池，人称"伏打电池"，是提供连续电流的第一种电源。由于它对人们生活具有深远影响，这一发明无疑是19世纪最重大和最有影响的突破之一。

戴维关于一氧化二氮的科学论文引起了伦福德伯爵的注意,他是美国出生的一位传奇般人物,由于把热看成是一种运动形式,从而在 18 世纪末激起相当大的争论,因为当时大多数化学家和物理学家认为热是一种叫做热质的不可称量(也就是没有重量)的流体。尽管伦福德(原来的名字叫做汤普森)当时是在巴伐利亚政府任职,但他却打算在英国创建皇家研究所,普及科学,并把科学发现的成果运用到日常生活、艺术和生产之中。伦福德聘请戴维担任第一届实验室主任,这对于年轻有为的化学家来说,是一个极好的机会。

被公认为电化学奠基人的戴维英俊、文雅、富有魅力。

1800 年,戴维在离开布里斯托尔去伦敦前,就已有了这一令他感到满意的想法,伏打电池是通过化学反应而产生电,很快他就猜测到,逆效应可能也是正确的,即反过来把电作用于化合物和混合物上,也会产生化学反应。

然而,在接下来的几年里,他在伦敦皇家研究所的职责使他离开了这个课题。为了赚一点钱,研究所开设了一系列高级科普讲座,戴维的魅力和激情使他成为当时最受欢迎的演讲者之一。(奇特的电学表演和一氧化二氮产生的"高潮"也许吸引了更多听众的注意力。)一方面是为了推行科学普及的工作,另一方面也是为了保证有固定的收入,但与此同时,研究所还集中关注农业科学、制革和矿物学,戴维关于这些课题的几篇出色论文,不但给研究所增添了光彩,也给自己提高了知名度。

1806 年,戴维的机会来了。在短短 5 个星期里,他完成了 108 个电解实验,使电用于产生各种化学反应。这一年他在向皇家学会作的《论电的化学媒介作用》的报告中,提出了电解与电流作用之间的理论联系,对化学反应的电特性首次给出解释。他说,化学上物质的结合是因为原子间有相互吸引的电。

戴维还想到,也许可以用电来分解化合物从而分离出尚未发现的元素。许多年来科学家一直在对数种物质进行研究——石灰、氧化镁、碳酸钾,等等,它们似乎都是金属的氧化物。但是用加热或者其他能够想到的办法,都无法把氧分离出去。戴维在他的报告结尾作出预言,希望"新的分解方法可以引导我们发现物质的真正元素"。

为了试验这一想法,戴维建造了庞大的电池组,用 250 多块金属片组成,比伏打电池要强大得多。第二年,他用一小块稍稍浸湿的碳酸钾(由植物燃烬后的灰末浸水而得到)做实验,他从电池的负极引出绝缘的电极连在碳酸钾块的一个表面,正极连接另一个表面。这时他注意到,碳酸钾块"处于剧烈的活性状态"。碳酸钾块的两个接触点开始溶化,与正极相接表面释放出一种气体。另一个接触点,不释放气体,却开始生成"具有高度金属光泽的滴状物质",看上去有点像汞滴,其中的某些在燃烧时会发出明亮的火焰,并且爆炸。戴维马上明白,他发现了一种新元素,他称之为钾。正如他的兄弟约翰在信中描述这个实验时写道，戴维"看到通过碳酸钾冒出了许多钾滴，当它进入大气时起火，他无法克制喜悦的心情，兴奋得在房间里欢呼跳跃，但很快他又使自己镇定下来继续做实验"。

几天后，戴维用同样的方法对碳酸水（现在知道它是氢氧化钠）做实验，结果发现了钠。他的想法得到了证实。与此同时，在斯德哥尔摩，贝采里乌斯和他的同事正在进行类似的实验，双方互有通信往来。贝采里乌斯发现，当他在加入石灰或重土的汞化合物中通入电流时，得到了一种"汞齐"或者某种合金，是其他金属与汞的合成物。这给戴维又一个启示，不出几个月，戴维对贝采里乌斯描述的汞齐（以及其他物质）猛烈加热，结果从中分离出了镁和钙；从一种矿物中分离出了锶（strontium，该矿物质产于苏格兰的一个城镇，其名即由此而来）；从重土（baryta）中分离出了钡（barium）。戴维以发现众多元素而声名远扬。1810 年，戴维在测试一种名叫次氯酸的绿色气体时，发现一种元素，他称之为氯（因为它呈绿色）。

1812 年对于戴维来说是重要的一年，这一年他出版了《化学哲学原理》（*Elements of Chemical Philosophy*）。很快他又出版了应用性更强的《农业化学原理》（*Elements of Agriculture Chemistry*）。由于他的成就，1812 年 4 月他被封为爵士，不久娶了富有的苏格兰寡妇阿普勒斯。1813 年，他被任命为皇家研究所教授，随即去欧洲旅行，随同的有新婚夫人和不久前选用的年轻助手法拉第。法拉第的故事将在 19 世纪后半叶详细展开。尽管当时英国与法国正在交战，但正如戴维所说："科学家之间永远没有战争。"拿破仑欢迎戴维的访问。在这期间，戴维和法拉第访问了欧洲大陆的许多著名科学家。对于法拉第来说，这次旅行使他有幸领略科学前沿的风貌。

1820 年，戴维成为皇家学会会长，开始研究船底铜罩的防腐蚀方法，但是他开始健康不佳，1823 年后长期在瑞士居住，一直到 51 岁去世。在那里他受到高度尊敬，获得国葬的礼遇。

这一年是 1829 年，对于化学来说，新的世纪刚刚开始。新的挑战正在前头：为大量出现的新元素理出个头绪，继续寻找更多的新元素，以及弄清与碳元素相结合的一大族分子。所有这些领域的进展不久就会到来。

第二章

复杂而有序的化学世界

到了 1830 年，已知元素的数目已猛增至 50 多个。显然，组成宇宙的不再是那少数"几种简单元素"，化学中到处充满混乱。

首先，人们不是用同样的符号表示同样的事情。许多奇怪和神秘的符号仍然留存，那是很久以前炼金术士从占星术那里借用来的。金的符号是一个圆圈，中间一个点；银的符号是月牙；硫的符号是向上的三角形；锑是小王冠。这些符号不具有实际意义。道尔顿提出一种系统，是用不同的圆来表示每一种元素，但是这仍然不便于记忆。1826 年，贝采里乌斯想到一个简单的方法，就是用各个元素名字的第一个字母作为它的符号。O 表示 oxygen（氧），N 表示 nitrogen（氮），S 表示 sulfur（硫），如此等等。当第一个字母相同时，加上第二个字母以示区别。于是钙（calcium）是 Ca，氯（chlorine）是 Cl。这一系统至今仍在运用。不过在语言之间仍然存在某些混乱：德国化学家称氮为 Stickstoff，而法国人称之为 azote，英国人称之为 nitrogen。因此，贝采里乌斯以拉丁化的名字作为依据，这样的符号就能在国际上通用。母语是英语的人们很幸运，大多数元素从其拉丁化的名字可以认得，只有少数例外，诸如金（Au）的英文字是 gold，而拉丁文是 aurum；银（Ag）的英文字是 silver，而拉丁文是 argentum；钠（Na）的英文字是 sodium，而拉丁文是 natrium。

凯库勒（Friedrich Kekulé von Stradonitz，1829—1896）也提出一种设想，这就是用结构图来表示分子中原子的排列。例如在凯库勒的系统中，水（H_2O）变成了 H—O—H。同样的，氨（NH_3）的三个氢原子围绕一个氮原子组成一个三角形。不久凯库勒的结构图开始流行。

氨分子的结构

但是即使对于最普通的化合物，它的分子式也颇有争议。各种不同元素的原子量无法取得一致，用分子式表示时，分子里的原子非常混乱。像醋酸这样平常的化合物，不同派别的化学家竟采用不同的表达式，数目竟多至 19 种。

卡尔斯鲁厄会议

该是采取行动的时候了。处于运动中心的是凯库勒，他发起了第一届国际化学会议，试图澄清化学中的混乱。第一届国际化学会议，于 1860 年在德国一个小城卡尔斯鲁厄举行，它位于莱茵河边，对岸就是法国。共有 140 位代表参加，包括当时大多数杰出的化学家。

但是他们却是一群固执己见、互不让步的科学家，会议一开始就争议不休，没有得出任何结论，对原子量也没有共识。这时，坎尼扎罗（Stanislao Cannizzaro，1826—1910)登上了讲台。

坎尼扎罗是一个热情奔放、好争善辩的人。1848年他从家乡意大利的西西里岛逃到法国,是为了躲避那不勒斯政府的迫害,因为他参加反对那不勒斯反动统治的起义,但是起义失败了。在法国,他对化学的混乱局面有过相当深入的思考。1858年,他发表一篇论文重提阿伏伽德罗假说,这个假说已被人们忘记几乎50年了。它说的是,(在同样温度下)同样体积的不同气体一定含有相同数目的粒子。他参加卡尔斯鲁厄会议就是为了给原子量、阿伏伽德罗假说和原子与分子的分界给予有力的辩护。他说,可用阿伏伽德罗假说确定气体的分子量,运用盖-吕萨克的化合体积定律,再用贝采里乌斯的原子量,三者相结合就可以解决许多问题。他还采用小册子的形式来散发自己的演讲稿,说服了许多与会者,会后不久又说服了更多的人。特别是,其中有一位回到俄罗斯后,对这个问题做了大量思考。

⌘ 门捷列夫的单人牌 ⌘

门捷列夫,具有一头飘逸的长发,还有一把灰色的胡须,威武挺拔的姿势,看起来更像是一名布道师,他曾经独自操纵一个篮子,挂在巨型气球下升空。这是1887年的一天,他希望从最靠近、最有利的位置拍摄日食情景,这就意味着要有一个单人飞行气球。面临难得的日食,他可不想放弃,于是毅然一个人起飞,照过相后着陆,然而当时他连最起码的操纵方法都不知道。他行为夸张,但富有原则和勇气,不怕怀疑和反对,不怕政治压力,也不怕驾驶飞行器。作为一个西伯利亚土著人,他就像一个巫术师那样,把化学家于18年前开始陆续发现的元素整理得井然有序。1955年,在他死后近50年,他对化学和物理学的特殊贡献获得了完美的奖赏:一种新发现的元素被命名为钔,作为对他的纪念。

门捷列夫的母系也许有蒙古人的血统。他出生于一个大家庭,他是家中最小的一个孩子,他的祖父是西伯利亚第一份报纸的出版者,父亲是当地中学校长,机灵的母亲经营一家玻璃工厂。门捷列夫童年时曾从一位流放到西伯利亚的政治犯那儿学习科学。不幸的是,门捷列夫的父亲在他十几岁时就去世了,不久之后,母亲的玻璃厂也毁于火灾。于是,当大多数孩子都长大后,1849年,母亲带着这个最小的孩子来到俄罗斯的大城市,以便让他进入大学。在圣彼得堡,

古怪的俄国科学家门捷列夫发展了一种概念,叫做"周期表",它帮助化学家认识元素之间的系统性关系。

在父亲生前的一位朋友的帮助下,门捷列夫被大学录取。

大学毕业后,门捷列夫于1859年去法国和德国读化学研究生。在那里,他和本生(Robert Wilhelm Bunsen, 1811—1899)一起工作,并在卡尔斯鲁厄参加了第一届国际化

学会议，坎尼扎罗（Stanislao Cannizzaro，1826—1910）关于原子量的雄辩使他着迷。1861年他开始在圣彼得堡大学任教，1866年被任命为技术化学教授。

有些科学家猜测，原子量的接近也许与元素间的相似性有关。例如，钴和镍的原子量如此接近，以至于大多数化学家当时都无法区分它们，而且它们的特性又如此相似。但是这一假说也存在问题。以氯和硫为例，原子量分别大约为35.5和32，但一个是黄绿色气体，一个却是黄色固体——惊人的不同！于是，化学家开始寻找另外的关系。一些化学家根据元素之间在特性上的相似性，多年来一直在琢磨一个"三和弦"的设想，或者把某些看来是一"族"的元素归在一个类里。早在1817年，德贝赖纳（Johann Wolfgang Döbereiner，1780—1849）就已经注意到，某些相似元素组成的类里，原子量之间有某种相关性——处于中间位置那个元素的原子量等于其他两个元素原子量的平均值。例如，在钙、锶和钡这一"三和弦"中，锶的原子量（当时测定的是88），大体上是钙（40）和钡（137）的平均值。同样地，锶的熔点（800℃）也在钙（851℃）和钡（710℃）之间。钙在化学反应中相当活跃，钡更活跃，而锶则介乎其间！据此还可列出元素的其他特性，表明锶确实位于钙和钡的"中间"。这种"三和弦"关系很是迷人，其他科学家也参加了进来。

1864年，伦敦的工业化学家纽朗兹（John Alexander Reina Newlands，1837—1898）第一个注意到，按原子量排序的元素表显示出这样一种模式："从指定的元素开始，第八个元素是第一个的某种重复，就像音乐里八度音阶中的八分音符。"他称这一发现为"八度音阶定律"，但是，当他在化学家的会议上宣布这一思想时却遭到了嘲笑。有一位物理学教授福斯特（George Carey Foster，1835—1919）嘲笑说，为什么不按字母排列，看看你会得到什么模式？纽朗兹的元素表固然有些错误，但事实上他看出了一种有用的模式。而福斯特，尽管是一位能干的物理学家，却因为发出嘲弄而使自己受到嘲弄——这个例子表明，一个今天看来似乎难以行得通的科学思想，也许可以引导出明天的新见解，考虑欠周的嘲弄回过头来却是对嘲弄者本人的嘲弄。20多年后，皇家学会颁给纽朗兹戴维奖章，以奖励他的工作。

但是，针对元素排序的思想，门捷列夫的工作却是最具创造性，并且得出了逻辑性最强的结论。门捷列夫喜爱一种单人纸牌游戏。于是，他把所有已知元素、它们的符号、原子量和特性标注在卡片上。然后，他把它们分组排列。结果发现，如果把它们按原子量的增加来排序，类似的特性就会周期性地出现。例如，他发现氢（原子量为1，在他的表上是第一位）、氟（表上第9位）和氯（第17位）相隔都是八位，跟纽朗兹的"八度音阶"相似，具有相似的特性。他尝试把所有具有相似特点的类放在同一个竖栏中，这样他就得到了一个表，其中原子量从左上到右下逐渐增加。

但是门捷列夫的巨大胆量在于，当元素不适合表中的位置时，就像玩单人纸牌游戏一样，他意识到，也许没有把所有的牌拿在手中——有些牌可能仍然在牌盒里。所以，如果有一个空缺需要具有某种特性的元素来填充（但无人知道有这样的元素），他就在元素表中留一个空缺——它们还在纸牌盒里有待发现呢。他甚至还给其中一些起了名字：准硼、准铝和准硅。准铝位于铝下面，准硅位于硅下面。他还预言了它们的特性。这一工作发表于1869年，立刻被翻译成了德文（在这方面他远比以前的其他俄国科学家来得幸运，因为俄国人的工作没有及时得到翻译，往往许多年后才被别人知道）。但是在欧洲，人们都认为他是疯子，甚至有人轻蔑地把他当成俄国巫师。

元素留下的指印

正当门捷列夫从事周期表的研究时,一件神奇的新工具分光计问世了。事实证明,它不仅对化学家很有用处,而且对于天文学家和物理学家也很有用,今天依然如此。

这个想法最早出现于 19 世纪初一位年轻的光学技师夫琅和费(Joseph von Fraunhofer, 1787—1826)的身上。他是釉工的儿子,11 岁时成了孤儿,给一位光学技师当学徒。在一个悲惨的日子里,他居住的楼整个倒塌,他是唯一的幸存者。但幸运的是,巴伐利亚的选帝侯马克西米利安一世(Maximilian I. Joseph, 1756—1825)得知这一悲惨事件后,给予他足够的钱,让他自己开业。

由于在工作中精益求精,夫琅和费为自己赢得了国际声誉,有好几位著名天文学家用上了他的棱镜和光学仪器。1814 年,当他测试自己制作的透镜时,用到了一只棱镜——一个多世纪以前牛顿正是运用棱镜,把太阳的白光分解成光谱中的各种颜色。当夫琅和费这样做时,他注意到有一些奇怪的黑线,似乎打断了太阳光谱——实际上他至少看到了600 条黑线,有的宽些,有的窄些,把整个光谱分成了好几部分。而当时牛顿用的棱镜质量比较差,由于玻璃的缺陷,造成图像模糊,因此没有看到这些黑线。

夫琅和费知道,光谱中的每一种颜色都对应于一种独特的波长。越接近光谱紫端,波长越短,而更长的光波处于红端。夫琅和费注意到,光谱中显著的黑线总是处于同样的位置。这些奇怪的黑线就好像是某种标志,它们肯定具有某些含义。他试着采用不同的光源——从太阳直接发出的光和经过月亮和行星反射的光,甚至星光。他发现,不同的星体似乎留下了不同的密码,不同的指印。但是没有人能够破译这些密码,夫琅和费在 1826年死于肺结核,享年只有 39 岁,他没有能够找到这些黑线的含义。为了纪念他,人们把那些光谱线称做"夫琅和费线"。

半个世纪之后,海德堡大学物理学家基尔霍夫(Gustav Kirchhoff, 1824—1887)和本生(Robert Wilhelm Bunsen, 1811—1899)发明了一种他们叫做分光计的仪器——光线通过一条狭缝后再穿过棱镜,狭缝控制光源,结果不同的波长位于不同的位置,然后与标准刻度比较,就更易于区分和解释。

基尔霍夫和本生用本生设计的特殊燃灯(这种灯本身光线微弱),把各种不同的化合物加热到发光状态。他们注意到,每种化合物发出的光都具有独特的颜色标志。例如,如果把钠蒸气加热到发光状态,就会产生一条双黄线,这就是它的指印。一旦所有元素的指印都弄清,任何矿物或化合物——实际上就是任何物质——经过加热其成分都可以用这个方法来分析。更重要的是,分光计还可以鉴别特别微量的元素。

1859 年 10 月 27 日,基尔霍夫和本生第一次公布他们的发明,分光计不可避免地开始一个接着一个地发现新元素。1860 年 5 月 10 日发现铯,因为它发射清晰的蓝光而得名。第二年发现铷,红色谱线道出了它的存在。新一轮元素开始涌现。

1875 年,一位名叫布瓦博德朗(Paul Emile Lecoq de Boisbaudran, 1838—1912)的法国化学家,在研究来自比利牛斯山脉的一大块锌矿石时,发现一条他从来没有见过的光谱线。他是在 1859 年首批进入这一激动人心的新领域中的研究者之一,在用分光计经过长达 16 年的搜寻之后,终于有了结果。他称之为镓(gallium),取自法兰西的拉丁文"gallus"

（也可能是取自他自己的名字，因为 Lecoq 在法文中的意思是"公鸡"，拉丁文正好是 gallus）。当门捷列夫读到新元素的描述时，欣喜若狂。镓的特性和他预言的准铝几乎完全一样！新元素很容易就放进周期表中属于它的位置。突然之间，每一个人都开始认真对待门捷列夫了。光谱学这一有力武器取得了胜利。

1879 年发现另一种元素钪（scandium，因斯堪的纳维亚半岛命名），它的特性几乎完全适合门捷列夫给准硼留下的位置。1886 年发现的元素锗（germanium，因德意志命名），填补了准硅的空缺。至此，门捷列夫周期表得到了普遍承认。他以一个优秀科学家的工作方式，在似乎混乱无章的地方认出了自然的秩序。

但是没有人知道为什么存在这样的秩序，以及这种周期性。这需要知道原子核和它的结构，但 19 世纪科学家还没有准备放弃原子不可分的思想。随着元素的数目在不断增加，化学家似乎离他们最初所要发现的自然界的少数基本单元越来越远了。元素的数目很快超过了 90。（20 世纪和 21 世纪这个数目还会增加，许多新元素是核化学家发现的。）

在 19 世纪最后的 5 年中，著名英国物理学家斯特拉特（John William Strutt，1842—1919，更为人知的名字是瑞利勋爵）和他的助手，苏格兰化学家拉姆塞（William Ramsay，1852—1916，后来被封爵士）重复了 100 年前卡文迪什做的实验，这一次是用分光计。结果他们发现了氩。拉姆塞第二年又发现了氦，并且和特拉佛斯（Morris Travers，1872—1961）一起，发现了惰性（完全不起化学反应）气体氖、氪和氙。可是门捷列夫周期表没有给这些元素留下空缺。这样一来，周期表是否不再有效？不，回答很简单：这位伟大的纸牌游戏者在周期表的右侧遗漏了一整条竖栏，这些元素正好放在这一栏里。

∾ 有机化学的诞生 ∾

就在道尔顿、戴维及门捷列夫成功改造无机化学的同时，另一个更为混乱的领域也在经历重大变革。1807 年，贝采里乌斯把来源于生物体的一类化合物称为有机物，而把不是来源于生物体的另一类化合物称为无机物。他认为，有机物的功能与无机物相比，受完全不同的规律控制，在许多方面差别极大。许多科学家，包括贝采里乌斯，假设这一差别来自某种"活力"的存在，这种活力仅与有机物相关，但只有生命体或曾经的生命体中才能找到或产生这种有机物。从未有人曾从无机物中创造过有机物。按照贝采里乌斯的说法，以后也不会有。

随后在 1828 年的一天，贝采里乌斯的学生维勒（Friedrich Wöhler，1800—1882）正在实验室里对氰化物作研究，他给氰酸铵加热。结果使他大吃一惊：他得到的化合物酷似尿素，但这在当时看来是不可能的事情，因为尿素作为尿液的一个组成部分，是哺乳动物的含氮排泄物，无疑是有机物。维勒有些难以置信，于是，他再测试他所制备的物质，证明确是尿素。1828 年 2 月 22 日，他正式通知贝采里乌斯，他已从无机化合物中合成一种有机化合物。

贝采里乌斯是一个相当固执的人，他认为氰酸铵本身可能就是有机物，而不是无机物。这样一来，维勒的发现也许不那么确定。但是别的化学家却被他的成就激励，纷纷以其他无机化合物作为实验对象，结果发现有机化合物的确可以由无机材料合成得到。1845 年，科尔比（Adolph Wilhelm Hermann Kolbe，1818—1884）第一次成功地从化学元素直接合成了有机化合物（醋酸）。这说明也许根本就不存在什么"活力"。

但是，如果真的不存在活力，为什么比奥（Jean-Baptiste Biot，1774—1862）在 1815 年发现，他在实验室里产生的酒石酸不能使光发生偏振（光波的横向振动偏向于某一方向），而葡萄产生的酒石酸却能使光偏振？这两批酒石酸具有同样的成分，同样的比例和同样的化学式。19 世纪 20 年代，李比希（Justus von Liebig，1803—1873）和维勒发现了更多这样的配对物。1830 年，伟大的命名者，贝采里乌斯给具有同样化学式却有不同行为的成对化合物起了一个名字，叫做异构体。关于这一复杂性，维勒在 1835 年给贝采里乌斯的信中写道："在我看来，有机化学就像是热带的原始森林，充满了令人惊异的东西。"

巴斯德对比奥发现的酒石酸异构体这一奇怪的化学现象首次进行了认真的研究。他把实验室合成的异构体分离成单个晶体，并证明它实际上还是会使光发生偏振的。只是有些沿一个方向偏振，另一些沿相反的方向。1848 年，他有了答案。在实验室制成的物质中，两种晶体相互抵消，因此整个物质不使光发生偏振。

与此同时，凯库勒的结构式有助于解释这些复杂的有机化合物的内部构造，它们中的某些具有双键和三键构造，凯库勒就用两重破折号和三重破折号表示。异构体具有同样的原子和同样的比例，但联结方式不同。例如，普通乙醇可以用图 1 表示，而具有相同数目氢、碳和氧原子的二甲醚则可以用图 2 表示。

图 1　普通乙醇的结构　　　　　　　　　　图 2　二甲醚的结构

1858 年凯库勒指出，碳原子相互间可以直接连接（不像大多数其他原子），形成复杂的长链。他解释说，因为碳原子是四价的，它正好可以与四个其他原子化合。他还搞清楚，通过研究反应产物，可以确定一个有机分子的分子结构。

1861 年，凯库勒出版了《有机化学》教科书的第一卷。在书中，他用简单明了的做法终止了长期以来纠缠不清的争论。他定义有机分子为含碳分子，无机分子为不含碳分子，根本不涉及它是否有生命或曾经有生命。这对有机分子含有某种莫名的、不可定义的"活力"论观念是一种沉重打击，并为审视有机化学领域提供了有用的新方法。

❧ 抓 住 环 状 ❧

有机化学还有一个问题没有解决。没有人能够解释苯（C_6H_6）的结构，这是 1825 年法拉第发现的煤焦油产物。当然，即使不知道苯的结构，珀金（William Perkin，1838—1907）和其他致力于染料合成的研究者仍然作出了进展。但是，没有人能够解释这些原子为什么能够互相结合在一起，正像普通分子的结合方式一样。

1865 年的一天，凯库勒梦见了环的结构，他后来这样写道：

"我正坐着，在写我的教科书，但工作没有进展，我理不出个头绪。我转过椅子朝向炉火，开始打起瞌睡。原子又一次在我的眼前跳跃。这一次背景上出现的是大量更小的组合。我那心灵的眼睛由于反复观看这类东西，现在可以分辨更大、更复杂的

炸药、染料、香水和塑料：给工业的有机礼品

　　19世纪，从煤、水和空气这些原料，居然制出了好几种有利可图的化学合成物：炸药、染料、香水和塑料。

　　1846年，舍恩拜因（Christian Schonbein，1799—1868）发现第一种合成炸药——硝化纤维素，这完全是出于偶然。有一天他在实验室里工作，用妻子的围裙擦掉溢出的化合物——也许是硫酸和硝酸。没有想到，围裙中含有的纤维素与酸结合，突然发生爆炸。硝化纤维素也叫做火棉，在早期的应用中由于意想不到的爆炸引起许多人死亡。

　　1846年，还发现了硝化纤维素的一个衍生物，叫做硝化甘油。这两种物质常用于挖隧道和爆破，但它们实在是太活泼太不稳定了，有时还会带来灾难性后果。后来找到了办法使这两种材料变得更温和，这才可以安全使用，这就是无烟火药和黄色炸药的问世。这些现代炸药的应用改变了大型工程的建设，它们包括公路、桥梁、隧道、水坝以及矿山。

　　1856年，有一位名叫珀金（William Henry Perkin，1838—1907）的英国化学家，他从苯胺中偶然发现了一种紫红色染料，因而开创了另一种化学工业。原本他是想合成人工奎宁（用于治疗疟疾），但是紫红色染料很快使他富有。珀金发现，苯胺在市场上买不到，于是他就从苯制造苯胺，而苯的结构不久被凯库勒破译。德国化学家霍夫曼（August Wilhelm von Hofmann，1818—1892）第二年发现如何制作洋红色染料，于是德国很快就成为利润丰厚的人工合成染料工业中心。1868年，格雷贝（Karl Graebe，1841—1927）在德国合成了一种名叫茜素的橙色结晶体，接着，拜尔（Adolf von Baeyer，1835—1917）在1880年合成了靛蓝染料。（科学往往会产生附带效益，生物学家很快发现有些植物，特别是动物的细胞，如果用这些染料着色，在显微镜下可以更容易看见。）通过把凯库勒的苯环概念延伸至萘结构，格雷贝对认识有机分子的结构作出了贡献，拜尔在1883年发现了靛蓝的结构式。

　　1868年，珀金再次最先得到合成香水的成分香豆素，从这一发现中又生长出了另一个庞大的工业。

　　与此同时，随着赛璐珞的合成，塑料制造业也在19世纪开始。1855年，英国化学家帕克斯（Alexander Parkes，1813—1890）第一个把爆炸性的硝化纤维改变为不爆炸的（仍然是可燃的）物质。不久以后，美国发明家怀特（John wesley Hyatt，1837—1920）试图做出更好的台球以替代当时的象牙台球，为此他改进了帕克斯的赛璐珞。在20世纪和21世纪里，不同类型的塑料层出不穷，从人造纤维、尼龙、聚酯之类的纺织品到可模压的、固体的塑料——有的柔软、有的坚固——运用于日常生活的方方面面，从水管到牙刷，从饮料吸管到淋浴窗帘。

结构：长长地排成一列，有时挤在一起，缠绕和扭曲成蛇形运动。看！那是什么？有一条蛇咬住了自己的尾巴，在我眼前快速旋转。仿佛是被一阵灵感惊醒，就在这个晚上，我形成了这一假说。"

凯库勒发现的正是我们今天所谓的苯环，一种由碳和氢组成的分子结构，它不是敞开的链条，而是封闭的六角形，单键和双键交替快速转换。

荷兰化学家范托夫（Jacobus Van't Hoff，1852—1911），把凯库勒的许多结构性想法转变成三维模型，从而可以澄清许多有机化学概念，其中包括比奥和巴斯德研究的异构体之谜。凯库勒的结构见解使有机化学走出世纪之初那种难以置信的混乱，尽管从那以后，又有许多理论上的改进，但是他的思想仍然指引着化学家的合成研究，并且提供一个模型，使有机分子更为形象化，从而对化学反应作出预言。

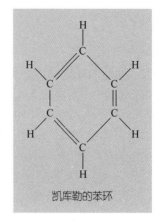

凯库勒的苯环

对于化学来说，19 世纪是丰产的年代。有两个重要的新工具——电学和光谱学，使化学家获得了新方法来处理和观察物质，从而使这门学科大大改观，其情形就如同望远镜用在天文学和显微镜用在生物学一样。已知的元素数目几乎翻了一番。门捷列夫的周期表使这些元素各归其类，并且为未来在 19 世纪和 20 世纪之交以及 20 世纪初化学和物理学的大突破提供必要的基础。有机化学的诞生给应用化学打开了巨大工业潜力，其中包括新染料和新材料的发明。

最重要的是，原子论的诞生（或者宁可说是再生），使得道尔顿、阿伏伽德罗以及他们的追随者不仅认识到气体的特性，还开始把握了化学的规律——物质是怎样进行化学反应，又是怎样相互结合的。

当然，在道尔顿提出原子论之前，或者甚至到 19 世纪之末，并不是每个人都能认同原子论。具有高度影响的物理学家马赫（Ernst Mach，1838—1916）直到去世时还在反对原子论。他说，观察到两份氢气跟一份氧气结合形成了水蒸气是一回事；假设两个看不见的氢原子跟一个看不见的氧原子结合形成一个也看不见的水分子，则完全是另一回事。但是大多数科学家还是承认，原子论至少提供了一个极好的模型，通过以符号代表原子和它们之间的相互作用，可以使讨论变得更清晰。

原子论还打开了通向这个世纪一个伟大的关键性发现的道路：对热的本质和热力学的理解——几个世纪以来这个领域一直笼罩在神秘的乌云下面。

第三章

不灭的能量

蒸汽和电，这是两股伟大的力量，推动了 19 世纪的车轮，振奋了 19 世纪的人心。就从 19 世纪开始，所有工业都受到瓦特的蒸汽机的影响，它还激发了人们对能量的理论研究。到了 19 世纪中叶，运输也得到了改造，英国所有主要港口都已由蒸汽铁路连接起来，北美大陆十字交叉的铁路网有近 30 000 英里的铁轨。到了 19 世纪末，电已经开始照亮世界，并且提供工业生产动力。

科学家们深入到这两大能源的核心之处，从而找到了一条通往自然奥秘的珍贵路径，借助于它，西欧、不列颠群岛、北美以及整个世界的工业发展面貌焕然一新。关键在于，正如布莱克及瓦特在上一世纪所发现的那样，要理解热及其本质和行为，最重要的是，理解热力学——研究热能怎样转变为其他形式的能量，其他形式的能量又是怎样转变为热能。

早 期 工 作

对于 18 世纪大多数化学家和物理学家来说，热是一种看不见的"不可称量的"（即没有重量的）流体，叫做"热质"。当冰融解时，失去热质；当水结冰时，得到热质。水和热之间发生的是某种化学反应。这一理论有时也叫做热的物质论，用来解释某些现象似乎很有效：把一个热的物体放在冷的物体旁边，热似乎从一个物体流向另一个物体，就好像是流体一样。还有，物质加热时会膨胀，就好像有流体进入一样。热质似乎是明摆着的事情，所以很少有科学家认为有理由去质疑它。

但出生于美国的巴伐利亚选帝侯伦福德伯爵就是一个例外。1800 年左右，他还在年青一代的英国科学家中选拔了新秀——其中包括戴维和杨。伦福德如此推测，用钝工具给炮筒钻孔应该比用锐工具钻孔产生更少的热（释放更少的热质）；用锐工具应该释放更多的热质，因为它们切削材料更为有效。但事实正好相反。为了解释这一点，伦福德认为，热必定是一种运动，但这个思想不是一下子就能被人们接受。

然而随着 19 世纪的来到，道尔顿的原子论开始使这一思想变得可信，这就是，在一个充满气体的气球中，或者在一桶水中，或者在一块冰中，都有看不见的微小粒子在振动——振动得快，就表现为热；振动得慢，就表现为冷。

沿着这一思路就有了热动说，最早是由伯努利（Daniel Bernoulli, 1700—1782）在 1738 年提出的，但是当时对原子和分子这样的概念尚未认真考虑。在道尔顿之后，也有少数其他的人试图提出这一理论，但他们都不太知名，也没有得到更多关注。

与此同时,法国科学家正在琢磨瓦特蒸汽机的理论基础。瓦特是一个工程师,他的英国朋友都是实干家,许多人都是自学成才。而法国,因为有巴黎的综合理工学校,因而法国人更擅长理论科学,偏爱热质说。傅立叶(Jean-Baptiste-Joseph Fourier,1768—1830)是一位对数学物理学带来强烈影响的物理学家,他在 1822 年发表论文《热的解析理论》,提出一种数学分析的新方法,首次清晰地阐述了科学方程必须具有一套自己的单位——这一思想被称为"傅立叶理论"。他还考察了通过固体的热流和笛卡儿提出的量纲理论。但是傅立叶对与热有关的机械力不感兴趣,实际上,他认为"动力理论"和"自然哲学"属于两个互不相关的不同领域。

与此同时,在德国,热动说正在逐渐奠定基础。化学家李比希的学生莫尔(Friedrich Mohr,1806—1879)在 1837 年写道:

"除了已知的 54 个化学元素以外,在自然界里还存在一种媒介,叫做力[①];它在合适的条件下可以表现出运动、凝聚、电、光、节奏和磁……因此热并不是一种特殊的物质,而是物体最小粒子的振荡运动。"

所有这些思想都围绕着一个尚未得到充分证实的中心思想。正是一位名为焦耳(James Prescott Joule,1818—1889)的执着实验家为这一概念给出了定量数值。

焦耳的测量

焦耳着迷于对热的研究,他测量了每件东西的热。甚至在度蜜月时,他也不忘测量他和新婚夫人游览的瀑布顶上的温度,并与瀑布底部的温度相比较。

焦耳在 1847 年完成的经典实验中,先是测量一桶水的温度,然后把带翼的轮子放进水中。再让翼轮转动很长的时间,使水的温度逐渐升高。焦耳测量了翼轮所做的功和水温的升高,从而算出多少机械能产生多少热,如今这个值被称为"热功当量"。焦耳用了十年甚至更多的时间,测量了他能想到的各种过程所产生的热——包括机械的、电的、磁的——以及他能想到的各种媒介。

焦耳

在焦耳之前还有其他人也试图获得热功当量的数值。伦福德做过,但数值偏高。迈尔(Julius Robert Mayer,1814—1878)也计算过,但没有焦耳的准确。焦耳是当时做得最好的一位,而且他附有大量实验数据。为了对他表示敬意,功或者能量的一个单位叫做焦耳。

焦耳的工作直接导致了对热力学第一定律的承认,这是一条基本原理,因此,他也被看做是这一定律的提出者之一。

---

① 德文的"力"字,同时也表示能量。——译者注

❧ 第 一 定 律 ❧

于是，在拉瓦锡的物质不灭原理之外，1847 年，亥姆霍兹（Hermann von Helmholtz，1821—1894）又增加了一条补充定律："自然作为一个整体，拥有的能量不可能增加，也不会减少。"宇宙中的能量正如同物质一样，既不能创生，也不能破坏，能量也是如此（迈尔曾于 1842 年提出过能量守恒概念，要早于焦耳或亥姆霍兹的工作，但它所获得的证据支持不如亥姆霍兹）。

这一思想就叫做热力学第一定律，有时可简单归纳为："无不能生有"，或者用另外一句话来说，不能以少获多。也就是说：

热能输入＝有用能＋废能

正如布莱克和瓦特所见，热机（瓦特的蒸汽机是第一个成功的例子）可以把气体中储存的热能转变为涡轮和活塞中的动能。也就是说，由于加热后气体膨胀，储存在蒸汽中的热能可以转变为运动。这个系统中最初的能量来源是燃料——木材或者煤炭——中的化学势能，用它产生了蒸汽。

亥姆霍兹是能量守恒原理的奠基人之一，他也因对眼科学、解剖学和生理学的贡献而知名。

在物理科学的历史中，热力学第一定律是最具革命性的思想之一。正如科学史家克朗比（Alistair Cameron Crombie，1915—1996）所说："它的含义和它提出的问题，主宰了从法拉第和麦克斯韦的电磁学研究到 1900 年普朗克引入量子理论之间这段时期里的物理学。"随着 20 世纪爱因斯坦物理学的出现，将会证明，能量和物质概念需要放到一起来考虑，显而易见的是，能量有时可以转变为物质，物质也可以转变为能量。

正如麦克斯韦在对亥姆霍兹的颂词中所写：

"要评价亥姆霍兹《论力的守恒》这篇论文的科学价值，我们必须追问热力学和近代物理学其他领域最伟大发现的发现者们，这篇论文他们读过多少遍，在他们的研究生涯中，他们多少次感受到，亥姆霍兹有分量的叙述作用于他们的心头，就像是不可阻挡的驱动力。"

在他的晚年，亥姆霍兹成了量子理论的创建者普朗克（Max Planck，1858—1947）的导师，通过普朗克，亥姆霍兹的影响在 20 世纪还将进一步延伸。

❧ 第 二 定 律 ❧

不同于傅立叶，法国工程师卡诺（Nicolas-Léonard Sadi Carnot，1796—1832）的研究方法更为实际，他把蒸汽机与水轮联系在一起——这一类推有些问题——起初他提出的是这一想法：蒸汽机锅炉释放的热量等于更低温度下冷凝器获得的热量。也就是说，没有热量损失。虽然事实并不是这样，但是卡诺在火发出的热、蒸汽的压强和机器的机械运动之间建立了重要联系。他认识到，一台蒸汽机的能量输出取决于锅炉的高温和冷凝器的低温之差以及流经两者的热量。他猜测，宇宙的总能量是常数，能量只是从一种形式转变为另一种形式。遗憾的是，卡诺在 36 岁时死于霍乱，没有机会进一步发展他的思想。他的思想 1824 年在他唯一的著作《论火的动力》(*On the Motive Power of Fire*)中发表，对后人产生相当深远的影响。

德国物理学家克劳修斯(Rudolf Clausius，1822—1888)不是实验家，他的杰出天赋表现为善于对其他科学家的结果作出解释和进行数学分析。1850 年，克劳修斯得出结论，热不能自己从一个物体传给温度更高的另一个物体。这一陈述后来就叫做热力学第二定律，被认为是 19 世纪物理学另一项重大发现。

爱尔兰出生的汤姆生(William Thomson，1824—1907)，后来在苏格兰以拉格斯的开尔文勋爵闻名，这两个称呼常常并用。他综合了卡诺和焦耳的思想，在 1851 年发表论文，论述热转变为机械功的可逆性，从而对热的动力学理论也作出了贡献。这是热力学第二定律的另一种表达方式。由于这一贡献，与克劳修斯一起，他也被认为是这一原理的发现者之一。

克劳修斯

汤姆生

热力学第二定律可以简单说成是：不能打破平衡。假设有一位潜水员站在深水池旁，此时潜水员具有重力势能，当他或她跳下去时，能量转变为动能，当潜水员撞击水面时，动能又转变为水的热能。但这个过程不能自发地逆转（至少一般不能），能量转变有特定的方向。尽管有可能看到潜水员又返回到水池边，但那是因为用上了某种跳簧或者弹簧或者起重机。要么潜水员搭乘沙滩车才能返回。或者，再举一个例子，热汤可以自发地变冷，但是冷汤却不能变热，除非从外部热源加热。

另一种表述热力学第二定律的方式是：在一个密闭的系统中——没有外部能源——熵总是趋向于增加。熵是一个系统无序性的度量：越是无序，熵越高。另外，因为熵总是趋向于增加，热能不会从更冷的地方流向更热的地方（分子和原子在更冷的固体中要比在更热的液体和气体中更为有序），因此一般说来，自然过程总是趋向于更大的无序。

在某种程度上这意味着，没有来自太阳的能量，地球很快就会衰竭。最后太阳，甚至可能整个宇宙，会耗尽可用能源而灭亡。或者，换句话说，不管你本周把房间整理得多干净，下周你仍然需要重新整理。

⌬ 气体运动论 ⌬

热质说终于在 1866 年左右走到了尽头，因为麦克斯韦和玻尔兹曼（Ludwig Boltzmann，1844—1906）各自用不同的方程式描述气体的行为，其完善性超过前人。麦克斯韦说，气体的温度并不反映气体所有分子的运动速率是均匀的，它反映的是这些运动在所有方向和所有速度上的平均统计值。他解释说，当气体加热时，分子运动得更快，互相碰撞也就更多，而碰撞增加了气体的压强。

热力学的伟大时刻

1822年
·傅立叶发表热流方程。

1824年
·卡诺的理论成为克劳修斯和开尔文独立提出的热力学第二定律的基础。

1847年
·焦耳在实验基础上建立了热的机械论（"热功当量"）。
·亥姆霍兹勾画出热力学第一定律（能量守恒定律）。

1850—1851年
·克劳修斯和汤姆生（开尔文勋爵）提出热力学第二定律。

大约1860年—1870年
·麦克斯韦和玻尔兹曼各自建立了气体的运动论。

1871年
·麦克斯韦在《热的理论》（*Theory of Heat*）中提出麦克斯韦妖。

麦克斯韦妖

1871年,麦克斯韦发明了一个小精灵——后来就叫做麦克斯韦妖——用来说明熵和气体中热运动论的统计性质。想象有一个二室的房子,气体均匀地分布在两室里。两室之间只有一个活动门相通。正如麦克斯韦的理论所描述的,两室中的气体分子,有些运动得很慢,有些则很快。当分子走过时,精灵抓住慢的把它送到另一室,又把另一室的快分子抓住通过活动门送到第一室。用这一方式,最后第一室将充满热(运动快的)分子,而第二室充满冷(运动慢的)分子。如果精灵真的存在(当然是不可能的),加热一间房子就可以不要任何能量。

物理学经过了70年的时间,研究热的本质及其与其他能量形式的相互关系,这才摆脱了18世纪的热质说。基于原子论的威力并且通过运用数学和模型以及仔细的实验,这才获得两个永恒的原理,从而为热力学机制提供了更为扎实深刻的认识。

第四章

磁、电和光

1819 年，整个欧洲都在用电流做实验，这时奥斯特（Hans Christian Oersted，1777—1851）正在哥本哈根大学教授物理课。他也不例外，在一次课堂演示中，他拿起一根通电导线，让它靠近一枚磁针。长期以来，关于电和磁的关系一直存在种种猜测。奥斯特也许猜想到了电流和磁铁相互间会有某种效应。果然他是对的。

这是一种突然瞬时的反作用，磁针晃动了，不过不是沿着电流的方向，而是与电流方向垂直。奥斯特改换电流的方向，磁针再次晃动。不过这次方向相反，但仍然与电流方向垂直。

奥斯特第一次在学生面前演示电与磁之间存在的联系，从而打开了一项新研究领地的大门：电磁学。后来证明，这是 19 世纪最有成效的领域之一。

一个古老的奥秘

电与磁的研究都可追溯到 16 世纪柯彻斯特的吉尔伯特的工作。吉尔伯特最先引入电力、电吸引和磁极这些名词。在 1600 年出版的《论磁》中，他论述了自己的研究，因此，人们普遍认为他是电学研究的奠基人。

17 世纪，盖里克设计了一个可以产生静电的机器，1745 年，马森布洛克（Pieter van Musschenbroek，1692—1761）和克莱斯特（Ewald von Kleist，1700—1748）独立发现了莱顿瓶原理。不仅在科学上，而且在日常生活中，对电的兴趣普遍高涨，富兰克林对电的极性、电与磁的关系、电对熔融金属的能力等方面做了广泛的研究。

然而，在伏打发明伏打电池以前，还没有办法产生连续稳定的电流，所有的电源都是静态的。在伏打之前，电可以储存，但一瞬间就放电完毕（常常表现为强大的电击形式）。

但是，19 世纪却迎来了电学上的伟大突破。一旦用上了电力，不仅会改变人们的生活方式，而且通过对电、磁以及它们关系的新认识，将会产生新的强大理论，从而改变人们对宇宙的看法。沿着这一方向，一位名叫法拉第的年轻人首先迈出了巨大的步伐。

吉尔伯特在他1600年出版的著作《论磁》中探讨了磁的特性。这是该书的一幅插图，一位铁匠锤击一根炽热铁棒的两端，分别是北极和南极，使之磁化。

伟大的实验家法拉第

　　法拉第是科学史中最让人崇拜和尊敬的人物之一，不同于他的同事们，他既没有受过什么教育，也没有闲暇时间。作为英国一位铁匠十个孩子中的一个，除了去学校学会读书写字，法拉第从来就没敢奢望进大学。12岁时，他就开始自己谋生，学校生涯就此结束。但是有些人往往有强烈的好奇心，他们不可遏止地要探寻这样一些问题，诸如：世界是什么组成的，或者为什么人们以这种方式行事，或者是什么使事物运转。法拉第就是这样一位具有不倦好奇心的人物。他还交了一点好运：找到一份在装订厂里当学徒的工作，就在他为书籍装订封面的同时，还贪婪地阅读书中的文字。他读了《大英百科全书》（*Encyclopaedia Britannica*）中关于电的文章和拉瓦锡的《化学基础论》。他还读了（并装订了）简·马舍特（Jane Marcet，1769—1858）的《化学谈话》（*Conversations on Chemistry*），这本书在19世纪初是一本广泛流传的通俗读物。

　　随后另一个好运降临法拉第生活。一位顾客送给法拉第几张票，是皇家研究所戴维的四次演讲票。法拉第极为高兴，对那四次讲座的全部内容都做了详细记录，他把这些记录装订好后送给戴维，并附上一封希望在研究所当助手的申请书。几个月后，戴维果然给法拉第提供了这份工作。戴维的一个同事说，"让他洗瓶子吧，如果他确实不错，他会接受这份工作；如果他拒绝，那他什么事情也干不成"。这一工作的薪金比法拉第订书的工资要少，但这个机会他正求之不得呢。

　　不久，戴维在1813年访问欧洲，随身带上法拉第作为秘书和科学助手。尽管戴维的夫人把法拉第当做仆人，但这位年轻人从无怨言，而是利用这个机会见到了科学界的关键人物，其中包括伏打、安培（André-Marie Ampère，1775—1836）、盖吕萨克（Josep Louis Gay-

法拉第的实验技巧为19世纪许多关键性突破奠定了基础。

Lussac，1778—1850)、阿拉哥（Arago，1786—1853)、洪堡（Alexander von Humbokit，1769—1859)和居维叶。他们在欧洲各地旅行，从一个实验室到另一个实验室，完成各种实验，参加各种演讲，在这个过程中，法拉第接受了他从未有过的教育。

1815年，他们返回英国，法拉第正式成为实验室助理，负责皇家研究所的矿物收藏和仪器主管。他成了戴维在实验室里的得力助手，因为他灵巧、内行并且投入，经常从早上9点一直工作到晚上11点。几个月后，他的工资增加为年薪100英镑，这一年薪一直保持到1853年。

当法拉第读到奥斯特1820年做的实验后，他和科学界其他人一样，感到非常兴奋。奥斯特的磁针显示，电流不是像大家想的那样，沿着直线从导线的一端流向另一端，而是围绕着导线。巴黎的安培证实了这一思想，他证明，如果两根载流导线平行放置，其中一根处于可随意运动的状态，当两根导线电流方向一致时，它们互相吸引；如果电流方向相反，则互相排斥。

科学作家简·马舍特

简·马舍特是世界上第一批女性科学作家，在1805年完成《化学谈话》一书，1806年出版，1807年出第二版，后来又陆续出了许多版本——16个英国版本、2个法国版本，以及16个以上美国版本——在19世纪早期成为最普及的化学读物。

她出生时名叫哈尔迪曼（Jane Haldimand），她的父母富裕且开明，让她受到和男孩一样的教育。哈尔迪曼有一位出色的家庭教师，在家庭教师那儿，她不仅接受传统的女性科目训练，包括舞蹈、绘画和音乐，还学习数学、哲学和天文学。

30岁时，哈尔迪曼与一名瑞士医学教授亚历山大·马舍特（Alexander Marcet，1770—1822）结婚。马舍特夫妇成了伦敦社交界精英阶层的一部分，这个圈子里有许多科学家。婚后不久，简·马舍特开始为年轻人写作关于科学前沿的科普作品——其中包括瓦特蒸汽机的原理以及戴维、拉瓦锡、卡文迪什和布莱克的工作。正如她的书名所示，书的内容以想象中的谈话形式，围绕化学知识而展开，但不是科学家之间的谈话，而是在一位年纪较大的知识女性（布莲，被称为B夫人）和两位年轻女性（凯洛琳和恩米丽）之间的谈话。

B夫人利用插图和实验,鼓励她的年轻朋友自己思考。例如,关于热辐射,B夫人说:"在我作出结论之前……我必须观察……不同的表面不同程度地(辐射热)。"恩米丽问道:"这些表面都在同一温度下吗?""毫无疑问",B夫人回答。为了说明这一点,她向凯洛琳和恩米丽出示一个用锡做成的方盒子,在它的四个面上有不同的纹理——一面抛光,一面熏黑,一面粗糙,还有一面磨砂。在方盒子中充满热水从而使四个面处于同一温度之下,然后,B夫人用平面镜把每一面辐射的热反射到温度计上。她的学生可以读到四种不同的读数,这样一来,读者也都明白了。不仅法拉第发现这本书吸引人,无数其他读者也和他一样喜欢这本书。该书是如此普及,促使简·马舍特继续写了其他的题材,其中包括:《自然哲学谈话》(*Conversations on Nature Philosophy*,1819)、《矿物学谈话》(*Conversations on Mineralogy*,1829)和《基督教的证据》(*Evidences of Christianity*)。

简·马舍特给年轻人写的书《化学谈话》也许帮助了年轻的法拉第,使他对科学发生兴趣,从而把毕生献给了科学事业。

法拉第自己动手做了一个简单的实验。1821年9月,他演示了"电磁旋转",让载流导线围绕着一块固定的磁铁旋转,同时又让磁铁围绕一根固定的载流导线旋转。这是第一个原始的电动机。

遗憾的是,戴维因此而对法拉第生气了,他声称法拉第窃听了戴维与沃拉斯顿(William Hyde Wollaston,1766—1828)的谈话,因为谈话中涉及类似的实验。法拉第承认他也许受到谈话的启示,但是他的装置有实质上的不同,沃拉斯顿和历史也都承认这一点。

无论如何,这也许是法拉第最不足道的发现,他正在酝酿更大的发现。1822年,法拉第在他的笔记本中写道:"把磁转变为电。"奥斯特用电产生磁(磁针反映了磁力),为什么逆过程不可能发生呢?

法拉第从安培和另一位物理学家斯图根(William Sturgeon,1783—1850)提出的设想开始着手。他先是准备一个铁环,铁环的一部分用线圈缠绕,合上电键即可引入电流。铁环的另一部分也缠绕线圈,然后连接到电流计。他想第一个线圈的电流也许会在第二个线圈中引起电流。电流计可以测量第二个电流并显示结果。

这一想法真的成功了——这正是第一个变压器——但是结果让人有点吃惊。尽管在铁环中有稳定的磁力,但在第二个线圈中却没有稳定的电流通过。取而代之的是,仅当法

法拉第在皇家研究所的实验室里。

拉第闭合线路时,第二个线圈才会出现瞬时电流——电流计跳了一下。然后当他再次切断线路时,又产生了瞬时电流,标志是电流计又跳了一下。

由于法拉第不懂数学,他只能形象地解释这一现象,并且提出磁力线这一概念。他注意到,如果在纸片上撒有铁屑,上面放一块强磁铁,轻轻敲击,铁屑就会沿着他所谓的磁力线呈现出某种模式。他想象电流形成某种磁场,从源头向所有方向辐射[①]。当他在实验中合上线路时,力线辐射出去,而第二个线圈则切割了这些力线。这时,第二个线圈里就有感应电流。当他断开线路时,力线"收缩",第二个线圈又切割了力线,从而再次生成感应电流。他还研究了条形磁铁的力线、像地球一样的球形磁铁的力线和载流导线的力线。这是自从伽利略和牛顿提出机械论宇宙以来,第一次以一种更富创造力的新眼光来看待宇宙,这就是场理论的出现。

1831年,法拉第在皇家研究所的一次大型普及讲座中,用另一种方法演示了力线。他拿起一个线圈,把磁铁插入线圈中。与线圈相连的电流计指针开始晃动,当磁铁的运动停止时,晃动也停止。当他把磁铁取出时,电流计又有显示。磁铁在线圈里面运动,也有显示。如果把线圈移过磁铁,电流计也会显示。但是如果磁铁在线圈中静止不动,电流计就没有电流。法拉第发现了电磁感应原理。也就是说,他发现通过机械运动与磁的结合可以产生电流。这就是发电机的基本原理。[另一位物理学家,美国的亨利(Joseph Henry,1797—1878)也精彩地演示了这一相同的思想,但是他没有及时发表。于是,一心专注于工作的法拉第获得了发现权的荣誉,对此亨利欣然接受]

当然,法拉第下一步的目标就是建造一台能够产生连续电流的发电机,而不是实验中那种断断续续的感应电流。为此他做好一只铜盘,使其边缘在永久磁铁两极间通过。当铜盘转动时,会产生电流,引出电流就可派上用场。通过水轮或蒸汽机推动轮盘转动,流水的动能或者燃料燃烧后的能量就转变成了电能。今天的发电机与法拉第的原始装置已经大不一样,经过50多年的改进它才投入实际应用,但它无疑是迄今最重要的电学发现。

---

① 磁力线围绕电流,没有源头。——译者注

从孩提时代起,法拉第就对自然力和自然现象的相互联系与统一性有深刻的信念,他承认,他在 1844 年发表的场理论和他对磁、电和运动的相互联系性的探讨,都是围绕这一信念而展开的工作。1845 年 11 月 5 日,他在皇家学会宣读的论文《论光的磁化和磁力线的启示》一开头写道:

> "我长期持有这一观点,几乎就是一种信念,就和许多自然知识爱好者一样:我相信,物质的作用力虽然形式不同,却有共同的渊源;或者,换句话说,它们是如此直接联系和相互依赖,以至于它们都是相互可转化的,并在其作用中拥有同等的能力。"

起初,没有多少人重视法拉第的场理论,但是法拉第对自然统一性的信念被焦耳、汤姆生、亥姆霍兹、克劳修斯和麦克斯韦以多种方式在以后几十年的工作中得到证实。

与此同时,法拉第和戴维之间的关系继续恶化。随着时间流逝,戴维不得不承认法拉第正在超过自己,于是他开始变得忌妒和怀恨。当法拉第的名字报到皇家学会,准备被接纳为会员时,戴维表示反对。尽管戴维一个人投了反对票,法拉第还是在 1824 年当选为皇家学会会员。1825 年,法拉第成了实验室主任,1833 年担任皇家研究所化学教授。法拉第是一位温文尔雅、忠于职守的人,他宁可把时间花在实验室里,或在家里陪伴妻子巴拉德(Sarah Barnard),对戴维的行为从不回击。他还有很多的事情要做。丁铎尔(John Tyndall,1820—1893),作为法拉第在皇家研究所的继承人,曾这样形容法拉第:他"是一个容易激动、生性火爆的人,但是经过高度自律,他已经把这种火爆转变成了生命中的闪光和动力,而不是让其耗费在无谓的激动中"。

对于伟大的实验家法拉第,我们深怀敬意,正如英国物理学家卢瑟福(Ernest Rutherford,1871—1937)在 1931 年所说:

> "回顾过去,我们越是研究法拉第的工作,就越是感受到作为一个实验家和自然哲学家,他所具有的那种无与伦比的才能。当我们考虑他的发现和这些发现对科学和工业进步的影响时,实在找不到相称的荣誉来纪念法拉第——这位所有时期里最伟大的发现者之一。"

苏格兰的理论家

麦克斯韦 1831 年出生,正好这一年,法拉第作出了最有影响的发现——电磁感应。儿童时代,麦克斯韦在数学上非常出色,以至于看起来像是有点反常,同学们叫他痴人。15 岁时,他向爱丁堡皇家学会递交了一篇论文,论述椭圆曲线的绘制,论文给人的印象是如此深刻,以至于许多会员认为这不可能出自一位如此年轻的少年之手。在麦克斯韦 30 多岁时,他已经正确地解释了土星光环的概率特性(1857 年),并且独立于玻尔兹曼提出了气体的运动理论(1866 年)。

爱迪生

爱迪生（Tomas Edison，1847—1931）对科学并不很感兴趣。他对电的性质也不太关心——这是科学家的事情。他要做的事情是制服电并让它表演节目，他希望电能够干活。爱迪生出生在美国俄亥俄州一个穷人的家里，很小就被母亲带着离开了学校，12岁时在穿行于密歇根州的火车上当报童。他不满足于仅卖报纸，当火车在休伦港到底特律之间运行时，他开始在火车上兜售自己出版的小报。然而，报纸也不是爱迪生原本的兴趣，他把赚的钱用来买化学药品，在列车的行李车上建立了一个小型实验室。然而，有一次在实验中发生了爆炸，几乎毁了行李车，于是这位年轻的实验家和他的化学品全都被扔在了下一个车站上，化学研究就此中断。

1862年，他的兴趣转移到电报这一新的领域，很快便成为这个国家最快和最准确的电报员。他把赚到的钱用来购买有关电学书籍，其中包括法拉第的文集。他的下一项冒险是在1869年，他向纽约一家华尔街大公司提交第一项重大发明——一台经过改进的证券报价机。他想以5 000美元出售。但是还没有来得及报价，公司的总裁告诉他，不能多于40 000美元！爱迪生同意了，当年他只有23岁。他以咨询工程师的名义开设了一家小型公司，专营发明业务，就这样站住了脚跟。为此，爱迪生经常一天工作20小时。

爱迪生（左）在他的实验室里［和他在一起的是德国—美国人电气工程师斯达因梅兹（Charles Steinmetz，1865—1923）］。

1876年，他在新泽西的门罗公园建立一家研究实验室。他的天才由此才真正显露。在他所谓的发明工厂，世界上一流的私人研究机构里，新发明源源不断地涌现。他与一群工程师们一起合作（高峰时总数达到80人），这位"门罗公园的巫术师"在生前总共取得了1 300多项发明专利。尽管他不是最令人喜欢的人物，对朋友很粗暴，对竞争者无情，但无论如何，他是大量电器发明和产品的始作俑者，这些发明和产品改变了世界的生活方式——包括1877年的留声机和1879年的白炽灯泡。第二年他用电灯照亮了门罗公园大街，使来自世界各地的记者大为惊奇。1881年，他在纽约珍珠街建立了世界上第一座电力站。19世纪90年代，爱迪生用他发明的活动电影放映机开始制作美国最初的商业电影，1894年，在纽约的一个"活动电影放映厅"里开始放映影片，尽管每次只能一个人通过很小的放映机观看。

爱迪生1931年去世，他是有史以来最著名的发明家之一。1960年他被选入美国名人纪念馆，这一表彰不仅是针对他的重大发明，也是针对他的数百种大大小小的其他发明。用美国国会的话来说，这些发明永远地"变革了文明"。

但是他始终对法拉第的工作充满兴趣。1855 年 12 月和 1856 年 2 月,24 岁的麦克斯韦正在剑桥大学三一学院任研究员,他提交了一篇特殊的论文——《法拉第的力线》。接着,在 1864—1873 年之间,麦克斯韦又把他的数学天才用于法拉第对电磁力线的猜测上,他试图为此提供必要的理论根据。

在这个过程中,麦克斯韦提出了一系列简单的方程式来描述磁和电的观察事实,并且证明,这两种力无法分离。这一不朽的工作就是电磁理论,证明磁和电不能单独存在。

麦克斯韦为了支持法拉第的场理论,证明了电磁场实际上是由电流的振荡造成的。他说,这个场从源头以恒定的速度向外辐射,其速率可以从特定的磁学单位和特定的电学单位之比计算得出,结果大约是 186 300 英里每秒。光就是以 186 282 英里每秒的速率传播的——麦克斯韦想,这一巧合太令人惊奇了,它不是偶然。由此他得出结论,光本身一定与振荡着的电荷有关。他的结论是:光就是电磁辐射!他无法证明这一点,但它似乎就是一个有力的预言,这个预言一代以后就得到了证实。

麦克斯韦,他的电磁理论改变了物理学的研究。

但是麦克斯韦想得更远。他假设,光也许就是以不同速度振荡的电荷所引起的辐射。(已经找到证据,其中有许多是我们看不到的:1800 年赫歇尔发现了红外线,是肉眼看不到的;1801 年,里特尔在光谱的另一端发现了紫外线,也是肉眼无法看到的。)

1873 年,麦克斯韦出版了论述电磁学的《电磁通论》(*Treatise on Electricity and Magnetism*)。这是一部辉煌的巨著,它为法拉第的场观点,尤其是针对电磁现象的见解,补充了数学的精确性和定量的预测。和场一样,他假设以太作为一种媒质弥漫于空间中,电磁波就在这一媒质中传播,这个假设后来被否定了,但是他的方程组并不取决于以太的存在,它们在"经典"物理学的日常世界中一直有效(尽管不适用于爱因斯坦的相对论物理学或量子力学的世界里)。

历史往往有奇怪的巧合,麦克斯韦 1879 年去世,这一年正好另一位伟大的理论物理学家爱因斯坦出生。如同麦克斯韦的工作对于 19 世纪的意义,爱因斯坦的工作也主宰了 20 世纪初直到现在的物理学。麦克斯韦没有活到能看到他的理论被实验证实,但是这种证据已不太远,不到十年,德国就有一位年轻的物理学家在实验室里做了这件工作。

∼ 赫兹的电磁波 ∼

赫兹(Heinrich Rudolf Hertz,1857—1894)是亥姆霍兹的学生,1883 年开始对麦克斯韦的电磁场方程组发生兴趣。亥姆霍兹建议赫兹尝试应征柏林科学院在电磁学方面的悬赏,这时赫兹正在卡尔斯鲁厄从事教学工作,他决定接受这个建议。1888 年,赫兹设计了一个实验——假如光真的是一种电磁辐射,他的实验就可以检测到长波辐射的存在。他还设计了一种测量波的形状的方法,如果它出现的话。

杨、菲涅耳和光波

几乎人人都知道,或者至少他们是这样想的,光是由粒子组成的。牛顿早就确定了这一点。因为,光不会转弯,而且光线是直射的。所以,当英国物理学家杨开始考虑光可能是一种波时,他面临的是一场多么艰巨的战斗。

然而,波粒之争由来已久。[格林马尔第(Francesco Grimaldi,1618—1663)曾经观察到,从两道狭缝穿过的一束光线变得比狭缝略宽些,表明光线有一些弯曲,他称之为"衍射"。]有些人以为这一争论难以裁决。

杨在孩提时代就异常聪慧,两岁开始念书,6 岁已经把《圣经》读了两遍,学了 12 种语言,其中包括波斯语和斯瓦希里语。在后来的生活中,这一特殊的语言能力大有用武之地,1814 年他成功地解译了古代罗塞塔石块上的象形文字,这个古迹是拿破仑 1799 年在远征埃及时发现的。

1801—1803 年,杨和戴维一起,在伦福德的皇家研究所演讲,在这些年里,他研究了眼睛的解剖构造(发现散光是由于角膜不完善引起的)、颜色理论(和亥姆霍兹一起,发现了杨-亥姆霍兹三色理论,后来这一理论成了彩色电视和彩色照相的基础)以及光的本性。

为了检验波粒之争,杨做了一个试验,有时就叫做杨氏"条纹实验",亦即让光穿过几个狭缝。在这些狭缝边缘,出现了几条模糊的光带。如果光是粒子而不是波,应该只出现一条清晰笔直的阴影。粒子理论无法解释这一新的光衍射现象。然后杨进一步思考,他想到两个音调有时会相互抵消。(一个很好的例子是公共场所扩音系统里的两个声音,它们同时发声,先是尖叫,然后突然无声。)原因是这两个不同的声调波长不一样。它们可能在开始时都处于波峰,然后波谷与波峰正好叠加,失去同步,相互抵消,就没有声音了。杨认为,如果光也是由波造成的,应该发生同样的干涉现象。他把光束投向两条狭缝,再照射到墙上。这两束光相互重叠,重叠之处形成亮条和暗条相间的图像。这说明光也和声音一样也存在干涉现象。杨就这样复兴了光的波动理论。

杨还提出,光是以横波传播——也就是说,与其出发点成直角,就像水波在海洋里的推进——和声音以纵波的形式传播不一样。这一思想有助于解决偏振光和双折射之类的问题。而麦克斯韦电磁理论建立,对整个电磁波谱都有意义——而光只是电磁波谱中的一部分。

但是光波理论仍然存在问题。如果光不是由粒子,而是由波组成的,那么,波要在某种媒介中才能传播,例如声波要在空气里,海洋里的波要靠水。(在大气之外,没有空气传播来自星星的光。)早期的波动理论家,包括19世纪后叶的麦克斯韦——都认为空间必定充满着"以太",光在其中呈波浪形传播,但找不到任何证据能证明"以太"的存在。与此同时,尽管越来越多的科学家转向波动理论,但光的行为有时依然表现出粒子性。迈克耳孙(Albert Michelson,1852—1931)和莫雷(Edward Morley)在1887年证明,假设的以太并不存在。关于光的本性问题的争论,导致了20世纪某些最重要的发现。

杨复兴了光的波动理论。

巴比奇、拉夫罗斯和第一台计算机

随着19世纪有关电磁方面的发现接踵而来,不久就涌现了电灯、电动机以及成千上万的发明,这时有两个人做了一项远远领先于时代的工作,一位是巴比奇,另一位是拉夫罗斯。巴比奇(Charles Babbage,1792—1871)是一位聪慧的英国发明家和数学家,他出生于德文郡,在剑桥大学上学,是皇家天文学会的创始会员(1816年成为皇家学会会员),他还帮助建立了分析学会和统计学会。鉴于他对统计学和数学方面的兴趣,又具有发明家的才能,他开始致力于设计一台能迅速自动完成复杂计算的"差分机"。

与此同时,拉夫罗斯女伯爵——英国诗人拜伦勋爵的女儿阿达·拜伦(Ada Byron,1815—1852)——也对数学产生了极大的兴趣。她在几何学方面自学成才,同时还通过各种渠道获得知识,包括从朋友、教师及天文学和数学班那儿。她和巴比奇在1833年相遇,两人带着对数字的激情开始合作。差分机是一种机械装置——不是电气装置——但是它依赖于程序概念,并且具有复杂的设计,可以进行广泛和困难的计算。拉夫罗斯在翻译和解释巴比奇关于差分机的论文中,显示出她对这一程序机器的概念有深刻的理解。然而,制造机器的钱用完了,巴比奇和拉夫罗斯还是未看到它投入工作。但是到了1991年,一组计算机专家按照巴比奇的设计笔记和图纸仔细推敲,发现设计是完善的,他们制作的巴比奇差分机运行良好。

拉夫罗斯女伯爵是第一位计算机程序师。

拉夫罗斯和巴比奇还合作设计了另一台机器——分析机，这台机器被认为是现代数字计算机的最早尝试。它可以从打孔的卡片上读取数据——和早期的数字计算机很相似——还可以储存数据和完成计算。拉夫罗斯负责写指令，或者叫做程序编制，在卡片上打孔留下记录，因此她被认为是第一位计算机程序师。虽然当时的技术还无法使巴比奇的分析机投入工作，但是机器设计和程序编制的概念为今天的计算机奠定了基础——从手控式数学管理机到 PC 机，再到可连接多个终端设备的巨型计算机主机。

1979 年美国国防部为了纪念拉夫罗斯对计算机程序编制的贡献，用她的名字 Ada 给一种高级通用计算机程序语言命名。

波出现了，他对波进行了测量。波长是 2.2 英尺（66 厘米）——相当于可见光波长的一百万倍。赫兹还证明了，他测量的波含有电场和磁场，所以有电磁特性。

赫兹找到的并不是光波，后来搞清楚，是无线电波。马可尼（Marchese Guglielmo Marconi，1874—1937）在 1894 年把这种波用于无线通信。〔无线电（Radio）是无线电报（radiotelegraphy）的缩略语——无线电报是通过辐射而不是电流发送的电报。〕

赫兹成功地证明了电磁波的存在，验证了麦克斯韦方程组的有效性。物理学中又一团大大的困惑有了着落。

纵观 19 世纪，一个新的模式开始出现在物理学中，这就是先提出一个设想，再通过实验来验证，再由数学理论予以强化。这是一个三重过程，越来越受到科学家的认同，它适合于迈尔和焦耳的热当量工作，法拉第、麦克斯韦和赫兹的电磁学工作，还适合于杨和菲涅耳对光本性的认识。

19 世纪最惊人的成就是通过许多人之手——以及法拉第和麦克斯韦的特殊才能——不断理清思路，从而认识到这一伟大的潜在力量——电和磁。法拉第的电动机、变压器和发电机，几乎触及我们生活的每一个方面。而场理论和电磁学这样一些基本观念，其重要性不失为人类研究宇宙特性的历史长河中最有效的见解。

赫兹成功地证明了电磁波的存在，验证了麦克斯韦方程组的正确性。

第五章

天空与地球

有史以来，人类一直在观察天空，试图理解他们在夜空中看到的点点繁星。自从哥白尼发表日心说，开普勒发表有关行星轨道的工作以及康德在 18 世纪对星云的研究以来，到了 19 世纪，理论已经走过了一段漫长的道路。

自从伽利略在 1610 年首先把望远镜用于天文学以来，关于宇宙的研究迈出了巨大的一步。现在天文学家已经探明木星的四大卫星、土星光环和月亮的表面。到 18 世纪，由于望远镜的改进，威廉·赫歇尔发现了第七颗行星——天王星，这是自古代以来首次看到的新行星。不过天王星的轨道有些奇怪，这一遥远的漫游者似乎暗示至少还有一个行星存在于太阳系。但是它在哪里呢？

女天文学家麦克尔

麦克尔（Maria Mitchell，1818—1889）出生于美国马萨诸塞州的楠塔基特岛。她没有机会受正规教育，但幸运的是，有父亲教她，后来她成为楠塔基特图书馆管理员。他业余最感兴趣的事是守望天空，进行天文观测。

1847 年 10 月 1 日，麦克尔发现了一颗彗星，立刻受到了科学界的注意。1849 年，她在美国航海历书局获得职位。在那里她从事天文学计算，因能干和计算精确而赢得好评。1865 年她被聘为新成立的瓦萨女子学院的天文学教授。

对于妇女成为职业科学家的理想来说，麦克尔的早期贡献具有里程碑意义。她成功地冲破了当时的偏见，从事自己所爱的职业，而这个职业却被认为与女性不相容或者不适合。尽管社会期待的是妇女待在家里、管理家务、抚育子女，但是麦克尔却把自己的一生奉献给了天文学。她成了第一位被选为美国艺术与科学院的女院士。直到 1889 年去世，她一直在瓦萨教导其他妇女，让她们认识科学是属于每个人的。

麦克尔是美国第一位职业女天文学家。

还有其他的问题困惑着天文学家。18世纪梅斯尔详尽列出的星云究竟是什么？它们也许离得太远，以至于在望远镜里看上去只是一个斑点？或者它们会不会就是有人所假设的气体云？怎样才能弄清楚？太阳是由什么组成的？恒星呢？

更好的检测方法是获得进展的关键。人们需要更高的精确度，更有效的计算方法和更好的仪器。为了回应这一挑战，许多富有激情、奉献精神和聪慧机敏的头脑被吸引到这个领域。但是在19世纪里，有两项非凡进展大大推动了天文学家的工作：一项令人惊奇的技术是（通过光谱仪）可以测定恒星由什么组成，另一项技术是（用1826年发明的照相术）可以记录望远镜所指向的天体。

❧ 看 得 更 好 ❧

19世纪天文学的进展很大程度上可追溯到一家光学店，那里有一位执着的"磨镜师，"他的名字叫夫琅和费。在当时的化学、物理学或天文学界，这一名字无人不知。正如前文所述，这位曾经身无分文的孤儿不仅发现了以他名字命名的光谱线，而且还因他那精心磨制的透镜和做工精细、包装在摩洛哥红皮革里的望远镜而闻名遐迩。

德国天文学家贝塞耳（Friedrich Bessel，1784—1846）应用夫琅和费的一台望远镜，第一次成功测量了一颗名叫天鹅座61星的距离。天文学家在3个世纪里，一直在试图测定任一恒星的视差。视差是指从两个不同地点看同一个天体在位置上的表观移动。测定了视差，天文学家就可以利用三角测量法确定恒星到地球的距离。但是恒星距离如此之远，即使从地球轨道相差6个月的位置进行测量（这是地球上的天文学家所能得到的最大基线），也从未得到满意的结果。贝塞耳选择了天鹅座61星，是因为这颗恒星虽然较为暗淡，却有比较快的固有运动（恒星相对于固定背景的表观运动），在所有恒星中，它的这一运动速度最快。他训练可信赖的夫琅和费从事这项工作，用了一台名叫太阳仪的特殊仪器——由他自己亲自设计，并由夫琅和费制作。通过耐心细致的长期观测，贝塞耳测量到了天鹅座61星微小的位移，这样就能把它的位置与附近更为暗淡的另外两颗恒星相比较。令他惊奇的是，天鹅座61星的视差表明，它距离地球大约相当于现在所说的6光年，而牛顿认为这个距离大约相当于现在所说的2光年，所以这一发现大大改变了天文学家对宇宙尺度的观念。

1838年，贝塞耳宣布这一成果，哥白尼的谜团再次得到有力澄清，哪怕是恒星有极小的视差，也说明了地球是在太空里运动。

巴纳德

贝塞耳还用他的太阳仪观察了两颗恒星：天狼星和南河三。这两颗星都有微小的偏差，无法解释成视差，也许更像是在颤抖。1841 年，贝塞耳假设这两颗星分别围绕着一个看不见的伴星在旋转。

故事的其余部分属于第二位精密透镜制作者马萨诸塞州的克拉克（Alvan Clark，1832—1897）。他和夫琅和费一样，做出了世界闻名的透镜。1862 年的一个夜晚，克拉克正在测试他和他父亲正在加工的 18 英寸透镜，这时他对准天狼星，认出了这颗星附近的一个微小的光斑，这正是 21 年前贝塞耳预言的伴星。

用克拉克的望远镜还作出了两项重大发现。1877 年，火星正处于近地点时，康涅狄格州的霍尔（Asaph Hall，1829—1907），在他夫人斯提克里（Angelina Stickney）坚持"再试一个晚上"的请求下，发现了火星的两颗卫星。1892 年，巴纳德（Edward Emerson Barnard，1857—1923），发现了木星的第五颗卫星，这是三个世纪以来的第一次发现。

罗塞的第三伯爵帕森斯（William Parsons，1800—1867），用他自己的巨型 72 英寸反射式望远镜（名为利维坦，意为巨兽）也作出了重要发现，他从 1842 年开始在爱尔兰他的庄园里自行建造这台巨型望远镜，1845 年完成并准备开始观察。然而他的家乡总是雾天，直到 1848 年罗塞伯爵才有可能研究巨蟹座星云。这是他起的名字。他识别了好几个旋臂状的天体，后来证明是非常遥远的星系。

与此同时，夫琅和费和克拉克在改进透镜上的成功，激励了好几台反射式巨型望远镜在 19 世纪末建造成功，其中包括 1888 年在加利福尼亚州的里克天文台建造的一台 36 英寸孔径的望远镜；一台在芝加哥附近的孔径为 40 英寸的耶基斯天文台，由克拉克监制，1897 年开放，现在仍在使用。

遗失的行星

当古人环视夜空时，他们看到了称之为"漫游者"的天体，这就是行星，它们以奇特的方式穿越天空，分别被取名为水星、金星、火星、木星与土星。当然，今天我们知道地球也是行星，但是当时没有人认为它是行星。威廉·赫歇尔在 1781 年发现天王星令所有人大跌眼镜。（实际上，他并不是第一个看见天王星的，这颗星不需要望远镜就可以看见。但他确是第一个证实了天王星是行星。）威廉·赫歇尔运用系统搜索、出色的望远镜和优秀的眼力，并且得到他妹妹凯洛琳·赫歇尔的帮助。

但是也许还有更多的行星。许多天文学家被水星轨道的偏离现象所困扰，威耶（Urbain-Jean-Joseph Le Verrier，1811—1877）确信，这一现象可用水星和太阳之间存在另一个行星来说明。经过计算，预言它的轨道和尺寸（直径

海王星的发现者威耶

1 000米），还给它起了一个名字，叫做祝融星（Vulcan）。但是，尽管很多天文学家试图去寻找，却始终没有发现。（爱因斯坦后来解释了为什么水星的轨道不符合牛顿物理学，与另外一颗行星的存在无关。）

天王星的轨道也有同样的问题。威耶的运气则要好得多。他再次进行数学计算并列出方程组。然后，他和柏林的伽勒（Johann Galle，1812—1910）联系，告诉他什么位置可以找到。1846 年 9 月 23 日，几乎就在威耶指出的地方，伽勒幸运地发现了新行星——海王星，它是和天王星大小差不多的另一颗巨星。这一发现是天文学作为一门科学的胜利。

正如曾经发生过的，往往会有不止一位科学家热衷于同一现象，而要获得发现者殊荣，则取决于运气。就海王星这一例子，剑桥的亚当斯（John Couch Adams，1819—1892）在伽勒发现之前几个月也曾作出同样的计算，但是他没有获得望远镜的支持。

〰️ 夫琅和费谱线 〰️

当 39 岁的夫琅和费在 1826 年 6 月 7 日去世时，他留下的遗产不仅有那些精致的透镜，而且还有许多神秘的谱线。后来在 1859 年，基尔霍夫和本生宣布发明光谱仪，于是有了一系列元素的发现。

哈金斯

一天傍晚，基尔霍夫和本生正在海德堡的实验室工作，这时他们看见十英里远处曼海姆城附近大火燃烧。他们把光谱仪瞄准大火，发现从火焰的谱线排列可以检测到现场有钡和锶的存在，即使相隔这样远的距离。本生开始想到，有没有可能让光谱仪瞄准太阳光，检测太阳有什么元素呢？他咕哝道："但是人们会以为我们疯了，竟然梦想做这样的事情。"

1861 年，基尔霍夫把这一想法付诸实验，从太阳发出的光中，他成功地辨认了九种元素：钠、钙、镁、铁、铬、镍、钡、铜和锌。真是令人惊讶，天空中曾经被古人崇敬为神的巨大光源，竟然含有和地球完全一样的元素。基尔霍夫打开了两门新科学的大门——光谱学和天体物理学，同时在地球上的物理学与化学和统治恒星的物理学与化学之间建立了另一种联系。这是又一个极好的例证，说明曾经被认为是完全分离的各个领域原来是互相联系的。

1864 年，一位名叫哈金斯（William Huggins，1824—1910）爵士的业余天文学家，首次把光谱仪对准深空天体。他是一位富人，拥有私人天文台，配有望远镜，它们就位于伦敦的山上。他把光谱仪安装在望远镜上，研究两颗亮得可以用肉眼观察的恒星所发出的谱线，这两颗星是毕宿五（金牛座中的一等星）和参宿四（猎户星座中的一等星）。他能够辨认出铁、钠、钙、镁和铋等元素的指痕印证。然后他又试着观察一个星云，带着悬念和敬畏的心情。他在杂志上写道："难道我不是在深入观察创世这一神秘之处？"也许此刻他将为不同星云理论的对错给出最终判决。

科学作家玛丽·萨默维尔

在19世纪，对于妇女来说，要打开科学的大门可不容易。玛丽·萨默维尔［Mary Somerville，1780—1872，娘家姓费尔法克斯（Fairfax）］不仅为自己打开了这扇门，而且还成为与地质学家莱伊尔和天文学家约翰·赫歇尔（John Herschel，1792—1871）这样的科学大家齐名的深受欢迎的科学作家。她是一位苏格兰将军的女儿，十岁前一直没有上过学，甚至到11岁还不会读书，但是她并没有荒度这些早期岁月。她搜集化石和石头，并且设法弄到一台天体仪，开始研究天文学。

一旦学会阅读，她就自学拉丁文和希腊文，科学的大门因此开得更大。她还挤出时间学习钢琴，音乐对她来说不只是传统的客厅艺术，她甚至还学会了调音，自己修理损坏的琴弦。

然而，她早期真正喜爱的是数学。她靠自学掌握了代数和几何，并很快熟悉了欧几里得的著作。不用说，所有这些智力和艺术活动使她周围的人感到不安，于是，她被说服嫁给她父亲一个相当古板和传统的朋友格里格（Samuel Greig）。早熟的玛丽现在成了别人家的"问题"，她的家庭又可以平静无事了。至于格里格如何应付，不得而知，不过在玛丽33岁时，格里格去世了，玛丽成了非常有钱的寡妇。她没有把钱浪费在舞会和奇装异服上，而是用在更有益的地方。她立刻购买了足够的书，建立了一座出色的数学图书馆。

第二次婚姻是她自己选择的，这使她得到了更好的运气。威廉·萨默维尔（William Somerville）是一位军医和学者，他尊重妻子的智力，鼓励她进行数学和科学活动。

当1835年伦敦皇家学会选玛丽和凯洛琳·赫歇尔为会员时，她们成了由于自己的科学贡献而最早得到这种荣誉的妇女。

1816年，威廉迁居到伦敦，玛丽立即发现自己正处于英国科学界的中心，她知道她将要做什么——她应该从事科学写作。1834年，她出版了《物理科学的联系》（*The Connection of the Physical Sciences*）。1848年，她的《物理地理学》（*Physical Geography*）出版后很快就赢得许多科学界的赞赏，尽管也受到一些牧师的攻击。实际上，这本书写得如此之好，以至于有一个名叫有用知识传播学会的组织，邀请她为他们写一本天文学的书。这本书也赢得了赞赏，接着她又写了一本关于牛顿《自然哲学之数学原理》的书。在19世纪20年代，妇女不可能成为教授，但是玛丽很快就成为科学家和教授欢迎的作家。随着科学的日趋专业化，好奇的科学家想要知道其他领域的进展也变得越来越困难。

不少科学家都被玛丽作品中的认真细致以及她对事实的深刻理解和明晰解释所吸引。约翰·赫歇尔受其1831年的手稿《天体力学》（*Mechanics of the Heavens*）的激励，成了她的好朋友和热心支持者，不仅向他的朋友推荐这本书，还推荐她的其他书籍。此后，不仅科学家在读玛丽的书，而且有一定文化层次的公众也在读她的书，他们需要对身边不断增长的科学进展有清晰、可靠、轻松的报道。玛丽成了最为成功的科学作家，她的家成为当时伦敦一些最活跃人士聚会的地方，她在伦敦科学会社的中心找到了自己的位置。虽然玛丽没有进过大学，但是现在她的客人中却有不少来自大学，他们一起共享欢乐和收获。

"我透过光谱仪，没有期望中的光谱，只有一根明亮的谱线！……星云之谜就这样解决了。答案就来自于光线本身，这就是，它不是大量恒星的集合体，而是发光的气体。如果恒星遵从与太阳同样的规律，并且属于更亮的等级，就会给出不同的光谱，但这一星云的光显然来自于一种发光气体。"

遗憾的是，哈金斯一开头就走错了路，由于这颗星云是气体状的，他就假设所有的星云，包括椭圆形状和旋臂形状的星云，都是气体组成的。但是，无论如何，第一次把光谱仪用在天文学上确实是一项惊人的成功。夫琅和费线和光谱仪对天文学研究的意义就好比化石对地质学研究的意义，它们为气体星云和恒星的温度、组成以及运动提供了无比珍贵的信息。正如基尔霍夫证明的那样，热的、发光的、不透明的物体会发射连续光谱——彩虹所显现的各种颜色，没有谱线出现。然而，观察一团冷却的气体，在光谱中就会出现吸收暗线。这些暗线揭示了气体的化学成分。但是，如果从一个角度观察气体，看到的会是另一种不同模式。这些工具成了天文学家研究气体星云的罗塞塔石碑。

给恒星照相

约翰·赫歇尔是威廉·赫歇尔的儿子，他第一个认识到摄影术用于天文学的可能性。〔其实，摄影术（photography）就是约翰·赫歇尔造的词。〕尽管摄影术发明于 1826 年，但

约翰·赫歇尔是威廉·赫歇尔的儿子，他把他父亲的星表扩展到南半球，为此他做了大量的工作，他也是把摄影术用于天文学和测量太阳能输出的一位先驱者。

直到 19 世纪 40 年代才开始在天文学中应用。一旦引入了这一新工具，摄影术很快就在天文学中流行起来，虽然如今又有计算机的加盟，但摄影术仍然是天文学的关键工具。当然，它的好处就是天文学家再也无须实时工作，他们可以从照片作出判断，也可以在获得照片后，在任意时间里与照相图片打交道。

他们可以用放大镜或望远镜聚焦在特殊的区域，比较不同时间拍摄的照片。它们留下的记录之精确，为任何手工操作所不及，无论一个人的视觉有多敏锐。随着摄影术这一媒介变得越来越方便，它可以让底片在很长的时间里曝光，以捕捉那些甚至用望远镜往往也很难看到的对象。1889 年，巴纳德第一次拍摄到了银河系。在以后的岁月里，摄影术成了天文学家越来越重要的工具，现在它已为考察和研究留下了浩瀚的图像数据库。

再次认识太阳

对我们来说,最近也是最重要的恒星当然是太阳,19 世纪又有两项发现,使我们增加了对太阳物理学的认识。1843 年施瓦伯(Samuel Heinrich Schwabe,1789—1875)宣布发现太阳黑子的周期性活动。伽利略曾经第一个检测到太阳上有黑子存在,现在施瓦伯认识到它的周期性,这就为太阳的内部机制带来了新的看法。这一发现标志着太阳物理学和天体物理学早期工作的开始。另一个出乎意料的成果是在太阳的组成中发现了一种新的元素,这种元素在地球上从未被检测到过。1868 年詹森(Pierre-Jules-Cesar Janssen,1824—1907)在研究太阳光谱线时第一次发现了氦的存在。

与此同时,开尔文勋爵和亥姆霍兹根据他们对太阳内部发光机制的考虑,认为地球的年龄最多是 2 000 万—2 200 万年。但是,当时的地质学家和生物学家认为的地球年龄却是差异极大。开尔文勋爵为了探询地球的确切年龄,还研究了地磁学、水力学、地球的形状和地球年龄的地球物理学测定方法。他很快发现自己正处于地球年龄争议的中心,因为他估计的太阳年龄只有 2 000 万年,不足以为地球上的生物进化提供足够时间,而诸如赫顿和莱伊尔等地质学家对地球历史则有更长的估算。达尔文在提出进化论时采用的是莱伊尔的数值,他假设地球的地质历史跨度至少是 3 亿年。最近的 21 世纪对太阳发热机制的认识支持达尔文,而不是开尔文。

测定地球年龄

地球科学家和天文学家受的是完全不同的训练。尽管矿工和工程师对我们立足的大地早有研究,但是地质学和天文学不一样,作为一门科学它还只是在 18 世纪以后才开始发展,直到 19 世纪才达到全面成熟。

18 世纪结束时,地质学家们正在进行一场大争论,研究者各执一词,有的主张水成论,有的主张火成论。水成论的主将是杰出的德国地质学家魏尔纳,他主张地球上所有地层都是原始洪水冲积后的沉积物。火成论的主将是苏格兰地质学家赫顿,他认为地球形成的主要驱动机制是内热,以火山爆发的形式周期性地冲出地壳。

在这两大学派中,火成论更为激进。水成论把地球历史看做就是一次唯一性事件的结果,一场巨大的洪水(类似于《圣经》中的诺亚故事),使地球的地壳成为现在这个样子。这跟《圣经》中创世纪故事的字面含义非常吻合。学者们由此得出结论,认为地球年龄不超过 6 000 年。赫顿以及火成论者则相反,他们坚持认为地球历史经历了漫长、缓慢和持续的变化过程。他们认为,如今在地球表面观察到的各种作用力,它们始终在起作用。形成、磨耗和重塑的过程反复上演。其他一些过程也在持续进行,例如,熔岩穿过地壳喷发,玄武岩和花岗岩之类的结晶岩在持续形成,地表上岩石的沉积层在不断堆积。这一观点被认为是激进的和理性主义的(把推理看成是唯一的权威),因而从一开始就饱受怀疑。

法国伟大的比较解剖学家居维叶就是反对者之一。居维叶提出地球历史中的一系列灾变证据,在灾变期间所有物种都灭绝了,然后,新的岩层形成。他说,最近的一次灾变就是圣经中描述的大洪水。

地质学家阿加西斯（Louis Agassiz，1807—1873）也独立主张灾变论，认为地球经历过一段冰期——实际上，有20次冰期——其证据是：现在不存在冰河的地区却出现了某些冰期才有的现象。尽管冰期理论一开始遭到反对，但当证据越来越多时，已逐渐被人们接受。

1790—1830年这一段时期往往被称为地质学的英雄时期，因为此时的地质学受到来自艺术和哲学中的浪漫主义运动的巨大影响。浪漫主义者拥抱大自然，鼓励探险活动，他们热衷于远离无趣乏味的文明社会，走向未开化的原始荒野。于是，行走于崇山峻岭等处成为时尚，响应这一号召的科学家，投身于变幻无穷的大自然，零距离地面对地壳的形成过程，而在从前他们是绝不可能这样做的。仅当此时，地质学，才不再只是单纯地研究矿物学，辨认孤立的岩石标本，而是成为一门大有作为的科学，根据地球历史上曾经发生过的一系列剧变、侵蚀及其重造事件——它们是一段惊心动魄的伟大历史，反映了地球上各种力量的彼此较量——来解读地层。

当然，老顽固们还在抵制。这是一些固守传统方法的地质学家，他们关心的只是这门科学的声望、证据的搜集和理论的完整。浪漫主义者经常与这样的传统地质学家发生冲突，他们把自己看成是捍卫真理的骑士，准备面对由此产生的后果，献身于对大自然的探险事业。

其实，这两种倾向无须按照意识形态划分，它们也没有实质性地影响双方所用的方法。保守、宗教和反革命的心态正是法国革命之后的时代特征，它迫使地质学严格依附于经验主义，也就是说，寻求具有严密证据的理论支持。其结果是，即使受随心所欲的浪漫主义影响的地质学家，在考察岩层和搜集样品时采用的也是和他们的同事们完全一样的方法。

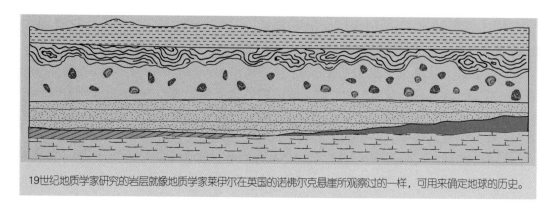

19世纪地质学家研究的岩层就像地质学家莱伊尔在英国的诺佛尔克悬崖所观察过的一样，可用来确定地球的历史。

到了1830年，更多的事实已经呈现，从中足以引出理论，同时赫顿的均变论还引起一位富有的年轻苏格兰律师的关注，他对地质学比对法律更为关注。他就是莱伊尔，尽管他是在牛津大学跟一位水成论者学习地质学的，但他在欧洲到处旅行，有机会亲自考察许多岩层。他在研究中得出结论，赫顿是正确的，形成地球历史的各种作用力在时间的长河中始终如一，即便在当代依然行之有效，表现为侵蚀和沉积、加热和冷却等现象。他还广泛阅读——远远超过赫顿——尽管他本人没有作出什么发现，也没有提出自己的理论，但他的巨大贡献是把许多事实汇集到了一起。

科学侧影：空心地球理论

尽管莱伊尔、赫顿和居维叶的观点各不相同，但19世纪还有更为稀奇古怪的观点，亦即地球是空心的，通过位于两极的开口可以进入地球内部。这虽然是不切实际的空想，但不乏由头。英国天文学家哈雷在17世纪末提出，地球内部是由同心球组成的——确切地说是四层，他还猜测，内部空间充满一种发光大气。处于两极的开口允许光逃逸到我们所呼吸的大气表面，他解释说，这就是为什么能够在北极附近看到北极光的原因。

这一理论在19世纪初获得新生起因是一位参加1812年战争的老兵，他的名字叫西姆斯（John Symmes）。由于他推广了哈雷的设想，于是，传说中的极洞就命名为西姆斯洞。西姆斯试图激起人们对北极探险的兴趣，希望能够找到通向内部世界的洞口，却不幸在1829年去世，终不得志。

1869年有一位名叫梯德（Cyrus Reed Teed）的炼金术士和草药师，他说有一个设想在指引他：我们实际上是生活在地球内部，而不是像我们以为的那样，生活在它的表面。他到处作报告、散发小册子，甚至根据他的想象创建了一个教派。

空心地球的幻想后来成了许多虚构小说的主题，其中包括爱伦·坡（Edgar Allan Poe，1809—1849）的《阿瑟·戈登·皮姆的故事》（*The Narrative of Authur Gordon Pym of Nantucket*，1838年）和凡尔纳（Jules Verne，1828—1905）的《地心之旅》（*Journey to the Center of the Earth*，1864年）。

这一幻想持续到了21世纪，有人提出UFO就是利用两极作为出入口，随意进出地球。据说，地内文明比我们的文明还要发达，不仅在精神上，而且在技术上。这一幻想全然不顾如下的事实：许多飞行员驾驶飞机飞越了两极，人造卫星从太空传送照片，表明决无洞口！尽管这无疑是一种出色的科学幻想故事。

他坚持说，只有现在仍然在起作用的地质因素，才可用于解释过去的历史，当然需要假设经历了非常之长的时间。他写道：

"相比于各种先入之见，大大低估已有时间跨度这一做法更是危害地质学的进步，除非我们使自己习惯于思考这一可能性：曾有一个无限久远的年代……否则我们将不幸形成极为危险的地质学观点。"

1830年，莱伊尔出版了《地质学原理》第一卷。其中的一本次年被带上英国皇家海军"贝格尔号"舰，成为旅途中的阅读佳品。这是科学史上最著名的一次航行。

莱伊尔建立了地质学的均变理论。

第二部分
19世纪的生命科学

第六章

达尔文和"贝格尔号"的馈赠

进化论作为一种思想,在19世纪初尚未被明确提出。地质学家正在辩论地球演化的问题,这些辩论自然会引发生物进化问题。化石、退化器官等引发了人们的想象。但生物进化是一个爆炸性的问题,就当时而言,提出这样的问题有如伽利略时代提出哥白尼学说一样的危险。可以肯定地说,进化思想必然会招致一场风暴。

莱伊尔本人就被这一思想吸引,但是他宁可把它搁置一边,至少在一开始是如此。1836年,他给天文学家约翰·赫歇尔写道:

"关于新物种的起源,我非常高兴得知,您认为也许与中间原因的干预有关。我宁可不作推断,因为不值得为只是个猜想而去冒犯某些人。"

这一论题的不确定性还是吸引了达尔文,尽管在他刚步入事业生涯时,并未打算要证明这一类观点。

 "贝格尔号"的航行

达尔文起初并不想成为一名生物学家。他的祖父,伊拉兹马斯·达尔文(Erasmus Darwin, 1731—1802)倒算得上是一位生物学家,甚至提出过一种进化理论,但在职业上,他却是一位医生。[达尔文的外祖父韦奇伍德(Josiah Wedgwood, 1730—1795)是陶瓷制造者,对化学有兴趣,两位祖父都是被称为月亮学会的科学哲学会社的核心会员。]达尔文的父亲也是一位医生,达尔文原来是想继承家族传统,但是很快发现他没有这方面的兴趣,于是转而计划接受神职人员的训练,但是在剑桥大学,他那野外散步的爱好终于在植物学考察中有了用

武之地。他还和植物学教授亨斯洛（John Stevens Henslow，1765—1861）建立了友谊，经常去教授家里吃饭和交谈。达尔文后来写道："他在植物学、昆虫学、化学、矿物学和地质学等方面的知识非常丰富。他最出色的禀赋就是善于根据长期细致的观察作出结论。"在他们的多次长谈中，达尔文既吸取了知识，也学到了方法。亨斯洛对这位年轻学生的热情和能力留有深刻的印象，当听说有这样一个机会，即以博物学家的身份跟随菲茨罗伊（Robert Fitz-Roy，1805—1865）船长领导下的英国皇家海军"贝格尔号"出航时，他毫不犹豫地推荐了年轻的达尔文。

"贝格尔号"的任务是按照英国海军部的要求，在为期5年的航程中，测绘南美洲巴塔哥尼亚、火地群岛、智利和秘鲁的海岸线，确定经度，在世界范围里建立一系列年表计算方法。按照惯例，这类航程需要一名博物学家，如果没有别的理由，那至少也是为了提供知识并且使船长有一位绅士搭档。

"贝格尔号"于1831年12月27日起航。舱位非常拥挤——和船长分享一个船舱，而船长是一位喜怒无常的人——达尔文找不到地方安置他的设备。在隔出的一个斗室里，达尔文只能睡在吊床上，随着船体的每一次颠簸，吊床都会无情地摇晃。在整个航程中，他备受晕船折磨。在旅行日记的开头，他就消沉地写道："没有房间是一种令人难以忍受的折磨，再也没有其他折磨能抵得上它。"

在南美洲南端麦哲伦海峡的皇家海军舰船"贝格尔号"。

达尔文随身带了四本书：一本《圣经》，一本弥尔顿（John Milton，1608—1674）的书，一本洪堡介绍他在委内瑞拉和奥里诺科盆地探险的书，以及对他的科学前程无疑是影响最大的一本书，这就是莱伊尔的《地质学原理》第一卷。当抵达南美大陆东海岸的蒙得维的亚时，达尔文发现第二卷仿佛已经等在那里，这是亨斯洛意味深长的礼物，而这位"贝格尔号"的博物学家则源源不断地向亨斯洛提供最新通报（许多报告由亨斯洛在剑桥的哲学学会的会议上宣读）。第三卷则等到"贝格尔号"停靠大陆另一侧的瓦尔帕莱索时才拿到。

在公海上,航行也许是一场噩梦,但靠岸时提供的探险和观察的机会却是博物学家的天堂。在陆地上,达尔文如鱼得水。他以明晰轻快的散文笔调,抓紧时机写航海日记(航行归来后在十年里分五卷出版)。离开特内里费岛时他写道:

"……空气宁静而温和——唯一的声音是船尾激起的阵阵涟漪,船帆懒散地围绕桅杆飘荡……天空多么爽朗、清澈,繁星点点,明亮得就像无数的小月亮,把它们的光辉投在波纹上。"

登陆后,菲茨罗伊船长建立起观测站,用以完成海军部下达的测量任务,而达尔文则深入内地或者沿海岸探测,翻译人员、有时船上的其他人员和他结伴。他被原始的自然风貌、青葱的灌木丛、奇鸟异兽,以及海岸边色彩鲜艳的海绵和精致无比的热带珊瑚所深深吸引。南美洲拥有大量达尔文从未见过的动植物:巴塔哥尼亚的野骆驼、加拉帕哥斯群岛的巨龟、巴西的三色紫罗兰、安第斯山脉高处上的贝壳化石以及印度洋中的珊瑚。他把几百种标本寄给亨斯洛,并留下了大量的笔记和素描。

在加拉帕哥斯群岛,他特别对一系列莺鸟(现在叫做达尔文雀)感到惊奇,这些莺鸟生活在相隔甚远的岛屿上,在许多方面都与大陆上的莺鸟有所不同。13种不同的莺鸟,大小和颜色类似,却具有不同的鸟喙形状,其中的每一种,显然适应其独特的取食方式。食种子的,其喙适合于磕开种子外壳。在一个找不到种子的岛上,另一种莺鸟鸟喙长而尖,为的是便于捕食昆虫。还有一种素食莺鸟,鸟喙短而粗,便于采摘花蕾和树叶,等等。达尔文对此现象印象深刻。后来他在《自传》(*Autobiography*)中写道:"这群岛的每个小岛上的物种都有细微的不同,可是这些岛没有一个在地质学意义上看起来特别古老。显然,这只能根据物种逐渐变异这一假设才能得到解释。这一问题常常盘旋于我脑海中。"

莱伊尔的《地质学原理》第二卷已经开始提出类似的问题。莱伊尔曾经研究过动植物的地理分布,并且形成这一理论,认为每个物种都是来自一个中心。他写道:"在相互隔绝的大陆,类似的生境似乎会产生相当不同的物种",它们在各自的生活环境里都生存得很好。在这里,莱伊尔把他的均变论观念应用到了生物学。他说,新物种在整个地球史上不断出现,同时物种还在不断灭绝。由于地质学过程长期处于动态过程之中,现在仍是这样,相应就会有物种的起源和灭绝。在同一生境中,一个高度成功的物种也许会因取食优势脱颖而出,并导致某些物种灭绝。但是莱伊尔因意识不到物种的"突变"而止步不前。新的物种也许会出现,但是它不会随时间变化或者进化。

∽ 达尔文以前的进化论 ∾

生物学已经逐步取得这一认识。1686年,雷基于"起源于同一祖先的后代"这一现代认识来定义物种概念,布丰伯爵在1749年对此予以澄清:物种是一个由种内可相互交配的个体组成的群体,其成员与群体外个体则不能成功繁殖。但是这些早期的生物学家假设物种从一开始就不会发生变化。受这一假设的限制,他们就无法突破存在巨链这一观念,亦即所有物种组成一条连续的长链,从底部最低级的生物一直上升至顶部的人类和天使。所有的物种都是稳定的,其性状从开始拥有起就始终不变。在17世纪和18世纪,大多数科学家都认同这一所谓预成论的思想,它假设每一成体已预存于卵或者精子中(至于预存于卵还是精子中,则取决于他们站在哪一方)。这一理论是进化论的绊脚石,但是它很快就被渐成论取代。渐成论是沃尔夫建立的,他认为胚胎发育不是一个已经存在的微型个体逐渐长大的过程,而是源于未分化的组织。对于打开物种起源这一进化理论的大门来说,渐成论的出现是必不可少的第一步。

为通向 18 世纪末和 19 世纪初做好准备的第二步是对化石的认识,亦即它们代表的是早已灭绝的物种的骨骼。

第三个前提是,在 18 世纪末和 19 世纪初人们越来越认识到,地球是非常非常之古老。实际上,赫顿和莱伊尔都坚持认为,地球壳层只有经历漫长的时间才能形成。这一时间跨度确实相当漫长(莱伊尔估计为 2.4 亿年),在已存物种中,没法观察到其间所发生的进化变异。(事实上,在一般情况下,不可能在我们的有生之年观察到物种水平上的进化。)

因此,在 19 世纪初,许多科学家已经开始接受某种形式的进化观念。第一批进化论者之一,拉马克爵士正确地指出,物种是适应环境的变化而演变的。但是他又认为,即便在当时,获得性也可以遗传给后代,更不用说现在,大多数科学家都不能认同这一说法。例如,他说,长颈鹿为了够得着高树上的叶子,使劲伸长自己的脖子,而这一后天获得的性状就遗传给了它的后代。

柯普和马尔希: 一对相互竞争的骨骼猎手

恐龙化石为达尔文的论点——地球非常之古老和物种已几经变迁——提供了最有力的证据。在 19 世纪中叶,美国西部和中西部被一致认为是古生物学家寻找恐龙骨骼的理想场所。最成功、也最受尊敬的美国骨骼猎手中有两位,他们是柯普(Edward Drinker Cope,1840—1897)和马尔希(Othniel Charles Marsh,1831—1899)。两人怀着满腔热情走遍了西部,收集了大量的恐龙骨骼,发表了几百篇论文,丰富了许多博物馆的收藏。但是,所有这一切都不是在合作中完成的。两人是冤家对头。人们经常说,他们的西部探险与其说是仔细计划的科学考察,不如说是一次次奇袭。

马尔希资助的骨骼研究小组。19世纪80年代马尔希和柯普互相竞争,看谁能从美国西部和中西部收集到更多的化石骨骼。

在这场冲突中,谁都不能被认为是"无辜的"。柯普富有、任性、好斗,常常——正如马尔希所指责的那样——不诚实。马尔希也富有、任性、好斗,常常——正如柯普所指责的那样——不诚实! 他们的许多同事为此而感到高兴,因为这两人彼此仇恨,一心只为胜过对方,于是他们全力以赴相互进行人身攻击,倒是不与其他人发生利害冲突了。

但也有例外。某天,正当柯普访问柯德角时,恰好从看到一群来自哈佛大学的科学家,一整天都在忙于给冲上海岸的巨鲸切除腐肉,经处理后的巨型骨骼准备送往哈佛的阿加西斯博物馆。当他们完成了这一工作,把骨骼拉到铁路的平台货车上,疲倦地回家休息时,柯普从隐蔽处窜出来,贿赂了铁路站长,把出货卡上目的地从哈佛博物馆换成了宾夕法尼亚州费城他自己的博物馆。几年后,那些哈佛科学家才发现他们的巨型骨骼是怎样遗失的。

然而,柯普的大部分袭击,都是以马尔希的损失为代价,而马尔希也以同样的方式对付他。这里有一个典型的故事。有一次,柯普与一位业余骨骼猎手做成一笔交易,购买他所需要的一些重要骨骼,答应将以支票收购这些骨骼,然后他可着手对此写上一篇论文。然而,马尔希也听说这位业余者的发现,于是送给他一封信,假装是柯普的合作者,取消了这项交易。然后由他本人把样品买走。

有好多次这种竞争变得如此荒谬,以至于美国的古生物学陷入混乱。并不是所有的学者都格外严谨细致,于是就会出现这样的情况:两人抢着发表论文,又由于针对同一对象,常常是在同一时间发现同样的物种,两人都给物种命名,结果许多恐龙有了两个不同的名字,这种分类上的混乱就留给了后来的古生物学家。

尽管他们的许多科学工作不合规范(柯普还经常在完成一项研究后炸毁研究场所,以免有人跟进并获得也许被他漏掉的东西!),不过这两位海盗式的古生物学家在美国西部总共发现并命名了1 718个以上的化石动物新类型和新物种。

物种的起源

当达尔文于 1836 年乘"贝格尔号"返回英国时,尽管为观察事实所困惑,不过他并未准备从中得出物种进化的结论。1837 年 5 月,他开始写下有关变异证据的笔记。后来在 1838 年,他偶然读到英国经济学家马尔萨斯(Thomas Robert Malthus, 1766—1834)于 1798 年出版的《人口论》(*An Essay on the Principle of Population*)。马尔萨斯在书中指出,人口是按几何级数增加(即:2,4,8,16……),而食物却按算术级数增加(即:1,2,3,4,5……)。他说,所以自然选择的力量——诸如过度拥挤、疾病、战争、贫穷和罪恶——就会清除那些不太适合的个体。这就叫适者生存。

达尔文在笔记中用的是遗传(descent)和饰变(modification)等字眼。由于马尔萨斯,达尔文用了新的术语"选择"来描述他认为是确凿的过程,于是达尔文写道:"可以说,存在某种力,就像是成百个楔子迫使每一种适应结构插入自然体系的缝隙中,或者是通过排挤弱者而形成缝隙。"

40岁的达尔文，此时他正在研究藤壶。

最后，达尔文提出了物种的自然选择思想，这个概念被表述成"最适者生存"。也就是说，物种中最适于繁殖的个体，就是那些能够成功地把性状传给后代的个体（甚至"最适者"不必是最强或最好的）。对于达尔文来说，这一概念正在开始逐渐明朗。按照弗朗西斯·培根的传统，他开始不带偏见地整理他所发现的事实，收集足够多的证据，随后对它们进行思考和分析。1842年，他写了一篇1 500字的提纲。1844年7月，他写了一篇15 000字的论文，并把这篇论文交给他的朋友，植物学家胡克（Joseph Dalton Hooker，1817—1911）。

就在这一年，钱伯斯（Robert Chambers，1802—1871）出版了一本书，题目为《创造的自然史遗迹》（*Vestiges of the Nature History of Creation*），其中提出了一种进化理论，激起了达尔文的兴趣。尽管钱伯斯的书引起了轰动，可是他既没有对进化作任何解释，也写得很粗糙，出了许多错误，因此大多数科学家都不认同他。

鉴于此，达尔文决心要使自己的工作尽可能做得透彻完善、论据充足，让人无从指责，于是，他用了8年时间研究化石和藤壶的生活方式。在1851年到1854年间，他考察了上万种标本，出版了4本专著。尽管这一工作极为烦琐，但达尔文却做得相当细致深入，以至到最后，达尔文认为自己完全够得上是一位训练有素的博物学家，而不仅仅只是"贝格尔号"的采集者和观察者。

就在这一期间，他得到一个关键思想：趋异性。变种之间的差异如何会变得如此明显，以至成为不同物种间的差异，甚至使得相互间的交配成为不可能？他写道："任何一个物种的后代在结构、组成和习性上越是趋异，它们就更有可能（在大自然的结构中）占领更多更广的地盘。"正是这一不断分叉的多样性，使它们越来越偏离原始祖先。

现在他成了莱伊尔的好朋友，莱伊尔起初拒绝达尔文的进化思想。不过现在莱伊尔、胡克和达尔文的兄弟都鼓励他写一本书，明确建立起一个理论，并且为此提供所有能够收集到的事实来支持这一理论。达尔文开始写了。1858年2月，在给他表弟的信中，达尔文写道："我正在勤奋地写作，也许太难了。书的篇幅会很大。我变得对事实的分类方式特别感兴趣……我要尽我所能把书写得完善。至少在近些年内我不会拿去出版。"

来自马来西亚的信

但是，达尔文的"大书"也许从未被完成过。1858年6月18日，他刚写了约250 000字，接到一封来自马来西亚博物学同行的令人惊奇的信。信中附有一篇论文，作者询问达尔文，如果他认为论文有价值的话，是否愿意使它发表？论文题名《论变种无限地离开其原始模式的倾向》，署名华莱士（Alfred Russel Wallace，1823—1913），论文概述的主题与达尔文为之研究了20年的进化论如出一辙！这种相似简直不可思议。

达尔文非常沮丧，于是向莱伊尔和胡克征求意见。他们建议达尔文向华莱士解释面临的尴尬，提出共同宣布这一理论，以取得联合发现权。达尔文接受了这个建议，并且高兴地得知华莱士非常乐意进行联合宣布。实际上，这位年轻人对此理论花的时间和精力远远比不上达尔文，倒是他得益于达尔文的声望。于是在1858年，华莱士的论文出现在《林奈学会学报》（*Journal of the Linnean Society*）上，同时还有达尔文对自己工作的一份摘要。

1859年11月22日，达尔文出版他的著作的简要版，书名为《论通过自然选择的物种起源，或生存斗争中的优胜者生存》（*On the Origin of Species by Means of Nature Selection, or the Preservation of Favoured Races in the Struggle for Life*），一般称为《物种起源》（*On the Origin of Species*）。初版印了1 250册，第一天就一售而光。即使在这一简要版里，对进化也有冗长并有说服力的论证，还用相当丰富的实例作为支持，成功地说服了大量生物学家相信它是真理。

❧ 人类的由来 ❧

尽管大多数科学家接受了达尔文和华莱士的进化论和自然选择的思想，但公众的跟进却要慢上一拍。许多人认为达尔文主义是无神论，其实，达尔文为此也有过一番长期且费力的思想斗争。如果有机体是通过自然选择这一机制获得适应，那么，在创世或者世界及其生物的持续发展中，上帝的位置在哪里呢？

有些科学家也强烈地表示反感。英国牛津大学的著名地质学家欧文（Richard Owens，1804—1892）和美国哈佛大学的阿加西斯（Louis Agassiz，1807—1873）就是科学阵营中最强烈的反对者。阿加西斯是一位声誉卓著、知识渊博的博物学家，尤擅长于学术普及。他坚持认为，地球上的有机体是通过造物主的一系列创造过程而形成的。根据这一观点，有机体随着时间的流逝变得越来越复杂，并且越来越适应其环境，这正是一系列超自然创造的结果。

塞治威克（Adam Sedgwick，1785—1873）是剑桥大学的保守派地质学家，他是达尔文学说的又一位反对者。1865年在提及他的同事莱伊尔时说道：

华莱士基于自己的观察，独立地形成了许多和达尔文一样的进化思想。

　　"莱伊尔会容纳整个（进化）理论，对此我毫不奇怪，因为没有它，他所解释的地质学要义就会没法成立……他们可以按他们的意愿来修饰它，但是这种变异理论，十之八九，会以十足的唯物主义告终。"

如果一个物种是从另一个物种演变而来,对于大多数人来说,它就会引出这一令人不安的观点,亦即人类必然是从非人类的祖先演变而来,尽管达尔文在他的书中竭力避免这一说法。

争论变得越来越激烈。讽刺达尔文类似于猿的漫画出现在报纸上。论文和讲演在各处涌现。达尔文一直沉浸于女儿安妮的不幸夭折所带来的悲痛之中,自己又在生病,而争论使他的病情更为加重。他无论如何也没有心情卷入论战之中。就在这时,赫胥黎(Thomas Henry Huxley,1825—1895)出现了,在饶有兴致地读过《物种起源》(他扪心自问:我为什么没有想到这些?)之后,他挺身而出,完全站在达尔文一边。他自称为"达尔文的斗犬"(赫胥黎热衷于激烈的辩论),无论何时何地,只要可能,他就热忱地对进化问题进行辩论。

在英国科学促进协会发起的一场声势浩大的辩论会上,在700位听众面前,赫胥黎遇到了牛津的主教威尔伯福斯(Samuel Wilberforce,1805—1873)(由于他的精于世故和伶牙俐齿,被人们称为"狡猾的萨姆")。但是,威尔伯福斯,也许已受欧文所谓"事实"的影响,在维多利亚时代的听众们面前大丢面子,因为他不怀好意地问赫胥黎,他的父母谱系中,谁是猿的后代,父系还是母系?

赫胥黎知道自己可以出牌反击了。听众正等着一场表演,机灵的赫胥黎满足了这一愿望,他坦然回答,宁愿来自猿的后代,也不愿来自这样一位有教养的人,竟然在严肃的科学争论中引入这样一个问题。威尔伯福斯无言以对。

阿加西斯是一位能干的博物学家,他提出地球曾经一度被冰川覆盖的思想(《冰川研究》1840年),完成了对鱼类化石的研究(《化石鱼的研究》1833—1844年)。然而,在试图解释动植物物种的性状变化和演变时,用的不是达尔文的自然选择,而是提出造物主周期性的干预。

60多岁的达尔文,这时距《物种起源》的出版已经过了大约15年。

1863年，莱伊尔最终以《人类古老性的地质学证据》(*Geological Evidence of the Antiquity of Man*)一书而加入这场论战。他站在达尔文主义这一边，尽管比他朋友所希望的还是有点软弱。他指出，人类或类人生物在地球表面必定已经生存了成千上万年。但是他没有公开说他相信变异，也没有说人就是从类猿生物演化而来。

1871年，达尔文出版了《人类的由来及性选择》(*The Descent of Man，and Selection in Relation to Sex*)一书，其中他通过相当多的研究证据，来支持人类源于动物的思想。他指出，人耳上残存的耳郭，其中有些肌肉显然是用于移动耳朵的。他还提到，脊柱底部的尾骨，是痕迹器官的又一例证，显然它是人种演变过程中的早期遗留产物。

在某些领域中，反对之声持续不断——萧伯纳(George Bernard Shaw，1856—1950)也在反对达尔文主义，他相信的是拉马克主义和某种神秘的生命力。直到1936年，威尔士(Herbert George Wells，1866—1946)写作《槌球运动员》(*Croquet Player*)，其中考察了有文化的英国贵族在面对"体内兽性"这一知识时所表现出的不安。

由于捍卫达尔文的物种起源和自然选择学说，赫胥黎的名字也和达尔文一样，变得家喻户晓，在世界各地的杂志和报纸上经常出现，并且附有介绍和漫画——例如这里的一幅采自《名利场》(*Vanity Fair*)杂志的漫画。

但是大多数人在19世纪末都已改变立场，除非是那些反对者，因为他们把进化论看做是圣经创世故事的对立面。

更多的证据

然而，问题依然存在。一种变异性状，尽管极其成功，但作为一种新性状，当它遗传至下一代时，怎么才不会与那些不太成功的中间性状相互混合呢？自然选择怎样才会有机会作用于那些成功的变异性状呢？

一位来自于奥地利的、孤独的奥古斯丁派修道士，名叫孟德尔(Gregor Johann Mendel，1822—1884)，于19世纪50年代和60年代在修道院的花园里，用豌豆进行杂交实验，从而获得证据。孟德尔发现，对于每一种性状，子代显然是从双亲那里均等地继承了遗传因子。重要的是，他发现这些因子不会混杂，而是保持独立，并且还可以互不混杂地传给以后各代。这就意味着，自然选择有更多的时间作用于一个性状中的任何变异。不幸的是，直到20世纪初，孟德尔的工作才被重新发现并广为人知。

赫胥黎：进化论和达尔文自然选择理论的捍卫者。

进化论没有停滞不前，20世纪和21世纪的许多生物学家在达尔文和华莱士的原始理论基础上，又增加了有关突变和遗传机制方面的新知识。正在兴起的地球历史理论，对现代进化论也有贡献，包括古生物学家古尔德和艾尔德里奇（Niles Eldredge，1943—　）最近提出的地球表面稳定期多次被极端变化所"中断"的思想。

1882年4月19日，达尔文在家中由于心脏病发作去世。他的抬棺者中，包括他的科学理论支持者：赫胥黎、华莱士、胡克和拉波克爵士。他和牛顿爵士及莱伊尔爵士一样，被安葬在威斯敏斯特教堂。然而，达尔文未能得到英国国王的授爵，伦敦的图索夫人蜡像博物馆也没有把他的塑像跟那个世纪其他伟人一起展出——可能是怕人故意破坏。因为这位安静守纪的人物，因其提出的自然规律而受到极大尊敬，在当时掀起的狂澜至今仍使某些人感到刺痛。他已经成为那个时代理性怀疑的象征——尽管这种怀疑决不是由他一手造就。达尔文的进化思想既不是全新的，也不是全面的，但由此引起的一场革命，却永远改变了人类对其自身以及在宇宙中所处位置的理解。

尼安德特人的奥秘

当工人们于1856年在德国尼安德特附近的石灰石洞穴里挖掘出部分类似于人的头骨和骨骼的物体时，他们也挖掘出了一个持续到今天的奥秘。

著名法国古生物学家居维叶曾经振振有词地认为，不会发现古代人类的化石，理由很简单，他们从未存在过。居维叶正是我们今天所谓的反进化论者，达尔文之前的科学界大多同意这一观点。

那么，这些奇怪的骨骼究竟是什么呢，其中包括一块笨重的颅骨和一些"变形的"骨头。仔细看过这些骨骼的第一批德国教授最明确的猜测是：他们肯定不是德国人，也许属于某个更野蛮、更古老的北方部落。德国著名解剖学家菲尔绍（Rudolf Carl Virchow，1821—1902）根本不相信他们是古人类，而是认为他们很可能属于某个不幸患过关节炎的残疾人，因而才会有如此变形的骨头。另一位德国解剖学家猜测道，这可能是在德国到处游荡的怪人，认为这样的人也许精神"不正常"，作为隐士住在洞穴里，于是就在那里发现了他们的骨骼。

今天，在达尔文之后，越来越多的所谓尼安德特人骨骼化石在世界各地被发现，它们相距遥远，从北非、法国、以色列到中国，我们现在知道，尼安德特人和其他许多人类化石一样，在人类演化史中占据一定地位，但是究竟处于什么位置仍未确定。

有关尼安德特人的早期描绘，基于在尼安德特谷的第一次发现，它们被画成弯腰屈背、笨拙不稳、智力低下的生物，这就是无数低劣电影中的"猿人"。对于19世纪许多人，甚至20世纪的人们说来，把尼安德特人的这幅肖像当成智人的直接祖先，就会引来诸多麻烦，因为这就涉及我们体内的"兽性"问题。有讽刺意味的是，最早关于尼安德特标本患有严重关节变形的猜测，如果不论其年代，后来证明还是正确的。更近的发现已经表明尼安德特人的外表要更挺直些。

尼安德特人在这个世界上大约出现于130 000年以前，消失在35 000年以前。他们短小矮胖，男人也许平均只略高于5英尺，女人还要矮些。他们直立行走，会做工具，生活在群体之中。死者身边偶尔会有陪葬品，说明他们也许发展出了一定的宗教系统。

但是长期未解的奥秘仍然存在：尼安德特人与现代人之间究竟是什么关系？为什么他们从地球上消失了？直到维多利亚时代结束，大多数科学家仍然相信，尼安德特人是我们的直接祖先，但是20世纪更新的发现表明，我们的直接祖先——克鲁马农人和尼

1856年，在德国尼安德特发现第一个尼安德特人，恰好此时达尔文的思想正在引起许多人重新审查他们对人类起源的看法。和现代人类头盖骨相比，尼安德特人有前倾的、粗重的眉额和厚的颅壁。现代人的头骨具有更平的面部和更薄的壁。

安德特人生活在同一个时期。这样一来，就面临了某些严重问题，尼安德特人和我们究竟有什么直接关系？

尽管有种种迷惑，但最大的奥秘也许是，为什么他们在35 000年前完全消失。难道我们的直接祖先克鲁马农人，正像有人所认为的那样，逐步残暴地消灭了他们的尼安德特邻居？克鲁马农人和尼安德特人有没有像其他人所认为的那样，互相混居并杂交，以至融合成为一个群体？2003年的DNA研究报告说，这是不可能的，尽管有证据表明，人类与尼安德特人在500 000年前有共同祖先。难道他们正如之前的其他群体一样，由于在长期的生存斗争中失势从而逐渐减少，直至最后灭亡？有记录表明，他们统治欧洲达100 000年之久，是一个非常成功的物种。我们至今仍然不知道发生了什么事情，或者他们为什么消失。

▲ 这幅漫画想说明：根据达尔文的进化理论，艺术家是由刷子和颜料罐进化而来的（讽刺画，后期着色木版画，1879年）。

▲ 维多利亚女王时代的中层社会都认为，女王是一位完美的女子，她是王朝的天使，伦理的捍卫者和王朝一切美好生活的源泉。虽然猿猴在很多方面与人类有惊人的相似，但是这些人不敢想象，美丽的女子与猴的后代有何关联？正如图中所示，把她与多毛的猿猴联想起来是多么不可能！

◀ 这是英国收藏家霍金斯所画，表现了达尔文《物种起源》中的论述"人类最早的祖先是外表丑陋、毫无魅力的哺乳动物，并且身材矮小，由于经常被风吹日晒，皮肤变成为难看的暗棕色。全身大部分皮肤都覆着长而粗糙的毛发。"

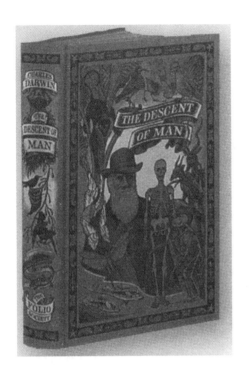

◀《人类的由来及性选择》英文版。该书在1871年问世之后的3年里，就连续重印数次。1874年第二版时，达尔文又进行了一些改正。

▶ 达尔文时代当年的一份拉丁文报纸详细地阐述了达尔文关于人类进化的理论。

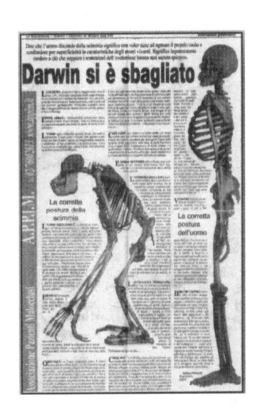

▲ 根据达尔文的理论而绘制的人类进化图。达尔文谈到：人类起源于某种低等的生物类型，将会使许多人感到非常厌恶。但几乎无可怀疑的是，我们乃是未开化人的后裔。

第七章

从宏观到微观：器官、细菌和细胞

在 19 世纪生命科学的历史中，进化论像一位巨人般赫然耸现，但是它并不是出现重要新发展的唯一研究领域。在法国，马让迪（Francois Magendie，1783—1855）和伯纳德（Claude Bernard，1813—1878）是实验生理学、药物学和营养学领域的先驱。在俄国巴甫洛夫（Ivan Pavlov，1849—1936）对大脑的功能取得了重要认识。巴斯德可以说是科学史中最重要的生物学家之一，他对传染病的机理有深刻洞见。施旺（Theodor Schwann，1810—1882）和施莱顿（Matthias Schleiden，1804—1881）共同发现，对于活着的有机体来说，在分子水平之上，自然界还存在另一种基本模块——细胞。

实验生理学

能使科学得益的秉性，莫过于强烈的求知精神和对知识的热爱。但是，尽管马让迪开辟了许多研究方向，并在实验生理学某些重要领域处于领先地位，然而，由于他冷漠地对待整个实验过程，从而在当时引起了广泛的争议，今天对此的争议或许更激烈。他认识到，完备的知识往往来自直接观察活组织工作的情况，特别是对运动神经的实验，他做过很多活体实验（常常在狗身上），为此，反对活体解剖的人们对他表示强烈的愤慨。他的性格暴躁冷酷，他形容自己的行为是一场"实验的狂欢"。他还常常做些不必要的实验，这就越过了人们能容忍的底线，因而恶名远扬。

尽管他的方法缺少人性，不过马让迪确实通过扎实地增进知识，从而为科学带来了进步。他演示了脊神经的作用，表明脊髓的前神经根是运动神经（传达信息以激发运动），后神经根是感觉神经（向大脑传达有关感觉的信息）。他还研究了血液流动、吞咽和呕吐的机制。马让迪还把马钱子碱、吗啡、番木鳖碱、可待因和奎宁以及碘和溴的化合物引进医药实践。但是，他最出色的业绩却是把他对研究的酷爱传给了他的学生和助手，幸好他对研究对象的冷漠倒是没有影响他的学生和助手。

这些学生中间有一位名叫伯纳德，1847 年成为马让迪的助手。1855 年马让迪去世，伯纳德接替他担任教授。伯纳德是一位杰出的实验家，被公认为是实验生理学的奠基人。不同于马让迪，他仔细计划实验，使之组成一个整体，他对生理学的贡献影响深远。

伯纳德通过瘘管研究消化，这就是说，在胃壁上开一个小孔，以便观察消化的化学过程。他对体内化合物平衡尤感兴趣——他的有些同事倾向于引用生机论或神秘主义来解释,而他则总是客观地用生物化学来解释——他发现了胰腺在消化脂肪中的作用和肝的生糖功能。

与流行的意见相反,伯纳德证明动物血液中含糖,即便食物中不含糖。他发现,动物会把肝脏中的其他物质转变为葡萄糖或者糖原;他用实验方法追踪到了肝脏中糖原的存在,糖原是动物储存糖类的主要形式。他还发现了糖原的合成,这个过程名为肝糖生成。糖原分解为葡萄糖的过程则叫肝糖分解。(糖原储存在肝里,需要时才进入血流,以保持葡萄糖浓度。)

伯纳德还发现了某些神经(叫做血管收缩神经)如何控制血液流向皮肤的机制,当皮肤需要冷却时,促使毛细血管扩展;当身体需要保温时,则促使它们收缩。

伯纳德,实验生理学的奠基人。

在研究一氧化碳中毒机理时,伯纳德首次对麻醉剂带来的影响作出了生理学解释。他还认识到,由于一氧化碳代替了血液中的氧分子,身体不能迅速对此作出反应,从而因缺氧致死。

颇为遗憾的是,尽管伯纳德做得极为细致周到,但他的夫人还是憎恨他的活体解剖研究,两人经常为此争吵。她是反对活体解剖协会的主将,1869 年两人合法分居。由于深陷于经济拮据、疾病缠身、家庭纠纷(他的两个女儿也反对他的工作)的困扰之中,伯纳德曾把科学生涯形容为是"只有穿过漫长阴暗的厨房,才能到达明亮华丽的大厅"。

法国科学院在三个不同的场合把生理学的大奖授予伯纳德,1869 年他成为理事。他是第一位法国给予公开葬礼的科学家。

巴甫洛夫和大脑

对于早期的哲学家来说,大脑是理性灵魂之所在,只有人类才有理性灵魂,动植物则没有。在中世纪,学者认为,想象、推理、常识和记忆各占大脑四个腔室中的一个。

文艺复兴带来了新的研究方法,解剖学揭示了动物(和人类)生理学中的许多奥秘。科学家还甚至研究大脑表面的沟回结构。但是直到 17 世纪,法国哲学家笛卡儿仍然不舍许多中世纪的思想,尽管他试图把牛顿的机械原理运用到生理学上。笛卡儿把大脑底部的松果腺当成是人类理性灵魂的所在地,他说,这里既可接受感觉信息,又可通过控制中空的神经里流动的动物精气对信息作出反应。理性灵魂就用这样的方式指导肌肉的运动。这就是最早对反射作用的一种初步解释。

人脑表面的沟回使许多解剖学家,其中包括 17 世纪英国的解剖学家韦利斯(Thomas Willis,1621—1675),认为不同的功能处于沟回中的不同区域。颅相学即由此而来,它在 18 世纪末被认为是"心灵科学"而颇为兴旺。颅相学者宣称,他们可以绘出一张大脑表面图,在图上标出特殊的区域,它们分别控制这些特性,诸如获得欲和破坏欲(在耳朵的上方），道德特性，诸如仁慈和灵性（在头顶附近），以及友谊（在大脑后部附近）之类的社会和家庭倾向。颅骨表面的隆起被认为与大脑不同区域的相对发达有关，颅相学者肯定，他们能够"读懂"这些隆起部分，并且由此分析个性和性格。到了19世纪40年代，人们大多拒绝承认颅相学是科学，尽管直到20世纪20年代，作为一门伪科学它还颇有市场。

然而，德国生理学家希齐格（Julius Hitzig，1838—1907）和弗里切（Gustav Fritsch，1838—1927）首次证明大脑不同区域确实控制不同的功能。希齐格在活狗身上做实验，证明大脑特定区域受到刺激会引起某些肌肉的收缩。他还证明，大脑特定部分的损伤会引起某些肌肉收缩功能减弱甚至瘫痪。

苏格兰神经学家费利尔（David Ferrier，1843—1928）以同样的方法对灵长类动物和狗做实验，成功地证明大脑的某些区域（运动区）控制肌肉和其他器官的运动，而其他区域（感觉区）则从肌肉和其他器官接受感觉。和伯纳德一样，费利尔也是顶着当时动物权利保护分子的压力而从事工作的，这些人控告他对动物残忍施暴。但是，他在法庭上（1882年）成功地证明，这些实验具有正当理由，它可以告诉我们关于大脑功能的关键性知识。

俄国生理学家巴甫洛夫关于条件反射的研究对生理心理学、教育和训练方法有广泛影响。

俄国生理学家巴甫洛夫，因其关于无意识反射和动物行为的实验而著名。

巴甫洛夫的早期工作有关消化生理学和自主神经系统的研究，为此，他赢得了1904年诺贝尔生理学或医学奖。在一个著名的实验中，他通过外科手术在狗的胃旁接上一根导管，于是，狗吃进的食物从食道咽下，却不会进入胃里。但不可思议的是，胃还如往常一样分泌胃液。于是，巴甫洛夫得出结论：口腔里的神经一定传递了一个信息给大脑，从而引发消化反应。为了进一步证明这一点，他切断特定神经，再来观察狗吃进食物进入胃里的过程，这回没有放置导管，然而却不见有胃液流出来消化食物。可见大脑没有接到信息。

然而，巴甫洛夫最有名的工作是他后期对条件反射的研究（在德国和美国，这项研究对于通过生理学的方法来定位心理学起到了重大影响）。巴甫洛夫发现，由于狗见到食物会分泌唾液，他可以用另一种刺激，例如铃声来代替食物，只要原始刺激（食物）与次生刺激（铃声）在训练期间联系在一起，狗在听到铃声时就会分泌唾液。巴甫洛夫假设，这是因为在大脑皮层中建立了新的神经回路，才使得这些不相关的"条件"反射能够发生。

细胞理论的诞生

如今生物体由细胞组成的思想，似乎已成最基本的观念，但在19世纪前，大多数生物学家在分析动植物的结构时，仅停留在这样的认识上：有机体是由各种组织和器官组成的。早在1665年，罗伯特·胡克在用显微镜观察软木的结构时就看到了细胞，他认为它们看起来像是修道院里的一间间小室,于是给这一微小结构起了这样的名字。但是他没有想到他看到的乃是生命之基本原理的一部分。

　　大多数早期的细胞观察都以植物为对象,植物比较容易观察,因为它们有细胞壁,比动物细胞之间的细胞膜要厚得多。在显微镜和染色技术得到改进之后,(染色技术使得不同的组织格外分明,从而看得更清楚),科学家做了越来越多的观察。但即使在 1831 年,当布朗(Robert Brown,1773—1858)在细胞中心发现有一个小的暗色结构,并为之取名叫做"核"时,不要说他,所有人都没有理解这些微小结构的意义。1835年,捷克科学家帕金基(Jan Evangelista Purkinje,1787—1869)指出,有些动物组织,例如皮肤,也是由细胞组成的。但没有什么人给予更多关注,他也没有把这一点推向更成熟的理论。

施旺(和施莱顿一起)在建立细胞理论和组织学——研究动植物组织的结构方面获得了荣誉。

　　可是只过了 3 年,犹如一场精彩拳击赛的第一回合,施莱顿提出了一个令人惊奇的思想:所有植物组织实际上都是由细胞组成,这些就是所有植物生命的基本模块。紧接着第二年,施旺提出:所有动物组织也由细胞组成;卵是单个细胞,器官由此发育而来;所有生命都是从单个细胞开始的。由于他们两人对这一构想各自贡献了一个基本成分,于是通常把创建细胞学说的荣誉给予他们两人。

　　其他人对这一理论的细节有所改进。施莱顿认为,新细胞就像发芽一样在现有细胞表面形成[孟德尔的对手耐格里(Karl Wilhelm von Nageli,1817—1891)证明不是这样]。但是在许多年里,细胞分裂一直是一个谜。1845 年,希博德(Karl Theodor Ernst von Siebold,1804—1885)把细胞学说扩展到单细胞生物(虽然他认为多细胞生物体由单细胞生物而组成)。19 世纪 40 年代,柯里克尔(Rudolf Albert von Kolliker,1817—1905)证明精子也是细胞,神经纤维则是细胞的组成部分。细胞学说很快成了近代生物学的主要基础之一。

魏尔和与细胞病理学

　　随着对细胞结构的认识日益深入,研究者开始询问,如果一个细胞出现障碍,会有什么现象。对此尤为热衷的是一个名叫魏尔和(Rudolf Carl Virchow,1821—1902)的波兰年轻医生,当时他正在寻找斑疹伤寒流行的原因。他注意到病人生活的恶劣环境,并且毫无顾忌地说了出来。此时正处于革命上升的时期——这一年是 1848 年,革命的伟大年代——普鲁士的极端保守主义政府坚决取缔一切异议。魏尔和由于自己的立场而失去了大学教授职位。

　　但正是 3 年前的 1845 年,他曾最早描述了白血病,现在由于处于半退休状态,他就有时间来反思关于疾病原因的许多设想。第二年他在巴伐利亚的乌兹堡大学找到了一个职位。

7 年后他回到柏林当病理解剖学教授,在这个领域他遥遥领先,1858 年,他出版了《细胞病理学》(Cellular Pathology),其中他把细胞学说运用于病理组织。作为第一位细胞病理学家,他证明病理细胞是从正常细胞演变而来。"所有细胞都是来自细胞",他爱这样说,从而含蓄批评自然发生说,后者主张生命体起源于非生命物质。

魏尔和创建细胞病理学。

鉴于魏尔和具有研究白血病和细胞病理学的学术背景,自然他就会有这样的想法,即疾病的产生是由于细胞在体内造反的缘故。(尽管癌症的发生与此有关,但魏尔和却以此思路看待所有的疾病。)由此引出的结果是,他拒绝接受巴斯德提出的一种重要理论,疾病是另一种有机体攻击的结果。

巴斯德的细菌理论

关于巴斯德,多产科学作家阿西莫夫(Isaac Asimov,1920—1992)曾经写道:"在生物学方面,除了亚里士多德和达尔文,再没有谁可以和巴斯德相提并论,这一点是毫无疑问的。"作为细菌理论的创建者、食物消毒中巴氏加热杀菌法的倡导者以及狂犬病疫苗的发明者,巴斯德的名字家喻户晓。他的巨大功绩源于一系列的激烈争论,在这些争论中,他的自负得到强烈体现(他乐于看到自己正确)。他的毅力换来了不少重大突破,首先是探明了发酵的本质(他认为这一反应是有机过程,而他的对手则认为是无机过程),接着是澄清了自然发生的可能性问题(他说不可能,他的对手坚持说有可能)。在每种情况下,巴斯德都战胜了对手,最后细菌可以引起疾病的说法也得到了确认。

巴斯德，有史以来最伟大的生物学家之一，他建立了细菌理论，这一突破不仅对生物学研究，而且对健康科学和医药，都极为重要。

阻 挡 细 菌

到了 19 世纪中叶，已经有少数医生开始认识到，医生有可能在病人之间传播疾病并导致感染，尽管他们并不知道究竟是什么原因。

在维也纳大学接受训练并在那里医院工作的匈牙利医生森梅尔外斯（Ignaz Philipp Semmelweiss，1818—1865）对一种令人不安的现象深为关切：在医院里分娩的妇女由于产褥热而成批死去，但在家里分娩的妇女却很少得这种病。他越来越相信，正是医生在病人之间传播这种疾病，于是他命令手下所有医生，在换下一个病人时要用强化学溶液洗手。医生们颇有怨言，当他们听说自己不是在给病人治病，而是在带来疾病时，当然很不高兴。但是他们还是这样做了，结果产褥热的发生率急剧下降。

但是 1849 年，匈牙利向奥匈帝国发起一场不成功的反抗（匈牙利原来是该帝国的一部分），森梅尔外斯是匈牙利人，于是被迫离开他在维也纳的岗位。维也纳的医生又回到从前，略去了不愉快的洗手程序，结果病人中产褥热死亡率又重新上升，这就证明了森梅尔外斯也许是对的。

　　与此同时，森梅尔外斯不管在哪里工作，都坚持自己的步骤，于是由他照顾的病人因产褥热死亡的数目降到1‰以下。他可以证明洗手是有效的，但尚未有人证明这一做法之所以有效，是因为危险的细菌已经被消灭了。具有讽刺意味的是，森梅尔外斯本人恰死于产褥热，他是在给一位病人做手术时感染上的，但是他却为另一位富有洞察力的医生里斯特(Joseph Lister，1827—1912)的工作铺平了道路。

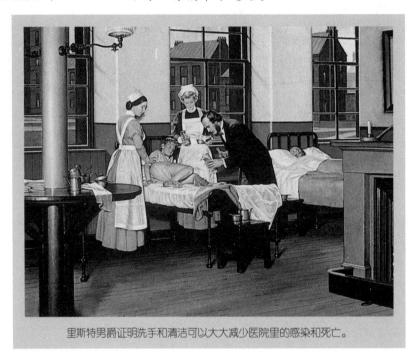

里斯特男爵证明洗手和清洁可以大大减少医院里的感染和死亡。

　　里斯特对截肢手术很感兴趣，这种方法在许多情况中挽救了生命，例如当坏疽发生时。但是太多情况下——往往占45％的比例——医生成功地完成了一个手术，却眼看着病人死于术后感染。1865年，他听说巴斯德正在研究微生物所引起的疾病，他由此得到启发，也许可用化学处理方法杀死细菌。1867年，他开始运用一种名叫碳酸(酚)的防腐溶液清洗器具。他还向手术室的空气喷洒药物，坚持洗手和清洗外罩。手术死亡率从45％下降到15％。里斯特由此确立了防腐外科技术。

　　后来一位名叫海尔斯特德(William Stewart Halsted，1852—1922)的外科医生把防腐概念又推进了一步。为什么不在医生或护士和他们的病人所携带的细菌之间设置一道屏蔽呢？因此在1890年，海尔斯特德成了第一位在手术中戴上橡皮手套的外科医生。手套消毒要比人手皮肤消毒容易得多；它们能够耐高温和腐蚀性强的化合物，在这种条件下，甚至最厉害的细菌都会被消灭。戴手套代替了最初运用的无菌外科技术(细菌不是用防腐技术在手术室中被杀死，而是被隔绝。)

　　森梅尔外斯的经验和巴斯德的细菌理论，为里斯特和海尔斯特德奠定了基础。结果，医生们改变了他们的手术室操作习惯，成千上万的生命得以挽救。

由于巴斯德在他早期工作中成功地研究了酒石酸晶体,他在30多岁时就已成名,不过1857年法国科学院拒绝接纳他为会员。然而,他被里勒(Lille)大学任命为科学系主管。那里的葡萄酒和啤酒工业遇到了产品变酸的问题,找巴斯德帮助解决。于是,巴斯德开始探讨发酵的本质,结果发现发酵是某种活着的有机体的产物(他在与李比希的争论中获胜,李比希坚持认为,发酵是一种纯粹的化学反应,不涉及有机体)。现在问题在于,让葡萄酒或啤酒中的酵母照常工作,却不能让产生乳酸的发酵体工作(使饮料变酸)。于是,他建议在发酵完成后,把葡萄酒或啤酒微微加热,杀死"坏"的酵母,然后加上盖子。

然后巴斯德转向其他微生物,以便弄清它们是从哪里来的。自然发生问题仍然困惑着生物学研究。那些相信有机体具有某种活力的人们,对于那些证明自然发生绝不可能的实验持批评态度。环境不可能排挤生命,若是这

巴斯德是一位精力旺盛的人,他在当时获得了巨大的声望,以致某些历史学家认为,他的某些成就如果归功于别人也许会更公正些。

样,生命当然不会自发产生。他们反对18世纪斯帕兰扎尼做的实验,他把肉汤罐子上面的空气加热,目的是想证明生命不可能从非生命产生。但反对者说,加热空气就破坏了必要的活力论原则。

于是,巴斯德设计了一只特殊的长颈烧瓶,事先进行消毒。细长而弯曲的瓶颈是敞开的,允许氧气进入,但开口是如此之小,以至于飘浮的孢子会在弯曲处被卡住。实验成功了。在烧瓶里没有滋生出有机体。但是他却在瓶颈的弯曲处寻到了微生物的孢子。有关自然发生说的争议终于告一段落。现在他被科学院所接纳了。

当法国南部丝绸工业于1865年陷入困境时,其领导人请求巴斯德这一奇才伸出援助之手。巴斯德很快就证实,这是一种显微镜下才能看见的寄生虫感染了桑蚕和桑叶。他说,必须彻底消灭已受感染的桑蚕和桑叶,重新开始。一切按他所做,丝绸工业得到了挽救。

现在巴斯德把注意力转向他一生中最伟大的成就:疾病的细菌理论。他开始认识到,疾病是可以传染的,传染由寄生的微生物引起,他称之为"细菌"。

他意识到,有了这一见解,疾病传播的渠道就可以切断了。不久他建议军事医院采用消毒技术——煮沸器具和消毒绷带——以防止传染和可以避免的死亡。

19世纪70年代,巴斯德开始研究炭疽热,这是家养动物中死亡率特别高、传染性特别强的一种传染病。1876年,德国的一位年轻医生柯赫(Robert Koch,1843—1910)发现了一种细菌,他认为是炭疽热的原因。巴斯德用显微镜肯定了柯赫的发现,同时他还发现,该细菌的孢子有很强的耐热性,可以存活于地面很长时间。整个兽群走过这块地面都会受到感染。必须杀死已感染的动物、焚烧并深埋在地下。

巴斯德还研究过接种预防炭疽热的方法。没有比种痘"更温和"的疾病了,詹纳曾经这样做过,他用牛痘来预防致命的天花病毒。于是,巴斯德加热了一些炭疽热细菌,减小其毒性(仍有感染的可能),并用它给羊群接种,同时让另一些羊不接种。结果没有接种的羊群全都染上了炭疽热死去,接种过的却没有死。巴斯德似乎永不满足,他又改进了炭疽热疫苗。使用类似方法,他又改进了抵御狂犬病和家禽霍乱病的疫苗。

巴斯德死于 1895 年,他在世界人民的心目中具有相当高的声望。他在难以计数的论战中取胜,这些论战涉猎广泛,巴斯统高超的技艺和镇静自若的禀赋由此得到体现。毫无疑问,他是那个时代的英雄,直到现在仍然如此。

柯赫:寻找病因

19 世纪 70 年代初,柯赫,应农民的要求,帮助他们抗击可怕的炭疽热传染病,他们的兽群正在遭受此病的侵染。受巴斯德微生物学理论的启发,柯赫非常高兴能够有机会也寻找疾病的原因,而不只是治疗其症状。他在家里装备起一所小型实验室,配置显微镜,开始研究因炭疽热致死的家畜血样品。当他从显微镜观察样品时,发现了杆状细菌,他猜测这就是肇事者。他开始追踪杆菌的整个生活周期,让老鼠感染这一疾病,于是炭疽热病菌(从被感染的动物血)由一个老鼠,传到另一个老鼠,总共传了 20 代。不久前,德国植物学家科恩(Ferdinand Cohn,1828—1898)曾经观察到细菌形成孢子,并且发现孢子能够耐极高的温度。柯赫现在发现,炭疽热病菌可形成孢子,正如巴斯德所认为的那样,这些孢子可以在地球上存活很多年。柯赫还成功地研究了细菌整个生活周期,科恩热情地支持他发表研究结果。

科学旁白: 顺势疗法

由于对传统医学倍感失望。于是,德国医生和化学家哈内曼(Samuel Hahnemann,1755—1843)呼吁人们合理饮食、充分运动、呼吸新鲜的空气,并且定量搭配少量天然药剂,诸如药草和树皮。其中大多数听起来和现在的常识差不多(除了极小剂量的药剂)。然而,哈内曼的治疗效果却非常突出,令人难以置信。

哈内曼的顺势疗法基于三个基本概念:相似定律、整体医疗和无穷小定律。然而,哈内曼对待试验不太严格,也不重视获取定量证据作为支持。他更像是在跟着直觉走。

首先是相似。哈内曼用金鸡纳树治病,这是热带的一种常青树,其树皮含有奎宁的天然成分,可用于治疗疟疾。然而,一个没有患疟疾的健康人,在服用这种药物时会产生类似于疟疾的症状。由这一事实哈内曼推想,一种会使健康人产生某种症状的药品,可以治疗患有类似症状的病人。他给这种治疗方法取了一个名字,叫做顺势(homeopathic)疗法,来源于希腊字 homoios 与 pathos,意思是"类似疾病"。

其次是整体给药。哈内曼也许是最早使用"整体"医疗的医生,他力求医治整个人,而不是单个症状。因此他开出的药方针对病人的各种症状。

最后是无穷小定律,正是它招来其他医生的反对,包括当时和现在的医生。为了兑现医疗无害的承诺,他开出的药方剂量尽可能地小。这似乎是值得赞许的做法。但是,他所用的剂量,在兑了大量的水后,小到甚至检测不出来,甚至连一个分子都没有留下。溶液如此之稀,达到无法计量程度,这就如同是在大西洋里洒上一滴药水,搅匀后饮上一杯来治病一样。

批评者坚持认为实际结果是,顺势疗法开出高度稀释的所谓"相似"药物用于"治疗整个人体",而不管这个人得的是什么病。科学家当时正热衷于发现用于天花和炭疽热的疫苗,疫苗就是"相似治疗相似"之一例。但是一般而言,相似治疗相似这一原则的无条件使用,会与测试和经验的结果背道而驰。例如,今天我们都知道,糖尿病患者吃糖会使病情加重(可以在患者的尿中发现),服用胰岛素则对病情有利(胰岛素不是疾病产生的物质)。

今天顺势疗法有了新的皈依者,吸引他们的部分原因至少在于这一疗法的无害性以及他们对于对抗疗法的失望,因为后者少了直觉洞察——在证明其有效性之前那种试验和审查,似乎明显是一种负担。比较起来,顺势疗法似乎不受拘束,确切地说,就是因为剂量太小,比如,无须美国食品和药物管理局加以批准,他们也没有取消的权力。顺势疗法的开业医生宣称,他们的治疗可以代替抗生素、某些外科手术并适于病毒感染,但是通常不建议用于严重疾病。

在柯赫对认识传染病起因的许多贡献中,值得一提的是,他确立了一条规则,用于辨别引起某种传染病的原因。他说,研究者必须在患病的动物身上找到可疑的微生物,然后在培养基上得到纯系菌株。随后把培养物注入健康动物身上,使之患病。研究者还必须在该患病动物身上找到和原先一样的细菌。

柯赫成功地战胜炭疽热,还得益于他所创立的方法,亦即他改进了细菌的培养基[运用一种由海藻中提炼的叫做琼脂的凝胶状媒质,以及他的助手珀特里(Julius Richard Petri,1852—1921)发明的培养皿]。他还成功地发现了霍乱杆菌,1882年发现了肺结核的起因——结核杆菌。遗憾的是,他对于肺结核的治疗遭遇失败,尽管他曾经一度认为找到了办法。

1905年,柯赫主要由于在肺结核起因方面的工作,荣获诺贝尔生理学或医学奖。

柯赫在寻找病因上是一位大胆的勇士。

第三部分
19世纪的科学与社会

第八章

伪科学猖獗

　　18世纪科学的进展使得人们越来越相信,科学和理性确实可以解决人类面临的所有最棘手的问题。真的,有些人开始以更挑剔和现实的眼光看待科学,更有少数人公开反对科学的世界观。不过,仍然有许多人继续相信,科学最终不仅能够揭示自然的秘密,而且也可以回答有关人类在社会和宇宙中的地位这样一些哲学问题。

　　萦绕于19世纪许多人心目中的梦想就是,宇宙中的每一件事物——自然和人性——都以某种方式彼此相连。一旦发现了关键性纽结,答案就会随之浮现,于是,它不仅导致人类社会的完善,而且使人性、自然和上帝都处于更和谐的关系之中。19世纪最流行的两种伪科学——"招魂术"和"颅相学",就试图把科学用于改善人类的精神和社会条件。

～ 头骨隆起的证据 ～

　　颅相学是维也纳医生和解剖学家盖尔(Franz Joseph Gall,1758—1828)的首创。他出生于一个天主教家庭,是父母十个儿女中的第六个,父亲是中产阶级商人,他的儿童时代在天主教学校受教育,还受到叔叔的指点,他的叔叔是一名神职人员。1777年,19岁那年,正当他父母考虑让他当神父时,他来到斯特拉斯堡开始了医学训练。

　　有这样的传说,盖尔早在大学时代就开始把个人能力与头盖骨特征相联系考虑。据说盖尔注意到有些同学比他功课好,他认为他们的成功也许是他们的记忆力比他好。他还注意到,这些学生的眼睛似乎比正常人更突出。他推测,大脑的记忆功能也许就处于大脑某一特殊位置,具体就在眼球后面的前叶处。不管这个故事是真是假,盖尔也许确是在进入医学院时，就形成了他称之为头颅检查术——后来叫做颅相学——的思想。不久盖尔从斯特拉斯堡转到维也纳继续学习医学，并于 1785 年毕业。

盖尔是一个爱好交往、颇受欢迎的绅士，毕业后开业行医，很快就博得显贵人物和富有顾主的青睐。同时他开始收集整理不同类型的头颅，有的是真品，有的是石膏和石蜡模型，他一生中收集了不下数百件。尽管亚里士多德相信，人的感觉和感情起源于心脏，但到了盖尔的时代，已经普遍认识到，大脑才是与人类这些体验有关的器官。大脑方面的先驱性工作也揭示，某些特定的区域似乎掌管特殊功能。通过结合自己与别人的研究，再加上那么几次非科学的直觉，他得到这样的结论，不仅人类的所有品质都集中于大脑，而且一个人的某些品质要比其他人更优秀，因而与那些品质相关的大脑部位相应也就会更大。反过来，如果一个人缺乏某一特性或功能有所弱化，那么，大脑相应的部分就会更小或者更不突出。沿着这一思路，他得出结论：在一个人的成长过程中，大脑将按照个人的气质成形。再有，既然性格形成于颅骨更具可塑性的早年岁月，伴随着大脑在颅骨下面成形，颅骨会反映大脑的形状。这是一个大胆的推理，不可避免地导致盖尔的下一个结论。通过仔细研究许多性状，同时考察头颅的相应部分，应该有可能确定大脑的哪些部位与特定的性状相对应，然后绘制出一张特定的性格与颅骨轮廓关系的"分布图"。

相面术，已经流行了很长一段时期，它主张，一个人的性格可以反映在鼻子的长度或者眼睛的位置上，但盖尔所谓的新"头颅检查术"，据他自己宣称，是提供了一种认识和确定人类性格的全新"科学"系统。1796 年，他开始发表演讲，解释他的新发现。1798 年，他发表了第一篇论文，详细说明他的发现。

在这一进程中，颅相学［盖尔的年轻助手斯普贞姆（Johann Caspar Spurzheim，1776—1832）给头颅检查术起的新名字］没能在公众中流行，直到名叫康比（George Combe，1788—1858）的英国律师对这一思想有所改进之后，这一状况才有所改变。

康比曾经在爱丁堡听过一次颅相学的演讲，很快被此吸引。他有律师的语言才能，不久写了一系列相当受欢迎的有关科学新奇迹的文章，同时创建了爱丁堡颅相学会。康比精力充沛，深谙推销之道，他到处旅行，亲自做演讲，吸引了数百名皈依者。1838—1840 年，他旅行到美国，做了一系列演讲，其主题颇为雄心勃勃，大意是，通过

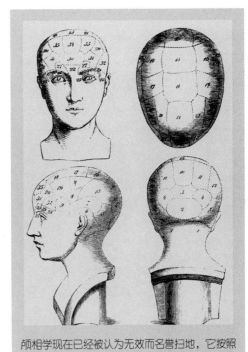

颅相学现在已经被认为无效而名誉扫地，它按照推测让从业者把一份大脑分区图与颅骨的凹凸区域对比，从而检验一个人的性格和聪明才智，大脑的不同区域被认为管辖不同的感情和秉性。

颅相学，科学地了解每个人，将不可避免地构建一个更好的社会。X 先生能否成为一名实干可敬的美国参议员？只要运用颅相学这一神奇的工具科学地分析他的性格就会知晓。Y 小姐能不能成为出色的教师？用颅相学分析她的性格就会找到答案。颅相学可以帮助人们找到最佳配偶，更好地了解子女，雇用合适的工人。

由于康比，颅相学走近大众并带来希望。终于有了一门科学，它可以帮助人们真正认识人类，他们自己和其他人。

针对康比出版于 1828 年的《与外在客体相关的人体构造》（*The Constitution of Man in Relation to External Objects*）一书，1858 年《伦敦新闻画报》（*Illustrated London News*）在副刊里发表了一篇评论，写道："……在人们的记忆中，没有一本书，无论是英语或其他语种的，对社会舆论引起如此之大的革命……这一朴素直白的作品已经深入到无数人的内心，不知何时，他们的心灵被一道闪光照亮，听说了以前所知甚少的康比先生，而事实上，他只不过是一位颅相学家而已。"这本书出版了数十版，成为 19 世纪中叶最畅销的英文书籍之一。据说，在维多利亚时代许多传统的家庭里，它和《圣经》一样容易找到，甚至在 1974 年，这本书还再版过一次。

如果说，颅相学的书在传统的维多利亚家庭里深受喜爱，那么，在城市街道不起眼的角落也可以发现颅相学的踪迹。像大多数伪科学一样，颅相学很快就被欺诈者、鬼鬼祟祟的"算命先生"和拙劣的骗子所采用。颅相学的营业场所散落在大多数主要的城市里，其中配备有廉价印刷的小册子和花里胡哨的图表，据说用它可以揭示人的最深秘密。在这些阴暗的私人工作室里，最突出的位置上总摆着一座塑像，这是一个人头的复制品，上面所有"器官"及其意义都有明显的标注。

颅相学从业者根据感觉到的病人头部的突起作出解释。

然而，相信颅相学的不只是普通人。许多知识分子也对其寄予希望。在美国，支持者中有著名人物，例如作家爱默生（Ralph Waldo Emerson，1803—1882）和心理学家斯宾塞（Herbert Spencer，1820—1903）。爱迪生在自己的头上发现了崎岖不平的位点，惠特曼（Walt Whitman，1819—1892）为其唱赞美歌，加菲尔德（James Abram Garfield，1831—1881）总统宣布他的认可。在英国，"新科学"找到了这样一些显赫的支持者，其中有维多利亚女王、科学家华莱士和作家夏洛特（Charlotte Brontë，1816—1855）、布朗特（Emily Bronte，1818—1848）与埃利奥特（George Eliot，1819—1880）。还有一些著名人物，例如，马克思（Karl Marx，1818—1883）和俾斯麦（Otto Von Bismarck，1815—1898）。

然而，如果认为 19 世纪大量科学家和知识分子都能接受颅相学的原理，那就是一种误解了。19 世纪大多数思想家都认为，颅相学是一派胡言，如果他们谈及此事，都会公然反对。到 1858 年，也就是《伦敦新闻画报》发表文章的那一年，随着康比去世，这场狂热几乎已消失殆尽。尽管在美国还继续热闹了几年，但在英国这种热闹已经偃旗息鼓。19 世纪 50 年代，即使是美国，公众的注意也已经转向新的奇迹。

噼啪声响和幽灵显示

这件事源于 1848 年，两个十几岁的女孩玛格丽特·富克斯（Margaret Fox）和卡蒂·富克斯（Katie Fox）在纽约州海德斯维勒的一个小村庄玩的一场恶作剧。

女孩们学会了一个窍门，她们在隐秘处敲击趾关节，结果发出稀奇古怪的声音。这就不难使她们那迷信的母亲相信，是不久前去世的小贩的灵魂发出这些声音，他在利用声音中的密码宣布，他是被人谋杀的。当这些话在小村庄传开时，女孩们成了当地的名人，不久富克斯小小的家里聚满了人群，他们满怀希望地恳请年轻的女孩们与死去的亲属或者来自阴间的其他精灵联系。

如果不是女孩姐姐莉亚的插手，整个事情也就是一个局部现象而已。莉亚就住在附近的镇上，她马上想到这是一个捞钱的好机会，于是令妹妹在私下告之真相以及她们恶作剧的骗术，接下来她开始进行一系列的演讲和展览，让两个女孩演示她们和死者联系与对话的"能力"。演示取得了巨大成功，不久就有其他所谓的"灵媒"也出来演示类似的能力。（灵媒这个称呼用来表示宣称有能力与精灵联系的人。）

活人与死者之间长期关闭的大门仿佛突然间被打开。随着门的开启，终于得到了经验证据，人死后居然还有生存迹象。今天的我们对此也许会觉得不可思议，只不过是一场儿童玩笑，竟然掀起了一场运动，吸引了成千上万的追随者。其实，许多美国人在这一过程中心甘情愿地完全压抑自己的不信任，因为他们早就准备接受这样的事情。

尽管美国招魂运动的历史开始于富克斯姐妹，但其实得益于"催眠术师"和颅相学者的努力，这条路早已铺设好了，因为他们在这个年轻的国家已经到处设立店铺。然而此时"催眠术"在英国和欧洲大势已去，催眠术师宣称，借一种叫做"动物磁性"的特殊力量可以医治和控制人类，这种特殊力量从控制者传递给被控者，从而影响被控者的健康和行为。催眠术师提出这样的哲学假设：在每一个体中，平衡的动物磁性都有一个自然"态"。平衡受到干扰就引起疾病，"科学地"控制它可以使人恢复"健康"。这些许愿使乐观的美国人相信，科学可以用来医治身体、精神和社会方面的所有疾病。

美国人深切地感受到，科学和自然的新思想比起传统或专制是更好的真理试金石，而催眠术和颅相学之类的伪科学，由于他们宣称提供确切的经验证据，似乎验证了他们的这一信念。

随着富克斯姐妹的成功，降神会在中产阶级和富裕家庭中变得时髦起来。

如果催眠术这样的新"科学"可以用于治疗，颅相学这一新"科学"可以揭示灵魂的内在秘密，那么，招魂术这样的新"科学"难道就不可能提供经验证据，证明死后灵魂仍然存在以及死人可以直接与活人交流吗？几乎每天都有这么多新发现和新发明，有这么多演讲者、哲学家、作家和教师在公开宣称，人类自身蕴藏着无限的能力，过去无法逾越的壁垒难道不可能最终跨过吗？

一位名叫戴维斯（Andrew Jackson Davis，1826—1910）的年轻人，为美国的招魂术运动进一步铺平了道路。戴维斯的成功在于，他把某种灵魂和社会维度加入到富克斯姐妹之流那种只是发出噼啪声响的做法上。戴维斯以波基普西预言家而著称，在14岁时开始用他的所谓透视能力给人看病。早在富克斯姐妹开始在其纽约州北部的家里与死人通话以前好几年，戴维斯就已经在纽约市跟死去的名人保持通话，其中有斯维登伯格（Emanuel Swedenborg）和其他"避暑胜地"的幽灵，他把灵魂离开地球后居住的地方叫做"避暑胜地"。

戴维斯和许多19世纪中叶的美国人一样，深信美国是一个非常特殊的实验案例，国家正处于许多重大变化的边缘，这些变化涉及社会、政治和精神层面。他深入涉猎各种改革运动，同时又靠表演和演讲谋生，在这样做时，他至少表现出这一坚定信念，相信他的"能力"指往并通向一个更好的新世界，而富克斯姐妹（玛格丽特和卡蒂）在姐姐莉亚的控制下，只按一个更简单的原则行事——拿到钱就走人。戴维斯深受斯韦登伯格哲学的影响，他的言行表达的是普通平等的博爱、人类"天生就有的"超自然治疗功力和死后灵魂长存等内容，因而得到许多美国人的共鸣。他们在放弃了教会严格的教义和"道德权威"之后，正渴望有某种新的经验性的"真理"来填补空缺。在他漫长的生涯中，戴维斯把他的宗教和哲学教义与人道主义的社会改革运动结合，以便填补这个空缺。在1858年一次改革大会上，戴维斯谈到当时已经开始叫做"招魂术"的内容，他宣称：

> "我对招魂术的信念只不过是通往接受这次大会提出的各种改革措施的大门……我相信，对于你们各位，招魂术是一座宏伟壮观的凯旋门，它通向自由和世界人们普遍向往的天堂。"

具有讽刺意味的是，尽管戴维斯通过种种方式向美国人民提供支撑招魂术运动的哲学和宗教框架，但正是富克斯姐妹的公开活动，才吸引如此众多的信徒，他们出于真诚或不那么高尚的动机，纷纷卷进招魂术的生活方式之中。

随着运动规模的扩大，混乱也在同步增长。情况如同是，美国的平等主义已走向极端，试图涵盖这一新"科学"的各个方面。除了"密室"灵媒之外，他们利用招魂术以快速谈话的方式吸引易受骗者，"招魂术"教堂也在不断增多，它们吸引了众多正统但却被新颖招魂术和"科学"智慧所误导的追随者。其中有些招魂术师本性诚实但却不幸被误导，但也有些则是十足的骗子，然而要区分这两类人却是谈何容易。当那些正直却"自以为是"的"灵媒"故意采取欺骗手段，自以为有必要偶尔使用一下这一策略，以便使追随者相信他们的能力，从而心安理得地聚集于招魂术者的世界之中时，问题就变得更为复杂了。

当这一运动转移到英国时，它已是一个乱七八糟的大杂烩了。尽管"灵魂通话"开始于富克斯姐妹那噼啪作响的敲击声，但很快就发展成一种引人注目的稀奇古怪的杂耍。桌、椅、灯和床铺都可以被鬼魂移动，并且在"鬼魂控制下"上下跳动。鬼魂们在昏暗的屋子里和紧闭的幕帘后弹奏五弦琴和吉他、吹喇叭和口琴。灵媒操纵着会口技的傀儡，让他装扮言语滔滔不绝却思想浅薄的死去的名人，诸如富兰克林、牛顿、莎士比亚以及许多美国印第安武士和首领。已死去的亲属和朋友幽灵般地现身。有些鬼魂还能编撰诗歌、演奏和写书，而其他鬼魂则忙碌于更世俗的事务中，在匆忙搭建的暗室中，他们解开被绑灵媒的手脚。

1850 年，少数英国灵媒在伦敦开设店铺，还有一些美国人与之合作。但是，到 1853 年，招魂术活动已足够引起英国公众的兴趣，其中还有英国著名科学家法拉第。法拉第是第一批研究这一现象的英国科学家，他对早期伦敦灵媒的最常见的一种活动进行了仔细观察，这种活动叫做"桌子倾斜"现象。灵媒们在暗室里围桌而坐，顾客们的手放在桌子上，随后灵媒召唤鬼魂出席，鬼魂用推或摇桌子来应答，顾客们的手能感觉到桌子的振动，于是可以认定在暗室中"鬼魂显灵"。法拉第在做了一系列实验之后，得出结论：桌子的运动是由于顾客的手对桌面施加无意识压力而造成的。法拉第在报告结尾严厉指责那些所谓受过教育的人们，他们竟然接受诸如"桌子倾斜"这类胡言乱语，以至抛弃了基本判断力和普通常识。

1855 年，正是美国年轻的灵媒霍姆（Daniel Dunglas Home，1833—1886）的抵达，掀起了一场英国的招魂术运动。霍姆在美国已经拥有相当多的追随者，就其本人的经历而言就是一个有趣的现象。在他抵达英国海岸的 5 年前，曾经是一个 17 岁的邋遢青年。一群美国招魂术师把他送到伦敦，抵达时携带着一个金盒，戴着一颗硕大的金刚石戒指，穿着华贵的衣服。所有这些都是他的仰慕者赠送的。他体形既高又瘦，具有一种虔诚的气质和女性的幽雅，他声称拥有多种招魂能力。由于不满足于只当与鬼魂联系的被动媒介，他还掌握许多戏法。在他声称的许多特技中，有拉长身体的能力、还能徒手紧握灼热的煤块，最重要的是可以把身体提升到几英尺高的空中。这些把戏霍姆并不随便表演，只留给显贵们和富人观看。在霍姆的生涯中从来没有免费的降神会。他的才能严格地只献给把他当做客人请到家里的富裕赞助人。

和在美国一样，招魂术在英国很快开始蔓延，并引起广泛关注。有人把它当做一种另类宗教经验，导致了"招魂术教堂"的诞生。也有人把它当做减轻个人悲哀和痛苦的途径，因为它承诺可以与死去的至亲交流；对于另外一些人，它则提供消遣和新奇。但是，对于某些受过高等教育的英国学者和科学研究者来说，它至少提供了一个机会，用经验来证明灵魂是否存在和死后灵魂是否继续存在。

几乎就从招魂术诞生那日起，对灵媒的曝光和揭露随即接踵而至。一位本地医生在富克斯姐妹离开海德斯维里之前就仔细观看了她们的活动，不仅对她们说法的合理性，而且对神秘鬼魂的发声方式也有所质疑。

几年后，富克斯姐妹承认整个事件是一场骗局，那神秘的声音是她们扳动趾关节发出的。但其实早在这之前，有位细心的医生就正确地揭露这是一场欺诈。然而，尽管曝光事件接二连三地发生，但确有某些人，他们愿意相信能与死者交流的说法，因而依然执迷不悟；至于那些怀疑者，对于轻信者的行为也是无可奈何。对于每次的曝光，灵媒们顶多是作些抗议或者作些解释，毫无收敛之迹象。

然而，即使真正的信徒也不得不承认，灵媒们的操作中有很多诈骗。他们暴露的次数太多了，不知有多少次，坐在灵媒桌子周围的怀疑者眼敏手快地捕捉到灵媒的欺骗动作，看到隐匿的助手们正在暗室里操纵鬼魂显灵，发现各种机关，用于使得桌子、椅子和帽架动起来，或者在空中发光和产生浮动的人手和人脸。职业魔术师在此类曝光事件中提供不少帮助，他们承认许多灵媒现象只不过是他们在舞台上用过的一些简单戏法。然而，无论"不正直的"灵媒做了多少欺骗手段，甚至有时正直的灵媒无法按照要求招来所谓的鬼魂，但依然有许多信徒坚持认为，招魂术运动本身是合理的。因为有太多的现象怀疑者无法解释，太多的经验事实无可置疑地证明灵魂不会死，还可以与活人交流。

到了 19 世纪 60 年代末，鬼魂现象以及由此引起的争议越来越引人关注，少数严肃的学者和科学家决定参与调查。

在美国，最早有组织地用科学方法来认真调查整个招魂术现象的尝试开始于 1857 年，当时哈佛大学的一个教授小组宣布，他们打算调查招魂术师的这一说法的合理性，亦即活人可与死人交流。为了鼓励灵媒们主动响应以便验证他们的主张，《波士顿信使》（Boston Courier）悬赏 500 美元，奖励能够满足哈佛教授们的要求，展示真正招魂现象的灵媒。有 5 个灵媒应征接受委员会的挑战，他们无一例外都失败了。不过这些人后来宣称，教授们设置的条件不适于与敏感的鬼魂接头。

一般来说，哈佛的调查为未来的研究铺垫了基础。招魂术的辩护者坚持说，他们已经科学地演示了死后灵魂不仅存在，而且还能和活人交流。与此同时，他们还坚持说，由调查者所设置的科学条件和测试，恰恰妨碍了他们所要现象的出现。当过程和控制是由信徒命令、操作和监视时，报告结果总是正面的；而当过程和控制是由怀疑者命令、操作和监视时，结果却总是负面的。折中则往往产生混合的结果。这一说法实在可疑，在大多数严肃的科学家看来，它实在荒谬可笑。在赫胥黎这样持怀疑态度的科学家看来，一群据说是理智健全的成年人，围坐在昏暗屋子里的一个桌子边，以为自己正在与死人交流，这情形要多荒谬有多荒谬。和当时绝大多数严肃科学家一样，赫胥黎把招魂术这件事整个看成是胡说八道，根本不值得加以科学上的严肃对待。当伦敦辩证法学会的少数会员于 1869 年提议组织一个委员会调查招魂术时，该学会最著名的会员之一的赫胥黎拒绝参加这一委员会，他把整个事情看成是"瞎扯淡"。

今天，我们大多数人都会认为整个事件就像赫胥黎所说，是明目张胆的胡闹，但有一些同样著名的 19 世纪科学家，诸如进化论的发现者之一华莱士，却是极为严肃地对待此事。作为委员会最活跃的成员之一，其实早在调查以前就倾向于招魂术，他与其他人一起拟定了委员会有争议的最终报告。

尽管委员会承认没有找到足够的证据，可以证明与死人通话确有其事，但委员会的一些成员却宣称，已有足够的证据表明，有必要继续对这一现象继续进行严肃的调查。

今天读起来，这份报告只是由零碎轶事组成的拼凑之作，一篇极为主观的报告文学，散漫随意。当它在 1869 年向辩证法学会的非委员会会员宣读时，依然给人留下这样的印象。辩证法学会拒绝出版最后报告，委员会成员竟以他们自己的名义发表。

可以预料，公众对这份报告的反应是复杂的。原来的信徒，怀疑者也仍然一如既往。《每日电讯》（The Daily Telegraph）评论说："许多目击者信誓旦旦所说的事实肯定非同寻常，如果我们被问及如何才能解释这些事情，我们只能回答说不能，而且也不关我们的事。我们面前并没有斯芬克斯狮身女面怪物①，即使我们解不开这些谜，也不怕它吞食我

---

① 希腊神话中的这一怪物专杀那些猜不出其谜语的人。——译者注

们。某些智力出色且熟悉科学的人们确实相信这类现象的真实性,这一事实提醒我们值得以更敏锐的眼光去看待这一现象,毕竟信仰者不全是感情用事和非科学的追随者。"与此同时,《帕尔马尔日报》(*Pall Mall Gazette*)报道说:"但由于这些证言的一本正经以及冗长乏味,这些故事读来就像是关于自然法术手册中的一个章节。对于报告中所描述的种种活动,除了鄙视之外,实在难以言说或想象。"《晨报》(*The Morning Post*)如此质疑:"发表的报告毫无价值。难道现在不正是制止这种鬼魂崇拜的时刻? 我们严肃地提出这个问题。终止这类行为至少可以把大量的自欺欺人一扫而光。"

诸如像华莱士这样严肃的科学家怎么可能参与这份报告呢? 有没有可能正像《晨报》所说的那样,如华莱士和他的委员会同事们这样一些优秀思想家也可能陷于如此明显的自欺欺人之中? 几年后,1873 年,另外一位深受敬重的科学家克鲁克斯(William Crookes,1832—1919)——元素铊的发现者和克鲁克斯管的发明者(一种供人们研究阴极射线的仪器),竟然认可灵媒库克(Florence Cook)的鬼魂显灵。克鲁克斯宣称,他曾经和一个名叫"卡蒂王"的鬼魂一起跳舞,这个鬼魂是借库克小姐之躯还魂的。

难道只是由于灵媒及其同谋者略施巧计,这些科学家竟然就甘于自我欺骗?

这一问题在很长的时间里困扰着学者们。当然,按理说,科学是这样一种方法,可以帮助你确信不会愚弄自己。毕竟正是科学方法给 19 世纪的研究者带来了这样的希望:科学有可能澄清人的"灵魂"和死后灵魂存在的奥秘。

当灵魂研究学会在 1882 年由剑桥的一小群学者创立,目标是研究招魂现象时,它的意见书表明,学会的宗旨是"不带任何偏见或先入观念,以精确和冷静的追寻方式来研究诸如此类的问题,正是这种方式使科学干净利索地解决了如此之多的问题。"学会的创建者之一西德维克(Henry Sidgwick,1838—1900)后来如此说道:"我们的……立场就是这样。我们毫无保留地相信现代科学方法,如果专家们一致认可,我们就准备顺从地接受理由充分的结论;但是我们并不准备同样顺从于仅仅是科学家的偏见。在我们看来,有大量证据——从一开始就倾向于支持灵魂或鬼魂的独立存在——正是出于现代科学的无知,这些事实才遭轻视甚至忽略;正因如此,科学一直没有忠实贯彻她所声称的方法,并且过早地得出了否定结论。请注意,我们并没有认可说这些否定结论在科学上就是错误。我们只是说,这种做法也许恰恰陷入了我们力图避免的那种错误。我们只是说,他们过早地得出了结论……。"

灵魂研究学会的另一位创始人迈尔斯(Frederic Myers,1843—1901),如此评价科学的力量:"这个方法……还从未用于人类灵魂的存在、力量和命运这样一些非常重要的问题。"

尽管他们的意图肯定是纯洁的,或许带有那么一点不切实际的狂热,但事实是:灵魂研究学会的大多数原始会员,从一开始就强烈地希望找到灵魂存在和不灭的证据,无论他们是多么客观地提出质询。

在给迈尔斯的一封信中,西德维克写道:"我有时……多少带有一点诚挚的希望和热情,感到英国式的那种不屈不挠的求实精神,将会以坚韧不拔的决心回答有关宇宙的最后问题,答案终究会水落石出。"

尽管灵魂研究学会的原始会员自愿中断与传统宗教及宗教活动的联系,但是仍然深深向往能够发现生命的某种更深的含义,这就使得他们的研究从一开始就无法真正地做到完全客观。他们中的大多数，早在加入灵魂研究学会之前，就已对诸如鬼魂和所谓"幽灵出没的地方"发生了浓厚的兴趣。

评论家格伦迪宁（Victoria Glendinning，1937—　）引述学者霍尔（Trevor Hall）的话，指出灵魂研究学会成员"以轻率和着迷的愿望……去相信"，这就表明灵魂研究学会成员放任自己参加这类"明显是儿戏的实验"和研究，只是因为他们"需要不计后果地去证明死后的永生——这也许与后达尔文时代宗教基础的动摇有关"。霍尔是研究招魂术和灵魂研究学会活动历史的专家，他在批评早期会员时尚留有余地，比如他们"对欺诈方法一无所知"，作为不可侵犯的英国绅士，他们还自以为"高贵"人士不可能上当受骗。

不必说，灵魂研究学会的第一代研究者，从未找到或者提供有关灵魂或死后灵魂不灭的确切和可接受的科学证明。然而，甚至早在原始会员开始退出之前，学会内部已经出现分化，因为某些极有影响力的会员开始逐渐相信，他们研究的许多情况也许并不是与死人通话的证据，而是所谓超感知觉的例证。

也许灵媒们并没有收到来自死者的信息，而只是通过某种奇怪的力量感受到来自顾客的想法？难道这不同样证明人类具有某种特殊和独特的品质，说明人类与自然及上帝之间，存在比以前所设想的更为亲密与和谐的关系？这样，灵魂研究学会的重心逐渐从寻找死后灵魂不灭的证据转向超感知觉及超出正常范围（例如超人视力等）方面的研究。

尽管招魂术延续到20世纪初，并且今天还以不同形式在某种程度上仍然存在，但它的高潮已在19世纪末终结。灵魂研究学会的态度转变在某种意义上预示招魂术作为一个运动的终结。越来越多灵媒的欺骗行为被公开曝光，大多数公众开始失去兴趣，尽管调查者在灵魂研究学会的领导下，开始分裂成不同的派别。少数调查者继续关注灵媒的"招魂"——他们真的是在跟死者谈话？但是更多的人开始关注超感知觉——"自然的精神力量"确实被有意或无意间使用？当世纪交替，科学变得越来越专业化时，科学对"硬数据"、实验的重复性和怀疑验证的坚持，使得许多人也开始意识到，科学尽管在自然界的物质领域取得成功，但它不必非得用于社会和超自然这一更为模糊的领域之中。

第九章

伟大的综合时代

黎明已经来临,我们期待光明的一天。

——戴维(H. Davy,1778—1829)

　　充满着对科学及其应用步步推进的向往,科学家以极其乐观的心情迎接 19 世纪的到来。1800 年标志着一个时代的到来,因为日益增长的科学知识和技术进展确实开创了维多利亚时代的积极实干精神。到 19 世纪末,电灯照亮了伦敦街头,电报通讯改变了新闻界和商业等领域,工厂轰鸣,城市街道忙碌于交易。

　　但是在政治和经济上,这个时代的意义并不总是那么正面。19 世纪是一个和平和革命交替转换的时代,在欧洲是民族主义的时代;在土耳其帝国和美洲诸国,是从欧洲政府手中争取独立的时代;是工业化和代价同步增长的时代,也是欧洲国家广泛推行帝国主义的时代。

　　19 世纪的头几年深受法兰西皇帝拿破仑一世(波拿巴)扩张和战争的折磨。1815 年,随着拿破仑的失败,欧洲政府在维也纳议会聚会,在欧洲重建和平与力量的平衡。1848 年带来了广泛的革命——部分是 1846—1848 年间的经济危机造成的结果,而这场经济危机又与爱尔兰马铃薯大面积歉收、整个欧洲由于干旱造成谷物减产以及由此引起的经济低潮有关。食物短缺、物价飞涨和失业为反叛准备了条件。

　　再有,人民愤怒、饥饿、因失去权力而涣散,社会主义理想在法国工人中获得广泛认可。1848 年 6 月,在一场法国工人起义中,至少有 1 500 人被杀,8 500 人受伤,成千上万人被关进监狱。但还是为每个男人争取到了选举权(尽管还远远谈不上妇女的选举权),选举权不再限于土地所有者,这是为权利平等而斗争的一个重要里程碑。在奥地利、匈牙利和意大利,也爆发了其他起义。

　　与此同时,工业化以及由此引发的对于廉价原材料的贪婪需求,导致世界范围的帝国主义越来越强大。

　　然后,就和现在一样,科学有时在战争中为政府服务,但是大多数情况下,科学依然独立于国际政治,并处于社会经济增长和工业化的核心地位。正如我们所见,19 世纪产生了一种新的联盟——一个真理追求者的国际知识阶层联盟,它跨越了国家边界,克服了国家间对立的狭隘观念。

　　科学的不断职业化——因为越来越多的男女科学家靠他们的科学工作谋生——和科学成果(以及危害)在公众的心目中扮演了越来越突出的角色。地质学家改变了采矿业。物理学家对利用能量的方式提出了新的见解。与此同时,生物学的进展有可能在医学和

健康科学领域产生重要突破。

工业革命作为科学发现最广泛的运用,完全改变了 19 世纪人们生活和工作的方式。工业革命开始于 18 世纪的英国,源于纺织业的机械化,随着瓦特的蒸汽机(完成于 1781 年)在工业和运输业得到越来越多的应用时,工业革命于 19 世纪达到了高潮。1804 年,特莱威狄(Richard Trevithick,1771—1833)在英国建造了一台机车,拉着五辆满载的车厢沿着轨道行驶了 9.5 英里。1814 年,伟大的铁路先驱斯蒂芬森(George Stephenson,1781—1848)引进第一台蒸汽机车。不久,当工厂由于蒸汽动力的使用而产量大增,从而带动运输需求的日益高涨时,铁路开始逐渐遍布于欧洲和北美等地。曾经的乡村如今成为城镇,并且正在发挥越来越重要的作用。总之,经过 19 世纪,科学成了所有进步的中心,成了工业和知识增长的催化剂。

但是,工业化也使得工人的处境因此而倍加艰难,因为雇主要求工人在不安全的条件下工作更长时间,得到的报酬却少得可怜。工业革命带来的并不都是辉煌,那些因为新发明而失去工作,或者还要忍受恶劣条件的人们,很快就对科学和技术的进步充满憎恨。

但是总的来说,工业化还是大大增进了货物的供给,使大多数人都能从中得利。运输的改善带来了流动的便利,原先难以沟通的地区就此连成一片,从农场、工厂到市场的渠道大大畅通。特别是在英国,经济条件的改善带来了新的机会和更好的生活质量。

结果是,科学在公众心目中的地位明显突出,从 19 世纪 30 年代开始,科学演讲大受欢迎。在 1859 年 11 月底,达尔文的《物种起源》出版,第一天就销售一空。业余及专业的科学团体或学会不断涌现。有一个组织,叫做英国科学促进会,创建于 1831 年,有一位名叫惠维尔(William Whewell,1794—1866)的人在 1833 年造了一个新名词"科学家"来表示它的会员,从而代替了以前的自然哲学家。

因其长女的不幸夭折,达尔文陷入痛苦之中。

这是一个科学和科学家都已进入成熟的年代,实验方法和实验步骤益趋复杂(这一趋势持续到了 20 世纪),以至到 19 世纪末,业余科学家的时代宣告结束。出于需要,有史以来科学家基本上成为全职专业人员,通常都是专家,而不是兼职的业余爱好者或者多面手。他们开始需要外界的财政支持,即使只是为了获得实验所需的设备。他们还需要正规的训练,以便与本专业保持同步,因为研究领域已变得越来越专业化,并分成各个学科,如化学、物理学、天文学、生物学;以及它们的分支,如有机化学和遗传学。

科学家也开始分化成理论家和实验家,特别是在物理科学领域。这并不完全是新的趋势。伟大的天文学家、17 世纪大理论家开普勒曾经站在第谷的肩上。第谷是伟大的天文观测家,曾经收集了众多的数据,开普勒正是根据这些数据作出自己的结论。伟大的综合家牛顿也是站在实验家伽利略的肩上。但是到了 19 世纪,实验家和理论家的互动关系变得更加突出。实验家和理论家的角色很难由同一个人胜任,因为头绪太多或涉猎面太广而难以一网打尽。研究方法如此之多样,以至同一个人常常难以胜任。有多少人能够兼具两种能力——一方面是优秀实验家所需要的细致和耐心;另一方面是理论家所需要的广博和抽象,以便从似乎毫不相干的概念中看出联系,并通过解释和综合引出结果?

这也是一个科学不断走向复杂化的时代,不仅在诸如化学、物理学、天文学、生物学、心理学和有机化学之类的特殊学科中。特别是,经历了 18 世纪惊人的进步之后,化学和地质学领域达到了新的成熟。各门学科之间的边界或多或少已被确定,类似于"文艺复兴时代",或诸如 18 世纪的通才人物,如普里斯特利、笛卡儿和富兰克林都已让位给专家的出现。19 世纪 30 年代,赫歇尔仍然可以选择成为多面手,不仅在天文学,而且在化学和数学方面均作出贡献。但是,他已经是例外。科学已经变得如此复杂,对于个人来说,如果不深入钻研某一领域或学科,则很难作出重大的贡献。

但是 19 世纪也是科学走向综合的伟大时代。从希腊时期以来,科学家一直在寻找少数几个简单的基本原理,以解释物理宇宙和居住其间的生物体中似乎互不相关的复杂细节。到 19 世纪,万川归一的势头势不可挡,似乎已有一种强烈的暗示表明,每件事情都可以归之于少数几个解释性理论——如果不是只用一个的话。

物理学家对此体会尤为深刻。牛顿在 17 世纪就已证明,苹果的下落和月亮的周期性运动,原来受制于同一个力,这两件事看似无关(多少世纪都未看出其间的联系)。富兰克林在 18 世纪证明,从铁栏杆受到的静电电击与头顶上的闪电原来也是同一回事。

牛顿写道:"我希望我们可以从力学原理中用同样的推理说明其余的自然现象,因为我认为有许多理由可以推测它们也许服从同样的力。"

19 世纪科学家渴望找到比牛顿设想更为深层的内容,发现更具包容性的概念。他们做到了。

原子论于 19 世纪初在道尔顿的指导下重现,它就是还原论者的信念——希望把自然界中所有复杂的物质形式都还原为少数几个基本粒子,这些基本粒子又服从少数的基本定律。

到了 1800 年,伏打组建"伏打电池"——第一个可以使用的电池。在他的发明之前,科学家既不能真正地研究电,也不能利用电,因为他们充其量只能于瞬间捕捉到少量静电或瞬时放电现象。现在他们有电流了。于是,奥斯特恰好就发现了电与磁的相互联系,1820 年公布于众。重大突破从法拉第和安培等人的实验室及计算中频频传来。19 世纪的许多科学发现源于电磁理论,而电磁理论又是化学中应用电解方法的结果,这是一个极好的例证,说明一个科学新工具是如何打开瓶颈的。

电、磁和光都是物理世界中同一能量不同的表现形式。实际上,研究者发现,能量可以转变成许多不同的形式:热、机械运动、电和光。许多科学家相信,能量是这个世纪大统一的主题,每一件事情的答案最后都归结于能量的统一理论。19 世纪已有如此之多进展,以至于许多物理学家都相信,有待于解决的问题只剩少数几个了。他们宣称,物理学的研究即将到头,因为有待发现的东西已所剩无几。(当然,他们错了。)

意欲包容一切的伟大追求并不只限于物理科学。生物学也有这样非同寻常的原理,由达尔文和华莱士所提出,用以解释如此多样的物种何以形成。随着每一次新航路的开

伏打电池掀起了一场由电激发的革命——这个革命一直延续至今。

辟，人们得以来到人迹罕至的地区，生命世界那丰富的多样性日益令人眼花缭乱。但进化论却有望解释这一切。再有，孟德尔的遗传定律对性状的逐代传递机理也提供了新的见解。

然而，并不是每个人都相信，科学的统一可以通过理论的汇聚而得到。有些学者，像麦克斯韦，却认为科学的统一有赖于研究方法，而不是任何一种理论（不可思议的是，他本人正是电磁理论的创建者，而电磁理论正是有史以来伟大的统一概念之一）。特别是在英国，最常用的方法是类比或者模型，由此引出一个概念。（法国人则认为这种方法有些幼稚，过于简单。但是在英国，不同背景的科学家都发现，通过建构一个机械模型，一系列的概念就会源源不断出现。道尔顿、法拉第、汤姆生和麦克斯韦都发现模型非常有用。）

19 世纪还见证了炼金术及其神秘主义的消亡，它曾阴魂不散，历经许多代，阻碍科学前进的步伐，尤其体现在化学领域。到了 19 世纪末，不会再有化学家提起某类神秘兮兮的物质，他们的前辈称之为"不可称量的"物质。就在 18 世纪，炼金术的残余几乎还在唱主角，并指导人们去探索化学反应（包括燃烧现象）的本质。热、光、磁和电都被看成是无重量的流体，可以从一种物质流向另一种物质。它们的存在不能根据重量检测，因为它们没有重量。拉瓦锡已经在怀疑"燃素"说，认为这是用以解释燃烧的另一种不可称量物质但除此之外，其他不可称量物质仍然是科学理论的一部分，直到 19 世纪，接二连三的新发现才导致更为合理的解释方式。神秘主义的残余终于被科学彻底抛弃。

当科学思想越来越显示出其力量和内在一致性时，争论也就随之而生。有些人不满意于科学抛弃了长期以来拥有的信念，这些信念包括炼金术、神秘主义和占星术。许多人不愿正视新理论，特别是达尔文和华莱士的进化论，在他们看来这一理论似乎与圣经的解释唱对台戏，并且抛弃了长期公认的等级体系，于是人就成了动物世界的一部分。

欧洲社会中某些有影响的思潮也反对科学，认为科学完全扼杀创造力，刻板僵化令人压抑。在德国，歌德和黑格尔成为主要反对者，他们把科学等同于机械论和唯物主义。18 世纪末到 19 世纪初，唯心论和浪漫主义的德国自然哲学风行一时。在法国，随着波旁家族在 1814 年东山再起，反科学的浪漫主义成为社会上流行的思维方式，正是雄辩的法国哲学家卢梭在 18 世纪撒下的种子从而催生了这种流行风尚。卢梭曾为理性主义的《百科全书》写过很多文章，后来却信奉浪漫主义，宁可捍卫主观经验而不是理性思想。

有些知名的 19 世纪作家，诸如德斯塔尔夫人（Mme de Staël，1766—1817）和卡特布朗德（Rene de Chateaubriand，1768—1848）嘲笑"整个一帮数学家"，而法国诗人拉马丁（Alphonse de Lamartine，1790—1896）则陶醉于人类情感的力量，傲慢地写道："数学是人类思想的锁链。我自由自在地思考，从而挣脱了这些锁链。"浪漫主义者认为人类情感和个人主义是一切创造力的源泉，他们把宇宙看成是一个有机体，而不是机器。他们看重具有主观性的"心灵"和想象能力，拒绝更具客观性的科学思维。英国诗人济慈（John Keats，1795—1821）如此表达浪漫主义的心声：他"只确信内心的感受和想象的真实。想象中认为美的就一定是真实的……"。

有关进化论的激烈争论表明，科学与根深蒂固的信念之间已在开始发生一场较量。许多人对达尔文的解释感到心神不安，因为这一解释暗示，自然界众多物种都是通过自然选择而从共同祖先演变而来。英国几乎每份保守的报刊都登载过漫画，讽刺达尔文和他的支持者赫胥黎，把他们画成猿、猴或大猩猩。但媒体对此的高度关注恰恰表明它们在大众心目中的地位。

法国哲学家卢梭在19世纪开始前充当了浪漫主义运动的先锋。

16 世纪哥白尼的时代已经远去，那时只有少数几个受过教育的学者有望跟踪科学提出的辩论，大众不会有此兴趣。当科学，或者至少科学的一个公开角色，成为公众瞩目的焦点时，这就是一个激动人心的时代。随着岁月——和发现——不断向前推进，焦点的强度也将随之增加。

还有多少是未知的

　　幸运的是，科学，就像它所属于的自然界，既不受时间限制，也不受空间限制。它属于世界，没有国家也没有年代。我们知道得越多，就越感到自己的无知，越感到还有更多仍然是无知的……

——戴维（Humphry Davy，1778—1829）

　　19 世纪在科学史上是一个辉煌的时代，在这个时期里，诸多重大发现打开了新世界的大门，其中有：原子理论和几十种新元素，热力学、电和电磁学，多样化的、演变的物种和恐龙骨骼，动植物细胞和传染疾病的微生物。新工具和新方法不断涌现，例如电解和光谱仪，提供了通向元素、恒星和宇宙之门的钥匙。科学家相互启发（如法拉第与戴维，麦克斯韦与法拉第），互相竞争优先权（如戴维和周围几乎每个人），互相尊重（如达尔文和华莱士）以及诚恳地辩论（如赫胥黎和莱伊尔、阿加西等人的辩论），使科学思想百花齐放。这是一个科学终于使自己成为一门职业的时代。

　　但是到 19 世纪末，科学的核心已濒于变革的边缘。道尔顿、法拉第、威耶、麦克斯韦和亥姆霍兹所认定的绝对的终极真理，一种高贵的追求，看来将经受重大冲击。19 世纪90 年代正当新生一代就要脱颖之际——普朗克、卢瑟福、玛丽·居里、伦琴（Wilhelm Konrad Röntgen，1845—1923）、玻尔（Niels Henrik David Bohr，1885—1962）和爱因斯坦，有某些绝对的东西似乎稳定不变：牛顿力学和它的三维空间及线性时间、热力学定律、被以太所包围的麦克斯韦电磁波。但是，20 世纪的到来却带来了一种非同寻常的，令人难以置信的变化。也许所接触到的只是科学冰山之一角。

　　当普朗克在 19 世纪 70 年代末学习物理学时，他的一位老师曾劝他不要进入这一领域，因为在这一领域，只有少数几个遗漏的问题没有解决，总的说来，主要的发现都已经做出了。但是，后来证明，科学确实与它所考察的时间与空间一样，是无限的，而上文戴维的话，在 19 世纪末仍与 19 世纪初一样有效，直到今天这句话也仍然有效。

▲ 图为在伦敦结了冰的泰晤士河上举行的一次冬日集市。这是科学史上所谓的"小冰河时代"一项常见的活动。这一时代一直延续到19世纪。

◀ 图中几位贵妇正在穿越瑞士的一处冰原。19世纪末，到阿尔卑斯山度假成为时尚，这非常有利于地质学家意识到冰川的作用。

▶ 冯·洪堡和他的队伍在厄瓜多尔的大火山钦博腊索山脚下。

▶ 相传在1910年的一天，德国的气象学家魏格纳卧病在床，无事可做，凝望着墙上的世界地图发呆。他突然发现，南大西洋两岸的轮廓非常相似，南美洲的东海岸和非洲的西海岸好像有一种对应关系，一边凸出的部分正好是另一边凹下的部分。他赶忙用纸板剪出地图的形状，果然能几乎严丝合缝地拼接到一块。哦！那么它们原来可能就是连成一片的，后来由于地壳的运动才分离了开来。这就是大陆漂移学说和地球板块结构模型的雏形。

◀ 1834年26岁的英国科学家、造船工程师罗素在勘察连接爱丁堡和格拉斯哥的运河河道时偶然发现了一个十分奇妙的现象，他生动地描述："我观察过一条船被两匹马拉着沿狭窄的运河迅速前进。突然，船停了下来。然而被船所推动的一大团水却不停止，它们积聚在船头周围激烈地扰动着，然后水波中突然涌现出一个滚圆、光滑而又轮廓分明的巨大孤立波峰，它快速地滚动而离开船头，在前进中它的形状和速度并无明显的变化。我骑在马上紧随着进行观察，它保持着长约30英尺、高约1～1.5英尺的原始形状，以每小时八、九英里的高速滚滚向前，当我跟踪1～2英里后，其高度渐渐下降，最后终于消失在蜿蜒的河道之中。"在罗素逝世100周年时，人们就在这条运河边上树立了纪念碑，以纪念他的这个不寻常的发现，即孤波。

▶ 巴斯德的研究都是针对具体问题的应用性研究，而这样的研究同样使他从基础上创立了一门重要的理论学科——微生物学，这是理论与实际相互促进的又一范例。

◄ 蒸汽机问世以后激发了人们不少的想象力。在这张18世纪的漫画中，人们对蒸汽机作了尽情的、梦幻般的描绘。

► 说起富兰克林，人们的眼前首先会浮现出他和儿子做那著名的雷电实验时的情形。1752年夏天富兰克林的这个异常危险的实验，使人类对电的本质的认识大大迈进了一步。而他的这个为科学献身的壮举，也让人们永远记住了他。须知，富兰克林没有遇险纯属侥幸，后来俄国物理学家里赫曼带领他的学生罗蒙诺索夫在圣彼德堡重做这个实验，结果被雷电击中，当场牺牲。图为富兰克林在其房子附近的小河边。

◄ 普里戈金是一位具有哲学家气质的化学家，他的《从存在到演化》一书闻名全球，在中国也一时洛阳纸贵。

▲ 世纪博览会在费城举行。图中展示了19世纪末美国在商业和技术方面取得的成就。

▲ 19世纪末油画"2000年的幻想"：一台电动地板清扫机，一架口述记录机，一架听报机，将最新消息告诉衣着讲究的听报人。未到2000年，这三个梦想早已成真。

▲ 1904年的巴黎电话总局。

▶ 接种天花疫苗。

▶ 一般来说，科学家都慎用天才一词，但是大多数人会把它用在20世纪两位物理学家身上，那就是爱因斯坦和费恩曼。费恩曼在加州理工大学的演讲，受欢迎程度不亚于如今流行歌曲的演唱会，他解决问题的思路影响了许多后来的年轻科学家。

◀ 这是赛格雷和钱伯伦发现反质子和反中子使用的大型仪器的主要部分。

◀ 这是日本物理学家用来捕捉中微子的地下探测水池。

▶ 沃迪克·休德马克的画作"能量"。

◀ 美国费米国家实验室。实验室的科研人员旨在了解物质和能量的基本性质，回答宇宙由何种物质组成，如何运作和来自何方。

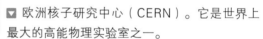

▼ 欧洲核子研究中心（CERN）。它是世界上最大的高能物理实验室之一。

▶ 英国宇宙学家和物理学家霍金。

◀ 霍金出生那一天，正是伽利略逝世300年忌日。图为伽利略在演示望远镜的操作。

▶ 霍金正在体验身体失重的状态。从他的笑容里我们可以感到他所感受到的美妙、愉悦的感觉。

◀ 美国宇航员艾伦·比恩的自画像
"阿波罗登月宇航员"。

▶ 苏联维谢洛夫的画作"太空研究"。现代科学前沿为
我们打开了一个窗口，由此可以看到超越我们自身及利
益之外的更加远大的世界，我们成为宇宙中更有学识的
公民，成为宇宙中更和谐的一员。从真正的意义上看，
世界的未来取决于科学的未来。我们依赖科学的成果获
得知识，我们也依赖知识作出有见识的决定。

◀ 英国太空画家哈代的作品"近看星
系"。我们站在一个关键的点上，它前所未
有地令人振奋。不管我们是否选择亲自从事
科学工作，我们都已经成为一项伟大事业、
一项与人类最有关系的伟大事业的参与者。

第四编

现代科学
Modern Science

　　20世纪之交，科学进入现代时期，各种发现犹如百花争艳。原子世界幽暗神秘的大门终于洞开，时间和空间不再是日常生活的感官体验，量子论和相对论永远改变了机械论宇宙观，生命的奥秘正在被揭开，来自遥远星系的信息不断传来，新的科学分支不断涌现，新的发明、发现层出不穷。科学正无所不在地改变着人们的生活。

　　20世纪，科学常常被看成无所不能的英雄，也常常被看成无恶不作的魔鬼。两次世界大战使数千万人失去了生命，蘑菇云永远改变了人们对科学的看法。日益增长的军备竞赛、大国霸权与恐怖主义仍然使人们生活在战争的恐惧中。科学在人类历史中正扮演着复杂和令人担心的角色。

　　随着科学进步带来的日益增多的伦理问题，科学越来越走近社会的心脏和灵魂，越来越紧密地联系着政治、经济、文化、社会和道德事务。这个过程要求我们对我们所做的事情会带来什么结果要有新的认识，对我们为地球承担的使命要有新的态度，对我们的邻居将会因我们的行动而受到什么影响要有新的责任！

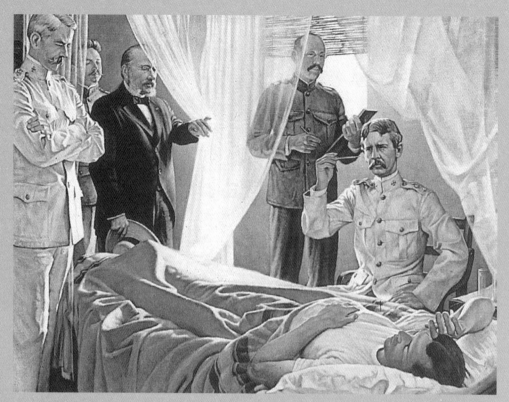

上图："微生物猎手们"正在对付黄热病。

下图：戈尔德伯格正在研究糙皮病的起因。

引 言

∽ 1896 年到 1945 年预览 ∽

当 20 世纪到来时，许多人期望有一个繁荣和进步的时代。欧洲和北美的工业革命使商品更为丰富，并且让人消费得起。在 18 世纪做出的成百上千的发现和发明，似乎打开了一条永无止境的乐观大道。

电已经得到应用。1880 年，马路上的第一盏电灯，照亮了爱迪生的家乡新泽西州门罗公园的大街和林荫大道。1900 年，齐柏林飞船使空中旅行成为现实。1903 年，莱特兄弟进行了第一次动力飞行。在此后的 50 年里，航空邮件传递和横跨大西洋的载客飞行变成了常规。人们放弃了马和马车，改用汽车。在北美，铁路作为中西部大草原的联系纽带显示了新的重要性。不久电力用在厨房里，于是冰柜折价换成了冰箱。电话和电报线路开始延伸至边远乡村。一只装有刻度盘和旋钮的盒子就可以使无线电波工作，把音乐、新闻和娱乐带进家庭。

一切似乎都欣欣向荣，大多数人相信进步势不可挡。对于中产和上层社会的许多人来说，20 世纪初是和平、繁荣和快乐生活的年代。对于工人阶级，工业化和都市化则产生了许多问题。由于个人对政府的影响和教育机会的扩大，普通老百姓参政的可能性有所增加。

比起历史上的任何时期来说，更多的人有了选举和影响政府的权利。在英国，1832 年中产阶级的男性成员可以投票，工人则从 1867 年开始。在美国，有一些州在 19 世纪 90 年代通过了妇女的选举权（尽管联邦一级直到 1920 年妇女才有选举权）。

特别是在欧洲、加拿大和美国，更多的人有机会受教育。受了教育，不同背景的个人就可以赚更多的薪金、获得更高的声望和达到更高的生活标准。在美国，1880 年一共有 800 所中学，到 1900 年，急剧增加到 5 500 所。大学入学人数也有所增加。

然而，这一切似乎来得太快了。到 20 世纪中期，对文明的许多威胁正潜藏在繁荣的表面之下。世界经济情况越来越变动不定。19 世纪初期的民族主义——个人权利、独立和自由的刺激者——曾经显得如此生机勃勃，现在一下子变成了饥饿的野兽，以国家权力为其至高无上的目标。关心个人自由变成了服从于国家权力和威望，战争成为考验英雄主义和显示崇高性的工具。有一些政治思想家，不负责任地解释达尔文的"适者生存"原理,试图把达尔文的理论运用于人类社会,使之成为社会达尔文主义,用它来为各种主义辩护,证明其正当性,如种族主义、反犹太主义和法西斯主义。

极端民族主义煽动强大的政治对抗,并且加速军队建设,1914年终于爆发了战争。奥匈帝国内部的长期敌意终于导致世界上的许多地区卷入流血冲突之中。英国外交大臣格雷(Edward Grey)在战争开始时宣称:"欧洲的灯光就要全部熄灭。在我们有生之年将看不到重新点亮。"这场战争被称为第一次世界大战。"结束所有战争的战争",其代价是巨大的。成千上万的人被夺去了生命,家庭和工业遭到摧毁。在比利时的伊普里斯(Ypres)附近的一场战役就有250 000人死去。到1918年战争结束时,死了1 100万人以上。

和第一次世界大战一样,第二次世界大战也是在欧洲,从德国开始。在那里,自从1918年战败之后,怨恨、法西斯主义、反犹太主义不断增长。由于内部的政治不满、对共产主义的担心以及世界范围的经济萧条,一个强有力的、善辩的狂人——希特勒(Adolf Hitler,1889—1945)乘虚而入,掌握了政权,他将个人对荣耀的追求与德国对土地、经济增长和威望的渴求结合到了一起。在1936年至1945年之间,约600万犹太人被杀。数百万犹太人被抓进集中营或者逃亡,他们的所有财产被德国政府剥夺没收。在德国发动侵略的早期,世界上大多数国家仍然在医治上次灾难的创伤,不愿意再有战争。但是1939年德国占领了波兰,战争爆发了。到后来,德国与意大利、日本联合,而由英国、美国、苏联和中国领导的同盟国则把自己置于与侵略者对抗的位置。到战争结束之际,3 000万以上的人死去了。这是一场最大、最可怕,也是最具破坏性的战争,世界上从来没有经历过这样的战争,战争过后发生了巨大的变化。

这个混合着乐观主义和严酷现实的故事是对科学主线的干扰。在20世纪之交,科学进入现代时期,各种发现犹如百花争艳。在1859年到1895年之间:达尔文在《物种起源》中提出了进化论;门捷列夫建立了元素周期表,显示了元素之间的关系,暗示其原子结构的存在;里斯特(Joseph Lister,1827—1912)完成了第一例防腐外科手术。医学和药物领域也取得巨大进展,此外,还有层出不穷的新见解,如生物怎样传递遗传性状、进化怎样进行以及人类从哪里来。

但是在某些方面,事情的变化总是超出人们的预料。从1896年到1912年,物理学的理论研究和实验工作突然给世界带来了新纪元。与此同时,这些发现不论好坏地把前所未有的巨大力量交到人类手里。结果在1945年——第二次世界大战结束的那年——蘑菇云永远地改变了我们居住的世界和我们对这一世界的看法,再次说明科学在人类历史中扮演的复杂和令人担心的角色。

本编我们将介绍塑造科学史的男女科学家的生活——他们的希望、雄心、好奇、乐趣、奋斗和成功。介绍科学在变化中的方方面面——包括妇女越来越多的贡献、团队越来越大的作用、科学家团体和自由交流思想的重要性,以及经常存在的伪科学逆流。

本编讲的故事从一系列今天大家都熟悉的名字开始,他们是:伦琴、居里夫妇、汤姆孙(Joseph John Thomson,1856—1940)、爱因斯坦、普朗克、卢瑟福、玻尔,等等。他们的时代是物理学领域里充满活力、激情和混乱的时代,他们的工作堪与科学史中最激动人心的章节相媲美。

第一章

新 原 子

从 X 射线到原子核

伦琴是在 1895 年 11 月 8 日的晚上作出一个惊人发现的。当时,他正在巴伐利亚的乌兹堡大学幽暗的实验室里工作,突然被房间一处角落发出的神秘闪光所吸引。他不由得靠近去看。原来神秘的闪光来自涂有铂氰化钡的纸片,他知道,这种物质在阴极射线的照射下会产生奇异的荧光。但是此刻并没有阴极射线,他正在使用的阴极射线管已经被厚纸板遮盖得严严实实,但它显然穿透了整个房间! 当他关掉阴极射线管时,纸片不再发光。再接通射线管,闪光又重新出现。他把自己的手放在阴极射线管和纸片之间,纸片上显示出手的阴影,甚至可以看到手骨! 他把纸片拿到另一间房间,关上门,拉下窗帘,然后开动阴极射线管,纸片仍然闪光。当阴极射线管关掉,它才不再闪光。可见引起闪光的神秘射线实际上能穿墙而过! 50 岁的伦琴发现了一种新的射线,他称之为"X 射线",意思是"未知的射线"——这个名字就一直沿用下来,尽管如今他的射线已经不再神秘。

现代物理学的开端

20 世纪 60 年代,美国物理学家费恩曼(Richard Philips Feynman,1918—1988)习惯于这样问他的学生:"'理解世界'表示什么意思?"然后,面对加州理工学院演讲厅内济济一堂的听众,他如此解释:试图理解世界就像是观看一盘巨大的象棋赛,而你却不懂下棋的规则,于是你试图从看到的过程中找出规则,最后你也许找到了一些规则——"下棋的规则就是我们所谓的基础物理学"。但是,大多数自然现象是如此复杂,即使我们知道每一条规则,也不可能运用这些规则来跟踪棋子的走动,更不能说出下一步棋会怎么走。

当19世纪与20世纪之交各种发现接踵而至时,物理学家开始真正品尝到费恩曼在半个多世纪后,向他的学生讲到的那种复杂性。伦琴也许没有想到他的发现引出了一场物理学革命,科学家往往把这一事件看成是旧的"经典"物理学转变为现代物理学的分水岭。从1895年年底开始,物理学不再是原来的样子。

这是令物理学家激动的年代——从1896年到1945年——同时也是科学史上最令人迷惑的50年。原子这一历经2 300年之久的概念,在此期间经历了重大变化。当物理学家发现原子还有更小的组成部分时,原子这一以前曾经被看成是终极不可再分的粒子,在人们的头脑里不再是原先的概念。鉴于在原子内部还有带负电的电子,于是人们起初把电子想象成围绕着密集的原子核旋转的微观行星。而原子核同样让人吃惊,竟由具有质量和正电荷的质子与只有质量没有电荷的中子紧密结合而成。随之又有其他(甚至更小)的粒子被发现。到1945年,已经很清楚,不仅原子是由更小的粒子组成,而且毫无疑问它还能够被分裂。

空间和时间的新概念动摇了物理学的基本原理,正是牛顿在17世纪的科学革命期间牢固地建立了这些原理。一种被称为量子理论的"不可理喻"的新思想,使原先的逻辑不再有效,可是它却奠定了今天我们身边的几乎每一个重大技术成果的基础——从电子手表、电视机到计算机、手机、数码相机以及其他各种数码设备。

从伦琴发现X射线以来,两块巨石开始松动。一块引发关于原子的崭新概念,另一块则导致发现了某些元素奇怪的不稳定性,正是这一特性最终使我们得以问鼎核能。然而,但就在伦琴发现X射线的时候,原子"核"的概念甚至还不存在。

1895年,伦琴发现了X射线。

原子的概念可以追溯到公元前5世纪,当时希腊哲学家留基伯和他的学生德谟克利特说过,所有物质都是由不可分的微小粒子组成(atom这个英文字就是来自希腊字 atomos,意思就是"不可切的"或"不可分的")。根据定义,原子就是物质可能组成的最小粒子(有一幅图描绘了留基伯的原子,看起来就像极小的"台球")。并不是每个人都喜欢这一概念,事实上,柏拉图和亚里士多德,就一点也不赞成这一概念。结果,除了少数几位后来皈依的原子论者(包括牛顿),这一概念沉寂了很多年,直到道尔顿在19世纪初期提出"原子理论"才得以复兴。道尔顿认为,所有物质都是由原子组成的——这时其他科学家才开始对这一概念产生兴趣,因为道尔顿能够为原子提供定量的科学证据。他还证明这一理论与物质守恒定律(伽利略最先提出的)及道尔顿自己提出的定比定律是一致的。到了伦琴的时代,原子已经作为自然界中不可分的最小粒子被人们接受——但是每个人依然把它想象成是某种极端微小的"台球"。

∽ 新 射 线 ∽

伦琴推迟了 7 周才宣布他那激动人心的发现,他需要做到确实可靠。几年后,有人问他,他是经过怎样的设想才得到这一发现的,回答极为简洁,"我没有设想过,我只是实验"。当他于 1895 年 12 月 28 日宣布新射线时,他手中已有各种相关的详细资料,其中包括 X 射线不仅可以穿透不透明物质,还能够使某种气体带电荷,且不受磁场和电场的影响。世界被他的发现所震惊,物理学家则对他的发现大感困惑。

人们立刻看出 X 射线用于医学诊断的潜力(遗憾的是,许多年后才发现 X 射线也有危险性)。X 射线可以轻易穿透软体组织,却不易穿透骨骼组织以及其他更为密集的物质。所以,如果把照相底片放在病人的后背,成像中就可见黑色的背景中有白色阴影,这就是骨头;白色的背景上出现灰色,这就是牙齿上的蛀斑。金属物体也有明显的呈现,在伦琴的消息传到美国之后的第四天,X 射线就被用于确定病人腿上枪弹的位置。三个月后,美国缅因州达特茅斯有一个名叫麦克卡塞(Eddie McCarthy)的受伤男孩,成为历史上第一个用此新方法查看断骨,并做正骨手术的病人。

伦琴的发现致使群情振奋,但有些反应显然过度。在美国的新泽西州,立法者担心 X 射线意味着个人隐私的终结(他们特别关心的是年轻女子的端庄),并且建议立法禁止在歌剧院使用 X 射线眼镜。当然,这是不必要的担心。

但是对科学家来说,伦琴的 X 射线(起初叫做伦琴射线)将成为生物学研究中最为有用的工具之一,它的发现还标志着物理学第二次科学革命的开始。由于这一发现,伦琴在 1901 年成了第一位荣获诺贝尔物理学奖的人。

与此同时,在巴黎,一位名叫贝克勒尔(Henri Becquerel,1852—1908)的物理学家开始迷上了 X 射线。

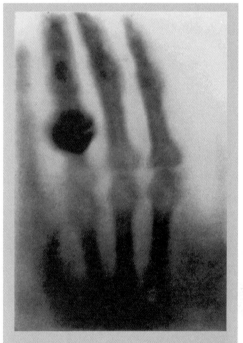

伦琴夫人的手的X射线照片,其中黑色的凸出物是她的戒指。

∽ 铀的奇异天性 ∽

贝克勒尔在 1896 年 1 月 20 日获悉伦琴发现 X 射线。2 月他开始做实验。贝克勒尔家里好几代人都是物理学家,他的祖父和他的父亲都曾涉猎过荧光现象,有些物质具有这样的特性:先是吸收辐射,然后发光。由于伦琴是从 X 射线引起的荧光发现 X 射线的,所以贝克勒尔想到,逆向的过程是否也能成立?亦即,荧光物质是不是也会发出 X 射线或者阴极射线?(阴极射线是从阴极或者电解池、电池的负极表面射出的电子流。)

贝克勒尔在1896年发现铀的放射性。

于是他以铀盐作为实验对象,他知道经太阳光照射后,铀盐会发出荧光。1896年2月,贝克勒尔把一块会发荧光的铀盐用黑纸包住,放置在照相底片上,然后用阳光照射。他的想法是这样的:如果荧光辐射X射线,这些射线就会穿透黑纸使底片曝光。除此之外,他所知道的各种光,包括紫外光,都不可能穿过黑纸到达底片。

当贝克勒尔洗出照相底片时,它确实呈现出灰雾,如同曝光过一样。贝克勒尔想,荧光果然会产生X射线!

当然,一次实验并不足以证明科学上的一个论点,贝克勒尔计划再做一些实验来证明他的假说。但是巴黎多云的冬天妨碍了他的计划。于是他把铀盐搁在没有曝光的照相底片上,放入黑暗的实验室抽屉里,等待天晴的日子。最后,他实在等得不耐烦了,就在3月1日那天,他把底片拿去显影。他想,原先曝光产生的荧光可能还会残留在晶体上。也许底片会显示一点轻微的灰雾。出乎意料的是,底片显示的并不是轻微的灰雾,而是强烈的阴影。太阳光不可能穿透漆黑的抽屉和严实的包装,早先曝光所残留的荧光也不会产生这种效应。就这样贝克勒尔发现了另外一种新辐射,也是以前没有人知道的!

他大为兴奋,开始研究这一新辐射,发现它有好几种特性是和X射线相同的。它可以穿过不透明的物质,可以使空气电离(使空气带电),可以被一种物质以恒定的流量向所有方向辐射。在伦琴发现的激励下,贝克勒尔作出了另一种同样令人激动的发现,这一发现将在未来的许多年里产生一连串富有成果的研究。

居里一家的追求

1891年,当25岁的玛丽·斯可罗多夫斯卡(Marie Sklodowska,1867—1934)从她的故乡波兰华沙来到巴黎时,她做梦也没有想到她的智慧和无与伦比的抉择将把她带到何等的巅峰——她不仅成了第一位荣获诺贝尔物理学奖的妇女,而且罕见地两次获得了诺贝尔奖,一个是物理学奖,另一个是化学奖。她也不可能料到,她还会找到她的另一半皮埃尔·居里,他在各个方面都和玛丽完全相配:一位出色的同行科学家,和她一样追求知识和成就,他以同样的热忱和她并肩劳作,常常当她的助手。她从来也没有想到——实际上她永远也不可能知道——她开创了两代同获诺贝尔奖的先例。她的女儿伊伦·约里奥·居里(Irene Joliot-Curie,1897—1956)和女婿弗雷德里克·约里奥·居里(Frederic Joliot-Curie,1900—1958),在玛丽逝世后的1935年也获得了诺贝尔奖。

但是在玛丽1891年抵达巴黎时,她确实知道她终于获得了梦寐以求的机会:进入索邦学院,这是巴黎大学享有盛誉的文科学院。

19 世纪 90 年代在俄国的统治下，波兰人民的生活备受压抑，人们难以享受到高等教育。玛丽已经帮助一个弟弟和一个妹妹出国，在法国的著名大学受更好的教育。现在该轮到她本人了。然而，她不得不靠微薄的配给度日——有一次竟由于饥饿昏倒在课堂上。尽管如此，玛丽还是以全班领先的成绩毕业。

1894 年，她遇见了皮埃尔·居里，这位法国著名物理学家由于在压电效应领域的工作而享有名气。两人于 1895 年 7 月 25 日结婚，只是通过市政当局登记成婚。随后两人骑自行车到法国南部去度蜜月，在当时和以后的生活中，他们总是这样节俭。

同年年底，伦琴宣布发现 X 射线，几个月后，贝克勒尔的发现又传遍巴黎和全世界的物理学界。在英国，卡文迪什实验室的约翰·汤姆孙得知这一消息后马上采取行动，轻易地说服了他的一个年轻学生，来自新西兰的 24 岁的卢瑟福，要他把注意力转向 X 射线。

玛丽·居里，钋和镭的发现者。

"我的宏伟目标是领先发现物质理论"，卢瑟福在给家人的信中这样写道："几乎欧洲的每位教授都在跃跃欲试。"就在前不久，贝克勒尔发现辐射之前，情况也是这样。问题是：这些无法解释的辐射是怎样产生的？它们又有什么样的成分？

玛丽·居里一头扎进这一激动人心的新领域。她很快发现——几乎与此同时，贝克勒尔和卢瑟福也发现——铀发射出来的辐射有不止一种类型的成分。一部分射线在磁场中会向一方偏折，其他的向另一方向偏折。有些带正电，有些带负电。卢瑟福把带正电的射线称为 α 射线，带负电的称为 β 射线（或者叫做 α 粒子和 β 粒子）。没有人知道这些射线或粒子是由什么组成的，但是 1898 年，玛丽·居里给这些辐射起了一个名字——放射性——这就是这个名字的由来。1900 年，维拉德（Paul Ulrich Villard，1860—1934）在放射性辐射中又发现了第三种辐射，具有不寻常的穿透力——在磁场中一点也不偏折——他称之为 γ 射线。（用希腊字母命名这些射线仅仅是表示它们的特性尚不清楚，就像 X 射线的 X 那样）

玛丽·居里和皮埃尔·居里长时间在他们的实验室里并肩工作，把元素从矿石中提炼出来。

与此同时,玛丽·居里运用她丈夫皮埃尔的发现测量放射性。放射性射线和 X 射线一样,当它穿过任何一种气体(包括空气)时就会引起电离,使这一气体能够导电。她用电流计测量这一电流,用晶体加压后产生的电压抵消它。然后测量平衡电流所需的电压,从而获得了放射性强度的读数。她逐个测验各种放射性盐,发现放射性强度与放射性物质的含铀量成正比——这样就将样品中的放射性来源定位于铀身上。1898 年她又发现钍也具有放射性。

更有趣的是,当玛丽·居里从沥青铀矿中分离出铀时,她发现,相比于纯铀,从沉淀物中测量出的放射性反而要强得多。由于矿石中其他成分不具放射性,这意味着只有一种可能:某种其他的放射性元素,其数量虽然少到难以检测,但一定在场!

此时玛丽的工作已显示出巨大的潜力,于是,她的丈夫皮埃尔决定共同参与,帮助她从事这份艰辛而又乏味的工作:从矿石中提炼元素。尽管他本人已是一名功成名就的科学家,但他还是把自己的工作放在一边,在接下来的 7 年里帮助她,因为他认识到她作为科学家的非凡天赋和她从事的工作的重要性。(1906 年,他在大街上被马车压死,年方 47岁。就在两年前他刚刚接到任命,担任索邦学院物理学教授。后来玛丽被指定接替他的职位,成了第一位在索邦学院教授物理学的妇女。)

1898 年 7 月,居里夫妇取得了成功。他们两人一起工作,从铀矿中提炼出了微量的粉末。这是一种新元素,以前从未检测到过,其放射性强度比铀高出数百倍。他们把这一新元素称为钋,以纪念玛丽的祖国。

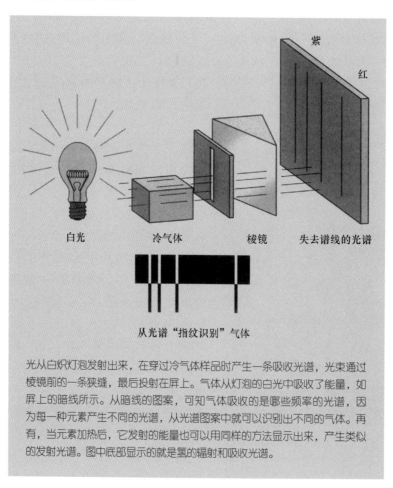

从光谱"指纹识别"气体

光从白炽灯泡发射出来,在穿过冷气体样品时产生一条吸收光谱,光束通过棱镜前的一条狭缝,最后投射在屏上。气体从灯泡的白光中吸收了能量,如屏上的暗线所示。从暗线的图案,可知气体吸收的是哪些频率的光谱,因为每一种元素产生不同的光谱,从光谱图案中就可以识别出不同的气体。再有,当元素加热后,它发射的能量也可以用同样的方法显示出来,产生类似的发射光谱。图中底部显示的就是氢的辐射和吸收光谱。

但是还有让人捉摸不透的现象。矿石继续放出比铀和钍合在一起还要强的放射性。一定还有什么东西。1898 年 12 月,他们找到了答案:这是另一种更强的放射性元素,他们称之为镭。

但镭实际上如同一个幽灵。居里夫妇不能对这一新元素提供良好的描述,因为从矿石中能够提炼的量实在是太微弱了。他们可以测量其辐射,元素线光谱专家德玛尔塞(Eugene Demarcay,1852—1904)提供了光谱特征(不同的元素给出不同的电磁辐射或光的波长,这些波长以分立的谱线被观察到)。但也就是这些。

因此他们下一个目标就是得到足以进行测量和检验的镭的数量。皮埃尔和玛丽把他们的生活积蓄用于购买矿山附近废弃的大量矿石,开始这一不朽的工作。在以后的 4 年中,玛丽的体重掉了 15 磅,他们把矿石提纯了又提纯,以获取小量的镭。8 吨沥青铀矿才能产生 1 克镭盐。

玛丽·居里在 1903 年写了这一课题的博士论文,为此,她和皮埃尔,以及贝克勒尔分享了这一年的诺贝尔物理学奖。8 年后,皮埃尔已经去世,她由于发现两种新元素获得了另一项诺贝尔奖,这一次是化学奖。

奇异的电子

与此同时,正当居里夫妇在为提炼以前不为人知的镭元素而辛勤工作时,在英国剑桥的约翰·汤姆孙也对伦琴的 X 射线产生了浓厚兴趣。

汤姆孙才华出众,14 岁就进入了曼彻斯特大学。他本来计划学习工程,但是因为家里不能提供进一步深造的费用,他只好放弃这一计划。后来他成了一位物理学家——对于现代物理学的发展来说这实在是一件幸运的事情。1876 年,他获得了到剑桥大学学习的奖学金,从此他的家就安在了剑桥。7 年后,他成了物理学教授,1884 年担任卡文迪什实验室主任,正是在这里,他激励了整整一代年轻科学家的心灵,直到 1919 年退休。由于他的影响,卡文迪什实验室成了以后 30 年原子研究的主要基地。

汤姆孙最初的兴趣是麦克斯韦的电磁场理论,后来他被阴极射线迷住了,就像伦琴当初被它迷住那样,因为阴极射线似乎在本质上不同于电磁现象。其他人已经证明,阴极射线可以被磁场偏折,或者偏向一边。他们说,这证明阴极射线是由带负电的粒子组成的。但没有人能够证明阴极射线能够被电场偏折——如果阴极射线是带电粒子的话,它应该被电场偏折。

汤姆生在 1897 年发现"负微粒"即我们所谓的电子时,同时也发现原子有内部结构和组成部分。

汤姆孙在 1896 年接受了挑战。他用阴极射线管做实验，在引进电场后成功地使射线偏折。他测量了偏折和速度，用不同的阴极材料作测试：铝、铜、锡、铂，还把不同的气体，如空气、氢和二氧化碳，引入射线管里试验。所有的数据都完全相同。他意识到，如果阴极射线是带电原子，就像某些研究者想到的那样，数据就会不同——不同的数据反映出原子的不同质量。

1897 年，他满意地离析出了所谓的"负微粒"，他相信这就是物质的组成部分，是比原子小得多的基本粒子。汤姆孙发现了原子是可分的！"我们在阴极射线里发现了一种新的物质状态"，他声称，"在这种状态里，物质的亚结构（subdivision）处于一种比通常气体状态下更为松散的状态"。这一"物质的亚结构"，他说，是"构成化学元素所需的物质"的组成部分。他从爱尔兰物理学家斯坦尼（George Johnstone Stoney，1826—1911）那里借用了"电子"（electron）一词。1891 年，斯坦尼创造了"电子"这个词汇，用来表示原子成为离子（带电粒子）所失去的单位电量。

莫尔特比和科学的变脸

并不只有玛丽·居里才难以获得良好的科学教育。当时很少有妇女能够进入大学，得到学位的更少，能够取得学术职位的更是凤毛麟角。但是美国的大学比起欧洲要稍微开放一些。1887 年，物理学家莫尔特比（Margaret Eliza Maltby，1860—1944）以"特殊学生"的身份进入麻省理工学院。当时，美国不存在正式的男女合校制度，妇女通常不能够在"男子"学校入学。1891 年，莫尔特比成为麻省理工学院获得学士学位的第一位妇女，她还在这一年获得了奥博林（Oberlin）硕士学位。

与此同时，她从1889年开始在韦尔斯利学院教授物理学，一直教到1893年，这一年她开始在麻省理工学院作两年期的研究生工作。同年莫尔特比获得奖学金到德国的格丁根大学学习，1895年成为第一位在格丁根获得哲学博士学位的妇女。实际上还从来没有其他妇女在德国大学获得过哲学博士学位。

在格丁根大学又做了一年的博士后工作后，莫尔特比回到韦尔斯利学院教物理学，其中有一年担任物理系主任，然后有一年在俄亥俄州的伊利湖学院教书。莫尔特比后来又接到回德国作研究助理的邀请，和物理学家柯尔劳胥（Friedrich Kohlrausch，1840—1910）一起研究导电性，帮助建立该领域的标准化体系。莫尔特比在1899年回到克拉克大学从事理论物理学工作，然后在1900年定居巴纳德学院，直到1931年退休。1906年出版的《科学美国人》第一版，褒奖了她的成就，在她的名字上加一星号，表示这一出版物把她看成是美国最受尊敬的科学家之一。

莫尔特比获得的认可，为其他妇女进入长期只对男人开放的领域开辟了道路。

对于物理学界和化学界来说，这是一个令人震惊的消息。科学家第一次猜测，原子还有内部构造——原子是自然的最基本成分这一认识受到了威胁。长期以来，人们明确认定氢是所有原子中最轻的，现在有一种粒子竟比氢还轻 2 000 倍。唯一可能的解释就是这一带负电的新粒子是亚原子粒子——是比当时所知"最基本单元"还更基本的结构单元。这是唯一可能的解释，但是按照旧原子理论的每一条原则，这都是不可能的。就像一位科学史家所说："原子解体为亚原子粒子已经开始"。这也许会是一条很长的路，甚至今天我们也还没有走到尽头。

与此同时，1899 年贝克勒尔在法国注意到，他发现的放射性辐射可以被磁场偏折。由此推断，他研究的射线至少有一部分也是微小的带电粒子。1900 年，他得出结论，认为放射性辐射中的带负电粒子和汤姆孙在阴极射线中发现的电子是等同的。

到了 1901 年，贝克勒尔还意识到，他一直在研究的盐中的铀成分正是玛丽·居里称之为放射性的辐射源。他的结论是电子只能来自铀原子本身。

所有这些对于原子的定义有什么影响呢？显然，它们不再是像道尔顿所设想的那样，是光滑不具特征的微小"台球"，并且它们显然不是不可分的。

葡萄干布丁

汤姆孙立即看出新原子的某些模型是恰当的。电子具有负电荷，但是物质不显电性，所以原子一定具有某种带正电的内部结构来抵消电子的负电荷。1898 年，汤姆孙提出后来叫做"葡萄干布丁"（即嵌葡萄干的蛋糕）的原子模型：带负电的电子嵌在均匀的带正电的物质球中。

汤姆孙笨拙的动手能力有时会招来后人对他的过低评价。（他的儿子乔治就曾说过，"尽管他能以不可思议的精确来诊断仪器的毛病，可是却不会操作这台仪器"。）但是，汤姆孙却留下了伟大的遗产。他为原子物理学开辟了道路，由于对电子的研究，他荣获 1906 年诺贝尔物理学奖。他有 7 位研究生后来也赢得了诺贝尔奖，包括他的儿子乔治，乔治后来证明了电子的波动性。从 1906 年到 1919 年，汤姆孙五六十岁时，他获得了剑桥"伟大人物"的名誉。但是，正如他的一个学生后来所形容的，"他一点也没有变老"，"仍然那么年轻"，而且对人友善——只是不认真刮胡子。这个学生就是汤姆孙的第一个，也许也是最有名的研究生，一位双手粗大、满脸胡须、活力充沛的年轻人：卢瑟福。

来自新西兰的鳄鱼

当卢瑟福靠奖学金从他的故乡新西兰来到卡文迪什实验室时，年方 24 岁，黑头发，大高个，有坚强的信念、宏大的雄心，可就是没有钱。竞争是激烈的，他在给母亲的信中写道："在这人才济济的地方，要脱颖而出可不那么容易。"但是卢瑟福绝不会知难而退，何况是小小的竞争。在后来的年代里，他的学生给他起了一个绰号"鳄鱼"，就像一位学生解释的那样，这是因为"鳄鱼不会转脑袋……它只能鼓足勇气前进"。他乐于向自然发问，并且永不疲倦地上下求索。就像他的同事玻尔曾经说过的那样，他的伟大成功来自"他的那种直觉，因此，他的提问总有可能得到最有用的答案"。

大约1906年的卢瑟福。

物理学家西格雷（Emilio Segrè，1905—1989）曾经这样描述卢瑟福，说他是这样一个人，"提出一个又一个假说，根据需要抛弃或者修改假说，竭尽全力做每件事情。他所有时间都在工作，连他的朋友和同事都很难知道他的科学思想，哪怕很小的一部分"。

作为一位完美的实验家，卢瑟福一般不倚赖理论家。他说道："他们用符号玩游戏，但是我们（实验家）必须揭示自然的真面目。"他在设计实验方面有独特的才能，并且具有高超的能力，能从大量杂乱的细节中挑选出有意义的事实。正如一位同事评价他说："可以说，就算是远处发生的动静，卢瑟福也能在第一时间加以识别。"

1898 年，卢瑟福接受任命，到加拿大魁北克的蒙特利尔，担任麦克吉尔大学的物理学教授，在那里，从 1902 年开始，他和助手开始用 α 粒子做实验，希望得到更多的信息。1908—1909 年卢瑟福回到英国，加入曼彻斯特大学，那里一位年轻的德国物理学家，名叫盖革（Hans Geiger，1882—1945）参加了他的小组。他们两人一起用 α 粒子轰击金箔薄片。大多数 α 粒子直接穿过了金箔，这正是实验家根据汤姆孙的原子模型所期望的结果。但是也有少数 α 粒子打到金箔，却发生了散射现象，以某一角度，常常是 90 度角甚至更大。这使卢瑟福大为吃惊，他说道："这就好比你向一片薄纸打出一颗 15 英寸的炮弹，却反回来击中了你一样。"

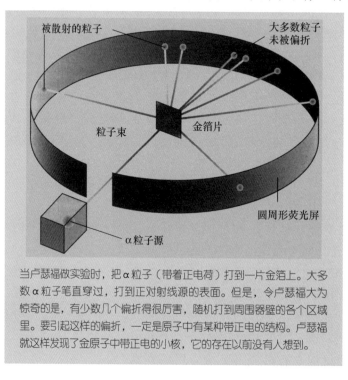

当卢瑟福做实验时，把 α 粒子（带着正电荷）打到一片金箔上。大多数 α 粒子笔直穿过，打到正对射线源的表面。但是，令卢瑟福大为惊奇的是，有少数几个偏折得很厉害，随机打到周围器壁的各个区域里。要引起这样的偏折，一定是原子中有某种带正电的结构。卢瑟福就这样发现了金原子中带正电的小核，它的存在以前没有人想到。

1911 年初，卢瑟福兴高采烈地向盖革宣布："我知道原子是怎么回事了！"根据实验结果，卢瑟福提出了关于原子的新思想：如果所有带正电的粒子不是如汤姆孙所设想的那样，像流体一样分布于整个原子，而是集中在中心一个小区域内，或者称之为"核"，情况会怎样呢？原子的大多数质量也许集中于核内，相等数量的带负电的电子，就在核外某些地方处于运动之中。这是一个引人注目的思想——类似于微型太阳系，正好对应于我们所居住的更大的太阳系。

卢瑟福因提出原子核这一设想，从而赢得了"原子物理学中的牛顿"之称号。这一模型似乎能解决"葡萄干蛋糕原子模型"存在的所有问题，不过它自身也面临一些问题。要构建更为精确的原子结构模型，需要运用奇异的，被称为"量子"的概念，这一概念是沉默寡言的德国科学家普朗克提出的。像伦琴的 X 射线一样，这一概念也许会颠覆整个物理学体系，它不仅牵涉原子概念，而且还涉及我们对世界机制的理解。

但是首先，让我们来个 180 度的大转弯，从微观世界跨越到宏观世界，如同爱因斯坦那样来考察宇宙。

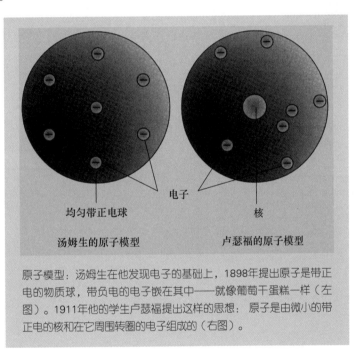

电子

均匀带正电球   核

汤姆生的原子模型   卢瑟福的原子模型

原子模型：汤姆生在他发现电子的基础上，1898年提出原子是带正电的物质球，带负电的电子嵌在其中——就像葡萄干蛋糕一样（左图）。1911年他的学生卢瑟福提出这样的思想：原子是由微小的带正电的核和在它周围转圈的电子组成的（右图）。

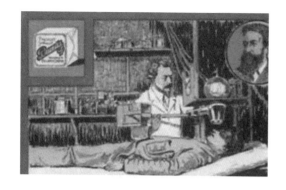

◀ 1895年伦琴发现X射线，这是人类发现的第一种所谓"穿透性射线"，立刻轰动了整个科学界。

◀ 卢瑟福确立了放射性是发自原子内部的变化，使人们对物质结构的研究深入到原子内部这一新的层次，这也开辟了一个新的科学领域——原子物理学。

▲ 贝克勒尔也开始对这一领域着迷。他发现了放射性现象，可惜没有对其来源深入探究。

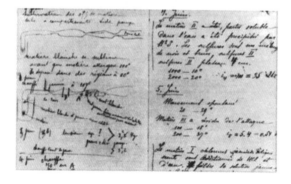

◀ 贝克勒尔的工作引起了居里夫人的极大兴趣，她决定对此展开专门研究并以此作为博士论文。图为1898年6月居里夫人的笔记，记录了对各种元素特征的测量。

▶ 居里夫人的博士论文是在巴黎理化学校（The School of Physics and Chemistry in Paris）的实验室里完成的。图为当时该校的一个典型实验室。

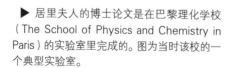

▼ 1911年10月29日，在能斯特的组织下，主题为"辐射理论与量子"的第一届索尔维会议在布鲁塞尔召开，各国的物理学家们共同讨论了恼人的量子问题。此次会议使量子思想声名远播，并使更多的人投入到量子问题的研究中。

前排坐者从左至右依次为：能斯特　布里渊　索尔维　洛伦兹　瓦尔堡　佩兰　维恩　居里夫人　庞加莱
后排立者从左至右依次为：戈德施米特　普朗克　鲁本斯　索末菲　林德曼　德布罗意　克努森　哈泽内尔
　　　　　　　　　　　奥斯特莱　赫尔岑　金斯　卢瑟福　开默林·昂内斯　爱因斯坦　郎之万

▼ 1927年10月24日，由洛伦兹主持召开了第五届索尔维会议。这无疑是一张汇聚了物理学界智慧之脑的"明星照"。物理学通常被认为是被男性占据，居里夫人最先打破了这一神话。在这次会议上，薛定谔被认为是理论物理界的世界领袖之一，被重金聘请在会上做演讲。薛定谔的报告题目为"波动理论"，解释了依赖于时间的波动方程对理解光谱跃迁的重要性。

前排坐者：朗缪尔　普朗克　居里夫人　洛伦兹　爱因斯坦　郎之万　古伊　威尔逊　里查森
中排坐者：德拜　克努森　布拉格　克莱默　狄拉克　康普顿　德布罗意　玻恩　玻尔
后排立者：皮卡尔德　亨利厄特　埃伦费斯特　赫尔岑　德唐德　薛定谔　费尔夏费尔特　泡利　海森伯
　　　　　富勒　布里渊

第二章

新宇宙(一)：爱因斯坦和相对论

和新原子物理学一样激动人心的是，由于我们对时间、空间和宇宙的本性有了更为细致的认识，物理学的世界正在不断向更宽广、更深远的方向发展。第二次科学革命的这一领域是由于爱因斯坦的伟大工作，他是一位卓越和富有创造力的理论家和唯一堪与牛顿相媲美的思想家。但是要讲清楚这一内容，我们需要回到麦克斯韦以及他对光的见解。

麦克斯韦引进了革命性的方程组，从而验证了电磁场的存在，并且确定了磁、电和光都是同一领域——电磁领域的一部分。他坚持说，光是一种波，而不是粒子，他认为光是通过所谓的"以太"(ether)，一种看不见的媒质传播的。根据他的理论，这种媒质充满所有空间。但是一些物理学家开始看出了这里面的问题——问题不是出在麦克斯韦的电磁场方程，而是有关以太的思想上。

以太问题

麦克斯韦并不是第一位想到，有某种看不见的叫做以太的媒质必定充满茫茫太空，"从星星到星星连续不断"。这种思想可以追溯到古希腊时代。麦克斯韦在 1873 年的一次演讲中说道："毋庸置疑，行星间和恒星间的太空不是一片虚无，而是被一种物体或实体占据，它肯定是我们所知的物体中最大的，也许是最均匀的。"

以太的思想看来是必需的，因为，如果光是一种波，就意味着它必须在某种媒质中才能传播。但是，仅仅靠"意味着"，并不是好的科学方法——如果以太存在，应该能够找到证据来证明它的存在。

美国物理学家迈克耳孙想到了一个办法。如果充满宇宙的以太是静止的，那么地球在以太中运动时，在地球上看来，以太就像"风"一样，迎面吹来。因此，顺着以太风一起运动的光束会被以太风带着走，而逆着以太风的光束应该走得更慢。迈克耳孙 1881 年在德国随亥姆霍兹一起研究时，建造了一种叫做干涉仪的仪器，可以把光束一分为二，它们相互垂直运行，随后又重新汇合，通过这一方式，就有可能以极高的精确度测量光线在顺着以太风和逆着以太风时的差异。

迈克耳孙完成了这一实验，但结果却让他困惑——光束分成两半后的速率并没有差别。他的结论是："静止以太假说的结果被⋯⋯证明是不正确的，由此得出的必然结论是，这一假说是错的。"

　　但是，也许他的结果是错的。于是，在 1887 年，他和莫雷一起，在美国俄亥俄州的克利夫兰做了一个试验。他们运用改进后的设备，针对每一个可以想象的环节都采取了措施以避免误差。应该说，这一回肯定能够成功地检测到以太了吧。可是，实验再次以失败告终。

　　结果，迈克耳孙-莫雷实验成为科学史上最有名的失败实验。他们的出发点是研究以太，可结论却是以太并不存在。但如果这是对的，光怎么可能在缺乏媒介的情况下以"波"的形式传播呢？实验还表明，光的速度是常数。

迈克耳孙和莫雷一起，在1887年证明空间不存在静止的"以太"。

　　这是一个完全出乎预料的结论。但实验极为谨慎，结论不容反驳。当时物理学界元老之一的开尔文勋爵在 1900 年皇家学会的演讲中讲到，迈克耳孙和莫雷实验"以高度的细致严谨从而确保结果的值得信赖"，却是"针对光的机制投下了一朵乌云"。

　　这一结论使各地的物理学家感到困惑。以太存在的想法是错的——但是，如果真是这样，那么，光作为一种波，没有供其运行的媒质它又怎么能够传播呢？

　　再有，迈克耳孙-莫雷的结果看来使得牛顿的相对性原理也成了问题，这一原理已有 200 年之久，且已得到满意的验证：物体的速度可以不同，这取决于观察者的参照系。假如有两辆车沿高速公路行驶（1887 年没有很多的车或高速公路，但你可以借用这一概念），一辆车每小时 55 千米，另一辆车每小时 54 千米。在慢车司机看来，快车的速率只不过是每小时 1 千米。但为什么光速却不是这样？

　　迈克耳孙-莫雷实验恰恰证明：光速总是常数——不管以什么作为参照系。如果宇航员的太空船正以每秒 299 000 千米的速率航行，旁边有一束光（光速为每秒 300 000 千米），他看到的光不会是每秒 1 000 千米，而是恒定的每秒 300 000 千米。光速是一个普适的绝对值（当然，没有任何太空船能够接近这一速率）。

　　迈克耳孙和莫雷揭示了科学作家所谓的"自然界深奥之谜"。然而，不出 5 年，有史以来最伟大的科学家之一，正是抓住光速不变的思想，开始用他的狭义相对论理出了头绪。

　　且慢，还有另一场革命也正在酝酿之中。

❀ 量 子 奥 秘 ❀

　　普朗克不像是那种发动革命的人。他是一位瘦高个子，安静而又不失威严——有人说他"乏味和书生气十足"——不管是在物理学还是在生活中，他都忠于传统和权威。

　　普朗克 1858 年出生在德国的基尔，后来随家迁到慕尼黑。父亲是一位民法教授。他不是一个早慧的孩子，9 岁开始受教育。他的童年生活乏善可陈，大学生活也差不多。但他在柏林大学学习物理学时，授课老师中有这样一些受人尊敬的德国科学家：亥姆霍兹、

普朗克在1900年解决"黑体问题"时，初创了量子理论。由于这项工作，他获得了1918年诺贝尔物理学奖。

克劳修斯、基尔霍夫。他应付学业完全没有问题，但也看不出有什么特长。他做博士论文选的是热力学，因为他赞赏克劳修斯在这个领域里的工作，但是他的论文反响平平。所有迹象表明，他追求的就是一种波澜不惊的生涯。即使在 1889 年担任了柏林大学教授职务之后，他依然循规蹈矩。确实，他选择热力学作为自己的专业看来很难有重大突破。实际上，当他最初步入科学生涯时，他的教授中有一位就警告过他不要从事物理学，因为这个领域已经到头了，所有伟大的工作已经完成，给新物理学家留下的，只不过是清理少数次要细节的烦琐事务而已。

非常巧合，在热力学领域的"次要细节"里有一项是所谓的"紫外灾难"，这个名称如此醒目，足以引起人们关注。它源于黑体辐射现象所引出的问题。

物理学意义上的黑体，就是能够吸收所有频率的光而决不出现丝毫的反射现象。理论上，由于黑体吸收所有的频率，当它被加热时也应该辐射所有的频率。问题就在这里。物理学家预料高端的频率数应比低端的频率数要大得多——因为高频率具有更短的波长，因而可以更多地充斥于黑体中。所以，黑体辐射问题就是，如果一个物体同等地辐射所有频率，高频范围内的辐射数将大大超过低频范围内的辐射数。这样一来，几乎所有的辐射都应当属于高频，也就是说，处于光谱的紫外端。

但情况却不是如此。在 19 世纪 90 年代没有人能够用物理理论解释为什么会是这样，尽管肯定有个别人做过这样的尝试。

正如物理学家西格雷 1980 年在他的《从 X 射线到夸克》(*From X-Rays to Quarks*)一书中所写的："普朗克对基本而普遍的问题之钟情，驱使他研究黑体问题，这个问题与原子模型或者其他特定假设没有牵连。他钟情于绝对，黑体就是这样的问题。"

普朗克也许一直都是保守人士，也许还很古板，但是他追求精益求精，即使他从不奢望做大事情。他小时放弃学习钢琴，是因为他认为他不能成为大钢琴家，只能成为好钢琴家。黑体问题对他有吸引力，是因为他有把握——零件都在那里，哪怕它们散乱如麻。他所要做的就是把它们放在桌面上，进行归类、按正确的方法使它们井然有序。没有人做过这件事，但是他肯定自己能胜任——于是这一份小小的荣誉也许非他莫属。

他用了 6 年多时间终于找到答案，这个答案的发现，使物理学再也不同于从前。因为，在平静地解决黑体辐射之谜后，普朗克发现了一条关键的原则，一旦其他科学家验证了这一原则，我们对世界的认识就永远地改变了。

正如一位科学史家说的："普朗克好比是这样一个人，在火尚未发现之前，他要找到最好的方式来钻孔，经年累月，甚至数十年，在他能找到的各种材料上，以各种能够想象的方式钻孔。就在这一过程中，偶然地发现了火。"

1900 年,普朗克在直觉的基础上建立了一个简单方程,可以精确描述整个频率带的辐射分布。他的基本假定是这样的:如果能量不是无限可分,情况会怎样? 如果能量也像物质一样,可以以粒子或者波包的形式存在,或者就存在于他所谓的"量子"里(quantum,这个词原来是拉丁文,意思是"有多少")?

普朗克还发现,这些量子的大小与辐射频率成正比。因此,低频的辐射很容易发生——它只需要小的能量波包或者能量子。但是,要达到两倍高的频率,辐射也许就需要两倍的能量。

换句话说,根据普朗克的思想,能量只能以整量子的形式发射,物体在低频下辐射比较容易——不需要太多能量就能组成一个能量子。但是在高频下,要把相当于一个量子的能量集中于一起并不那么容易。在光谱高频端辐射所需的能量子是如此之大以致它极不容易发生。所以,黑体并不等同地辐射所有的频率——这就是所谓"紫外灾难"的关键所在。

只有当温度升高,高频辐射所需要的更大的能量子才比较容易形成——因此,这些频率下的辐射变得更容易了。这就是为什么一个较低发热体(如人体)只在红外光谱区域内辐射的原因。铁棒加热到相对低的温度就能发出红光,但是当它加热到更高温度时,它的颜色就会发生变化,先是橙色,然后是黄色,最后是蓝色。

辐射频率与能量子大小之比是一个常数 h,称为普朗克常数——现在公认为是宇宙基本常数之一。

普朗克解决了黑体之谜,但是一旦解决方案在他面前展示其全部含义时,对于他所看到的这一最终图景,他却高兴不起来。他不希望看到经典物理学遭受破坏,可量子理论做的就是这件事。还有,他知道,由他所开始的事情不可能再停止下来。理论的力量是如此之大,即使它的含义使他不安。"我们必须和量子理论相处",他在作结论时讲道:"相信我,它还会蔓延……它将深入所有的领域。"

不过,普朗克并不是全面推广量子理论的人。

在他的余生中,他以发现量子而著称,但他却一直致力于,使得他那令人不安的发现和他所钟爱的经典物理学相协调。这一努力注定要失败。"多年来,我徒然地想要使基本量子与经典理论相协调,为此我呕心沥血",他在生命接近终结时这样写道。但是他信奉他一贯使用的那种客观、理性方法的明晰性。

> "我的许多同事几乎把这件事看成是一场悲剧,但是我不这样看,因为在这一过程中,我的思想得到了深刻的澄清,它对我来说珍贵无比。现在我可以肯定,作用量子比我原来想的,具有更基本的意义。"

在第一批认识到量子基本意义的人当中,有他的一位德国同胞,把他的理论用于解决另一个令人困惑的物理学的奥秘上,并以其独立和革命性的思想推进科学,最终和普朗克一样,回到量子的奥秘,并把自己的余生锁定在与量子理论有关的论战中。

爱因斯坦和光电效应

如果普朗克以保守性而著称,那么,爱因斯坦就完全以叛逆者的形象出现:他宁可孤军奋战,在思想的最高领域里神游,不屑于一般人的日常事务。爱因斯坦曾经这样解释,他已经在科学中摆脱了"我"和"我们"。他在思考中宁可代之以"它"。作为一位智者和"祖父般的"老人，他在晚年赢得了"圣者"的声望，成为古怪而又可爱的精灵化身。但是在他的年轻时代，以及在他取得最大成就的阶段，他也许表现出粗鲁、不耐烦、任性和自私。就像最伟大的前辈牛顿一样，他对自己的天赋充满信心，走自己的路，给自己提出挑战，对他所谓"受愿望、希望和原始感觉支配的……纯粹个人的链条"，一点也不在意。

爱因斯坦，所有时代最伟大的物理学家（这一点是可以论证的）。

1879 年，爱因斯坦出生于德国乌尔姆，这一年，19 世纪最伟大的理论物理学家麦克斯韦去世。爱因斯坦性情孤僻，即使在童年和早期学校时代就是如此。作为一个早熟的孩子，生性孤独，有时也感到痛苦。由于厌恶德国学校体制的严格管理和墨守成规，他宁可自学。他后来在一封信中写道："当我在路特坡尔高级中学念 7 年级（大约 15 岁）时，我被班主任叫去，希望我离开学校。让我吃惊的是，我没有做错什么。他仅仅回答：'只要你在场，就会败坏班级对我的尊敬。'"

"可以肯定地说，是我自己需要离开学校……主要原因是呆板和机械的教学方法。因为我对文字的记忆力太差，这使我面临极大的困难，而克服这些困难对我来说似乎又没有什么意义。所以，我宁可忍受各种惩罚，也不愿靠死记硬背去学习那些废话。"

1894 年，爱因斯坦的家庭医生根据爱因斯坦的要求，给他开了一个健康证明，证明他需要休息以恢复健康，于是他从学校退了学，那年他才 15 岁。他有一个计划。他的目的是逃避高中管制，把一年时间用于旅行和自学，然后报考瑞士苏黎世著名的联邦工学院。正如他经常回忆的那样，接下来的一年是他一生中最快乐的时期之一。他在德国和意大利的深山里穿行，研读他的物理书本，在热那亚参观美术画廊和博物馆。但是他的计划失败了。16 岁时，他参加联邦工学院的入学考试，却没有通过。

情况也许是一场灾难，年轻的爱因斯坦陷入痛苦的深渊，就像许多其他落榜生那样，但是他的数学和物理学成绩非常出色，于是获得了一位教授的注意，这位教授鼓励爱因斯坦旁听他的物理课。他还劝告爱因斯坦不要放弃希望，可以申请到实行进步教学法的瑞士州立中学学习。

爱因斯坦在瑞士州立中学里，自由成长，不受管制，很快获得了文凭，他再次申请进入联邦工学院。1896 年秋天，虽然没有达到入学年龄，但还是被录取了。

4 年后的 1900 年，他从联邦工学院获得了学位。但这些年并不是快乐的年份。他热爱瑞士，爱得很深，以至于 1901 年加入了瑞士籍，但他并不是快乐的学生。即便苏黎世联邦工学院相对自由的空气对他的气质来说，还是太受限制了。关于他在学院的那段时期，他后来在《自述》中写道："无论是否喜欢，为了应付考试，一个人都必须把所有材料填进自己的脑袋。对我来说，这种强迫造成了何等的压抑效应。我发现，在我通过毕业考试后的整整一年里，思考任何科学问题都使我大倒胃口。"

毕业后情况并没有任何好转。他在大学里没有交上很多朋友,也没有建立许多联系,他的高傲的确疏远了一些教授(他们也许可以帮助他获得大学职位)。他的经济状况不太稳定,眼下又找不到工作。整整一年他过的是毫无保障的生活,只能应聘一些临时工作,当家庭教师或偶尔担任代课教师。在经历了不堪回首的大学岁月之后,他对科学的热爱又缓慢恢复过来,于是他重拾学业,开始做博士论文研究。

最后,他交上了一点好运,正如发生在他身上的许多事情一样,这一好运出乎意料。他的一位同学,知道他需要工作,于是就对自己的父亲提起爱因斯坦。这位同学的父亲把爱因斯坦推荐给朋友海勒(Friedrich Haller),伯尔尼瑞士专利局的负责人。正好这时有一职位空缺,于是爱因斯坦得到了面试机会。对于爱因斯坦这样的人,这一工作是轻松的,它的任务就是在新的专利申请书送交上级官员之前,先对它们进行审查,评判其科学性或技术上的可行性。爱因斯坦的面试顺利通过,但这份工作属于行政事务,根据法律,这个职位要登广告。爱因斯坦被告知,在其他申请被筛选后会得到通知。最后的决定要经过几个月。这是一个艰难的等待,但是爱因斯坦却把这段时间用于准备一篇关于热力学的论文,这篇论文他交给联邦工学院,作为博士论文的一部分。

但该文最终被拒绝作为博士论文(尽管后来还是出版了),他作为科学家的生涯看来依然不见指望。正好这时,专利局通知他已被录用。

1902 年 6 月,他来到瑞士专利局工作。这里与学术界相去甚远,但爱因斯坦却认为这一工作相当完美。叛逆者找到了一个临时的家。他终于可以摆脱那令人痛恨的僵化思维模式以及严格的学院管理体制的束缚,并且有许多空余时间留给自己。工作本身富有趣味,轻松,有时也很吸引人。尤其是当办公桌上铺满各种别出心裁、近乎狂想的科学发明时。他那出色的科学洞察力足以判断其中的对与错。他乐于向上级提供更理智、更原创的概念。但是,更重要的是剩下许多时间可用于思考:往往一天的工作上午几个小时就完成了,留下的其余时间可以自由地思考和设计自己的科学概念,幸运的是,做这些事情不需要实验室,只需要一支削尖的铅笔、一叠纸和他那独特的头脑。

到了 1905 年,他已经写成了不少于五篇的论文,所有这些论文都发表在当年的《德国物理学年鉴》(*German Yearbook of Physics*)上,其中有三篇特别重要。这一年他获得了博士学位。

其中一篇论文解释了被称为"光电效应"的神秘现象,人们关注此现象已有好几年:某些金属在光的照射下会发射出电子。一直没有人能够对这种现象作出解释,尽管 1902 年物理学家伦纳(Philipp von Lenard,1862—1947)发现,在光强与发射的电子能量之间没有关系。更亮的光似乎应该引起更多的电子发射,但事实上,它们激发出的电子不会比弱光所激发出的电子具有更高的能量。经典物理学对此无法提供解释。

这就是爱因斯坦的切入点,他搬出了普朗克的量子理论,这一理论已被尘封好几年,遭遇冷落。普朗克曾经指出,光以独特的"波包"形式辐射,爱因斯坦则加上:光也以"波包"形式传播。爱因斯坦指出,根据量子理论,一个特定的波长由具有固定能量的量子组成。当一个能量子轰击金属的一个原子时,原子释放出一个具有固定能量的电子,再没有别的。更亮的光含有更多的量子,但每个量子携带的能量不变,它会引起更多电子的辐射,但这些电子所携带的能量并不更多。光的波长越短(频率越高),量子所携带的能量越高,则激发的电子也具有更高能量。非常长的波长(更低的频率)是由能量更低的量子组成,在某些情况下因其能量太小而不足以引起电子释放。这一阈值与不同的金属有关。

这就是普朗克理论自用于解释黑体现象以来的第一次应用——它再次成功地对经典物理学不能解释的物理现象作出了解释。由于这一工作,爱因斯坦获得了 1921 年诺贝尔物理学奖。这是建立量子力学重要的第一步,亦即意识到所有物质具有间断和分离性,尤其是在非常小的尺度上,这一特性尤为显著。

在经典物理学中,能量和物质就像是沿着一面光滑的斜坡运动;而在量子力学中,能量和物质就像是沿楼梯运动。根据量子理论,一个物体只有吸收或辐射足够的能量,以便在另一个允许的能级上存在时,才能增高或降低能级。在量子跃迁中,物质与能量仅存在于一层与另一层"楼梯"之间,不能存在于允许的能级之外。

只要不涉及非常小或非常大与非常快的物体,经典力学总显得是正确的。普朗克的量子理论则有助于在原子以及更小的粒子的微小尺度上解释事物的机理。

然而,爱因斯坦正是由于关注非常大且非常快(即光速)的领域而闻名于世。但我们还是先对他在那一年发表的另一篇著名论文说上几句吧——另一个已经使物理学家烦恼了几十年的问题。

∽ 布 朗 运 动 ∽

1827 年的一天,苏格兰植物学家布朗正在用显微镜观察水中悬浮的植物花粉,突然他注意到这些花粉颗粒在做不规则运动。也许这些震荡运动正是这种微小颗粒"生命力"的证据。但是,当布朗又检验水中悬浮的无生命染色颗粒时,结果也观察到了同样的运动:这是一种无规则的运动。然而,他没有对这一运动给出解释,在此后的 75 年里也没有任何人作出解释。

20 世纪初,爱因斯坦从数学上证明,在水中做常规运动的分子足以推动微小的颗粒摇晃不定。他计算出不同大小分子和运动角度所产生的效应,从而推出一个方程,可用于计算进行撞击的分子及其组成原子的大小。几年后,1908—1909 年,佩兰(Jean-Baptiste Perrin,1870—1942)做了一系列实验,根据观察证实了原子的存在,并且验证了爱因斯坦的理论工作。这是第一次针对原子的存在,提供了纯粹观察性而不是推理性的证据。

法国物理学家佩兰通过观察实验证明了物质的原子特性,并且从数学上验证了分子的存在。1926年他因此项工作荣获诺贝尔物理学奖。

∽ 狭义相对论 ∽

不可思议的是,爱因斯坦并不是因为 1905 年发表的五篇论文中最重要的那篇而获得诺贝尔奖——这篇论文涉及后来叫做狭义相对论的理论。之所以叫"狭义",是因为它涉及一个特殊情况,在此爱因斯坦只讨论物体沿直线做匀速运动的情况。你可以回忆一下,迈克耳孙和莫雷测不出光速的任何变化。爱因斯坦在对此实验结果并不知情的情况下,也在思考这一问题,他的论证从这一假设开始,真空中的光速恒为常数。即使光源在运动,即使测量光的观测者也在运动,但都不影响光速。

爱因斯坦还抛弃了以太概念,而迈克耳孙和莫雷却纠缠于其中。麦克斯韦需要它,因为他认为光以波的形式运动,如果真是这样,就需要有某种媒质光才能传播。但是,如果光像普朗克量子理论所述,是以分立的波包或量子形式传播,情况又是怎样呢?它就会更像粒子,从而不需要任何媒质也能传播。

依据这些假设——光速是常数,没有以太,光以量子传播和运动是相对的,爱因斯坦就能够证明为什么迈克耳孙-莫雷实验会得到这样的结果,从而排除了对麦克斯韦电磁方程组有效性的质疑。

因此,在狭义相对论中,爱因斯坦基本上只是对牛顿物理学作了这样的修改:在他的公式里,光的相对速率总是相同的。不管相对于任何参照系,它都不发生变化,即使其他事物互相间有相对变化。质量、空间和时间全都跟着你的运动速度而变化。在旁观者看来,你运动得越快,你的质量也就越大,你占据的空间就越小,时间也过得越慢。你越是接近光速,这些效应就越显著。你如果是一名宇航员,正以光速的90%在运动(光速约为30万千米每秒),你旅行5年后(根据你的日历手表)回到地球,却发现留下的朋友已经过了10年。或者,如果你可以加快发动机,使你以光速的99.99%在运动,只旅行了6个月,你会发现,在你离开的这段时间里,地球上已经流逝了50年。

所以,在相对论看来,说时间是相对的,它并不总是以同样的速率流逝。例如,运动的钟表走得慢些。20世纪60年代,密歇根大学一个科学家小组制备了两套原子钟,精确度达到13个小数位。他们把其中一套安装在飞机上,在世界各地飞行,另一套完全相同的原子钟留在地上。当飞机带着原子钟回到地面时,这些原子钟与地面上的原子钟比较,它们比留在地面上的原子钟的确少滴答了几次。

相对论还说,物体运动得越快,在静止的观察者看来,它沿运动方向的长度就收缩得越厉害。在同一观察者看来,质量却似乎是增加了。此外,根据相对论,没有任何物体能够达到光的速率(或者,更精确地说,达到所有电磁辐射在真空中的运行速率,电磁辐射包括无线电波、X射线、红外线,等等)。光速是最高限值,因为当物体接近光速时,它的质量接近无穷大。

最让人们吃惊的是,爱因斯坦运用他的著名方程式 $E=mc^2$,证明了能量和质量正是同一事物的两个方面。在这个方程中,E 是能量,m 是质量,c^2 是光速的平方,是一个常数。

所有这些看来都与常识完全相悖。但常识是根据日常生活经验形成的,如果你进入了非常非常快的世界,就不会觉得相对论真有那么奇怪。

当然我们大多数都没有这样的经验。但不管它显得多么有悖常理,近一百年来每一次实验检验都证明了爱因斯坦是正确的。

❧ 广义相对论 ❧

令人不可思议的是,爱因斯坦在发表光电效应、布朗运动和狭义相对论的论文之后又过了 4 年,才在苏黎世大学找到一个教学岗位,尽管薪金很少。但是到 1913 年,由于普朗克的努力,柏林附近的威廉皇帝学院(Kaiser Wilhelm Institute,简称 KWI)为他新设了一个职位。自从 1905 年发表论文之后,爱因斯坦一直在研究一个更大的理论——广义相对论。狭义相对论仅适合于直线匀速运动。但是,当运动物体加速、减速或者沿螺旋轨道转弯时,情况会怎样呢? 更普遍的加速运动更是复杂,而能够解释这种运动的理论必将更为有用。

现在,爱因斯坦来到了威廉皇帝学院,有机会完成这项工作。1916 年,他发表了广义相对论,这一理论具有深远意义,特别是在宇宙尺度上。许多物理学家认为它是有史以来最为精彩的智慧结晶。

广义相对论保留了狭义相对论的原则,与此同时增加了引力这一维度——因为引力是引起加速和减速的力,也是使卫星绕着行星、行星绕着太阳旋转的力。

爱因斯坦认识到,无法区分引力效应与加速效应之间的差别。于是他放弃了引力是一种力的思想,代之以一种人为设想的方式,即我们观察的物体就是以那种方式在空间和时间里运动。根据爱因斯坦相对论,在三维空间(长、宽、高)之外再加上第四维——时间,共同组成所谓的时空连续体。

为了说明加速和引力本质上具有相同效应这一思想,爱因斯坦以缆绳断裂、从建筑物顶层下落的电梯为例。电梯下落时,乘客的感觉是"失去了重量",就好像他们是在宇宙飞船上一样。此时,他们是在做自由下落运动。如果梯内的乘客看不见梯外的任何东西,他们就无法区分这一体验与乘坐飞船在地球轨道上遨游时的体验有什么不同。

爱因斯坦利用这一等效性,写出了一组方程式,其中引力不再是一种力,而是一种时空的弯曲,就好像每个大物体都置于一块大橡胶的表面。星星之类的大物体在时空里转弯,就像是位于橡胶板上的大球会使橡胶表面凹陷那样。质量引起空间和时间的变形就导致了我们所谓的引力。引力的"力"并不真正是恒星或行星等物体的特性,而是来自空间形状本身。

事实上,这一弯曲已经得到了实验验证。爱因斯坦在三个领域里作出预言,在这三个领域中,他的广义相对论都与牛顿的引力理论有矛盾:

1. 爱因斯坦广义相对论允许行星轨道的近日点(离太阳最近的点)有位移现象(水星轨道就有这样的位移,该现象曾经使天文学家困惑了多年)。

2. 光在逆着引力离开星体时,会受强引力场的作用产生红移。

3. 光被引力场偏折的量应该比牛顿预言的大得多。

第一条预言并不特别引人注目,因为列维利尔(Urbain Le Verrier,1811—1877)已经观测到了水星轨道的位移,并且在 1845 年为了作出解释提出有另一个内行星存在的假设。但是,一直没有人能够找到这颗传说中的行星,爱因斯坦的理论则解释了此现象从而一举解决了这个奥秘。

至于强引力场中的红移,很快就得到了证实。美国天文学家亚当斯(Walter Sydney Adams,1876—1956)曾经证明恒星的发光度,或亮度,一般可以通过光谱而测定。1915 年,他正在研究天狼星的伴星。从这颗星的光谱可以断定,这颗星虽然很暗,却非常之热。极高的温度应当产生与恒星表面积相关的极为强烈的发光度,现在的情况却是,这颗星极为暗淡,这只能说明天狼星的伴星具有极小的表面积和极大的密度——比普通的物质密得多。按照卢瑟福的思想,原子内大部分是空虚的空间;但是,天文学家的结论却是,这颗星可能是由坍缩的原子所组成,原子中的亚原子粒子紧紧挤在一起了。英国天文学家爱丁顿(Arthur Stanley Eddington,1882—1944)建议亚当斯,说这颗白矮星(这类超密天体后来叫这个名字)一定具有特别强的引力场。

这一可能性使它成为检验爱因斯坦理论第二个预言(红移)现象的合适对象。果然,1925 年,亚当斯有机会寻找这一偏移,并正好找到了它。白矮星的吸收光谱与正常光谱相比,确实向红端偏移。在 20 世纪 60 年代,更精致的测量仪器使人们有可能测试到太阳发出的光线所产生的更小偏移,结果也确证了爱因斯坦的预言。

广义相对论诞生于第一次世界大战的中期,所以对于第三个预言,光的引力偏折的验证,一直拖延到战后才得以进行。1919 年,伦敦皇家天文学会组织了两个远征队——一个去巴西北部,一个去西非海岸边的普林西比岛——利用一次正好在太阳附近有许多更亮的星星出现时所发生的日食。1919 年 5 月 29 日,日食发生了,他们在白天的黑空里,对附近的恒星进行了测量。然后把这些测量数据与 6

爱丁顿坚定地支持爱因斯坦的相对论。他通过参加1919年的一次远征,观察了日食,从而验证了广义相对论。他还正确地建议,天狼星的伴星 β 星,是检验广义相对论预言的红移非常适宜的对象。爱因斯坦认为,爱丁顿1923年关于相对论的论文是各种文字表述中写得最好的。

个月前的半夜天空对比,当时同样的星星不在太阳附近。引力偏折的效应非常明显,证明爱因斯坦是对的。他立即成为世界上最出名的科学家,他的名字也就变得家喻户晓了。

与此同时,德国——长期以来都是科学中著名成果的最初发源地之一——对于正在国内工作的众多杰出科学家越来越不友好了,特别是对许多像爱因斯坦那样已被列入纳粹犹太名单的人。20 世纪 30 年代初,开始出现这些预兆:剥夺犹太人公民权,逮捕他们,犹太人财产和犹太教堂被大肆掠夺和破坏。最后在 1940 年,希特勒政权在奥斯维辛以及其他许多地方建立了死亡集中营,几百万犹太人被监禁拷打,用毒气熏死。20 世纪 30 年代初,开始出现大规模流亡现象,其中包括许多非犹太裔科学家,他们本着自己的做人原则而离开德国,因为不愿意在同事们被迫害的地方工作。1930 年,爱因斯坦永远离开了德国。他来到美国加州理工学院演讲,之后再也没有返回德国。他接受新泽西州普林斯顿高等研究所的职位,在那里他成了永久居民,1940 年成为美国公民。

爱因斯坦总是在同事间的思想交流中起催化剂的作用,他一生都活跃在物理学的世界里。但这位叛逆者也发现,正如普朗克所感觉到的那样,物理学的改变之快超过了他愿意接受的程度。地平线上隐隐出现这样的挑战，诸如玻尔的互补性原理和海森伯（Werner Karl Heisenberg，1901—1976）的不确定原理，对此，他一生都在质疑。爱因斯坦也许会喃喃而语："上帝从不对宇宙玩掷骰子这套把戏"，或者"上帝也许是狡黠的，但没有恶意"。在他生命的最后几十年里，他把大部分时间用于探讨能把引力和电磁现象包容在一起的途径，但没有成功。直到生命最后的日子里，他仍然是一个孤独的提问者，对自然和人性提出各种质问。他总在寻找真理的终极之美。

爱因斯坦在新泽西州普林斯顿高等研究所。

▶ 玻尔与爱因斯坦对量子问题的最早论战。爱因斯坦主张的光理论必须以某种方式将波动性和粒子性有机地结合起来，并且波和粒子这两个侧面可以因果性互相联系起来，而玻尔却坚持光的经典波动理论，否认光量子假设的有效性。

◀ 玻尔是量子力学中著名的哥本哈根学派的领袖。他们不仅创建了量子力学的基础理论，并给予合理的解释，使量子力学得到许多新应用，如原子辐射、化学键、晶体结构、金属态等。更难能可贵的是，玻尔与他的同事在创建与发展科学的同时，还创造了"哥本哈根精神"——这是一种独特的、浓厚的、平等自由地讨论和相互紧密地合作的学术气氛。

▶ 1930年出席在哥本哈根理论物理研究所召开的一次会议的代表。前排左起第二、三、四分别为玻尔、海森伯、泡利。

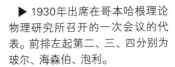

▲ 1916年，密立根通过光电效应实验，证实了爱因斯坦的理论工作，也证明了普朗克常数独立于黑体辐射。

▲ 1921年，在玻尔的倡议下成立了哥本哈根大学理论物理学研究所。它在量子力学的兴起时期是全世界最重要、最活跃的学术中心。图为当时的理论物理学研究所。

第三章

新宇宙(二)：量子奇迹

在 20 世纪的前 30 年中，在放射性、量子理论和相对论这样一些令人激动的发现的激励下，涌现出大量新的思想和发现，这在物理学发展史中是绝无仅有的。一大群充满活力的男女科学家，他们雄心勃勃、才华横溢、有备而来、能力超强，集结在欧洲、加拿大和美国的大学里，扬起探索的风帆，直逼原子的内部构造。这些精英中最出色的一位就是后来被称为"高贵的丹麦人"的年轻人。

玻尔的原子

玻尔在 1903 年进入哥本哈根大学时，是一位优秀的足球运动员，尽管球艺不如其弟弟哈那德（Harald，他参加 1908 年丹麦奥林匹克代表队，这支球队在大赛中荣获亚军）。兄弟俩都很优秀，但是在学生时代，每当有人提起哈那德的数学才能时，他都会如此表白："我算不上什么，你应去会会我的哥哥。"

玻尔是许多高产科学家的导师，是爱因斯坦的亲密朋友和辩论对手。

玻尔身材魁梧修长,脸部表情刚毅,头大眉浓。他平易近人,说话充满幽默,善于提炼人们的思想,从而激发相互之间的讨论。1921 年,在他的领导下,哥本哈根设立并建成了理论物理研究所,他 36 岁成为这一研究所的所长,这里就像磁铁一样,从世界各地吸引来了最优秀的年轻学者。

研究所里玻尔的一位年轻学生弗利胥(Otto Frisch,1904—1979)这样形容他:"他说话柔和,带着丹麦口音,我们往往难以判断他是在说英语还是在说德语——两种语言他都说得很流利,不断在变换。在这里,我似乎感到苏格拉底又复活了,和蔼地向我们提问,把每场争论都提升到更高的水平,从我们中间提炼智慧,而我们并不知道自己具有这种智慧,我们的确也不具有这种智慧。"玻尔作为良师益友是无与伦比的,但所有这一切都与他的后期生涯有关。

玻尔早年作为研究生曾经到过剑桥,然后在 1912 年去了曼彻斯特,在曼彻斯特作了 4 年研究,然后回到哥本哈根担任物理学教授。玻尔也许是曼彻斯特唯一与卢瑟福合得来的理论家。但他们却是奇怪的一对,卢瑟福滔滔不绝、语音急促,玻尔则低声细语,字斟句酌。按照斯诺(Chales Percy. P. Snow,1905—1980)的说法:"如果找不到合适的词……他会踌躇几分钟,反复考虑那个盘踞在他心中的词。"这两种思维方式的对比成为 20 世纪上半叶标志性的特点,再没有人比他俩更典型地反映这种对立思维的特征了。玻尔爱好沉思,做事全神贯注,整个谈话过程都在思考,往往在谈话中间不经意就抓住一个思想。但是要他违背天性去顺从别人,却做不到。相比之下,卢瑟福具有百折不挠的毅力,不得到结果誓不罢休,但缺少玻尔那种目的明确的思考能力。在解决"物理学的重大问题时",弗利胥后来回忆说,玻尔"以蜘蛛般的敏捷在空旷处移动,他能准确判断每一条论据细丝所能承受的重量"。

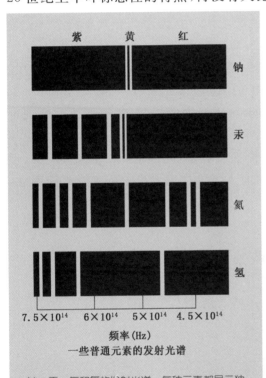

一些普通元素的发射光谱

钠、汞、氖和氢的发射光谱。每种元素都显示独特的分立光谱,就像是指纹一样,这个事实困扰了科学家许多年,直到玻尔提出他的原子模型。玻尔建议,电子仅仅在从一个轨道跳跃到另一轨道时才释放能量(这就解释了元素发射的分立光谱线),电子仅仅在某些允许的轨道上运动,这些轨道距每种元素的核的距离是特定的。

到曼彻斯特没多久,玻尔即着手改进卢瑟福于 1911 年提出的原子模型。在卢瑟福的原子中,电子围绕中心的核旋转,它受电的吸引力作用,就像一个微型行星系。但这一模型有一根本性问题。19 世纪,法拉第和麦克斯韦证明,一个带电粒子如果偏离直线运动,就会发出辐射。因为辐射会损失能量,如果没有相应的机制补充能量,那么,一个电子,若按卢瑟福设想的那样沿圆形轨道运动,它很快就会沿螺旋状轨道向核靠拢。也就是说,为了满足能量守恒定律,轨道必将坍缩。卢瑟福不能解释的正是为什么原子不会坍缩。然而卢瑟福并不介意这个问题,他不是理论物理学家。而这正是玻尔的切入点。

　　玻尔经过长时间的思考，仔细琢磨实验数据，运用计算尺（在计算器和计算机发明之前，人们历来都使用这一计算工具），写下各种方程式。玻尔想，如果把普朗克的量子理论运用到原子模型，事情会怎样呢？19世纪的物理学家已经发现，每种元素加热后都会产生某种特征性光谱。例如，钠只发出特殊波长的光，即黄光，钾发的是紫光，等等。在普朗克理论看来，这就意味着每种元素的原子只产生携带特殊能量的光量子。玻尔提出一种原子模型来解释其中的原因。

　　玻尔成功了，他指出，电子围绕原子核旋转不能取任意轨道。因为所有的原子在功能上是相同的，所以在形状上无疑也是相同的，他提出，任何元素的电子只能沿被允许的特定轨道运动，这些轨道离核的距离是特定的。轨道的半径决定于普朗克常数——因此能量也是这样。他说，只要电子在允许的轨道上运动，它们不发射电磁能量。但是电子可以自发地从一个轨道跳跃到另一个轨道，这时它们的能量状态有所改变，就以波包即量子的形式吸收或释放能量。跃向靠近原子核的内侧轨道，由于轨道半径更小，电子会释放能量。当跃向远离原子核的外侧轨道时，轨道半径变大，电子要吸收能量。

　　玻尔对氢原子中的单个电子作了计算，计算出从一个轨道跳跃到另一个轨道时所涉及的能量。然后，假设能量转变为光（光子，或电磁能量子），由此算出产生的光波波长。果然有效。他的计算与氢光谱相符，在这以前，氢光谱一直是无法解释的谜。物理学家已经观测到特定元素的原子会发出特定的光谱，但在此之前一直无法解释其中的道理。玻尔则相当精确地解释了这一点。

　　这是伟大的一步。当爱因斯坦听到数据与光谱是如何吻合时，他欣喜若狂，声称"这是最伟大的发现之一"。玻尔成为20世纪原子理论的奠基人。

　　但即使玻尔已经把量子理论首次成功地运用于物质的物理学，但他也承认这一理论仍然存在大量未解之谜。

　　"思考这些问题使我困惑无比，"一位来访者曾听见玻尔如此埋怨。"但是，但是，但是……"玻尔结结巴巴而又不失真诚地说道，"如果有人说他在思考量子理论时毫无困惑，那他一定是缺乏对量子理论最起码的理解"。

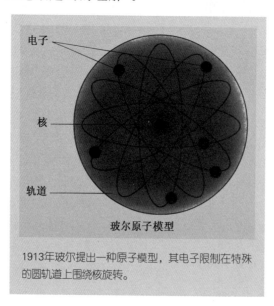

玻尔原子模型

1913年玻尔提出一种原子模型，其电子限制在特殊的圆轨道上围绕核旋转。

当然,玻尔的原子模型无论如何也不是定论。我们关于原子的概念从他1913年宣布原子模型以来已经有了很大变化。在那些对原子理论的发展作出贡献的人们中间,有一位来自德国的年轻人,他行为古怪却才华横溢。

泡利的不相容原理

泡利(Wolfgang Pauli,1900—1958)在实验室里表现笨拙,在演讲厅里也远非口若悬河。他身材矮胖,有点像电影演员劳瑞(Peter Lorre,1904—1964)。但他却轻易就能看透问题的实质。在慕尼黑大学他师从索末菲(Arnold Sommerfeld,1868—1951)做博士论文,然后分别在哥本哈根追随玻尔以及在格丁根做博士后研究。后来迁居美国,进入普林斯顿的高等研究所,1946年成为美国公民。

泡利

关于泡利不相容原理的直觉,源自他对所谓"塞曼效应"〔以荷兰物理学家塞曼(Pieter Zeeman,1865—1943)的名字命名〕的研究。作为科学家,他不免会经受挫折:还在成名之前,有一次拜访玻尔时,泡利显得闷闷不乐和充满沮丧,玻尔夫人(Margrethe Bohr)对他表示关切,他暴躁地回答说:"我当然很不高兴!我无法理解反常的塞曼效应。"

泡利把自己的工作建立在大量数据基础之上,从中找出一个在所有情况下都有效的简单分类原理:在任何基本粒子体系中——例如原子中的电子群——没有两个粒子会以同样的方式运动,也就是说,占有同样的能级。1925年他宣布了不相容原理,后来证明适合于其他核粒子,这是当时人们连做梦也没有想到的。这一概念成为量子力学的重要组成部分。

不相容原理解释了为什么原子中不是所有的电子都陷入最接近核的轨道上,既然落在这一轨道上只需最少的能量。这是因为一旦有一个电子占据某一轨道,它就会排斥任何其他电子占据同一轨道。泡利由于这项工作在1945年获得了诺贝尔物理学奖。

泡利还解开了另外一个谜:当原子辐射β粒子时(β粒子实际上是高速的电子),某些能量似乎是遗失了。这一情况显然违反了能量守恒定律,物理学家难以认同这样一个到处适用的普遍原理在此却失效这一例外。1931年,泡利假设,在辐射β粒子的同时,还辐射另外一种非常微小的粒子,这种粒子不带电荷,甚至也可能没有质量,却把看似遗失了的能量带走了。次年,费米(Enrico Fermi,1901—1954)给这种粒子取名叫中微子(neutrino,意大利文,表示小的中性粒子)。有些人怀疑泡利是不是在玩弄某种账簿骗局——发明一种不存在的粒子,使能量收支账目看上去平衡。但是在1956年,人们利用一家核电站完成了一项精彩实验,证明幽灵般的中微子确实是存在的,这才使泡利得到了平反。

粒子和波

自从泡利提出不相容原理（1925）之后，一群才华横溢的年轻物理学家似乎占据了舞台。两年前，在巴黎，德布罗意（Louis de Broglie，1892—1987）提出，如果亚原子粒子同时也可被看成是波，就可从理论上简洁地推出结果。这是一个简单而新颖的思想，对此你忍不住会说："啊，这是怎么回事？如果真是这样，又会怎样呢？"根据普朗克和爱因斯坦的理论，近来大多被看成是波的光，应该是粒子。现在德布罗意又说，粒子——电子甚至原子——有时也表现出波的行为。当这一理论用实验检验时，结果证明他是对的。这一令人难以置信的概念叫做波粒二象性。

这一思想立即得到物理学家的认同。薛定谔（Erwin Schrodinger，1887—1961）得出了关于德布罗意波的数学公式。这是观察原子的另一条途径。人们在想，波或粒子，究竟哪个对？最后薛定谔证明，两种表述在数学上是等效的，他的论文发表于 1926 年。尽管这一结果并不是人人都满意的解释，却使物理学家高兴，因为这是在数学上完备的原子理论。

薛定谔

这里只有一件事情错了：薛定谔认为电子是波，某种"物质波"，而且他的方程式对此完全有效。但是，有些情况却并不完全适用。同年，另一位物理学家玻恩（Max Born，1882—1970）提出，薛定谔在方程中描述的并不是电子本身，而是在任何给定位置上能够发现电子的概率。

玻恩

例如，如果你用电子轰击一个壁垒，有些电子会穿越壁垒，有的电子则被弹回。玻恩认为，你可以描绘单个电子可能出现的概率，比如说，穿越壁垒的概率是 55%，而反弹的概率是 45%。因为电子本身不可分，因而薛定谔的波动方程描述的并不是电子本身，只是它可能的位置。

1988 年诺贝尔物理学奖获得者莱德曼（Leon Lederman，1922—　）认为，玻恩的解释是"牛顿以来我们的世界观中最具戏剧性的重要变化"。但薛定谔对此并不乐意，当时许多其他经典物理学家也是如此。玻恩的概率意味着，得到牛顿定律认可的决定论现在已经过时了。这一解释加上量子理论，意味着对于你需要测量的任何东西，可以知道的只是概率。

但是,玻尔、索末菲、海森伯等人却是冷静地对待玻恩的思想——这些概念似乎是合适的——他们继续这项激动人心的工作,以便使一切都顺理成章。在这些勇于挑战的人中,英国物理学家狄拉克(Paul Dirac,1902—1984),年方二十多岁就在使量子论和相对论相统一的基础上,为电子提出了一个优美的新方程(后来称为狄拉克方程)。1930 年,他在为这些方程求解时,居然得出这一令人惊奇的结论,不管物质存在于什么地方,总有它的镜像存在,他称之为反物质。例如,一定存在着与电子具有同样性质的另一种粒子,只有一个重要区别:它不像电子那样带负电,而是带正电。他的思路令人想到诺埃特(Emmy Noether,1882—1935)的对称性思想以及如下事实:一个数的平方根可以是正数又可以是负数〔例如,4 的平方根是＋2 和－2;2×2＝4;(－2)×(－2)也等于 4〕。狄拉克的方程告诉我们,有待寻找的是带正电的电子。后来,1932 年,年轻的物理学家安德森(Carl David Anderson,1905—1991),在加州理工学院用强大的磁铁和云室做实验时,捕捉到了这样一种粒子,这种亚原子粒子的径迹,和电子很相似,只是被磁场拉到相反的方向,他把这种新粒子叫做"正电子"。

诺埃特: 现代物理学中的对称性

　　20 世纪数学开始越来越多地在物理学理论的形成中起到关键作用。有一位卓越的数学家,名叫诺埃特,她最早建立对称性(或镜像反演)在现代物理学中的作用。她是 20 世纪最重要的数学家之一。

　　诺埃特 1882 年生于德国爱尔兰根(Erlangen)大学城。尽管当时大学禁止妇女入学,她还是设法得到允许进入课堂听讲。当时在 968 名学生中还有另外一位妇女听课,她们两人都没有得到入学允许。最后在 1904 年,这项规定被取消,诺埃特取得学位,1908 年她的博士论文以最高荣誉被通过。

　　诺埃特爱好抽象数学,这就是她的生活。数年来她在爱尔兰根的教学没有报酬,有时替她父亲讲课,她父亲是大学的数学教授。1915 年,她在格丁根为爱因斯坦的广义相对论从事数学方程的工作,仍然没有报酬。系里有一位数学家,名叫希尔伯特(David Hilbert,1862—1943)常常请她教课,并且在极其保守的同事中间,力争为她申请一个职位(仍然是无薪的),他声称:"我看不出性别与她申请无薪讲师('助教')有关。毕竟我们是在大学里而不是在澡堂里。"这一申明在今天看来似乎依然带有偏见,但在那个时代,希尔伯特的努力是非常开明和进步的。

　　诺埃特在粒子物理学中的重要工作只是她硕果累累的一生中全部成果的一部分,她在后半生做的工作更精彩,既是数学家的杰作,也是物理学家的业绩。她具有非凡的才能,能透过表面现象直达问题的根基,她的数学解释就是建立在此根基之上的。

　　她有关物理学的理论,源于希尔伯特对相对论的兴趣和她自己 1915 年在这一课题上做的早期工作。这一理论证明自然中的对称性和守恒定律是相互关联的。每当你找到其中的一个,就会相应找到另一个。

对称性就像镜面反射——其实,镜像本身就是一种对称性。用数学来表示,假设 z 是指向镜面的轴,原物的坐标已由 z 变为 $-z$。诺埃特指出,在对称性中某些事物总是保持不变。例如,对于镜像来说,x 坐标和 y 坐标就保持不变。这一相同性(不变性)就是我们所谓的守恒。例如,空间和时间的对称与能量、动量以及角动量守恒相关联。但还不仅如此。其中的每一个都暗示着另一个。守恒定律必然是从对称性得出,而对称性也必然包含了守恒定律。

诺埃特

许多物理学家从中受益匪浅。诺埃特关于对称性工作在最简单的层次上提供了可靠的路标。除此之外,还有其他意义。她关于对称性和不变性的思想后来证明对爱因斯坦的相对论研究极为有用。物理学家后来发现了一打以上的守恒定律和与之相关的对称性,诺埃特工作的重要性不断得到承认。它成为现代物理学的基础之一。

和其他许多犹太知识分子一样,诺埃特在纳粹上台之后,于 1933 年逃离德国,放弃了她在法兰克福大学的教学位置。到美国后,她成为布林马尔学院的访问教授,这是费城郊外的一所女子学校。她还在普林斯顿高等研究所讲课。

诺埃特似乎不太注意自己的形象,常常不修边幅,有点像女性的爱因斯坦,带着厚厚的眼镜,爱好辩论。1935 年,诺埃特意外地在手术后去世。她的朋友,数学家和物理学家外尔(Hermann Weyl,1885—1955)在悼词中说道:"她不像是上帝之手捏成的具有和谐形状的泥人,而更像是上帝吹入生命之灵气的石人。"

不确定性的作用

与此同时,1927 年,海森伯提出了另一种奇异的物理理论——不确定原理。这条原理的意思是:电子的精确位置和瞬时速度不能同时确定。换句话说,当撞击一个电子时,不能确定说出,电子会被撞到哪里——只能说它可能撞向哪里。人们只能作出统计预测。

这个思想概括了我们叫做量子理论的伟大科学革命。不过,仍有许多问题尚待解决,量子场论今天仍在发展。有些科学家认为,这一理论并不完善,除非它与引力理论完全结合。

爱因斯坦从未承认过不确定原理,对此,他与玻尔之间有过持久激烈的论战。这是两个朋友之间的争论,他们相互尊重对方的智慧,争论一直持续到爱因斯坦生命的最后一刻。爱因斯坦去世后多年,玻尔仍然在修改为了说服爱因斯坦所画的那幅插图。玻尔去世的那一天,他的黑板上画的就是那幅草图,他的内心深处从未中止过与他的老朋友的对话。

事实上,玻尔在讨论中也作出了自己的贡献,这就是他于1927年提出的所谓互补性原理,认为一个现象可以通过两个相互对立的方式来看待,这两种角度在各自范围内同时有效。不过爱因斯坦对这一概念感到难以认同。

这些熠熠生辉、至关重要、激动人心的思想确实会带来某种令人不安之感。关于量子,理论物理学家费恩曼常常对他的学生说:"我想我能够有把握地说,没有人懂得量子力学……你要尽可能避免这样来问自己,'但是它怎么会是这样?'因为这样你将'掉到排水沟',走进死胡同,再要出来可就难喽。没有人知道它怎么会成那样。"事实继续证明,它就是这样。

海森伯

当然,在那些激动人心的年代里,构建原子和量子大厦的人物远不止这几位——他们只是更为杰出的几位。更多的人作出的贡献是:统计电子打到荧光屏上的成千上万个亮点,设计仪器,提供思想,激发新的观点。科学已不再是哥白尼在他的城堡里单枪匹马的努力,或者伽利略通过他的望远镜独自向天空窥视,而是越来越多地成为团队之合作。许多男女英雄们默默无闻,他们之中也有知名人士,但对于一本小书来说,实在难以容纳。但是团队合作——实验家验证理论家,理论家从研究数据中得到灵感——已经越来越处于科学必经之路的中心。

当然,孤独的科学家仍然通过多种途径在研究天空和宇宙。

第四章

宇宙的新观测

天文学家和天体物理学家也从 19 世纪继承了丰富的遗产。改进后的望远镜使得对太阳系及更远处的观测有了更高的精确度,天文学家发现了许多小行星和海王星。天文学家还开始运用新的观测设备,照相术提高了人眼观察天空的能力,光谱学提供了大量有关远近天体所含成分的特殊新信息。

20 世纪里,天文学家利用照相术、光谱学和有关辐射的新发现迅速加深加宽了人类对宇宙的认识。这些工具使他们得以进入新的探索领域、确定星体的位置和亮度、发现新的天体,并且对恒星进行分类和编目。天文学紧紧跟上物理学和化学的步伐,对宇宙及其大小、形状和特性的认识迅速增长。

宇 宙 射 线

1910 年 3 月 10 日的巴黎,春寒料峭。埃菲尔铁塔塔顶寒意阵阵。这座铁塔 21 年前刚刚建成,巨大的钢梁伸向几近 1 000 英尺的天空,这是巴黎的最高建筑了。就在这个特殊的日子里,来自荷兰法肯堡的一位耶稣会士物理教师伍尔夫神甫(Father Theodor Wulf,1868—1946),从升降机走出来,把仪器拉到观测平台上,他不是普通的观光客。他站在远远高出战神公园的地方,运用玻璃和金属仪器,测定在此高度空气的导电性。

他的发现使大多数人感到惊奇,因为空气平常是完全不导电的。但伍尔夫是一位"放射性小组"的成员,该小组研究的是 1896 年贝克勒尔发现的神奇辐射。因此他认为这个问题值得研究。他知道,用静电计(这种仪器就像瓶子里的天线)可以测量辐射源的强度。当靠近铀时,静电计的金属箔片会张开,当它们向周围空气放电时,箔片又合拢。放电越快,辐射源越强。但是,伍尔夫发现,这些测量仪器有时似乎在"漏电",即使附近没有铀块存在,也有缓慢放电。这一残余放电扰乱了数据读取,但是没有人能够避免这种情况出现。1909 年,伍尔夫发明了一种高灵敏度静电计,用它更容易显示放电过程,因为它精密得多。

这一奇怪现象的根源是什么? 全世界的地质学家、气象学家和物理学家都开始用伍尔夫的静电计进行试验。伍尔夫测试了德国、奥地利和瑞士阿尔卑斯高地等许多地方。残余放电似乎到处出现,但是程度有所不同。难道放射性是从地壳中逸出来的? 伍尔夫爬上埃菲尔铁塔就是为了进行这项试验。在铁塔的高处,他的仪器与地壳表面相距 1 000 英尺,应该能够消除任何来自地球本身的放射性影响。他花了四天时间做试验,但静电计一直在放电。他的结论是,一定是"或者在大气的上方有另一辐射源,或者空气对辐射的吸收要比假设的弱得多"。

大约与此同时,来自新成立的维也纳镭学研究所的赫斯(Victor Hess,1883—1964)也加入到这场争论中。在1911年到1913年之间,他带着静电计登上气球升空,不止十次。一般的结果是,当气球上升时,放电减慢,但总是存在放电现象,而且减慢速度也不像假设

赫斯登上气球进行高空测量,帮助确定了宇宙射线的存在。

辐射来自地壳所预期的那样快。赫斯的确被迷惑了。随后在第九次升空时,他注意到一种特殊的变化。在15 000英尺高处,放电的速率竟是平常在地面观测时的两倍。赫斯得出了奇异甚至怪诞的结论:"那种具有极强穿透力的射线来自大气层上空,来自最深的太空。"

起初尽管有些科学家猜想这些射线来自太空,但大多数人总觉得这一奇异的想法不可信。这似乎太离谱了。1914年6月28日,一位名叫柯尔赫斯特(Werner Kolhörster,1887—1946)的德国研究者创造了升高到30 000英尺的纪录。读数表明,这个高度的电离度比海平面时上升了12倍。然而就在那一天,第一次世界大战爆发,这项试验被迫中止。但是验证已有结果。赫斯是正确的:强大的辐射连续不断地轰击我们的地球以及宇宙中的每件物体。宇宙射线最终被发现了。正是这一新认识吸引了科学家,结果就是对宇宙中的辐射有了更多的发现。

赫斯由于对宇宙射线的工作,和发现正电子的美国物理学家安德森分享了1936年诺贝尔物理学奖。正如一位科学作家所写:"当决定把诺贝尔奖荣誉授予宇宙射线领域里第一个重要工作之后,除了赫斯博士,恐怕没有任何还健在的人有资格得这个奖了。"1938年,赫斯和全家从奥地利移民到美国,在纽约接受了福特汉大学的职位。

❀ 理 解 宇 宙 ❀

施瓦西(Karl Schwarzchild,1873—1916)于1901年成为格丁根大学教授,他在运用照相术测量恒星,特别是变星的亮度方面,遥遥领先。他指出,周期性变星(所谓周期性,指的是以一定周期改变亮度或发光度)之所以表现出这一行为,是因为它的温度有周期性的变化。

施瓦西,就像所有对理解宇宙感兴趣的人一样,曾受到爱因斯坦理论的激励,他是第一位为爱因斯坦的场方程提供解答的人。他也是最早对质量密集在一点上的星体其附近的引力现象进行计算的人,这种星体后来叫做黑洞。施瓦西对黑洞边界的估计,至今仍被人们接受,这个边界就叫施瓦西半径。

理 解 星 星

施瓦西热心普及天文学,致力于通过演讲和写作传播思想。1909 年,一位业余天文学家和普及工作者赫茨普龙(Ejnar Hertzsprung,1873—1967)能够到格丁根担任天体物理学教授,应该归功于他。赫茨普龙受的是化学工程教育,在圣彼得堡工作过两年,然后在 1902 年回到他的祖国丹麦,在哥本哈根作为一名业余天文学家做了许多工作。他对这样一种现象感到困惑,相距较近的星星虽然暗淡,却比遥远的亮星显得更明亮。为了补偿这一点,他提出了所谓"绝对星等"的概念,以表示恒星内禀的发光度——而不是观测者表面看上去的亮度。他发明了一种比较恒星亮度的系统,这就是把它们设想成离观测者同样的距离——10 秒差距。

早在 1905 年,赫茨普龙还研究过恒星之间颜色和发光度的关系。他是一位天体照相术专家,曾经从照片上估计星体等级,并且精确地拍摄下了双星。但是,他的工作多年被学术界忽视。美国天文学家罗素(Henry Norris Russell,1877—1957)宣布,他以更正规的方式独立地发现了类似结果。于是他们两人共享这一发现的荣誉,现在就称之为星体发光度的赫茨普龙-罗素图,简称赫罗图。赫罗图的目的是排列和研究关于恒星形状的数据,以便找出它们之间的关系,赫罗图至今仍然是理解恒星不同类型并在物理变量的基础上对它们进行客观比较的重要工具。

1911 年,赫茨普龙发现北极星是一颗造父变星,属于脉冲变星的一种。1913 年,他首次估算了某些造父变星的实际距离。这一结果,再加上勒维特(Henrietta Swan Leavitt,1868—1921)的工作,使得夏普勒(Harlow Sharpley,1885—1972)几年后弄清楚了我们这一星系(银河系)的形状。

罗素

看透恒星内部

20 世纪初摆在天文学家面前亟待解决的重大难题之一就是如何确定恒星的内部结构。它们的内部正在进行着什么? 是什么使它们发光,发出的光如此之亮,以至于穿过浩瀚的太空都能看见? 为什么有许多不同的类型? 爱丁顿在 1926 年这样解释:

"初看上去,似乎太阳和恒星的内部深处比宇宙其他地方都更难以进行科学研究……有什么仪器可以穿透恒星的外层,对其内部结构进行测试呢?

当误导的隐喻抛开后，问题看来不再那样毫无希望。'探测'并不是我们的任务；我们知道，我们可以等待和解释天体发给我们的信息，从中获取知识。这些信息中载有恒星内部的相关情况。引力场就是发源于恒星内部的。……辐射能也是来自炽热的恒星内部，经过多次偏折、转化才设法达到表面，并由此开始跨越太空的旅程。由这两条线索组成的推理链条也许是最值得信赖的，因为它（运用的）只是自然界最普遍的规则——能量和动量守恒、概率和平均值定律、热力学第二定律、原子的基本特性，等等"。

就这样，物理学和天体物理学携手并进。爱丁顿利用物理学新理论取得的进展，能够证明为什么恒星会是这样。他说，引力把星际气体往内拉，而气体的压强和辐射压又把它们向外推。他认识到，在一个稳定的恒星中，这些力是平衡的。

测 量 宇 宙

许多世纪以来，天文学家一直在寻找测量宇宙规模的适当方法，但是直到20世纪初，这个问题仍然没有解决。1912年在哈佛天文台工作的勒维特发现了一种有效的标尺——造父变星。

勒维特

第一颗造父变星是1784年被一个19岁的业余天文学家发现的，他的名字叫做古德利克（John Goodricke，1764—1786）。造父变星是这样一类恒星，它们定期在亮度上发生有规律的变化，周期通常是5至30天。这些变化就像钟表一样规律，因此相比那些变化不规则的恒星，它们更容易得到人们的认识。但是当勒维特观测小麦哲伦星系里的星星时，她发现造父变星有一种更重要的特性。她能够证明造父变星的平均发光度和周期之间存在显著的关系。这一周期—发光度关系使得天文学家有可能只要测出其周期，就可以计算出任何造父变星在任何距离的发光度。因此，勒维特认识到，很容易就可以利用这一事实测量出其他星星的距离。首先要找到一颗造父变星，测量它的周期，得到它的发光度或者绝对星等。然后测量它的视星等（它看起来有多亮），并且推出它的距离（以及附近星星的距离）。这是一个重要的突破。

恒星光谱的分类：坎农

坎农（Annie Jump Cannon，1863—1941）是美国一位州参议员的女儿，曾经在韦尔斯利学院学习，1884年毕业。十年后，她回到韦尔斯利和拉德克利夫学院，对天文学做进一步研究，后来在1896年加入哈佛天文台，在那里她度过了余生。

在匹克林（E.C.Pickering，1846—1919）的指导下，哈佛天文台开始运用匹克林发明的技术对恒星光谱进行广泛研究。匹克林不是通过小棱镜同时聚焦于许多星星，而是引入一种新方法，即把大棱镜放在照相底片前面。这样一来，照片视野中的每颗星都成为一组微小的光谱而不是一个光点。用这种方法可以采集大量数据，并作统计分析。

坎农为成千上万张照片发展了一种分类系统——这一系统在哈佛一直沿用了四分之三个世纪以上。她发现大多数光谱都可以排列成连续级数，在温度的基础上辨认各种恒星，从最热到最冷。这一工作成为亨利·德拉培尔星表的基础，该星表还包括对225 300颗比九等或十等还要亮的恒星的分类。

由于这些工作，坎农获得了许多荣誉和奖励，1931年她成了第一位获得美国国家科学院德雷珀奖章的女性科学家。天文学家夏普勒形容该奖章为"任何性别、种族、信仰或政治倾向的天文学家所能获得的最高荣誉之一"。

坎农，照片大约拍摄于1900年。她在哈佛天文台工作时发展了光谱分类系统。

银河系的形状

与此同时，夏普勒正在研究有关宇宙的另一个基本问题：银河系的形状。夏普勒1885年生于美国密苏里州的纳什维尔，是农民的儿子。很容易想象他在孩提时代，仰望密苏里黑暗的天空观察星星的情景。他先是当了一名记者，攒了足够的钱以后在1903年进入密苏里大学，学习数学和天文学，1910年毕业。后又到普林斯顿大学深造，和天文学家罗素一起工作，1913年获得博士学位，次年成为加州威尔逊山天文台的成员。在那里他研究球状星团（globular cluster，一种稠密、球形的星团，一般都处于衰老期），开始对星团和变星作理论与观测工作，他因此而出名。利用勒维特发现的造父变星视星等和周期之间的关系,他用绝对星等(一颗恒星,如果它处于离观测者 10 秒差距的标准距离时它将会多亮)计算了周期-发光度关系。这就成了确定星系尺度和几何学的新标尺。

夏普勒发现,太阳并不是像人们所假设的那样处于银河系的中心,而是离中心大约 50 000 光年。如同哥白尼,他说是太阳而不是地球处于太阳系的中心,夏普勒再一次把人类及其家园驱逐出中心。他的测量还证明,宇宙要比人们以前想象的不知大多少。

在加州富有成效的 8 年之后,夏普勒成了哈佛天文台台长。在那里的 31 年中,他指导天文学计划的实现、扩充了队伍和观测设备,建立了世界级的研究生项目,后来它成为美国最好的研究生项目。

夏普勒

哈勃更好的标尺

就像当时许多天文学家那样,哈勃(Edwin Powell Hubble,1889—1953)也不是从一开始就以天文学作为终生职业的。他在牛津是领罗氏奖学金的学生,1910 年以法学学位毕业。尽管前程看好,但不久他就转到芝加哥大学的耶基斯天文台工作,该天文台位于威斯康星州的威廉斯湾。1917 年,他从芝加哥大学获得天文学博士学位。继第一次世界大战在步兵团服役后,他来到南加利福尼亚的威尔逊山天文台任职,以后他的一生都是在这里度过。不久以后,大型 2.5 米(100 英寸)胡克望远镜在这里安装,给哈勃提供使用当时世界上最大的反射式望远镜的机会(这个位置,胡克曾经保持了 30 多年)。

以哈勃命名的望远镜

今天天文学家都知道他们应该感激哈勃,这就是哈勃太空望远镜以他名字命名的原因。哈勃望远镜是1990年发射的,其轨道高出地球表面381英里,得以避免云层和地球湍流大气的扭曲效应。这一复杂的遥控太空船虽然仅有一辆移动大货车那么大,却提供了无与伦比的宇宙视野和最远的观测范围。到了1998年,哈勃望远镜探测到的空间范围远远超过了过去。仅就其许多进展中的一项而言,它记录了宇宙最早阶段的星系图像,其时间大约可以追溯到宇宙演化过程最初5%那段时期。从许多方面来看,以哈勃命名的望远镜使得哈勃对于天文学的贡献成为现实。

哈勃对一种形状模糊、像云一样的天体发生了兴趣，这种天体叫做星云——它看上去像存在于空间的雾状发光物质。1923 年他的注意力集中在仙女座星云，由于它具有螺旋状臂而被称为"螺旋星云"。经过仔细观察，他成功地辨认出在其边缘的恒星。这是第一个证据，表明在银河系之外也存在恒星——证明由恒星组成的星系一定存在于离银河系很远的地方。今天已经把哈勃研究的天体命名为仙女座星系。哈勃还建立了一个星系的分类系统，这一系统至今仍在运用。

1929 年，在考察星云和把星系分类的过程中，哈勃注意到星系向着地球退行的速率正比于其距离，这就叫哈勃定律。这一工作被认为是 20 世纪天体物理学最有意义的突破之一。

哈勃运用这一测量结果，估计可知宇宙（我们能够研究的部分）的半径大概是 130 亿光年，直径就为 260 亿光年。这是一把巨大的标尺，甚至比勒维特的造父变星好用得多。现在天文学家在他们的探索中已有更多的工具，可以帮助他们理解宇宙的特性和宇宙的巨大。

哈勃

德西特的膨胀宇宙

与此同时，荷兰天文学家德西特（Willem de Sitter，1872—1934），受爱因斯坦广义相对论的启发，开始探讨宇宙的结构。1919 年他提出这一设想：假设整个宇宙处于低密度质量状态，可能宇宙最初是没有质量的。这也许是对宇宙膨胀论最早的暗示之一，大爆炸理论的前提之一就是宇宙膨胀论，而大爆炸理论是当今关于宇宙起源和最早阶段的主导理论。德西特是莱顿大学有影响的天文学教授，他把自己的发现向英国的爱丁顿报告，从而激起了人们对爱因斯坦相对论的兴趣，由此引起的广泛关注又鼓励爱丁顿发起探险，在1919 年日食时检验广义相对论的预言。

德西特对爱因斯坦的宇宙观添加了两个重要的见解。他说，由于光线会被引力弯折，于是，任何光线经过一再弯曲，最终则会回到出发点。由此德西特认为，宇宙就是由"弯曲的空间"组成的。爱因斯坦把宇宙看成是弯曲的空间，但却是静止的。而德西特对之作出了不同的解释。他看到随着曲率逐渐变小，弯曲的宇宙就会不断向外膨胀。哈勃已经解释过的遥远星系的光谱肯定了这一点。1932 年，德西特和爱因斯坦合作研究他们的宇宙理论，为宇宙创建了一个模型，人称爱因斯坦-德西特模型。他们的理论第一次预言宇宙中有大量暗物质存在，一种无法探测到的物质形式，它没有辐射。

　　和物理学一样,天文学在 20 世纪初为后半世纪的巨大进展做好了准备。在天文学和天体物理学领域,正如物理学,科学家都在发展新工具,都在寻找收集数据、测量数据和解释数据的新方法。他们开始越来越多地使用照相术和恒星光谱收集数据,设计新的分类系统并作出解释,对于日趋复杂化的观察事实有了更为深刻的见解。在这一过程中,无论是对专业人士还是普通人,他们的工作都变得越来越有魅力。宇宙的广阔天地正成为一个越来越有吸引力的领域。

德西特(右立者)和他的物理学家同事们(顺时针): 洛伦兹(坐着)、爱丁顿、爱因斯坦和艾伦菲斯特。

第五章

原子的四分五裂：科学和原子弹

20世纪30年代末，战争的阴影渐渐逼近，就在此时，天文学家继续向着宇宙的深度和广度进军，物理学家继续探测原子核这一微观领域。与此同时，对许多欧洲科学家来说，生活条件越来越差。他们的实验室、家庭甚至生命都处在希特勒政权的威胁之下，希特勒政权正企图消灭犹太民族，压制周边国家的自由。

 雪地里的散步：迈特纳和弗利胥

奥地利物理学家迈特纳（Lise Meitner，1878—1968）为了逃避纳粹对犹太人的血腥迫害，于1938年在斯德哥尔摩度过了一个寒冷而孤独的冬天后，来到瑞典的北部。对于她来说，来自她深爱的第二故乡柏林的刀光剑影，已经使她的工作和生活彻底分离。30年来她一直和受人尊敬的德国化学家哈恩（Otto Hahn，1879—1968）肩并肩地一起工作。哈恩一般做实验工作，而迈特纳作出理论解释。现在迈特纳已经到了60岁，她的实验室和合作伙伴留在柏林，而斯德哥尔摩还没有建成的物理研究所几乎没有仪器设备，好在她还算幸运，竟然在此找到了一个职位。所以，当圣诞节来临时，她高兴地接受了朋友们的邀请，到瑞典东北海岸他们居住的一个休养小城昆伽夫（Kungalv）见面。她写信告诉哈恩，她要去那里，如果需要和她联系，请他写信到那里去。——这是现在他们之间唯一的联络方式。她还渴望见到她喜爱的外甥弗利胥，弗利胥计划从哥本哈根旅行到瑞典，和她一起度假。

但是当迈特纳抵达昆伽夫时，出乎她的预料，来自哈恩的一封信已经先期到达。弗利胥后来写道："当我在昆伽夫度过第一夜，刚从旅馆房间里出来时，只见迈特纳正在研究来自哈恩的信件，显得非常着急。"

他们两人离开旅馆，在附近丛林里踏雪，同时激动地讨论着，弗利胥穿着滑雪板，迈特纳在一边步行，坚持不要滑雪板。

哈恩和他的助手斯特拉斯曼（Fritz Strassmann，1902—1980），一直在试图解决一个谜，它与用中子轰击少量铀有关。这一过程通常仅仅产生几千个"子代物质"的原子，新物质具有与亲代物质不同的原子成分，在本例中亲代物质就是铀。问题是如何鉴定新物质以及解释它们为什么会产生。

哈恩已经开始这一实验，因为费米1934年在意大利曾经试图用被石蜡减慢速度的中子轰击铀核。当时费米并不是想分裂原子，而是希望使某些中子粘到核上，从而产生具有

不同寻常的中子数量的同位素。但所得结果使他,也使其他人大吃一惊并深感困惑。他的实验产生大量辐射。他认为也许是产生了比铀还要重的合成元素,而当时铀被公认是自然形成的最重的元素。

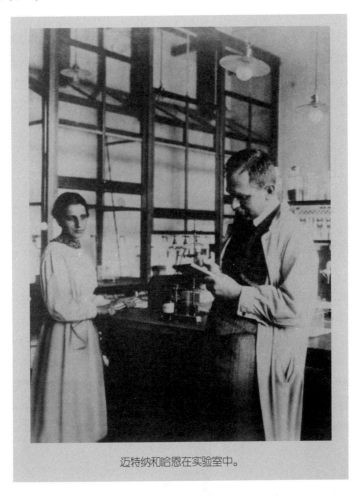

迈特纳和哈恩在实验室中。

当时没有人认为有可能是击破了铀原子。击破较轻元素的核则是另一回事,因为较轻元素的核所含粒子较少,也许互相间的束缚并不紧密,击破它们并不需要多大能量。但是在20世纪30年代初期,没有人会想象到有可能在牢牢束缚的重铀核中释放出巨大能量。对于这一点,卢瑟福、爱因斯坦和玻尔的意见是完全一致的。

但4年后,就在迈特纳和弗利胥雪地漫步之际,从不同实验室传来的不可思议的结果开始碰到一起。在巴黎,约里奥-居里(玛丽与皮埃尔·居里的女儿)和她的同事萨维奇(Pavel Savitch)在这方面已经得到一些令人惊奇的结果。几个月前,他们刚刚发表一篇论文,证实用中子轰击铀时产生了一种物质,似乎是镧——这种元素在周期表中的位置比铀低35格!也就是说,镧元素的原子序数是57,而铀是92。(原子序数表示质子或带正电荷粒子的数目)人们绝不可能想到如铀这样的重元素还有可能被击破。

这一消息引起高度争论,哈恩已着手证明约里奥-居里和萨维奇是否已"把事情弄糟"(有一位正在访问的放射化学家听到他这样评论)。哈恩和斯特拉斯曼开始轰击自己的铀样品。但是在经过多次重复之后,他们在1938年11月也报告了一系列令人惊奇的新结果。他们发现了三种同位素，是过去从未有人鉴定过的，他们相信这些同位素是属于第88号元素镭。他们在1938年11月出版的论文中写道，这"一定是由于发射了两个连续的α粒子"（α粒子是带正电的亚原子粒子，由两个质子和两个中子组成）。尽管镭并不那么接近镧在周期表中的位置，但哈恩和斯特拉斯曼的报告仍然和约里奥-居里及萨维奇的论文一样，引起了人们的怀疑和兴趣。哈恩后来写道，玻尔"对此表示怀疑，问我是不是高度不可靠"。对此，哈恩从内心同意。整个形势令人迷惑不解。是不是在实验中出了什么差错？哈恩和斯特拉斯曼回到实验室继续工作。故事就像他的信中所写。在迈特纳度假之前，她已经收到了来自哈恩的一封信，是12月19日写的，信中写道：

> "关于铀的活性，我已竭尽可能，斯特拉斯曼也是全力以赴。……现在几乎是晚上11点钟了……事实是，'镭同位素'里面有如此奇怪的东西，到现在为止我们只告诉您一个人：……我们的镭同位素行为就像钡。"

这是比以前更为神奇的结果。钡的原子序数是56！比铀的92一半略微多一点。

哈恩在信中继续写道，"也许您能够提出某种有趣的解释。我们知道，它绝不可能分裂成钡"。在信中他的表述一清二楚（并不正确），"……因此，请您想一想，是否还有什么别的可能"？

因此，当迈特纳发现在昆伽夫另有一封来自哈恩的信等着她时，并不感到意外。哈恩写道，进一步的实验有助于确定的确是生成了钡。作为化学家，哈恩认为自己有十足的把握。用慢中子轰击铀生成的不是镭，而是钡。她有没有可能提出另一种更合理的解释呢？这就是迈特纳和年轻的弗利胥在那个冬雪的日子里面对的如此困惑的问题。

正如后来弗利胥所写："从原子核里从来没有分裂出比质子或氦核（α粒子）更大的碎片，而且也没有足够的能量来做到这一点。再就是，没有可能把铀核一分为二。原子核并不是易碎的固体，可以被劈开或者击破……"

物理学家弗利胥是迈特纳的外甥，他见证并支持了迈特纳作出结论，这个结论是说，哈恩和斯特拉斯曼分裂了原子。

其实，当时最新的核理论已经由俄国物理学家伽莫夫（George Gamow，1904—1968）提出，并得到了弗利胥的导师玻尔的补充，他们把原子核比作一滴水。迈特纳和弗利胥在雪地散步时，开始假设原子核有可能分裂成了两个更小的"液滴"，就像挂在屋檐下或者雨伞边沿的水滴那样。它有可能是缓慢地伸长，形成狭窄的颈部，最终分离开来，而不是一下子就分裂为两个部分。

他们两人坐在一根原木上，从口袋里拿出纸片，在上面潦草地写下了几个公式。他们发现，铀核的电荷实际上已经大到足以抵消表面张力，从而使铀核变得很不稳定。单个中子就可以把它击破。"但是还有另一个问题"，据弗利胥回忆道：

> "分离之后，两个碎片由于相互间的电斥力而远离，远离速度之高因而带有非常大的能量，能量总共大约为 200 MeV（百万电子伏）。这个能量从哪里来呢？幸运的是，迈特纳记得计算原子核质量的经验公式，从而算出两个从铀核分裂的核加在一起要比原来的铀核轻，大约轻五分之一的质子质量。根据爱因斯坦的质能公式 $E=mc^2$，五分之一个质子的质量正好相当于 200 MeV。这就是能量的来源，一切都很吻合！"

迈特纳和弗利胥在耀眼的雪地里相互对望。在日常生活中 200 MeV 并不算很大的能量，可是对于单个原子，释放这么多的能量却是很大的数量。许多化学反应只产生5个电子伏的能量，而这个过程产生的能量却是它的 4 000 万倍。

有了哈恩的结果和计算的公式，可以断定，哈恩和斯特拉斯曼已经做了难以企及的事情。他们击破了铀原子。当迈特纳和弗利胥坐在瑞典的雪地里时，他们意识到了这一点。

大约1959年的迈特纳，这时距离她和弗利胥著名的雪地散步已经过了21年。

他们还意识到，如果这一能力落到纳粹手中意味着什么。原子裂变所释放出的如此巨大的能量将有极大的破坏力。当然迈特纳和弗利胥得到的结论对科学界来说也是极其重要的新闻，出于科学和政治两方面的理由，都必须让正义的人民知道这一消息。

当迈特纳回到斯德哥尔摩她的实验室时，弗利胥也匆忙返回丹麦，他在那里的玻尔研究所工作。当他到达时，玻尔正准备坐船去美国参加一个会议，弗利胥向玻尔讲述了发生的事情。

"哦，我们大家多么愚蠢？哦，这真是神奇！但正应该如此呀！"玻尔惊呼，用手敲击脑袋。他非常激动，鼓励弗利胥和迈特纳一起尽快发表一篇论文，解释哈恩-斯特拉斯曼的结果。然后他上船去了美国。途中他向一位同事讲述了这一激动人心的消息，在 1939 年 1 月 16 日的会议上，消息泄露了出去，后来才知道，这时迈特纳和弗利胥的论文还没有发表（好心的玻尔后来经常为这一疏忽表示歉意）。仅仅过了一夜,全美国各个大学的物理学家和化学家就开始检验这一命题,确证这是真实的。原子被击破了！物理学界和化学界被弄得神魂颠倒。

和希特勒竞赛

根据迈特纳从哈恩处得到的消息,德国科学家已经实现了核裂变,这使美国上下一片惊慌。若是如此,希特勒就有可能已经成功制造出原子弹,其破坏能力会是相当惊人的。如果这一武器在战争期间落入不讲原则的领导人手里,其后果将不堪设想。于是抢在希特勒前面,打击希特勒,赢得战争,就成为当务之急。

1939 年,西拉德(Leo Szilard,1898—1964)成功地说服了爱因斯坦——这位世界上最有影响的科学家,一起去说服美国总统罗斯福(Frankin Delano Roosevelt,1882—1945),让他相信美国迫切需要进行一项研制裂变炸弹的紧急计划。爱因斯坦这样做了,其实这大大违反了他一直持有的信念,因为爱因斯坦是一位热忱的和平主义者,但是希特勒和纳粹已经变成了世界上最可恶的势力。在爱因斯坦难得的支持下,一项绝密的计划产生了。它的代号就是曼哈顿计划,其目的就是建造"原子"弹。

费米的核反应堆

正如哈恩和斯特拉斯曼所证明的,铀核可以分裂。对于一个原子来说,巨大的能量由此可以被释放。但是要启动这一战略性武器,首先需要更多的能量。为此,必须进行链式反应,而链式反应以前从来没有人实现过。所以尽管没有人怀疑能够建造原子弹,但第一步却是要证明链式反应真正能够发生。

这件工作落到了来自意大利的能干的物理学家费米身上,他在 1938 年获得诺贝尔物理学奖——正好是迈特纳和弗利胥以裂变解释哈恩-斯特拉斯曼结果的几个月前。费米利用他到斯德哥尔摩参加诺贝尔奖颁奖典礼之机,与家人一起逃避了墨索里尼(Benito Mussolini,1883—1945)在意大利的法西斯统治。费米一家离开时只带了少量财产,以后再没有回去,在美国定居下来。

于是,就在芝加哥大学运动场的看台下,费米领导一组科学家建造了一座试验"堆"(他这样称呼)。他在 6 年前就已经知道用查德威克的中子轰击铀原子核的方法,现在他要使它成为现实。

其实,当战前还在意大利时,费米就在用中子"炮弹"探测原子结构的实践方

费米

面遥遥领先。当查德威克宣布他的发现时,费米马上就认识到了中子对他的工作的优越性。α粒子和质子带的是正电荷,会被原子核的正电荷排斥。但是中子不带电荷——所以,它们不需加速,很容易被核吸收。

费米还发现慢中子更有效,特别是被石蜡减速的情况下。当它们到达对象时,因为运动得如此之慢,很容易就被原子核吃掉。

现在,在芝加哥,他的目标是装配一组试验反应,这个反应要能以缓慢的速率进行,以便物理学家能够监控它,并且避免爆炸。他应用自然存在的铀矿,其中大部分是稳定的铀-238。他建造了铀层和石墨层相间的结构:铀是为了促成反应,石墨则是为了减慢中子运动速度。他用了 6 吨铀、50 吨氧化铀和 400 吨石墨块。镉棒阻隔反应发生,直到一切都准备就绪。

1942年,费米和科学家小组〔图中的牛森(Henry W. Newson)就是其中的一个成员〕在芝加哥大学施泰格体育场西看台下建造了这一座和其他一系列28座铀堆和石墨堆。这些"死"层和铀燃料层相间的结构是用来试验如何设计世界上第一座核反应堆CP-1(芝加哥一号堆)。他们从试验堆决定最后反应堆所需的再生因子、成分的精确组合和核链式反应要达到自持和有效所必需的配置。

通向击碎原子的道路

1938 年,当哈恩和斯特拉斯曼第一次击破铀原子,却完全不能断定他们正在做的是什么事情时,物理学家和化学家早在几十年前就已经从原子中分离出粒子了,并且经常得到令人惊奇的结果。1919 年,就在卢瑟福用高速 α 粒子打到金箔上从而发现原子核之后,他决定试试让 α 粒子轰击盛有氮气的管子。当他检验结果时,发现有些异常。除了他

的 α 粒子炮弹（由放射性镭自然辐射）之外，他还发现具有与氢核同样特性的粒子，尽管管子里并不含氢（这些粒子后来命名为质子）。卢瑟福作出结论，他用 α 粒子轰击氮核时，把氢核打了出来。放射性发现证明，自然界中某些原子可以自发地嬗变——而这次则是第一次证据，表明普通的（非放射性的）原子也不是不可击破的。在以后的 5 年里，卢瑟福和同事查德威克尝试用类似的实验，通过 α 粒子炮弹从 10 种不同的元素中分离质子。从这些实验中他们开始认识到，原子核并不只是带正电的微小实体。他们正在对原子核进行探测，如果原子核可以通过这一方式裂解，那么，它一定是有内部结构的。

卢瑟福假设，也许还有第三种原子性粒子尚未被发现。伊伦和约里奥-居里，正在巴黎积极探索原子结构。在实验中，他们用 α 粒子轰击铍，得到了一种奇异的粒子，他们认为这是某种穿透性辐射。查德威克试图进行类似实验，但是他的步骤却是，用石蜡减缓被发射粒子的速度，再让这种粒子又打到石蜡中的氢核上。他夜以继日地做实验，一连三个星期泡在实验室里。他的同事问他："查德威克，你累吗？"他回答说："工作起来就不太累了。"一切结束以后，他的第一句话就是："现在我需要用麻药让我睡上两个星期。"

查德威克

在那段时期，查德威克成功地证明，他已经发现了卢瑟福的中性粒子。中子解释了原子序数和原子量之间的差异——这个差异以前没有人能够解释。例如，碳的重量是氢的 12 倍，原子量是 12。但是根据原子含有的电子数，碳的原子序数却是 6。电子的负电荷应该被核中的质子平衡。而如果碳只有 6 个质子，碳原子的总重又从哪里来的呢？现在回答是清楚的。

与此同时，美国的劳伦斯（Ernest Lawrence，1901—1958）已经用了几年时间寻找更好的途径来轰击原子核。α 粒子有自身的问题。因为它们携带双份正电荷，这样就会遭遇原子核中正电荷的排斥。1928 年，伽莫夫曾经建议，单个的质子——氢离子——也许更好些，因为质子只带单个正电荷。很多科学家都在设法发明一种新的仪器，以加速这些粒子，使它们在下一个十年里，达到有效的速率——其中有考克饶夫（John Douglas Cockroft，1897—1967）和瓦尔顿（Ernest Thomas Sinton Walton，1903—1995），1929 年他们两人成功地设计了第一台粒子加速器，绰号为"原子粉碎器"。

但是最成功和最有创意的是劳伦斯的想法：不是立刻使粒子加速到顶峰，而是把它送上螺旋的轨道。在磁极中间安置一对 D 形电极，质子在磁极之间以圆形轨道运动，在电极之间不断加速。最后，当质子从仪器中射出时，它们已经积累了巨大的能量。1931年，劳伦斯在伯克利加州大学完成了第一台他所谓的"回旋加速器"。很快它就成为核物理学领域里取得未来进展的关键，特别是他建造了更大和更强的回旋加速器时。劳伦斯由于在粒子加速器方面的工作，荣获 1939 年诺贝尔物理学奖。

劳伦斯正在检验第一座大型回旋加速器（所谓大型，是指"大到无法放在讲堂桌上"。）

1942 年 12 月 2 日，费米把控制棒从反应堆中抽出，链式反应立即开始。不稳定的铀-235 核被中子击破，击破的原子嬗变又产生更多中子流，这些中子再从铀块发射到石墨中，在石墨中减速，然后进入下一块，击破更多的铀-235 核。随着反应的不断进行，温度不断增加。尽管这只是一次试验，并没有指望它产生动力，但"芝加哥一号"堆仍然是世界上第一台核反应堆。原子时代开始了。还有，通向曼哈顿计划的道路也畅通了。

曼哈顿计划

正当第二次世界大战在持续摧毁无数人的生命时，美国政府秘密集结了国内顶尖科学家——其实许多是世界上顶尖的科学家——来到名为洛斯阿拉莫斯的沙漠之地。洛斯阿拉莫斯位于新墨西哥州中北部边远地区，是一块荒凉的平顶高地，其附近唯一的设施就是一所私立男子学校。这块高地处于落基山脉最西端，崎岖的基督圣血山（Sangre de Cristo）以西 30 英里。

来到洛斯阿拉莫斯的人都要宣誓遵守严格的安全限制。美国大学的精英都集中到了这里：大批数学家、科学家、工程师和化学家，他们的任务就是决定，为了制成这一世界上从未见过的最致命的武器，需要多少材料，怎样组织最有效。他们的任务还有设计和试验器件，把材料结合在一起，构成爆炸单元。他们要计算出需要多少矿产和原料，怎样以最佳的方式进行组合，以便得到最有效的链式反应，以及设计爆炸装置系统，以便引爆。

这一计划的领导人是奥本海默（Robert Oppenheimer，1904—1967），一位瘦高个的年轻人，以其才智和感召力著称。在洛斯阿拉莫斯，他建立了一个团队，其能力、强度和专注程度无与伦比。任务是绝密和极端重要的。但是对于那些人来说，建造原子弹也是一项巨大的挑战，它将考验他们的智力，推理和逻辑能力。

奥本海默，曾在洛斯阿拉莫斯领导科学团队。

该团队用了4年时间在洛斯阿拉莫斯设计和建造了两种类型的原子弹。一个叫做"小男孩"，是一颗铀弹，用 U-235"子弹"触发，而这颗"子弹"是靠爆炸推进到 U-235 球中。另一个叫做"胖子"，是钚内爆型炸弹。它由钚作为核心，周围环绕由钋和铍组成的导管以及一圈爆炸引子。

至1945年7月，四颗炸弹已经完成：一颗钚装置，放在塔上准备试验之用；另外两颗，每种类型各一颗，为了可能的应用；还有一颗钚弹，备用。

具有讽刺意味的是，就在1945年5月，德国已经向盟军投降。对于许多科学家来说，由于跟德国和意大利的战争已经结束，起初为了阻止德国的军事力量和赶在德国之前制造原子弹的这场竞赛，突然失去了目标。

胖子：在洛斯阿拉莫斯研制的内爆型原子弹。

在整个这段时期,玻尔都在力争对这一计划作一项国际声明,至少他要让俄罗斯知道。他相信,争取国际控制是操纵这一强大炸弹唯一的安全措施。但是他的建议遭到美国总统罗斯福和英国首相丘吉尔的极大怀疑而被弃之不理。

一次原子弹试验后与众不同的放射性粒子蘑菇云。

然而,第二次世界大战仍然没有结束。1945 年 7 月,太平洋战场酣战未休。日本军队继续对包括美国和英国在内的盟军进行着血战。日本有一句古老的谚语,这是一位长期驻日的美国记者报道的:"我们将战斗到吃石头!"美国人开始相信,几乎没有什么办法能使日本投降。

在洛斯阿拉莫斯的科学家中,有些人的亲戚正在太平洋作战。他们希望战争越快结束越好。他们中的许多人也坚定地相信,应该发出一个警告,以便在投下炸弹之前给日本人以投降的机会。

曼哈顿工程及其后果是科学家面临伦理问题最生动的例证之一——在此期间,玻尔和爱因斯坦的行动,例证了科学家针对这一挑战所作的努力。

⚭ 广岛和长崎 ⚭

1945 年 7 月 16 日,由于恶劣的天气和危险的风向而延迟几小时之后,第一颗"胖子"在新墨西哥州中南部阿拉莫戈多(Alamogordo)的特林尼特试验场进行试验。情况和计划相符,第一颗原子弹在沙漠中爆炸成功。科学家们欣喜若狂。正如一位科学家所说,这一成功代表了他们生命中最好的年代,这是一段高强度、富有成果、工作极其专注的时期。

然而,下一步发生的事却使他们充满恐惧。尽管,正如爱因斯坦曾经说过的那样,这是无法抗拒的必然结果。1945 年 7 月 26 日下午 7 点,美国总统杜鲁门(Harry S. Truman,1884—1972)发布文告,后来叫做《波茨坦宣言》,由杜鲁门、蒋介石和丘吉尔签署,7 月 27 日东京时间早上 7 点向日本广播。声明下达最后通牒,要求日本无条件投降,并附带条款,结论是:"若非投降,日本即将迅速完全毁灭。"

如果日本决定继续战争,宣言宣称:"吾等之军力,加以吾人之坚决意志为后盾,若予以全部实施,必将使日本军队完全毁灭,无可逃避,而日本之本土亦必终归全部残毁。"

次日,日本首相铃木贯太郎举行记者招待会回应波茨坦宣言,他声言:"……没有别的出路,只有不予理会并且战斗到底,以求成功结束战争。"

有关这一交锋的细节,争论持续了几十年,但美国已经发出了警告,而日本表示要战斗到底。就在这时,两颗原子弹,一颗代号为"胖子",一颗代号为"小男孩",已经离开新墨西哥州,在太平洋上辗转飞行。

1945 年 8 月 6 日,一架名为 Enola Gay 的美国飞机把原子弹投到日本广岛。机组人员回头看这座城市时,它被烟火巨浪吞没,似乎完全消失了一般。一位机组成员后来说:"我相信任何人都难以想象这一瞥之下所见的情景,两分钟前还是清清楚楚的城市,再也看不到了。"机尾枪手罗伯特·卡龙在飞机返程时,看得最清楚:

> "蘑菇云本身就是……一团紫灰色烟云,看得到中心是红色的核,每件东西都在其中燃烧。当我们远离时,可以看到蘑菇云的底部,下面是几百英尺厚的碎片和烟雾……四平方英里的城市完全被夷为平地,90%的城市建筑物被相当于12 500磅的TNT炸药毁掉。在一英里的爆炸中心范围内,温度升高到 1 000 °F,留下的是烧焦的人肉和熔融的金属。"

日本政府没有表示投降。8 月 9 日另一颗原子弹落在日本南部城市长崎,杀死了40 000人,伤者更多,城市被摧毁。最后在 1945 年 8 月 14 日,日本天皇裕仁不顾军方反对,宣布日本投降。9 月 2 日,第二次世界大战以签署投降条款而正式结束,签署事宜是在美国军舰密苏里号上完成的。

至 1945 年年底,广岛的死亡人数达到 145 000,更多的人严重受伤。以后的 5 年里又有数万人死于辐射,这是摧毁性炸弹史无前例的一个效应。

❦ 后　果 ❧

当原子弹成功爆炸的新闻第一次到达洛斯阿拉莫斯时,在经过 4 年紧张的挑战性工作后,大多数科学家最初的感觉是大功告成后的喜悦。他们设计和试验的许多复杂器件完成了任务。漫长而损失惨重的战争由于他们的努力现在终于结束了。但是不安也笼罩于洛斯阿拉莫斯简陋的木屋里,而当更多的详细报告来到时,沮丧开始蔓延。对于大多数在 1945 年 8 月曾经感到兴高采烈的科学家来说,当得知由于自己的工作带来死亡和破坏时,他们无法驱赶这一后果而导致的阴影,他们的余生始终在自责。奥本海默就是其中的一例,他的余生因此而备受折磨。他在洛斯阿拉莫斯最后一次公开演讲中警告说:

> "如果原子弹被增加到正在交战双方的武器库里,或者增加到正在备战的国家的武器库里,人类诅咒洛斯阿拉莫斯和广岛的名字的时刻即将到来。"

> "世界人民必须团结起来,不然就会毁灭。这场严重毁坏地球的战争,已经写下了这些话。原子弹已经让所有人都清楚地懂得了这些话。在其他时间、其他战争中,

或者用到其他武器时已有别人说过这些话。但他们并没有占上风。有这样一批人，他们被人类历史上错误的意识所引导，认为前述之言今天也不会占上风。我们不必相信这一点。当面临这一共同的危险之际，我们愿意投身于这一工作，投身于一个团结的世界，以法律和人类的名义。"

这是热情洋溢和富有成果地寻求和平利用原子能的开始。有一群物理学家，在玻尔的带领下，建立了名为"原子能为和平服务"的团体，他们相信原子能决不应该再运用于战争之中。他们热忱地建议，人类应该从 1945 年 8 月的事件中吸取重要教训。在为避免核毁灭而制订的详尽周密计划之核心里，世界上许多最杰出的科学家们，正在不断促使自己的发现和发明用于人道的、负责任的目的之中。

第六章

微生物学和化学的成长

在 20 世纪的帷幕刚刚拉开之际,物理学、化学和天文学的世界看起来很复杂,但生物学领域则更令人感到不可思议。正当化学家和物理学家深入钻进原子和亚原子的结构之中时,生命科学家沿着类似的道路继续前进,这条道路是要寻找生物体的特性以及它们如何行使功能的答案,最终,是要找到有关生命基础的答案。即使最简单的生物体,其复杂性都曾经困惑了人类好几百年(许多生物体实在太小,无法用肉眼观察)——从古代希腊人到 17 世纪的哈维和列文虎克,到 19 世纪的巴斯德和科赫。直至 20 世纪初,古老的问题依然未寻到解答:生命是什么? 是什么原因使它们区别于岩石、污泥,或者星星? 是什么在维持它们? 它们是如何行使功能的? 在不同的机体中,生命内在的过程是什么?

数百年来,研究者一直在试图找到更多有关生物体是怎样工作的证据,他们大多从外部形状着手。在古人中,像亚里士多德和普林尼这样的思想家都首先关注形态学,或者外部形状。后来的科学家,诸如 17 世纪的哈维,把观察和实验原理运用到生物体上,开始注意器官和器官系统,诸如循环系统,是怎样在生物体内工作的。

后来人们认识到器官都是由组织构成的,19 世纪施莱登(Matthias Jakob Schleiden,1804—1881)和施旺(Theodor Schwann,1810—1882)认识到一种类似于盒子的结构,他们称之为“细胞”,一切组织,当然也包括一切器官和生物体——植物和动物——都是由细胞构成的。当接近 20 世纪时,生物学家,越来越向着微观领域进军,实验技术开始对生物学家发挥前所未有的作用。他们发现,像巴斯德和科赫所面对的细菌之类的微生物更容易研究,并有助于探究生命的基础——这是所有生物学研究都关注的一个关键性问题。

有关神经的问题

很久以来，科学家一直在尝试搞清楚"神经"的结构及其作用机制。起初，在人们看来，神经似乎是奇怪的神秘的细线，直到18世纪，科学家才设想它们是空心的管道，就像静脉和动脉一样，携带着某种液体或者"精气"。最后，瑞士生理学家哈勒引进了更注重实验的方法，这才认识到，在刺激和响应的交互作用中，神经起着关键作用。哈勒还注意到，所有神经都通向并且来自大脑与脊髓，他猜测，大脑和脊髓就是感觉和响应的中心。

到了19世纪末，细胞理论的引进，为研究神经及其工作原理提供了新的角度。在此之前，生理学家已经发现大脑和脊髓的结构，但是他们完全无法肯定这些是什么东西，它们的用途是什么，或者它们是怎样工作的。后来，在1891年，德国解剖学家瓦尔德雅尔（Wilhelm von Waldeyer，1836—1921）宣布建立"神经元理论"，他的观点是，神经纤维是神经细胞的组成部分，是通向和来自神经中心的非常细微、到处伸展的触角。瓦尔德雅尔的工作还说明，这些伸

朗蒙-卡哈尔，神经解剖学的奠基人。

展相互间往往非常接近，但决不相连，当中存在一种后来叫做突触的间隙。最早证实这一理论，并使之与细胞系统相协调的是朗蒙-卡哈尔（Santiago Ramón y Cajál，1852—1934）。

当朗蒙-卡哈尔1877年从马德里大学以医学博士毕业时，还没有人知道用染色剂可以使神经系统的各部分与周围组织相区分，这种组织也叫做神经胶质（neuroglia）。后来在19世纪80年代，他听说康米罗·高尔基（Camillo Golgi，1844—1926）研制了一种染色剂，高尔基是神经系统细微结构研究的先驱。科赫、埃利希（Paul Ehrlich，1854—1915）以及其他人建立了细胞的染色法，但是他们用的是合成染料。1873年，高尔基宣布利用银盐可以产生特殊的效果，尤其可以用于观察神经细胞。高尔基运用这种新染色剂证实了被称做突触的微小间隙。

但是朗蒙-卡哈尔改进了高尔基的染色剂，他以严谨的研究使神经元理论站稳了脚跟。他彻底推翻了当时流行的一种思想，认为大脑和脊髓的灰质是由一种连续的、相互连接的网络所构成，它从一个分支流入另一个分支，就像支流汇入大河或者树叶的纹理一样，因此，他常常被人们称为"显微镜中的堂·吉诃德"。他成功地追踪彼此独立的长长的神经纤维。运用显微镜和精巧细致的实验技术，他确证神经系统的基本单元就是神经元及其分支和轴突。他还提出了一种假说，认为神经脉冲在神经元之间通过时，只向一个方向传输。

朗蒙-卡哈尔和高尔基分享了1906年诺贝尔生理学或医学奖。他的工作开创了神经解剖学这一新领域，这是19世纪末20世纪初，基于显微镜和染色法的成果所形成的许多新学科中的一门。

自从牛顿时代以来,当生命科学家第一次试图把在物理学中如此有效的力学概念也运用到生命世界时,随即引起了一场持久而又深远的争论。许多生命科学家反对这种纯粹的唯物主义方法。他们觉得,生命不同于化合物的酿造或杠杆及活塞的组合。他们相信,生命有别于岩石、行星和恒星。其间似乎更像有某种"生命"力存在着。因此,从他们的观点出发,就导致了所谓的"活力论"(vitalism)。1895年,生命科学界分裂了。难道生物有什么特殊的地方吗?他们迷惑了。生命难道果真具有某种维持生命的"精气"、灵魂或者生命力?或者与无生命的物质一样,仅仅是原子和分子的集合体,跟桌子、货车或者陨石一样遵循所有的物理定律?对于许多人来说,后者似乎是既不可能,又太放肆了。

毕希纳的策划

凯库勒在1861年出版的《有机化学教程》第一卷中,把有机化合物定义为仅仅是含有碳的化合物。他没有提及生命力或其他与众不同的特征。这是第一次不把有机物看成是含有生命力,而是跟任何其他物质完全一样,按化学元素来进行考查。

许多人发现凯库勒的做法太令人不安了,争论的双方都出现了分歧。然后在1897年,正当20世纪就要开始时,德国化学家毕希纳(Edouard Buchner,1860—1917)做了一个实验。发酵历来被看成是一种生命过程,是一种只有在活细胞内才能发生的化学反应,所以,毕希纳收集了一组已知与发酵有关的酵母细胞,把它们掺上沙子一起研磨,直至绝对不可能再有活细胞为止。然后,为了双重保险,他又把研磨过的物质进行过滤,获得了完全没有细胞的液汁。

接下来的事情完全出乎毕希纳的预料:他原先设定,在细胞不在场的情况下,不会产生发酵。他仔细地把调制好的液汁置于不受任何活细胞污染的状态——否则他的实验就不能算是好的试验。然后加进糖的浓溶液,这是公认的不受微生物污染的好方法。但使他大为惊奇的是,不含细胞的酵母液汁和糖的混合物竟开始发酵了!许多人曾经认为是生命过程的现象竟发生在绝对无活物的混合物中。毕希纳进一步做下去。他用酒精杀死酵母细胞,发现已死细胞竟然和活细胞一样容易使糖发酵。这些结果既令人惊奇,也令人兴奋,于是1907年,毕希纳因此而荣获诺贝尔化学奖。

活力论者(甚至包括毕希纳本人)曾经坚信,所有这些都是不可能的。但结论却是非常明确:"酵素",当时人们这样称谓发酵的媒介,实际上是死的物质,可以从活细胞中离析出来,尽管它们常常见于活细胞里。这些物质可以在实验室的试管里发挥功能。

现在人们已普遍接受这样的看法,即生命遵循管辖无生命世界的那些定律。但是1897年毕希纳的小小实验对于正在研究活着的生物体的人们来说,却是革命性的突破。从他的工作中,生物学家和化学家都获得了信心,相信生物学问题本质上决不超越实验检验和理解的范畴。和无生命世界的现象一样,生命过程即使没有生命,也有可能通过科学实验和观察寻求答案。这就为细胞化学的机械论研究作好了准备。

有关活力论的哲学论战肯定还会继续下去。1899年,德国博物学家海克尔(Ernst Heinrich Haeckel,1834—1919)发表了一种观点,认为心灵,尽管是创造的产物,却从属于人体,并且在人体死后就不再存在。(他还是第一个运用"生态学"一词来描述关于生物体互相间以及跟它们周围环境间关系的研究)对于许多人来说,这样的论点远远超越了现有的证据,而与之对立的传统观念又太强。另一些人则认为它是有意义的。与活力论观点相反的证据在不断积累,但是整个 20 世纪,科学家不断在寻求下列问题的答案:什么是生命? 生命又是怎样开始的?

∽ 人 体 化 学 ∾

毕希纳 1897 年的突破性实验为生命科学富有成效的实验研究奠定了基础,实质上它还建立了一个新的领域,通过把化学和生物学结合在一起,从而形成生物化学这一领域。现在发生在细胞内的化学过程可以在实验室里用试管在细胞之外研究了,因为毕希纳已经证明,细胞本身对于其中发生的反应并没有特殊的贡献。在这一实验的基础上还创建了内分泌学领域关于内分泌腺(ductless gland)及其分泌功能的研究。

1901 年,日本的高峰让吉(Jokichi Takamine)发现一种叫做肾上腺素的物质,由肾上腺所分泌。肾上腺是位于肾附近的一种内分泌腺。高峰让吉不仅把这种与血管收缩和血压升高的物质离析出来,而且还成功地合成了它,这对于活力论者无疑是又一打击。

与此同时,英国有两位生理学家贝利斯(William Bayliss,1860—1924)和斯塔林(Ernest Starling,1866—1927)也正在对胰腺做实验,胰腺是大而软的消化腺。他们发现,即使切断所有通向胰腺的神经,但每当胃酸和胃内食物被排入小肠时,它仍然会分泌消化液。1902 年,他们成功地找到了原因。原来小肠里的酸导致小肠腔壁分泌一种叫做胰泌素的物质。这一物质通过血液传到胰腺,触发胰腺分泌消化液。贝利斯和斯塔林认识到,胰泌素和高峰让吉发现的肾上腺素都是化学信号系统的一部分,他们称这些化学信号为激素,也叫荷尔蒙(hormones,取自希腊语 horman,意即催化)。

这些化学信号都是特殊的蛋白质,由躯体中某一腺体分泌,通过血液传送到躯体另一部分的特定细胞中,以调节各类反应过程。贝利斯和斯塔林的工作确立了激素的重要性,他们的激素新理论被证明非常有效,并且为处理一类致命病症打下了基础,这些病症,从古代以来就一直在侵袭并杀害人类。

糖尿病(diabetes),意思是"穿越而过",是古希腊人给这种病症起的名字,因为患者需要饮用大量的水,它们似乎从身体直穿而过。罗马人加了 mellitus 一词,表示"甜蜜",因为患者的尿不正常地甜——甜到竟能吸引苍蝇。

至 1920 年时,人们才知道糖尿病人尿的甜蜜是由于葡萄糖含量过高所致,患者的血液也是如此。还有,当实验动物的胰腺被割除后,动物出现的症状非常像糖尿病。所以,在贝利斯和斯塔林的工作和这些新发现的基础上,人们高度怀疑这种疾病是由于缺乏胰腺分泌的激素引起的,这种激素可以调节血液中的葡萄糖含量。缺少了这种激素,葡萄糖增多,糖尿病就发生了。这种还未发现的激素甚至有了一个名字,叫胰岛素。

尽管有人也许并不认为正是班廷(Frederick Grant Banting,1891—1941)解决了这一古老问题,但是班廷却想出了一个办法。毕业于医科学校并从军事服役返回后的班廷,作为一名年轻的加拿大医生,刚刚开业。同时他还在一家医学院担任部分教学。1920 年的一天,当班廷正准备讲课笔记时,《科学》杂志上一条消息引起了他的兴趣。这篇论文说,如果胰腺从肠子处结扎,以至于不能通过管道输送消化液时,它就会萎缩。他激动得立即写下了一条备忘录:"给狗结扎胰腺导管。等候 6 到 8 个星期使之退化。去掉残液和浸出物。"班廷推想,用这样的办法,他应该可以从萎缩的胰腺中离析出胰岛素,同时避开有破坏性的消化液。但是班廷没有研究资源,也没有实验室。

于是,他动身前往多伦多大学,糖尿病专家麦克劳德(John Macleod,1876—1935)在那里当生理学系主任。班廷向他略述了自己的想法,问他实验室有没有地方可以做8个星期的实验。然而麦克劳德拒绝了班廷的请求。第二次请求再次被拒绝。但第三次成功了。麦克劳德最后同意在他度假时,让班廷用他的实验室。他甚至还提议一个刚刚进入医学院的年轻学生当班廷的助手。这个学生名叫贝斯特(Charles Herbert Best,1899—1978),他立即同意参与这一计划。尽管班廷常常依赖暑期打职业棒球来赚些钱,不过他想,刚刚从军队得到的退伍费,应该足以偿还债务。

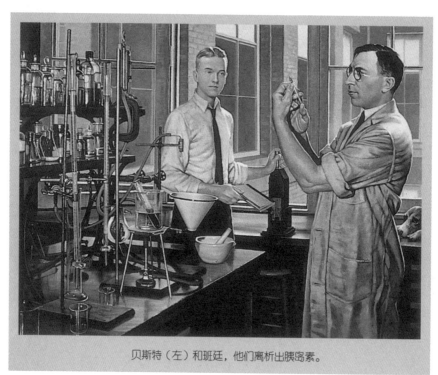

贝斯特(左)和班廷,他们离析出胰岛素。

尽管在实验中要用到狗,但是他们对狗非常仁慈,给予爱心和关注。结扎胰腺要进行手术,但班廷用了麻醉药,在狗的康复过程中,他们就像照顾病人一样地细心。遗憾的是,第一次手术没有做好,他们结扎胰腺管道的羊肠线断裂了,那些狗没有出现任何症状,当他们知道这一错误时,几个星期已经过去了。与此同时,钱也用光。于是,班廷卖掉他那破旧的福特车,用以购买食物,供实验人员以及狗食用。最后终于有一条名为Marjorie的狗,他们用丝线给它结扎,在1921年的7月底出现了糖尿病症状。这两位年轻的科学家把它的胰腺取出来,果然不出所料,胰腺已经萎缩了。他们把胰腺研磨成粉,溶在盐溶液里。再给这条狗注射这一溶液,所有的糖尿病症状全都消失。

当麦克劳德从度假地返回时,令他大为惊讶的是,班廷和贝斯特竟离析出了胰岛素。于是,麦克劳德和柯里普(James Collip,1892—1965)也加入到了研究小组中来,他们的工作是纯化激素,使之符合标准。1921年11月,班廷和贝斯特在一次科学会议上报告了他们的发现。但是,在随后的活动中,麦克劳德作为系主任,在许多报告中得到了荣誉,1923

年,当诺贝尔奖奖励这项成就时,授予的不是班廷和贝斯特,而是麦克劳德和班廷。班廷因为贝斯特不在内而大怒,麦克劳德想的却是柯里普的工作应该得到承认。因此,就像经常发生的那样,他们每人得到的 40 000 美元的奖金都与他们的同事作了再分配。胰岛素很快就投入生产,以满足医生的需要,这是第一次对糖尿病有效的新治疗方法。

∽ 微小的世界 ∽

传统上,生命科学中的许多问题都是由于医学需要而引起的,目的是让我们生存并且生存得好些。所以医学研究——通常都认为是一种"应用科学"——往往与理论进展齐驱并进,经常起到引导作用。在 20 世纪前半叶,和过去一样,或者更甚于过去,正是对健康的追求推动着对知识的追求。

18 世纪 90 年代,詹纳引进了第一支疫苗,他把正在出牛痘的女孩皮肤上的水泡中的液体,接种到一个健康男孩身上。牛痘是一种类似于天花的疾病,但更为温和。可以说这是医学史上最为冒险的一次实验,他使该男孩与天花直接接触,好在那个男孩并没有染病。(但是,如果詹纳的设想不正确,这个男孩就会轻易死去。天花是一种致命的疾病,在大流行时,欧洲每三个人中就有一个死于天花)詹纳的实验成功了,这就首次导致一种有效的疫苗得以诞生,而詹纳成了英雄。

但是当时没有人确切地知道,为什么天花疫苗有效,或者是什么因素引起这种或者那种疾病。在大多数情况下,医生无能为力,只能处理症状,让疾病走完全程,并安慰那些死里逃生的人。

最后,巴斯德在 19 世纪 60 年代作出了重大突破,他提出了"细菌学说",从而确认微小的生物体是引起传染性疾病的媒介。1876 年,科赫发现了一种细菌——取名为芽孢杆菌属,它是造成可怕的炭疽病的原因,这种病会杀灭整群的家畜,还会传播到人群中,2001—2002 年间在美国发生的炭疽邮件就是一例。科赫的发现首次在疾病和微生物之间建立了明确的联系——微生物是如此之小,只有在显微镜的帮助下才能看见。

到了 19 世纪 90 年代,好几种细菌被识别并确定它们与某些疾病和传染病相关,还找到了消灭它们或者至少控制其传播的新方法,并引进到医院和外科手术中。但是还有一些疾病依旧难以解释,似乎更难对付。狂犬病就是其中之一。巴斯德推测,也许与之有关的生物体小到这样的程度,即使通过显微镜也难以看到。还有一种疾病叫花叶病也难以解释,这种疾病感染烟草植物。早在 1892 年就有人建议,这种病是由于能够穿过最细微的过滤器的某种东西引起的。

这时出现了一位荷兰植物学家名叫拜尔林克(Martinus Beijerinck, 1851—1931),他是烟草商的儿子,受过植物学和化学两方面的训练。1895 年,他做了一个实验。先从感染了花叶病的烟叶中挤出液汁,然后仔细检查其残液,希望找到所谓的细菌。但是他一无所获。他又仿照培养细菌的方法培养残液,但什么也没有培养出来。但是,如果健康植物接触到这一残液,就会感染上花叶病。如果没有细菌在场,那又是什么引起感染?他把残液经过滤器过滤,过滤器是如此精细,任何已知的细菌都会被它除掉。但是残液仍然感染健康植物。

拜尔林克想,也许疾病是由于某种毒素。但也不是,因为他发现疾病可以在植物之间相互传染——他的结论是,无论它是什么,它一定是正在生长和繁殖的东西。

1898 年,在经过反复的试验之后,拜尔林克发表了他的观察结果,宣布烟草花叶病是由于一种感染媒介引起,这种媒介并不是细菌,他称之为可过滤的病毒(virus,来自希腊语"毒")。于是他发现了一系列传染媒介,后来证明是许多动植物疾病的根源,其中包括人类的黄热病、脊髓灰质炎、腮腺炎、水痘、天花、流行性感冒以及普通的感冒。但是,甚至又过了一代,生物学家仍然没有识破病毒的结构。

最后在 1935 年,美国生物化学家斯坦利(Wendell Meredith Stanley,1904—1971)作出了突破性的工作。他把大量已经感染疾病的烟草叶捣碎,然后采用结晶方法,这种方法曾用于其他蛋白质身上,从而证实烟草花叶病病毒确是蛋白质分子,最后他成功地获得了一组外形像针一样的精细晶体。他分离出这些晶体,发现它们的感染能力与病毒的感染特性恰恰吻合。

对于许多人来说,这恰恰证明,必须接受这样一个令人难以置信的信息:病毒是活的,难道不是吗?它们在细胞里可以自行复制——这是识别生命的关键标准之一。但是,斯坦利却像其他科学家结晶非生命化合物那样,居然结晶出显然是病毒的物质。这一新闻似乎使病毒置于生物与非生物之间的虚幻之地。这是一个混乱而又使人不安的思想。当人们试图对病毒进行归类时,争论一触即发。古老的关于什么是生命、什么不是生命的论战再次引发。

当 20 世纪 40 年代的研究进一步证实病毒既含有蛋白质,又含有核酸的事实时,故事又有了后戏。仅就核酸而言,很快就弄清楚,它可以改变菌株的某些物理特性。生物化学家第一次开始把核酸看成是遗传信息的可能携带者,我们将在本编的第七章"追踪遗传学和遗传现象之踪迹"进行讨论。现在对病毒及其遗传现象的研究已经开始出现——这一趋势在第二次世界大战之后的 20 世纪下半叶将会产生更大的成果。

与此同时,20 世纪上半叶,研究者更多关注微生物的生理机制,以及如何摧毁它们的生命功能,从而克服由于它们造成的疾病。在这一过程中,他们发现了大量一般意义上的生命功能。

埃利希和"魔弹"

埃利希曾这样宣称:"只要一个水管、一束火焰和一些吸墨纸,我就可以在一片空旷的地方工作。"然而,他要进行真正的思考,似乎还需要大量的矿泉水和雪茄烟,他烟不离口。确实,雪茄烟对于他的思维过程来说是如此重要,每当他外出时,不仅手中要拿着烟,还要藏一盒在衣袖里。

埃利希有时很难与人相处,因为他总认为自己是对的。每天早上他给助手们一叠卡片,写明这一天实验的详细指示,以此来考验助手们的耐性。如果违背了他的指示,就会遭受冷遇。

但是埃利希工作出色,由于这一性格,再加上作为一个实验家的才华和直觉,作为化学疗法的奠基人,他对科学和人类健康都作出了巨大的贡献。

当埃利希还是德国莱比锡大学医学院的年轻科学家时,就对苯胺染料的作用机制发生了兴趣(康米罗·高尔基和科赫在他之前就已对此产生兴趣),苯胺染料可以使各种微观结构更容易观察。还在学校时,他就发现了若干有用的细菌染色剂,他的学位论文就是

埃利希，医治或预防疾病的"魔弹"的创造者。

关于这一课题的。但并不是每个人都相信他能够在这方面取得更大的进展。科赫有一天访问埃利希的学校，遇到了这位年轻的热心者，科赫后来宣称："非常善于染色，但他永远通不过考试。"科赫错了，埃利希通过了。

还有，埃利希在1878年取得医学学位后，发现了一种给结核菌染色的好方法。这是科赫感兴趣的领域。这一成绩使他又一次受到科赫的注意，1882年至1886年之间，两人在一起工作，不幸的是，埃利希感染了轻微的肺结核，于是离开科赫到埃及去休养。

1889年，埃利希返回后与德国细菌学家贝林（Emil von Behring，1854—1917）及日本细菌学家北里柴三郎（Kitasato Shibasaburo，1852—1931）一起工作，他们都和科赫合作过。1890年，埃利希在柏林大学获得了一个职位。此时，科学家已经对疾病的成因以及自然物质在血液里如何产生自然免疫力有了一些新的见解。就在同一年，1889年，北里柴三郎和贝林宣布了他们的发现：他们不断给动物注射少量不会致病的破伤风毒素，这时，在动物血液会产生一种物质（抗毒素），以中和注射的毒素。他们还发现，可以用这个办法从已经获得免疫力的动物身上取出其血液的液体部分（叫做血清），用于使其他动物获得免疫能力。这一简单的步骤可以用来预防疾病，否则，致命剂量的毒素或者细菌就会使动物致病。

与此同时，贝林、北里柴三郎和埃利希都在寻求治疗白喉的方法，这是一种致命的疾病，特别是儿童，一旦染上此病往往只有死亡。他们注意到，感染过白喉而又幸存下来的儿童在成年后似乎就不会再得这种病。显然在与疾病的斗争中，儿童的身体中产生了抗体，抗体保留在血液中，从而起到保护作用。但是用这种方法获得免疫力的风险太大。这三位细菌学家运用与对付破伤风相同的办法，埃利希则在剂量和治疗技术等方面继续工作，他们在1892年白喉流行期间，提炼出了新的白喉抗毒素，取得了成功。因为这项工作，提出这一思想的贝林获得了1901年诺贝尔生理学或医学奖。

就在他们对付白喉成功以后，埃利希与贝林吵了一架，北里柴三郎回日本去了。于是埃利希只得孤军备战。由于对白喉抗毒素工作的

北里柴三郎发现并离析出了引起破伤风、炭疽热和痢疾的细菌，并发现了淋巴腺鼠疫的传染原因。

肯定,德国政府建立了一个研究所专门研究血清,让埃利希当所长。埃利希不仅长于实验研究,善于构思精湛的步骤,而且总在寻求更多的治疗方法。他迫切要知道白喉毒素是如何攻击人体;毒素抗体又是如何抵御毒素使它不致伤害人体细胞。他需要知道他看到的现象背后的化学机制,于是他回到早年曾有兴趣的染色剂问题:染色剂的价值在于它能使细胞结构清晰地显示出来,或者使细菌着色,以便在无色的背景下进行观察。对这一现象应该有一个化学解释。染色剂一定是与细菌中的某种物质结合到了一起,通常的结果是它杀死了细菌。也许这一现象可以用于对付细菌。实际上,也许可以找到一种染料,能够给有害的细菌染色甚至杀死细菌,而不伤害人体的正常细胞。也许可以创造这种"魔弹",以攻击细菌所栖居的宿主为靶子,找到寄生物并摧毁之。于是,化学疗法就诞生了。

埃利希开始寻找能够着色和杀死特殊靶标的染料,他发现了一种,称之为锥虫红,它可以用于杀死锥体虫——这是一种单细胞动物,可以引起多种疾病,包括昏睡病。

他一开始猜想,也许是锥虫红里面的氮原子干扰了寄生虫的新陈代谢过程,于是想到用砷的各种化合物进行试验,看看还能够找到什么样的魔弹。砷跟氮有许多共同特性,但是毒性强得多。所以这一方法看来是可行的。他让实验室里每个人都参加,普查他们所能想到的所有含砷的有机化合物——包括自然的和合成的。总共试了几百种。1907年,他们做到第606号;把它用于锥体虫,效果不大,于是就把它和所有其余的放到一边,继续往下做。

埃利希获得了1908年诺贝尔生理学或医学奖,是与俄国细菌学家梅契尼科夫(Ilya Ilich Mechnikov,1845—1916)分享的,奖励他们在免疫学方面的研究。但是事实上,埃利希最大的贡献还没有到来。

第二年,他的合作者之一,秦佐八郎(Hata Sukehachiro,1873—1938)在复查测试砷化合物有效性的技术时,偶然用到了第606号样品。让所有人都惊奇的是,尽管第606号对锥体虫没有特殊效果,他却发现它对引起梅毒的螺旋菌有很强的破坏力。埃利希听到合作者的报告激动万分,立刻进行验证,并且重新命名为"撒尔佛散"(salvarsan),于1910年宣布了这一发现。魔弹就这样被发现了,它被用于控制梅毒这一具有高度破坏力的疾病,这种疾病通常通过性交传播,通常归咎于妓女、不忠婚姻或者其他淫乱行为,这些都是被社会所唾弃的现象。受害者由于梅毒造成不育,最终导致瘫痪、神经错乱和死亡。埃利希把65 000单位的药剂免费分发给世界各地的医生,他相信根除这种病,要比从中获取收益更为重要。撒尔佛散[现在叫做砷凡纳明(arsphenamine)]的发现标志着近代化学疗法的开始,标志着一类药剂开始问世,这类药剂实际上是一种合成的抗体,它能够寻找并且破坏侵袭的微生物,而不伤害患者或宿主。

埃利希常常说,他坚定地相信"四个大G"对成功的重要性。所谓"四个大G"是德语四个词Geduld, Geschick, Geld, Gluck的缩写,意即"耐性、能力、金钱和运气"。但是当人们祝贺他发现第606号药剂时,他只说了一句:"我在7年坏运气中,只一次侥幸遇到了好运气。"

评论却是低估了其中所涉及的巨大工作量,实际上,埃利希不仅是指挥者,也是身体力行的工作者。在1877年至1914年之间,埃利希发表了232篇论文和著作。再有,实验本身极其劳累,正如他的一位助手玛尔夸特(Marthe Marquart)所解释的:

"局外人不可能体会到在这些漫长的实验时间里有多大的工作量,实验必须重复又重复,连续几个月。人们常常说 606 是第 606 次实验,这是不正确的,因为 606 是样品的号码,和所有以前的样品一样,用它做了许多次实验。所有这些加在一起,工作量之大是难以想象的。"

埃利希提出的化学疗法所用的技术至今仍在不断地产生成果,他和他的合作者治疗昏睡病和梅毒的方法一直行之有效。直到 20 世纪 30 年代,又新添了两项突破性工作。

埃利希和日本细菌学家秦佐八郎在实验室里工作。

磺胺,"神奇之药"和青霉素

20 世纪 30 年代中期,世界上所有实验室都在寻找能够更有效地对付细菌感染的染料或者其他化合物,许多私人医药公司纷纷建立自己的实验室,以便赢得这场竞争。在德国,多马克(Gerhard Domagk,1895—1964)成了法尔本(I. G. Farben)公司一间实验室的主任,在那里他和同事们开始致力于研究链球菌,这是一种厉害得能引起血液中毒的细菌。多马克开始用一系列新合成的染料进行各种试验,1932 年,他偶然用到一种叫做百浪多息(Prontosil)的橙红染料,在实验中治愈了老鼠的链球菌感染。这是一条激动人心的新闻,因为这类细菌比埃利希的梅毒螺旋菌还要小且更难制服。

就在多马克还没有机会在人体上检验他的发现时,一位医生请求他帮助一个因为葡萄球菌感染了血液而快要死去的婴儿。当时百浪多息只对链球菌感染做过试验,但对葡萄球菌感染的效果如何,则不得而知。但这位医生说服多马克让他试试,只为救那个孩子。婴儿接受百浪多息 4 天后,温度降下来了,3 个星期内完全康复。多马克自己的小女儿希尔德加,也在 1935 年 2 月的链球菌感染中被治愈。当它治愈了另一桩危险的感染,挽救了美国总统的儿子小富兰克林·罗斯福(Franklin Delano Roosevelt,1914—1988)的生命时,这一药剂获得了世界范围的声誉。

后来证明,多马克的百浪多息中的有效成分是磺胺。很快研究者找到了一系列相关的有机化合物,名为磺胺药剂,证明对链球菌、淋菌、脑膜炎双球菌,以及某些类型的肺炎球菌、葡萄球菌、布鲁氏菌和梭状芽孢杆菌等感染高度有效。

美国细菌学家杜博斯(Rene Jules Dubos,1901—1982)度过一段漫长而富有成效的职业生涯。还在早年时期,他就证明,微生物产生的自然物质也有可能当做抗菌药。1939年,杜博斯从土壤细菌中得到某些物质,证明对肺炎球菌有效。这一发现迅速导致对于1928年发生的一个事件的重新检验,这是名叫弗莱明(Alexander Fleming,1881—1955)的细菌学家在伦敦圣玛丽医院接种部作出的发现。

如果弗莱明是一位更有条理、更不敏感的科学家,世界也许难以享受这种最有效力的抗菌剂的思想。1928年的一天,他度假归来,正在清洗一批离开时留在实验室角落里的细菌培养皿。但是,当他把所有器皿垛在消毒盆里,准备清除其中的培养物以便再用时,却偶然注意到其中一个器皿有些异样,于是就从水盆里把它拿了出来。

引起他注意的是培养皿里有一块地方长着不寻常的霉斑,周围环绕着葡萄球菌的黄色群落。在他工作的旧实验室里,炎热的夏天空气中充满了各种各样的孢子,所以,霉斑的出现本身并没有什么好奇怪的,但奇怪的却是,围绕霉斑一英寸范围内所有细菌都是无色透明的。显然,在细菌学家训练有素的眼里,一定是有什么东西杀死了霉斑周围的葡萄球菌。弗莱明知道他发现了某种东西。于是他拍下照片,取下一些霉斑使它再繁殖,并且保存了这个盘子。他把培育得到的霉斑样品送到其他实验室。他和他的同事们也对这些样品作了研究。

霉斑就是青霉菌,弗莱明发现,由它产生的一种物质是针对试管和培养皿的一种有效消毒剂,并且可以用来纯化菌株。他和他的实验助手发现,青霉素对抑制猩红热、肺炎、淋病、脑膜炎以及白喉的致病细菌都有效,但是他们的提炼还不够纯,因而无法检验它作为药剂的有效性。因此,除了在实验室使用外,弗莱明的霉菌在架子上搁了十年之久。

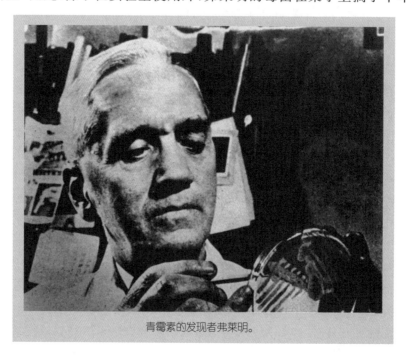

青霉素的发现者弗莱明。

后来在 1938 年，来自英国以外的两位细菌学家，钱恩（Ernst Chain，1906—1979）和弗洛里（Howard Florey，1898—1968）在英国的牛津大学聚到了一起，钱恩是犹太移民，从纳粹手中逃到英国；弗洛里来自澳大利亚，两人在一次普查科学文献中有关抗菌剂的资料时偶然检索到了青霉素。他们发现一株霉菌（弗莱明送给他们的样品的后代）在他们的实验室培养得不错，马上抓住不放。随即，弗洛里和钱恩以及他们在牛津的合作者解决了如何大规模生产青霉素的问题，这样一来，就有足够的剂量可以在病人身上做试验。由于第二次世界大战的爆发，对于完成这项工作和得到新的抗菌药，出现了从未有过的迫切性，于是该项目转移到了美国的药物实验室。

弗莱明特殊的青霉菌株后来再也没有能够在实验室之外得到培育，尽管类似的菌株经过紧张的搜寻后终于在伊利诺斯被发现（这一菌株现在还在用）。所以，如果不是弗莱明的眼明手快，也许那天在他实验室里的青霉素就会冲洗到下水道里去了。如今成千上万的人民避免了由于感染而死亡。从此，肺炎、猩红热之类的疾病不再可怕。1945 年 12 月，弗莱明、弗洛里和钱恩由于他们的工作荣获诺贝尔生理学或医学奖。

由于青霉素的发现，全世界的实验室都在积极寻找土壤中的真菌以探求更多的抗生素，因此找到了大量品种，还找到了针对落基山斑疹热和斑疹伤寒的治疗方法。此外，在美国药物厂家工作，并在罗特格斯大学教书的瓦克斯曼（Selman Waksman，1888—1973）于 1943 年发现了链霉素，源于他的一个学生在小鸡身上发现的一种霉菌。它是第一个能够彻底消灭结核菌的抗生素（antibiotic，这个名字就是瓦克斯曼起的）。许多抗生素可以削弱细菌，而瓦克斯曼的链霉素能够杀死细菌。瓦克斯曼的雇主莫克斯公司走了不寻常的一步，决定让新的药剂成为普遍可得的产品而没有申请专利，因为他们考虑到这一产品对于人类是如此重要，它应该被尽可能广泛地生产和分配。

所有这些突破的成果都相当惊人。美国死于肺炎和流行性感冒的人数在 1945 年至 1955 年间下降了 47％，而梅毒的死亡率下降了 78％。当时还不是所有儿童都能对白喉作预防接种，但是该病引起的死亡率下降了 92％。凡是青霉素族药剂以及其他各种抗生素能迅速供应的地方，传染病引起的死亡都急剧减少，而在 20 世纪初以前，传染病引起的死亡可是所有死亡的主要原因。

～ 饮 食 问 题 ～

19 世纪后半叶，巴斯德的微生物学说以及后来关于病毒也是疾病成因的发现，使许多从事公共卫生的人们找到了解决问题的办法，但是另一个关键因素也开始在研究和观察中呈现。自从 18 世纪以来，由于在英国水手的食物中加酸橙汁，几乎完全消除了航海中坏血病的发作。看起来疾病也可能是因为食物中缺少某种需要的物质引起的。于是在医学界，人们对于日常饮食大感兴趣。

在 19 世纪，人们发现，蛋白质在食物中起着重要作用。其中还有"完全"蛋白质和"不完全"蛋白质之区分，完全蛋白质出现在食物中时，则为生命提供足够的营养；不完全蛋白质则起不到这一作用；但是没有人知道区别在哪里。1820 年，科学家分离出一种物质叫做甘氨酸，这是出现在复杂明胶分子（一种蛋白质）中的简单分子。甘氨酸属于一类名叫氨基酸的化合物，它们是蛋白质的基本成分。不久在蛋白质中又发现了其他的氨基酸分子，到了 1900 年，已经发现了 12 种不同的氨基酸单元。

名叫霍普金斯（Frederick Gowland Hopkins，1861—1947）的英国生物化学家第一个证明，不是所有的蛋白质都含有全部氨基酸，有些氨基酸对生命是基本的，有些则不是。1900年，他发现从玉米中分离得到的一种蛋白质不含色氨酸，这种蛋白质叫做玉米蛋白，不足以为生命提供全部营养。然后，他把色氨酸加到玉米蛋白中，惊奇地发现，现在玉米蛋白可以为生命提供全部营养了。在20世纪初期，其他实验证明，身体可以生产某些氨基酸，至于身体不能产生的，人们称之为"基本氨基酸"，必须通过营养得到供应。没有它们，人就会生病，死亡随之而来。

所以，食物对于健康至关重要，除了制服细菌之外。而氨基酸肯定还不是全部答案。坏血病是怎么回事？酸橙汁解决了这个问题，但是为什么？酸橙汁中已知的各种成分中不可能有这一效应，里面一定含有某种未知而又基本的"痕"量物质。

霍普金斯和来自波兰的冯克（Casimir Funk，1884—1967）提出，坏血病和其他几种疾病，包括脚气病、佝偻病和糙皮病都是由食物缺陷引起的，亦即少了他们所谓的"食物辅助因子"，或者冯克在1912年所称的"vitamines"。这个名词后来转变为vitamin，即维生素。

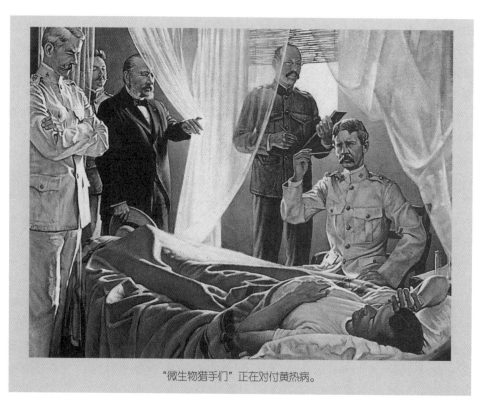

"微生物猎手们"正在对付黄热病。

20世纪最初的30年，基于"维生素假说"，人们在对付疾病方面取得了惊人进展。1915年，戈尔德伯格（Joseph Goldberger，1874—1929）用之来解决糙皮病问题。

戈尔德伯格是一个才华横溢的年轻人，16岁进入纽约城市学院学习工程学。但是他后来迷上了医学，于是改变志向，成为一名医生。经过两年的私人营业后，他感到枯燥乏味，于是参加海军医院竞赛考试，结果得了最高分，从而进入美国公共卫生局当了一名"微生物猎手"，专门和美国流行的黄热病、登革热、斑疹伤寒、肠伤寒以及其他传染病作战。

1914 年,他应征解决糙皮病问题,这是两个世纪以来流行于美国南部折磨穷人的一种疾病。这是一种讨厌的疾病,它会使人皮肤肿胀、起痂、变红,引起腹泻,最终精神失常。所有人都假设这是某种传染病菌引起的,但是没有一个人发现这种病菌。有时候,儿童,特别是孤儿,在他们的成长过程中似乎都会受到这一疾病的"煎熬"。

戈尔德伯格解决这个问题的方法就是观察。他没有安排实验室,也没有用显微镜,只是观察和倾听。糙皮病在孤儿院和收容所里特别盛行,但工作人员似乎从来就染不上这种病。戈尔德伯格想,如果它是传染性的,为什么工作人员不得这个病?在日记里,他写道:"尽管护士和服务员看起来也吃同样的食物,但依然有一个差别,这就是护士有特权选择最好和品种最多的食物。"他的结论是,糙皮病是食物的缺陷引起的。

然而,为什么是流行病呢?戈尔德伯格在采访了许多医生后认识到,经济低潮使美国南方许多地区的食品比平常更为缺乏。戈尔德伯格通过自己的研究证明,糙皮病是因食物中缺乏一种维生素引起的。大多数农村劳动力就靠面包和糖浆为生,没有肉类或某种必要的食物来源,后来在 1937 年发现,缺少的因子是烟酸(niacin),也叫维生素 B_3。孤儿院儿童中能够自己康复的,都是那些长大后开始工作的人们,他们终于有能力在自己的食物中加上肉类。戈尔德伯格后来用狗做实验,使狗患上糙皮病,于是在 1923 年发现,酿造啤酒的酵母可以防止糙皮病。

人们终于发现缺乏维生素是产生下列一些疾病的原因:脚气病(维生素 B_1)、糙皮病(维生素 B_2)、坏血病(维生素 C)、佝偻病(维生素 D),以及某些与视力及夜盲有关的问题(维生素 A)。结果就是,到了 20 世纪 40 年代,所有这些疾病都已不再像过去那样,成为主要的医学问题了。

戈尔德伯格正在研究糙皮病的起因。

对微小物体的新聚焦： 电子显微镜

17世纪一位来自荷兰代夫特的布料商列文虎克，曾使伦敦皇家学会的科学大师们大为惊讶，因为他描述了许多微小动物——他称之为"微动物"（animalcule）——这些微动物是如此之小，用肉眼根本无法看到。他发明了原始的显微镜，原本是为了检验纺织品纤维，但他忽发异想，想通过显微镜看看水滴和他的牙垢，结果使人人都大为惊异的是，他看到的世界充满了极微小的生物。从那时起，微观世界提供了丰富的领域供生命科学家探讨。随着观察微小结构的工具不断改进，知识大大扩展了。

在20世纪30年代，一种新型的显微镜——人们称之为电子显微镜——第一次付诸使用，从而为探讨生命奥秘提供了巨大潜力。不同于列文虎克的显微镜以及后来的许多改进过的光学显微镜，电子显微镜是用一束电子而不是光线来瞄准目标。这些电子是被磁铁引向样品的，因为磁铁可以使电子流偏折，就像光学显微镜里的玻璃透镜所起的作用一样。

有一种类型叫做透射电子显微镜，电子来穿过样品——正像X射线穿过软组织——投到显示屏或者照相底片上。样品中更密的区域让更少的电子通过，更疏的区域则让更多的电子通过。另一种类型叫做扫描电子显微镜，则是让电子从样品中反射。

运用环境扫描电子显微镜（ESEM，照片的右上方），科学家不再需要像早期的电子显微镜那样，把样品放在完全真空之中，从而可以考察活的对象。

最好的光学显微镜只能放大实际大小的 2 000 倍,而 20 世纪 40 年代和 50 年代的电子显微镜可以把放大倍数增加到 250 000 到 300 000 倍。生物学家很快就想到可用新的电子显微镜来研究一种奇异的生物:噬菌体。1940 年,德国有几位研究者发表了有关这些病毒的第一份电子显微镜研究成果。他们的工作显示,感染颗粒附着在细菌细胞壁的外侧。这是一则关于这种生物作用机理的令人惊奇的新闻。1942 年,微生物学家卢里亚(Salvador Edward Luria,1912—1991)得到了第一张不错的噬菌体电子显微照片。1945 年,细胞学家克劳德(Albert Claude,1898—1983)率先运用电子显微镜研究细胞结构。当年他发表了第一篇细胞解剖学的详细图片,其结构之精细在 10 年前难以想象。

在未来的岁月里,电子显微镜将会发挥越来越重要的作用。

概括说来,1895 年到 1945 年是一个在巴斯德、科赫以及其他人奠定的基础上,微生物学和生物化学大展身手的时期,对于生命功能及其过程有数不清的奥秘已被揭示,此外还在医学方面作出了许多激动人心的突破。这些方法也将在遗传现象的研究上发挥作用,正如下一章所要讲到的那样——生物化学和微生物学在 20 世纪前半叶茁壮成长,时至今日,在生命科学中仍然处于研究前沿。

第七章

追踪遗传学和遗传现象之踪迹

20 世纪早期的生命科学从 19 世纪继承了两个伟大的思想：进化论和遗传学。进化论的先驱性工作是达尔文的《物种起源》，这本书于 1859 年出版时犹如一石激起千层浪。它自然也引出下述问题：性状是如何从一代传递到另一代的？遗传现象的机制是什么？20 世纪（也包括 21 世纪）见证了人们对于这些问题的广泛兴趣。与此同时，某些回答在奥地利的奥古斯丁派修道院里慢慢出现。这一工作是由一位名叫孟德尔的修道士完成的，不过在当时却几乎完全遭人忽视，直到 20 世纪初它才被人们重新发现。

 孟德尔

孟德尔是农民的儿子，曾经为庄园主照看过果树，也许就是这一职业，促使他步入植物学研究领域。后来为了维持生计，他还做过家庭教师，21 岁时进入摩拉维亚地区布隆市的一所奥古斯丁派修道院。因为该修道院要向孟德尔的故乡奥地利的学校提供教师，于是他被送到维也纳大学接受数学和科学的训练。孟德尔显然运气不佳，他考试三次都失败了，还得了神经衰弱症，但最终还是完成了学业，于 1854 年成为一名教师。

接受大学训练之后不久，孟德尔即投入到一个研究项目之中，尽管该项目只不过是他自己的业余爱好，但是他却和所有科学家那样，满怀激情地关注细节和实验。他在实验中使植物育种技巧与教学相结合，而当时没有人会想到它们之间会有相关性。因此，他从事的是一项非凡的研究，它需要付出旷日持久的努力，其动力正如同大多数科学家一样：强烈的好奇心。

事情是这样开始的：在进入修道院后，孟德尔即开始尝试培育不同颜色的花朵。这类事情极为寻常，几百年来，动植物育种家们一直在控制杂交的结果。在这一过程中，孟德尔学到了植物人工育种的经验，他还注意到他的结果有些奇怪。当他杂交某些品种时，通常他会获得同样的杂交结果。但是当他杂交混合品种时（其双亲有对比的性状），有时它们的后代会有非常奇特的性状。这使孟德尔大为疑惑，于是他决定寻找其原因。

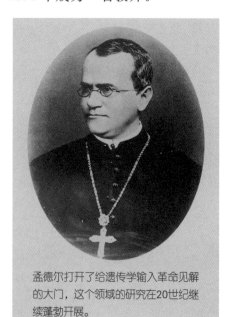

孟德尔打开了给遗传学输入革命见解的大门，这个领域的研究在20世纪继续蓬勃开展。

当然,孟德尔并不是第一个注意到这一现象的人。但是从来没有人计算过显示不同形态的后代的数目,或者试图予以区分。没有人逐代进行追踪或者进行统计研究。但是对于孟德尔的数学头脑来说,这似乎就像一个逻辑步骤。

他开始建立一项计划。他认识到,他必须对许多植物进行连续数代的培养,才能得到他所需要的统计信息。否则,只用几株植物,他就不可能得到足够多的样品,从而导致错误的结果。正如他在后来发表的一篇论文的引言中所述:"这的确需要某些勇气,才能承担这样艰巨的劳作。但显然这是我们最终能够达到解决问题的唯一途径,它对于有机体的进化极其重要。"

从1856年到1864年,他在修道院的花园里种植豌豆,仔细地记录一代又一代的性状。于是这位谦逊的修道士成为用公式表示遗传现象基本原理的第一人。他小心翼翼地做杂交实验,仔细检验和记录成千上万株植物的细节——他最著名的观察对象就是豌豆。

之所以采用豌豆,是因为长期以来园丁们已经培育出了纯系。例如,矮株豌豆总是长出矮株植株,高株豌豆总是长出高株植株。再有,豌豆是自花受精植物,但也可以异花受精,这就使某些有趣的实验成为可能。他选择了7对容易鉴别、对比鲜明的性状来进行观察,诸如高株和矮株、种子平滑和种子起皱、绿色子叶和黄色子叶、豆荚饱满和豆荚干瘪、黄色豆荚和绿色豆荚,等等。孟德尔把具有相反性状的植株进行杂交。要做到这一点,他首先从花上摘除雄蕊,以防止自花受精。然后从对比植株采集少许花粉放在柱头上。又把花包扎起来,以防通过风或昆虫再度受精。杂交植株会产生种子,他把这些种子收集起来,加以分类,重新种植,以观察子代会出现什么性状。后来,他还把这些杂种再行杂交,看看结果如何。在这一过程中,他总在仔细做记录,注意后代有什么性状。他还多次重复这些实验。

他发现,如果把纯的高株与纯的矮株杂交,由此产生的杂种全是高株,看上去和两棵高株交配产生的情况完全相似。不管是高株还是矮株作为父本或是母本,结果全都一样。孟德尔把这种表现出来的性状,在此就是高株,称为"显性"性状;在第一代杂交后代中不显示性状的,这里就是矮株,称为"隐性"性状。下一步,他让两棵杂种植株杂交(两棵都是高株,但是一方亲代来自矮株)。他做了几百株这样的杂交,发现结果是,子代中有的矮,有的高。他作了统计,计算其比例。共有787棵高株和277棵矮株——高株大概是矮株的三倍(3∶1)。

杂种杂交时的显性和隐性结果		
子代\亲代　　　亲代	高	矮
高	高	高
矮	高	矮

对杂种植株进行杂交:具有高株显性基因和矮株隐性基因的亲代植株(上面一排和左侧一列)在四个后代中有三个显示高株;但是四个中也有三个携有矮株的隐性基因。

孟德尔发现,对于他所研究的这7对性状,都具有相同的统计分布(舍弃不重要的百分之几的偏差)。当然,他仅关注只有两种不同形式的简单性状。但是因为他的这一做法,当他追踪亲代性状是如何传给后代时,他就能够容易识别其中表现出的模式。他认识到,尽管表面上个体显示出许多差别,但在表面之下甚至还存在更多复杂的差别。孟德尔后来得出结论:"显然从外部的相似性推出其内部性质是何等轻率。"

孟德尔并没有止步于第一代杂种(其双亲具有不同的被测性状);他继续做实验,直到第五代或第六代。他还同时用不止一种性状进行实验，根据详尽的实验结果得出结论，亦即著名的孟德尔两大原理：分离原理和自由组合原理。

根据分离原理，在有性繁殖生物（包括植物）中，两个遗传单元控制每个性状。但是，当生殖细胞形成时，这两个单元相互分开（分离），因此，子代从一方亲代中为每个性状获得一个单元。孟德尔的工作给出的第一个暗示就是，遗传也许是由分立的粒子所控制，遗传控制单元不是混合的。

当生殖细胞形成时，根据自由组合原理，每一性状的遗传单元的分布与其他单元的分布互不干涉。例如，他发现他既可以得到具有皱皮种子的高株豌豆或矮株豌豆，也可以得到具有平滑种子的矮株和高株豌豆。

当然，我们必须承认，孟德尔能够得到如此清晰、规则的结果实在是种幸运。他在豌豆中选择的特定性状，每一对都具有明确间断的变化，没有中间等级。每一种性状都是简单的，不是受多个遗传单元所控制。结果是，比如说，他不会得到中等高矮的豌豆后代，而总是或者高株或者矮株。对于人类，我们现在知道，身高和肤色是被好几种基因控制的，所以有可能得到中间程度的身高和不同程度的肤色。然而，人类的白化病是一种简单的受一对基因所控制的性状，和孟德尔的模型相似。因此，如果父亲和母亲都有正常的肤色，但是每人都有一个基因是白化病的隐性性状，他们就可能得到一个白化病的孩子。（事实上，这一概率是四分之一。）

再有，孟德尔恰好选择了没有任何相关性的性状——他认为遗传单元都是独立的粒子，我们现在知道并不是这样。所以在他的研究中，没有现在所谓的"连锁"引起的奇怪结果（后面还要讲到这一点）。所以，如果说他的自由组合原理还有效，那只是针对那些没有相关性的性状。

孟德尔认清了从未有人看到过的模式，他的工作应该引起很大的反响。但是，当他向当地的自然历史学会宣读他的实验结果论文时，遇到的却是完全的沉默和冷漠。没有人感到有必要提任何问题，也没有报告后的讨论。孟德尔感到失望，他承认自己只是一个完全不知名的业余爱好者，因此他想到要去寻求一位著名植物学家的支持。19 世纪 60 年代初，他把论文寄给瑞士植物学家纳格里，但是这篇论文对于纳格里来说太数学化了。值得肯定的是，纳格里曾经猜想，进化是跳跃式而不是平稳式的连续过程。但孟德尔这篇完全非猜测性的论文却没有激起他的兴趣，被他轻蔑地拒绝了。孟德尔也曾经在 1865 年和 1869 年，在知名度不高的《英国自然历史学会学报》上发表过两篇论文，但很少有人注意到。注意到的人，也许是植物学家，论文却含有太多的数学；也许是数学家，论文则含有太多的植物学。

因此，遗传学历史上最引人注目的信息居然蒙尘长达 35 年。孟德尔死于 1884 年，当时没有任何人会想到，有朝一日他会由于这项工作而出名并受人尊敬。

孟德尔的再发现

在孟德尔工作的这段时间到 20 世纪初，两项重要进展——改进后的显微镜和改进后的细胞染色法——打开了通往观测细胞核的渠道，并且使得在不同层次上考察遗传因子成为可能。于是，科学家开始考察细胞核，并发现了在细胞分裂前不久出现的棒状体。这些棒状体，或者所谓的染色体，沿纵轴一分为二，由此产生的两条染色单体分别进入分裂后的两个子细胞。然后染色体卷成一个球，似乎消失了。但是没有人知道染色体起的是什么作用。

1900 年，一位名叫弗里斯（Hugo de Vries，1848—1935）的荷兰植物学家已经认识到，达尔文没有解释个体如何变异并且把这些变异传递下去。于是他着手提出一个理论，用以说明不同特性彼此间如何独立变异并且以许多不同组合方式重新组合的。他从月见草的研究中发现，这种植物的某些类型看来似乎与野生植株有实质性的差别，由此得出结论，新的性状或者突变可以突然出现，并且可以遗传。他通过实验发现，这些相差甚异的不同形式还会繁殖真正的后代。弗里斯在发表他的工作前，查阅这个课题已经发表的各种文献，结果偶然发现了孟德尔 19 世纪 60 年代发表的论文，这使他大为惊讶。

碰巧还有两位科学家，一位在奥地利，一位在德国，也恰好几乎同时发现了孟德尔的工作。他们三位的伟大在于没有一个人将孟德尔的工作占为己有。他们三人都发表了孟德尔的结果，把这一工作完全归功于孟德尔，加上自己的名字只不过是以示确认。

弗里斯观察到的有些变异并不是像他所认为的，是真正的突变，而是杂交组合。但是，来自于其他渠道的有利证据，仍然有力地支持他的突变概念。实际上，突变已经在很长时间里被普遍观察到，并且被那些畜牧业者用于对牛羊和其他家畜进行选种。但不幸的是，在那些日子里，科学界和畜牧业者之间很少交流。所以，当弗里斯在 1901 年出版的名为《突变论》（*Mutationslehre*）的书，其中提出这一观点，进化是由于突变（mutation，源于拉丁语，意思是"变化"）时，它成了新闻。一般都把进化原因的这一条研究线路归功于他。

贝特森和基因连锁

当英国生物学家贝特森（William Bateson，1861—1926）读到弗里斯发现的孟德尔的论文时，印象深刻。他随即成为孟德尔理论的坚定支持者，并把孟德尔的论文译成英文。1905 年，他还基于自己对遗传性状所做的实验，从而推进了孟德尔的工作。他发现，并不是所有的特性都是独立遗传，有些是相关的，或者一起遗传；1905 年，他发表了自己的结果。

到这个时候，关于遗传机制的研究正在成形，并且有了相对丰富的文献，贝特森给这个正在成长中的新领域命名为遗传学。1908 年剑桥大学任命他为遗传学教授，这是世界上第一个遗传学教授职位。但是，解释基因连锁机理的却是美国科学家摩尔根（Thomas Hunt Morgan，1866—1945）。

摩尔根的果蝇

在遗传学的研究中，很少有像摩尔根那样，在果蝇研究上作出了如此富有成效的工作，他最伟大的灵感之一就是采用这一微小而又容易繁殖的生物来检验他关于遗传特性以及它们如何世代相传的思想。

摩尔根是显赫的南方世家后代（一位联邦将军的侄子），1890 年从约翰·霍普金斯大学获得博士学位后加入布林马尔学院。1904 年成为哥伦比亚大学实验动物学教授。

孟德尔的工作恰好在前两年重见天日。那些曾经观察过细胞分裂和卵形成时染色体行为的人们，都在谈论这些过程和孟德尔发表的结果之间配合得如此之紧密。但是人体细胞只有 23 对染色体，它们不能解释人体形态中成千上万种特性，除非染色体中还有某种更小的结构在起作用，并且这些结构携带有大量的因子。1909年，这些因子取名为基因（gene，来自希腊语，意思是"产生"）。然而，当时并没有人知道基因究竟是什么，或者是什么机制使它适于携带遗传信息。

具讽刺意味的是，直到1908年，摩尔根还在怀疑孟德尔的工作，但是，摩尔根对突变过程十分好奇，他要寻找一种合适的样品来进行这项研究，正如孟德尔发现豌豆一样。他最后找到了果蝇，它体型微小，繁殖极为快速，有显著的突变，只有四对染色体，易于用香蕉喂养。摩尔根发现果蝇可以一年里繁殖30代。不久，摩尔根在哥伦比亚大学的实验室里放满了果蝇瓶。

然而，经过日复一日的仔细检查，摩尔根还是没有发现任何突变。他把果蝇置于高温

摩尔根

和低温下，暴露在酸、碱和放射性之下，喂给它们不寻常的食物，但仍然没有突变。1910年4月的一天，在经过一年的观察和守候之后，一只不正常的白眼果蝇被发现了：果蝇通常是红眼睛的。这正是摩尔根期待已久的突变。他让白眼雄蝇与正常的红眼雌蝇交配。不久，就有了1 237个后代，每个都是红眼。然而，在下一代的4 252个果蝇中，798个是白眼。他成功地使突变性状保存了下来！

这幅图比较了果蝇一个引人注目的突变——四个翅膀（上方）和正常果蝇的翅膀（下方）。

但是，这些数字里有两件奇怪的事情。首先，比例不是孟德尔的3∶1；其次，所有的白眼果蝇都是雄性。当摩尔根和他的小组进一步检验这个问题时，他们发现白眼性状与性别连锁：这是他们发现的第一例连锁性状。

进一步研究揭示，染色体是遗传物质的载体，基因以直线形式排列在染色体上，它们就像一根绳子上串着的小球，或者链条中的链环。

到了1910年底，摩尔根已找到40种不同的突变，他取名为驼峰、圆胖、红眼、褶皱、矮胖和斑点。有些没有翅膀，有些没有眼睛，有些没有刚毛，有些卷翅，等等。在大多数情况中，突变不是有利的，但是他发现了其他相关性。白眼只与黄色翅膀共存，与灰色翅膀决不共存。一种他称之为乌黑体的性状，只与粉红色眼睛在一起；另一种叫做黑色体的只与黄色翅膀在一起。摩尔根开始认识到，某些性状位于同一条染色体里。

通向 DNA 之路

1895 年,DNA 这三个字母的意义无人知晓,而后来几乎成了遗传学的同义语。很少有人会猜想,这种叫做核酸的白色粉末物质不仅是遗传过程的基础,而且还携带着遗传密码,把遗传模式从双亲传到后代。但是,有了孟德尔的工作和 1900 年的重新发现,科学家开始沿着几条求知之路进行探索,从而导致这个领域在 20 世纪后半叶新发现的层出不穷。

由于摩尔根和他那能干的研究小组在突变上所做的实验研究,染色体携带着孟德尔提及的"因子"这一说法得到了公认。同样得到公认的是,这些因子以线形排列在染色体上,很像是一根绳子上串起来的珠子。1909 年丹麦植物学家约翰逊(Wilhelm Johannsen,1857—1927)给因子重新起了一个名字,叫基因。在哥伦比亚大学著名的"蝇室"里,还首次确认生殖细胞形成时出现的交叉现象,首次成功地作出基因图谱,亦即使控制特定性状的特定基因定位于一条染色体之上。

与此同时,具有高度独创精神的莱文(Phoebus Levene,1869—1940)在 19 世纪 90 年代为了逃避俄国的反犹太主义,带着全家从俄国来到纽约,开始研究核酸。1909 年他指出,在某些核酸中发现了五碳糖核糖(后来命名为核糖核酸,或 RNA)。1929 年,他又指出,一种未知糖,脱氧核糖(意思是去掉一个氧原子的核糖)可以在另外的核酸中找到。看起来,所有的核酸可以分成两组:核糖核酸(RNA)和脱氧核糖核酸(DNA)。但是,没人知道这些核酸的功能是什么。很少有人猜想它们正是遗传的机制,因为它们都是相对简单的分子,而遗传密码,显然一定是复杂万分。人们要做的事情就是考察自然布局——露天旷野或树木繁茂的山坡或湖泊——去观察由于遗传多样性而产生的浩瀚多样性。所有这一切怎么可能出于核酸这一如此简单的分子呢?大多数研究者都假设,较复杂的蛋白质分子更像是包含基因秘密的可能承担者。

莱文还推导了核苷酸的公式,得出核酸基本成分组合成为核苷酸的方式(核苷酸是核酸大分子的基本模块),并且提出核苷酸如何形成长链的假说。

但是莱文的发现提供了一个很好的例子,说明看似有趣而不重要的研究,一旦被理解,突然之间就会呈现出新的意义。

1941 年,两位美国研究者,遗传学家比德尔(George Wells Beadle,1903—1989)和生物化学家塔特姆(Edward Lawrie Tatum,1909—1975),用一种名叫粗糙脉孢霉的面包霉作突变实验,这种生物甚至比摩尔根的果蝇更简单。他们发现,他们研究的突变中有一些已经失去了形成生存所必需的物质的能力。从这些和其他关于突变的研究中,他们得出结论,基因的功能是指导一种特殊酶的形成,也就是说,基因的任务就是调整特殊的化学过程。当突变发生时,基因被修饰,因此不能形成正常的酶,常规化学反应的正常顺序被打乱,有时就会引起有机体的物理外观或性状发生根本改变。现在终于弄清,摩尔根等人所做的实验,跟踪的是生化层面上,亦即酶的变化,所导致的现象层面上的可见变异。比德尔和塔特姆的结论是,每个基因控制一个酶的产生,他们的思想后来被称为"一个基因一个酶假说"。这是理解基因是什么和它怎样工作的重要一步。

1944年，两位加拿大科学家艾弗里（Oswald Theodore Avery，1877—1955）和麦克劳德（Colin Munro McLeod，1909—1972）与美国细菌学家麦卡蒂（Maclyn McCarty，1911—2005）一起工作，他们确定细胞中遗传信息的载体是DNA分子。他们用两种不同类型的肺炎球菌做实验，一种是光滑型（有荚膜），另一个是粗糙型（无荚膜）。他们取出光滑型菌株的DNA，把它加到粗糙型细菌中。令人吃惊的是，粗糙型的后代竟是光滑的！不知道为什么，光滑型菌株的DNA竟使粗糙型菌株的遗传密码发生转变，以至传下去的特性不是双亲的粗糙型，而是提供DNA细胞的光滑型[①]。

立刻，DNA久久占据了中心舞台，简单的DNA分子如何才能包括错综复杂的信息，以决定诸如光滑型/粗糙型这样直截了当的性状？它的结构要怎样才能做到这一点？另外一种核酸RNA，又起什么作用？于是掀起了一场寻找答案的追逐。1953年，克里克（Francis Crick，1916—2004）和沃森（James Watson，1928—　）提出了著名的DNA结构模型，但是还存在着许多问题。今天研究还在继续进行，为的是找到更详细的答案，回答有关遗传现象的分子基础和遗传密码的传递及转录的模式。

莱文——核酸研究的先驱

然后有一天，真奇怪，白眼果蝇却没有黄色翅膀，这是一个真正的难题。摩尔根大胆解释，也许是染色体之间发生交换从而得到另一条不同的染色体。如果真是这样，也就是说，一组性状与另一组性状相联系，这是以前从未发现过的。后来证明，情况正是如此。（这种情况后来叫做交换）

摩尔根的工作风格典型体现了在20世纪科学中越来越普遍的团队合作，团队中集中体现了好些科学家的特殊才能。在摩尔根的团队中有斯特蒂文特（Alfred Sturtevant，1891—1970），他是数学分析家，善于分析从果蝇杂交中得到的结果，确定染色体上遗传因子的定位；缪勒（Hermann Muller，1890—1967），一个理论家，善于设计实验；布里奇斯（Calvin Bridges，1889—1938），尤为擅长细胞研究。他们既独立研究，也作为一个整体共

①　关于肺炎双球菌的转化实验，最早由英国微生物学家格里菲思所做，时间是20世纪20年代。正是艾弗里的实验确定引起这种转化的物质是DNA分子。——译者注

享结果并在实验中合作。他们一起提出了这一思想,所谓的孟德尔因子,就是在染色体上占据确定位置的特定物理单元,或者基因。

摩尔根和斯特蒂文特、缪勒及布里奇斯一起,在 1915 年发表了《孟德尔遗传现象机制》(*The Mechanism of Mendelian Heredity*)一书,通过作者们划时代的研究,该书为孟德尔式的遗传现象提供了一种分析和综合。这是一本经典著作,已经成为有关遗传现象的现代解释的奠基之作。

摩尔根在 1926 年又出版了《基因论》(*The Theory of the Gene*),该书建立了基因理论,并且借助于可用的手段——头脑、眼睛和显微镜,尽可能地扩展和完善了孟德尔的工作。摩尔根有一位学生用 X 射线探索遗传密码,但是在基因研究方面没有取得重大进展,直到又过一代之后,分子生物学问世,克里克和沃森的工作出现。摩尔根在 1933 年荣获诺贝尔生理学或医学奖。

∽ 达尔文和孟德尔的结合 ∽

自从弗里斯发现了孟德尔的工作以来,这位修道士有关遗传学方面详尽的实验证据和达尔文的进化理论未能成功地融在一起。一般而言,遗传学家假设,存在正常的基因和偶然的突变。他们认为,大多数突变会被清除掉,而少数有用的突变则导致进化改变。就在这时,遗传学家杜布赞斯基(Theodosius Dobzhansky,1900—1975)出场了。

杜布赞斯基生于乌克兰,受教于基辅大学,1921 年毕业。他离开俄国到美国纽约哥伦比亚大学随摩尔根工作。他还随同摩尔根到加州理工学院,并留下任教,1937 年成为美国公民。

杜布赞斯基

杜布赞斯基在《遗传学与物种起源》(*Genetics and the Origin of Species*)一书中,成功地综合了达尔文和孟德尔的思想。他指出,突变实际上极为常见,往往既可生存,也是有用的。因此,杜布赞斯基抛弃了"正常"基因的概念,只有"幸存"和非幸存之分。哪一种基因能够生存下来,取决于当时的机遇和当地条件。对某一生境有利的,也许换了一种生境就会成为不利。在某一时刻成功和有用的,也许在另一个时刻就会趋于灭绝。

弗里斯、贝特森、摩尔根、杜布赞斯基及其同事们,在 20 世纪前半叶对遗传学所做的重要工作,大大有助于回答有关遗传过程的各种问题。到了 1945 年,遗传学家正在迅速揭示与微观生命世界有关的各种奥秘。

第八章

寻找古人类

19 世纪末，达尔文的进化论得到更广泛的接受，但绝不是普遍接受，于是，许多科学家开始寻找化石，希望能够为达尔文的人类进化理论提供肯定或者否定的证据。对于"进化论者"来说，这种寻找活动基本上寄希望于找到所谓"空缺的环节"——一种化石，许多人相信通过它能在人类与其类猿祖先之间建立起直观的联系。与许多人对达尔文理论的误解相反，达尔文其实并未宣称人类是猿的直接后代，而是说人类和猿通过共同的祖先相联系。于是，化石的搜索者假定，如果人类和猿类有共同的祖先，就有可能发现某种具有中间形式的化石，当然它已灭绝，从而把人和猿联系起来，这种中间形式将会具有双方的某些特征。

一个由达尔文的强硬对手，动物学家和古生物学家欧文领导的"反进化论者"团体，尽管人数不多，也不算活跃，但一心希望找到远古人类化石。他们相信，这类化石可以证明人类没有经历任何进化过程，相反，人类一直是"完人"，随着时间的推移，很少变化或者完全没有变化。简言之，尽管大多数反进化论者已经接受了古老地球的思想，但他们还是相信，人类打一开始就是"人类"。因此，我们祖先的远古化石如果能够找到，应该与其现代后裔非常相似。

至于人与猿之间所谓的相似性，欧文等人也强烈反对。欧文主张，人与猿之间尽管有某些结构上的相似性，但重大差别却有更多。他最关心的是那些与外界和环境影响无关，可以世世代代传递下去不会改变的差别。他乐于引用的论据之一就是大猩猩突出的眉脊。欧文论证说，既然眉脊上没有肌肉，并且大猩猩的行为中没有任何迹象暗示，眉脊会被世代起作用的外界原因改变，所以，眉脊应该出现于所有的大猩猩的祖先及其所有的后代中。欧文论证说，这样一来，如果人与大猩猩共享同一祖先，则人也应该有这样凸出的眉脊，而实际上这在人的身上非常罕见。于是欧文主张，人与猿不可能共享同一祖先。

反进化论者欧文相信，人类没有经历进化式的演变。

有讽刺意味的是,在最早发现的化石之中,正是这样的眉脊成为主要干扰的特征,因为这些化石被认为正是早期人类的化石。

尼安德特人

1856 年,正在德国尼安德特河谷附近的石灰石洞穴里劳作的采石工人,偶然挖掘出了欧洲第一块可疑的人类化石。遗骸包括一个沉重的颅顶和一打以上的骨头。化石引起当地学校一位教师的注意,于是他把这些化石收集起来,送给波恩大学解剖学教授夏夫豪森(Hermann Schaaffhausen,1816—1893)。夏夫豪森在对这些有趣的骨头作了研究之后,于 1857 年在波恩的下莱茵医药与自然历史学会会议上报告了他的结论。他说,骨头是人骨,非常古老,但是它们与德国目前已知的任何人种都不同。肢骨非常粗壮,以畸形的方式与发达的肌肉连接,那些形状奇特的颅骨具有发达的眉脊,"这是大型猿类面部构造的特征"。夏夫豪森教授的结论是:骨骼一定属于古老的北方野蛮部落,这个部落也许在很久很久以前曾经被德意志人征服过。

其他科学家很快听说了这一消息以及夏夫豪森教授的结论。1861 年,尼安德特人(人们后来这样称呼那些引起争议的骨头)成了激烈争论的中心。谁是尼安德特人,或者尼安德特人到底是怎样的? 他是不是像进化论者相信的那样,非常古老,处于人类早期阶段? 他那近似于动物的、类猿的额眉和结实弯曲的骨头,果真提供了显著的证据,表明人类与某些类猿祖先具有联系? 或者,像反进化论者相信的那样,他只不过是畸形的现代人,极有可能是一个高度扭曲、外貌丑陋、与世隔绝的隐士,死于发现残骸的洞穴里? 在这个洞穴里,没有发掘到其他有助于确定年代的化石——动物或者植物,而今天用来测定年龄的复杂技术当时还没有研制出来。所以,反进化论者的看法对许多局外人来说极有说服力。依据外貌以及由外貌得到的暗示,要相信这样一个生物以某种方式与现代人有所

这些化石骨头是1856年在尼安德特山谷发现的,尼安德特人的名字由此而来。头骨说明尼安德特人有着前倾的发达的眉脊和厚壁的颅骨,而现代人(智人)的头骨具有更平的面部和更薄的壁。

联系,实在令人匪夷所思。即使某些进化论者,在面对尼安德特人似兽的外貌时也感到困惑。一位著名的进化论者叫威廉·金(William Jing),爱尔兰戈尔韦女王学院的地质学教授,他对尼安德特人的外表尤其感到困惑——这一外表给他的暗示是,一种"思想和欲望……绝不会超出兽类水平"的生物。威廉·金建议把尼安德特人专门分成一类,叫穴居人(homo neanderthalensis),以便与给予人类的名称"智人"(homo sapiens)相区别。

尼安德特人真是进化论者所谓的空缺环节吗? 赫胥黎,一位出色和好斗的进化论者,所谓"达尔文的斗犬"曾精辟地概括了进化论的主要观点。赫胥黎论证说,尽管这些头骨是迄今为止所发现的最接近猿的遗骸,但它不是来自介乎猿与人之间的生物。赫胥黎还论证说,决定性的因素是大脑容量,尼安德特人的颅容量几乎为最大的猿的两倍,处于现代人的范围之内。尼安德特人非常古老,近似于兽,但却是人。它不是那个空缺的环节。尼安德特人肯定非常原始,许多人不愿意看到这一点,但它却还不够原始,不足以充当猿和人的共同祖先。

在以后的年代里,世界范围内发现了更多这类奇特的人类化石,有男也有女。通俗出版物中的漫画迅速传播了这种蹒跚而行近似于兽的"猿人"形象,具有发达的下巴和眉脊,后来还成了低成本拍摄的好莱坞电影中的角色。即使在今天,它们的身上依然笼罩着神秘。后来的发现证明,第一批尼安德特人化石并不十分典型。科学家的结论是:许多骨头扭曲变形也许是由于关节炎;有一位人类学家认为,典型的尼安德特人如果穿上现代人的衣服,头上戴一顶帽子,走在今天车水马龙的街道上,不会招来行人的回头率。

然而,尼安德特人究竟与现代人是什么关系呢? 现在估计,尼安德特人大约生活在距今 350 000 年至 40 000 年以前(甚至也许是 30 000 年以前)。多年来研究者曾相信,尼安德特人是我们直系祖先的一部分,但是最近更令人惊讶的化石证据表明,尼安德特人和智人(现代人)显然曾经生存于同一时代。他们与我们有什么关系? 怎样和为什么尼安德特人竟消失了? 是现代人把他们杀掉了吗? 21 世纪初发现的一些证据,甚至暗示有同类相残的行为。难道他们由于异种交配,已逐渐融入现代人基因库里? 或者他们只是在生存斗争中失利,逐渐走向灭绝?

如今越来越明确的是,尼安德特人并不是空缺的环节。但是许多科学家,包括那位好怀疑的赫胥黎,都相信真正弥补空缺的化石证据可以找到。尽管当时化石证据缺乏,但后维多利亚女王时代的乐观主义依然深得人心。化石的形成过程充其量只能看做是一个随机过程,即使在今天也难以完全理解该过程。化石的形成是由于,在某些环境中,一株植物,或者一个昆虫,或者一根骨头,在死后没有分解成化合物。相反,它被掩埋了,并且逐渐被泥土中的矿物质所渗透,这些矿物质缓慢地以自己的分子代替遗骸中的分子,直到原来的有机体被石头替代和复制。这里的关键词是"在某些环境中",这些环境是如此的罕见,以至只有微乎其微的骨头才会成为化石。

赫胥黎理性、平稳、善辩地捍卫达尔文主义。

到了 19 世纪末，尽管大多数科学家已经转向进化论这一边，但分歧仍然存在，主要集中于人类如何和什么时候与他们的古代祖先相分离。达成共识的是，有三个基本属性可以看成是明显属于人类的特性，大脑的扩大、持续的直立行走以及小前牙与大后牙的排列方式，但同时仍有争论，针对哪一种属性最先出现。早期许多寻找所谓空缺环节的尝试都带有这一争论的影响。在尼安德特人首次披露之后大约 30 年间，没有发现新化石可用于确定到底什么时候人"变成人"，也没有发现任何标志性事件。

∽ 直 立 人 ∽

海克尔（Ernst Haeckel，1834—1919）是德国的进化论者和进化论的普及作家，他对听众的吸引力甚至超过杰出和雄辩的赫胥黎。但是，海克尔也常常令科学界感到尴尬，因为尽管他是一位超凡的演说家，他的公开讲演富有魅力，但他的研究和科学却是错误百出。海克尔论证说，人类最重要的特征是语言能力，如果空缺环节能够找到，它应该是处于人类刚刚学会讲话之前的某一进化点上。1868 年，他出版了一本书，题名《自然创造史》（*The History of Creation*），这是最早一本完全拥护进化论的动物学教科书，其中他还给出了第一幅系谱树图。在海克尔看来，生命的进化从单细胞开始，经过 22 个台阶，最后是人，人高高站立于树梢上。当然，在今天的科学家看来，海克尔的"树"是高度误导的，因为它把人类看做是进化的最终"目标"，描述的是一条直接通往人类的进化道路。

海克尔，杰出的演说家，进化论的合理设想有时被他过分热心的方法和误述的事实所破坏。

然而，在海克尔的时代，他的著作激励了许多想要成为化石探求者的人，特别是因为海克尔预言人与猿之间的中间环节将会在系谱树上的第 21 层台阶发现。他甚至给这一中间生物起了一个名字，叫做"无语猿人"。更有甚者，他在书中和讲演中屡屡提及，他甚至知道在哪里可以找到它。海克尔相信，不会说话的猿人起源于一个古老的大陆，名叫莱默里亚大陆，后来沉入印度洋海底。他说，从这一"人类的摇篮"里，那不会说话的猿人最先散布到非洲、亚洲，然后到地球的其他地方。他宣称，有些地方，也许在东南亚，在婆罗洲或者爪哇，有可能发现这些著名的空缺环节。

海克尔本人没有去寻找他那无语猿人，而是鼓动学生和化石寻找者去做这件事。荷兰解剖学教师杜波伊斯（Eugene Dubois，1858—1940）就是其中的一位。出于对一成不变的教学生活的厌烦，他迷上了寻找空缺环节的设想，于是他向同事们宣布，他要离开阿姆斯特丹的教学岗位，追随海克尔的建议，动身到亚洲去追逐进化论大奖。由于他的探险没有得到经费支持，他应募参加了荷兰的东印度军队，答应参军8年，但是要按他的要求把他派到苏门答腊。1887年秋天，他带着妻子与小女儿起程。这是这位年轻的进化论者一生中的转折点。

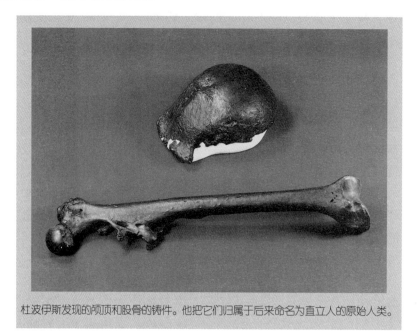

杜波伊斯发现的颅顶和股骨的铸件。他把它们归属于后来命名为直立人的原始人类。

由于在苏门答腊只需做些轻微的医务工作，杜波伊斯抓紧分分秒秒的空余探索这一地区的石灰石洞穴和采石场的堆积物，以便实现他那不可思议的目标。由于疟疾，他的身体变得虚弱不堪，于是，他设法说服荷兰的东印度政府免除他的军事义务，转而任命他掌管爪哇的古生物学调查。他筹备这一远征的速度是如此之快，以至人们猜测政府自始至终知道他的目的，事实上，接纳他服役、给他提供运输条件、甚至提供囚犯劳力，都是在隐秘资助他的行动。无论如何，在1890年3月，他出发去了爪哇，他长期梦寐以求的寻找空缺环节的远征终于可以启程了。

杜波伊斯发现他的第一块化石是在1891年，或者至少是他的囚犯劳力为他发现了这块化石。他的工人沿着索罗河费力地搜索层积的堤坝，终于找到了一块微小的颚骨碎片和一个臼齿；几个星期后又找到了一块颅顶骨，大约十个月后，在同一地点发现了一块股骨化石。牙齿像是黑猩猩的，颅顶骨的脑容量较小，有突出的眉脊，股骨虽然比现代人的更粗壮结实，却肯定是人骨，因为它显然已经具有习惯于直立行走的姿态。这是一个无足轻重的证据，但杜波伊斯却反复加以思考。颅顶骨对于猿来说过于大了，然而其脑容量却很小，而且具有眉脊。颚的小碎片没有提供足够的证据，不足以说明这个生物是否会说话，于是杜波伊斯无法运用海克尔的理论。但是股骨却很有分量。他确定，这些化石表明有一种小脑猿人，是用两条腿直立行走的。

他认为，他已经发现了空缺的环节！正如他在1894年写的：因为"这是一个类人的动物，显然在人与其最近的已知哺乳动物亲戚之间构成了这样一个环节，正如进化理论所假设的那样……"

由于他基本上以股骨作为证据，没有足够的颚骨来支持海克尔的论点，于是，他把他的化石称为"直立猿人"，而把海克尔的化石称为"无语猿人"，然后他把证据公之于科学界。

1895年，在莱顿召开的第三届动物学国际会议上，科学界成员对此情况极为重视，无论是乐意还是不乐意看到这一情况的人。几乎没人不同意，杜波伊斯的发现令人惊讶，又极具重要性。到此为止，化石人只发现了很少几例，任何更多的发现对于研究来说都具有重大价值。但是，很少有人认同杜波伊斯的论点，认为他确实发现了人与猿之间的中间环节。有些人，对原始发现的记录不全以及发现物缺少准确的时间和地点记载感到不安，由此质疑化石所代表的是否确是同一个体。有些人感到化石更像猿而不是人，还有人说它们更像人而不是猿。有些人理直气壮地认为，没有足够的化石证据对此作出评判。

当在其他会议上收到类似的祝贺（"好发现！"）和反对（"坏解释！"）时，杜波伊斯变得越来越失望和愤怒。他认定自己的解释是正确的，他已找到了空缺环节，只有忌妒或愚蠢才令那些人对此视而不见。他对自己的发现满怀激情，带着他的爪哇人（科学家开始这样叫它），从一个会议转到另一个会议，寻找知音。他用一个手提箱来安放化石，就好像它是可爱的宠物一样。但最后，他筋疲力尽，只好带着他的化石远离科学界。

杜波伊斯的故事没有一个幸福的结局。他的余生是这样度过的：隐居在一个远离科学界的地方，拒绝任何人再研究甚至看一眼他的宝贝——直立人化石。根据一则流行的传说，他甚至把化石藏匿在他家的地底下，偶尔拿出来自娱自乐。然而最后，当20世纪20年代和30年代在中国开始找到一系列令人惊奇的发现物时，杜波伊斯化石的真正性质才凸显出来。

中国的这些发现物后来就叫北京人，它的故事很离奇。20世纪20年代初，有一位名叫赫伯勒尔（K. A. Heberer）的德国博物学家得知中国的药店里卖过一种药，叫"龙骨"，磨成粉后用于民间医药。他非常好奇，开始遍访药店并考察各种骨头。在四处搜寻的过程中，他收集到90种以上的哺乳类动物化石和一颗牙齿化石，从中发现了标本，这些样品要么属于人类，要么属于猿类。

有关赫伯勒尔发现的消息很快传到世界各地那些热衷于寻找化石的人们的耳朵里，自从海克尔的"人类摇篮"理论流行以来，他们早就蜂拥进入中国各地。在以后的几年里，可以看到那些人竞相穿梭于商店、洞穴和山坡之间。

最后在1929年，继各种发现之后，第一个人科动物的颅骨从深埋的周口店村附近的石灰石洞穴里被发掘出来。（人科动物是指两条腿的灵长类中的任何成员，包括人类，有灭绝的和活着的）它的骨头很厚，具有突出的眉脊，脑容量小于现代人。这里可真是风水宝地，20世纪30年代初期，在这里发现了14个以上的颅骨以及11个颚骨和100颗以上的牙齿。某些现象格外奇怪：发现物中大部分是头骨以及头骨一部分，大多数颅骨显示出大脑曾被挖空的证据。但所有颅骨都跟杜波伊斯的爪哇人惊人地相似，实际上，是如此的相似，以至爪哇人和北京人无疑属于同一物种——已经灭绝的直立行走人，其脑容量比现代人略少，生活在180万年以前。1950年，美国进化论生物学家迈尔（Ernst Mayr，1904—2005）给它取了一个名字叫直立人，目的是把这一物种定义为既不是猿，也不是空缺的环节，但显然属于早期人类形式。

直到1940年去世，杜波伊斯都拒绝接受北京的发现和他自己的发现有类似之处，尽管今天爪哇人已被公认为最早发现的直立人。在他最后的日子里，可怜的杜波伊斯甚至推翻了他自己过去的声明：他所钟爱的不会说话的猿人与人类至少有那么一点联系。取而代之的是，它与人类没有任何联系，只不过是化石猿的一个变种。

解剖学家凯斯爵士（Sir Arthur Keith，1866—1955）在他为杜波伊斯所作的悼词中，总结了杜波伊斯的一生："他是一位理想主义者，他的思想是如此坚定，以至于他不惜扭曲事实，而不是改变思想以顺应事实。"

⌘ 辟尔唐人骗局 ⌘

这是凯斯爵士的一则讽刺性声明，他在20世纪20年代初由于被自己的偏见所蒙骗，从而参与到一起科学骗局中臭名昭著的事件，为其提供确证。

和他的许多英国同事一样，凯斯属于进化论学派，相信脑容量的进化，而不是直立行走，是区别人系的首要特性。在反思尼安德特人和爪哇人化石时，凯斯曾如此告诉听众："……我们拥有的知识——知识非常不完全——仅有两个人，它们都出现在更新世初期。一个外貌类似动物，另一个肯定智力低下。"他论证说，如果这些化石真的代表了现代人的祖先，那我们就必须接受这样的事实，即"……在更新世时初期，在一个相对短的时间跨度内，人类大脑以令人惊奇和几乎难以置信的速度得到演化"。

凯斯相信尼安德特人和爪哇人不可能是现代人的真正祖先，而是现代人祖先的近亲和同代人，他们比现代人有着更大的脑袋。所以，当英国苏塞克斯郡辟尔唐公共地附近的一个沙砾坑中发现令人吃惊的化石时，毫不奇怪，凯斯会积极参与验证活动。

故事要从一个名叫道森（Charles Dawson，1864—1916）的英国业余地质学家开始说起。1912年12月，在一次地质学会议上，道森宣读了一篇论文，描述他的活动和在辟尔唐的发现。他说，几年前，他接触了某些不寻常的褐色燧石，于是追踪找到了沙砾坑。想到此处也许还会藏有其他有趣的标本，于是他要求常在这个坑里工作的工人多长个心眼，看看有没有什么不寻常的东西出现。

据道森说，不久后他们果真找到了一件标本，看上去像是椰子壳的一部分，在挖掘过程中已经破碎。于是，他们扔掉了其中的某些，但是后来想到道森也许会感兴趣，又找回了一小块带给道森看。道森说，他立刻认出这是化石颅骨的一部分。他返回到坑地试图寻找其余的碎片，但是没有找到，直到1911年秋天，才终于发现另一块颅骨碎片。

道森说，这时他才把这些碎片拿到不列颠博物馆，向博物馆的地质学保管人伍德沃德（Arthur Smith Woodward，1864—1944）

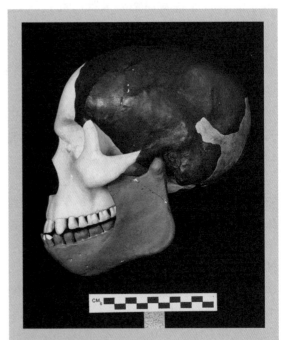

辟尔唐人颅骨的重建，它的大颅骨和类猿的下巴似乎表明，更大的脑袋正是人类出现的标志。后来证明，辟尔唐人颅骨来自人，而下巴来自猿——两个被拼凑在一起，使它们看上去似乎是来自同一生物。

出示这些标本。伍德沃德极感兴趣,开始跟道森一起,每逢周末都到坑地去工作。不久又有一个人加入到这一行列中,这就是德日进神甫(Father Pierre Teilhard de Chardin,1881—1955),他是一位业余地质学家和耶稣会传教士,也开始把部分时间花在挖掘上。

当时大多数颇有名望的英国人类学家都被辟尔唐人"化石"愚弄了。在这幅约翰·库克(John Cooke)1915年制作的绘画中,道森(左三)和几位杰出的研究者正在观看凯斯(左四)检验颅骨。

1912年夏天,他们找到了更多的颅骨碎片和一组哺乳动物牙齿化石,并且得到了他们最大的发现物:类猿颚骨化石的一部分。

在人数众多的1912年会议上,道森兴高采烈地宣布,他们发现的是一个新物种,取名为道森的曙人。更令人兴奋的,是曙人或者辟尔唐人(它迅速闻名于世)所具有的含义。将其复原后,很容易就可以看出辟尔唐人已经具有极为古老的大脑袋和突出的类猿下巴。

这正是许多英国进化论者希望找到的,特别是对那些相信大脑袋才是早期人类明显标志的人来说。于是,辟尔唐人身上所见的大脑袋颅骨和类猿的下巴,成了不容置疑的证据。发现物见于英国,这些英国人类学家自然认为,智能生物显然最早必定在此出现。

凯斯爵士对最初的复原曾经有过一些挑剔,但还是表示欣赏。于是,英国其他许多重要的解剖学家和进化论者立刻集合在凯斯周围,一起检验辟尔唐人并且宣告它是可信的。其中也出现过一些异议,特别是当宣布从坑下发现的其他化石证据确证了大脑袋的辟尔唐人应该超前于尼安德特人和爪哇人时;但是很快这些声音就被淹没了。那些质疑人的颅骨和类猿的下巴似乎过于完善的声音也遭到同样的下场。颅骨太接近人,下巴太接近猿:它们怎么可能真是属于同一个体?

回答当然是不可能。辟尔唐人是一个骗局。颅骨来自人类而下巴来自猿——两者曾被仔细加工、折断、拼合和染色,以便看起来像是来自同一个体。

遗憾的是,过了40多年才发现这一点——直到20世纪50年代,当一位年轻的科学家,他不囿于前辈的观点,对化石进行了客观公正的检验和运用新的科学试验方法,真相才大白于天下。凯斯和他的同事们看到的只是他们想要看的,而忽略了明显的事实。

是谁一手打造了这一骗局？是道森、他的同事中的一位，还是别的什么人？由此招来许多猜测和谴责，但答案仍然是一个谜，并且看来难以破译。

❧ 非 洲 宝 地 ❧

正当辟尔唐人坐在不列颠博物馆显赫的位置上等待其垮台的命运时，其他惊人的发现正在世界其他地方陆续出现——但由于辟尔唐人受到误导的吹捧，这些发现竟可悲地被嘲弄了许多年。

在 20 世纪头 25 年里，广为流传的看法往往随同海克尔理论一起出现，这个理论认为人类家族的发源地可能位于亚洲的某一个地方。但显然，从尼安德特人以及其他发现来看，包括有争议的辟尔唐人，欧洲曾经是人类变迁史中的重要地区，但很少有人听从达尔文的建议，他曾指出非洲实际上是最有可能发现人类最早起源的地方。

1923 年，30 岁的澳大利亚出生的解剖学家达特（Raymond Dart，1893—1988）来到南非，开始在约翰内斯堡的威特沃特斯兰德大学做教学工作。达特曾在英国受教于一些杰出的英国进化论学者，并且对进化论产生了强烈的兴趣，尤其对寻觅早期人类感兴趣。他的重要贡献是 1924 年发现了人类进化的特征，当时有一位学生带给他一具狒狒颅骨化石，她是在一个朋友的起居室壁炉架上看到的。这个房子属于北方石灰石公司（一家露天采矿公司）的经理，而颅骨来自一个名叫汤恩（Taung）的地方，离此地约 200 英里。这个颅骨和以前见过的任何其他狒狒颅骨明显不同，达特大有兴趣，他请采石场工人把其他发现送给他看。几个星期后，他收到了两大箱包装好的化石！就像圣诞节早晨的儿童一样，他开始兴奋地研究起他的宝贝。

当把箱子里的化石一件一件进行分类时，他真的找到了宝贝！全世界的进化论学者讨论得很多的是大脑和大脑容量，以及直立行走或大脑容量这两个性状究竟哪一个最先出现。但是还没有一个人发现过达特突然握在手中的这一标本：一个颅腔模型——一块变成化石的物质，精确地复制了颅骨的内部形状，保存了大脑外部的细节、血管以及所有的结构。它虽然不是脑化石，但却是仅次于脑化石的最好标本！它对于猿有些大，对于人又有些小。但他认识到，确实有某些特征更接近于人而不是猿。

他的好运还只是个开头。他激动地继续进行研究，发现有一块石灰石，里面嵌有变成化石的前额背部和部分变成化石的面部。那块颅腔模型正好与这块石灰石严密吻合！这是同一标本的一部分！然而整个面部是什么样子呢？在后面的 73 天里，他仔细剥离岩石，一点一点地，慢慢呈现出石化后的面部，"钻石切割机都未曾这样爱护或者这样细心地针对无价的宝石……"，他后来这样描写自己的工作。1924 年 12 月 23 日，他的礼物展现在他面前。"我可以从正面看到面部，尽管右侧仍未完全展露……出现的是一张孩子的脸，一个婴儿，满口的奶牙和正在萌出的臼齿"，他写道："我怀疑，可曾有过父母如此为他的作品感到骄傲，那就是我在那个圣诞节得到的汤恩宝贝。"

化石来自于一个儿童，死时也许只有三四岁。达特肯定，这是一项重要发现，它就是某种早期的人科动物（该名词也用于这一类群，包括人、长臂猿和猿），但又是哪一种？它不像是森林猿，因为南非在数百万年前，气候相对干燥。还有，尽管化石显示一张幼猿的脸，它的脑子却更像人——不是在大小，或者成年后它会长到多大（比起完全的人来还是小得多）——而是在它结构的某些特点上。更重要的是，达特注意到，脊髓离开颅骨进入脊柱的孔，在汤恩颅骨上要比现代猿更为靠前，表明它和直立动物一样，头部可以在脊骨上保持平衡。再有，前额的倾斜不像猿那样突出。达特对他的发现物进行了长期而艰苦的思考，反复核对他的化石和他的想法，终于作出结论。他的汤恩代表了一种非常古老的生物（科学家今天估计汤恩大约生活在 100 万到 200 万年前），它的脑子只比猿大一点点，但是大脑结构在某些方面已经具有类人而不是类猿的特征。再有，尽管这一生物具有一张猿的脸，但它走路时已习惯于像人一样地直立。

1925 年 2 月 7 日，达特在权威的《自然》杂志上发表了他的发现和结论，在这篇著名的论文里，达特提出，他的汤恩是"介乎现存类人猿和人之间已灭绝的一种猿类"。

不像杜波伊斯，达特没有寻找空缺的环节。他是一位老练的进化论学者，不会相信存在一个单一、清晰的"环节"，通过它可以回答有关人类过去的所有问题。但是他肯定他的发现（他称之为"非洲的南方古猿"），代表了以前从未碰到过的一个完全新的科，也许是部分的环节，在人类进化之谜中肯定是重要的一部分。

他的论文立即引来一片强烈的反对声。来自科学共同体的质疑就像一块石头砸在他的肩上。不仅因为达特工作的这个区域——非洲，人人都知道不是恰当的搜索地区，毕竟亚洲才是最有希望的"人类的摇篮"，那里才有可能提供需要的化石，而且还因为他的解释大胆地越过了界线。所以，"专家们"高声反对。凯斯爵士在那年夏天检验了汤恩的石膏模型，提出了最权威的意见，发表在《自然》上，对达特把汤恩当做猿与人之间的中间环节提出了挑战。他写道："对模型的检验可以使动物学家认识到这一说法是荒谬的。颅骨属于一个幼年类人猿——大约生长了四年的类人猿，它与两种非洲类人猿——大猩猩和黑猩猩，相似的地方是如此之多，以致应该毫不犹豫地把它归入这一现存的群体之中。"至于达特关于颅腔模型表明其大脑具有某些类人特征的观点，凯斯以"猜测性的说法"而加以拒绝。

此外，难道辟尔唐人不是已经表明，早期人脑很大，并且领先于直立行走？自命不凡的达特大错特错！在非洲起源就是个错误。

于是，在权威之手的操纵之下，达特和非洲南方古猿立刻销声匿迹了。

但是，达特不像杜波伊斯，他没有使他的发现或者他的思想归于沉寂。尽管没有资助和官方认可，他依然致力于发现更多的证据，坚信最终定会找到证据，他的汤恩会得到平反。

这个故事有了愉快的结局。

"这个故事催人泪下……这个人作出了世界历史上最伟大的发现之一——它的重要性也许可以和达尔文的《物种起源》相提并论，然而英国的文化却把他看成是一个淘气的小孩……，"苏格兰古生物学家和医生布卢姆（Robert Broom，1866—1951）就是这样写的，他后来在达特的故事中添加了新的一章。

布卢姆决定加入达特与其汤恩的事业时，已经是一位知名的南非化石寻觅者。布卢姆出生于苏格兰，先是在澳大利亚生活了一段时期，然后大约在 1900 年到南非开始行医。作为骨骼搜寻者，布卢姆主要寻找南非的早期哺乳动物化石。他意志坚定，精力充沛，也很成功。1920 年，他被选为皇家学会会员，1928 年，由于在哺乳动物方面的工作，他被授予学会的皇室奖。当布卢姆读到《自然》杂志 1925 年 2 月号上刊载的达特的论文时，他立刻写信给达特，祝贺他的"辉煌"发现。两个星期后，在未作通报的情况下，突然闯进达特的实验室,跪在摆放汤恩颅骨的平台前。这正是爱作戏的布卢姆一个典型的戏剧性动作,在用了一个周末检验颅骨以满足自己的好奇心后,他承诺尽力找到其他的化石来确立其真实性。

遗憾的是,先前的任务使布卢姆难以抽空来寻找其他的南方古猿,直到 1936 年他已经 69 岁了,才全力以赴投入一系列探险活动。一切准备就绪,他豁出命地工作。他赞赏达特,但是"达特不太像斗士",他后来这样写道。

结果惊人。

搜寻的消息一旦传出,他就从达特的两个学生那里得知,在约翰内斯堡附近的斯特克芬坦还有另一个大型商业石灰厂。他与这个工厂的经理取得联系,请他们随时留意情况,而他自己则继续到其他地点去寻找。1936 年 8 月,他到石灰厂察看情况,这时离他开始探寻还不出几个月,经理们已经把可能让他感兴趣的碎片收集在一起,于是他在这些碎片堆中翻寻。令人惊奇的是,他很快就发现了一个漂亮

布卢姆

的成年南方古猿颅骨和一个完整的成年颅腔模型!

他的好运和探险还在继续。1938 年,他得知距斯特克芬坦一英里远处有一个名叫科隆德拉的地方,有一个男孩持有一些形状特殊的牙齿。于是他在上学途中跟踪这个男孩,闯进教室,当场买下了这些牙齿,并且得知,该男孩在附近还藏有其他一些宝贝。这时还有一个小时才放学,布卢姆怕跟少年失去联系,就说服了学校校长,让他给学生作一次讲演。在接下来的一个钟头里,他在黑板上一边画画,一边向 4 位老师和 120 位学生讲解化石和洞穴。下课铃声响了,他马上和这位学生一起去附近的山坡,在那里该男孩藏着一个南方古猿的下巴,上面还附有两颗牙齿。

他继续在更多的地址挖掘,发掘出了更多的南方古猿化石,更多的颅骨、下巴、牙齿,几乎完整的盆骨,肩胛的一部分,以及臂骨和腿骨。

20 世纪 40 年代末,达特在经过几年的沉寂之后,又回到"战场",在玛卡彭斯伽也发掘了一个现场。1948 年,达特和布卢姆已经积累了足够的化石证据,来说服大多数曾经一度怀疑的科学组织,让他们认识到南方古猿不仅存在一种类型,而是两种——一种纤细,另一种更粗壮。但是这两种类型都具有小型的脑袋、像猿的脸和直立走路的习惯,和达特的原始发现一样。这两种类型都是人类的远古亲戚。即使原先持怀疑态度的凯斯,也不得不根据非洲大量出现的具有说服力的证据,重新考虑他原先的评价。

"达特教授是正确的,而我错了",布卢姆在一封给《自然》杂志的信中这样写道。在 1948 年出版的《人类进化的新理论》(*A New Theory of Human Evolution*)一书中,他继续热情地写道:"在所有已知的化石类型中,南方古猿是最接近人类的,最适于站在人类祖先直系这一位置上。"他甚至建议把南方古猿改名为"达特人",以示对其发现者的敬意。

南方古猿并没有重新命名,但是在科学界出现这一转向则毫无异议,即肯定它的可靠性和在人类进化史中的重要性。南方古猿至少作为重要的早期人科动物而被接受。随着舆论的转向,人们达成了这样的共识,人脑的出现是在直立行走之后,而不是之前。

然而,并不是每个人都同意这一观点。即使在 20 世纪 50 年代戳穿了辟尔唐骗局之后,仍然有一些进化论学者坚持认为,是大脑袋,而不是直立行走,引导人类的进化。著名的古生物学家利基(Louis Leakey,1903—1972)就是这样一位坦率的批评者,他对南方古猿在人类进化路线中的地位提出批评。利基当时甚至还在非洲工作——主要是在奥杜韦(Olduvai)峡谷和附近的坦桑尼亚所属地区——试图寻找化石证据,因为他相信,人类早在几百万年以前就已经定形,并且实际上一直没有改变。利基相信,南方古猿、爪哇人、北京人、尼安德特人以及其他所有的种类,都不过是失败的进化实验,顶多不过是已经灭绝的似人动物的亲戚或后代。

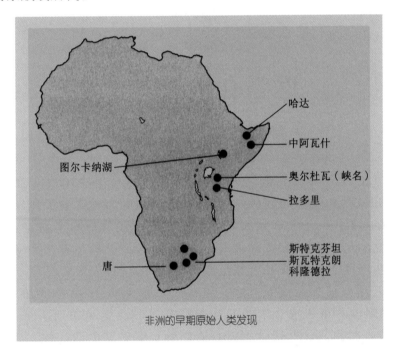

非洲的早期原始人类发现

20 世纪后半叶,利基和妻子玛丽(Mary,1913—1996,也是杰出的考古学家),以及他们能干的女儿玛爱娃(Maeve,1942—   )和儿子理查德(Richard,1944—   )作出了一系列精彩的发现。这些发现,再加上年轻科学家约翰森(Donald Johanson,1943—   )等人的发现,因其对人类起源的挑战而不断震撼着科学界。

争议再次集中于南方古猿。它究竟是最终变成现代人的直接祖先,还是人类的旁亲,曾与人类平行演化,并来自于同一个未知祖先?

在 20 世纪剩下的岁月里,研究者不断尝试揭开人类家族进化的谱系树,争议仍在继续进行。

第三部分
科学与社会，从1896年到1945年

第九章

医学和机器贩子

20世纪前半叶，科学不断带动技术的发展，同时还吸引了相当一部分居心不良的人，他们在日益增长的声望和成就的掩护下，做着阴暗的勾当。欺诈能手娴熟地利用公众对技术进步的迷恋。由于大多数人实际上对物理学或其他科学基础知识所知甚少，尽管他们从中得益匪浅，因此当有人拿出一个看似普通，上面装有几个刻度盘的密封箱子，说是可以解除他们的痛苦或者治好他们的疾病时，这些人很容易就相信了。这个世纪的开始，带来了电灯照亮街道的奇迹。莱特兄弟在1903年第一次通过飞行器上天。1927年，带有刻度盘的箱子把音乐和问答比赛节目以及新闻送到家里。不久，鞋店用荧光镜显示足骨。医生的诊所用X射线检查断骨。厨房里电器代替了老式的冰箱。至于这些机器都是怎样工作的，对于普通人，从办公室工作人员到银行经理，从看门人到不动产大资本家，一般都不是十分清楚。

各种小商贩和供应商也在这个充满诱惑的时期里适时出现，于是就在20世纪初产生了许多骗局，其中包括声名狼藉的医学"黑箱"。伊万斯（Christopher Evans，1931—1979）在他的《非理性的膜拜》（*Cults of Unreason*）一书中，定义早期电子学理论中的黑箱为："……一个假设的系统，其内部逻辑是未知的，人们只能根据输入和输出情况来说明这一系统。"对于许多神秘的诡计，这正是一个恰当的描述，这些诡计通过20世纪上半叶那些无耻的"行医"医师提供给公众。我们今天也许会对当时那种轻而易举的上当行为感到好笑，然而，这可是一桩很不愉快的事实：许多类似的诡计，以某些化妆整容和更时髦的名义，今天仍然在向公众兜售。

长期的遗产

其实,黑箱的传统早在 20 世纪前就已悄然出现——开始不是用箱子,而是用棍棒、一大盆水和一些磁铁。执棒的人是美斯美尔(Anton Mesmer,1734—1815),大水盆足够坐下一打病人,与美斯美尔的棍棒关联的磁铁使他可以操纵"动物磁性",他相信这种磁性来源于所有人体。美斯美尔宣称,磁是普遍存在的活力。一旦得到正确激发,这一"动物磁性"就会治愈病人心理和生理上的所有毛病。在最终被富兰克林和一个特别研究委员会曝光之前,美斯美尔和他的魔医装置一度成为 18 世纪末巴黎的时尚。同一时期的伦敦,有一位格拉汉医生(James Graham,1745—1794)说服许多有钱的客户,只要在他特殊设计的(带电的)"天床"上睡上一夜就可以保证这对快乐的夫妇可以得到健康快乐的孩子。与此同时,在美国有一个名叫培金斯(Elisha Perkins,1741—1799)的人,在美斯美尔的棍棒上再加一根棍棒,并去除美斯美尔其余的装置,宣称用他那"取得专利的磁牵引器"(在一个特制的皮箱子里有两根金属棒)在病人身体上摩擦,就可以祛病驱邪,医治所有疾病。

美斯美尔宣称,人们通过"动物磁性"的操作就可以治病。

就像许多伪科学与另类医学一样,在 20 世纪上半叶被许多庸医所利用的黑箱是基于这样的思想,有某种非物质的"能力",为人体固有,但又与人体分离。美斯美尔最终发现,他实际上不需要棍棒,没有它也能操纵"能力"。尽管相关研究结束了这场游戏,但在 19、20 世纪之交以后,其他许多"美斯美尔主义者"(人们这样称呼他们)在欧洲和美国变得更为普及。最终,"美斯美尔主义者"的活动放弃了"能量"交换这一中心思想,转到所谓的催眠术,这个过程直到今天仍充满争议,并且常常被误解。其他从业者做的事情属于我们今天所谓的"另类医学",他们继续相信,有一些科学上未知的能力与躯体和心灵的健康和安宁有关。于是,操纵这些"力",使之取得"平衡"、"调整"以及其他与之相互作用的本领,就成了许多 20 世纪另类医学,也是今天许多另类医学的基础。

黑箱的讨巧之处就在于把这些古老的思想和技术上的新奇迹与神秘性结合在一起。黑箱开始用于行骗,是在无线电在美国家庭普及之后不久。

第一座商业无线电台 KDKA,于 1920 年在宾夕法尼亚州匹兹堡开始广播,通过一个带有刻度盘的普通箱子,音乐开始进入居民家庭。如果转动小箱子上的刻度盘,就可以把声音和音乐从遥远的地方传到房间中,这里是否还有其他奇迹?大多数人都知道,这里面有电的参与,还有某种形式的"波"神奇地在空气中穿行。但除非是有科学知识的学者、少数聪慧的技术能手,或者那些稚气未脱的少年"科学家"或技师,他们在卧室或地下室里摆弄那些晶体组件及其他奇异的小零件,其他人几乎不会对这件事情多加思考。对于大多数人来说,只要能按开关、拨旋钮,充分利用科学技术的另一个奇迹就足够了。

❧ 克朗的治病 ❧

与此类似，许多江湖医师提供的机器事实上也都很神奇。有一位医师名叫克朗（Heil Eugene Crum），他也提供一个箱子，宣称不仅能医治癌症、关节炎、神经错乱、痔疮等大大小小的各种疾病，还能使盲人复明、截肢者长出新臂和新腿。据这位能干的"医生"所说，他那不可思议的箱子甚至可以完成医学以外的奇迹。克朗宣称，他的奇异器件还可以完成"财政事务"（给病人带来财富）、肥沃田野和使高尔夫草坪上的草变得更绿。1936年，克朗医生为他的器件申请到了专利。一个小木箱，顶上开槽，旁边一排小孔，小孔上粘贴有不同颜色的纸片，每块纸片写上一个字母。箱内有一灯泡和乱七八糟的电线，还有一支充满水的玻璃管。木箱外部的踏板和刻度盘与其内部没有任何连接。操作本身非常简单，完全按照"医生"的指示。病人只要舔一舔小纸片，把含有病人唾液的纸片从箱子顶部的狭槽送进箱里。如果病人住得太远，或者由于某种原因不能在场，唾液也不需要，只要把一张病人的图片或者病人的手迹样本送入槽口就可以了。

虚假治疗的推销可以向前追溯很长时间，如同图中显示的1889年6月15日《纳尔帕尔周刊》（Narper's Weekly）的一则广告，介绍治百病的万灵小装置。

为了操纵这个器件，克朗医生或者其他操纵者需要乱动踏板和转盘，同时口中念念有词，背诵各种疾病的清单。最后灯光穿过彩色纸片中的一张，纸上的字母显示病人疾病的第一个字母。然后箱子把它的治病能力，或者在这位能干医生的诊所里，或者从几百英里以外，向病人"传播"。克朗医生和他的"合作治疗器"（他对器件的称呼）欺骗了太多的人，终于引起了法庭的注意，最后法庭在经过漫长的辩论后，发现他犯有"重大道德败坏"罪。

一个卑鄙的行医者

然而,比起 20 世纪初最大的黑箱医生阿布朗斯(Albert Abrams,1863—1924)来,克朗算是小巫见大巫了。和当时大多数行骗者或有问题的医疗器械贩子不同,阿布朗斯是一位合格甚至受到高度尊敬的医生。他出生于加利福尼亚州的旧金山,是一位非凡的聪明少年,很小就学会说德语。后来在欧洲定居,19 岁时从海德堡大学获得医师学位,成为学校里获得这一学位的学生中最年轻的一位。回到美国后,又在另一所学校学习并获得另一个医学学位,这个学校就是他家乡旧金山的库柏医学院。他性格开朗、精力充沛,并善于与人交流,不久就发表了一系列令人注目的医学论文和出版了关于心脏病的教科书。他在库柏医学院担任病理学教授,同时又是加利福尼亚医学学会的副主席。有讽刺意味的是,在早期发表的一篇论文中,他抨击当时甚为流行的医疗骗局,曾这样写道:"医生只能想他所知道的,但那些不受良心约束的庸医,却认为他什么都知道:在行骗者的心中,真理永远无法与谎言成功地竞争。"

写下这些话的人不久后却也加入到"行骗者"的行列,这其中的缘由只能是一个谜了。然而,即使在阿布朗斯还没有成为美国最知名的医学骗子之前,已有人质疑他的道德品质。有消息说,他最后离开库柏医学院正因为他那些不当行为,他在课堂上敷衍了事,然后向听课的学生索取 200 美元,到他家里去听更精彩的内容。还有传闻说他的论文有一些地方是从别人的著作那里"借来"的,却没有注明出处。

也许阿布朗斯开始堕落的最早线索是 1909 年他采用了一种"新医疗理论"(他称之为"脊椎理疗学")。他在有关这一新思想的书和文章中宣称,运用这一理论,医师不仅可以诊断疾病而且可以治愈疾病,其做法就是通过细心而持续地敲打病人的脊骨。不久,尽管其他医学权威提出了批评(他有时在广告中聪明地加以引用),但他还是在美国各地进行"脊椎理疗学"讲演。

不用说,尽管在轻信的听众中,他的人气在不断上升,但在曾经对他怀有敬意的同行心里,他的声望却在持续下跌。不过,阿布朗斯真正与正规医学绝交,是从他发明"发电器"(dynamizer)和"振荡器"(oscilloclast)以及他谦虚地称为"阿布朗斯的电反应"(Electrical Reactions of Abrams,简称 ERA)开始。

"新时代的精神是无线电",阿布朗斯在宣布他的发现时写道:"我们可以把无线电用于诊断。"不久他把他的两种新发明相结合,发电器用于诊断,振荡器用于治疗,他宣称对于那些前来尝试他那奇异发现的人们来说,他的机器不仅能诊断病因而且还有治疗效果。正像他年轻时曾抨击过的庸医一样,他宣称神奇的黑箱子能够医治任何疾病,于是吸引了众多人。他的机器不仅可以诊断和治疗癌症、糖尿病、癣菌病、肺炎以及数百种其他折磨人类的疾病,甚至灵敏到可以显示不在场的病人的年龄、性别和宗教信仰。

阿布朗斯黑箱成功的关键在于他宣扬所谓"电振动"理论,他声称电振动是从人体中的细胞发出的。当疾病降临人体时,根据疾病的特性会发出不同的振动。他的发电器和振荡器可收集从人体"发送出来"的不同"振动",测量它们的电子频率,然后发送矫正信号给病人。阿布朗斯在他的广告中说,重要的是,所有这些只需通过病人在任何时间、任何地点采集的血样就可进行,只要在采集血样时面向西方就可以了。至于为什么病人必须面向西方,阿布朗斯从未解释过。阿布朗斯对他后来声称的事情也没有解释,这就是,用病人的手迹或者病人通过电话的声音,就可以取代血样,使他的非凡装置正常行使功能。

阿布朗斯和他的一台机器在一起。

就像克朗医生一样，阿布朗斯结论性的声明也许使他的骗术已触及底线，但是除了正规的科学界和医学界以及少数的怀疑论者之外，显然很少有人关注这一点。阿布朗斯在财政事务上极为精明，他不仅亲自给病人治病，还把他那密封的装置租给其他不可靠的医师。多达 5 000 套装置在世界不同地点行医。只要租用者中，有任何一人撕破密封，检查箱子内部，就一定会对看到的情况大吃一惊，然而显然没有一个人出来声诉，那些人全是轻信者或庸医。直到阿布朗斯不断壮大的医疗王国被美国医学协会和《科学美国人》(Scientific American)杂志注意之前，就是没有人站出来过。在 1923—1924 年间，这两个组织花费了大量时间研究阿布朗斯的理论和装置。著名物理学家密立根(Robert Millikan，1868—1953)在首次看到阿布朗斯的一个箱子里，电线、杂物和终端乱作一团的情景时，评论道："它们就像是一个十岁孩子制作，用来愚弄八岁孩子的那种装置。"

然而，和大多数医疗骗子一样，阿布朗斯有大量拥护者自愿认同他的思想。

《科学美国人》的编辑注意到，著名作家和许多奇怪思想与医学时尚的辩护者辛克拉尔(Upton Sinclair，1878—1968)在 1922 年为一份通俗杂志写过一篇赞美文章，介绍阿布朗斯及其装置，对此这位编辑评论说："以他的名义把一个非同寻常而有说服力的故事带给大众，大众却忽视了这样的事实，辛克拉尔的名字对于医学研究的意义，就如同著名拳击冠军丹姆西(Jack Dempsey，1895—1983)谈论有关第四维空间。"

这一调查研究在 1924 年底结束，《科学美国人》的一个特设委员会作出结论，说阿布朗斯的思想和装置"最多"是"一种幻觉"，最糟则是"一桩巨大的骗局"。这个小组还注意到，无线电和电学的不断进步"在医学中引起了各种神秘主义"。

然而对于阿布朗斯来说，调研的结果无关紧要。这位亿万富翁，在委员会作出结论之前几个月因肺炎去世，终年 60 岁。

在阿布朗斯死后多年，他的装置中有数百套依然在投入使用。在他去世之前不久，他为他的理论和装置奠定了基础。遗憾的是，这些理论和装置在用今天的新技术和现代"行话"进行更新之后，许多仍在运用，继续欺骗那些容易上当的人。

第十章

妇女在科学中

20 世纪前半叶在许多方面值得庆贺——相对论的辉煌、量子物理学和初步认识原子结构等奇迹，遗传学和战胜疾病方面取得的进展以及远古人科动物化石的发现。但是，有一个值得庆贺的领域却往往被忽视了：妇女首次以不断增长的数目进入科学舞台。

传统上，妇女一般都不受科学训练，或者没有资格接受训练，由此给科学带来的损失不可估量，尤其自科学革命以来的几个世纪里。1692 年，蒂弗[Daniel Defoe，1659/1661 (?)—1731]以他那个时代不寻常的进步姿态如此谴责道：

> "考虑到我们是文明和基督教的国度，而世界上最野蛮的习俗之一就是：我们否认妇女学习的好处。……她们的青春时代都耗费在学习刺绣，或者制作小摆设上。诚然，也教她们怎样阅读，也许还要教她们写自己的名字，等等，但这就是妇女受教育的最高程度了。……对于男人（我指的是绅士）来说，难道受这一点教育就够了吗？"

例外也有。18 世纪业余天文学家威廉·赫歇尔让他的妹妹凯洛琳和他一起研究星空。文艺复兴时期英国的伊丽莎白一世和 18 世纪俄国的凯瑟琳大帝，都给她们生活的文化氛围定下了基调，这就是对妇女有更多的期待并由此对妇女有更多的尊敬。但是一旦王座的权力不再属于妇女，这种来自权威人物的影响就很快衰退。伊丽莎白去世 40 年后，诗人布拉德斯特里特（Anne Bradstreet，1612—1672）写道："把妇女说成这样毫无理由，知道它是诽谤，但一度却是叛逆。"

直至 19 世纪 90 年代和 20 世纪初期，欧洲和美国的许多大学依然拒绝妇女入学，有时甚至不让她们进入教室。我们曾经见到，诺埃特只许完成教学任务，却不给薪金。直到 20 世纪 60 年代，针对科学界妇女如此之少（在"大艺术家"中也是如此）这一现象，男人们常常声称这些数字显然表明，妇女缺少想象力、才能和智慧。（但是在缺乏同样教育的情况下，上述任何一项怎么可能得到发展呢？这就好比把一个人按在水下，然后来裁判其呼吸能力）许多妇女眼看这些约定俗成的不平等，亦缺乏自由的选择以及缺乏对其女性前辈应有的尊重，不由得感到愤怒。此种悲剧对于科学与社会带来的同样是损失，其损失程度永远难以估量。

到了 20 世纪 70 年代，妇女可以得到同样的教育了，但历来反对妇女在智力上发展的偏见仍然在挡道。最后，今天的女孩在成长中怀有不同的期望，不再像她们的曾祖母那样受到各种偏见和先入为主观念的束缚，这些观念涉及妇女能不能够，或者应不应该自己安排生活。

在 20 世纪初期,开始有了妇女出现在科学中的范例,有一些妇女做得非常出色。这些 19 世纪出生,20 世纪初接受教育的妇女往往面临诺埃特曾遭遇的情形。其他人,例如马尔特伯(Margaret Maltby,1853—1946)则从开风气之先的大学及其弹性的校规里找到了出路。马尔特伯发现,美国的大学和学院更宽松一些。美国第一所男女合校的大学或学院是欧柏林学院,早在 1837 年就开始这样做了,紧接着的是安提克学院(1852)和威斯康星大学的师范学院(1860)。还有一些大学是:威斯康星大学(1866)、波士顿大学(1869)、密歇根大学(1870)、康奈尔大学(塞奇学院,1874)和芝加哥大学(1890)。

居 里 一 家

和意大利 18 世纪的贝斯一样,玛丽·斯可罗多夫斯卡对于科学的雄心远远超过其他妇女,她和一位已经在科学界享有盛誉的著名科学家结婚。她以其聪明才智、坚韧不拔、努力勤奋以及对自己的工作在物理学中之地位的洞察和理解,赢得了人们的尊敬。

1895 年 7 月 26 日,斯可罗多夫斯卡和皮埃尔·居里结婚,两年后,他们有了第一个女儿伊伦,后来也成为一名科学家,并且也是一位诺贝尔奖获奖者。1897 年,玛丽开始以沥青铀矿作为实验对象,检验矿石中的元素并试图发现贝克勒尔报告的辉光从何而来。皮埃尔与她一起工作,两人发现,不是一种元素,而是两种元素与此有关。因此皮埃尔和玛丽在 1903 年与贝克勒尔分享诺贝尔物理学奖。居里夫妇的第二个女儿爱娃(Eve)出生于1904 年,后来写过她母亲的传记。玛丽·居里就这样找到了一条途径,使得养育家庭、从事赢得诺贝尔奖的科学以及和丈夫的紧密联系这三者相结合。尽管 1906 年她失去了皮埃尔,失去了这位亲密的伴侣、实验室合作者、最好的朋友和丈夫,但她还是挺了过来。

跟她的母亲一样,伊伦·约里奥-居里和她的丈夫弗雷德里克·约里奥-居里也赢得诺贝尔奖,从而建立诺贝尔奖获奖者唯一的母女王朝。

当皮埃尔1906年不幸去世时,他在索邦神学院的教学岗位转给了玛丽——这并不是皮埃尔的正式教授职务,尽管她的地位是诺贝尔奖获奖者——只是一个教学岗位,不过无论如何,在索邦神学院,这还是第一次把教学岗位交给一位妇女。然而,由于她是妇女,她在法国科学院院士竞选中落选。法国科学院从1666年建立以来,从未接纳过任何一位妇女,直到1962年。1911年,玛丽·居里成为唯一两次获得诺贝尔奖的人。这位身材矮小的波兰物理学家在任何意义和任何时代里都是真正的巨人。

❦ 家庭与科学 ❦

也许没有其他女性科学家像玛丽·居里和她的一家那样,获得如此之高的尊敬和名声。她的科学生涯开始于她所从事的物理学领域突然间备受关注的年代,而她本人的坚强性格和非凡才能反过来又为该学科增添了更多的魅力和来自公众的敬畏。

但是其他妇女,特别是近年来的妇女,在从事科学的同时,都已经有了家庭负担。有这样一位女性,名叫戈佩特(Maria Goeppert,1906—1972),1906年出生,正好是居里第一次获得诺贝尔奖之后的几年,所以,她可以算是名副其实的第二代。戈佩特来自一个科学世家——尽管她出生的德国反对妇女进入大学,但她父亲还是鼓励她学习,并且希望她进入大学。戈佩特在科学家的圈子里长大,成为一名科学家似乎是顺理成章的事情。和玛丽·居里一样,她也嫁给了一位科学家,是美国人,名叫乔·梅耶(Joe Mayer),受洛克菲勒奖学金的资助而来到德国。后来他们在美国定居,她希望在一所更宽松的美国大学里找到一个教学岗位。然而,她的领域——量子物理学——在美国不怎么出名,再加上其他排挤因素,使得她的求职之路困难重重。不过,她还是找到了一个薪水微薄的研究助理的工作。她成功地把量子力学运用于物理化学中,从而作出了突破性的贡献,在这一课题上发表了好几篇重要论文。

戈佩特-梅耶在1933年有了第一个孩子,这一年也是犹太科学家从德国大批离去的开始。由于她所从事的领域里第一流的科学家大多来到美国,结果使她有机会向这些科学家请教。物理学家泰勒(Edward Teller,1908—2003)邀请她一起工作,因为她擅长数学,在这个领域里作出过重要贡献。1963年,戈佩特-梅耶荣获诺贝尔物理学奖。在一次采访中她说道:"如果你爱科学,你真正需要的就是继续工

戈佩特-梅耶和她的女儿。

作。诺贝尔奖会使你激动,但是它绝不会改变什么。"

∽ 孤军奋战 ∾

另外两位诺贝尔奖得主代表的是某些妇女的另一种选择，她们是麦克林托克（Barbara McClintock，1902—1992）和列维-蒙塔尔西尼（Rita Levi-Montalcini，1909—   ）。

麦克林托克和戈佩特一样，1902 年 6 月 16 日出生于康涅狄格州的哈特福德，在康奈尔大学学习，从学士学位一直学到博士学位。她的研究集中于玉米遗传学和"跳跃基因"这一概念。麦克林托克有两个教学岗位，但她主要还是一名研究者，二十多年中，她在自己的领域里持续发表了一系列论文。

她是一个特立独行者，不怎么与人交流，也不愿提供解释。但是人们仍然公认她是一位非常优秀的科学家。有一个故事说她在冷泉港会议上向许多领头生物学家宣读论文。没有人听懂她所说的内容，那些生物学家全都忽视了她。麦克林托克也许有些害羞，但是她很坚强，实事求是，不愿承认她一直遭忽视。事实上，生物学家斯特蒂文特在她讲话后评论："我一个字也没有听懂，但是如果麦克林托克说它是这样，它就一定是这样。"

麦克林托克于 1983 年获得诺贝尔生理学或医学奖。

还有一位特立独行者是列维-蒙塔尔西尼，她从小就对生理学充满激情。她和她的孪生姐妹泡拉（Paola）在 1909 年 4 月 22 日出生于意大利的都灵市。列维-蒙塔尔西尼像麦克林托克一样终生未嫁。她母亲在她的童年给予她支持和温暖。她的父亲则很守旧，对妇女在社会中的地位持传统观念，在家里他说了算。他认为妇女无须受大学教育，于是，把儿子吉诺（Gino）送进大学，把两个女儿送进女子学校。由于列维-蒙塔尔西尼受的是非正规大学教育，因此无法以科学为生。但是当她儿童时的家庭女教师死于癌症时，她决定要成为一名医生。她向父亲恳求，最终和父亲达成协议：如果她承诺不结婚，她可以从事科学生涯。父亲从他一个姐妹的经历中得出结论，在女人的一生中，家庭和教育是不

麦克林托克正在检查一块玉米地。

能兼顾的。对于列维-蒙塔尔西尼来说，这一让步是一种巨大的解脱，她愿意作出这一选择。于是，她继续学习，准备入学考试，在入学考试中获得优异成绩，1930 年进入都灵医学院。1939 年取得学位。然而在短期实习后，她不得不隐匿起来，因为纳粹和法西斯分子正在搜捕犹太人，把他们送到集中营。然而，从她读过的一篇论文中，她产生了一个实验设想，实验可以用小鸡胚胎来做，把这些胚胎藏在她的卧室里就可以了。她的兄弟吉诺

帮她准备实验条件。她考察胚胎发育的最早阶段,亦即细胞开始分化时,特别注意神经细胞。后来证明,这些正是解决问题的第一步,最终还使得她获诺贝尔奖。战后列维-蒙塔尔西尼迁到密苏里州的圣路易斯,在那里,汉伯格尔(Viktor Hamburger,1900—2001)正在做类似的工作。多年来,她一部分时间住在圣路易斯,一部分时间在罗马。她经常旅行,工作出色,并且以对神经生长因子的实验研究而闻名。1968年,列维-蒙塔尔西尼当选为美国国家科学院院士,1986年,由于发现和离析了神经生长因子的工作与柯恩(Stanley Cohen,1922—　)分享诺贝尔生理学或医学奖。

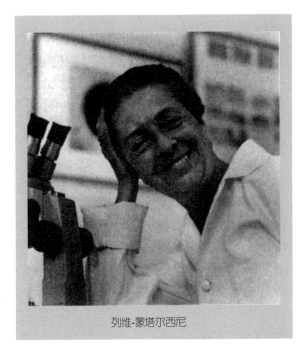

列维-蒙塔尔西尼

　　上述四个故事说明,当妇女选择科学作为职业时仍然面临特殊的挑战,但是,要达到事业和家庭的平衡并不只有一条道路。在21世纪初,科学界中妇女数目正在增长。有一个促进妇女投入科学的网站不再开列1975年以后的女性科学家名单,理由是人数太多了。这场战斗也许已经接近胜利。

结　论

　　1945年是一个强烈对比的时期：一场毁灭性的战争终于结束，人们刚刚松了一口气并且开始有了乐观情绪，但紧接着又面临广岛与长崎原子弹轰炸后带来的极端恐怖。科学家第一次发现自己正在走出研究所和大学实验室，以掌握知识者应有的政治和社会责任感发表时评。许多物理学家，包括玻尔和爱因斯坦，都积极投身于"和平利用原子能"这样的组织，它的宗旨是致力于和平利用原子能，建立反对运用核武器的条约。许多生物学家在为辐射对所有生物的危害，特别是对人体的危害而大声疾呼。原子弹的蘑菇云永远地改变了世界和科学界。

　　科学也通过其他方式在发生改变。1895年以后的50年里，科学已经越来越多地变成团队的活动。实验室和研究所，从物理学的卡文迪什实验室到哥伦比亚大学摩尔根小组的"蝇室"，成为新发展和新发现的苗圃。日益增长的复杂性产生了新的科学分支，诸如神经解剖学和亚原子物理学。科学进步要求越来越昂贵和特殊的设备，只有靠来自公共机构的资助、共享研究与开放的资源，以及来自政府的资助，才能得到足够的经费。哥白尼独自坐在塔里就能计算宇宙结构的时代，或者富兰克林放弃经商，未经正规的科学训练，就能对电学知识作出重大贡献的时代已经一去不复返了。相比于过去，现在的科学不仅更加需要高度的客观性和创造性，而且要有交换思想、向别人学习以及从训练中受益的能力。

　　再有，越来越昂贵的研究也有其负面效应。由于越来越依赖政府和大型企业的支持，因而科学更多地被特殊利益所束缚，并且更加保密。在曼哈顿工程进行期间和其后，国际信息交流极为缓慢，在有些情况下甚至完全阻塞，因为国家和私人利益要保护他们的发现所得。

　　但是科学在许多方面却变得比以前更加活跃。20世纪前半叶发现原子具有结构，于是深入其内核并且使之分裂。经典物理学的思想体系对物理科学统治了两个世纪，但新出现的相对论却使之陷入困境。

　　除了这些变化，在原子世界里还揭示了一整套新宇宙观：革命性的量子观永远地改变了我们过去的宇宙观，那是一个有序而且可以预测的宇宙。物质本身不再是有形、稳定的东西，而是一种振动着的粒子，彼此还有相互作用，更诡异的是，它似乎受概率所控制。

　　在生命科学方面，强大的新概念产生了：遗传现象受细胞中的微小实体控制；机体平常合成的物质（如胰岛素），或者由食物产生的物质（如维生素），是维持生命的要素。

　　许多问题仍然有待解答——有些重要的发现还束之高阁。原子的探索者刚刚开始探索原子王国。新仪器和更复杂的测量将揭示质子、中子和微小电子后面更深层次的非凡发现。原子还有什么新秘密可以揭示？原子和分子之间有什么联系？生物体的基本单元是什么？是什么机制使染色体能够自我复制？基因由什么组成？它们怎样为后代性状设计蓝图？生命是如何起源的？宇宙是怎样开始的？宇宙在膨胀吗？宇宙中有没有其他的世界，其中存在生命、智慧生命和其他的文明吗？

　　20世纪后半叶的科学将揭示一个更加神奇的世界，这是一个知识接踵而至，科学家可以接近的世界，因为他们可以站在前人的肩上。

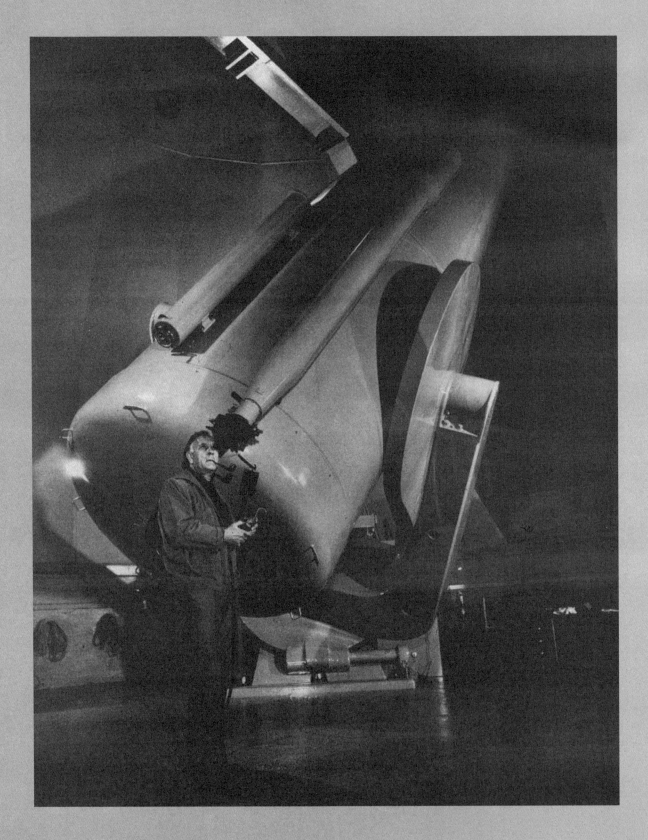

1929年，在考察星云和把星系分类的过程中，哈勃注意到星系向着地球退行的
速率正比于其距离，这就叫哈勃定律。这一工作被认为是20世纪天体物理学最
有意义的突破之一。

▶ 在"贝格尔号"舰上五年的科学旅行，使达尔文大大开阔了眼界。当他在南美洲自北向南看到动物亲缘关系相近的种的逐渐变化时，一切就很清楚了，因为这只有用"物种在逐渐地发生变异"才能解释这类事实。他深有感触地认识到："一种因素多次重复会带来一个新观念。"归来以后他便着手整理考察的札记，并在一个偶然的机会读到了马尔萨斯的《人口论》。马尔萨斯认为，人口的增长常比食物的增长快，只有靠饥饿、瘟疫与战争除去过多的人口。达尔文谈到这本书在他思想上所起的作用时说："1838年10月，我为了消遣，偶然读了马尔萨斯的《人口论》。我长期不断地观察过动植物的生活情况，对于到处进行的生存竞争有深切的了解，我因此立刻就想到，在这些情况下，适于环境的变种将会保存下来，不适的必归消灭。其结果则为新种的形成。这样，在进行工作时，我就有了一个理论可以凭持。"

▲ 1859年达尔文的《物种起源》出版，立刻产生了巨大的轰动并引起激烈的争议。赫胥黎是坚定的达尔文理论支持者，他与威尔伯福斯进行了著名的论战。图为三人的漫画，左起：威尔伯福斯、赫胥黎、达尔文。

▲ 拉马克是第一位在其成熟的作品中明确提出生物进化思想的博物学家。

▲ 莱伊尔在其《地质学原理》中对拉马克的理论进行了评析，"进化"一词也首次在此出现。有趣的是，莱伊尔在书中介绍拉马克的同时也尽力地打击他。这种思想观点深刻地影响了后来的达尔文。

◀ 华莱士几乎与达尔文同时理解了进化论。1858年在马来群岛工作的华莱士将自己的一篇关于"自然选择"的论文寄给达尔文，当时他不知达尔文也正在写他的鸿篇巨作《物种起源》。

▲ 达尔文的思想在当时往往成为笑谈，关于他的漫画更是常见，人们以此嘲弄他们不能理解的"进化论"。但赫胥黎却在读完《物种起源》之后，立刻接受了进化论，并成为其主要支持者。

▶ 2009年，英国政府为纪念达尔文诞辰200周年暨《物种起源》发表150周年而发行的邮票。

⋯⋯

▼ 2009年，很多世界知名杂志纷纷刊出专题纪念达尔文及其《物种起源》。

当《物种起源》首次发表时，英国几乎每家保守的报刊都登载过漫画，讽刺达尔文，把他画成猿或大猩猩。而如今，就连那些反对达尔文理论的人也承认：达尔文是一名伟人，他显然很重要，他的思想改变了世界。

1. 《自然》（*Nature*）杂志
2. 《科学》（*Science*）杂志
3. 《新科学家》（*New Scientist*）杂志
4. 《科学美国人》（*Scientific American*）杂志
5. 《国家地理》（*National Geographic*）杂志
6. 《史密森尼》（*Smithsonian*）杂志
7. 《自由探索》（*Free inquiry*）杂志

8. 《科学家》（*The Scientist*）杂志
9. 《新闻周刊》（*News Week*）杂志
10. 《科学新闻》（*Science News*）杂志
11. 《微生物学趋势》（*Trends in Microbiology*）杂志

⋯⋯

1

2

3

4

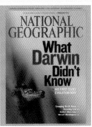
5

6

7

8

9

10

11

▶ 奥地利遗传学家孟德尔用豌豆作为实验材料，最先提示出了遗传的两个基本定律：基因的分离定律和基因的自由组合定律。

◀ 豌豆容易栽种，是自花传粉、闭花授粉植物，还有易于区分、稳定的性状，容易逐一分离计数，这为孟德尔发现遗传规律提供了有利的条件。更重要的是，孟德尔首次将数学统计法和"假设–演绎–实验验证"的方法引入了遗传学。

1865年，孟德尔总结出著名的遗传规律，在当地的自然科学学会上宣读了他的论文《植物杂交试验》（Experiments in Plant Hybridization），尽管与会者中既有化学家、地质学家，也有生物学专业的植物学家、藻类学家，但他们都没有意识到孟德尔这一发现的重要性。第二年，孟德尔在学会的杂志上发表了他的实验结果，这些结果具有革命性的意义，推翻了所有旧的遗传学理论，但人们依然未能理解这些实验结果的重要意义。直到1884年孟德尔去世，他和他的遗传规律也未能引起科学界的注意。

1900年，是遗传学乃至生物科学史上划时代的一年，来自三个国家的三位学者同时独立地"重新发现"了孟德尔遗传定律。他们是荷兰的德弗里斯、德国的科伦斯和澳大利亚的丘歇马克。从此，孟德尔遗传规律得到了科学界的重视和公认。

▶ 月见草产生遗传类型的能力非常强，德弗里斯研究了约5万棵拉马克月见草，从中发现了7种突变型。他把遗传类型的突变性改变叫做突变，认为新物种就是通过突变产生的，拉马克月见草是向人们展示新物种形成过程的活标本。

▲ 从1908年起，摩尔根和他的助手们以果蝇（Drosophila）为实验材料，开始了遗传学的研究。他们最初的目的也是研究突变问题，希望能在果蝇中发现像拉马克月见草中那样的突变。

▲ 1926年摩尔根的《基因论》一书出版。在经典遗传学史上，此书是最重要的理论著作，它的出版标志着孟德尔-摩尔根学派已经成熟，其染色体遗传理论已经系统地建立起来了。摩尔根小组把统计遗传学方法和显微观察方法有机结合起来，并且一直致力于解答显微镜下看到的现象与杂交时出现的现像有何联系。他们用突变理论描述生物体中的突变实际上是如何发生的，进一步完善了孟德尔学说。

▲ 饲养在大试管里的果蝇。果蝇在遗传学研究中的优越性：它的体积大小合适，可以在牛奶瓶中大量饲养，又可以在放大镜或低倍显微镜中观察其形态；它易于饲养，用香蕉、有糖分的水果或其他能培养酵母的培养基就可以；它生活周期短，25℃下，10~12天就可以繁殖一代；它繁殖数量大，能够为遗传统计提供足够的数量；它的染色体只有4对，而且幼虫唾液细胞中的染色体特别大，易于观察。

▶ 果蝇幼虫唾液腺细胞的巨大染色体经染色后，可以发现其上许多粗细不等的横纹，看上去好像一条带横纹的围巾。摩尔根小组对它进行了进一步的研究，从细胞学上证实了之前关于染色体的缺失、重复、倒位、易位等研究结论，这是遗传学研究的重要进展。

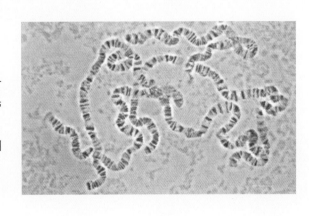

▲ 7副颅骨生动地表达了人类进化的漫长道路。它们是（左起）：兔猴（5 000万年前）、普罗猿（2 300万年前到1 500万年前）、南方古猿非洲种（300万年前）、能人（200万年前）、直立人（100万年前）、早期智人（9.2万年前）和克罗马农人（2万年前）。

◀ 鼠背上的人工耳。随着组织工程的发展，科学家在人的三岁外耳形状的支架上种植牛软骨细胞，经过体外培养后植入裸鼠背部皮下，成功地再造了有细致三维结构的人耳廓外形软骨，为耳廓缺损患者，在短时间内形成精细的预先指定形状的耳支架提供了可能。

▶ DNA分子双螺旋结构模型的提出，标志着遗传学的发展进入了分子遗传学时代。现在，基因已经以一种真正的分子物质呈现在人们面前，科学家可以更深入地探索基因的结构和功能，并已经开始向控制遗传机制、防治遗传疾病、合成生命等更大的造福于人类的方向前进。

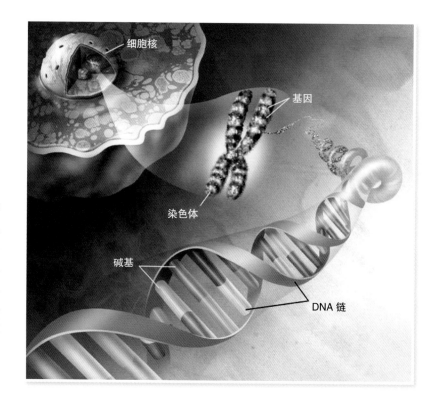

◀ 这幅安德雷·林德的卡通画描绘了20世纪80年代早期的暴胀模型的状态。

◀ 酸雨已经毁灭了数百万公顷森林。

▶ 燃烧化石燃料会对地球的大气和气候产生严重后果。

▶ 肯尼亚的马萨伊马拉国家保留地。由于气候变化，丛林缩小，草原扩大，人和动物不得不在适应和死亡之间作出选择。

▼ 达利的油画"最后的晚餐"。达利是超现实主义画家，亦是相对论的狂热追随者。在这里"最后的晚餐"发生在象征整个宇宙的十二面体中。

▼ 地球人口在2600年将会达到摩肩接踵的程度，到那时地球会因使用电力而发出红热的光芒。

随着科学进步带来的日益增多的伦理问题，科学越来越走近社会的心脏和灵魂，越来越紧密地联系着政治、经济、文化、社会和道德事务。这个过程要求我们对我们所做的事情会带来什么结果要有新的认识，对我们为地球承担的使命要有新的态度，对我们的邻居将会因我们的行动而受到什么影响要有新的责任！

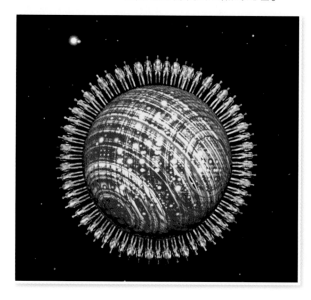

第五编

科学前沿

Science Frontiers

这是一个诸多创新纷呈迭出的时代——太空飞船、人类基因组、克隆羊、DNA的结构、亚原子粒子结构、大爆炸宇宙模型……；这也是一个众多可能性层出不穷的时代——得益于微芯片、火箭、计算机数据库和仿真技术、射电望远镜、电子显微镜、粒子加速器的出现。

现代科学前沿为我们打开了一个窗口，由此可以看到超越我们自身及利益之外的更加远大的世界，我们成为宇宙中更有学识的公民，成为宇宙中更和谐的一员。从真正的意义上看，世界的未来取决于科学的未来。我们依赖科学的成果获得知识，我们也依赖知识作出有见识的决定。在21世纪，人类需要作出许多艰难的选择，要对科学知识的用途作出明智的决策。我们站在一个关键的点上，它前所未有地令人振奋。不管我们是否选择亲自从事科学工作，我们都已经成为一项伟大事业、一项与人类最有关系的伟大事业的参与者。

哈勃空间望远镜（HST）揭示了宇宙新知识的广阔情景。这幅图是它在1993年
12月第一次飞行时拍摄的，宇航员正在忙于完成保养和修复哈勃空间望远镜，
这时望远镜停靠于正在轨道上飞行的"奋进号"航天飞机旁。

引　言

❧ 从 1946 年到现在：不懈的追求 ❧

1945 年既是惨烈的年代，也是欢庆的年代。可怕的战争终于结束了——这场世界大战屠杀了数百万犹太人，破坏了大部分欧洲地区，搅乱了亚洲和太平洋的大部分地区，毁掉了日本两个城市并且杀死了数百万士兵和平民。最后，世界如释重负，回到了日常生活。科学家也能够回头重新从事科学工作了。

但是，科学家工作的政治环境并不太平，第二次世界大战后，世界的精神支柱摇摇欲坠。原子弹的投放，已经产生了巨大的破坏力和致命的辐射后果，世界难以避免由于原子弹的存在而引起的新焦虑。到了 1949 年，苏联宣布试验一颗原子弹，于是在美国与苏联之间开始了一场竞赛，看谁储存有更多的核武器。所以，"二战"虽然最终停止了，却几乎立刻产生了一种新的冲突，这就是所谓的冷战。

对于科学来说，这种普遍存在的不安气氛既有积极效应，也有消极后果。科学家之间思想、理论和科研结果的自由交流——这是历经几个世纪艰苦斗争才得来的——由于苏联和东欧诸国与西方之间通信被切断，现在却是无法继续了。苏联的报纸、杂志和书籍，西方无法得到；西方的报纸、杂志和书籍，苏联也无法得到。两个区域之间的旅行受到严格限制。但是，从积极方面说，美国、欧洲各国很早就认识到了与苏联并驾齐驱发展的必要性。特别是美国，由曼哈顿计划建造原子弹而开始的传统，在战后被这样一些科学家继承：他们把自己对科学知识的追求与政府建造更先进的军用飞机和武器的需要相结合。

接着，西方科学界受到一次巨大震惊。1957 年 10 月 4 日，苏联发射的第一颗人造地球卫星进入轨道。除美国之外，没有任何其他国家已接近于这个水平，因为它在"二战"后从德国引进的火箭科学家，已经稳定地服务于军用导弹和民用太空计划项目的开发。突然间，数学和科学受到万众瞩目。出于跟苏联人竞争所需，西方教育家开始重视对年轻科学家的培养，而在美国，国家航空和航天局（NASA）的前辈们力图迎头赶上。1961 年，苏联和美国都把宇航员送上了太空（这次又是苏联人领先），这一年，美国总统肯尼迪（John Fitzgerald Kennedy，1917—1963）宣布了把美国人送上月球的计划。两个国家在军备竞赛之外，现在又加上了登月竞赛，太空时代迫不及待地开始了。

天文学家从中受益匪浅。在1958年至1976年之间,科学家送出了80艘太空船到月球的背面(总是背向地球的一面)。其后又有去金星、火星、水星以及更远的指向外行星的探测器升空,有的是从康纳维纳尔角(后来重新命名为肯尼迪角)发射,有的是从苏联的"卫星城"发射。这些漫游的遥控装置向地球发送无线电信号,发回照片和数据,促进了人类对太阳系和宇宙的认识。

到了1971年,苏联开始进行长时间在太空生活的实验,为此发射了一系列空间站,最后在1986年发射了庞大的"和平号"空间站。与此同时,美国在1973—1974年送出了三组宇航员到名为"空间实验室"的太空船上研究太阳。1981年,美国发射了第一艘绕地球运行的航天飞机。这两个国家部署的无数的人造卫星用于各种目的,从科学到军事到商业,还广泛收集数据,观察失重对生物体(包括人体)、晶体形成以及无数其他领域的效应。到了20世纪80年代,许多其他国家,包括中国、日本和印度,都发展了自己的太空计划。

所有这些,在某种程度上,都是冷战引起的积极后果。当1989年冷战结束以及1991年苏联解体后,人们对太空探索和空间科学的兴趣和激情逐渐减退。与此同时,在太空方面的国际合作精神开始出现,尽管由于俄国缺乏资金,"和平号"空间站退役并且最终解体,但俄国空间科学家让它以一团烈火的形式终结其15年的服务回到地球。尽管在2003年2月出现了不幸的航天飞机事故,国际空间站仍然继续搭载一个国际性团队。然而,航天飞机计划在研究期间被搁浅,美国的经济压力和军费开支严重地牵制了空间站的进一步发展和应用。

如果说在20世纪下半叶有什么事情常常纠缠着科学,那就是科学研究的费用大大增加。17世纪伽利略的时代已经过去,当时他听到有关信息,就收集了一些材料,自己做成了望远镜,并且立刻做了许多前人从来没有做过的天文观测。但是到了1945年,开始了"大科学"时代。研究亚原子粒子的粒子物理学,只有在所谓粒子加速器的巨型机器帮助下才能进行。这些加速器在加州的斯坦福和伯克利、在伊利诺伊州的巴特维亚、在瑞士的日内瓦等地方,一个接着一个开始建造。这时的欧洲,正在战争的废墟上面临重建工作,因此"二战"后的早期工作大部分都是在美国做的,物理学家从世界各国纷纷来到美国。

只有能够得到大量捐赠的大学和研究所,并且在政府经费的帮助下,才有可能建造这样大型的机器。物理学家和工程师发现了有关电子的行为和量子力学的机制,贝尔实验室一组科学家还发明了晶体管(这又是一次由大型企业资助而不是个别具有好奇心的头脑取得的成就),正是从这些进展中,才有巨型计算机和半导体工业的出现。第一台商用计算机是1951年建成的巨型机器,名叫UNIVAC I,被美国人口调查局购用。这再一次说明,只有政府的需要和巨大财力才能够认同和资助这类项目的启动。(今天只要花不到1000美元,任何个人都能够买回一台个人计算机,它只有公文包那样大,能力却远远超出需要占用一间体操房的UNIVAC I。)从1945年到现在,是一个动荡和变化的时期,也是一个暴乱和社会进步的时期。

公民权利和自由一直是世界广泛关心的事情,在美国,有些进步是在马丁·路德·金(Martin Luther King,1929—1968)等人的领导下,在20世纪60年代里所取得的,但没有花很大代价。马丁·路德·金于1968年被暗杀。1954年美国最高法院命令学校取消种族隔离,1957年联邦军队强制阿肯色州的李特尔洛克地区执行该政策。20世纪60年代,美国的《公民权利法规》在职业和住房方面建立对所有人机会平等的原则。1991年,甚至南非也放弃了种族隔离法规,开始取消学校的种族隔离政策。

政治暗杀还是不时发生。肯尼迪总统和他的兄弟罗伯特·肯尼迪(Robert Fitzgerald Kennedy,1925—1968)都遭到了暗杀——肯尼迪总统是1963年在得克萨斯州的达拉斯被暗杀的,他的兄弟1968年在赢得加州总统预选的那个晚上也被暗杀。在印度,和平主义者领导人圣雄甘地(Mahatma Gandhi,1869—1948),在1948年遭暗杀,他曾经领导印度进行独立斗争,成功地摆脱英国政府从而获得独立。差不多40年后,极端主义者再次卷土重来,在1984年暗杀了总理英迪拉·甘地(Indira Gandhi,1917—1984),7年后她的儿子和继承人拉基夫·甘地(Rajiv Gandhi,1944—1991)也被暗杀。世界各地的暗杀、恐怖爆炸和劫机事件反映了动荡的气氛。但是与此同时,和平的力量、民族独立和自治也经常取得胜利。

争取自治的斗争此起彼伏,除了苏联的解体以外,还发生了几次显著的变化。1986年,阿基诺(Corazon Aquino,1933—   )被选为菲律宾总统,从而结束了贪污成性的马科斯(Ferdinard Marcos,1917—1989)政府15年来的戒严法和长达20年的统治。东德和西德在1990年重新统一,并且在统一后的德国进行了1932年以来的第一次民主选举。

与此同时,科学也不能远离这些政治、社会和道德事务。许多科学家在二次世界大战后采取了反对继续发展武器的立场,其中有爱因斯坦,他的影响范围空前广泛,还有丹麦物理学家玻尔。苏联的萨哈罗夫(Andrei Dinitrievich Sakharov,1921—1989)曾经帮助他的国家发展了氢弹,但在1967—1968年,他毫不犹豫地反对苏联核武器试验,主张在世界范围内裁军。为此他被不公正地失去信任,遭到迫害和恐吓。最后在1980年,当他批评苏联侵略阿富汗时,他和他的妻子班内尔遭到软禁。此后他被关进了监狱,直到1986年,由于开放的风气日益高涨,他才得以释放。

随着日益增多的知识带来了伦理问题以及对决策的影响时,科学在许多事务上越来越走近社会的心脏和灵魂。克隆的马铃薯优于天然的马铃薯吗?是不是应该对它有某种程度的怀疑?当捐献者的器官可以挽救生命时,什么时候和在什么环境下可以从捐献者那里摘取器官?鉴于1979年在三里岛(在美国宾夕法尼亚州)和1986年在切尔诺贝利(在苏联基辅附近)的核电站事故,我们还能把核电站看成是安全的吗?

在20世纪后半叶,科学常常被看成英雄,也被看成恶魔。科学一方面可以使技术取得巨大进步,从电到光盘,从汽车到飞机到太空探索,从人造卫星通信到传真机,但科学有时也因为使得“简单、天然的生活”遭受破坏而受到谴责。但是循环在继续:发现带来新技术,技术的发展又使新发现成为可能,由此构成一系列面向未来的跳跃式前进。这个过程要求我们对我们所做的事情会带来什么效果要有新的认识,对我们为地球承担的使命要有新的态度,对我们的邻居将会因我们的行动而受到什么影响要有新的责任感——当我们的祖先在“更简单的生活”方式中,以刀耕火种的方式进行耕作时,从未考虑过这一责任感。

20世纪后半叶是一个探讨宇宙基本成分(亦即万物是由什么组成)的时代。希腊人留基伯和德谟克利特都相信所有的物质都是原子组成的,他们把原子想象成极其微小、极其坚硬、不能再分的粒子。19世纪道尔顿相信他知道原子是什么:是化学元素的最小单元。但是在19世纪末,化学家和物理学家,例如玛丽和皮埃尔·居里以及贝克勒尔都注意到，在我们今天所谓的放射性衰变的过程中，某些元素的原子会放射出它们自身的一部分。他们问自己，如果原子是不可分的，它怎么能够放射出自身的一部分呢？这里有明显的矛盾，于是在 20 世纪最初的几年里，科学家对原子的理解开始发生了革命性的变化。电子被发现了，随之而来的是发现了原子核，原子核是由质子和中子组成的。

但是直至 1945 年，探讨原子内部的新世界才刚刚开始。今天已经知道了 200 多种亚原子粒子，人们相信还有更多的亚原子粒子存在。发现它们的故事错综复杂、惊奇诱人，吸引了这个世纪许多最优秀的人才涉足其间。

与此同时，火箭技术和空间科学中大量的技术突破，使得天文学家、宇宙学家以及星际科学家能够更密切地探索宇宙，而这是伽利略、开普勒或者过去任何伟大的观测家做梦都难以想象的。

与此同时，在生命科学中，研究者正在为发现控制生命形状和形式的基本成分结构而竞赛。到了 1946 年，花了两年的时间终于弄清生命体的基本结构是一种名叫脱氧核糖核酸（或者 DNA）的分子。DNA 是 20 世纪上半叶之前完全不知道的一种物质。即使到了 20 世纪下半叶的开始，它的结构仍然是一个谜。但是不久沃森和克里克就解开了这个谜。于是，分子生物学的新领域成为这个世纪其余时间里生命科学的前沿领域。

本编追述科学家的探险历程，他们是如何探究、提问、实验、构建理论和试图理解宇宙的。我们跟随他们，观察他们怎样推进科学过程——其间会遇到许多新的伦理问题、世界政治问题以及政治化领域中的挑战。20 世纪后半叶，科学家几乎在每个科学领域都有所突破，随之而来的是 21 世纪激动人心的前景。这是一个诸多创新纷呈迭出的时代——太空飞船、人类基因组、克隆羊、DNA 的结构……；这也是一个众多可能性层出不穷的时代——得益于微芯片、火箭、计算机数据库和仿真技术、太空船载望远镜、电子显微镜、粒子加速器的出现。对于科研人员来说，这也许是从未有过的最令人激动的时代，同时在某些方面也是最困难的时代。

第一部分
物理科学，从1946年到现在

第一章

亚原子世界

一大群粒子

在旧金山半岛 280 号州际公路一座长长的、弯曲的立交桥下，有一座四英里长的建筑物横跨绵延起伏的洛斯盖托斯山区。大多数人从未注意过这一由棕色混凝土搭建而成的其貌不扬的建筑物，或者当他们呼啸而过时即便注意到了，但对其非同寻常的长度也一定毫无认识。他们更不知道成千上万的高速电子正在以同一个步伐飞速穿越势垒。与电子的高速相比，高速公路上的汽车就像蜗牛爬行。这座横跨于熊果（产于北美洲西部）树丛和草坡之上的巨型狭长建筑物毫不起眼，唯一的引人注目之处仅在于它要比一般建筑物长得多，并且有些不可思议的是，它毫无弯曲迂回的结构。

但它却是非常有名的建筑。熟悉它的人知道那就是 SLAC，里面蕴涵有当代物理学家对一个古老问题的回答：你如何才能看到可以想象的最小的物质组分——万物由之组成

在这幅加州斯坦福直线加速器中心（SLAC）的空中鸟瞰图里，两英里长的直线加速器横跨而过，向西延伸。电子或者其他亚原子粒子像微小的子弹一样从附近的一头发射，沿着高速公路下面的加速器加速，打到加速器另一头实验区极小的靶子上，把它击碎。这类实验的结果揭示了原子核及其相关奥秘。

的微小单位。如此巨大的 SLAC 提供了一个窗口，借此可以看见组成原子的极小微粒。

❧ 研究的发端 ❧

但是先让我们稍作回顾。开始（或者就科学史所能涉及而言，接近于开始）要从古希腊说起。当时有一个人名叫留基伯，还有他的学生德谟克利特，他们提出万物都是由某种极小的基本单位所组成的。他们把这一微小、坚硬、不可分的粒子称为原子（来自希腊语 atomos，意即"不可分的"，或者换一种表述——"击不破的"）。他们说，这些原子因太小而看不见，但如果你使物质不断分裂，一直碎到无法再碎时，就得到了原子。

这是大约 2 400 年前的事情，这一观念传播得很慢。当时以及以后许多世纪里的大多数思想家很少注意到这个观念，直到 17 世纪末，它才开始引起人们更多的兴趣。英国化学家波义耳就是一位原子论者，牛顿也认同这个观念。牛顿在 1704 年出版的《光学》一书中写道，他相信所有物质都是由"坚固实心的、不可穿透的可动粒子"组成，他认为这种粒子必定要比"任何由它们所组成的有孔物质坚实得多。"但即使牛顿也不知道如何才能看到他认为一定存在的这些粒子。所以物理学家继续研究能量与物质、原因与结果的关系。与此同时，化学家继续探讨后来所谓的"元素"。

过了不到一个世纪，一位固执己见的名叫道尔顿的化学家第一次提出了可以进行定量检验的原子论。道尔顿定义原子是元素的最小单元，他还发表了第一份当时已知元素的原子量表。他的工作为在以后一个世纪里发现几十种新元素提供了奠基石。然而道尔顿和他的同代人没有认识到的是，道尔顿的"原子"和留基伯及德谟克利特的不可分的"原子"并不是一回事，后者所谓不可分原子乃是自然界还有待发现的东西。

19 世纪末，随着 X 射线和其他形式辐射的发现，这一差别的最初线索开始变得明朗化。科学家发现，这些不同种类的辐射都是由原子，也就是道尔顿原子所辐射出的粒子组成的。如果原子可以释放粒子，那么显然，原子就不是不可分的，一定还有某种更小的东西。1896 年，汤姆孙证明了电子的存在，这是一种小而轻的带负电的粒子，质量只有氢原子质量很小的一个零头。这并不能解释放射性粒子是从哪里来的，但这是一个开头，从此开创了亚原子物理学这一领域。

1911 年，卢瑟福从他及其研究小组在加拿大的麦克吉尔大学和英国的曼彻斯特大学所做实验中得出结论，原子内的绝大部分区域是空心的。汤姆孙认为，带负电的电子沿轨道在其周边旋转，就像是一个微型太阳系里的微小行星，由带正电的粒子组成的核处于原子的中心（这些粒子很快就被命名为质子）。

丹麦物理学家玻尔 1912 年到英国参加研究工作，他是少数几位认同原子大部分区域是空心

1911年卢瑟福首次描述原子是由密集的带正电的核以及带负电的粒子（电子）组成，电子在几乎空旷的空间里沿着围绕核的轨道旋转。

的这一观点的物理学家之一。1913年,他提出卢瑟福模型的改进版,亦即处于中心的带正电的核被沿不同能级运行的电子所围绕。玻尔的模型综合了以前的所有事实:汤姆孙的电子、卢瑟福的正核和量子理论,而量子理论是普朗克在1900年首先提出的。普朗克理论背后的基本思想是,你可以把光子或者量子(包含光和所有电磁能的微小能量包)看成既是波,又是粒子,而不是非此即彼的关系,在此基础上,即可解释原子的行为和亚原子的相互作用。这一思想看起来似乎怪异,但是量子理论却因此解释了大量无法用其他方式解释的现象,终于引起了物理学的革命。

到了20世纪30年代,物理学开始发生急剧的变化:新粒子不断地被发现,伴随着每一个新发现,原子观念以及它确切像是什么之类的说法就要作相应的修改。道尔顿的新原子很快就跟留基伯与德谟克利特那不能分裂的、形状类似弹球的基本粒子没有任何相似之处了。它不是不可分裂的,它也不是一个实体球体。但是,说它是元素的最小基本粒子还是可以成立的。

1930年,泡利根据他对实验数据的研究,提出了这样的想法:在β放射线中,一定在放射一种奇怪的未知粒子,它没有质量(或者几乎没有),没有电荷,特别是与任何东西没有相互作用。为了解释反应中能量的损失,他认为这一粒子必定存在,否则就不得不放弃能量守恒定律,而他认为这一放弃并不可取。4年后,费米进一步发展了泡利的思想,并且给这一微小粒子起了一个名字,叫做中微子,意即"小的中性粒子"。

中微子几乎不可能检测到,多年来它一直隐而不现,没有人能够证明它的存在。起先有人怀疑泡利玩的只是某种账目把戏——为的是在能量的收支上取得平衡。但是1956年,有人利用核电站做了一个精致的实验,证明幽灵般的中微子确实存在,泡利的说法获得了认可。近年的实验,一个是1995年在加拿大安大略的萨德伯里中微子观测站(SNO)完成,另一个是1998年在日本东京大学的宇宙线研究所完成,解决了有关中微子一直存在的奥秘:为什么只有预计中的一半中微子抵达了地球?答案是,某些中微子在到达地球的途中改变了性质,结果无法被检测到。这些实验暗示宇宙和原子领域之间存在着相互依赖性。

安德森和他1932年用过的云室在一起,他用这台云室获得的径迹(如右图)确证了正电子的存在。

也是在 1930 年,根据一位 28 岁的英国年轻物理学家狄拉克提出的理论,亦即存在另一种假设的粒子,它与电子相似,但具有正电荷。其实,基于狄拉克的这一努力,亦即使得量子论和相对论相互结合,物理学家开始得出这一令人惊奇的结果:无论物质存在于何处,它的镜像——反物质——也一定存在。正如海森伯所说,反物质的概念"也许是 20 世纪物理学所有伟大突破中最大的一个"。尽管狄拉克拥有杰出的数学才能,这一思想还是遭到了某些人反对。过了不久,在 1932 年,有一位年轻的美国物理学家名叫安德森,他在加州理工学院利用强磁铁和云室终于看到了它——至少看到了一种亚原子粒子的踪迹,它看起来像电子,却被磁铁拉向相反的方向。他把这一新粒子称为正电子。

与此同时,也是在 1932 年,剑桥大学的查德威克(James Chadwick,1891—1974)同时发现了另一种粒子存在的强硬证据,这种粒子没有电荷,却位于大多数原子的核中。他称其为中子。这一粒子很容易检测,它可以解释许多现象,其中包括原子序数和原子量之间从来都难以理解的差异。带负电的电子数和原子核里带正电的质子数应该平衡,但是除了氢以外,所有原子的质量都超过它所带的质子数,至少是其两倍。这些质量是从哪里来的?现在答案似乎清楚了:核中的电中性粒子。

在以后的年代里,一切都将发生变化。1935 年,京都大学的年轻日本物理学家汤川(Yukawa Hideki,1907—1981)对一个海森伯曾经指出的重要问题——是什么使得这些中子和质子在核中如此紧密地相连?——作出解答:如果核内只有带正电的质子和查德威克不带电的中子,那么,核内唯一的电荷就是正的,而同号带电粒子会相互排斥,为什么这些粒子不沿相反方向飞离呢?汤川提出,这也许是由于有某种"交换力"在核中起作用——但是他从未说过"交换力"是什么以及它起作用的机理。

汤川认为,既然普通的电磁力涉及光子的传递,那么一定有某种在核内发挥作用的"核力",它涉及某种其他实体的传递。这一核力必定只有极短的力程,它的大小只有核直径那样大(大约为 1 厘米的十万亿分之一)。这个力一定极其强大,强大到足以克服质子之间正电荷的斥力从而把两个质子束缚在一起。还有,根据实验结果,这个力一定是随距离的增加非常快速地减少,因此当超出核的周边时,它就完全消失了。

汤川提出了一个理论,大意是,当中子和质子相互间来回交换粒子时,就会产生核力。他说,这些粒子的质量取决于力作用的力程。力程越短,所需的质量越大。为了能在核的范围内起作用,传递的粒子应该大约具有电子质量的 200 倍和中子或者质子质量的九分之一。

汤川把物理学家引向对基本粒子进行漫长而富有成果的探索。

芯片的巨大成功和数字计算机

1948 年，新泽西州的贝尔实验室有三位研究者作出了一个令人惊奇的发现。肖克利（William Bradford Shockley，1910—1989）、巴丁（John Bardeen，1908—1991）和布拉顿（Walter Brattain，1902—1987）发现，他们可以利用某些不纯的晶体来做事，就像爱迪生利用三极管那样：把它们当做电子器件或者晶体管来控制电子的流动。于是固体半导体电子学就此诞生了。其结果影响了我们生活中的几乎每一个方面，从厨房到汽车再到商业、通信和太空探测。不久以后，收音机从起居室里的大型设备变成了一个小玩意和耳机，可以把音乐、谈话节目和新闻等传送到慢跑者、购物者和滑板运动者的耳朵里。不久，电视机也小到可以放在衬衣口袋里。但是晶体管对数字计算的影响更为显著。在 20 世纪 40 年代末，只有美国人口调查局之类的巨型公共机构、银行和大型企业才能用上这些像房间般大小的数值计算器件。当时的数字计算有这样一种用途，就是处理数百万计的摘要和记录。但是，这种计算机要消耗巨大的能量、需要庞大的空调房间，还不那么可靠——令人焦心的是操作时间还不如检修时间长。

肖克利、巴丁和布拉顿与他们工作的贝尔实验室里的设备合影。由于他们发现了晶体管效应（1948年），三位发明者分享了1956年诺贝尔物理学奖。

不久，晶体管的可靠后代——微芯片——不但使得计算机大大降价，难以置信地缩小，而且变得更为可靠。今天只要花 800 美元就可以买回一台计算机放在自己家里或者办公室的桌上，并且它的储存量和运行速度比 20 世纪 40 年代房间般大小、价值数百万美

元的计算机要大上和快上数百倍。它们更有效率,使用更为简便。20 世纪 40 年代的计算机是用硬线连接,只能完成特殊功能。信息储存于大型磁芯器件内,数据是通过卡片输入,预先用键控穿孔机在卡片上打孔。到了 2003 年,储存量达到好几十亿比特的硬驱已经成了台式计算机或者个人计算机的基本配置,成千上万的软件使个人计算机几乎无所不能。今天很少有商家——即使是小型的家庭店铺或个体经营承包商——会不用到至少一台计算机的。无数家庭拥有计算机。对于科学家来说,个人计算机,甚至容量更大、更强大的中型和大型计算机,已经成为运用计算机模拟来建造理论和探讨可能性的不可多得的工具。通过建造模型,科学家可以为各种问题作复杂的"假设分析",例如,从行星形成到预言地质板块的移动或者地球温室效应的未来进程。

计算机是固体电子学技术的最大受益者,但是固体器件或者微处理器其实无处不在——手机、电话、收音机、电视、微波炉、汽车、录像机、录音机、CD 和 DVD 放映机和刻录机、程控恒温器,等等。新的小玩意、器具和器件每天都在涌现。

携带这些粒子的短程力合乎逻辑地被称为强力。至于汤川的粒子,几年后为了尊敬它的提出者,被称为汤川子,但是它早已有了一个名字,叫做介子,这是因为当时认为这种粒子的质量处于质子和电子之间(后来它又叫做"汤川粒子")。第二年,安德森用探测正电子轨迹的同一套仪器找到他认为的介子。不久后才搞清楚,安德森的新粒子并非介子,而是另一种叫做 μ 子的粒子,直到 1947 年汤川的介子实际上才得到验证。

到了 1947 年,物质和辐射的最终基本单元清单中,已经扩大到包括电子与它的反面孪生兄弟正电子,以及质子、中子、μ 子、π 介子、中微子和光子。后来证明,这些粒子并不像当时物理学家设想的那样全都是基本单元,不久他们发现质子、中子和介子都可以分裂成更小的成分。汤川把物理学家引导到更小和更基本的研究层次上,使亚原子粒子的数目达到了几百个。道尔顿如果现在看到他的终极基本粒子,一定会大吃一惊。

于是我们开始进入亚原子世界——这是一个令人惊异的世界。不久以后,物理学家有了一份新的清单,其中用特殊的名字来描述亚原子粒子的极小世界和在其中起作用的各种力。他们在谈论这些微小粒子时用到一些异想天开的名字,例如安德森的 μ 子,再加上轻子、π 介子、胶子和夸克(最奇怪的名字)——他们在讨论时用到很多古怪的词汇。

 量子理论与麦克斯韦理论的结合

在第二次世界大战的 1941 年至 1945 年之间,美国在新墨西哥州中北部的洛斯阿拉莫斯结集了最庞大的物理学家团队。

在这支为建造原子弹而组建的高度团结、齐心协力的团队里,出现了一群物理学家,其中既包括富有经验的高级科学家[诸如费米和贝特(Hans Bethe,1906—2005)],又有年

轻的创新人才（诸如费恩曼）。

费恩曼很早就赢得了物理学界新星的声誉，他在"向无穷小作战"的领域中功勋卓著，这场作战是要找到一种理论，从而把量子理论与麦克斯韦高度成功的19世纪电磁场理论结合在一起。

到了1946年，20世纪物理学两大革命，即量子力学和相对论，都已经对亚原子粒子的认识产生了深远的影响。海森伯的"不确定原理"认为，电子的速度和位置不可能同时确定：我们所能知道的只是它出现的概率。还有，根据量子规则，可以创造一种叫做"虚粒子"的现象，通过借给它必要的能量，让它生存一瞬间，然后突然消失。于是就可能存在一个真正的电子，其精确位置我们永远也不可能知道，周围是一簇瞬时的虚光子。光子（光的信使）让我

狄拉克（左）和费恩曼1963年在波兰华沙召开的引力理论国际会议上进行深入讨论。

们知道电子就在那里。这些光子还会非常轻微地改变电子的特性，我们可以通过仔细而精确的测量，测出这些变化，并且通过耐心的理论计算作出分析。所有这些使得在一个实验中，测量实在的、可观察的电子的过程大为复杂。

施温格

如果你对此感到迷惑不解，可以找些非常聪明的伙伴谈谈。请听费恩曼几十年前是怎样开导他的学生们的："电子和光的行为方式是你以前从来没有见过的，你过去的经验是不够用的。在极小的尺度上事物的行为面目全非。"费恩曼还补充说，简化和比拟并不顶事。原子绝不像太阳系或者弹簧或者云层那样。只有一种简化真正有效，他说："电子在这方面的行为和光子完全一样，都是非常古怪的……"

"我想我可以确定地说，没有人理解量子力学……我要告诉你自然界是怎么回事。如果你只是承认她的行为也许就是这样，你就会发现她是一个讨人喜欢、令人陶醉的东西。如果有可能避免，就不要总这样对自己说：'它怎么可能会是这样？'因为你将一无所获，从而不可避免地掉进一个死胡同。没有人知道，它怎么可能像是这样……"

然后，费恩曼继续说明各种实验和计算以及所有的证据是如何指向这样的事实：这一微观世界的行为与我们知道的全然不同。事实上，费恩

曼的工作——量子电动力学(简称 QED)就是在理论上把所有的光现象、无线电、磁现象和电现象都联系在一起。与此同时,其他两位科学家也各自独立地做出了同样的理论:纽约出生的施温格(Julian Seymour Schwinger,1918—1994)和日本的朝永振一郎(Tomonaga,1906—1979)。

施温格是一位神童,14 岁进入纽约城市学院。21 岁在哥伦比亚大学完成博士论文,29 岁在哈佛大学升为教授。他是这所大学有史以来取得这一资格的最年轻的一位。朝永振一郎是汤川在京都大学的同学,曾经到德国与海森伯共事过一段时间,然后回到日本,1939 年从东京帝国大学(后来称为东京大学)获得博士学位。"二战"期间,朝永振一郎与美国和欧洲物理学家的联系被切断,他在东京教育大学任教期间从事的研究就是量子电动力学。1956 年他成了该校校长。

1948年朝永振一郎正在独立地研究后来叫做QED的理论,由于这项工作他在1965年与费恩曼和施温格分享了诺贝尔物理学奖。

然而,20 世纪 40 年代末,关于电子与虚粒子相互作用的计算却得出这一结论:电子质量趋于无穷大——这是一个明显的错误,每个人都承认对于如此微小的粒子来说,这是荒谬的结果。费恩曼、施温格和朝永振一郎以新的理论眼光和从未有过的精确性,在数学上处理电子的行为,从而克服了这一错误。他们的计算可以极其精确地解释电子、正电子和光子的电磁相互作用。那么,有没有可能同样处理被所谓的强力牢牢约束在核内的中子和质子呢?希望很大。

∽ 粒子的阅兵式 ∽

用于揭示原子核秘密的实验进行得不太顺利。后来才明白,原子核与强核力比想象的要复杂得多。

早在 1941 年,汤川和科学界其他人就已经认识到,1936 年安德森发现的介子并不是预言的强力携带者,而是别的什么东西。在 1941 年 12 月 7 日日本偷袭珍珠港之前不久,汤川正在京都,他沮丧地写道:"介子理论(他这样称呼)今天陷入僵局了。"

战争延缓了科学家之间的通信,也延缓了研究工作,不过仍有三位意大利物理学家设法在罗马的地下室里秘密进行一个实验。他们的实验证明,安德森的介子很难与原子核相互作用。当他们终于有可能宣布实验结果时,已经是战后的 1947 年,于是再次开始继续寻找汤川的介子。

这段时间不长。战后,一家英国化学公司开始生产一种照相乳胶,可以显示高能宇宙射线。这时,布里斯托尔的鲍威尔(Cecil Frank Powell,1903—1969)正在领导一个小组,用这些乳胶追寻宇宙射线的踪迹。由于宇宙射线是人眼看不见的,鲍威尔和他的小组需要有一种方法来"看"宇宙射线和它们的行为。一个带电粒子穿过乳胶会留下一条离子的痕迹,结果在乳胶上形成一系列黑色的颗粒。从颗粒的数目和密度,鲍威尔及其同事们可以推算出粒子的某些特性,如质量和能量。还有,当他们观看宇宙射线粒子的踪迹时,他们发现了证据,证明有一些粒子是以强力与原子核相互作用的。再有,它们的重量非常接近于汤川预言的质量,比安德森的介子略微重一些。鲍威尔用希腊字母 π 和 μ 来区别两种中等重量的粒子,称新粒子为 π 介子,而把安德森的介子称为 μ 介子,后来就叫做 μ 子。那是 1947 年,正值费恩曼等人正在巩固 QED 以便解释和预言电子的行为。于是,人们开始激动地期待突破时刻的到来,以便一举解决原子核中的粒子问题。

然而,并不是每个人都欣喜若狂。鲍威尔的发现意味着,安德森的 μ 子是"额外"的,根据所有的现行理论,似乎是不必要的。哥伦比亚大学的物理学家拉比(Isidor Rabi,1898—1988)幽默地将了一军:"是谁订的货?"

核的故事不仅没有澄清,反而变得越来越混乱。在 π 介子之后,物理学家开始发现与它有关,或者与质子有关的一族一族的粒子。粒子的每次新发现,都使人更加认清,围绕核的虚云团一定比以前想象的更复杂,而描述相互作用的数学方程也变得无望地难解。1947 年,曼彻斯特大学有两位科学家在他们的云室中认出了一个粒子,他们称之为 K 介子,以对应于 π 介子。(云室是一种实验装置,它靠过饱和蒸气中形成的液滴痕迹,使带电亚原子粒子的路径变得可见。)两年后,鲍威尔的小组在他们的乳胶里发现有一个带电粒子的轨迹分成三个 π 介子,他们把这个新粒子叫做 τ 介子。直到 1957 年,才搞清楚这两种粒子不过是同一粒子不同的态——正型和负型,最后统称为 K 介子。在 20 世纪 50 年代初,宇宙射线物理学家还发现过另一种粒子,很像是带正电的质子的中性兄弟,他们称之为 λ。

在这一混乱当中,有一件强有力的新工具立下了汗马功劳。在这以前,大多数发现都是由宇宙射线物理学家在云室中通过追寻粒子轨迹而作出的。但是要回答现在提出的问题,粒子物理学家需要比云室能够提供的更多的详细数据。就在此时,粒子加速器登场了。这些强大的机器可以提供均匀受控的高能粒子——例如电子或质子或 π 介子。它们相互撞击,通过追踪撞击结果,可以获得大量有关粒子特性的精确细节。实际上,物理学家运用加速器和粒子检测器可以做两类实验:散射实验和粒子生成实验。

费恩曼的遗产

当费恩曼在1948年明确提出量子电动力学时，他才不过是20多岁的人。这项工作使他赢得了1965年诺贝尔物理学奖。毫无疑问，他是现代最辉煌、最不寻常、最有影响的物理学家之一。一般说来，科学家都慎用天才一词，但是大多数人会把它用在20世纪两位物理学家身上，那就是爱因斯坦和费恩曼。

费恩曼总是渴望知道事物背后的机理。他极其聪明。尚在少年时代，他就热衷于修理无线电、收藏岩石、学习葡萄牙语和译解玛雅象形文字。在中学时，老师让他坐在教室的后面，用高等微积分解题，而班上其他同学做的则是平常的物理习题。他还以敲击手鼓而闻名，成年后他曾经玩过一种木琴，是用盛有水的玻璃制品做成的，每到晚上就敲个不停，使来访的丹麦物理学家玻尔大为惊奇。作为物理学家的同行，斯诺这样描写费恩曼，说他"有一点古怪……像一个马戏团演员……更像是著名喜剧演员格鲁柯·马克斯（Groucho Marx），突然扮演了一位大科学家。"

费恩曼在完成麻省理工学院和普林斯顿大学的学习后于1942年获得博士学位（已经发表了有关量子力学的论文）。他立即被征调去参加原子弹计划，为了保密，这项计划叫做曼哈顿计划。他很快就成了年轻有为的小组领导人，在世界上最杰出的物理学家中脱颖而出，其中包括费米、贝特、玻尔和他的儿子阿格，以及奥本海默。

战后，当费恩曼在康奈尔大学教书时，研究的是量子电动力学。他被公认为是量子理论的顶级设计师之一，发明了一种后来广泛运用的方法，叫做"费恩曼图"。这种方法既给物理学家直观地显示出粒子和它们之间的碰撞情景，又提供了一个用普通的语言谈论它们的途径。许多物理学同行认为，费恩曼后来至少有

费恩曼在加州理工学院演讲

三项贡献值得授予诺贝尔奖：一项是超流动性理论（解释了液氦的无摩擦行为）；一项是弱相互作用理论；还有一项是部分子理论（假设的亚粒子，例如强子中的夸克），这一理论使人们对夸克有了更深入的认识。和爱因斯坦一样，他随时都准备接受自然界的下一个挑战。

费恩曼1985年写的自传《别闹了，费恩曼先生》是一本出人意料的畅销书。他又开始写《你干吗在乎别人怎么想？》，却没有能够在他1988年去世前完成。然而，已出版的章节仍然对这颗富有创造力的伟大心灵提供了最后的一瞥。

也许费恩曼所有的遗产中，最重要的是他作为一位优秀的讲演者和教师给人们留下的业绩，他独特的解决问题的思路，他的一生影响了康奈尔大学和加州理工学院许多年轻的科学家。他在加州理工学院的演讲，出版后成了名著。

激光：量子物理学的产物

量子力学的惊人成果之一就是激光，它是在1960年梅曼（Theodore Harold Maiman，1927—2007）研制成功第一台激光器以后，才得到广泛应用。激光的英文是LASER（Light Amplification by Stimulated Emission of Radiation）。激光由于是相干的，所以产生的是非常亮的狭窄而精确的光束。所谓相干，指的是一束激光的所有光线都精确地是同一波长，它们的波完全同步和平行。换句话说，在激光中，光子（组成光的波包）一个接着一个，贴在一起，沿着同一条路径，产生连续的波。这也就是为什么它们会一起振动，产生的光强度极高的缘故。

激光束可以是可见光，也可以是人眼看不见的红外线，两种类型在通信、工程、科学和医学上都有广泛应用。例如，可见光激光器用在记录、CD-ROM（光盘只读存储器）播放器和光纤通信上，而红外线激光器可以用来切割物体，范围包括从金属到人体组织，精确度极高。

激光束的产生靠的是激发介质中的原子，这些原子可以吸收和释放能量。有非常多的物质可以充当这种介质：固态的晶体，例如红宝石；某些液体染料；或者气体，例如二氧化碳。

引入能量是为了激发，或者抽运介质中的原子，使之跃迁到高能态。例如，把来自电流的电子引入气体介质，以激发气体中的原子。最后，一个或者更多的原子达到更高的能态，释放一条光线（或者一个光子）。该光线撞击另一个原子，使它达到新的能态，然后，它又发出一根光线，直到建立整个光束（这个过程就是受激辐射）。两片反射镜，一片完全反射，另一片只是部分反射，光线在其间来回反射（这个过程就是放大），于是越来越多的原子发出光来。

原子发射的每一条新光线都跟打在原子上的光线同步振动。由于所有的光束都是同步的，光得以穿过部分镀银的镜片从管子里逃逸，于是，能量就以激光的形式释放出来。

在散射实验中，实验者跟踪粒子的散射情况来寻找有关核的信息：数目、方向和角度。从加速器出来的能量越高，结构的聚焦度越好。利用这一技术可以使科学家探讨核的组成——质子和中子是怎样结合在一起的？它们是怎样挤在一个核内，并且保持结合状态的？如果有更高的能量，实验者就可以探测到更深的地方，看看质子和中子的各个部分是怎样结合在一起的。

粒子加速器和探测器的第二种用途是发现新的粒子，这一用途很快就初见成效——到了1949年，加州伯克利的科学家们用大型同步加速器分离出了中性的π介子。这是用加速器找到而不是从宇宙射线中找到的第一个新粒子。这台加速器是在劳伦斯领导下建造的。

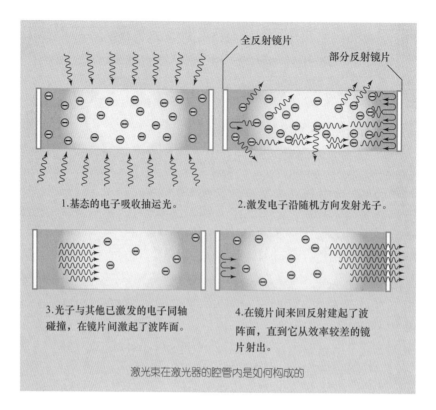

1.基态的电子吸收抽运光。

2.激发电子沿随机方向发射光子。

3.光子与其他已激发的电子同轴碰撞,在镜片间激起了波阵面。

4.在镜片间来回反射建起了波阵面,直到它从效率较差的镜片射出。

激光束在激光器的腔管内是如何构成的

　　1955 年的秋天,塞格雷(Emilio Segrè,1905—1989)和张伯伦(Owen Chamberlain,1920—2006)成功地发现了带负电的反质子,质子的反物质孪生子。从 1932 年 8 月 2 日安德森发现电子的孪生子——正电子,到现在差不多过去了 25 年。质子是在伯克利加州大学新建的质子加速器上加速,并以 60 亿电子伏的能量(用一束能量诱导反质子出现的最低能态)向铜靶冲击。

塞格雷

20世纪50—60年代，伯克利、布鲁克海文（在纽约州的长岛），斯坦福、费米实验室（在芝加哥附近）和欧洲核子研究中心（简称CERN，在日内瓦）的加速器发现的一大群新亚原子粒子充斥科学杂志。物理学家发现的粒子越多，他们找到未发现粒子的证据也越多，往往下一个角落里的粒子有可能更难以发现。

加速器的能量越高，物理学家就可以更深地进入原子核结构，从而越有可能裂解下一层次的粒子。劳伦斯1949年的同步回旋加速器得到的是100兆电子伏（MeV）的粒子束。到了20世纪90年代，费米实验室的万亿电子伏加速器可以把它的能量抬高到1万亿电子伏（TeV）。

实验者还发展了大量的设备以获得特殊的信息——不同类型的探测器，不同种类和不同能量的"子弹"，以寻找粒子的寿命、衰减方式等。（所有的新粒子都是非常不稳定的，很快就会转变成其他的粒子。）数据铺天盖地而来。

粒子物理学似乎正在向完全无序和混乱的方向走去。

超 导 体

1911年，名叫卡墨琳（Heike Kamerlingh Onnes，1853—1926）的荷兰物理学家发现，汞在冷却到极低的温度——接近绝对零度（−273.15℃或者0K）时，电阻消失。他发现的奇怪现象后来叫做超导电性——这是现代实验物理学中最重要的突破之一。

但是，直到1957年还没有人能从理论上解释为什么有这种现象。三个美国物理学家巴丁（John Bardeen）、库珀（Leon Neil Cooper，1930— ）和施里弗（John Robert Schrieffer，1931— ）提出了所谓的BCS理论（用他们三人姓氏的第一个字母命名）。这个理论说的是，超导电流由电子携带，这些电子通过晶格振动连接成对，因此不会像平常引起导体中的电阻那样由于散射而消耗能量。

然而，说实在话，超导电性最初并没有多大用处，因为出现这一现象所需的温度，所谓"临界温度"，对于不同材料都相当低，很难达到。超导体一般只用于粒子加速器的大型强磁铁和用于医疗的磁共振成像（MRI）机器上。

后来在1986年和1987年，IBM公司的两位研究者缪勒（Karl Alex Muller，1927— ）和贝德纳兹（Georg Bednorz，1950— ）报告找到了一类材料，在比液氦温度（4.2K）高得多的温度下可以变成超导体。这些材料都是陶瓷，临界温度在90K至120K之间。这是又一次重大的突破，因为这些温度高于液氮的沸点——比用液氦来维持低温要便宜并容易得多。但是，这些高温超导体在强电流下会失去超导电性，这个问题妨碍了它们的商业应用。

〰 原子核的结构 〰

与此同时,两位物理学家正在用不同的方法探究原子核。一位是戈佩特-梅耶,1930年她在格丁根大学完成博士论文,同年与美国物理学家乔·梅耶结婚。结婚不久,迈耶夫妇迁到美国,乔·梅耶在约翰·霍普金斯大学找到了一份工作。这时美国正处于大萧条的初期,找工作不是一件容易的事情,而戈佩特-梅耶的领域是量子物理学,在美国尚未得到充分认识。

戈佩特-郵梅耶是赢得诺贝尔物理学奖的第一位美国妇女(也是历史上第二位获得诺贝尔奖的妇女)。

不允许亲属同时任职的校规不利于她获取职务,也有可能为偏见找到一个借口,她不能够在这所大学里找到带薪岗位。取而代之的是,约翰·霍普金斯大学给了她一个"自愿合作者"的岗位,一种临时研究者的身份,只有一点点薪水。后来她又在其他几所大学教书,都是无薪的。其中包括哥伦比亚大学、沙拉·劳伦斯学院、芝加哥大学、恩利科·费米核研究所。她还在曼哈顿工程中担任研究科学家,和泰勒一起工作,到阿贡国家实验室当高级物理学家。这时正值犹太科学家纷纷逃亡的年代,因为他们在国内已被剥夺公民权利,为了躲避德国与法西斯意大利的大屠杀,许多人来到了美国。结果,像戈佩特-梅耶和费恩曼这样的年轻科学家有机会在他们的领域里最杰出的一些科学家面前亮相,特别是在纽约和芝加哥。

戈佩特-梅耶在芝加哥附近的阿贡国家实验室的身份是半日制研究人员,她开始研究原子核和稳定同位素的结构,稳定同位素即使在放射性衰变的过程中也不会分裂。她通过与芝加哥大学的实验物理学家合作取得了阿贡回旋加速器的经验数据。她收集和分析统计资料,并且得出结论,认为质子或中子的某些数目似乎与稳定同位素一致,特别是 2、20、28、50、82和 126,她称之为"幻数"。经过进一步研究,她发表了一个假说,大意是说:原子核中的粒子就像电子那样,在壳层中围绕着中心旋转,这些壳层就"像洋葱的精致外壳,中心没有东西"。

与费米的一次谈话启发了她想到自旋轨道耦合,于是她直觉地看到了她的幻数和核结构之间的关系。自旋轨道耦合涉及沿轴旋转的质子和中子,有的顺时针旋转,有的逆时针旋转。某一自旋方向能量略微小些,这一差别可以解释幻数。她的结论是,原子核是由一层层质子-中子壳层组成,靠复杂的作用力保持各自的位置。1950 年戈佩特-梅耶发表了两篇论文讨论她的理论。这一年晚些时候,她访问了詹森(Hans Jensen,1907—1973),詹森也同时提出了原子核的壳层理论。他们决定合作写一本书,详细说明原子核的结构。1960 年,戈佩特-梅耶成为圣地亚哥加州大学物理学教授。1963 年詹森、戈佩特-梅耶和维格纳(Eugene Paul Wigner,1902—1995)一起分享诺贝尔物理学奖。

科学工具： 粒子加速器

1929 年

英国物理学家考克饶夫和瓦尔顿发明第一台粒子加速器，这是一个简单的机器，他们用这台机器轰击锂，产生了 α 粒子（氦核），人工把锂转变成了氦。他们还用云室通过观测其轨迹验证了氦核的产生。

1930 年

伯克利加州大学的劳伦斯设想出一个加速器的方案，在大电磁铁的两个环形磁极间沿螺旋轨道加速质子或 α 粒子。第一台回旋加速器非常小，可以放在他的手掌里。螺旋轨道可以在没有高电压或者超长直线路径情况下进行强有力的加速。20 世纪 30 年代，在伯克利辐射实验室（现在称为劳伦斯伯克利实验室）不断出现越来越大的回旋加速器。到了 1939 年，他们建造成了一台 60 英寸直径的回旋加速器，可以使粒子加速到 10 MeV。不久，劳伦斯开始计划一台 184 英寸的回旋加速器，可以达到 100 MeV，这是前所未闻的能量，后来又有新的"同步回旋加速器"，可以达到好几百 MeV。

1946 年

第一台同步回旋加速器在加州伯克利建成。

1952 年

美国东部大学联盟建成第一台"同步加速器"，这就是纽约长岛布鲁克海文国家实验室的"高能同步稳相加速器"。这台大型机器可以传送 10 亿电子伏的能量，10 亿电子伏也可以表示成 1 GeV，后来可以达到 3 GeV。

1954 年

欧洲核子研究中心（CERN）在瑞士日内瓦创建。

1959 年

CERN 开始运行它的 25 GeV 加速器。

1965 年

斯坦福直线加速器中心（SLAC）的粒子加速器在加州开始运行。

1969 年

威尔逊（Robert Rathbun Wilson，1914—2000）在芝加哥附近，伊利诺伊州的巴特维亚，创建费米国家加速器实验室。

1972 年

大型加速器在费米实验室开始运行于 200 GeV，同年晚些时候达到 400 GeV。

斯坦福正电子电子加速环（SPEAR）在 SLAC 完工。

1976 年

CERN 开始运行超级质子同步加速器（SPS），四英里的环先把质子加速到 300 GeV，最后达到 450 GeV。

1977 年

费米实验室的一个小组发现底夸克。

1983 年

CERN 由鲁比亚（Carlo Rubbia,1934—　 ）领导的小组发现电弱理论预言的带电 W 粒子和中性 Z 粒子。

1984 年

费米实验室的粒子加速器达到 800 GeV。

1985 年

费米实验室的 900 GeV 粒子加速器开始运行,后来它推进到 1 TeV(1 万亿电子伏)。

1992 年

CERN 公开物理学用的超文本系统,万维网诞生。

1994 年

费米实验室一个小组发现顶夸克。

2000 年

CERN 关闭大型电子正电子对撞机(LEP),为建造更强大的大型强子对撞机(LHC)让路。

2006 年

CERN 的 LHC 将开始运行。

第二章

夸克的领域

要穿越混杂的亚原子粒子堆找到出路可不是件容易的事情。但是有一位身手不凡的物理学家却因打通这一路径而著名——他天才地洞察这片地貌，富有洞察力地把它描绘了出来，又用古怪的名字和文学性的比喻刻画这一诡异多端的踪迹。

盖尔曼（Murray Gell-Mann, 1929—　）出生于纽约市，他父亲来自奥地利，在纽约安了家。他在 15 岁生日那天进入耶鲁大学，仅此就意味深长。他 21 岁从麻省理工学院获得博士学位，在芝加哥进一步跟随费米做研究工作之后，27 岁时被加州理工学院聘为教授。他具有犀利的头脑、高度不凡的兴趣和语言天赋（能流利地说多种语言，包括斯瓦希里语）。

在盖尔曼到达加州理工学院时，他已经深深沉浸于粒子物理学的丛林之中。除了查德威克的中子、狄拉克的正电子和泡利的中微子以外，汤川还假设了介子——介子被发现了很多：有安德森的 μ 介子，后来叫做 μ 子，因为发现它不是介子；而鲍威尔的 π 介子才是汤川的强力携带者。到了 20 世纪 50 年代还有 K 介子，比较重，大约为质子质量的一半。不久以后，比质子还要重的粒子也开始陆续被发现——这些重粒子叫做超子。

盖尔曼于1969年11月

20 世纪 50 年代,盖尔曼对 K 介子和超子特别感兴趣。他认为,这些粒子是由强相互作用产生的,按理也应该被强相互作用分解。但是情况恰恰不是这样。相反,它们会被弱相互作用分解(放射性辐射中的相互作用就是证据)。

早在 19 世纪 90 年代,当玛丽·居里和皮埃尔·居里开始研究放射性时,他们曾小心翼翼地测量神秘的"β 射线"辐射(核里释放出的电子)的结果,除了贝克勒尔这些同事,几乎未曾有人听说过此事。但是到了 20 世纪 50 年代,关于放射性和控制它的弱相互作用已经广为人知。弱相互作用比大家熟悉的电磁相互作用要弱一千倍,并且比起把核粒子束缚在一起的强相互作用来更弱,弱相互作用已经成为理解得很透彻的现象,或者至少大多数物理学家是这样想的。

有一个事实却难以理解。按理说,非常弱而且较慢的弱相互作用应该不会超过更快的强相互作用。根据已有知识,K 介子应该通过强相互作用衰变,但它们却不是这样,它们只是通过弱相互作用衰变,这一事实对于粒子物理学家来说,的确非常奇怪,结果他们开始把 K 介子和超子称为"奇异粒子"。

❧ 关注奇异性 ❧

于是在 20 世纪 50 年代初期,盖尔曼开始沉浸于奇异性问题。与此同时,日本物理学家中野董夫(Tokyo Nakano)和西岛和彦(Kasuhiko Nishijima)也各自沿着同样的思路得到了类似的结论。在探索亚粒子时,盖尔曼开始成组地思考,而不是分别对待它们。例如,如果你关注中子和质子的特性,就会发现它们在每个方面都惊人地相似,除了一组带正电,一组中性。盖尔曼发现,如果你忽略亚粒子的电荷,原子核内的大多数亚粒子似乎就能分成两三个小组。

于是,盖尔曼根据除电荷以外的所有特性,把已知粒子分成小组。然后,按照每个组所有成员的总电荷,给每个组指定一个电荷中心。例如,中子-质子组的电荷中心为 +1/2(由于这个小组的总电荷是 +1,成员为 2)。但是对于 K 介子和超子,很奇怪,电荷中心不像别的小组那样在中心,而是偏心的。盖尔曼发现,他可以测量偏心的大小,并且用一个数表示偏心的程度——这个数就叫"奇异数"。质子和中子的奇异数为 0,因为它们完全不偏心。但是他发现有些粒子的奇异数是 +1、-1,甚至 -2。

并且,盖尔曼还注意到了所有粒子相互作用的模式:在任何相互作用中,所有粒子的总奇异数恒为常数。也就是说,在相互作用的前后它都是相同的。物理学家喜欢这一点,因为它显示了某种对称性的存在(自然界常常这样表现,所以这些结果看来是可以接受的)。相互作用中的奇异数守恒也可以定量描述(物理学家总是喜欢这样——因为定量表述比主观观察更容易验证)。再有,盖尔曼的观察可以用于解释奇异粒子意想不到的长寿。盖尔曼和中野董夫-西岛和彦小组都在 1953 年发表了他们关于这一思路的论文。

然而,弱相互作用还有一些谜团仍然没有得到解释——1956 年的一天午饭后,杨振宁(Chen Ning Yang,1922—)和李政道(Tsung Dao Lee,1926—)在纽约市的白玫瑰餐馆聊天时谈到了这些谜团。当这两位长期合作的伙伴交谈时,他们开始暗自猜测以前从未有人想过的弱力问题。

左 手 世 界

1922 年，杨振宁出生于中国合肥，23 岁时到美国，欲拜费米为师。当他抵达纽约的哥伦比亚大学时却发现费米已经去了芝加哥大学。于是他不慌不忙追到芝加哥，在这里，他跟随费米学习，1948 年取得博士学位。也就是在这里，他遇到了李政道，其实，他们在中国时早就认识。杨振宁在 1954 年和米尔斯(Robert Mills，1927—1999)提出了当时叫做杨-米尔斯规范不变场的理论，为量子场论奠定了基础。

李政道 1926 年出生于上海，1946 年赴美国念研究生课程——他当时甚至还没有读完大学本科。芝加哥大学是唯一一所允许他入学的大学：这对李政道来说实在是幸运，因为这里有一些当时最杰出的物理学大师。他抓住有利的条件努力深造，1950 年获得了博士学位。

李政道（左）和杨振宁

李政道、杨振宁后来又在新泽西的普林斯顿高等研究所共事过一段时间，然后杨振宁留下在 1955 年成为物理学教授，而李政道在 1953 年接受了哥伦比亚大学的职务。纽约离新泽西不远，所以他们两人往往是每个星期聚会一次，交换意见。

那个特殊的下午在白玫瑰餐馆谈话的主题是所谓 K 介子的"奇异粒子"，它似乎有两种不同的衰变方式——一种是右手方式，另一种是左手方式。

一般来说，这种情况不应该发生——其他各种粒子并不发生这种情况。K 介子衰变的方式似乎违反了重要的物理学原理：宇称守恒定律。宇称守恒定律和能量守恒定律、物质守恒定律一样，在预言自然界行为时似乎向来正确。

设想你站在镜子前面。你的右边在镜像里成了左边。如果你的头发往右边分，在镜子里看上去却是往左边分，现在想象把像的其余部分倒过来，头部变底部，前面变后面。宇称守恒定律说的是，如果你采用一个系统，使其中的每件东西都以这种方式发生转换，这一系统将展现完全相同的行为。

宇称有两种可能值：奇和偶。宇称守恒定律说的是，如果你在反应或变化之前是奇宇称，则在结束时也应该是奇宇称。也就是说，当粒子之间相互作用形成新粒子时，在方程式两侧应该宇称相同。

K 介子的问题在于：当它们衰变时，有时衰变成两个 π 介子，两个都是奇宇称（加在一起就成了偶宇称）。有时它们又会衰变成三个 π 介子（加在一起又成了奇宇称）。就好像你照镜子，你的右手的像反射回来有时在右边，有时在左边。方程式的两侧本来应该完全互为镜像，但是它们却并不总是这样。物理学家试图解释这一现象，于是提出会不会是有两种不同类型的 K 介子，一种是奇宇称，一种是偶宇称。但是杨振宁和李政道认为这也许不是正确的解答。这些介子在其他每个方面都完全相同，也许有某些原因在起作用。

李政道和杨振宁互相问道，有没有可能宇称守恒不适用于这些"奇异粒子"？也许它们实际上就是一种 K 介子，而不是两种。也许宇称守恒似乎不被遵守的原因是，这一原理不适用于弱相互作用。他们知道，从来没有人检验过这一可能性，于是他们开始思考哪些情况可以测试这一前提。这就是所谓的"宇称的失效"，不是整体废黜，只是在一个领域里的失效，这个领域就是弱相互作用。

两人随即起草一篇论文，题为《弱力中宇称守恒的问题》，不久后发表。在这篇论文里，他们回溯了一系列反应并且考察有哪些实验暗示在弱力中不遵守宇称（即镜像对称）的可能性。怎样才能检验这一思想？他们认为，如果你能考察 β 衰变（弱相互作用的一个领域）中的自旋核所发射的电子的方向，例如，可以看到电子偏爱哪一个方向，就能给出答案。

这一理论，是李、杨的头脑里通过合作而产生的。但是在科学中一个理论是否有价值，全在于它是否经得起实验的检验。如果经得起，它就开拓成为一个大的研究领域，产生富有挑战性的新问题，并且让旧思想寿终正寝。

李、杨的实验搭档吴健雄（Chien-Shiung Wu，1912—1997）立即付诸行动。吴健雄是哥伦比亚大学的物理学教授，李政道的同事。她是一位杰出的、意志坚强的实验物理学家，专业

吴健雄，她的实验证明李、杨有关宇称守恒的思想是正确的。

正是放射性衰变。她以对学生严格和苛刻而出名，对自己的工作更是苛刻，精力充沛。这一次吴健雄做的实验非常及时复杂且干净利落。她决定用钴 60，这种放射性物质会衰变成镍核、中微子和正电子。吴健雄需要用仪器"监视"的是正电子从核中逸出时的自旋。但是她必须确保钴 60 样品的核都是沿同一方向旋转，这样核的旋转才不会影响被辐射粒子的自旋。为了做到这一点，吴健雄设计了一个非常复杂的实验，要用到华盛顿特区美国标准局的低温设备，把钴的温度降至非常低，只高于绝对零度一点点。

到了 1957 年初，吴健雄开始获得惊人的结果。在新年过后第一个星期的工作午餐中，李政道对他的同事说："吴健雄来了电话，说她的原始数据表明有重大效应！"不久吴健雄的结果出来了——宇称不适用于弱力。这年年底，李政道和杨振宁由于他们的远见卓识赢得了诺贝尔奖。

然而，许多物理学家并不高兴。亚原子世界，不像无序的日常世界，似乎总得显露某种奇异的精致性，对称性就是其中的一种。现在对称性似乎是一种时有时无的现象。

泡利曾经不快地讽刺说："我不能相信上帝是弱的左撇子"。（他并不是认为左撇子不好，而是因为他看到的大自然总是不偏不倚的。）泡利说出了他的不安，实际上许多其他物理学家也有同感。许多人开始怀疑其他守恒定律是不是也有问题。如果宇称不始终如一，那么也许其他的守恒定律也会存在同样问题。也许对称性根本不应该看成是一个普遍适用的

原理。李政道、杨振宁和吴健雄提出了许多问题。但是对于那些致力于为未知问题寻找答案的科学家来说，好科学不仅要回答问题，使零碎的片段相互整合，而且要提出新的问题。

与众不同的夸克

与此同时，在加州，盖尔曼也在忙碌。一个伟大的理论家具有在混乱中进行综合和理清思路的特殊才能，这正是盖尔曼所有的。有许多事情需要整理和解释，其中包括粒子那令人难以置信的庞大数目（为什么如此之多？）以及明显的家族现象（是什么机制或者原理造成的？）

在杨振宁、李政道和吴健雄工作的基础上，盖尔曼提炼出了一些想法，一种分类系统，发表在 20 世纪 60 年代初一系列论文中。他称他的系统为"八重法"，这个名词是从中国的佛经里借用的。（并不是像有些热心者所认为的那样，盖尔曼想要暗示物理学已经变得神秘化或哲学化。他只不过是需要一个名字来表示一个概念，这个概念对于语言世界是如此之新，以致必须重新发明一个才行。大多数希腊字母都已经用于命名粒子，所以他只得从他最感兴趣的事情中找一个名字。）

盖尔曼的思路是这样的：他已经注意到，许多亚原子粒子（包括介子、质子和中子）都是以家族出现，两三成组。介子有三个，K 介子有两对，质子有一对（质子和反质子），等等，形成密切相关的家族，彼此非常相似。实际上，这些家族成员之间的相似性远超过它们之间的差别性，各种情况唯一的差别在于电荷和质量。而质量差别之小（只有几MeV），显然是由于电荷的差别引起的。换句话说，这些粒子很可能是等同的，因为质量的差别有可能仅仅是电荷的差别引起的。因此，盖尔曼说，如果你把这些家族中的每一个成员都看成是具有不同特性的一个粒子——这些粒子具有"多重性"，有什么不可以呢？这就为如何看待原子核里发现的粒子的多样性，提供了富有成效的新思路。

其次，他注意到强力完全不顾及电荷。不管粒子是中性还是带负电或带正电，效果都一样。它以同样的强度作用于质子和反质子。强力对中性 π 介子、它的带正电的姐妹或者带负电的兄弟没有什么区别。它们就像是等边三角形的三个边。

盖尔曼认为，奇异粒子的奇异性和多重性有一定联系。奇怪的 K 介子不像三个一组的 π 介子，它们似乎是形成了两对。他肯定这里还有某种没有发现的更深层次的对称性在起作用，并不只是偶然相关。

20 世纪 60 年代末，数学家不久前刚刚重新发现了挪威数学家李（Marius Sophus Lie，1842—1899）的工作，李曾经提出过一种抽象的表示方法，叫做"群论"。盖尔曼认识到有一种李群——SU(3)，或者 3 维特殊幺正群——似乎适用于介子和重子。〔伦敦帝国学院的尼曼（Yuval Ne'eman，1925—2006）也提出过同样的想法。〕盖尔曼用群作为模子，把介子和重子按它们的电荷与奇异性排列在一起。重子共有八个，正好填满了图像，可是介子只有七个。

因此基于应该有第八个介子才能填满这一图像这一特点，盖尔曼预言它的存在，这类似于门捷列夫 1869 年提出元素周期表时，曾预言过几种还没有被发现的元素的存在。特别是，盖尔曼预言了一种他所谓的"Ω^-"粒子，事实证明他是正确的。1964 年果然发现了这样的粒子，并且后来无数次地观察到它。它的反粒子——反 Ω^-（或者 Ω^+）也在 1971 年被发现。

于是"八重法"诞生了，粒子的丛林得到了整治，至少比以前有序得多。

但是盖尔曼还有更多的打算。即使有了"八重法"这一新秩序,他认为必定还有某种更深刻和更简单的秩序。一定还有某种粒子比以前人们设想的更为基本。盖尔曼意识到,物理学家正在做的事情,就像是正在关注物质中的分子,并且试图理解其复杂性,却没有意识到它们是由原子组成这一事实(这正像道尔顿之前的化学家)。重子(中子和质子)应该是由某种更小的东西组成——但那是些什么东西呢?

1963年3月25日星期一,在纽约市哥伦比亚大学的教工俱乐部里,午饭过后开始出现了答案。(看来物理学家在吃饭时往往可以思考出许多东西!)盖尔曼正在哥伦比亚访问,他做了一系列关于"八重法"及其他问题的演讲,受到热烈欢迎。主邀大学的一些理论家,其中包括塞尔伯(Robert Serber,1909—1997),邀请他吃饭。塞尔伯举止安详,曾经在伯克利与奥本海默一起合作过,后来又在洛斯阿拉莫斯和盖尔曼一起工作过。一般来说,他宁愿在后台工作,但是这一天他有一个问题:"粒子三个一组是怎么回事,是三重态吗?"

盖尔曼立即回答:"那不过是可笑的托词!"李政道也在场,补充道:"一个可怕的思想。"于是,盖尔曼开始在餐巾纸上乱涂:要使三重态有效,粒子必须要有分数电荷,这一现象在自然界中从未观察到过,实际上是不可想象的。粒子必须是$+2/3$,$-1/3$,$-1/3$。

但是后来他开始更多地思考这个问题。只要一个粒子在自然界不以分数电荷出现,这个想法也许就不那么古怪了。如果真正基本的核粒子,基本强子,都是不可观测的,不能从重子和介子里跑出来,那么就无法个别观察;如果它永远被禁锢在自然的质子、中子、π介子等物理学家在自然界发现的各种粒子里面,那么它也许就是可能的。盖尔曼在下一次的演讲中讲了这一思想。回到加州理工学院,他进一步对此进行加工,并且在和他以前的论文指导老师外斯柯夫(Victor Weisskopf,1908—2002)通电话时提到了这件事。外斯柯夫正在瑞士日内瓦CERN担任主任。盖尔曼对他说,也许重子和介子都是由带分数电荷的粒子组成的。外斯柯夫没当一回事,他立即提醒:"请严肃点,这是国际长途。"

然而盖尔曼是严肃的。1964年他提出,存在携带分数电荷的一组古怪粒子。他又一次采用了怪诞的命名方法,称之为夸克,这是引自乔伊斯(James Joyce,1882—1941)怪诞的诗集《芬尼根彻夜祭》(Finnegans Wake)中的一句成语:"三声夸克,鼓励马克!"携带$2/3$正电荷的粒子,他称为上夸克,另外两个他分别给予下夸克和奇异夸克的称呼。质子是由两个上夸克和一个下夸克组成,总电荷为$+1$。中子是由两个下夸克和一个上夸克组成,结果是不带电。在他介绍这一思想的两页论文中,最后一句话是感谢塞尔伯启发了这些思想。

与盖尔曼想到夸克的同时,另一位年轻的物理学家也沿着同样的思路在做这件事情,他的名字叫兹韦格(George Zweig,1937—)。兹韦格是一位实验物理学家,当时正在CERN工作,他把这些粒子看成是真实具体的粒子,而不是像盖尔曼所认为的只是抽象结构,他称之为王牌(aces)。由于兹韦格比较年轻,不大知名,他未能成功发表他的革命性思想(甚至盖尔曼也是选择向一份很少有人知道的杂志投稿,以免退回)。但是,当盖尔曼得知兹韦格曾经就这一课题在CERN写过一篇内部文章后,他总是肯定兹韦格的功绩,尽管他对兹韦格的"混凝土块模型"持嘲笑态度。

物理学家终于得到了这样的结论:如果真有盖尔曼提出的奇异夸克,它一定是成对的。于是,他们开始寻找所谓的"粲夸克",粲夸克是奇异夸克的伴侣。令人惊奇的是,产生这一想法的不止一个人,又是两个不同研究单位的研究者:布鲁克海文国家实验室的丁肇中(Samuel Chao Chung Ting,1936—)和SLAC的里克特(Burton Richter,1931—)。考虑到这样的事实:粒子实验往往需要数月、有时数年的计划,并且需要大量科学家的投入才能进行,而这两个单位做同样课题的人互相并不了解,这种可能性是极其罕见的。然而,就在 1974 年 11 月丁肇中出现在 SLAC 准备宣布 J 粒子诞生的那一天,里克特也宣布他和他的小组发现了他所谓的 Ψ 介子。丁肇中惊呆了。经过交流,他们发现两个小组完全独立地发现了同一个粒子,最后取名为 J/Ψ 介子。随后不久,研究者们认识到,由于 J/Ψ 介子所具有的特性,如果粲夸克不存在,它也不会存在。于是丁肇中和里克特不仅独立地发现了一种新粒子,而且为粲夸克的存在找到了证据。他们两人由于这些发现分享了 1976 年诺贝尔物理学奖。

❧ 味 和 色 ❧

正当盖尔曼企图使亚原子粒子混杂的大家族变得有序时,新粒子的数目还在持续增加。不过,这些新粒子也仍然适合他已经勾画的基本结构。

一种真正基本、无结构和不可分的新粒子观出现了:这些粒子分成基本的两种:夸克和轻子。然而,每种有三个类型(叫做味)。(味这个名称又一次显示物理学家的幽默感,实际上与味道毫不相干。)

轻子的三味是电子(科学家早就知道它了)、μ 子(或 μ 介子)和 τ 子(或 τ 介子)。轻子的每一味有四个成员,例如:电子、中微子、反电子和反中微子。

夸克稍微有些复杂,夸克的配对也可想成是不同的"味"——这个概念与轻子的味相似。于是,夸克的每个味也都有四个成员。例如,上/下味包括上夸克、下夸克、反上夸克和反下夸克。如果你想到夸克的配对与轻子三味的每一对类似,则夸克的三味是上/下夸克、奇异/粲夸克,还要有一对新的夸克才能填满这个表,它们是顶/底夸克。

轻子与夸克之间的一个关键性差异在于,夸克受到的是强力,而轻子不是。再有,轻子具有整数电荷或者不带电荷,不能合并。夸克则具有分数电荷,显然只能以复合的方式存在。

20 世纪 70 年代关于夸克仍然有一个大问题。如果永远不能把夸克从紧密结合的状态中分离出来,那么是什么力量把它们束缚得如此之紧呢?

所有物理学家最后都同意这样一个有力的思想,那就是:夸克的每一个不同的味来自轻子不具有的三种不同属性。这类属性盖尔曼称之为"色",三种不同的色分别为红、蓝和绿。这些名字只不过是一些比喻;据我们所知,夸克并不真的具有颜色。

但是,当夸克三个三个分成组时,它们就结合在一起了。红、蓝和绿互相抵消,变成无色(就像色盘旋转时,上面的三原色合成为白色一样)。

当然,夸克也会结合成对形成介子,例如,红色夸克和反红色夸克结合,红色与反红色互相抵消,得到的结果是无色。

就这样,色成功地解释了夸克是怎样两两结合形成介子的,又是如何三三结合形成重子的。研究这个过程——不同颜色的夸克结合产生无色——就叫做量子色动力学(QCD)。量子色动力学证明,夸克和反夸克的不同组合可以获得色中性。

但是颜色怎样才能转移呢?是什么信使粒子像光子作用于电磁力那样传递色力呢?物理学家把这样的粒子称为胶子,它携带两种类型的颜色:颜色(红、绿或蓝)及其反颜色。当这些胶子被夸克发射或者吸收时,它们改变夸克的颜色。这些胶子不停地在夸克之间来回移动就提供了强大的力量把夸克粘在一起,当两个夸克互相移开时,这个力加大,互相靠近时,力减小(这一特性正好和电磁力相反)。你试试把手指放在橡筋圈里。张开手指,手指间的力增加。色力的线就像橡筋圈里橡皮的筋条。收拢手指,张力减小。这和胶子携带的强核力非常相似。

这幅复杂的原子模型——这两章非常简短地描述了它的许多部分以及它们怎样紧密结合——已经被物理学家广泛接受。在各个粒子——强子和轻子以及它们的下属——之外,还有四种力在原子里起作用:强力(把核绑在一起)、弱力(放射性背后的力)、电磁力(管辖电荷)以及引力(只在长距离起作用,在原子内部可以忽略不计)。

在原子内部,信使粒子起的作用是传送强力、弱力和电磁力。后来,物理学家把这些信使称为"基本玻色子":其中有负责电磁力的光子,负责弱力的 W^+,W^- 和 Z^0 和负责强力的八个胶子。这些基本玻色子都是基本粒子——也就是说,它们不能衰变成更小的粒子。

现在我们有了这些夸克,那种认为质子和中子是被 π 介子绑在一起的旧思想看来是不完全正确的。正如我们已经看到的,质子和中子是由夸克组成的,这些夸克之间的信使叫做胶子——是一种玻色子,它的运作处于比 20 世纪早些时候认识到的更为基本的层次上。

整个图像——包括所有六种类型的夸克、六种类型的轻子(电子、μ 子、τ 子、电子中微子、μ 子中微子和 τ 子中微子)和四个玻色子(力的载荷者)——组成了所谓的标准模型。然而,直到 1995 年,有一个重要的粒子还没有找到:顶夸克。在长达 20 年的实验中,芝加哥附近的费米实验室有 500 多人一直在寻找这一失踪的粒子。最后他们成功了,这一点确信无疑,因为两个实验设计成果互相补充和互相验证。

标准模型中的基本粒子

夸克	上	粲	顶	胶子	力的携带者
	下	奇异	底	光子	
轻子	电子中微子	μ子中微子	τ子中微子	W 玻色子	
	电子	μ子	τ子	Z 玻色子	

这一工程是今天解决大型科学问题需要庞大合作和复杂设备的一个优秀案例,相比过去,那时只看到个别科学家在单枪匹马地工作。这正是过去一百年来"从事科学工作"的巨大变化之一。个人贡献仍然非常重要,但是在某些学科中——特别是粒子物理学——团队合作起到了关键性的作用。

作为团队合作的结果,标准模型十年前就存在的一个最有威胁性的问题——失踪的顶夸克和有关中微子的问题——现在都解决了。你可能看到,标准模型仍然非常复杂——往往被看成是科学模型中的一个败笔。物理学家倾向于认为,自然界的规则是简单而不是复杂的,并且无论在何处,当他们全面探讨这一思想时,大自然都证明,它宁可选择简单性。但在万物的核心深处,为什么事情会变得如此复杂?有些物理学家认为,这正是因为我们还没有达到真正统一和更简单的宇宙观。

❧ 宏伟的统一 ❧

然而,还是有人尝试对这一世界建立更简单的看法。爱因斯坦把他的晚年花在尝试建立大统一场论(GUT),把自然界各种力联合在一起。但是他没有成功。

　　20 世纪 60 年代，温伯格（Steven Weinberg，1933—　）和萨拉姆（Abdus Salam，1926—1996）独立发展了电弱相互作用理论，把电磁相互作用理论与弱相互作用理论结合在一起；而格拉肖（Sheldon Glashow，1932—　）在 1968 年对这一理论作了改进。格拉肖曾经和温伯格一起在布朗克理科中学上学。

萨拉姆1955年在纽约罗彻斯特的一个会议上。

格拉肖（1980年）

　　他们的理论为这两种相互作用搭起了数学支架，人们为之欢呼，把它看成是通向爱因斯坦曾经寻找的大统一理论成功的第一步。尽管这一理论还没有完全被证明是正确的，但已经有足够的实验支持，使他们三个人获得了1979 年诺贝尔物理学奖。后来在 1983 年，鲁比亚和范德米尔（Simon van der Meer，1925—　）成功地发现了电弱理论所预言的 W 粒子（W^+，W^- 和 Z^0）。这正是电弱理论需要的最后验证。

　　从那时起，针对达到所有四种力的统一理论的各种尝试加速进行，而大统一理论的探讨打开了探索宇宙起源过程的许多道路。宇宙起源过程指的是宇宙存在的最初几秒，以及随之发生的事情。最近 50 年来，粒子物理学的突破在物理学家和宇宙学家之间产生了极其丰富的交叉成果，我们将会在下一章看到，每一方都在对方的领域里激发出前沿理论和实验，并且对其作出了贡献。不过还是让我们先来介绍 20 世纪下半叶和 21 世纪初，天文学家和宇宙学家对宇宙及各种天体作出新发现的一些途径。

温伯格

第三章

恒星、星系、宇宙及其起源

据我们所知,自从有人类存在以来,人们就热衷于注视夜空中遥远的天体——观察它们、了解它们的习性、总结出它们的规律并且对它们的排列赋予某种含义。如果你像许多先人做过的那样,在晴夜里躺在山顶牧场的草地上,你就可以看到,天空呈现出无以述说的复杂性。古代巴比伦人和埃及人只靠少量工具,就进行了许多复杂的观测。但是一旦伽利略在 17 世纪把望远镜用于观察恒星和行星时,有关我们之外世界的信息就开始成倍增加。伽利略发现,行星之一的木星有卫星;后来证实,另一颗行星土星有光环。当望远镜改进后,天文学家开始认出新的结构,并且发现,在我们的太阳系中有更多的行星。到了 19 世纪,他们的工具箱中又增加了摄影术和光谱术(用于研究辐射源发射的能量分布,把光线分成各种成分,并按波长次序排列)。

但是到了 20 世纪,理论和实验之间不断的交互作用以及天文学和物理学的联姻,完全改变了我们对宇宙广阔领域的理解。在 20 世纪上半叶,爱因斯坦相对论教导我们说,我们生活在一个时空连续统一体中,它的形状受到物体质量的影响。20 世纪最初的几十年,量子理论和核物理学的一系列进展为宇宙起源及其早期历史准备了特殊的新思想。与此同时,观测天空所用仪器和方法的进展,促使以前从未梦想到的新型天体终被发现,其中包括其他恒星周围的行星、恒星"苗圃"、远距离星系等。天文学、天体物理学和宇宙学(研究宇宙的起源和结构)比以往任何时候都更受有胆有识人士的青睐。正如莎士比亚笔下的哈姆雷特告诫他的朋友时所说:"霍拉提奥,在天上和地下有比你的哲学所梦想到的更多的东西。"这句话就此成为 20 世纪后半叶天文学家和物理学家的座右铭。

 比梦想到的更多

在 20 世纪 50 年代初,天文学家桑达奇(Allan Sandage,1926—　　)夜复一夜地坐着升降机登上海尔天文台圆屋顶下的一个高台,坐在被称为主焦笼的精巧机构里面,这是 200 英寸望远镜的观测点。海尔天文台坐落在加州帕萨迪纳附近的帕洛马山上,山顶的冷空气使他的手指和脚趾都冻僵了;但桑达奇珍视他的独处和处于时间机器的驾驶舱里的感觉。这就是他与星星为伴的夜生活,他从未错过一次机会。

桑达奇和他的同事们可以任意使用当时光学天文学里最好的设备。200 英寸(五米)海尔望远镜刚刚在 1948 年完工。桑达奇曾经在威尔逊山附近出色的 100 英寸望远镜前,

在修玛森(Milton Humason,1891—1972)的指导下受过训练。后来他找到了一份工作,担任星系测量大师哈勃的助手,从此开始投身于持续终生的事业中。

哈勃曾经成功地测量了邻近星系的距离,他承担了一项长期计划,目的是测量更远星系的距离,并且最后测量宇宙的大小。他的发现叫做哈勃定律,这个定律说的是,星系越远,它发出的光线向光谱的红端位移得越多,也就是说,它离开我们的速率越快。这一光线的"红移"现象实际上是一种多普勒效应,就像火车呼啸而过,或者超速行驶的汽车离去时的喇叭声——当宇宙膨胀时星系互相远离,由于星系的运动使光线产生红移。

桑达奇的任务是拍摄星系,搜寻星系里面的可变星,以便测量星系之间的距离。当哈勃在1953年去世时,桑达奇的工作才刚刚开始。但他继承了哈勃在200英寸望远镜跟前的工作时间和他的所有图表与记录,全力以赴投身于对广阔时空的测量上。正如英国光谱学家希尔(Leonard Searle)所说:"桑达奇专注得如此不可思议。他是一位非凡的科学家。他全身心投入到工作中。他看来是一个狂热的人。"

许多年后,基于对某些球形星团光谱特性的考察,他最终得出结论,这些星团和整个宇宙的年龄不超过250亿年。现在天文学家用桑达奇提出的这个尺度来测量各种星系的距离,从几百万光年到几十亿光年。

对于观测天文学家来说,这是一个激动人心的时代。新的证据不断出现,天体物理学家和其他学科的同事们经常探讨的问题——例如,中微子真的存在吗?恒星爆炸时会发生什么?恒星是如何演化的?它们的内部深处是怎样的?只有到了现在,由于科学家获得了新工具,并且找到了新方法来运用旧工具,我们才有可能开始找到某些答案。

❧ 观测的新方法 ❧

每当我们从地球向太空凝视时,即使是通过位于高山之巅的望远镜并远离城市的灯光,也总有大气层的遮挡,因而扰乱且模糊了视觉。许多天体有可能看不清楚,某些处于可见光范围之外的辐射有可能完全观测不到。但是随着太空火箭在1957年诞生,历史上第一次有可能从大气层外进行观测。

1962年6月,焦孔尼(Riccardo Giacconi,1931—　　)及其同事在探测火箭上搭载了一台X射线探测器,看看它有无可能找到月亮上荧光的证据。这颗从新墨西哥的怀特桑兹发射的火箭,第一次发现了宇宙X射线源天蝎座X-1(这个名字表示它是在天蝎座发现的第一颗X射线源,天蝎座是部分位于银河系的南半球星座)。寻找一个处于电磁波谱不可见波段,例如X射线的天体,很像听到有人敲门,却看不见人在门外,等你打开门,却又不知道谁在敲门。1967年,天文学家找到与天蝎座X-1配伍的可见天体,是一颗名叫 V 818 Sco 的变星。第二个X射线源金牛座X-1是1963年发现的,不久就认出它是巨蟹座星云,这是中国和日本天文学家在1054年观测到的超新星所遗留下的膨胀气体和尘埃组成的湍流云团。在这些发现之后,又进行了一系列火箭探测和气球探测,到了1970年,天文学家在我们的银河系中找到了25或30个X射线源。到了1970年12月,第一支X射线人造卫星轰隆隆发射上天。它发现了大量新的X射线源,大多数后来证明是双星系统(由两个相伴的星组成)。

1983年,美国国家航空和航天局(NASA)与荷兰和英国合作进行太空计划,发射红外天文学卫星(IRAS),普查整个天空(只差2%)的电磁波谱红外波段的红外源。IRAS装有液氦冷却的光学系统,连续勘查了近 11 个月,直到氦用完。数据在经过分析和整理之后,得到的 IRAS 观测目录非常广泛,其中包括织女星周围的尘埃外层,5 颗新彗星和有关发射红外辐射的各种天体的广泛信息。

美国 1981 年第一次发射的航天飞机,提供了一种把复杂的天文学观测站送入轨道的途径。美国国家航天局大型观测站系列中的第一项就是哈勃空间望远镜(HST),是 1990 年发射的。哈勃空间望远镜设计成能够窥视太空深处,在时间上可以追溯到遥远的过去,并且能够获得清晰度空前的图像。尽管哈勃空间望远镜出发时就有着明显的先天不足,但它还是发回了惊人的可视数据与信息丰富的图像——甚至还发回了无数与类星体、脉冲星、正在爆炸的星系、恒星的诞生、宇宙的年龄和大小等(这里只是列举了少数几项)有关的新信息。并且,哈勃空间望远镜被设计成能够对 140 亿光年前的原始星系进行探索,那时宇宙才刚刚诞生。它还能够对宇宙的大尺度结构进行深度红移研究。哈勃空间望远镜的分辨能力十倍于最好的地基望远镜,可以分辨近星场和星际大气的细节。它沿着地球上空 380 英里的轨道运行,最有希望在大尺度上对有关宇宙的各种问题给予明确的答案,包括它的大小和运动。遗憾的是,在它 1990 年发射后,发现有一块望远镜镜片存在缺陷,使几乎 20 年来一直在盼望得到它数据的天文学家大失所望。虽然望远镜仍然能够收集科学上有价值的图像,但它的模糊画面远不能满足计划的要求。不过航天飞机上的人员后来很好地完成了修理任务,不仅解决了这一问题,而且还完成了各种保养、维修和更新,使得哈勃空间望远镜的性能远远超过了原定计划。由于有了新的光学仪器,哈勃空间望远镜可以拍摄 100 亿至 110 亿光年远处的星星,保养和升级使它的寿命延长到了 21 世纪。

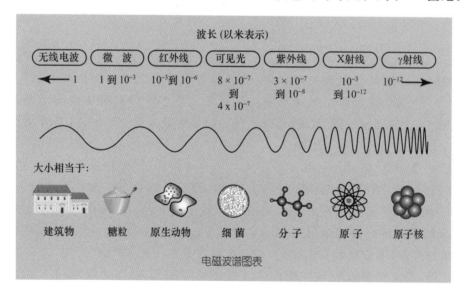

电磁波谱图表

其他空间观测站也加入哈勃空间望远镜的队伍。康普顿 γ 射线观测站(CGRO),特长是 γ 射线天文学,1991 年发射,2000 年完成任务。它携带了四台大型望远镜,有的大如小型汽车,每台都能在特定的能量范围内辨认 γ 射线。这是因为,和所有的辐射一样,γ 射线只能是在与物质相互作用时才能检测到,因此康普顿 γ 射线观测站的探测器把探测到的射线转化成可见光的闪烁,再对闪烁进行计数和测量。γ 射线在电磁波谱中是能量最大的辐射,从几万电子伏到几百亿电子伏。(相比之下,可见光只有几电子伏。)

在地面上完全不可能探测到宇宙 γ 射线,因为它不能穿透大气。但是在过去几十年里发现的许多最令人感兴趣的天体,包括类星体、脉冲星和中子星,都释放出大量能量,会产生 γ 射线,天文学家希望通过康普顿 γ 射线观测站收集到的数据,对它们的结构和机制取得新的认识。科学家甚至想到,γ 射线辐射也许是被黑洞吸入的物质发出的,通过这一辐射也许能够对消失前的物质有所了解。

他们还计划建立其他"大型观测站",以便按电磁波谱的不同区域对宇宙进行快速扫描。也许今天美国宇航局最令人激动的观测站是钱德拉 X 射线观测站,这是美国宇航局大型观测站系列的另一部分。这个观测站是为了纪念理论物理学家钱德拉塞卡(Subrahmanyan Chandrasekhar,1910—1995),一般称之为钱德拉。他出生于印度的拉合尔(现在属巴基斯坦),就学于剑桥大学的三一学院,1933 年获博士学位,1953 年成为美国公民。钱德拉是一位诺贝尔奖获得者,以其治学严谨和对白矮星的重要研究闻名于世,此外,他还研究了恒星的大气层、结构和动力学。

钱德拉和卢梭(Henry Norris Russel,1877—1957)正在谈话。(1940年拍摄。)

钱德拉 X 射线观测站 1999 年发射后,已经发回了许多清晰图片,作出了许多发现,其中包括第一次拍摄到了正在爆炸的恒星所发出的冲击波全景、白矮星发出的闪光和大星系吞噬小星系的情景。仅仅从太空航天飞机发射出去两个月,它就显示出围绕蟹状脉冲星的中心有一闪耀的环。脉冲星位于蟹状星云内,是超新星爆发后的残余。闪耀的环给科学家提供了脉冲星如何为整个星云供应能量的线索。

天文学家还知道,在银河系中心存在一个质量巨大的黑洞,但是他们从来没有在那个区域找到他们所希望的 X 射线辐射。钱德拉观测站在银河系中心附近发现一个微弱的 X 射线源,有可能正是长期寻找的信号。

钱德拉 X 射线观测站还发现在 200 万光年远处有一团气体呈漏斗状涌入巨大的黑洞,该气团比科学家预计的要冷得多。正如天文学家唐纳班(Harvey Tananbaum)所说:"钱德拉观测站教会我们去期望观测一切未曾想到过的天体,从太阳系的彗星和附近的白矮星到相距几十亿光年以外的黑洞。"

NASA 大型观测站列表

望远镜	太空行动任务	日期
哈勃空间望远镜(HST)	电磁波谱中的可见光区域以及近红外和紫外部分的天文学	1990 年;1999 年任务延长
康普顿 γ 射线观测站(CGRO)	从天体发射的 γ 射线收集数据,这部分一般是宇宙中最强烈、能量极大的物理过程	1991 年;2000 年退休
钱德拉 X 射线观测站(CXO)	观测光谱中的 X 射线区,研究类星体、黑洞和高温气体之类的天体	1999 年
空间红外望远镜(SIRTF 或者斯匹查空间望远镜)	捕获被尾随地球轨道的太阳轨道大气阻截的热红外发射	2003 年
詹姆斯·韦伯空间望远镜(JWST)	大型红外优化望远镜,作为哈勃望远镜的继续	2009 年(计划)

在 2002 年里,钱德拉 X 射线观测站提供了两个星系碰撞的真实记录。由于甚至在我们的银河系中,类似这样的碰撞可能已经多次发生,钱德拉 X 射线观测站的图像也许对宇宙为什么变成现在这个样子,提供了新的见解。科学家从钱德拉 X 射线观测站的证据想到,名叫 Arp 220 的星系的大量新星可能就是这种巨大碰撞融合的结果。星系合并还发送出巨大的冲击波穿过太空的星系际区域,在融合的星系中心形成质量巨大的黑洞。天文学家从钱德拉 X 射线观测站的信息得出结论,融合已经发生了几千万年,这个时间在宇宙的尺度上并不算长。

2003 年 8 月 25 日发射了另一台激动人心的观测站,空间红外望远镜〔SIRTF,现在重新命名为斯匹查(Spitzer)空间望远镜〕。斯匹查专门针对 IRAS 和 ISO 顾不上的内容,考察红外谱区。它是对巨型观测站(不包括下一代空间望远镜)的最权威的补充。技术上的最新进展应该可以保证这一观测站成为最大和最有成效的观测站之一。用上这样先进的红外探测器,人们预期可以完成复杂的大面积测绘,它的装备足以使它的扫描速度比任何其他空间船载的红外望远镜快上百万倍。斯匹查还应该能够帮助回答有关恒星和行星形成、类星体等高能天体的起源、星系的形成和演变,以及物质的分布等关键性问题。

✆ 星体内部发生了什么事情? ✆

贝特是第一流的核物理学家,曾经在他的祖国德国跟随索末菲学习,此外还到剑桥大学跟随过卢瑟福,到罗马跟随过费米。当希特勒上台掌权时,贝特离开德国到了美国,在那里参加原子弹的研制工作,但是他对科学的最大贡献是他在 1938 年提出的关于恒星内部过程和机制的理论。他运用的是对亚原子物理学的详尽知识和爱丁顿的结论:即恒星越大,内部的压力越大,温度也越高。

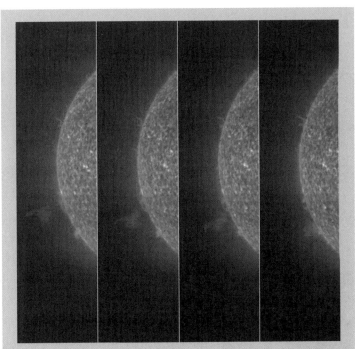

这一系列特写图片在太阳的左下侧抓住了一个很容易辨认的喷火"日珥",这样的斑点温度高达33 315℃以上,射到128 747千米的太空中,速度超过24 140千米/小时。这些图片是1996年由极端紫外图像望远镜拍摄的,它是12台安装在太阳和日光层观测站(SOHO)的设备之一。SOHO是美国宇航局(NASA)和欧洲航天局(ESA)的一项联合计划。

贝特的讨论由此开始,先是氢核(质子)和碳核,由此启动了一系列反应,最后导致碳核的重新组合和氦核(一个α粒子)的形成。也就是说,恒星发动机用氢作为燃料,用碳作为催化剂,排出的"灰烬"就是氦。由于类似太阳的恒星大部分都是由氢构成,它们大多都有足够的燃料维持几十亿年。贝特还勾画出了另一幅可能的情景,氢核直接组合在一起,(没有碳催化剂)经过几个步骤再形成氦,这个机制可以在更低的温度下发生。贝特由于太阳和恒星能量生成(他称之为聚变)的研究而获得1967年诺贝尔物理学奖。

1948年,伽莫夫对贝特的思想——核反应为恒星提供能量并且充当它们的辐射能源——发生了兴趣。他和贝特一样,也是经过正规训练的物理学家。但是他对天文学的兴趣从13岁就开始了,那时父亲送给了他一台望远镜。伽莫夫出生于俄罗斯,在欧洲几个大学学习过,在那里他与玻尔和卢瑟福共事过。20世纪30年代转到美国,与原子物理学家泰勒合作,开始在圣路易斯的乔治·华盛顿大学教书,随后决定留下。伽莫夫对此的进一步计算表明,当恒星在这一过程用完基本燃料氢后,星体将变热。他假设,我们的太阳不是逐渐变冷,而是缓慢地变热,最后将把地球上的生命烘烤摧毁,甚至最终把它们吞没。

以太空为基地的对太阳的研究肯定了贝特和伽莫夫的聚变推动恒星的思想,此外还发现了其他许多有关太阳的事实,其中包括由带电原子性粒子组成的太阳风的存在,它不断经过行星吹向太阳系的边缘。1973—1974年间,美国太空实验室空间站有三项太空行动,宇航员最初集中关注太阳,发回了有关太阳活动的75 000张照片,其中包括6张太阳耀斑(太阳能量的爆发性释放)。

❧ 星体演化：配恩-伽珀斯金 ❧

　　20世纪天文学家探讨的重大问题中，有一个就是"恒星的生命史是怎样的"。一旦得知恒星经历这样的过程：诞生、年轻时的炽热明亮、渐渐衰老、然后死亡，天文学家就迫切想要揭示其细节。在这些前沿探索者中，有一位妇女名叫配恩-伽珀斯金（Cecilia Payne-Gaposchkin，1900—1979），她在20世纪后半叶被公认为历史上最杰出的、当今最著名的女天文学家之一。

天体物理学家配恩-伽珀斯金以对恒星发展、太阳在恒星中的地位、变星和银河系所做的工作而知名。

　　配恩出生于英国的温都沃，1919年获得奖学金进入剑桥大学，在那里受到爱丁顿的激励，投身于天文学。夏普勒邀请她参加哈佛学院天文台，她接受了邀请，在坎农（Annie Jump Cannon，1863—1941）的领导下从事光谱研究。坎农负责哈佛大量恒星光谱照片的分类整理工作。配恩在哈佛完成了博士论文《星体大气》，对于这篇论文，斯特拉夫（Otto Struve，1897—1963）评价为"历史上天文学中写得最好的博士论文"。配恩24岁时，综合了光谱数据和她自己的观测，推导出每一类光谱代表的温度以及恒星大气的成分。配恩是一位杰出的科学家，她喜欢把自己说成野外博物学家，善于"把以前认为是没有联系的各种事实收集在一起，并且看出它们中间的规则"。尽管她从不张扬自己，也从未想过要这样做，然而，她显示的特点却是一个伟大理论家的关键品质之一。

　　1934年，配恩与拾基·伽珀斯金（Sergei I. Gaposchkin，1898—1984）结婚。他是新近加入哈佛学院天文台的研究变星的专家。他们两人合作写过许多论文。20世纪50年代，配恩还写了三部有关星体演化的重要书籍：《成长中的恒星》（1952年）、《天文学导论》（1953年）和《银河系新星》（1957年）。1956年，她成为哈佛大学教授，是哈佛大学历史上第一位女教授，她还是所在系的第一位主任，当了12年。她的压轴之作是1979年出版的《恒星与星团》。

　　和大多数专注于自己工作的人一样，科学家有时也会因为忌妒同事取得突破性进展而烦恼。为了避免这种忌妒之情，配恩常常喜欢说，她建议科学家应该扪心自问，他关心的是知识的进步还是自己事业的进步。显然，配恩更倾向于关心知识的进步。

❧ 新方法，新发现 ❧

　　1931年，来自俄克拉荷马州的无线电工程师央斯基（Karl Jansky，1905—1950）运用改进过的天线，以确定无线电话联络的干涉源，由此创建了天文学中一门崭新的分支，叫做射电天文学。他在1932年发表了第一篇论文，1933年确定他发现的天体射电辐射来自银河系。

科学中最糟也是最好的一面：冷聚变的狂热

聚变是太阳以及所有恒星内部的发动机。它产生巨大的热——甚至相距9 300万英里，我们在地球上都感觉到它的热。但是如果还存在冷聚变过程，情况又会怎样？科学的全部目标就是要找到了解未知的道路，所有科学家都在致力于揭示各种答案，既有大的，也有小的。当然，许多人梦想有了不起的突破，震惊世界并使自己名扬天下。但是在20世纪下半叶，在其他学科的科学家看来，物理学家似乎在最前沿的发现中占有更大的份额。

因此，当两位受过良好训练的化学家彭斯（Stanley Pons, 1943—　　）和弗莱希曼（Martin Fleischmann, 1927—　　）在1989年3月看到他们的实验结果时，他们无可非议地得意洋洋起来。他们似乎做出了一件不可能的事情——在自己的工作中出人意料地脱颖而出。下一步是召开一个记者招待会，于是一切开始变得失控。根据他们在盐湖城的犹他大学向新闻界宣布的内容称，他们发现了一种方法，可以从核反应产生清洁的热能，这一反应在室温下发生，用的燃料只是海水。

这一过程就叫冷聚变，它意味着廉价的动力，也意味着谁掌握这一秘密，谁就拥有大量的可能性。炼金术士的梦想变成了现实。犹他大学急于从这一发现和进一步的研究中为研究所带来经费和各种有利条件，于是，提出想要建立国家冷聚变研究所。地方政府和立法机构保证500万美元的经费用于进一步推动这个项目。科学院、空间站和技术委员会的证词使联邦从经费中拨给犹他大学2 500万美元作为冷聚变研究经费。

但是，所有这一切毕竟不像看起来那样顺利。后来发现，弗莱希曼和彭斯并没有能够实施他们应该进行的控制（实验的控制可以建立比较标准，以验证结果），其他实验室也很难重复他们的结果（这是科学实验另一个重要特点：结果必须能够重复）。弗莱希曼和彭斯辩解说，别的科学家是因为没有正确地做这个实验，但是他们又不愿意向别的科学家提供细节。当然，这一过程耗资巨大，他们不愿公开，也许是可以理解的。但是到头来，他们无法为自己的结果辩护。也许是在大学当局过于迫切的压力下，或者出于他们自己的野心，在还没有真正对数据有把握的情况下，他们把话说得过早了——也许，他们在什么地方出了错。弗莱希曼是来自英国南安普顿大学的著名科学家，相当具有声望，当时正在那里当电化学的访问教授；彭斯则是犹他大学的终身教授。两人都因此信誉扫地。彭斯不得不离开犹他大学。犹他大学校长也引咎辞职，他曾经向新闻界说过，"冷聚变可以与火的使用、植物的栽培及电相提并论"。新成立的冷聚变研究所也关了门。冷聚变的狂热过去了。

重要的是，冷聚变之风是一个例证，说明我们是多么容易上当受骗。冷聚变的设想，满足了许多人的梦想，在很短的时间里一度压制住了怀疑论，这件事情正如费恩曼所说："第一原则是你一定不要愚弄自己，而你恰恰是最容易受到愚弄的人。"这一事件还证明，科学作为一个整体，是不容易长期受愚弄的。科学是一个自我纠错的过程，当它走上错误的道路时，科学家迟早都会发现这一错误，回到以前的道路，寻求更好的答案。

然而,这个领域并没有立时流行。射电天文学最早是从 1946 年由澳大利亚的欧文(E. G. Bowen)领导的太阳研究开始的。1947 年,射电天文学家追踪第一个射电天体,发现它与肉眼观察到的蟹状星云位置吻合。今天天空的射电定位可以用来制作图像,帮助我们"看见"遥远星系和恒星的温度等级和热量分布。

射电望远镜往往用盘状天线收集射电波。然而也有可能,建造射电波天线时不建造盘状天线,这正是央斯基贯彻的思想。英国有一组成功的天文学家,在休伊什(Anthony Hewish,1924—)领导下,就是这样做的。平常射电天文学所用天线是用金属或导线网做成凹面反射区。最有趣的一个是世界上最大的固定盘式射电天线,安装在波多黎各的阿雷西博。这台望远镜建于 1963 年,天线盘直径 1 000 英尺,占地 25 英亩。天线盘由40 000 个单个的反射面板组成,附在钢缆网络上。大量面板把来自太空的入射射电波聚焦于悬挂在天线盘上方的检测平台。近年来,射电天文学家提高了设备的分辨率,办法是建造一排天线,例如新墨西哥州索科洛的巨型阵列(VLA),它是世界上最大的射电望远镜阵列,由 27 个望远镜天线盘组成,在平地上排列成大 Y 字形。

射电天文学在第二次世界大战之前并没有真正流行,但是当它流行以后,天文学家开始对这种探索天空的新方法激动万分,射电波可以穿透尘埃云,而尘埃云会吸收太空中的太阳光,从而使光学天文学不易展开。射电波对银河系中心的研究特别有帮助,因为用普通的办法完全看不到它们。

桑达奇和马尔顿·施密特(Maarten Schmidt,1929—)发现类星体与休伊什和约瑟琳·贝尔(Jocelyn Bell,1943—)发现脉冲星用的手段都是射电天文学。

类 星 体

20 世纪 50 年代发现了一些致密射电源,但是当时的射电望远镜还不能精确给天体定位,所以很难把这些天体与用光学望远镜得到的可视图像相比较。其中有一个叫做3C273 的致密源在 1962 年正好被月亮遮住,这才得以确定它的位置。桑达奇用帕洛马山顶的 200 英寸海尔望远镜拍摄到的照片在那个位置显示出一个暗沉的星状天体。

但是这颗星具有不寻常的光谱。它含有不能辨认的吸收谱线。这颗以及后来出现的其他类似的星体就叫做类星射电源,或简称类星体。

1963 年,施密特发现,3C273 光谱中的吸收谱线仍然是普通的谱线,只不过向光谱的红端有大规模位移。在以后的年代里,天文学家发现了大量类星体,它们具有特别大的红移量。

恒星的光谱不仅能够揭示它的化学成分,而且从多普勒位移或红移,人们可以推算出它相对于地球的退行速度。许多银河系外的星系在它们的电磁波谱中都有趋向红端的位移,天文学家认为这些是多普勒位移,说明这些系正以一定的速度远离我们而去,这是对宇宙膨胀的一种肯定。宇宙膨胀引起的红移被称为宇宙红移。如果类星体的红移也是宇宙的,那么它们一定处于非常遥远的地方——可能远在十亿光年之外——这就使它们成为望远镜能够观察到的最远的天体。再有,既然距离如此之远还能观察到,表明它们的能量一定非常巨大。正如哈勃指出的那样,天体离开我们的速度正比于距离。这一结果导致了如下的思想:宇宙产生于一次巨大的爆炸,而星系是向各个方向飞散的残片。这也意味着,观测到的类星体离我们非常非常远。

类星体的发现给天文学家带来了巨大的困惑。这一发现的后果或者是怀疑红移这一天文学准绳的可靠性，或者是同意在什么地方还有我们无法解释的过程。有些已经认出的类星体可能处于十亿光年以外的地方。也许它们是中心极其活跃的星系，但是离我们太远，所以它们看起来似乎是非常暗淡的单个恒星。

天生的天空观测家：休马逊

休马逊（Milton Humason，1891—1972）也是威尔逊山天文台的一位天文学家。他开始是一位运输工，沿着陡峭的小路把设备拖上洛杉矶北部山顶的天文台。后来他成了天文台餐厅的服务生，还当过天文台的看门人。但是他对天文学的爱好使他取得了成功。第一步是他有机会担当山上一台小型望远镜的助手。他如饥似渴地提出问题、读书和学习，扩充了他受过的八年级教育。1928年他成为哈勃的亲密合作者。

休马逊在哈勃的指导下工作，后来又在威尔逊山天文台和帕洛马山天文台独立工作以及与其他天文学家合作，他测量了成千上万个遥远星系的光谱红移现象。他是一位专注的、技术熟练的观测者，擅长对暗淡而遥远的星系观测并得到可测量的光谱。他的观测证实了今天仍然有效的结论：哈勃定律对于整个可以观察到的宇宙都是有效的。

然而，并不是所有天文学家都相信，类星体显示了宇宙红移。例如有一位美国天文学家阿普（Halton Arp，1927—　），他发现了一系列由一个类星体和一个星系组成的系统，它们似乎在物理上是相互联系的，但在它们的光谱中显示出非常不同的红移。于是他论证说，除了宇宙的膨胀以外，一定还有某种未知的机制在影响这些红移。大多数天文学家相信，类星体具有宇宙红移，而阿普发现的系统只具有表面上的相关性，它们实际上离开地球的距离远不是这样。

数据中的暗号

1967 年 7 月，休伊什和他的学生在英国卡文迪什实验室附近的场地上排列了一长列的天线，做成更强大的射电望远镜，用来观测射电星光的闪烁。研究生约瑟琳·贝尔的工作是检查每天的星表，寻找有趣的数据。8 月份，她注意到在天空中有一个小点在奇怪地闪光[①]，在这一位置从来也没有出现过类似现象。休伊什认为可能是接收器的噪声。他们笑着把这一信号称为来自另一个世界的"小绿人"发出的信号，然后继续收集数据。后来

[①] 贝尔发现的是一个异常的脉冲信号，其守时性极其精确。——译者注

不仅这一信号继续出现，而且贝尔小姐又发现了三个类似的脉冲射电源。他们开始意识到，这些数据反映了一个真实的现象：有一类天体，是以前从来没有检测到的。他们开始运用已知的物理定律寻求解释。

休伊什、贝尔和他们的同事就这样发现了所谓的脉冲星（因为它们在发出脉冲），科学家们认识到，他们检测到了中子星。所谓中子星，指的是这样一类星，其密度达到难以置信的程度，如同像太阳那样大的质量硬挤在一座山里面一样。尽管有人曾经认为中子星可能存在，以前却从来没有人检测到。

倾听生命之音

射电天文学也是一小群专注的科学家所用的关键性工具，他们探讨的问题是：我们孤独吗？有一些人——被称为外空生物学家——正在寻找各种暗示，看看我们人类是不是宇宙中唯一的智慧生命形式。他们中间包括著名的美国天文学家萨根（Carl Sagan，1934—1996），他和德鲁阳（Ann Druyan，1949—　）合写过一本小说，书名叫《接触》（Contact）。这本书的主角是一位妇女，她把整个一生都投入到系统和科学地探究来自地外文明的可验证的符号或信息上——不是指飞碟（UFO）。小说具有想象成分——毕竟它是小说——但是萨根知道科学家是怎样对待这个问题的，当问题涉及地外智慧的搜寻（SETI）时，他把科学放在正确的位置上。考虑到"地外人"来到的可能性微乎其微（即使从太阳系之外最近的恒星到我们地球旅行，也需要经过许多代），许多科学家以为，我们也许有一天能够接收到从宇宙中某处另一个太阳系的类地行星发出的信号。但是当它到达时只有我们正在倾听，才能认出它来。

然而，搜寻太阳系之外的文明所发出的信号，其难度堪与试图在宇宙的干草堆里寻找一根针，或者在尼亚加拉大瀑布的吼声中尽力听出蟋蟀的声音相提并论——我们始终想知道，我们要找的针或者想要听到的声音究竟有没有，也许我们到头来什么也没有发现，顶多只是发现不平静的自然界在随意、持续地扰动而已。但是有些问题似乎是永恒的，深深地扎根在人们的意识里。"我们是不是孤独的？"就是这样一类的问题。20世纪80年代和90年代技术的发展已经成熟到可以进行此类实验。在世界范围内，科学家开始审视通过组织严密的搜寻所获得的来自太空的各种信号。天体物理学家和SETI科学家奥利弗（Bernard M. Oliver，1919—1995)1986年在一次采访中说过："如果我们是正确的，那么，经过好几十亿年，应该有大量的智慧文明像群岛一样在这个星系里成长，如果他们在其整个历史中都处于孤立状态，这对我来说是不可想象的。"

SETI方法第一次重大突破发生于1959年。这时有两位科学家莫里孙（Philip Morrison，1915—2005)和柯孔尼（Giuseppe Cocconi，1914—2008)提出，射电天文学可以用于与其他世界通信。为什么是射电天文学呢？奥利弗解释说："从经济和效率来看，信息载体应该符合以下标准：（1）其他条件相同的情况下，能量……应该最低；（2）速度应该尽可能大；（3）粒子应该容易产生、发射和捕获；（4）粒子应该不会被星际介质显著吸收或偏转。"这些标准射电波都容易满足，因为它快速、有效而且相对便宜。所以，仅仅从逻辑上判断，智慧文明（如果存在的话）应该选择射电谱穿过浩瀚的星际太空来传送长途信号。

第一项针对地外智力进行的射电望远镜探索是名叫欧兹马的计划，是 1960 年由 SETI 先驱德雷克（Frank Drake，1930— ）在美国西弗吉尼亚州绿洲的国家射电望远镜天文台（NRAO）进行的。德雷克选择了两颗邻近的类似太阳的恒星，鲸鱼座 τ 星和波江座 ε 星，用了整整 150 小时"倾听"。结果什么也没有发现，但是他开了一个头。

欧兹马计划之后，在美国、苏联、澳大利亚和欧洲发射了 30 个以上的 SETI 实验装置，都没有取得结果。尽管组织了许多小时的综合倾听时间，但它们覆盖的仅仅是全部可能性的一小部分。光谱的各种方向和分段以及信号调制的各种类型还有几乎无穷无尽的组合有待探索。

到了 20 世纪八九十年代，新技术和现代计算机的巨大数据处理能力使这些研究发生了革命性的变化。多通道分析器现在可以同时精确地显示数以百万计的射电频道。有一个计划，是 1985 年 9 月由名叫行星学会的非营利组织建立的，创造了一台新的 840 万频道分析器。NASA 的 SETI 计划于 1993 年失去了国会的拨款，只是在私人的资助下才得以维持，它利用超大规模集成（VLSI）电路，收集多达 1 000 万个单独的频道。来自望远镜的实时数据由这台仪器进行分析，寻找有意义的数据，然后传送到信号分析器，再转到强大的计算机里。

如果没有这一自动筛选过程，来自射电望远镜的信息量将庞大得无法处理。在运用更先进的技术之前，一次 5 天观测期可以产生 300 盘以上的数据磁带。用一台计算机分析这些磁带上的数据，需要花两年半的时间。天文学家塔尔特（Jill Tarter，1944— ）在有了这一经历后，画了一幅漫画，在由计算机打印输出叠成的磁带山下伸出一双脚，旁边写道："活人被埋了！"她后来解释道："如果是不实时的，你没法做这件事情。"也就是说，如果获得数据时，你不能实时处理，你将会发现："你不能储存它，又不能靠人的智力处理它。你现在有了一种比以前精细得多的仪器，只要告诉它规则，它就会按照你的规则忠心耿耿地执行。"这项工作要求设备能够清除巨量不相关的杂音，仅仅保留可能有兴趣的信号。新技术做的正是这样的事情。

天文学家塔尔特，她的女儿常常把妈妈的职业说成是"寻找小绿人"。但是对于塔尔特来说，搜寻地外智慧（SETI）是既严肃又激动人心的科学，她把自己大部分职业生涯都花在寻找技术越来越复杂的有效"倾听"其他世界信号的方法。

但是有了分析数据的设备还只是挑战的一部分。你面对的是浩瀚的宇宙,你向哪里观测呢?你要搜寻的对象是什么?SETI 的研究者平常用的是两种方法之一:用灵敏的仪器追踪几个有希望的恒星,或者用不太灵敏的仪器以更宽的频带对整个天空进行宽带扫描。这是一个看不到头的任务,一个人可能一辈子都得不到肯定的结果。这也可能是一项带着一长串"如果"的作业。首先,假如地外文明真的存在,它有没有可能按照同样的推理,选择同样的频率,向我们这一方向播送信号?也许更重要的是,他们有没有这样代价昂贵的接近我们的企图?或者地外科学家在说服某个星系国会提供经费给这类大胆但很可能是无用的冒险事业时,会不会遇到麻烦?再有,考虑到宇宙已经存在了亿万年,当我们达到具有搜寻其他文明信号的能力时,这个时刻也许与信号到达的时刻并不吻合。从相距 4 光年的地方发来的信号只要 4 年就可以到达,然而今天从 100 光年以外的文明发来的信号还要再过 100 年才能到达。

但是,不管回答是 10 年、20 年、50 年或者甚至 100 年,大多数研究者都同意,我们不只是通过不确定的答案来知道情况,而是从我们搜寻的方法来知道情况。

搜寻就这样继续着。智慧是不是孤立的现象,而地球是不是它唯一的代言人?我们是自然界短命的怪物,还是更大的宇宙社会的一部分?像我们这样的文明,是否能够长期存在,以至有能力到达其他世界,还是人类注定要灭亡,孤独地和不被注意地,在大自然的操纵下走向末日?有没有其他类似我们自己的代言人,宇宙黑暗中的其他搜寻者,正在寻找光和友谊?正在寻找希望?只有时间,以及全世界的 SETI 计划才会作出回答。

❧ 太阳系外的行星 ❧

1995 年以前,科学家正确地假设,一定还有其他的太阳系,但是没有一个人看到过任何证据,能证明其他恒星有像地球一样的,与太阳系其他行星一起围绕着太阳旋转的行星。后来,运用多普勒光谱学,发现在一颗叫做飞马座 51 的恒星周围有一颗地外行星在旋转。这是一项令人激动的突破。从那时起,直到 2003 年 9 月,太阳系外的行星数目上升到了 110 个,它们的位置全是用同样的方法确定的。到目前为止,它们都是一些非常大的行星,比气体巨星木星还要大得多——不过这些也是最容易发现的。还有许多行星也许存在却至今未能检测到。

在我们太阳系之外快速地发现了如此之多的行星,是一个令人激动的迹象,暗示在宇宙中某些地方确有可能存在导致生命起源的环境。这是一个尚未揭开的大奥秘。

❧ 早 期 阶 段 ❧

千百年来,人们始终在问:宇宙是怎样开始的,它会不会结束,怎样结束?然而当 20 世纪 50 年代有可能科学地解释这个问题时,大多数天文学家却试图回避。伽莫夫是一个例外。1948 年伽莫夫研究出了一个方案,认为勒迈特利(Georges Lemaitre,1894—1966)提出的某种原始"宇宙蛋"或者"超级原子"的爆炸可能导致宇宙内各种元素的形成。伽莫夫是通俗科学读物作家,很快就由于这一关于宇宙起源的思想而声名鹊起,尽管这一思想并没有被普遍接受。

其实,许多科学家感到"早期阶段"问题要么不属于科学的范围,要么就是对科学的一种冒犯。英国物理学家霍伊尔(Fred Hoyle,1915—2001),也是一位科普作家,与奥地利人彭第(Hermann Bondi,1919—2005)和古尔德(Thomas Gold,1920—2004)联合提出了一个与之对抗的理论。由于极其不满意时间具有开端这一思想,他们提出的一幅图景称为"稳态宇宙",其中物质不断创生,结果推动了宇宙的膨胀。宇宙的膨胀是哈勃在观测到所有星系都离我们而去时作出的结论。霍伊尔取笑伽莫夫的理论,戏称其为"大爆炸"理论。可以想象当这个名称后来流行时他会感到多么惊愕。

微波背景

与此同时,1964 年新泽西州的贝尔实验室有两位研究者彭齐亚斯(Arno Allan Penzias,1933—   )和威尔逊(Robert Woodrow Wilson,1936—   ),他们正在利用实验室的大型射电天线搜寻来自天空的弱信号。但是在对付背景噪声以便提取更清楚的信号时却遇到了麻烦。于是,他们把设备拆开,检验底盘,检验所有的接头。他们甚至在底盘中发现了鸽子窝,于是小心地轰走了这些鸟,把鸟窝移到几英里之外的地方。但是鸽子又回来了。他们再次轰走它们。但依然无法摆脱这种穿透宇宙的微波背景辐射。这一辐射就像巨大的回声,似乎意味着很久以前的某个时间发生过某种重大事件,从而使整个宇宙的温度升高,现在它已经几乎完全消散了。这是第一次真正支持年轻的伽莫夫于 1948 年提出的思想,他不仅预言了这一辐射,而且还正确地计算出它的精确温度是绝对零度之上的 3K。

然后在 1992 年,另一份证据问世。处理宇宙背景探测器(Cosmic Background Explorer,COBE)太空船发回地面数据的科学工作小组宣布,与以前的证据不一样,宇宙背景辐射具有"波纹"。以前,威尔逊和彭泽亚斯以及后来所有研究者收集到的数据,都表明背景辐射的温度都是相同的,不管你观察的是天空的哪一部分。从这一恒定的温度,科学家推论得出,早期宇宙一定是光滑和均匀的,完全没有现在宇宙学家所谓的"肿块"。当我们遥望天空,看到一团一团的物质——星系、星云——点缀在空旷的太空里时,这些斑点就是宇宙学家所谓的"肿块"。

新的数据引人注目,因为它非常精确。COBE 是 NASA 在 1989 年发射的,在第一年里沿着轨道进行了几亿次温度测量。在这样大量的数据中,COBE 小组发现温度有微小的变化,冷热相差只有一度的百万分之三十,这些变化发生在早期宇宙气体密度有微小涨落的区域内,差不多是大爆炸之后的300 000年。(当我们说到时间开始之后仅仅300 000年时,就好像一个活了 90 岁的人一生中的第一天一样。)

当宇宙膨胀时,这些早期温度涨落区域也在成长,所以现在 COBE 检测的区域相当于几十亿光年的跨度。实际上,这些区域是如此之大,它们不可能是我们观测到的哪怕是最大星系团的先驱。但是它们的发现使得科学家确信,有可能找到更小范围内更大的密度涨落,而它们似乎是支持宇宙诞生的"暴胀"模型的。

当然,究竟宇宙是不是从大爆炸开始,还是以别的方式,创世的思想总会提出这样的问题:物质最先是从哪里来的?但是,正如宇宙学家霍金(Stephen Hawking,1942—   )曾经说过的那样:这就像问北极之北 5 英里在什么地方一样。或者,换句话说,任何关于"大爆炸之前"的问题都是非物理的。时间存在于宇宙中——宇宙却不存在于时间里。

❧ 黑　洞 ❧

与此同时，20世纪50年代在剑桥大学发生了一场个人奋战。年轻的物理学研究生霍金刚刚得知，他患了一种名叫肌萎缩侧索硬化症，难怪在过去的几年里，他走路和说话变得越来越不协调，逐步发展的瘫痪在几年内将把他困在轮椅上。在未来的岁月里，他只能眼看着体力衰退，直至死亡。这位卓越的年轻学生立刻陷于深深的失望之中。怎样把已经开始的充满希望的事业进行下去？难道一切都要放弃吗？几个月过去了，他的工作没有进展。

尽管霍金的健康无法恢复，但是他的事业可以恢复，这对科学来说，是一件幸运的事情。他的导师想出了一个计划：向他提出一个如此富有魅力的问题，以至他无法舍弃。就这样，霍金开始深入地探究黑洞，成了世界上在这个课题上最知名的专家，这个课题是现代天文学最有挑战性的问题之一。

美国物理学家惠勒（John Archibald Wheeler，1911—2008）在20世纪60年代创造了"黑洞"这个词，表示恒星坍缩时最终形成的一种结构，那只不过是一个奇点。根据爱因斯坦的相对论，当这种情况发生时，任何东西都无法逃离高度集中的质量——甚至包括光。所以黑洞是看不见的，除非注意它的效应。

1974年，霍金提出"黑洞并不黑"的概念，也就是说，他认为黑洞能够缓慢地释放辐射。他说，黑洞也许有可能像在太阳底下蒸发的雪球。这似乎是矛盾的，因为根据定义，黑洞是如此之重，以至于没有东西可以逃逸它的引力，包括光。这就是为什么把它叫做黑洞的缘故。黑洞的周边叫做视界，不允许任何东西逸出。

霍金

但是，霍金率先把量子力学运用到黑洞理论中，由此提出物质可以在视界里的"虚"空间产生的思想。也就是说，根据量子理论，虚粒子不断产生和湮灭，其速度快到永远不会干扰能量和质量守恒定律所要求的平衡。霍金认为，这只能发生在黑洞的视界上，当大多数虚粒子立刻湮灭在黑洞中时，偶尔也可能有少许沿另一方向泄漏出去，于是黑洞就会缓慢释放出辐射。

这一思想与20世纪80年代麻省理工学院的古斯（Alan Guth，1947—　）提出的宇宙起源理论相当吻合。古斯的理论叫做暴胀模型，说的是在宇宙起源的最初几分之一秒里，整个宇宙突然间在极短的时间（万亿分之一秒）里爆炸，使宇宙从一个原子的大小膨胀到几十亿光年的跨度。

失踪的质量

天文学中观测到的古怪现象之一是瑞士天文学家茨维基（Fritz Zwicky，1898—1974）在1933年发现的，这个现象可与黑洞匹敌，有时称之为"失踪的质量"，因为许多线索都告诉我们，有某些东西是用任何类型的望远镜也观测不到的，茨维基称之为暗物质。茨维基是一个性情暴躁、爱好抬杠的人，正如一位同事说的那样，他"喜欢证明别人错了"，这就不奇怪为什么正是他最早注意到宇宙账簿的不平衡现象。他提出"失踪的质量"这一思想，就是为了说明看不见的暗物质一定存在——有可能在星系和星系之间存在某种比我们能够检测到的物质多10至100倍的东西。

起初，没有人信他的，时至今日，某些天文学家依然认为，我们看到的物质不足以造成我们看到的恒星和星系之间的连接。在宇宙中似乎有更大的引力，其大小比我们根据明亮物质的观测所能够解释的大得多。

事实上，目前的怀疑是，我们已经发现，我们迄今为止没有办法检测宇宙中99%的物质。它既不发光也无法用X射线或射电天文学的方法检测。但是我们却能看到它的引力效应。

茨维基在加州理工学院

例如，20世纪70年代华盛顿特区卡内基研究所的鲁宾（Vera Cooper Rubin，1928—　）和福特（W. Kent Ford）收集了广泛的数据，它们表明在星系团中，远离中心的星系以比我们看得见的质量——恒星和发光气体——赖以约束在星系团中的引力效应大得多的速度运动。他们对旋臂星系旋转的研究表明在星系边缘有暗晕轮的存在。鲁宾和福特估计，在这一晕轮中暗藏有10倍于我们实际上在星系中看到的物质量的某种东西。在比星系更大的尺度上对星系运动所作的统计分析支持这些思想，并且估计暗物质比我们能够探测到的物质量大30倍（星系内部除外，在这里普通物质占了优势）。自从1978年以来，在卡内基有一个小组，其中包括鲁宾、福特、伯尔孙（David Bursein）和怀特默（Braley Whitmore），他们分析了200个以上的星系，得到的结果都是肯定的。

什么是暗物质？还没有人能够明确说明。但是可以肯定的是，它绝不是普通物质。也就是说，它不可能是我们无法检测到的由恒星和暗星组成的黑洞或者小块的固体物质。到了1984年，候选者是中微子（如果其质量大于零）或者假设的粒子：光微子（photino）、引力微子（gravitino）和轴子（axion）。有些科学家认为，暗物质也许是大爆炸留下的运动缓慢的基本粒子。

正如英国恒星天体物理学家里斯（Martin Rees，1942—　）所说："要解决隐藏质量的特性，最简洁的方法自然是检测到构成它的天体。"

有些天体物理学家认为，白矮星与失踪质量有关，因为白矮星是一种衰退的恒星，由气体的收缩而形成，但因其质量非常小，核反应不能在其核心进行。由于其中没有核反应发生，白矮星都非常暗，难以检测到，以致没有人发现过白矮星，因此它们只被看成是假设中的存在。然而，1995 年第一颗白矮星终于被发现了。直到 2003 年 9 月，又发现了好几十颗白矮星，这要归功于极其灵敏的红外探测器。许多天文学家认为，白矮星在宇宙中很可能和常规的恒星一样普遍存在。在恒星附近发现的某些大型气体行星（不存在于太阳系中）也可能是白矮星。所以，白矮星可以对某些失踪质量作出很好的解释。

鲁宾在西雅图召开的美国天文学会年会上。

许多奥秘已经开始转向天体物理学家所谓的"暗能量"。天文学家对这一可能性发生兴趣已经有好几年了，2003 年 10 月完成的三维宇宙图似乎肯定了暗能量的存在。在把宇宙的大尺度结构细化之后，这幅图景反映了宇宙 140 亿年演变中各种力的相互作用以及星系与暗物质的聚集。它还提供了一种估计，普通物质占到宇宙的 5%，传统的暗物质占到大约 25%，而渗透在这个宇宙中的暗能量则构成了宇宙其余的 70%。斯隆数字太空勘测（Sloan Digital Sky Survey，SDSS）国际工作组可以作为许多 21 世纪科学计划管理的复杂性的一个范例，它组织了来自 13 个研究所的 200 位科学家为这幅图景工作。

在 20 世纪 90 年代中期以前，天体物理学家和宇宙学家把引力看成是修饰和形成宇宙的主要力量。后来在遥远的太空中观测到恒星爆炸，表明还有一种力——"暗能量"——使宇宙向外扩张。2003 年 2 月，一张研究不同星系的早期图像肯定了暗能量的存在。一位科学家评论说："证据之网极为强大，所有观测都指向暗能量。"现在的问题是，暗能量究竟是什么？

一揽子全包……?

萦绕于宇宙学家和亚原子物理学家心头挥之不去的最为令人着迷的问题就是：这一切是怎样开始的？

现在几乎所有理论家都同意，一定有过一个起源时刻，也一定有过一场大爆炸，它源于比任何原子核还要小的粒子的一次急剧性爆炸。尽管暴胀理论出现某些漏洞，但这一宇宙暴胀模式的新理论，在天文学家和宇宙学家中取得了广泛认同。暴胀理论回答了"大爆炸"理论涵盖的许多问题，但不是全部问题。

例如，为什么不是所有一切都正好在那爆炸的瞬间，如此激烈地炸飞，以至于所有物质都均匀散布开来，既没有相互连接，也没有局部集中，没有恒星、行星、星系和彗星？或者,如果不是有足够的动力使得所有事物四散飘离,那么,为什么这一紧凑的原始宇宙不可以是挤作一团?理论家实际上计算过宇宙要避免这两种命运的临界值,并且这种计算是有效的。

然而,许多理论家都曾经试图描述在最初的一刻究竟发生了什么,试图追溯到原子结构更为简单的那一刻,试图在我们今天看到的复杂性后面寻求简单的对称。他们追溯到新生宇宙最初瞬间,温度在亿亿亿度之上,在这一刻,弱力、电磁力和强力全都是一种力。这些努力就是所谓的大统一理论,直到现在,这些理论没有一个有效。格拉肖曾经这样说:大统一理论是既不大,也不统一,更不是理论。所以正如粒子物理学家莱德曼(Leon Lederman,1922—)所说:与其用理论一词,不如说它们都是一些猜测性的结果。

为了携带这个力,不得不假设存在一种古老的信使粒子,叫做希格斯(Higgs)玻色子,这是一种超重的粒子,扮演大统一力的信使,就像光子现在充当电磁力的信使一样。在时间开始时,粒子和反粒子可以相互快速转变。例如,一个夸克可以变成一个反电子(正电子)或一个反夸克,而一个反夸克又可以变成一个中微子或一个夸克,等等。这个过程是以希格斯玻色子作为媒介的——但是这种粒子还有待发现。欧洲核子研究中心有一个研究小组正在捕捉希格斯粒子存在的证据,他们是这样认为的,这种粒子有时也叫做"上帝的粒子",因为它负责传递所有质量给原子性粒子。但是也许要等待欧洲核子研究中心新的加速器完成后才有结果。如果检测到了希格斯粒子,由原子性粒子,包括轻子和夸克等组成的以及量子色动力学所描述的复杂组合——所谓"标准模型"的原子图景——将会得到验证。然而,现在这一验证也许还要等待。

要把所有四种力综合在一起的努力更为大胆,也更富有猜测性,这四种力是把引力也包括进来,量子色动力学——夸克的行为及其颜色特性——加上引力。这些概念,有时被称为万物理论(TOEs),非常复杂。有一种所谓的超弦理论曾经一度相当普及,这种理论解释说,在大爆炸最初的一刹那,并没有点状粒子,只有一小段弦。它需要十维才能运作——九个是空间,一个是时间。要解释为什么我们只知道三维的空间,理论家推测那是因为另外六维自行卷曲了。

然而,许多科学家对于这种过度的理论化感到不安,这些复杂的理论一环扣一环,几乎难以诉诸实验进行验证。再有,研究越来越小的基本粒子结构,要求越来越大的加速器和探测器。最终目的——通过统一对称原理理解物质的基本结构——值得赞美,但是需要的数学复杂性却没有止境。结果,许多批评者担心宇宙科学有变成某种新神话的危险,因为它已与可检验的科学失去联系。

然而,纵观1946年以来的几十年,天文学家和宇宙学家得到了极其丰富的新数据、新展望和新思想。研究人员发展了更为复杂的研究宇宙以及宇宙结构和起源的方法,它们的精确度和准确度都达到了前所未有的程度。再有,与粒子物理学的高度交叉对两个领域都产生了重要的新启示。

结果是,宇宙变得比以前更庞大、更复杂,也更有趣。

第四章

探索太阳系

　　正当宇宙学家想象宇宙最初时刻的惊心动魄、探索黑洞蒸发引起的后果、思考暗能量和它的本性时，20 世纪后半叶还引进了大量更接近事实的新知识。在火箭驱动器的帮助下，人类可以通过太空船的形式送出使者，这些太空船的动力一部分是借助于太阳"翼"，实际上可以到达太阳系任何行星、卫星或小行星。以前纯粹是科学幻想的对象，现在至少部分地成了现实。人类从地球这个安全摇篮来到月球旅行，漫步于月球上，带回上面的岩石。太空船访问了几乎每一个行星揭示了成千上万的奥秘，有大的也有小的，并发现了许多卫星。有些太空航行持续到 21 世纪，还有更多的正在计划之中。从 20 世纪 50 年代末以来，大量图像从太阳系各个角落被发回地球。这些情景令人惊讶，各种发现激动人心。实际上我们邻近的行星及其卫星没有一个符合原先的估计。

　　这一切肇始于苏联人造地球卫星 1 号，它于 1957 年发射升空，绕着地球轨道独自旋转。人类第一次成了太阳系里的旅行者。绕着地球旋转的人造卫星和进入大气层的火箭探测器开始从外部向我们提供有关地球及其大气的新图景。在这之后，紧接着的是去月球的太空航行（载人和不载人）以及去太阳系几乎所有行星的不载人航行，仅仅冥王星除外。以前即使通过最大的望远镜镜头看到的也不过是微小斑点的遥远地方，现在成了坑坑洼洼布满岩石的表面，由炽热气体组成的旋转气团，处于活动期的火山熔浆以及冰冻的沙漠。这是空旷而神奇的地方，之前人类的眼睛从未如此近距离地看到过它们。在万籁俱寂的太空中，神秘的机器人呼呼地走近它们，给我们发回令人惊奇的特写照片和数据资料。一切都与过去的想象不尽相同。

　　土星光环和木星卫星木卫一的奇异而色彩斑斓的特写照片今天已经家喻户晓，以致我们忘记这些庞大的、正在旋转的岩石和气体离我们有多远，就在几年前，要得到这些图像还是不可能的事情。在 17 世纪伽利略从他的望远镜窥视到证据之前，谁也没有猜想到土星光环的存在。（当时他还不能断定这些挂在行星两侧的奇怪的"耳朵"究竟是什么——并且随着季节变化，这些耳朵会消失。）现在我们有了详尽的数据，可以了解它们的结构、大小、运动及其与行星和卫星的关系，这主要应归功于名为先驱者 11 号 的太空船，它是 1979 年发射升空的，后来又在 20 世纪 80 年代发射了旅行者 1 号和 2 号。

　　从伽利略的时代以来，行星科学一直是依靠仪器——越来越大、越来越复杂，也越来越昂贵——现在甚至标出更高的价格，但收益也越来越大。我们实际上可以看到这些遥远世界的表面、测量它们的大气、研究它们的历史，并与地球比较，从而知道与我们自己的地球家园有关的许多知识。我们所知道的有关宇宙的机理——从大气和气象的动力学到太空中围绕地球的太阳风和辐射带的存在——不仅为我们增加了知识的基本储量，而且提供了适合地球的宝贵教训。

月球：最近的邻居

地球和月球，这一对行星和卫星，紧拴在一起舞动，围绕共同的引力中心旋转，两者中那个大的，呈现出绿、蓝、白，色彩斑斓，上面有水、有生命；小的那个，只有地球的四分之一大，无色、伤痕累累、坑坑洼洼、标记着时间的流逝。它的背面，黑暗而多坑，永远背对地球，向着群星。在遥远的过去究竟发生了什么灾难，使月球变得如此寒冷和荒凉？

1972年阿波罗17号太空行动中，身为地质学家的宇航员施密特在月球的表面上。

月球是我们最熟悉也是最神秘的太空邻居，它总是激起人类的好奇心，也是无数古代神话、传说和歌曲的主题。古人的历法就是依据它在天空中的规律性运动而定，它的相位变化标志了季节的转换。

对于科学家来说，问题有很多：月球表面究竟是什么样子？它怎么起源，又是怎样变成今天这个样子？它的地质条件如何？我们从来没有看见过的另一面是什么样子？当美国和苏联一旦拥有摆脱地球引力的能力时，月球就成了首选的理想探索之地。和望远镜与照相机一样，火箭给予人类新的工具，用它可以帮助揭开月球的许多秘密。

在1958年至1976年之间，美国和苏联向月球进行了80次太空行动，尽管只有49次按计划完成了任务，有些则永无结果。但是在这些飞行任务中——其中包括轨道飞行器、软着陆、照片会议探测器（photo session probes）、两次载人飞行以及六次宇航员着陆——带回或送回了有关这个太空最近邻居的大量信息。不久以前，对月球的新兴趣又激发了好几项新的太空行动。1994年夏天发射的克莱芒蒂娜号就是美军和宇航局的一项

行星科学家魁佩尔

　　美国宇航局计划极大地推动了行星科学的发展，行星科学家魁佩尔（Gerard Kuiper, 1905—1973）就是早期的先行者之一，他帮助建立了一个计划，该计划从一开始就可以向科学家提供有用的信息。

　　魁佩尔在荷兰出生和受教育，1933年离开自己的祖国来到美国，并进入加州圣何塞附近的里克天文台。在那里他研究双星，对白矮星进行光谱搜寻。后来他到威斯康星州耶基斯天文台和它的南部前哨——得克萨斯的麦克唐纳天文台，对太阳系起源的理论作出了贡献。

　　第二次世界大战后，魁佩尔在射电天文学这一新领域里居于领先地位，他对行星和晚期恒星进行了光谱观测。运用这些技术，还成功地发现了土星的大卫星土卫六的大气中存在甲烷，火星的大气中存在二氧化碳。所有这些发现都有助于激起那些想知道在我们地球大气之外是不是存在或者曾经存在生命的人们的好奇心。魁佩尔还发现了围绕天王星的新卫星和围绕海王星的另一颗卫星。

　　魁佩尔除了担任耶基斯天文台和麦克唐纳天文台台长外，后来还创建并主持了亚利桑那大学的月球与行星实验室。他在美国宇航局担任首席研究员，负责一项太空任务（徘徊者探月飞行）的科学使命，（徘徊者的任务是为未来宇航员登陆月球作准备而对月球进行试验和勘测的一系列早期访问）。他还为美国宇航局早期的行星探索作出了许多科学贡献。

联合计划，送回了150万张照片，测绘了99.9％的月球表面。激光技术还使克莱芒蒂娜号制作了一幅详细的月球地形图，并且在这个过程中，小小的太空船在月球两极遭遇了一次反射，表明有可能存在冰水。这一可能性令人震惊，既然月球上有水，这就为移民提供了有力支持，而不少政府曾经考虑过移民计划。4年后，1998年1月，美国宇航局发射了另一艘太空船月球勘探者号，任务是围绕月球运行和测绘月球，直到1999年7月，这时科学家希望在月球极地附近进行着陆，以便送回可供检测的冰水样本。令人遗憾的是，并没有检测到冰。最近，欧洲宇航局（ESA）发射了智能1号，它是一个小飞船，需经16个月的飞行才能到达月球，它的主要目的是检验太阳电驱动技术。智能1号于2003年发射，预定

2004年抵达月球①。日本也在2004年发射月球探测器，中国也有登月计划。在经过大约30年的沉寂之后，月球现在又一次成了太阳系的探索目标。

经过许多次的访问，我们已经知道了月球很多事情。它的年龄和地球几乎相同：大约为45亿年。氧同位素的相对丰度和比例暗示，两个星体在形成时曾互相靠得很近，不过关于形成过程的细节，各种理论说法不尽相同。月球会不会像一滴染料一样，是从地球"甩出来"的呢？要真是这样，地球必须旋转得非常之快，这个想法不乏支持者。它会不会也和地球一样，是由同样的星子（组成行星的物质）在差不多同样的时间里结合或凝聚在一起的？如果是这样，为什么不是两个"行星"而是一个？或者，会不会是当月球路过时，地球把月球"捕获"进了它的引力场？或者，也许是，在地球形成的早期，当它还处于熔融状态，内部正有许多小星子在缓慢转变时，一颗大的"残余"星子冲击了它，使得地球和星子的一部分蒸发，熔融的碎片喷撒在围绕地球的轨道上，这些碎片最终成了月球。

月球探索留给我们最重要的遗产也许是对月球更多的理解，对地球更多的欣赏，还有破解太阳系某些奥秘的关键线索。当我们近距离审视月球时，看到的只是一片荒凉的世界，这个世界太小了，其质量不足以拉住大气。月球和地球不一样，它是一个发育不良的世界，只有过去，没有发展或变化——这个世界是如此的安静（只有等到下一次撞击），以至于宇航员在它的尘埃表面上留下的脚印可能会保留100万年。如同化石可以告诉我们太阳系和地球的历史一样，我们到月球的旅行已经告诉许多关于我们自己和我们生物圈里其他成员的知识，于是我们对自己存在的稀有性留下深刻的印象。

当然，下一步，我们将转向探索最近的邻居行星——金星。

被遮掩的金星

在早晨或者在黄昏的天空中常常可以看到一个明亮的发光体，那就是金星，它是我们最近的行星邻居。有人把金星看成是地球的孪生兄弟，它的直径、大小、密度和地球差不多。两者相距仅2 600万英里，沿类似的轨道围绕太阳旋转。但奇怪的是，即使用最强大的光学望远镜也无法透过围绕在金星周围的厚厚的云雾，正是它阻挡了我们的视线。

科幻作家、天文学家和行星学家都在作种种推测。也许云层下藏着的是一个多雨炎热的行星，到处都是充满生命的海洋和丛林。我们看不见其表面，但是确信云层意味着水蒸气，而水蒸气也许意味着生命，甚至可能有智慧生命。这一想法很难打消。但是从20世纪30年代起，射电天文学和光谱学开始给出线索，如此的大气和温度不可能隐藏我们所知的生命。到了1961年，微波天文学使我们进一步认识了这颗行星的旋转方向和速率、大气温度、密度和压力以及粗略的地形学概念。但仅在第一次行星探测使命之后，我们才开始完全肯定，地球和金星有截然的不同。

在1961年至1989年之间，美国和苏联向金星发射了20多次太空飞船，大多数都是成功的。探测器探测了大气的上层、中层和底层，分析了化学特性、云层运动、压力和温度。苏联发射了几台登陆车，穿透云层，送回金星多岩平原的照片。它们传递了地面温度

---

① 据欧洲宇航局宣布，欧洲探测器SMART-1号（智能1号）已于格林尼治时间2006年9月3日5时42分22秒（北京时间13时42分22秒）成功撞击月球。——译者注

的读数和更多的大气分析资料，并且用轨道飞行器测绘了表面。

美国的水手10号太空船发射于1973年，1974年初在去水星的途中飞经金星，对金星作了一些有趣的观测，其中包括各种照片，其分辨率是地球拍摄的7 000倍。

1978年，美国发送两艘先锋号太空船：先锋12和先锋13。先锋13携带4台大气探测器，部署在大气的不同部分，采集温度、压力以及风向等数据。但先锋12是研究金星的主角。先锋12设计成能围绕金星运行243天，并持续十年发送科学数据。到了1988年，先锋12已经送回10万多亿比特的数据，其中包括对极端温室效应的描述，这一温室效应俘获了太阳的热，使金星的表面温度高达900℉。

在1978年到1983年间，苏联成对地发送了6个金星探测器（金星11到金星16），大多数是登陆车。它们都送回了有价值的细节，其中包括金星地表的彩色照片、钻孔取出的土壤样品分析和地震实验资料。1984年苏联又发射了两艘太空船：织女1和织女2，上面搭载了来自好几个国家的实验装置，并且在金星任务完成后继续飞行，与哈雷彗星会合——这是第一次对彗星的访问，也是一次国际协作。

金星的温室效应

金星炽热的大气是所谓温室效应的牺牲品，这是由于金星过于靠近太阳以致无法把巨大的"热负荷"部分消散到太空中去的结果。

所有行星都从太阳中吸收太阳的辐射能量。这个能量（我们叫做太阳光）又以波长更长的红外辐射再向外发射。行星的温度取决于它吸收的太阳光和它发射的红外能之间的平衡。如果行星吸收的辐射比它释放的多，它的温度将会升高。

在金星上，厚厚的大气层严重阻碍了冷却过程，它就像一道单向大门，只许可见的太阳辐射进入，不许长波的红外辐射逃逸。大气的作用就像罐子的盖，把辐射能捕获在罐子里，使行星变热。

许多科学家担心，由于连续燃烧汽油和柴油之类的燃料，地球大气中二氧化碳的增加，也会在地球上引起像我们的近邻一样的温室效应，逐渐积累的"热"有可能急剧改变地球的气候和生态平衡。

当美国1989年向金星送出的麦哲伦号太空船1990年到达以后，根据有关金星的所有数据，一幅新的图景开始形成。尽管有一些技术困难，麦哲伦号仍然送出了极好的金星地表雷达图像，完成了金星旋转一整圈243天的雷达测绘。麦哲伦号还显示了被地壳力撕开的和被灼热的风破坏的地表，以及地壳严重变形，被强烈的火山爆发摧残的情景。

大体说来，金星的景象与想象中绿色而充满生机的行星大不相同。透过表面一层厚厚致命的硫酸云，一缕暗淡的桃色光穿透进来。微风吹拂着这块贫瘠而又充满尘埃的高原沙漠，这里的温度竟高达891℉。在上层大气中，风以217英里每小时的速率驱赶着头顶的云层,这一速度竟比金星那反常的逆向转旋还要快 60 倍。远处,剧烈的闪电照亮了锥形火山上方笼罩着烟雾的天空。正如美国水手 5 号科学小组的技术备忘录所说:"金星似乎在提供发烫的热量、窒息的大气、沉重的压力和雾蒙蒙的天空,也许还要加上可怕的气候和恶劣的地形。"

烤焦的水星

水星像是一只小飞蛾围绕着亮光盘旋一样,是最接近太阳的一颗行星。它飞快地沿着椭圆轨道掠过极亮的太阳附近,使我们很难用望远镜观测。它的表面在几十亿年的过程中被烤焦,看来就像是备受燃烧的磨难。

但实际上,水星是一颗经受太阳烘烤,由岩石和铁组成的具有密集质量的行星。它绕太阳旋转一周,只需 88 个地球日,与太阳这一火炉的平均距离为 5 800 万英里。结果,它成了从地球上最难观测的一颗行星,只有早晨和傍晚的短时间内才有可能观测到。即使望远镜的发明也没有把水星更好地带入镜头。

1974 年 3 月水手 10 号到达水星。它装备有避免太阳辐射的特殊防护,飞到距水星表面仅 437 英里的地方以便近距离观测。它携带了两台附有 5 英尺望远镜的电视摄像机、一台 X 频带射电传输器、红外辐射计以及紫外实验设备,向地球发回了近 2 500 张图片。在与水星的天空擦边而过后,太空船绕过太阳又有两次回到水星身边,在 1974 年 9 月和 1975 年 3 月发回了大量照片。

当第一批照片从水星返回时,科学家对这颗行星与月亮的酷似留下了深刻的印象。从水星被烤焦的表面坑坑洼洼,他们得出结论,水星的地质学历史在许多方面一成不变,在大约 39 亿年以前,曾有无数陨星对它狂轰滥炸。

实际上,月球比水星还要平整些。除了一个名叫卡洛里盆地的巨大平地以及少许其他的小块地面,整个水星遍布陨石坑。还有,当科学家相信月海(月球表面宽阔平整的黑色区域)由熔岩流造成时,大多数人对卡洛里盆地的形成却持完全不同的观点。有些证据表明,水星上曾有火山活动的遗迹,包括某些部分得到填充的盆地,但是,庞大的卡洛里盆地也许是水星历史上最奇异和最重要的事件形成的:也许是和一个巨大的小行星碰撞的结果。

行星科学家从这些证据猜测,有一个小行星——直径可能大于 60 英里——在很久以前撞上了水星,夷平了跨度大约为 850 英里的面积。当它以 315 000 英里每小时的速率冲击水星时,这一庞大的抛射体永远地改变了水星的面貌,形成了陨石坑,并把陨石坑周边的山峦加高了一英里半。有些专家甚至认为,水星杂乱无章的背面,可能也是由针对水星的巨大冲击波撞击而形成的。

许多天文学家认为,这一剧烈撞击也许是行星演变过程中最后一件重大事件。再从水手 10 号照片的地壳破裂及其他证据判断,他们推想水星在撞击之前曾经历过明显收缩,也许是由于铁核的冷却或行星自转的减慢。此后,水星显然停止了演化。显然水星是在 39 亿年前那次毁坏月球的大撞击的同一时期之末"死亡"的。

水星表面的原始状态就像是一幅快照,把我们拉回到过去的时期,得以窥见太阳系演变和起源的细节。这是行星科学中的主要进展。

∽ 红色行星——火星 ∽

在我们的太阳系所有行星中,长期以来火星一直是科幻作家的最爱,也是天文学家的最爱。自从有望远镜起,这是唯一可以看见其表面的行星,在 19 世纪 90 年代,它激起了人们种种遐想,这一切源于天文学家洛厄尔(Percival Lowell,1855—1916)的观测——推测在火星的平原上有人工开凿的纵横交错的运河,标志着文明的存在。火星北极冰盖周期性地收缩和成长的季节性变化,激发人们幻想火星和我们地球非常相像,或许也有生机勃勃的春季和荒凉寒冷的冬季。

当探测人员第一次成功地让机器人太空船——1964 年 11 月美国发送的水手 4 号——飞经火星时,结果却令人大失所望。从距火星表面 6 000 英里的地方飞过,第一次看到的火星似乎是平坦的,没有特色,缺乏生命迹象。1968 年又有两艘水手号太空船发送,任务是掠过火星,也没有太多收获——除了暗示有火山活动和侵蚀现象——无助于加强我们对在火星表面能有所发现的期望。

然后是 1973 年 11 月 13 日名为水手 9 号的机器人探测器独自进入火星轨道,成为第一个围绕另一颗行星运行的人造天体。尽管太空船抵达后不久就遇上了尘暴,但水手 9 号所登陆的火星仍然使地质学家感到兴奋异常。火星被证明完全不是古老和死气沉沉的世界,而是曾经可能有过河流和火山爆发的世界。这个行星的表面温度和大气也许曾经适于至少是某些简单生命形式的生存。各种推测纷至沓来。

有一座被科学家称为奥林匹斯的火山,高出火星表面 79 000 英尺以上,它是太阳系中最大的山。它的底部跨度长达 350 英里,大到可以把整个密苏里州覆盖!还有一座巨大的峡谷叫做水手谷,也具有同样可观的规模,长度几乎相当于火星直径的六分之一,约 2 800 英里,宽度 370 英里,几乎比大峡谷长 13 倍,(相当于纽约至加州的距离)。在长约 600 英里,看来像是干河床的地方找到了水流的证据。如同水星与月球一样的情况,小行星撞击在这个过程中也起着重要作用,陨石坑的直径大于 100 英里。火星的照片里唯一没有出现的就是高级文明的任何证据。洛厄尔认为他看到的运河绝没有出现。没有建筑物,也没有圆盘式卫星电视天线。没有茅草屋,也没有耕过的土地。实际上,没有任何关于文明或生命的信息。

火星寰球探测者拍摄的火星陋谷图像。

　　然而,1974 年当苏联的探测器火星 6 号送回有关氩含量大于预计百分比的消息时,就带来了关于大气的有趣信息。因为氩是惰性气体,大气科学家猜测,这些氩可能是大气留下的——也许是一种稠密的大气,这样才有大量的氩——至于大气中其他气体则已经与其他元素结合或者消失在太空中了。

　　也许,有了火星在过去某个时期曾经有过流水和稠密大气的证据,认为火星上有生命,至少在以前某个时期曾经有过生命的思想就并不完全是无效的概念。

　　我们怎样才能弄清真相呢? 1975 年有两个机器人太空船,名为海盗 1 号与海盗 2 号,从美国肯尼迪角发射台发射升空,它们的部分计划就是希望解决这个问题。每个太空船都有轨道飞行器和登陆车各一台,当它们在 1976 年抵达火星轨道时,登陆车脱落,离开正在围绕火星旋转和观测的轨道飞行器,靠降落伞抵达地表,两个登陆车分别降落在不同地点,以便对火星土壤取得详细资料。登陆车机器人从地表挖取土壤,进行了一系列试验。海盗号科学小组希望回答的最大问题,就是自从洛厄尔时代以来以及之前世人一直不能忘怀的问题:火星上有没有生命? 回答令人失望:没有。至少在测试的地点没有,或者至少现在没有。

　　1988 年苏联发射了研究火星卫星火卫一的太空船,但是两艘太空船都未能如期到达火星。美国发射的火星观测者号,也遭受同样命运,它本来计划在 1993 年到达。然而,自那以后的好几次太空飞行都非常成功:火星寰球勘测器在 1996 年发射,1997 年抵达火星,直到 2003 年都还进展顺利,发回了数万张火星地形的精彩照片。这是 20 年来有关火星的第一次成功完成的太空任务。火星探路者号也是在 1996 年发射的,按设计它在 1997 年 7 月 4 日降落到火星表面。火星探路者号登陆后,太空舱打开,放下世界上最远距离的遥控车。这部机器人漫游车叫做旅居者,它并不比微波炉大,沿着火星那崎岖不平的地表

这一叫做旅居者的漫游遥控小车正在火星的地表上离开登陆车（前景所示）远去,它绕过登陆地点区域里的一块块岩石,在这里采集样品、测试和拍摄。这是火星探路者号太空任务的一部分。这辆小车由地球上的探路者号小组遥控。2003年夏天发射了类似的太空飞船。

一路滚动，一边勘查和取样，全世界都通过电视和互联网进行实时观看。这是一次巨大的成功。

另一艘轨道飞行器"2001 火星奥德赛号"在 2001 年发射，它在轨道上飞行，同时继续收集数据以帮助鉴定火星土壤的成分。在经过两次失败的飞行后，美国宇航局设计了两台坚固的机器人漫游车（"精神"与"机会"）到火星漫游。两台漫游车在 2004 年安全到达火星，开始探测岩石和地表，它们在这里发现了曾经存在水的重要证据。欧洲航天局在 2003 年也发射了太空飞船"火星快车"，2004 年初到达。登陆器的组成部分"小猎犬 2 号"被设计成专门用于搜寻火星上的生命，但遗憾的是，它在火星地表上失踪了。

关于火星还有许多问题无法回答。如果火星真的曾经有过稠密的大气，允许水以液体状态存在于它的表面，那么，这些水都到哪里去了？为什么都不见了？会不会有一些水被锁定在火星地表下的冰冻层？有多少水永久地冻结在火星北极而被保存下来了？我们确切地知道，在那里还有一些水存在。行星学家根据最新的报告判断，在火星上至少有三个区域有冰水存在：南半球火星土壤下、北冠的表面和南冠边缘附近的表面。这一冰冠的其余部分大多是"干冰"，即冷冻的二氧化碳。科学家继续猜测，这三个地区"正好是露出地面的火星冰山顶"，这是美国地质调查局的提图斯（Timothy Titus）说的。

也许火星上曾经有过快速流动的水，水流冲开了巨大的火星运河。有些科学家，包括行星地质学家卡尔（Michael Carr）和美国宇航局阿梅斯研究中心的外空生物学家麦克凯（Chris McKay）认为，火星"也许有过"更宜人的过去，那时曾经存在过非常奇异的简单生命形式，也许有朝一日我们会发现那个时期的某些蛛丝马迹或化石证据。正如优秀科学家所做的那样，机器人探测器——海盗号、它们的先行者和它们的后继者——已经回答了许多问题，但是也提出了更多的问题。

～ 小 行 星 ～

在太阳系里的各种轨道中，有一群奇形怪状的巨大岩石穿过空间，它们中的大多数都在所谓小行星带的区域内围绕着太阳旋转，这个小行星带处于火星与木星的轨道间。你可以把它们看成是太阳系形成时留下的"剩余物"；小行星是组成行星的原料，是太阳系的结构单元。行星学家认为，几十亿年前，正是这样一些小行星结合形成了行星。在小行星的成分中，无疑会保留大量 45 亿年前的秘密，如果我们能够接近它们，就有可能发现大量原始信息。

不过，有一些小行星结集在小行星带之外，还有大约 1% 的已知小行星，它们的轨道竟跨越一个或更多的行星轨道。例如，其中有两个叫做阿波罗和阿托恩的小行星群轨道与地球交叉。近年建立了相当可靠的证据，支持了一种设想，认为平均在每 5000 万年到 1 亿年中，会有一次地球与交叉小行星（其跨度约为 6 到 10 英里）的大碰撞事件。最近的一次小行星撞击事件，也许是恐龙遭到突然灭绝的原因，恐龙统治了地球长达 1 亿 4000 万年，只是在 6500 万年前才突然灭绝（见本编第五章）。在假定近年来有关这一情景所发现的证据可信的前提下，许多科学家小组认真开展了小行星的监视活动，寻找尚未发现的与地球交叉的小行星。彗星也可能与行星相撞，其中产生巨大效应的一次是 1994 年 7 月苏梅克-列维9 号彗星与木星的相撞（见下节）。

也许有多至 10 万颗小行星,其亮度足以最终被望远镜或太空船发现,但是现在只有几千颗得到正式承认。现在知道在这里面最大的一颗叫做谷神星,其直径大约为 633 英里。最小的也许直径小于 1 英里。1991 年太空飞船伽利略号飞向木星及其卫星系统,途中访问了小行星伽斯普拉,发回了第一张小行星的特写照片,测得它的长度大约 10 英里,宽度大约七八英里。伽利略号还访问了 243 艾达,发现它竟有一个自己的卫星。从那时起对其他小行星和彗星也进行了多次访问。

根据最新的理论,大多数小行星也许是在原行星木星(在它形成的初期)的引力下形

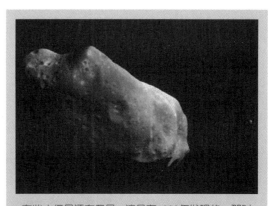

有些小行星还有卫星,这是在1993年发现的,那时太空船伽利略号在他去木星的路上越过小行星243艾达。使大家极为惊奇的是,图片显示有一颗小卫星在场(最右边),现在称之为艾卫。自从1993年以来已经发现了其他一些小行星-卫星对。

成的。木星的引力作用避免了小行星在附近组成另一颗大型行星,并且把大多数碎块留在现在的轨道上,把剩下的赶出太阳系,或者进入现在与行星交叉的路径。

巨大的市星

太阳系最大的行星木星甚得行星科学家的关注,因为它是如此之大,它的动力学是如此之像太阳,以至于它本身就形成了一个小小的"太阳系",有至少 28 颗卫星围绕着它旋转。从火星越过小行星带后,木星是第一个也是最大的一个气态巨型行星。实际上,它是如此之巨大,以至于若除去太阳本身的质量,它竟承担了太阳系 71% 的质量。

在 20 世纪四五十年代间,天文学家基于地面观测所得到的证据,开始对这一巨型天体形成现代看法。天文学家外尔德(Rupert Wildt,1905—1976)在认识木星的结构、动力学和起源方面走在前列。在前太空时期,最引人注目的事实看来就是这一巨型行星更像是太阳,而不像地球。太阳系的内行星(那些在小行星带之内,靠近太阳的行星)都是固态小天体,如果有卫星的话,也只有少数几个,而远离太阳的行星则大部分是由不同的材料组合而成。除了所知甚少的冥王星之外[①],其他行星都是气态巨星,主要由最简单的元素氢和氦组成。这些外层行星大多还有数量庞大的卫星系统。近来的探测表明,所有这四个气态巨星——土星、木星、天王星和海王星——在其周边都有围绕着行星旋转的光环系统。考虑到内外行星之间具有这些重大差别,现代科学家开始理解为什么木星作为一个行星,它的历史与地球如此大相径庭。

自从大约 45 亿年前与太阳系同步形成以来,诞生于星云物质的木星和其他原型行星增长得非常快,其强大引力有利于它们抓住原始物质。因此,"构成"木星的化学元素在特性上"和太阳相似",并且保持至今。尽管地球和内行星都是由同样的星云物质产

---

① 2006 年 8 月 24 日国际天文学联合会通过投票表决做出决定,取消冥王星的行星资格,而把它归属于类似小行星的"矮行星"。——译者注

生,但它们却不能有效地抓住像氢和氦这样的轻气体。于是两类行星经历了非常相异的演化过程。

但是,如果木星在成分上与太阳或其他恒星非常相似,为什么它不继续演化以至于变成一颗恒星呢?

回答又一次涉及木星的大小。尽管它已经大到足以保留它的类恒星组成和它的卫星家族,却没有大到足以在其内部深处开始核反应,从而触发星体爆炸。然而,木星释放的能量的确比从太阳接收的能量要多(不像固态行星)——这主要是由于行星形成过程中,剩余能量产生大量的热加上引力收缩以及其他过程造成的。

木星拥有一个由30多个卫星而组成的大家族,以其自己的本事——掀起狂暴和复杂的大气过程而引人注目。

第一艘到达木星的星际太空船是先驱者10号,于1972年发射,1983年6月13日圆满完成飞行任务,成为第一个留在太阳系的人造天体。它和它的孪生兄弟先驱者11号,送回了当时最好的数据和照片。后来在1977年,美国发射了两艘旅行者号太空船,以精彩的特写镜头拍摄了外层行星的卫星系统、光环和这些行星本身,这些图片改变了我们对四大气态巨星的认识。旅行者1号在1979年飞越木星,1980年飞越土星,使我们得以近距离窥视木星和土星。旅行者2号停靠了更多的站,1979年飞越木星,1981年飞越土星,1986年飞越天王星,以及1989年飞越海王星。到了2003年,旅行者1号已经越过了太阳系最远的边界,超过了太阳风(也叫做日光层)的外缘。

先驱者和旅行者的太空飞行第一次让科学家对木星的大红斑作了详细观察,有机会观察到那里发生的强烈大气运动。令人惊讶的是,他们发现木星也有一个光环系统,只是比土星光环薄得多,只有大约0.6英里厚,而且是由两部分组成的,一部分约为500英里宽,另一部分则为3 200英里宽。

先驱者和旅行者太空船最惊人的发现之一是木星的伽利略卫星存在各种不同的环境。所谓伽利略卫星指的是伽利略在 17 世纪发现木星有四个大的内卫星。于是美国宇航局计划了一次特殊的太空飞行——伽利略号太空船，1996 年 6 月抵达大卫星木卫三。这是美国宇航局最成功的太空飞行之一。它在 7 年里多次近距离掠过木星、木卫一、木卫二、木卫三和木卫四。发现木卫一有强烈而且频繁变动的火山活动，木卫二和木卫三在冰面下有可能存在着液体海洋。特别是木卫二的冰面上显示有绳索状的印记，似乎是冰面重新冻结后形成的裂缝，泥泞的液体在此喷涌而出。有些科学家认为，在木卫二海洋的极端条件中，生物，可能是微生物，有可能生存，特别是如果它被木星和木卫二之间的潮力温暖的话。在地球的极端环境下，例如深海的火山口或者极地冰冠下，也发现过生命的例子。这些例子使得生物学家和地外生物学家修正原先关于生命生存条件的观念。

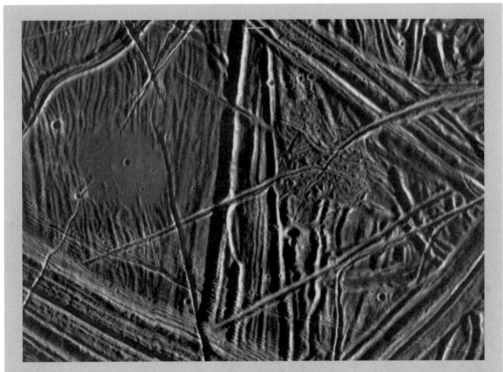

伽利略号太空船花了将近8年的时间，从1995年12月到2003年9月，研究木星的四个大卫星，伽利略卫星，分别叫木卫一、木卫二、木卫三和木卫四。这艘太空船围绕木星转了35圈，拍摄了14 000张照片。木卫二（如图所示）特别引人注目，因为科学家认为在它的冰状表面下有可能存在温暖的海洋，这样的海洋也许对生命形式的发展是有利的。

木卫三是木星系统中最亮的卫星，它也许是由岩石和冰组成的，很可能还有液体海洋。它的表面到处都是黑暗的多坑地带和新近形成的许多平行的山和谷。奇怪的是，木卫四却不存在地质活动史的线索。它的冰状厚地壳（也许厚达 150 英里）是太阳系中最厚实的地壳。为什么会有这么大的差别呢？

在经历多次的延期之后，伽利略号于 2003 年冲入木星气状地壳，从而结束其探索使命，就在这一过程中它还在报告它的发现。它的任务完成得非常成功——尽管主天线由于被卡住而在全程中都没有用上。

⊱ 碰 撞 过 程 ⊰

就在 1993 年苏梅克（Eugene Shoemaker，1928—1997）、他的妻子凯洛琳以及另一位天文学家列维（David Levy，1948—　）发现了一颗彗星后，天文学家意识到，它已经分裂并会径直冲向木星。这是一个好机会！天文学界开始全力以赴。山顶上的望远镜做好监视准备。伽利略号正在飞向木星的途中，虽然距离甚远，但也被临时征用。还用上了哈勃空间望远镜。1994 年 7 月的一段日子里，彗星的碎片就像一列货车，以大于 130 000 英里每小时的速度猛烈撞击木星。科学家研究了碰撞的效应——木星的同温层里发生的大爆炸、极度的湍流，以及在碰撞后长期存在的黑斑。以前从未见过类似情景。这一事件提醒我们，在太阳系的早期时代，这类剧烈碰撞事件曾是家常便饭。

⊱ 土星及其固态光环 ⊰

夜空中的土星及其光环呈现出的宛如宝石般的明亮令人难以忘怀。伽利略第一个看到这一奇异的突出，后来证明是土星的光环，他苦苦思考它们究竟是什么。1612 年，他写信给朋友说："我的理解力不够，再加上害怕出错，使我对此倍感困惑。"实际上直到先驱者 11 号和两艘旅行者太空船送回特写图片，即使最强大的天文望远镜也无法为我们解开其错综复杂的结构。

我们在 1979 年从先驱者号知道，土星非常之冷，冷到 −279°F，在光环处甚至冷到 −328°F，这一现象支持土星光环基本上是由冰组成的理论。先驱者号从土星及其最大的卫星土卫六拍摄的照片虽然比较模糊，但是它们为后来的从旅行者 1 号和旅行者 2 号拍摄更新鲜、更贴近的图像做好了准备。

自从大约400年前发现土星之后，土星的光环曾经迷惑过许多天文学家，到了21世纪它们变得更为诱人，现在科学家已经发现了它们在动力学和结构上的复杂性。

透过遥远的旅行者号眼睛，科学家看到的是一个色彩平淡的行星，与木星相比差远了。土星更为寒冷，这与其不同的内在机制和不同的化学反应有关。两艘旅行者号还让科学家第一次近距离看到土星的大气带和其中的湍流。它们测量到的土星上的风速达到1118英里每小时，比木星上发现的风速快四倍。再有，旅行者号证实，土星这颗巨大的多环行星产生的能量比它从太阳接收的能量多出差不多两倍，相当于 1 亿个大型发电站。

再有，土星光环隐藏着大量让人吃惊的事情。这些由旋转着的固态冰状物质组成的区域原来比先前想象的还要复杂。

那里并不只是天文学家从地球看到的三个环,而是一个复杂且经常变化的系统,这个系统是由成千上万相互作用的小环组成的。光环系统的直径约为 249 000 英里,由数以百万计的冰和雪的微小粒子组成。当领头卫星靠近光环时还使得光环结构产生扭曲现象,甚至绞成"麻花"状。尘埃那辐射状的排列看上去就像是从行星发出穿过光环的轮辐。

在土星九个已知的卫星中,最有意思的是土卫六,已经知道它是"大气型"的,因为从地球上观测,这一冰状世界具有一个由甲烷组成的大气,也许还可能存在碳氢化合物。土卫六比水星还要大,看来像是有可能曾在遥远的过去孕育过某种生命形式的样子。旅行者号发回的信息更为有趣。土卫六的大气比地球稠密一倍半,大多数是氮,只有一小部分甲烷。在旅行者号之前,人们认为地球是太阳系中唯一的情况,它的大气主要由氮组成。但实际上,土卫六的氮是地球的十倍。遗憾的是,稠密大气里的化学反应往往会产生一种类似于浓雾的状态,使土卫六表面无法被旅行者号的照相机看见,因此这颗卫星至今还有很多未知之谜。

在土卫六表面的"雾"里,以及"雾"的下面情况如何呢?由于氮一般是一种清澈的气体,大气大多由氮组成,那么,是什么构成"雾"的呢?当然,写科幻作品可以不管这些,但是科学家必须严肃地思考,烟雾会不会是某种有机雾气,其中是否也在发生几十亿年前的地球大气中曾发生过的类似化学反应。这些问题激起了如此巨大的兴趣,以至于好几个国家的太空计划,其中包括欧洲宇航局和美国宇航局,合作进行一项太空飞行任务,名字叫卡西尼/惠更斯,1997 年发射升空,2004 年到达土星。到达以后,惠更斯探测器将穿过土卫六的大气层,试图回答某些问题。与此同时,卡西尼探测器围绕土星旋转,详细研究这颗行星、它的光环和卫星(卫星的数目至少有 31 个)。

土星的最大的卫星土卫六把自己的表面藏在浓厚多云的大气下。行星学家认为这一遥远的世界也许拥有生命,如果不是现在,也许会在将来的某个时间。他们还希望能够凭借卡西尼/惠更斯号太空船(在土星上描写)以及未来的探测,发现这个神秘的卫星更多的东西。

神秘的天王星

天王星就像夜空中一颗遥远的绿色乒乓球，在 1781 年以前人们对它毫无所知，1781 年才被威廉·赫歇尔首次看到。它的直径比地球大四倍，在遥远的轨道上围绕太阳旋转，离开太阳最近的距离是 1 695 700 000 英里。在旅行者号之前，人们只知道它有 5 个卫星。直到 1977 年，对它的了解依然甚少，除了知道一个奇怪的现象，那就是它的轴是"倾斜的"，倾斜度达到 98 度。所以，不像地球及其他行星的赤道区指向太阳的情况，天王星几乎是沿轴躺着自转的。它绕太阳一周需要 84 年，在此期间，每个极有 42 年面向太阳，然后，又有 42 年陷于黑暗。

就在旅行者号启程之前，1977 年，有一个偶然的发现。一组天文学家正在美国宇航局的魁佩尔机载观测站进行观测，它是一架装备特殊的高空飞机，可以在地球大气的干扰区之上飞行。（现在已用另一架机载观测站代替，这个观测站叫做红外天文学同温层观测站，简称 SOFIA）计划要求当天王星在一颗特定的恒星面前通过时，对它进行观测，这种方法叫做掩星法，天文学家常常用于对某个天体获取更多的信息。出乎意料的是，从天王星后面的恒星发出的光线，在通过天王星的前后，居然会稍稍变暗。难道他们已在行星的两侧发现了两个新的卫星？进一步的望远镜观测证明不是这样，而是天王星也有环！

所以，旅行者 2 号的主要任务之一就是对天王星光环进行贴近观察。结果发现最内侧的环距天王星云顶之上约 10 000 英里，11 个环中的 6 个（其中两个是旅行者 2 号发现的）只有 3～6 英里的跨度。三个最宽的也只有 10～30 英里宽。更令人吃惊的是，这些环似乎主要是由大块的炭黑状物质组成，其中大多数直径在 23～3 000 英尺之间——比土星巨环系统的尘埃状粒子大得多。

旅行者 2 号还带给科学家另一不可思议的奥秘，就是天王星那奇特的磁场。太阳系其他行星的磁场大多与其旋转轴几乎平行，天王星的磁场却与它的旋转轴有 55 度的偏移。当这颗行星沿轴旋转时，它那偏转的磁场在空间里摇晃不定。再有，来自太阳、掠过行星的太阳风，把摇晃的磁场的远侧变成一个伸长的香蕉形。这一效应独一无二。

天王星的大气由氢、氮、碳和氧组成，大气上层熠熠生辉——也许是紫外光——整个行星都覆盖在一层薄雾中，其中的温度都惊人地均匀。强烈的 200 英里每小时的风，比地球上的喷气流还强一倍，从云层上部吹来。但是旅行者 2 号无法穿透这层薄雾。

然而，这些卫星让科学人员大吃一惊。天卫五，最靠近天王星的卫星，给出了遥远的过去曾有过剧烈地质活动的证据。它有两种不同的地形，一种非常古老，上面布满由古老陨石坑组成的凹痕；另一种比较年轻，但相当复杂，显然是重大地质变化的结果。上面刻满奇特的类似于跑道的地形以及类似于绳索的印记。再有，尽管天卫五直径只有 300 英里，却有 5 万英尺深的峡谷——比地球上的大峡谷还要深十倍——状如在它的表面上刻下的一道路径。旅行者 2 号还提供了其他四个最大卫星的快照。天卫一在其年轻而复杂的表面上有宽广弯曲的山谷和峡谷。天卫二黑得像天王星的光环。天卫三有可能提供最近三四十亿年间彗星撞击的证据。天卫四和天卫五一样，显示了巨大断层结构的证据，其中有高山和陨石坑，看起来像是曾经一度被黑暗的液体淹没，然后又冻结成现在这个样子。

访问是短暂的,但当旅行者 2 号于 1986 年 1 月离开天王星系统时,却给科学人员留下了许多发人深省的数据。旅行者 2 号向下一站,也是最后一站飞去,然后飞向太阳系的边缘。

外层巨星海王星

尽管从太阳向外数,第八颗行星海王星要比天王星离太阳更远 10 亿英里,但它和它的邻居在许多方面仍然极为相似。就离开太阳的距离来说,它是气态巨星中的最后一个,从地面上的望远镜看上去似乎没有特色。它的直径是地球的 3.8 倍,而其质量却是地球的 17.2 倍。海王星的大气几乎都是氢,加上少量的氦和甲烷,也许正是甲烷使海王星呈蓝色。有些科学家还相信,尽管甲烷的量很少,却由于吸收太阳光而影响行星的热平衡。地面测量表明,海王星发出的热多于从太阳吸收的热。有些科学家认为,这一超额热量也许是重分子逐渐沉到行星核心时所释放的能量引起的。尽管大多数行星学家认为海王星没有固态表面,但这颗行星的密度却暗示,它可能具有一个小型的坚固内核,外面覆盖着水、甲烷和氨。

但是到了 1989 年 8 月,当旅行者 2 号掠过海王星时,永远地改变了这颗蓝色大行星及其卫星以前从未露出的真面目。在旅行者 2 号之前,人们只知道两个海王星卫星:海卫一,大小和地球的月亮差不多;海卫二,因其遥远、偏心的轨道使旅行者 2 号不可能拍摄到它的高分辨率照片。早在 1989 年 6 月,即旅行者 2 号抵达海王星之前两个月,它已经发现了比海卫二还要大的黑色类似冰块的另一颗卫星。当接近海王星的光环系统时,它又发现了总共五个小卫星,类似于旅行者 2 号在木星和土星光环附近发现的领头卫星。

早在旅行者 2 号接近海王星这颗奇怪的蓝色气球时,太空船发现在它的大气里有一巨大的风暴系统,即大暗斑,其面积几乎和地球一样大。它处于与木星的大红斑同样的纬度,其相对于行星的大小也与木星上的大红斑相似。速率快到 450 英里每小时的狂风,使大黑斑绕着行星旋转时,看上去像是一个一头破裂的大豆荚。这只不过是几个巨大风暴系统之一,在它的顶端,还有快速移动的云团,但是让科学家感到迷惑不解的是,海王星如此远离太阳,它所得到的能量怎么能够掀起如此狂烈的风暴。

还有,旅行者号发现的另一个重大意外是海王星的光环,从地球上看去似乎是一些不完全的弧。但是,海王星离地球的遥远距离使得要对其进行鉴别实在是极其困难,而旅行者 2 号确定了,尽管光环非常昏暗,它们还是完整地环绕着行星,形成了光环系统。

但是当旅行者 2 号掠过海王星时最激动人心的时刻也许还是体现在海王星的最大卫星海卫一。这一色彩斑驳的粉红天体看来是

计算机模拟的画面,显示当太空船接近海王星最大的卫星海卫一时观察到的海王星。

太阳系最冷的地方，温度大约是－400℉。海卫一看来还有冰火山，甚至也许依然处于活跃期，可以把 15 英里大小的冷冻氮晶体喷射到稀薄的大气里。

海王星是旅行者 2 号最后的一站，然后它就飞向太阳系的边缘进入银河系。这一小小的太空船及其同伴留下了大量信息与图像，随着科学家用数以百计的不同方法进行检验和分析，它们源源不断地在丰富人们的想象力。

～ 这一切的开端？ ～

所有这些来自宇宙飞船的数据，大大推进了我们关于太阳系形成过程的认识。行星地质学家和物理学家继续钻研数以百万计的照片、图像和统计资料。计算机模拟帮助他们测试场景，测量碰撞的结果、温度、轨道、角度和速度。人们大多同意，太阳、地球和太阳系其他八个行星是在比 45 亿年前略早一点的时候，靠巨大的星际气体云（原始星云）的收缩而形成，而星际气体主要是由氢、氦和尘埃组成。但是也有科学家相信，这一切可能是从附近超新星的冲击波，或者星际爆炸开始的，冲击波穿过太空，破坏了松散的气体云原始状态的精致平衡。

不管情况怎样，一旦过程开始，收缩就会在气体云内部自然而不可避免的引力作用下继续进行下去。气体云由于剧烈的收缩和自转，成为盘状，并且外缘扁平。与此同时，聚集在中心的大量物质继续收缩，以至质量越来越重，成为演化中的太阳。

当气体云继续旋转并越来越快时，数以亿万计的尘埃微粒开始更剧烈和更频繁地碰撞，集中于盘的平面里。渐渐地这些颗粒的外形越来越大。当这些"星子"——行星及其卫星的早期祖先——达到一定规模时，他们不再仅仅依赖于偶然的碰撞来扩充自己的质量，而是靠引力招揽和吸引更多的固体物质粒子。这些"原行星"逐渐成长，大多数继续随着母星云的方向旋转。

与此同时，尽管增大缓慢并且正在收缩的太阳还没有点燃它的核反应炉，但太阳系内部的温度已经高到足以把水、甲烷和氨等物质蒸发为气体状态。这样一来，星云中不蒸发的成分如铁和硅酸盐就形成了内行星。而离原始太阳越远，温度越低，则越有利于挥发物凝聚成巨型的外行星（木星、土星、天王星和海王星），与此同时，也允许这些巨星从周围星云吸引和收集大量氢和氦之类的轻元素而不断膨胀。

随着太阳继续收缩，内核的密度和温度不断升高，当达到约 $1\,000 \times 10^4$ K 的临界温度时，开始靠氢的核聚变产生能量。一旦点火，太阳开始产生太阳风，带电的粒子流就像巨型的叶片鼓风机，把剩余的气体和尘埃颗粒驱赶出太阳系。

与此同时，依靠辐射而增温以及物质增加而产生的能量，使原始行星的核心开始熔融，形成如今所见的行星的内部结构。最后，由于太重而没有被太阳风吹走的剩余星子，在长达 5 亿年的轰击中不断撞击正在形成中的行星，造成的伤疤到现在还可以在大多数行星上看到。

～ 这值不值得？ ～

人类总是希望知道事情的机制和原因，所谓的"纯科学"全在于寻找答案和提出新问题，然后寻找新答案和观察新图像以及整合的方式。但是要寻找这些答案现在变得越来越昂贵了,许多人有理由问,我们为什么要知道这些? 我们怎样才能判断,当地球上还有人因患疾病或因饥饿而死亡时,送宇宙飞船到其他行星上去,是值得还是不值得?

也许最好的回答是,与曾经生活在地球上的所有物种相比,在人类存在的这段短暂的时间里,我们在丰富和改善人类的生活方面所得到的成功,恰恰正是我们追求知识和理解的结果。 在这一情况中,源于对大气、地质学、磁性和物理学与化学的其余部分所做的比较研究而得到的知识,是无法经别的渠道取得的。 迄今所发现的各种事实及其复杂程度已经使科学家大感震惊,他们因此提出了许多问题,引出了无数的假设。 行星探测的最直接和重要结果就是我们对自己地球的精细特性有了非常重要的新理解——意识到它的生态系统在太阳系中的独特性,并且在探讨太阳系中其他无生命和不适于生存的行星过程中得到警示。

第五章

地 球 使 命

在探索了与我们一起围绕太阳旋转的荒凉而坚固的球体以及巨型气态行星之后，再回头从太空来看我们的地球，地球更像是一片令人愉悦的绿洲，在旋转中看上去就像蓝绿白相间的大理石。川流不息的水从它的表面流过，太阳那仁慈的辐射温柔地照耀着它的大气，大气里富含氮和氧，它就像是一层保护和养育的毛毯，覆盖着所有的东西。这是迄今为止已知的仅有一颗支持生命的行星——太空时代对太阳系的探索给我们提供了有益的信息，提醒我们认识这一支持生命的复杂系统有多么脆弱。

在 20 世纪后半叶，当地质学家、大气科学家、海洋学家和资源专家探索自然界各种起作用的因素时，他们利用了一种不断在增加范围的新工具，从比较行星学到放射性碳同位素测年法，再到计算机模拟和卫星测绘，追溯地球的历史和预测它的近期与远期未来。这些努力结合在一起构成了一项世界范围的使命，以探索我们地球之中难以理解的秘密。

从月亮上看到的地球升起。

❧ 从天上来看 ❧

自从苏联第一颗人造卫星在 1957 年成功上天以来，地球本身一直处于高空盘旋的各种人造卫星经常性的观测中。尽管许多是用于收集军事情报、商业目的和通信，也还有不少是用于研究地球环境和资源的。1972 年发射了第一颗地球资源探测卫星，以后又发射了其他许多卫星。这些人造卫星以不同的轨道围绕地球运行，发现了地球的范艾伦辐射带、追踪海洋里的鱼群运动、揭示沙漠中失踪的古代道路和城市、显示植被的生长和污染分布。气象卫星给我们带来了准确的天气预报，再加上有关大气状态的重要信息，其中包括发现上同温层中存在的保护性臭氧层中一个正在增长的漏洞。资源图像卫星追踪全世界森林和谷物的变化,确定矿床的分布。海洋学家还运用卫星数据研究海洋的机制及其奔腾汹涌的巨流。

实事求是地说,太空时代不仅改变了人类生活的方式,而且帮助我们认清自身在宇宙中的地位。但也许我们对地球看法最为重大的改变来自 20 世纪中叶以来有关地壳的一系列大胆的新思想,它们得益于新工具和方法的使用。

美国航天局太空船队多次发射地球资源成像卫星和无数其他测量地球大气、海洋和地壳变化的卫星。

漂移中的大陆

我们对地壳认识的革命发生于 20 世纪五六十年代,这时地质学家提出一种思想,认为地壳破裂成好几个大的板块,这些板块会相对发生移动。这一思想的根源可以追溯到 19 世纪,当时美国纽约州有一位地质学家名叫霍尔(James Hall,1811—1898),他注意到,环绕山区而积累的沉积物厚度至少要超过大陆内部地区 10 倍以上。从这一观测结果引出如下思想:在地球表面的大陆地壳极为古老,最初是褶皱的槽谷,随着沉积物的日积月累,才逐渐变硬、结块。

1908 年到 1912 年之间,德国地质学家魏格纳(Alfred Lothar Wegener,1880—1930)等人认识到,这些大陆经过漫长的时间,逐步分离、漂移,最终发生碰撞。碰撞挤压褶皱的槽谷,形成山峦地带。

魏格纳认为,各大陆边缘就像一张巨型拼图中的碎片相互可以匹配这一事实,强化了大陆漂移的概念。他还进一步指出,大西洋两侧——巴西和非洲——岩石形成的年龄、类型和结构相互匹配。它们还拥有相同的陆地生物化石,而这些生物不可能靠游泳远渡重洋。然而,并不是每个人都相信,特别是地球物理学家。

当代的故事就是从这里开始。英国地质学家布拉德爵士(Sir Edward Crisp Bullard,1907—1980)利用计算机进行分析,把这两个大陆拼凑在一起,证明完全吻合。然而,另外一些大洋边缘却并不具有同样明显的证据,特别是太平洋和印度洋周围。许多地质学家认为,沿着太平洋边缘,山脉仍然在形成之中,这就解释了在这些区域,为什么火山爆发以及地震频繁发生的原因。

20世纪20年代通过回声测量法研究海床,科学家有可能以新的精确度描绘和模拟海床,从而导致在世界范围内发现了大洋中延伸四万英里的洋脊,洋脊是19世纪大西洋海底电缆铺设者第一次发现的。但是在第二次世界大战后,海底地球物理学家采用军事空基磁强计,测量海床磁强和方向的变化。这就导致美国地质学家海尔兹勒(James Ransom Heirtzler,1925—)从洋脊的来回信号传递看出,洋脊两侧相互间互为镜像。

进一步研究是利用放射性同位素测年法,测量洋脊之顶的玄武岩的年龄和两侧间隙沉积物的年龄,表明洋脊顶部按地球历史看来极其年轻——大约只有100万年的年龄——离开洋脊两侧越远,地壳年龄越老,沉积层越厚。地球物理学家得出这一结论:北大西洋洋脊是新的大洋地壳生长点,两股力量在这里对流,滚烫的熔岩一接触到深海水时立即冷却。洋脊两侧的沉积层不断分离,北大西洋的分离速度大约每年0.4英寸,而在太平洋几乎达每年2英寸。

这些由热对流驱动的相当缓慢的运动来自地幔深处,引起我们所谓的大陆漂移。与跨越非洲东部的东非大裂谷相连的洋底深处也有同样的巨大裂缝,正在漂移的非洲板块和阿拉伯板块在此碰撞和相互分离,从而产生被平行地质断层环绕的"洋底"。这是一个曾经被强烈火山活动严重影响的地方,向上移动的岩块形成突出的山肩,向下沉降的区域则产生巨大的凹陷,充水后变成非洲著名的湖,如图尔卡纳湖。

哥伦比亚大学的科学家在20世纪60年代完成了洋底的详细测绘,有鉴于此,赫斯(Harry Hess,1906—1969)提出一个思想,认为新海洋地壳形成于裂缝处,与此同时,旧地壳沉入洋底的深沟中(有一个这样的深沟就位于太平洋的菲律宾群岛)。赫斯理论也称为海床扩展论,通过测量海洋底部挖掘的岩石年龄已得到验证。

地质学家把赫斯海床扩展论和大陆漂移理论综合成一个单一理论,叫做综合板块构造论(构造,意味着地壳的运动)。根据板块构造论,地壳分裂成好几大块,其中有些完全沉没在水中,还有一些则是大陆地壳的一部分。地质学家通过地震数据分析发现,在地壳之下30～80英里处有一层缓慢运动的流体层,正是它的移动造成了这些运动。板块运动,有时互相撞击,引起山峦、火山和断层带的形成,地震就是沿着这条带发生的。例如,有这样一个板块,其所在的地壳大部分处于太平洋底部;另一部分属于北美大陆,地壳的西部一半则位于大西洋下。

板块构造论解释了许多地质现象,诸如山峦的存在(被板块的重叠或者相挤而抬高)、火山和地震的位置(由于板块之间的张力)以及洋底沟谷的形成(由于板块相互分离)。

尽管有些地质学家开始并不接受这一理论，但是到 20 世纪 80 年代，已有可靠证据表明，板块正以预计的模式运动。该理论在预言地球表面的许多特性方面被证明是成功的。到了 20 世纪 80 年代，利用人造卫星（如 LAGEOS）和激光测量，科学家能够测量板块的缓慢运动，大约为每年一英寸。

∾ 恐龙的灭绝 ∾

自从 18 世纪以来，地质学家一直就地球历史和它在漫长时间的演化进行激烈争论。某些颇具名望的 18 世纪和 19 世纪的地质学家和比较动物学家，包括生物学家居维叶和邦内特，都认为地球历史上一定发生过周期性的灾变。但是，他们没有太多的证据可以支持这一观点，不久他们的观点被另一种叫做"均变论"的理论推翻，均变论后来又被渐变论取代。渐变论得到了赫顿的工作和莱伊尔与达尔文周密的理论和著作的支持。渐变论主张地球的地质过程及生命体的进化经过了漫长的时间，其间决无突然的变化或者与过去的隔绝。尽管化石和地层都不支持这一假定，但这肯定是记录中某些环节缺失的缘故。

已经积累了足够的证据表明，地球上的恐龙王朝是在 6 500 万年前终止的，当时有一场灾难横扫我们现在称之为尤卡坦半岛和墨西哥湾地区。其影响是把大量尘埃和烟雾送入大气中，粒子遮挡了太阳光，引起地球上许多生命形式受到灾难性的破坏，其中包括恐龙的灭绝。

所以，当埃尔德瑞基和古尔德（Stephen Jay Gould，1941—2002）在 1972 年提出"间断均衡"（punctuated equilibria）理论时，他们知道这必将引来一场争议。事实上，这一思想激励了这些年来对进化过程最激烈的争论。

埃尔德瑞基后来在 20 世纪 80 年代成为美国自然历史博物馆无脊椎动物部主席和主任，他对遍布美国东北部的三叶虫化石进行了系统的研究。三叶虫现在早已灭绝，它和小虾与螃蟹一样，体外附有甲壳，一边生长，一边脱落。因此可以想象，一只三叶虫在它的生命期中要脱落许多甲壳，不难找到其中的 20 来个甲壳化石，于是，三叶虫化石比恐龙之类的化石更容易找到。这位戴着眼镜、满脸胡须的瘦高个年轻人走遍了纽约州和俄亥俄州的北部边远地区和安大略的奥赛布尔河沿岸地区。他发现了极好的样本,许多都已有3.5亿年的年龄。这些样本是在不同的地质层发现的,但是他找不到证据,能够证明三叶虫在这些地质层相当的时期里曾经发生过任何显著的变化。由于三叶虫化石比大多数无脊椎动物化石有更多的具体细节——它有眼睛、尾巴和背脊,因此埃尔德瑞基有可能做详细的比较,运用显微镜测量眼睛之间的距离、眼睛的高度和尾巴的长度。他把自己的发现与来自德国与非洲北部的类似化石进行比较。

然后他注意到,正如赫胥黎等人在19世纪遭遇的情况一样,化石记录似乎显示变化呈"爆发性",或者新物种大量分化,从而打破了长期的稳定性。当赫胥黎把这一想法告诉他的朋友,进化论的提出者达尔文时,由于达尔文认为进化是一个渐变过程,因而他的回答就是化石记录太粗略,难以支持这一推测。但是,埃尔德瑞基对三叶虫的搜集极为详尽,从而得以看出在相对短的时期里发生快速进化这一事实,因此支持了赫胥黎一百年前的论点。

埃尔德瑞基

当埃尔德瑞基向他的同事古尔德征询意见时,这位哈佛大学古生物学教授和比较动物学博物馆主任表示热烈的赞同。古尔德曾经研究过巴哈马蜗牛的变异和进化,它曾经和三叶虫一样长期存在过。古尔德支持埃尔德瑞基的思想,认为现在是承认由岩石和化石诉说的插曲式故事的时候。他们两人共同提出这一思想,联合发表了一篇论文,描述了古尔德取名为"间断均衡"的进化方式。他们论证说,渐变论从未获得化石与岩石提供的证据支持。取而代之的是,变化发生在相对短的时间跨度里(也许只持续10万年,但是正如古尔德所说,这在地质学时间中只是一眨眼的工夫)。在漫长的平静时段里点缀着变化。尽管不是每个人都同意这一革命性的思想,但是它为地球物理学家阿尔瓦雷茨(Walter Alvarez,1940—)在1980年发表一项地质学发现创造了机会,这项发现一下子又把灾变论推到了科学思想的前沿。

阿尔瓦雷茨在意大利某地工作,正在研究古代沉积层,测试它们沉积的速率。他请求他的父亲,诺贝尔物理学奖获得者路易斯·沃尔特·阿尔瓦雷茨(Luis Walter Alvarez,1911—1988),帮助分析某些黏土岩芯,以确定某些金属的存在,其中包括铱。老阿尔瓦雷茨在劳伦斯伯克利实验室的一些同事能够使用检验黏土是否含有重金属的仪器,于是他说服这些同事对意大利黏土进行了一些试验。令人震惊的是,有一层黏土中铱的指标要高于其上层和下层黏土,高出25倍之多。非常巧,高水平的铱层正是6 500万年前沉积而成的,这时正值白垩纪之末,第三纪之初,地质学家称之为白垩纪-第三纪边界,或者K-T边界。问题在于,为什么会是这样?再有,当检测世界各地的K-T边界样本时,它们表明铱的指标具有同样高的水平!

铱是地球上的一种稀有元素，但是小行星和彗星也含有这一元素。所以，阿尔瓦雷茨父子及其同事们提出了一个很有争议的思想：铱的沉积是由于一个庞大物体闯入地球引起的——小行星或者彗星的大小也许可达到 6 英里的直径。他们的理由是，这样的碰撞不仅可以解释铱和其他特殊金属的高含量，而且可以解释白垩纪末发生的"大灭绝"——恐龙以及主宰三叠纪、白垩纪和侏罗纪的其他大多数生命的灭绝。他们判断，当小行星袭来时，大量尘埃随之进入大气，这些尘埃满载铱以及其他普遍存在于小行星体内的金属，遮蔽了太阳辐射，这个过程长达 5 年之久。太阳光的缺乏会使地球冷却，停止光合作用，并且使地球上大多数植物死亡，反过来又使大多数动物无法生存——有人估计无法生存的动物可能达到 75% 以上。最终，从大气里渗出的铱在 K-T 边界形成了岩层。

古尔德

大众媒体抓住了这一思想，《时代》杂志以大字标题发表封面故事——是彗星杀死了恐龙吗？——其中提出了一种说明恐龙灭绝的解释，这种解释得到实际证据的支持。但是这一理论非常大胆，也颇有争议，并不是每个人都同意。

然而，有些人则把这一思想推得更远。K-T 边界的大规模灭绝并不是地球历史上唯一性的事件。当两位研究者劳普（David Malcolm Raup，1933—2015）和赛普考斯基（Jack John Sepkoski，1948—1999）研究类似 K-T 边界发生的其他大规模灭绝事件时，他们注意到一种有规则的模式，类似的灭绝大概每 2 600 万年至 2 800 万年发生一次。他们想不出有任何地球上的因素容易引起这类周期性的"大灭绝"现象。但是来自地球之外的因素呢？最突出的想法是，有一种周期性的影响一直在干扰处于太阳系边缘的彗星云——所谓的奥特云。当这种情况发生时，约十亿颗彗星向太阳坠落，其中一定有少数彗星会袭击地球，从而引起集体灭绝之类的灾难。

是什么引起对太阳系的平衡如此剧烈的干扰呢？有一种理论致力于这样的思想：我们的太阳有一个名叫"复仇女神"的孪生伴星，它周期性地靠近我们这个小小的九行星系统边缘的奥特云，甩出彗星或小行星，使之陷入混乱。对复仇女神的探索仍在继续，新思想和进一步的探究将会揭开其中的奥秘。

尽管新灾变论有许多问题仍然处于争论之中，但是 K-T 边界时期受到某个天体影响的思想，逐渐得到了大多数地质学家和古生物学家的承认。不管这一理论的其余部分是否有效，不管"复仇女神"是否存在，但显然是有什么东西在地球历史的某一时刻袭击了地球，才使我们得以看到 K-T 边界时期，以及由此引起的大规模灭绝。确切的理由仍然有待探究。

对于这些思想的探究，包括计算机模拟得出的大气对这类灾变性事件的反应，还激励了天文学家萨根和斯坦福的生态学者埃利希发起的探索活动，探索如果最可怕的人造灾难——核战争爆发,地球会变成什么样子。于是,核冬天概念成了阿尔瓦雷茨理论的一个副产品,该理论认为,恐龙的大规模灭绝与天空中充满烟尘和尘埃云从而引起地球冷却有关。

∾ 臭氧层中的漏洞 ∾

20 世纪后半叶,我们的地球观发生了一个重大变化,原先认为慷慨充裕、不可摧毁的地球看来不再成立,这一变化部分来自我们从太空观察地球获得的信息。其中一项观察就是同温层中大量臭氧的消失。

臭氧向来是亿万年来地球生态系统中的基本要素。在地球的早期历史里,一旦植物开始向大气释放氧,通过太阳能与氧的相互作用臭氧就开始形成。结果就是臭氧层的形成——这是一层宽广的保护罩,集中在地球上空大约 20 英里处,保护地面上的生命不受到紫外辐射的伤害。紫外辐射可能是有害的,甚至是致命的。由于臭氧开始消失,失去臭氧保护,人类将面临皮肤癌增加的危险,所有生命形式也许都会受到严重影响。再有,由于有关的化学反应,地球面临普遍变暖的趋势,结果会导致两极冰冠融化和农业及地球生态平衡发生广泛变化。

科学家最早开始注意到,臭氧在 20 世纪 70 年代就在从地球上层大气消失,情况急转直下。从大型气象试验卫星 7 号报告的数据中,科学家发现,自从 1973 年以来,在南极洲的天空中,每逢 9 月和 10 月,即南半球的春天里,臭氧层会出现一个漏洞。

1986 年又发现了一个类似的漏洞,尽管小得多。这个漏洞位于北极圈上空,由加拿大城市阿勒特发射的气球所发现。加拿大环境部的科学家们用气球把仪器带到天空,发现在北极上空有一个巨大的坑,形成北半球的臭氧"漏斗"。

早在 1974 年,罗兰(Frank Sherwood Rowland,1927—2012)和莫林纳(Mario Molina,1943—   )就警告说,含氯氟烃(也叫氟利昂或 CFC)可能引起臭氧层的减少,氟利昂一般用于喷雾推进器、制冷和聚苯乙烯包装。到了 1988 年中期,研究已经得到明确结果,肯定上层大气中臭氧层消失的元凶之一正是氟利昂。在一个复杂的化学过程中,当这些化学物到达上层大气时,它们的各种成分与臭氧结合形成其他物质,于是臭氧分解了。罗兰和莫林纳由于他们关于臭氧的形成和分解的工作,获得了 1995 年诺贝尔化学奖。

20 世纪 90 年代,氟利昂的运用终于开始有所收敛。在全球环境协议得到大多数国家的支持之后,压力之下,数个快餐连锁企业不再使用聚苯乙烯泡沫塑料包装,在喷雾推进器中氟利昂用得也越来越少了,制冷技术已逐渐不用氟利昂这类"杀手"。但是有些科学家仍未放弃呼吁和行动。正如大气化学家平特(Joe Pinto)所说:"我们不可能把真空除尘器带上天空,也不能为天空打入臭氧。"

∾ 地球的温室效应 ∾

新太空时代带来的最为发人深省的一幅图景就是——毫无疑问,金星曾经像地球一样拥有宽广的水域,金星曾经被人们想象成伊甸园,现在这些海洋早已被金星灼热的大气烘干,金星已变成一座鼓风炉,其中很难有生物生存。那么,地球的海洋和大气会不会步金星的后尘呢?

在地球上,越来越多的二氧化碳废气正从汽车和工厂涌向大气,与破坏大气中臭氧保护层的氟利昂联手,引起温度的显著升高。热带雨林的大规模破坏还干扰了同一大气中二氧化碳与氧的平衡。〔纽约植物园的植物学家托马斯(Wayte Thomas)在1993年估计,自从500年前葡萄牙探险者第一次登陆巴西以来,巴西靠近大西洋海岸的森林大多已被砍伐,只剩下2%了。〕

有些大气科学家做过这样的估计:如果我们继续以现在的速度把二氧化碳释放到大气中,大气中的二氧化碳水平将会在下个世纪中期的某个时期增加至现在的两倍。新近的计算机模拟表明,大约再过140年,二氧化碳水平将会增加至现在的四倍,从而减弱围绕地球传输热的洋流传送带系统。这将使海洋环流产生重大变化,从而减少深部海水和表面海水的混合,并且限制交换过程的发生,这种交换本来是把深洋中的营养物带到表面,又把氧从表面带到深洋区的过程。大气将逐渐变得越来越热,达到白垩纪时期地球曾

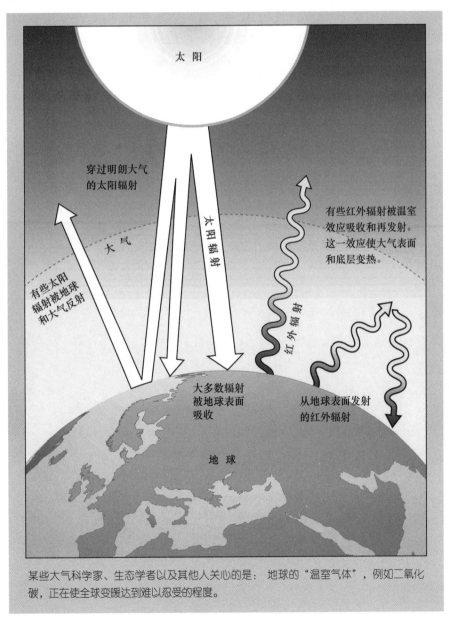

太阳

穿过明朗大气的太阳辐射

太阳辐射

有些红外辐射被温室效应吸收和再发射。这一效应使大气表面和底层变热。

大气

有些太阳辐射被地球和大气反射

红外辐射

大多数辐射被地球表面吸收

从地球表面发射的红外辐射

地球

某些大气科学家、生态学者以及其他人关心的是:地球的"温室气体",例如二氧化碳,正在使全球变暖达到难以忍受的程度。

经有过的温度,这正是 6500 万年以前恐龙生活的时代,那时两极冰冠都已经融化。他们补充说,这一不断增加的过程将是不可逆的,尽管二氧化碳水平如果只是加倍,洋流在以后的几个世纪里将会逐渐恢复。

　　尽管对这些统计数据存在一些不同意见,但情况似乎很明显:要么承认并且改变我们对地球大气的影响,要么我们的环境在下个世纪里将会遭受巨大的破坏。

　　随着世界各地的人们越来越深入地认识到地球的脆弱性,人们对国际社会提出了新的召唤,希望能够就成功地管理我们的地球进行谈判。阿尔瓦雷茨父子、萨根和埃利希告诉我们的教训就是:当地球大气通过什么手段被玷污时,就将会产生什么后果。看一看金星的情况,就会对失控的温室效应的危险性获得警示。皮肤癌的发生率越来越高,特别是在澳大利亚和赤道与温带地区,表明控制臭氧层漏洞已迫在眉睫。物种及其生态环境的脆弱性,要求对我们赖以生存的自然环境和我们的行星所需要的平衡进行深入的反思。时间会告诉我们,我们是不是能够成为优秀的管理者。但是有一件事情我们可以肯定:如果我们能够找到并且能够理解所有的途径,注意到每个部分都与其他部分相互作用——从最基本和最基础的要素做起,我们就能够管理好我们的环境。这一计划标志了过去半个世纪物理科学家的努力,也激励了生命科学家的工作。

第六章

生命的建筑师：蛋白质、DNA 和 RNA

在 20 世纪之前，在所有生命体中，一种复杂分子所起的重要作用是自然界最隐蔽的秘密之一。谁能想到一种被称为脱氧核糖核酸（DNA）的分子竟是生命的伟大建筑师？或者核糖核酸可以行使信使功能？通向发现之路是曲折而艰险的。首先，这些作用的发现要求三个独立领域的进步：细胞学（通过显微镜对细胞进行研究）、遗传学和化学。

和物理科学里的粒子物理学家一样，生命科学家也带着探索这一领域最小、最基本的单元这一问题而进入 20 世纪后半叶，在这个情况下，生物体的基本要素就是，蛋白质、DNA 和 RNA。一个新的领域就在这一探索过程中诞生，这个新的领域就是生物化学和物理学的结合：分子生物学。这是在分子水平上对生命过程的考察，一百年前甚至没有人能够想象得到，那时孟德尔的工作刚被重新发现，生物学家开始考察染色体在遗传中的作用。

米歇尔（Friedrich Miescher，1844—1895）1869 年曾经在细胞核中观察到核酸的存在。19 世纪 80 年代弗莱明发现了染色体（在细胞分裂时看到的细长结构），然而最初没有一个人认识到它与遗传有任何联系。直到 1907 年摩尔根开始用果蝇做实验（起初持怀疑态度），才有了对遗传及其机制的研究。到了 1911 年，他在哥伦比亚大学的实验室成功地证明染色体携带了遗传信息。

与此同时，在化学中，列文（Phoebus Aaron Theodor Levene，1869—1940）1909 年首先发现核酸含有糖，这就是核糖。20 年后，他又发现其他核酸中含有另一类型的糖，脱氧核糖，从而确定有两种类型的核酸，核糖核酸（RNA）和脱氧核糖核酸（DNA）。由此开始探索这些物质的化学特性。

然而，没有人猜想到 DNA 会与遗传有联系。因为染色体既含有 DNA，还含有蛋白质，而蛋白质显得更为复杂。因此，蛋白质似乎应该是携带遗传物质的最佳候选对象——也就是说，直到 1944 年，艾弗里（Oswald Avery，1877—1955）和其他一些研究者才发现，是 DNA，而不是蛋白质，含有生命的遗传物质。

但是，到了 1946 年，事情已经明朗。所有的生命形式都要用到两种不同类型的化合物：一种储存信息，另一种根据这些信息复制有机体。后来还搞清楚了，是酶执行指令，而 DNA 保存蓝图，这一蓝图几乎被原封不动地复制以传给下一代。人们不知道的是，DNA 靠什么样的结构，使它有可能来完成这一功能。

双 螺 旋

沃森是一位瘦高个年轻人，从孩提时代起就聪明伶俐、富有雄心。实际上他在 12 岁时就经常出现在名叫"神童"的广播节目中。15 岁时沃森高中毕业，4 年内在芝加哥大学取得了两个学士学位（哲学和科学）。从少年时代起，他就立志要做出一番事业使自己"在科学上出名"。幸运的是，他得以进入印第安纳大学研究生院，跟随著名遗传学家缪勒学习，并且和卢里亚（Salvador Edward Luria，1912—1991）及德尔布卢克（Max Delbruck，1906—1981）一起工作，他们两位后来都成了研究噬菌体（感染细菌的病毒）的专家。沃森在离开印第安纳后，来到哥本哈根做博士后研究。在这里，他非常偶然地遇见了威尔金斯

鲍林

（Maurice Wilkins，1916—2004），当时后者正在伦敦的国王学院对 DNA 进行 X 射线结晶学分析的工作。DNA 是一种有机物，对它进行 X 射线结晶学分析（一种化学和物理分析方法）是一种令人耳目一新的做法，于是吸引了沃森的注意。正好几天之后，有消息说，当时被认为是化学界之王的鲍林（Linus Pauling，1901—1994）在加州理工学院提出了蛋白质结构的三维模型：一条螺旋。螺旋的基本形状很像弹簧或者螺旋式笔记本（尽管鲍林的模型并不太像那些东西）。

沃森遂决定去伦敦进一步学习有关 DNA 的知识。他设法在剑桥大学的卡文迪什实验室找到了一个位置，正是在那里遇见了物理学家克里克。克里克比沃森大 12 岁，正在为佩鲁茨（Max Perutz，1914—2002）用 X 射线结晶法测定血红蛋白的结构，他的物理学背景为这一领域带来了新的视角。

沃森立即对克里克想到的方法发生了兴趣，两人似乎有惊人的默契。当他们交谈时，互相顺着对方的思路说下去，他们还找到了同样的爱好。通过略施小计（沃森的奖学金本来该用于在哥本哈根学习），沃森在 1951 年来到卡文迪什实验室和克里克一起工作。但是，他们不能公然研究 DNA 的结构。那被看成是威尔金斯的领地，卡文迪什实验室不想得罪威尔金斯。因此，他们利用业余时间做这些工作。

关于 DNA 已有少量信息被获知。从威尔金斯的同事罗莎琳德·富兰克林(Rosalind Franklin,1920—1958)已经获得的 X 射线晶体分析照片来看,DNA 仿佛也形成了和蛋白质一样的螺旋。还有,已知 DNA 是由核苷酸长链组成,链条交替含有糖和磷酸基。碱基沿着糖依次排列。威尔金斯的工作还证明(令人惊奇)整个分子在长度上是稳定的。

克里克和沃森一开始想要搞清楚的是,为什么组成分子的原子竟会排列成如此规则的结构,使得分子在化学上稳定,而且允许它能够精确地自我复制。也就是说,这一切何以能够装配得如此之精巧? 有几条螺旋? 究竟碱基是怎样排列的? 螺旋是否靠向外突出的碱基来支撑?

沃森参加了富兰克林的报告会,在报告中富兰克林讨论了她获得的主要数据。富兰克林曾经在巴黎学习过 X 射线衍射技术,工作相当仔细和精确,在不同程度的湿度情况下比较结果。她发现她的照片总是显示分子具有螺旋形式,但是她希望在得出螺旋结论之前,对各种条件下的情况进行更全面的测试。再有,即使富兰克林得到了更清晰的衍射照片,但复杂结构的细节仍然很难探测。不过她还是尽可能详细地描述了她所见的一切,并且相信:糖和磷酸基——螺旋的骨架处于外侧,而碱基则位于内部。她说,所有这一切都纯属猜测。沃森听得很认真,但没有做笔记,只靠他非凡的记忆力来记忆数据。

大约在1952年,克里克(左)和沃森正沿着英国剑桥的拜克斯河一起散步。

沃森带着头脑里记住的富兰克林演讲中的数据回到剑桥,他和克里克都很乐观,认为他们离建立模型已经不远了。他们开始着手工作。但是沃森一下子想不起富兰克林的准确数据。首先,他记不得富兰克林所给出的 DNA 的含水量,根据富兰克林的估计,DNA 中每个核苷酸周围大约是 8 个水分子。沃森想到的却是,她说的是 DNA 分子的每一段有 8 个水分子——含水量大大减少了。甚至,他记不得富兰克林说过的碱基的位置。他和克里克提出了一个由 3 个多核苷酸链组成的模型,其中糖-磷酸键位于内侧,而碱基位于外侧。这一排列方式与沃森从伦敦带回的数据相吻合,他们确信自己已经解决了问题,就在开始工作后的 24 小时。

富兰克林

第二天，他们邀请威尔金斯和富兰克林以及其他几位同事，对他们的模型发表意见。富兰克林的发言使他们大为泄气。富兰克林立即看出错误是由于引用了不正确的数据，当即指出了这一点。按他们的思路构造的分子不能拥有它实际上的含水量。

沃森和克里克彻底失去了信心，沮丧万分。

但是他们无法放弃 DNA。不久又听到来自鲍林的消息。他们得知鲍林也许正在从事同样的课题，但是他们也听说鲍林正沿着错误的方向工作。

有几个主要的问题仍未解决：在一个分子里有几条螺旋缠绕在一起？碱基是在内部还是在外侧？富兰克林认为是在内部，如果是这样，它们又是怎样排列的呢？今天的研究者可以把某些方程式输入计算机，得到某些能够成立的模型。20 世纪 50 年代可没有这么容易。于是克里克请来一位朋友，数学家格里菲斯（John Griffith），研究四种碱基相互吸引究竟有多少种方式。格里菲斯发现，在既定的受力之下只有两种组合：腺嘌呤与胸腺嘧啶，胞嘧啶与鸟嘌呤。

碱基对之谜的第二条线索源于克里克与沃森和生物化学家查伽夫（Erwin Chargaff，1905—2002）的一次偶然午餐谈话。查伽夫来自哥伦比亚大学，他提及三年前他曾经发表过"1：1 定律"，对于任何想要探究 DNA 结构的人来说，这也许是一个值得关注的现象。不幸的却是，沃森和克里克对此却一无所知，他们窘迫万分，只好承认无知。查伽夫说他的发现是通过测试多种不同的机体组织后才得到，亦即胞嘧啶与鸟嘌呤总是等量（按1：1 的比例）出现，而腺嘌呤与胸腺嘧啶也是等量出现。也就是说，不管是什么物种——不管 DNA 采自鱼类，还是哺乳动物或爬行动物——这一比例都是一样的。

克里克很快就认识到，查伽夫的 1：1 定律和格里菲斯的数学计算都是指路标。DNA 里的碱基一定是以特殊的方式互相配对：腺嘌呤配胸腺嘧啶，胞嘧啶配鸟嘌呤。

但是克里克和沃森仍然无法做出真正的进展。他们没有和该领域所得到的前沿数据保持联系——因为富兰克林和威尔金斯，这两位关键研究者，和他们没有通信联系。（事实上，威尔金斯和富兰克林相互间在工作上也缺乏联系，也很少谈话，虽然人们以为他们是在一起工作的）当然，克里克和沃森并不是正式在 DNA 领域里工作，他们解决问题的方法——构筑模型，然后试着把模型与数据匹配——这种做法对于富兰克林以及其他许多人来说，似乎是本末倒置。

随后传来爆炸性新闻。鲍林提出了一种 DNA 结构。他的儿子彼得当时正在剑桥做研究工作，与美国同事沃森甚为友好。因此，当他收到父亲 1953 年 1 月关于 DNA 结构的论文复本时，他转给了他的朋友。克里克和沃森紧张地翻阅论文——难道鲍林已经抢先获得了成功？

情况恰恰不是这样。鲍林假设的是三链螺旋模型，碱基处于外侧而不是内部。克里克和沃森确信，这样的排列是不正确的。这篇论文还有其他一些错误，两个年轻的科学家对此大为诧异。

他们仍然有机会。沃森决定走动一趟,利用伦敦的研究作为借口,和威尔金斯会面。这一决定——有点像是不那么体面得到的意外好运——给这两位求胜心切的年轻科学家提供了关键线索。情况恰好是,当沃森抵达国王学院时,威尔金斯正在忙碌,于是沃森转而先拜访了富兰克林。他拿出鲍林的论文给富兰克林看,富兰克林看后甚为恼怒,尽管不知理由何在。沃森猜测那是因为她并不认为DNA分子会以螺旋形式存在。但这也许不成为理由,因为富兰克林已经知道,至少有一种DNA是有螺旋结构的,这一点很快就水落石出。沃森试图证明鲍林的模型与他们两人最初那失败的模型是相似的。这可能激怒了她,似乎像是在证明她曾经出过错。她生气,也许因为这个被认为不是从事DNA工作的沃森,竟有一份鲍林的论文,而加州的同行却没有送一份给她——一位DNA研究者。

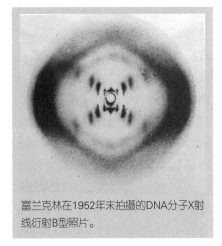

富兰克林在1952年末拍摄的DNA分子X射线衍射B型照片。

无论如何,按照沃森的说法,威尔金斯正好在这个时候进入房间,沃森声称他担心(相当可笑的担心)富兰克林会随时对他大打出手——在他们离开富兰克林的办公室后,这个6英尺高的小伙子对威尔金斯这样说。自从富兰克林来到国王学院之后,威尔金斯就和富兰克林相处得不好,他似乎以为沃森和他自己一样也面临着富兰克林的愤怒,他已经不止一次遭遇到这种情况了。

这一事例令人遗憾地表明,科学发现,和其他人类活动一样,可以因为人类的忌妒之心或误解而不时节外生枝或从中受益。现在,在发现做出后的几个月,威尔金斯终于告诉

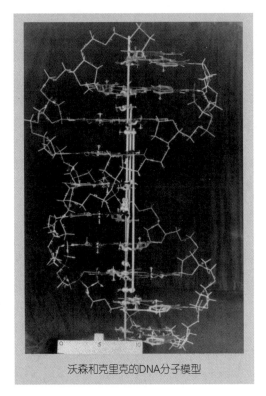

沃森和克里克的DNA分子模型

沃森,说富兰克林最有用的突破之一是她发现了DNA有两种类型,她称之为A型和B型。她从来没有想到从A型照片可以得到螺旋结论,而新的B型则不同,明显地呈现了螺旋形式。

沃森非常激动。他能够看到一张B型照片就好了,他需要知道。后来的事情表明,威尔金斯已经秘密复制了富兰克林的全部照片,因为生怕她在几个月后会另谋他职,也许会带走她在国王学院做的全部工作资料,什么也不给他留下。无疑,由于他们之间已相处得如此糟糕,他没有勇气要求复制。不过,他还是偶然得到了富兰克林的一张复印照片,这就是现在著名的第51号照片,这张照片清楚地显示了B型结构。

"我一看照片,立刻目瞪口呆,心跳开始加快。"沃森后来在他描述这一时期的自传《双螺旋》(*The Double Helix*)中写道:"无疑,这张图片比以前得到的('A型')要简单得多。而且,只有螺旋结构才会呈现出照片上那种醒目的交叉形黑色反射条纹。"

克里克和沃森终于得到了他们所需的关键材料。根据富兰克林的第51号照片,他们决定重新考虑双螺旋结构,在经过长达5个星期的反复试验之后,他们得到了新的模型。

他们提出的DNA分子由两条互相缠绕的螺旋组成,很像一条螺旋式楼梯,各个阶梯由配对的原子键组成。碱基相互配对,位于两条平行螺旋的内侧。然后在复制时,DNA螺旋的两条链在染色体分裂前断开,使碱基可以自由地再次配对。双螺旋的每一单链都是新生链的模型或者模板。在细胞分裂时,每条DNA双螺旋都会分成两股单链,每股单链都会合成另一条互补单链。通过碱基的不断配对(只有同一种方式),DNA得以精确地复制自身。

沃森-克里克的DNA模型是如此之漂亮,以致几乎立刻被人们接受。他们成功了!新的DNA模型使人们能够直观看到,它是如何指导其他分子的建造的。一个物种之所以能够不断生殖,其基本原理终于被发现了。这个时刻是1953年的4月。

沃森、克里克和威尔金斯在1962年荣获诺贝尔生理学或医学奖。(富兰克林在颁奖之前的1958年死于癌症,由于诺贝尔奖从不给逝者颁奖,她失去了分享荣誉的机会。)鲍林在1954年由于化学键的工作获得诺贝尔奖,又在1962年由于反对大气核武器试验而获得诺贝尔和平奖(这使他成为继玛丽·居里之后,历史上第二位获得两个诺贝尔奖的人)。

科学上的发现很少有像克里克和沃森发现DNA结构那样,既有直接效应,又有深远影响。他们的双螺旋模型不仅提供了DNA的结构,而且还预言了一种机制(利用双链的分离),使遗传信息得以可靠地复制。1958年加州理工学院的梅塞尔松(M. Messelson)和斯塔尔(F. Stahl)做了一个实验,证明DNA确实是通过分解成两股单链,把其中的每一单链当做模板复制出另一条互补单链。再有,沃森和克里克的模型,为DNA这样的化学分子如何保存遗传信息,提供了关键性的知识。

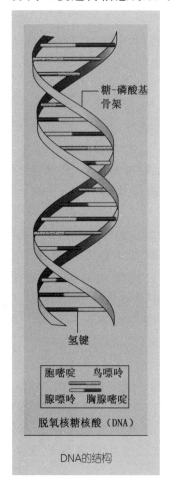

糖-磷酸基骨架

氢键

胞嘧啶　鸟嘌呤

腺嘌呤　胸腺嘧啶

脱氧核糖核酸(DNA)

DNA的结构

RNA 的故事

但是克里克和沃森的螺旋并不是故事的终结。在知道DNA的结构之后,一个新的问题就出现了:DNA是怎样把它的指示传达给细胞中的蛋白质?蛋白质是怎样合成的?其中又有什么样的机制?

20世纪50年代,帕拉德(George Emil Palade,1912—)运用电子显微镜引发了对微粒体的研究,微粒体是细胞质中的小物体。1956年他证明,它们在RNA中含量丰富,并且确认了其中的一类,后来取名为核糖体。很快就弄清楚了,核糖体是信息传递机制中的关键部分。

1956年贺兰德(Mahlon Bush Hoagland,1921—)在细胞质里发现相对小的RNA分子。似乎有各种不同的RNA。贺兰德证明,每种类型的RNA都可以和一种特殊的氨基酸结合在一起。RNA分子可以与核糖体上的一个特殊位点结合。氨基酸排列在另一侧,结果RNA分子把两者配在一起,把信息从核糖体传送给了蛋白质(氨基酸)。贺兰德把这一小型核糖核酸称为转运RNA。

但是 RNA 是怎么做到这一点的呢？转运 RNA 位于核外的细胞质,而 DNA 则在细胞核的内部深处。其实仔细观察就会发现,在核内也有 RNA。两位法国的研究者,巴黎巴斯德研究所的莫诺(Jacques-Lucien Monod,1910—1976)和雅各布(Francois Jacob,1920—)提出,DNA 分子把它掌握的信息转移给核内的 RNA 分子,这个分子正是运用一股 DNA 单链作为模板来组建的。这些 RNA 分子把信息带到细胞质中,因此被称为信使 RNA。

每个转运 RNA 分子都在一头有三核苷酸组合,它正好与信使 RNA 的交换中心相匹配。而信使 RNA 可以固定在核糖体表面,转运 RNA 分子则排列成行,它的三核苷酸组合与信使 RNA 相匹配,另一头则与相应的氨基酸相匹配。

于是,信息就从染色体中的 DNA 转移到了信使 RNA,然后,信使 RNA 又从核内转移到细胞质的核糖体,把信息交给转运 RNA 分子。最后信息传送给氨基酸,合成蛋白质。沿着 DNA 分子的三个相邻核苷酸(一个三联体),加上信使 RNA 分子,再加上转运 RNA 分子,就合成了一个特定的氨基酸。问题是:氨基酸如何被决定?

∽ 遗 传 密 码 ∽

于是,在 20 世纪 60 年代初,分子生物学的一个突出问题就是遗传密码。研究者如何才能预言是哪一个三联体对应于某个特定氨基酸呢? 如果不了解这一过程,我们就难以理解信息是怎样从 DNA 转移到蛋白质上的。

遗传密码的探寻开始于 1955 年,这时有一位西班牙裔的美国生物化学家奥乔亚(Severo Ochoa,1905—1993)离析出了一种酶,它可以使细菌中的 DNA 增殖。他发现,这种酶可以催化单个核苷酸形成类 RNA 物质。[美国生物化学家科恩伯格(Arthur Kornberg,1918—2007)随后也对 DNA 作出了同样的工作,1959 年奥乔亚和科恩伯格荣获诺贝尔生理学或医学奖。]

就是在这种情况下,美国生物化学家尼伦伯格(Warren Nirenberg,1927—2010)开始着手工作。他利用合成的 RNA 当做信使 RNA,开始寻求答案。1961 年,尼伦伯格终于有了突破。他根据奥乔亚的方法得到一段合成 RNA,这种 RNA 只含一种类型的核苷酸——尿甙酸,因此它的结构是"……UUUUUU……",其唯一可能的三联体该是"UUU"。于是,当它形成一种仅含有苯丙氨酸的蛋白质时,他知道在他的"辞典"里,他已经列出了第一个条目,由尿甙酸组成的苯丙氨酸。

与此同时,印度裔美籍化学家科拉纳(Har Gobind Khorana,1922—)也在沿着类似的路线工作。他引入了新的技术,可以对已知结构的 DNA 与由此产生的 RNA 进行比较,并且证明每个三联体密码的"字母"决不会重叠。他独立研究,破译了几乎全部遗传密码。他和尼伦伯格分享了 1968 年诺贝尔生理学或医学奖,同时得奖的还有同在此领域工作的霍利(Robert William Holley,1922—1993)。

科拉纳后来主持一个研究小组,1970 年偶然地成功合成了一种类似基因的分子。也就是说,他不是用已经存在的基因作为模板,而是从核苷酸开始,按正确的次序使它们排列在一起,这一技术最终使得研究者能够创造"设计者"基因。总之,第二次世界大战之后的几十年里,我们对遗传基础的认识向前跨越了一大步。DNA 和 RNA 成了家喻户晓的词语,生命要义的知识似乎就在眼前。

第七章

生命的起源和边界

正当克里克和沃森及其同事们深入研究生命建造过程的结构时，其他生命科学家也在围绕生命的本质、生命是怎样开始以及怎样运作等一大堆问题进行日益深入的探讨。研究者运用分子生物学和微生物学等新工具，在这些领域提出了许多新颖和富有启发性的观点。

多头并进带来硕果累累——最突出的是对医学和人体的认识，它如何运作以及如何与周围的环境相适应。过去的半个世纪见证了交叉学科的非凡进展，它们使医学领域焕然一新，其中包括 CT（计算机体层成像）和 MRI（磁共振成像）、心内直视外科和器官移植——这些大多超出了本书的范围。病毒、细菌和人体免疫系统的研究，使得 20 世纪 50 年代成功地防治了小儿麻痹症，并且有可能对 20 世纪 80 年代开始流行的艾滋病展开越来越有成效的治疗，尽管尚未完全成功。

遗传工程中的突破开始为下述领域提供工具：农产品的改造，更有效地进行遗传育种，通过克隆控制有机体特定性状的遗传——与此同时，也提出了许多具有挑战性的伦理和公共政策问题。

"原始汤"

当宇宙学家和粒子物理学家正在为解答关于宇宙诞生及其早期阶段的一些问题而日夜奋战时，生命科学家也抓住了关于生物的类似问题。也许最根本的问题是：什么是生命？生命是从哪里来的？有史以来，这些问题一直困扰着人类。要给出答案并不容易——实际上今天仍有一些科学家在怀疑，这些问题是不是能够回答。

正如美国宇航局的生命科学家张（Sherwood Chang）曾经说过的：问题在于"记录是无声的。地质学家和大气化学家将告诉你，绝无可能找到证据表明生命最初出现时地球是什么样子，或者生命是怎样开始的。"这一奥秘构成了有史以来最大的科学侦探案例之一——迄今为止，这个奥秘还没有得到解决。很难有过硬的证据做依据，数十个基本问题需要回答，其中包括：在生命开始之前，地球上的环境如何？有哪些元素存在？什么过程曾作用于这些元素？什么是生命的原始构件？

数百年来科学家都在试图判断，生命体有没有可能从无机物中自发产生。亚里士多德确定那是有可能的，接下来的世纪里，科学家试图证明通过何种方式能够或者不能够有生命体自然发生。到了 19 世纪，巴斯德似乎终于提供了明确的答案：不可能。通过修正前人实验中的错误，巴斯德表明，完全无菌的无机溶液不会产生任何生命迹象，即使生命所需的所有条件都能满足（如温度合适、氧的存在等）。他的技巧是利用一个特殊的曲颈烧瓶以阻止植物或霉菌孢子等污染物的进入，但却保证了正常的大气条件。不过，巴斯德的结果也许并不适合于所有的时期。

20世纪50年代初有一位年轻的研究生，名叫米勒（Stanley Lloyd Miller，1930—2007），首次通过实验取得了突破性进展，得到了生命起源所需要的某些化合物，当时米勒正在芝加哥大学尤里（Harold Clayton Urey，1893—1981）的指导下做博士论文。尤里是美国著名化学家，1934年由于发现重氢（氘）荣获诺贝尔化学奖。这些年来，尤里对地质化学、行星的形成和地球早期的大气条件发生了兴趣。他还开始对巴斯德关于"自然发生"不可能的明确断定表示怀疑。尤里和米勒考虑，巴斯德如果不是等待四天，而是等上数十亿年，正如地球当初等待生命的起源那样，结果又会怎样呢？如果不是在现代氮气和氧气共同存在的条件下，而是在原始大气的情况下，它在最初的地球上曾经存在了数十亿年之久，情况又会是怎样呢？如果不是盛满溶液的烧瓶，而是充满无机分子的海洋，情况又会如何呢？

米勒正在检验他在1953年的实验里所用的装置。

首先，尤里有理由相信，地球的原始大气与今天的大气有显著不同。他估计原始大气很可能由甲烷（CH_4）、氨（NH_3）和水蒸气（H_2O）之类的含氢气体组成。于是，在尤里的指导下，正当克里克和沃森为双螺旋的结构而奋斗时，米勒也在从事生物学历史上的里程碑实验，其目标是要模拟想象中的早期地球情景。他假设某个时间，巨大的气体云团曾扫过动荡不安的行星表面，天空中闪电不断——甲烷、氢、氨和水的气体分子在来自太阳的紫外辐射（因为还没有形成臭氧层）的作用下发生化学反应，这段时期大量无机分子随着雨水降落在地球的浅海中。尤里和米勒想象，在这样的情况下，这些前生命基本分子互相碰撞，最终形成更长、更复杂的有机分子，如氨基酸、蛋白质和核苷酸等。在这一系列想象的事件中，这些分子最终变得越来越复杂，直到出现能够自我复制的核酸。

　　在这一设想的小规模模拟场景中，米勒得到了一个含氢的"大气"，其中部分是氨和甲烷，它们飘浮在盛水的烧瓶里，其中的水经过仔细消毒和纯化。在这锅含有气体和液体的"原始汤"里，他又引入电荷以模拟紫外辐射。在地球历史的稍后阶段，植物开始进行光合作用，并且产生氧，氧又反过来形成了上层同温层的臭氧层，而臭氧层保护覆盖的区域免受太阳的紫外线照射。但是，在开始时，米勒和尤里推理说，必须要有大量的紫外辐射才能启动这一生物学过程。还有，到那段时期为止，没有自由氧，却有大量的氢。米勒的实验进行了一个星期，最后检测水溶液，他惊奇地发现，除了简单的物质之外，他还生产出了两种最简单的氨基酸，还有迹象表明少数更复杂的氨基酸正在形成的过程中。

　　当他投入更长的实验时间后，更多的氨基酸形成了；别的研究者也做这一实验，发现结果能够重复。令人惊奇的是，米勒装置中形成的有机分子，与生物体内的分子是同一类型。米勒没有创造生物体，但是他所启动的这一过程似乎正朝着这个方向迈进。也许生命的演化并不是什么不平常的事情，而是宇宙演化过程的一个自然结果。20 世纪 60 年代末，当越来越复杂的分子在外层空间的气体云中被发现时，这一思路变得更加可靠。

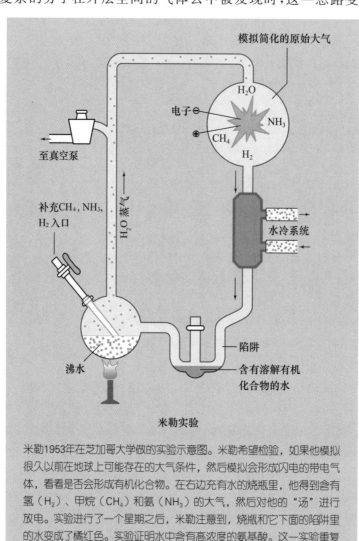

米勒实验

　　米勒1953年在芝加哥大学做的实验示意图。米勒希望检验，如果他模拟很久以前在地球上可能存在的大气条件，然后模拟会形成闪电的带电气体，看看是否会形成有机化合物。在右边充有水的烧瓶里，他得到含有氢（H_2）、甲烷（CH_4）和氨（NH_3）的大气，然后对他的"汤"进行放电。实验进行了一个星期之后，米勒注意到，烧瓶和它下面的陷阱里的水变成了橘红色。实验证明水中含有高浓度的氨基酸。这一实验重复了许多次，生产出了形成蛋白质的所有20种氨基酸。

1970 年，生于斯里兰卡的生物化学家彭南佩鲁马（Cyril Ponnamperuma，1923—1994）在 1969 年 9 月 28 日降落于澳大利亚的陨石中发现了 5 种氨基酸的踪迹，更是为上述观点带来了更多有利的证据。经过仔细分析，他和他的研究小组找到了甘氨酸、丙氨酸、谷氨酸、缬氨酸和脯氨酸——这是迄今为止发现的首批地外生命成分。彭南佩鲁马证明，陨石并不是在与地球接触的过程中因为污染而获得这些氨基酸的。显然，它们是在类似于米勒实验里所发生的非化学过程中合成的。

❧ 开始时……是黏土？ ❧

并不是每个人都完全同意米勒的"原始汤"实验就是对这一古老问题的解答。有一类科学家提出了一个有趣的概念，认为生命也许是直接从黏土里产生的。

黏土显然是惰性和没有生命的，它似乎与我们通常想到的生命物质截然相反。但是黏土的物理特性却为生命起源提供了某种合适条件，我们大多数人容易忽视这一点。首先，正如生物学家张在一次访谈中指出的，在地球历史的早期阶段（15 亿年前左右或更早），环境显然以无机物质为主。海水肯定最为丰富，但黏土也大量存在。

根据"黏土-生命"设想，开始可能是这样：在早期形成阶段，基本元素氢、氮和碳大量存在。在有机生命所需的成分中，独缺氧。岩石被风化、转移、碾碎，形成土壤，并且成为新的沉积层，形成新的岩石和矿物黏土。在分子水平上，这些黏土具有（而且一直具有）某些特殊性质。它们拥有高度有组织的分子结构，内部充满孔隙，从而为化学反应预留了位置，还可以用做储存、转移信息和能量的途径。

每当环境变迁时，潮湿和干燥交替出现、冰冻和解融相间，风、水和大地不断运动，那些久经考验且特性日益改善的黏土"生存"了下来。苏格兰格拉斯哥大学的史密斯（Graham Cairns-Smith，1931—2016）1982 年在他的《遗传接收和生命的矿物起源》（*Genetic Take-over and the Mineral Origins of Life*）一书中最先提出这一理论。他假设，这些黏土也许通过适应性的结构演化或者某种原始"自然选择"的形式逐渐演变。黏土-生命理论主张，这些黏土本身也许就存在着原始生命形式，同时，也为生命出现之前的有机体演化提供了一种模板。史密斯认为，晶体形成过程中所出现的缺损结构就像是一种矿物遗传系统，它为模板的复制提供了一种途径。他还假设，模板能够以经典的进化形式把这些缺损（某种程度的突变）传递给后代。

用黏土作为脚手架，在矿物分子的基础上渐渐形成有机分子。有机分子演变成有机遗传系统，它要比其矿物祖先更有效，最终以"遗传接收"的形式取代了原始的矿物形成体系。就像大教堂一旦建成，脚手架也就不再需要；就像电子计算机中不可能找到木质算盘珠一样，我们在今天的"高技术"有机系统中看不到这一"低技术"生命方式存在过的证据。

围绕着生命起源还有其他理论。有一种理论颇为流行，也受到生物学家萨根的支持。这个理论主张，形成有机分子所需的碳来自地外含有碳的小行星对地球的撞击。正如彭南佩鲁马以及不少人所发现的那样，许多陨石里存在含碳分子——这就使生命的种子遍及整个宇宙的思想更为可信。这一理论就叫胚种论。

但是无论哪个设想更接近真实，在这个领域里做的工作都是既令人激动，又发人深省，它们向许多习以为常的假设发起了挑战：有机物和无机物的截然区分；生命及其进化的本质。

 生命过程：生长因子

正当米勒、尤里、史密斯等人就生命起源问题进行研究时，对自然及其基本组成，细胞以及人体的其他方面及其机制问题的研究也在继续进行。20 世纪上半叶终于有了巨大

教学改革

关于生命的起源，科学仍停留在高度假设阶段，但是关于地球上生命多样性起源的过程，已不再是一种假设。19世纪达尔文提出的进化论现在已经有了充分的证据。但是宗教上的原教旨主义者针对科学进化论发起的攻击却持续到20世纪后半叶。到了20世纪末，随着千禧年的临近，"反进化论者"提出了一种新的策略，他们称之为"智能设计"。它基于一种常见的论据，简单地说，自然界中发现的许多复杂结构，例如人眼，是不可能像进化论所描述的那样通过偶然堆砌而成。这样的奇迹一定是由无所不能的上帝设计出来的。最好的比喻就是钟表，这样复杂的一个器件意味着钟表匠的智慧和技能，所以自然界的许多复杂性意味着创世主的存在和参与。

尽管智能设计论的现代支持者一般都根据分子生物学和信息理论的复杂性作出更精致的辩护，但是对于大多数科学家来说，这不过是老调重弹，进化论早已对此有过反驳和回答。许多科学家还指出，大量自然界的产物，与其说像是智能设计的证据，不如说是以相当随意的方式凑合在一起的。例如，为什么智能设计者会在男人的胸前放两个奶头？为什么要给穴居鱼安装两个没有视力的眼睛？还有千百种显然十分愚蠢、浪费和构想拙劣的"设计"。尽管许多自然界的产物都是美丽的，却往往显得没有经过设计，而是拼凑成的，满足于"有用就行"，而不论是否简洁和优美。

与此同时，"智能设计论"的支持者设法要让自己走进课堂。他们要求在科学课上与进化论的教学平起平坐，然而智能设计显然不是一门科学，而是对早已确立的进化论的反驳。虽然智能设计论的支持者在他们的辩词中仔细地剔除了"上帝"一词——这样就避免了宪法和法律上的隐患——但他们闪烁其词提到的智能设计者或创世者却仍然保留着超自然结构，而不是科学结构，在我们现在的科学知识看来，它还是一个多余和不必要的结构。再有，智能设计论的支持者对这样的"设计者"的存在，或者这样的设计者或创世者实际上如何完成从设计到现实的具体转变，并没有提供科学解释。

对于大多数的科学家来说，他们要为自然界的神奇现象寻求自然的解释，而"智能设计"和以前所谓的创造科学一样，在哲学或神学的课堂上，也许有一个位置，但是在科学上却没有它的位置，而且，在教授科学的教室里也没有它的位置。

的进展，由于改进了着色技术和显微镜技术，细胞的许多精细结构已经得到辨认。关于生命过程的许多基本问题已经开始取得进展。一个事例是列维-蒙塔尔西尼对生长因子所做的研究，她因此获诺贝尔奖，她和其他人发现生长因子对胚胎细胞的生长有重要作用。

列维-蒙塔尔西尼从小就着迷于生理学。她和她的孪生妹妹泡拉 1909 年 4 月 22 日出生于意大利的都灵市。她不顾父亲的反对，进入医学院学习，她的妹妹成了著名艺术家，两人终生保持亲密友谊。（列维-蒙塔尔西尼终生未嫁——她的双姓是对母亲的赞颂，她母亲姓蒙塔尔西尼）。

列维-蒙塔尔西尼在第二次世界大战中完成医学学习，但是在获得学位后却不得不立即隐居起来，以避免被德国纳粹送到集中营里。尽管战争时期很难读到专业杂志，但她还是有机会读到了生理学家汉伯格尔的论文，文中描述的研究激起了她的兴趣，她因此而设计了一个实验方案，只要把鸡蛋藏在自己的卧室里就能进行。她的兄弟吉诺帮助她准备了所需设备，用于考察胚胎发育的最早阶段。这时细胞开始分化，她特别关注的是神经细胞。后来证明，这些正是最终通往诺贝尔奖之路的第一步。"二战"之后，列维-蒙塔尔西尼来到密苏里州的圣路易斯，汉伯格尔正在这里从事研究工作。多年来她都是轮流在圣路易斯和罗马居住。她经常旅游，又在她的研究领域里享有名气，她对神经生长因子（NGF）的实验研究备受推崇，NGF 是一种能够促进神经细胞在周围神经系统中生长的物质。1986 年与她的学生柯恩一起分享诺贝尔生理学或医学奖。柯恩得奖是因为

列维-蒙塔尔西尼正在圣路易斯华盛顿大学她的实验室里工作。

发现了表皮生长因子，而她是因为发现了神经生长因子。

正当列维-蒙塔尔西尼、柯恩及其他生命科学家继续探索生命过程、化学和生理学时，另有一些生物学家转向处于生命边界的一种令人惊奇并且威胁健康的类生命研究，因为许多理由，它带来了挑战，从而激起研究者的兴趣。

❧ 病毒：位于生命的门槛上 ❧

在生物和非生物之间的交界处，无处不在、介乎其中的就是病毒，它是一束分子，很像生物，能够自我复制，却又不像生物，只能寄居于活细胞内才能繁殖，必须从宿主细胞获得基本要素。最小的病毒叫做类病毒，在它们的染色体上仅仅携带 240 比特的信息，相比之下，人体携带有 30 亿比特。尽管类病毒简单到如此程度，却能在其生命周期里在植物细胞内自我复制，并致植物于严重疾病状态。病毒的种类繁多，不同的病毒对其宿主产生不同的影响，并强迫宿主付出各种代价。

病毒及其在人类中引起的疾病在人类历史的长河中扮演了重要的角色，有许多由病毒引起的疾病，例如天花，可以追溯到 2000 年前。但仅仅在 19 世纪八九十年代，我们才知道病毒是一种特殊的实体。今天我们可以有把握地说，我们已经根除了天花，自从 1977 年以来从未有过该病例报告（除了实验室的偶然事故以外）。但是人体免疫缺陷病毒（HIV）——现在流行的艾滋病的病源——又是另一回事。至今我们还没有能力控制或者理解这种病毒。显然，医学关怀为研究这些处于生命边界上的微小生物提供了迫切的动力。

例如，病毒可以给我们对癌症及其起因和（未来的）防治带来新的认识。病毒有时会通过搅乱宿主细胞，歪曲它的功能和信号，引起癌症。通过辨认这些被歪曲的功能和信号，我们从分子的角度对癌症有了新的认识，并且为新的治疗方法提供了途径。在台湾进行的一项崭新的计划中，给 63 500 名新生婴儿接种疫苗，以防治乙型肝炎病毒，根据 1996 年 9 月出版的《10 年追踪调查》，这一接种疫苗的结果，使 85％的潜在患者得到了防治。

但是病毒也提供了一种样品，让我们了解有机体在最简单水平上的运作机理，于是它们给研究者提供了一扇理解更复杂的生物的窗口。

正如微生物学家德尔布吕克在 1949 年所写："任何活细胞都携带有它的祖先数十亿年摸索所取得的经验。"［德尔布吕克和微生物学家赫尔希（Alfred Day Hershey，1908—1997）及卢里亚由于在病毒遗传结构方面的工作而荣获 1969 年诺贝尔生理学或医学奖。］如德尔布吕克暗示，从这些水平上进行观察，我们了解到了许多东西，我们还将继续询问并且探索这些问题：什么是病毒？它们是活的吗？它们看起来像什么？是不是有许多种不同的病毒？是不是每一种病毒都引起一种特定的疾病？病毒是怎样引起疾病的？病毒是怎样自我复制的？我们从病毒中学习到哪些知识可以运用于人类？

20 世纪 30 年代时，科学家同意用"病毒"一词表示能够穿过细菌过滤器的任何媒介，今天这一定义仅仅局限于亚微观的媒介（小于 0.3 微米）。所有病毒都需要宿主细胞，以便自我复制，这一寄生行为往往引起宿主细胞的死亡或变化，这就是为什么大多数病毒会引起疾病的原因。

这张照片里显示的是微生物学家赫尔希，他与卢里亚及德尔布吕克由于在病毒的复制机制和遗传结构方面的工作而分享诺贝尔生理学或医学奖。

20 世纪 30 年代还有两大事件推动了对病毒及其特性的认识。第一件,1935 年斯坦利(Wendell Meredith Stanley,1904—1971)表明病毒可以采取结晶形式。第二件,德国电气工程师鲁斯卡(Ernst August Friedrich Ruska,1906—1988)引进了新的工具——电子显微镜。它利用的是电子束,而不是可见光。仪器的强大聚焦能力使分辨率一下子增大了 400 倍,后来很快又得到了改进。(鲁斯卡由于这一工作获得了 1986 年诺贝尔物理学奖,这一奖励晚了点。)到了 20 世纪 40 年代末和 50 年代,放大倍数增加到了 100 000 倍,可以分辨小到 0.001 微米直径的物体。从 1959 年到 1961 年,芬兰细胞学家威尔士卡(Alvar P. Wilska)和法国细菌学家杜波依(Gaston Dupouy,1900—1985)设计了一种方法,使得病毒的各个部分可以立体展示,随后用电子显微镜对活病毒进行观察。现在电子显微照片可以使科学家看到病毒的微观世界,而在以前他们只能依靠猜测。

研究者发现,病毒的核心是包含遗传信息的核酸,围在外面的蛋白质则提供保护机制。有的外壳的形状有点像网格球顶,由 20 个等边三角形的面组成。有些病毒利用 DNA 作为遗传密码的载体(正如非病毒的生物体那样),有些则利用 RNA。

至于病毒是否具有生命力的问题,争议仍在进行之中。它们具有活细胞的许多特性,而且可以和生物体一样运用同样的遗传密码——如果不是这样,它们就无法成功地依赖细胞生活。它们按照计划发挥功能,并且能够在一个细胞的范围内安排自己的复制。和其他生物体一样,病毒会演变,并且能够适应周围环境的变化。这些特性描述的难道不是最简单的生物吗? 或者,它们描述的难道不是一个极其复杂的分子系统——一群化合物吗?

∽ 逆转录病毒 ∼

逆转录病毒最早大约是 1908 年在小鸡身上遇到的,它们使鸡患上白血病,但是最初没有人想到它们会有如此不可思议的生命周期。后来证明,逆转录病毒遗传信息的载体原来是由 RNA,而不是由 DNA 组成的。逆转录病毒起先被称为 RNA 病毒,它产生 DNA 复本,或者叫前病毒,而前病毒又转录为 RNA 病毒。(这是逆转,因此叫做逆转录病毒。)1970 年梯明(Howard Martin Temin,1934—1994)和巴尔的摩(David Baltimore,1938—   )分别宣布在病毒粒子内部发现一种酶——逆转录酶——使得遗传信息的流动方向是从 RNA 到 DNA(与大多数细胞中发生的转录正好相反)。这一过程对于某些病毒复制至为关键。它还提供了一种新的工具,允许分子生物学家把任何 RNA 样品复制为 DNA。对于 20 世纪 70 年代基因克隆和遗传工程的革命来说,这也是关键的一步。研究逆转录病毒所获得的知识构成了对癌症的现代理解的重要基石。

逆转录病毒附着在宿主细胞表面的特殊接收器上,然后钻进宿主细胞的细胞质。在那里,这个鬼鬼祟祟的入侵者脱掉自己的保护外壳,通过逆转录,把它的 RNA 转为 DNA 双链。双链的 DNA 又转移到核内,整合到宿主细胞的染色体(或基因组)中。整合后的 DNA 产生一个 DNA 复本(叫做前病毒),它又转录成病毒 RNA。现在病毒已经被宿主细胞的后代继承。在细胞的正常复制过程中,当 RNA 来到核外,进入细胞质中的核糖体,翻译成为蛋白质时,某些酶与细胞质中的病毒 RNA 相结合,并且转移到细胞周围的质膜上。这就启动了增殖过程:病毒颗粒从被感染细胞的质膜那里借来外壳,把自己团团围住,离开细胞表面,寻找新的宿主细胞,于是开始了下一次循环。

有些逆转录病毒并不杀死宿主细胞，这些宿主细胞在它的DNA结构中携带前病毒，不断复制和繁殖。其他的逆转录病毒则引起宿主细胞发生变化，产生肿瘤。第三类包括艾滋病病毒，它们杀死宿主细胞，而其作用机制和采用的手段至今仍不完全清楚。

尽管其他逆转录病毒通常都不是不能控制，但艾滋病病毒却是过去二三十年里研究者面临的最大挑战。事实证明它是一个诡秘、顽强和险恶的对手。

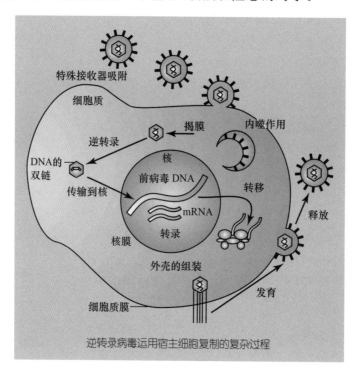

逆转录病毒运用宿主细胞复制的复杂过程

鬼祟而阴险：艾滋病的故事

20世纪70年代末，纽约和旧金山的医生们开始遭遇到一些不同寻常的真菌感染病例以及一种被称为卡波西（Kaposi）肉瘤的罕见癌症。80年代初，佐治亚州亚特兰大的疾病控制中心（CDC）有一位名叫福特（Sandra Ford）的技术人员注意到，大量的卡氏肺囊虫肺炎病例突然出现，这是一种罕见的肺炎，通常只是袭击免疫系统衰竭的病人，以前大多数是癌症化疗后的副作用，但是现在却出现在健康人的身上。

于是疾病控制中心开始进一步关注，结果找到了大约500个曾经报道过的神秘疾病的事例——一种致命的折磨摧毁了受害人的免疫系统。最早知道的病例中，五分之四是同性恋男子和双性恋男子，于是起初这种疾病叫做与同性恋有关的免疫失调，但是这一名称很快改为获得性免疫缺陷综合征（Acquired Immune Deficiency Syndrome），或者简称艾滋病（AIDS）。在20世纪80年代初，这一现在已经广泛知晓的疾病相对还是比较隐蔽。但是到了1982年底，美国30个州已经报告了800个以上这样的病例。

后来在1985年8月，据新闻透露，著名的电影明星哈德森（Rock Hudson，1925—1985）也得了艾滋病，不久他就死于这种疾病。现在艾滋病突然成了公众谈虎变色的话题，随着受害人数的迅速增加，成了极其严重的问题。不久就澄清，这种病不只限于男性同性恋者。自从 20 世纪 70 年代末以来,它一直在非洲和亚洲的人口中蔓延,研究表明,1992 年非洲的一些地区估计有 5%～20% 的有性行为的成年居民受到感染。再有,到了 1992 年,艾滋病成了南北美洲、西欧和撒哈拉大沙漠以南非洲地区主要城市中育龄期妇女(在 20 至 40 岁之间)死亡的第一原因。更有甚者,研究表明感染了艾滋病病毒的妇女所生婴儿中,24%～33% 会得艾滋病。

问题的紧迫性最终得到了公认。是什么引起了艾滋病? 它是怎样传播的? 怎样才能治愈,或者得到控制? 此时人们已经清楚,艾滋病是一种传染病,并很快就认识到有一种叫做艾滋病 1 型的病毒很可能是罪魁祸首[1983 年分别由法国巴斯德研究所的蒙塔尼亚(Luc Montagnier,1932—)和美国健康研究中心的研究员伽罗(Robert Gallo,1937—)发现]。这种病毒事实上完全依赖血液或精液传播,尽管研究者在其他一些体液中也发现了艾滋病病毒。这些

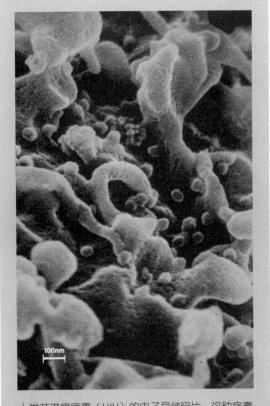

人类艾滋病病毒(HIV)的电子显微照片,这种病毒能够传染,引起获得性免疫缺陷综合征(艾滋病)。

体液包括唾液、眼泪、尿、母乳、脑脊髓液以及某些子宫颈和阴道的分泌液。起初,艾滋病病毒有时经输血传播,并且在某些情况下,通过治疗血友病所用的凝血剂传播。最早的一种防治措施就是测试血液供应和凝血剂供应,以防止艾滋病 1 型(HIV-1)病毒,结果,这种感染源在 1985 年终于被切断了。

1983 年 1 月,美国出现了异性恋受害者的首例报告,他们共用静脉注射器注射毒品。疾病可以通过微量的被感染血液传播,事实上,当吸毒者把用过的针从一人转到另一个人时,针上的一滴血就足以传播艾滋病。静脉毒品使用者很快就被公认为是这种疾病的主要危险人群。

艾滋病病毒攻击宿主的免疫系统,从而导致宿主死亡。免疫系统是身体的一部分,专门用于对付病毒、细菌和其他入侵者,以抵御疾病和感染。艾滋病病毒附着在宿主细胞表面的特殊接受器上,钻进细胞内部,在里面复制,再杀死细胞。艾滋病病毒最喜爱的接受器,是人体免疫系统中的重要成员,叫做 CD4 T 细胞。CD4 T 细胞识别血液中外来的攻击者,帮助系统中其他细胞制造抗体。它们还帮助第三种类型的细胞发展成为效应 T 细胞。所以,CD4 T 细胞的损失对免疫系统的另两个部分具有破坏性作用,既影响抗体对付进攻的病毒,又影响效应 T 细胞的产生。

死亡并不即刻到来,事实上从感染病毒到发展成艾滋病,可能要经过数年或者更长时间。在此期间,感染者可能是一个不为人知的病毒携带者。在 20 世纪 90 年代初,有一个估计数字是美国感染艾滋病病毒的人在 100 万至 150 万之间。一旦艾滋病发作,疾病的

进程有可能缓慢变化,但最终结果总是一样的:由于免疫系统虚弱,人很容易得病,在与偶得的疾病反复较量之后终于死亡。据报道,1981 年到 1991 年之间美国有 19 万例艾滋病患者,其中 12 万人死亡。到 2000 年,全世界感染艾滋病病毒的人数达到 3470 万。世界卫生组织报告,在 1981 年到 2000 年底之间,死于艾滋病的人数达 2180 万。

是什么使得艾滋病 1 型病毒如此不寻常地具有致死效应?因为它把自己伪装成身体的一部分,然后使免疫系统的关键组成部分 T 细胞无法识别。要找寻一种治疗方法特别难,因为 HIV 病毒轻易就会"变脸",从而产生抗药性。然后,变异的新病毒继续兴风作浪,并以新的形式复制,不受药物影响,也不被人体免疫系统识别。

有好几种药剂已经被发现,对疾病可以起到延缓进程的作用,其中包括迭氮胸腺嘧啶核苷(AZT)和双脱氧肌苷(ddI),尽管它们具有许多毒副作用。人们迫切想要攻克这一顽症,但是工作极为艰巨。艾滋病病毒比起大多数流感病毒来,变异要快 1000 多倍,要研制一种战胜它的疫苗或者药剂,正如有些科学家说的,"就像试图击中活动靶子一样"。再有,大多数疾病的治疗都试图激励人体本身的免疫系统来取得胜利。但是在艾滋病中,免疫系统正是受到攻击的系统。然而,1993 年 2 月,在实验室里研究艾滋病的研究者发现,某些药剂的组合,特别是一种特殊的三重组合,对病毒产生了有希望的效应。尽管病毒还能够像往常那样变异,以便产生抗药性,但是新型病毒有时却不能复制。这就意味着,一旦特定的病毒寿终正寝,它将绝后。如果这一过程不断重复,经过较长的时间并且一直持续下去,病毒最终有可能在它的宿主体内死亡,战争就会胜利。但是到了 10 月就发现,这一三重组合策略并不总是有效。有时病毒会抵制复合药剂,从而继续生存和复制。事实上,在其他研究者所做的实验中,这一策略并不奏效;变异的病毒看来还能够生存,继续它的正常生命周期。所以,三重组合的药剂并非病毒失效的必要条件。没有找到任何可用疫苗,尽管做出了种种努力,但前景不容乐观。正如一位研究者所警告的,由于这一病毒的特性,疫苗可能事与愿违,把免疫系统本身误认为有待攻克的病毒。因此至今还没有治疗艾滋病的魔弹。

迄今为止,艾滋病依然是人类抵御疾病的一场巨大失败。在医学领域,由于一个世纪来科学的杰出成果,我们盼来了磺胺类药物、青霉素和各种免疫接种,从而享受到历史上从未有过的高寿和多育的人生。我们能否找到一种方法来战胜这一微小而有非凡变异能力的致命杀手?只有时间可以做出回答。

与此同时,我们抵御艾滋病的最好方法就是通过教育。如果我们能够成功地避免艾滋病毒从一个宿主传到另一个宿主,最终它将不再流行。这一计划的关键是要让每个人都知道,没有保护的性关系("不安全的性行为")和静脉注射吸毒(特别是共用针头)是极其危险的行为。这是三种最容易传播艾滋病病毒途径中的两种。(第三种途径是分娩时从母亲传给婴儿。)研究已经表明,一旦传染上了艾滋病病毒,宿主最终将会发展成艾滋病,因此而死亡。但是,只要避免危险行为,每一个人(除了受感染的母亲出生的孩子)都可以保护自己。

对于无数饱受折磨的个体来说,他们依然怀有治愈的渴望。还有更多的人可能在未来的岁月里遭遇这种疾病,因此对于有效的疫苗接种和治疗方法的祈求从未终止。研究仍在进行中。

遗传工程的诞生

尽管艾滋病研究领域进展缓慢，但其他领域的重大成果却是层出不穷。20 世纪中叶，克里克和沃森在分子水平上做出的突破，大体上与其他生物学家的研究齐头并进，这类研究针对的是一类有趣的特殊病毒，它们专门攻击细菌。这类病毒的名字叫做噬菌体（"细菌的食客"），它们有着非同寻常的特性，最终导致发现把遗传物质从一种生物体转移到另一种生物体的途径。这些机制的揭秘和新技术的结合，导致出现了这一世纪最令人称奇的一项科学进展——遗传工程。

不过研究起始于细菌而不是它们的寄生物。莱德伯格（Joshua Lederberg，1925—2008）在 1952 年开创了这条途径。他注意到细菌通过配对结合，过程类似于复杂有机体的性交，来交换遗传物质。莱德伯格还观测到有两种不同的类型，他称之为 M 和 F。F 菌株都含有他称为质粒的一种物体，会把质粒传递给 M 细菌。后来证明，质粒含有遗传物质，这是海斯（William Hayes，1918—1994）第二年发现的。几年前刚刚搞清楚遗传密码是由 DNA 携带的；质粒似乎是一种环状 DNA，从细菌染色体的 DNA 中游离出来。

这一发现为解决医药领域中正在面临的问题提供了立竿见影的帮助。20 世纪 30 年代和 40 年代发展起来的磺胺药物和抗生素已经运用多年，许多细菌对它们产生了抗药性——难以遏制的流行病又开始卷土重来，特别是在医院里。1959 年，有一组日本科学家发现，抗药性的基因是由质粒携带的，一个细菌可以有数个质粒复制件，然后从一个细菌传递给另一个。如果把少量具抗药性的细菌引进一个群体，就会使整个群体迅速地也具有同样的抗药性。

与此同时，早在 1946 年，正独立对噬菌体进行研究的德尔布吕克和赫尔希发现，来自不同噬菌体的基因可以自发重组。瑞士微生物学家亚伯（Werner Arber，1929—　）对这一奇异的突变过程进行了详细观察，做出了惊人的发现。细菌在与敌对的噬菌体作战时采取一个有效的方法：它们用一种酶分解噬菌体的 DNA 并限制噬菌体的生长，这种酶后来就叫"限制酶"。噬菌体不再活跃，于是细菌继续自行其是。

到了 1968 年，亚伯已经可以把限制酶定位，并发现它仅位于那些含有特定核苷酸序列的 DNA 分子上，这些核苷酸序列恰是噬菌体的特征。

亚伯密切观察内在的机制：被分解的噬菌体基因会发生重组。他发现，一旦分裂，DNA 的分裂端就是"黏性的"。也就是说，如果细菌的限制酶不在场，不去阻止重组的发生，则在同一位点已被分裂的不同基因将会重组，如果把它们放在一起的话。重组 DNA——也就是说，来自于不同物种的 DNA 碎片通过人工方法而合并——的诞生呼之欲出。

接踵而来的是，1969 年贝克维斯（Jonathan Beckwith）及其合作者第一次成功地分离出了单个基因，这是细菌中与糖的新陈代谢有关的一种基因。看来一切已准备就绪。

20 世纪 70 年代初，美国微生物学家内森斯（Daniel Nathans，1928—1999）和史密斯（Hamilton Smith，1931—　）拿过接力棒，开始培育各种限制酶，它们能够在特殊位点上切割 DNA。1970 年史密斯发现一种酶，能够在一个特殊位置上切断 DNA 分子。内森斯进一步研究这个过程，找到了制备各种核酸片段的方法，研究了它们的特性和传递遗传信息的能力。现在研究者真正走上了重组 DNA 之路，这就是说，先是分离出核酸，然后使它们以不同形式重组。史密斯和内森斯由于他们的划时代发现而荣获 1978 年诺贝尔生理学或医学奖。

麦克林托克和转座基因

　　要了解基因可不是一件容易的事情。当植物学家麦克林托克1951年在冷泉港定量生物学会议上宣读论文时，很少有人真正懂得她讲的内容。她正在说的是，一个高度独立的研究者，基于她对玉米基因逐代仔细的观察，发现有些基因很容易跳跃，经常从染色体的一个位点跳到另一位点。

　　麦克林托克的这一观察所得后来被称为"转座"或者"跳跃基因"，这一结果与摩尔根及其小组在20世纪上半叶对果蝇遗传的丰富认识是互相冲突的。

　　当麦克林托克于1944年开始这一工作时，她刚刚被选为美国科学院院士，并且就任美国遗传学会主席，她是第一位任此职务的女性。她意识到，她的研究不合潮流，但是从一开始，她就感觉到证据在她手里。她锲而不舍，尽管这当中有两年她就像是被人遗忘那样，别人不知道她从事的是正道还是迷途。不过，她后来对冷泉港实验室的一位同事威特金（Evelyn Witkin, 1921—   ）说：

　　"我从来没有遇到无法跨越的障碍。并不是我已经有了答案，而是（我有）乐趣做下去。当你有这种乐趣，你就会正确地做实验。你让材料告诉你向哪里走，它会在每一步告诉你下一步该怎样走，因为你正在心里形成一幅全新的整合图景。你决不因循守旧；你相信新的图景，而且你做的每一步都针对它。你不用费尽心机帮助它，因为它就是一个整体。那里不存在困难。"

　　麦克林托克是非常严谨的科学家，她不会随便做出结论。但是就像大多数能干的科学家，她也凭直觉行事——实际上是基于多年的密切观察和辨认模式的卓越本领。她发现的现象是一个调节和控制的复杂过程，有时候，和已知事物没有任何共同之处。由于有了控制机制，染色体可以断裂、分离，并且以不同的方式重组——

1951年麦克林托克在冷泉港会议上。

所有这些都通过井然有序的观察手段所得。通过大量观察印第安玉米籽粒的颜色变化，并与她所观察到的染色体结构的变化相联系，她才最终达到这一结论。

　　只是在最近，麦克林托克的转座工作才被人们公认是关于基因功能的基本和革命性的概念。许多年来，麦克林托克的转座研究和孟德尔的遗传成果一样被人们忽视了；她遥遥领先于时代。然而后来证明，麦克林托克是正确的，当其他研究者开始发现基因有时会转移的证据时，他们才想起，她是最早说这件事情的人。

　　1983年，麦克林托克在81岁时荣获诺贝尔生理学或医学奖。1992年9月她在纽约的亨廷顿逝世。沃森把麦克林托克描述成是遗传学领域里三位最重要的人物之一。

1973年柯恩和波亚尔（Herbert Wayne Boyer，1936—　）把两种技术——一种技术是把限制酶定位于质粒，另一种技术是分离特殊基因——结合在一起，又导致了一个非凡的突破，这就是所谓的遗传工程。他们先是切断从大肠杆菌中发现的质粒，然后把来自不同细菌的基因插入质粒的缺口。再把质粒放回大肠杆菌，于是细菌又像平常那样复制，但复制得到的细菌却变换成了别的细菌。这是一个令人惊奇、功力无比的绝技。其他科学家在随后几个月里纷纷投入研究，他们用其他物种重复这一过程，把果蝇和青蛙的基因插入大肠杆菌。

但并不是每个人都认为这是好主意。1974年伯格（Paul Berg，1926—　）和其他生物学家在美国国家科学院的支持下召开了一个会议，拟定了一份指导方针，要求遗传工程应该受到严密控制。从那时起，双方的关系一直处于紧张之中，一方希望进一步探讨遗传工程；另一方则担心会产生不良后果并希望对它有所控制。

但是到了20世纪80年代，遗传工程师成功地生产了好几种特殊的蛋白质，满足了某些病人的需要，如人体生长激素、胰岛素、白细胞介素-2和血液凝固溶解剂。它们还可用

遗传标志和人类基因组

有些疾病并不是由一种寄生病毒或细菌引起的，而是遗传的，也就是说，是一代一代传下来的。其实，已知大约有3 000多种疾病是由特殊的基因引起的。由单个基因引起的亨廷顿氏病就是一个例子，两个基因的组合而引起的囊性纤维症又是一例。如果我们能够分离出引起特殊疾病的特殊基因，将会受益无穷，但这显然难以达到。

但这不是不可能。DNA可以用细菌中得到的限制酶进行分割。技术已经发展到能够根据长度对这些DNA进行分类，然后运用一种叫绍世恩切割［取此名是为了纪念发明家绍世恩（Edward A.Southern）］的技术，从分类后的片段中挑选特殊的DNA片段。

在一个家庭里，如果有一些成员遗传了一种特殊的病，如果你能够比较这一家庭里每个成员的DNA长度，并且如果你知道有哪些成员得病，就有可能辨认出一段特殊的DNA，在所有患病家庭成员中，它看上去都是相似的，于是这一段DNA就成为这一致病基因的标志。最终科学家可以利用这一标志去寻找基因所在的染色体（23对之一）。1983年戴维斯（Kay Davies，1951—　）和威廉孙（Robert Williamson）第一次找到了一种遗传病的标志，这种病叫做杜兴肌营养不良症。

1988年，美国国家科学院发起一场巨大的事业，绘制人类基因组中所有基因的图谱，这一任务很快就变成一项国际性合作事业，它完成于2003年4月。它是现代生命科学最伟大的成就之一。

来生产乙肝疫苗和改善器官移植受体组织的性能。这些产品大多数是在大型发酵罐里生产的，处于严格控制的环境中，这样一来，对这类遗传工程的反对意见有所减少。再有，遗传工程已经成功地给某些遗传性疾病，例如亨廷顿氏病或杜兴肌营养不良症，定位了基因标志。

1952年，当美国生物学家布里格斯（Robert William Briggs，1911—1983）和金（Thomas J. King，1921—2000）成功地实施了一项精细的手术时，一个新的探索领域从此打开。他们移走了一个细胞的核，核里含有全部的遗传物质，取而代之的是另一个细胞的核，这就是被称为核移植过程的诞生。

15年后，英国生物学家古尔顿（John Bertrand Gurdon，1933—　）在1962年成功地克隆了一个脊椎动物，这是以前从未有过的壮举，他从南非有爪树蛙的肠细胞中取出核，把它移植到同一物种未受精的卵（卵细胞）中。于是，一个新的、完全正常的个体开始发育了——原初意义上的克隆。

从古尔顿的突破，到其他人于20世纪70年代在基因和染色体水平上的突破，对生物体在最基本的水平上如何发挥作用的问题取得了新的认识。

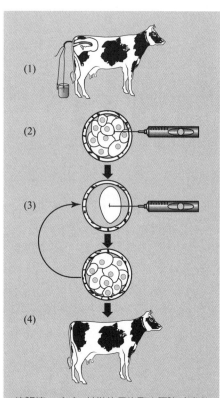

核移植　（1）从供体母牛取出胚胎（或者从体外授精获得胚胎）。（2）从供体胚胎取出单个细胞。（3）把胚胎中取出的细胞注入核已取走的卵细胞。（4）带有新核的卵细胞生长，变成了多细胞胚胎，然后或者重新进入克隆过程（箭头向上），或者放入母牛的子宫进一步发育并出生。

当科学家对基因和DNA了解更多时，在遗传控制方面就有了各种各样的新前景。控制遗传特征的愿望自古有之——只举几个例子，种小麦的农民、马匹的驯养者和养鸽爱好者，多少个世纪来都通过杂交来得到所需的动植物品种。然而现在，围绕基因水平的干预——所有类型的遗传工程都是如此——成了有争议的课题。转基因食品带来了安全性问题，转基因种子的不必要播撒带来了环境安全的担忧。随着非洲国家拒绝廉价的转基因食品——因为他们担心，进口转基因种子会污染当地农作物从而失去他们在欧洲的农产品市场——冲突就成了一个政治性难题。

随着人类基因组工程的完成，另一条通向遗传工程的途径——干细胞研究和基因治疗——有了更完备的知识基础。基因治疗的着眼点在于处理或治疗已经确认的近3000种遗传病症。对于许多患者来说，如果没有治疗，将会终生处于痛苦之中，并且常在年轻时就会死去。尽管现在基因治疗还没有被认可为医学治疗，不能用于诊治疾病，但是它正在进行必要的临床测试和安全及功效试验。科学家都很乐观，认为它终将是治疗遗传性疾病的有力新工具。

但是，干细胞研究则面临着伦理争议，因为干细胞（从尚未分化的胚胎中取出的细胞）极为适宜于遗传工程目的，这时胚胎就成了这一过程中的牺牲品。初生胚胎尽管非常幼小，某些团体还是把它看成是个体生命，因此他们认为，一旦进行干细胞研究，个体生命就失去了。在核移植技术运用领域，也遭遇伦理问题，当细胞核被放入一个已经去核的卵中时，在某些团体看来，一个潜在的生命已经遭到破坏。

这就是为什么一只名叫多莉的绵羊在1997年出生时成为如此轰动新闻的原因。

一只著名母羊的生与死

1997年2月，苏格兰爱丁堡市附近罗斯林研究所的研究者宣布了一件新闻引起了巨大的反响，他们宣布一只名叫多莉的绵羊去年夏天出生，正在享受健康的生活。但是这只年轻的母羊非同寻常。它是母亲的克隆。它的母亲是一头6岁的成年羊。这是第一例成功地由体细胞克隆而成的哺乳动物——不是从干细胞。科学家曾经多次尝试运用体细胞克隆哺乳动物，但都没有成功，许多人认为它做不成。多莉正好说明他们错了。

无可否认，克隆不是正常的生殖过程。尽管多莉看上去完全正常，它却不是来自正常的卵，也没有精子参与。多莉只是它母亲的复制品，它母亲提供了DNA。多莉没有父亲。这一事件的诡异色彩使一些人不安，但是也有许多人充满信心，认为克隆不仅可行而且安全，并且不涉及胚胎干细胞的运用，这一技术有可能用在人的身上。多莉在各方面都是一只完全正常的绵羊——绝不是拼凑糅合而成。1998年，它和一只威尔士山羊正常交配，生下了邦妮，一只正常的6.7磅重的羊羔。

令人悲哀的是，多莉于2003年2月14日6岁时因呼吸道疾病而死去。科学家认为，它的早死是由于快速老化造成的，因为它的生命开始于成年细胞，老化过程已经在其中进行了好几年。然而，罗斯林研究所的研究者们在胚胎学家维尔穆特（Ian Wilmut，1944—　）的领导下，已经做成了不可能之事。也就是说，他们做成了当时所有人都认为是不可能成功的事情。其他研究者曾经试过，但都以失败告终。

世界上第一只成功地利用成年细胞克隆的绵羊多莉。在这里显示的多莉正与它的羊羔邦妮在一起。邦妮是自然受孕和分娩的，完全正常。不幸的是，1996年出生的多莉只有6年的短暂寿命。

于是，到了1997年，遗传工程及其伦理问题突然成为众矢之的。随着多莉的诞生，许多"如果—怎样"的问题立刻变得更为真实。今天仍然众说纷纭——不仅针对克隆、它的正负效应以及未来影响，而且还涉及整个遗传工程领域。争论围绕着遗传工程的方方面面。人们关注遗传工程用于植物、食物、病毒、濒危物种和人体治疗等方面问题。多莉戏剧般地第一次把这些问题和争论带到了公众的面前。

公共政策很快就作出了反应。美国总统克林顿（Bill Cliton，1946—　）立即要求制定法令，禁止在美国进行人体克隆实验。世界上许多国家都明令禁止人体克隆。当操纵基

维尔穆特和多莉在一起。

因的科学知识和技术越来越进步时，问题也变得越来越复杂。1998年，19个欧洲国家签署了第一份国际性条约，禁止人体克隆。2001年8月9日，美国总统布什（George Walker Bush，1946—　）宣布决定，限制人类干细胞研究获得联邦研究经费。

　　与此同时，罗斯林研究所的维尔穆特小组及其他研究成员继续探讨在动物中运用克隆技术。在宣布多莉出生的同年，罗斯林研究所宣布了波莉的诞生。波莉是第一头使用核转移技术的克隆羊，它带有人类基因。但是，波莉是用绵羊胚胎的纤维原细胞——而不是体细胞——克隆所得。波莉是用这一技术得到的五只中的一只，这五只绵羊中有两只具有人类基因，这就在理论上可以用于治疗人类遗传疾病。例如，基因可能诱导母羊的乳汁中产生有助于血友病患者凝固血液的蛋白质。

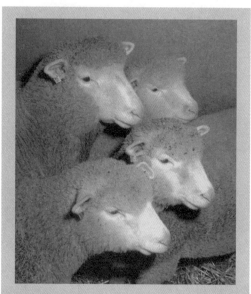

波莉是第一只带有人类基因由核转移技术克隆的绵羊，图为波莉及其姐妹们。

　　在科学与公众的争议声中，基因工程经历了一番风风雨雨的洗礼。许多人担心，生怕这样的实验会把遗传工程产生的细菌释放在周围的环境里，甚至显然是无辜的产品，例如转基因马铃薯都具有负面的公众形象。但是，只要恰当使用，遗传工程可以成为干预我们生活和健康的有力工具，无疑它是20世纪最重要的发现之一。

　▲ 年4月1日魏格纳带领一批科学家乘坐"旗鱼号"船前往格陵兰岛。此行目的是研究冰帽上的气候和大气层高处的急流。
4月15日，他们登上了格陵兰岛，比计划晚了一个月时间，港口仍冰天雪地。6月15日，一支队伍动身到离海岸线400千米处的
冰层上建立爱斯米特营地。恶劣的天气阻碍了营地物资供给。9月21日，魏格纳亲自带领一支由14人组成的援救小组，由15
支狗拉雪橇向营地运送物资。因天气恶劣，雪橇减少到3支。途中有12名队员不愿坚持而返回基地。虽然如此，他和仅剩的
两个同伴经过40天的跋涉，于1930年10月30日到达该营地。上图为1930年4月1日魏格纳乘坐"旗鱼号"船去格陵兰探险出发
时的情景。

▲ 1930年魏格纳在海拔4000米处的格陵兰探险时的情景。

▶达尔文的表弟弗朗西斯·高尔顿，一生都执著地热衷于有关杰出思想家的遗传谱系统计研究。图为他建立的"人体测量实验室"。当达尔文在人类学研究方面保持沉默期间，高尔顿建立了偏离达尔文主义的第二大支流，创立了所谓的"优生学"，但他对达尔文理论诠释得面目全非，所以，终在1871年被达尔文否决。

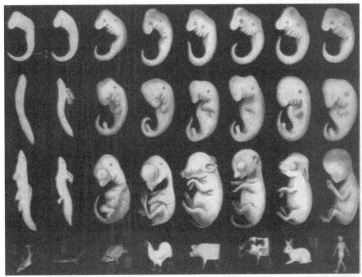

◀鱼、火蜥蜴、龟、鸡、猪、牛、兔、人类的胚胎发育比较。从图中可见，人类和许多低等动物的早期胚胎相似。

▶今天，在实验室里，对"进化论"的研究仍然在继续。随着科技的进步，达尔文曾推断出所有生物体是"从某一个原型细胞遗传下来的"，这种尝试性的结论得到了有效论证。

▲ 电子显微镜下的硅藻图片，现代科技让观察日愈深入和细致。

第八章

人类是从哪里来的？

从土耳其南端到莫桑比克，蜿蜒于七个国家的大裂谷就像一条边缘粗糙的伤疤，跨过东非的大量干旱土地。荒凉、炎热、难以接近、狂风劲吹，这块岩石遍布、到处都有裸露着的古代地质层的荒地，成了寻找人类历史的宝地。在这里有好几座古老的湖床，附近发现了大量几千万年前的骨骼。这些骨骼原来埋葬在古老岩石和沉积层之下，伴随着断层的移动而露出地面，又被常年风吹侵蚀。最后，被一位路过的训练有素的古生物学家拾起，对于那些形状奇特、似有奥秘的碎片，他总是格外警觉，见到了就会把它们带回来、进行编号登记——然后进一步寻找其他骨骼，如果可能的话，再寻找工具以及其他生活方式的证据。

在这块土地上工作并不容易。要把人科动物——指的是我们以及我们两腿直立行走的祖先——的历史拼凑在一起，要求具有敏锐的眼光、耐心细致的双手、不同专业的科学家们通力合作，以及最重要的是，热爱这一事业，不在乎批评。古生物学是最有争议的学科之一。因为古生物学家必须从骨头碎片和支离破碎的证据中作出结论，科学界同行看不起他们的理论，因为非此领域的科学家认为这些古生物学家证据不足，推论太多。即使他们内部也难达共识。他们的工作是探究最棘手、最带感情色彩的课题：寻找人类和猿猴属于同一祖先的证据。

当达尔文第一次提出这一思想时，据说伍斯特主教的夫人曾经声明："让我们希望这不是真实的，但如果确实是，让我们祈祷它不会变得家喻户晓。"这样的拙见至今仍有许多人主张。结果，这一得不到问津的职业很难申请到经费，然而还是有一个研究所和一个家庭长期以来获得了公众的关注和支持，他们就是美国国家地理学会和肯尼亚的利基一家。

著名的利基运气

利基（Louis Seymour Bazett Leakey，1903—1972）出生于肯尼亚，他的父母出生于英国，作为传教士来到肯尼亚，因而利基总把肯尼亚视为自己的家。他是一位个子高大、眼睛闪亮、特立独行、富于直觉的人。正是他引导公众从正面评价人科动物，他为此而付出的努力前人从未有过。因而他引来了大量争议。但是利基和他的夫人，考古学家和古人类学家玛丽·尼科尔·利基（Mary Nicol Leakey，1913—1996）一起，改变了人类史前史的整个图景。

　　玛丽亲自走了许多地方,她建立的系统后来成为这一职业的标准,她还作出了许多发现。她做事有条不紊、认真仔细,恰好与利基的冲动、喜怒无常、仅凭直觉行事的作风构成完美的互补。她曾经声称:"如果我们是同一类人,我们就不会做出这么多成果"。玛丽还是一位训练有素的艺术家,她为利基的出版物绘制了大部分插图。

　　1959年的一天早晨,玛丽正在坦桑尼亚北部的奥杜韦峡谷遛狗,她和利基一直在那里工作(利基由于发烧返回了营地)。这时,她那双训练有素、警觉的眼睛偶然瞥见了一个东西,就在离地面大约20英尺的一个截面中。仔细一看,原来是一块骨骼,初看上去不像是人科动物的骨头。但是当她刷去泥土看到牙齿时,不由得异常激动。她后来写道:"这一发现使我兴奋异常,不由得急速返回营地,叫起利基。"利基并不像玛丽那样兴奋。他认为这块化石看起来像是南方古猿头盖骨,而他正在找人种化石。

　　南方古猿最早是1924年达特给他在南非发现的化石起的名字,后来统称为"汤恩"。南方古猿意味着"南部的猿",但是大多数研究者部分根据南非的布卢姆的更多发现得出结论,南方古猿并不是猿,而是两腿直立行走的人科动物。但利基坚持认为,人类已经走过了一段非常长的时期,而布卢姆和达特的南方古猿尚未古老到能当人类的祖先。但当时很少有古生物学家同意他的主张。

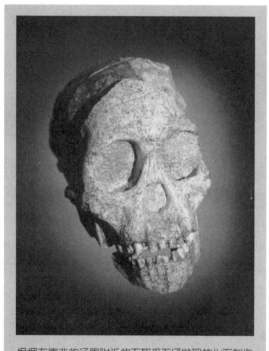

根据在南非的汤恩附近的石灰采石场发现的化石制作的南非古猿原始样品。

　　当他们进一步考察遗址时,甚至连利基都难按捺兴奋之情。他们发现,在古人类学家认为遗址的地方,成千上万年以前,一群人科动物曾经在这里安营扎寨。比起曾被发现的遗址,它要更为古老、更为完整并且保存有更多的实物。

　　在印度洋以西300英里,临近坦桑尼亚的维多利亚湖有一个奥杜韦峡谷,悬壁深达300英尺以上,横穿一个现在早已干枯、满是尘埃的古代湖床。沉积层沿着湖壁暴露无遗,覆盖的时间宽度从更新世早期开始长达196万年。峡谷穿过古代湖泊边岸,露出一层复一层的栖息地,表明人科动物曾沿湖而居。随着湖水的涨落,这些人科动物总是沿湖岸安家,一路迁移,留下遗骸,遗骸被水淹没、被沉积物盖住,偶尔幸运地被附近正在爆发的火山喷出的灰烬覆盖。尽管有机残余都腐烂掉了,但骨头和用作工具的石块都得到了保护,因免于风吹日晒而保存了下来。

科学的工具：它有多老？

　　化石的背后没有标记时间，你怎样知道化石的年纪是多大呢？过去几十年里，建立了好几种不同的年龄测定技术，它们中的大多数都高度复杂。许多方法都是基于放射性同位素具有可预测的半衰期，最早提出这一方法的是美国化学家利比（Willard Frank Libby，1908—1980），他在1947年发明了碳14测定法。

　　碳14同位素是1940年发现的，它的半衰期（放射性物质衰减成一半所需的时间）长得惊人，等于5 700年。利比看出这一事实可以用来测定时间。宇宙射线把地球大气中的某些氮14转变成碳14，因此在大气中总是有一定数量的碳14存在。利比认为，由于植物在光合作用中吸收二氧化碳，所有植物组织中的分子自然含有一定比例的碳14，正如大气中也自然存在碳14一样，尽管比例非常之小，却总是存在。由于碳14是放射性的，就有可能以极高的精确度测量它发射的β粒子。

　　然而，一旦植物死亡，光合作用就停止了，植物不再继续吸收二氧化碳或碳14，这时残存于植物体内的碳14继续衰减却得不到置换。利比断定，通过测量植物体内残存的碳14浓度，就可以算出这一植物死了多久。这一方法的精确度之高令人惊讶，它可以用于木材、羊皮纸、布料等样品——任何由植物制成的东西——测定它的年纪，可达50 000年（用特殊技术可以提高到70 000年）。由于动物吃了植物（或者吃了吃过植物的其他动物），碳14测定法还可用于测定骨骼化石的年代。在化石研究中，这是少数几种利用化石本身的定年技术之一。

　　我们现在知道，大气中的碳14浓度会随宇宙射线辐射的水平而变化，所以碳14定年法需要和某种已知的标准比对，如树木的年轮。

　　由于碳14定年法在范围上有所限制，测定非常古老的人科动物化石需要用其他方法。1961年发现的钾氩定年法可用于给东非大裂谷之类的火山地区岩石定年。由于火山地区的年代确定有这种特殊的便利，因而大裂谷化石比那些在更南的洞穴地区发现的化石更容易定年。

　　当火山爆发时，它喷出熔化的火山岩，其中包括含钾的矿物。所有的钾中都含有微量的同位素钾40，它衰变时按已知的速率形成氩气。火山喷出的熔浆冷却后形成晶体，钾40衰减形成的氩禁闭在晶体中。测量晶体中所含的钾40与氩的相对比例，就可求出熔浆冷却花了多少时间。还有一些方法可用于核查氩是不是从晶体中遗失了。

　　在大裂谷之类的地区，熔浆流动组成的岩层总是夹杂着沉积层，化石就是在这些沉积层中发现的。从这整个形成过程中的一系列间隔，可以算出一系列时间。

　　这些技术和其他定年技术——例如热发光定年法、裂变轨迹定年法、动物区系定年法（基于同一地层发现的动物化石的进化阶段）和测量残余磁性定向法——都是在为测定古老化石的年代技术添砖加瓦。

在这个地点附近，人科动物吃剩的动物骨头仍然存在，许多骨头被敲裂了，显然是食用者为了吸取骨髓。这里还到处散落有石器——所有这些都位于玛丽发现头骨的附近。再有，岩石中一层一层的火山层也可作为一种新的定年技术，叫做钾氩定年法，这种方法第一次用于玛丽的发现。路易斯为其取了一个名字，叫做"东非人鲍氏种"，它们距今已有175万年之久。按照定义，工具的出现意味着它们是早期的人类。这是迄今为止所发现的最早与工具有联系的人科动物，这一发现从根本上改变了关于人类进化时间表的科学观。大多数科学家没有想到南方古猿会做工具——而利基也不想让它们出现在人类历史的直系中。然而，事实却是这样。

利基保留自己的观点，他创造了一个新物种——东非人，意思是"来自东非的人"。它的全名是"东非人鲍氏种"，用于纪念鲍依塞（Charles Boise），这位捐助人使利基夫妇有可能在此地工作。（利基是一位不知疲倦的基金申请者，后来拿着东非头骨到美国，用这一发现说服了美国国家地理学会资助他。）他有时称之为"咬碎坚果之人"，因其头顶有明显突出的梁，上面附有大块肌肉可以操纵强有力的下巴和巨大的臼齿（取名的理由）。不过，利基最终在命名争斗中败北，这一标本后来重新分类为南方古猿鲍氏种。

与此同时，正当利基夫妇在非洲的奥杜韦工作时，也就是在玛丽发现东非人的前几年，伦敦的大英博物馆安静的大厅里发生了一场闹剧：在古人类学的世界里一场恶意诽谤正在上演。

重忆辟尔唐人

对于1911年英国的古生物学家和人类学家来说，辟尔唐头盖骨的发现是当时发现的所有人科动物化石中最令人振奋的一个，尽管还有些令人困惑。在英国苏塞克斯一个叫做辟尔唐的公共地附近，修建道路的工人们在沙砾坑里发现一具头盖骨，最早是被一位名叫道森的律师所注意。他认为这一定是化石，于是把它拿给大英博物馆的古生物学家伍德沃德看。令伍德沃德惊讶的是这一事实：这个头盖骨与1857年在德国发现的30 000—40 000年前的化石尼安德特人不一样，它没有突出的眉额，更像现代人。他不由得大为好奇，和道森一起来到现场，希望能找到骨骼的其他部分。几天后，道森在不远处发现了一块下颚骨。下颚骨和头盖骨的其余部分一样，都呈褐色，似乎正是同一骨骼的一个部件。但是，头盖骨似乎更像是现代人的头盖骨，而下颚骨却像是猿的。但牙齿又不像是猿的，它和人类的牙齿一样，被咀嚼磨损了。

当研究者试图解释辟尔唐人这些奇怪的特性时，巨大的争论随之而起。伍德沃德把两块碎片——没有面部，也没有下颌关节——当做骨骼证据，放在一起重建一个头盖骨，其头部形状和脑容量正与其类猿下颌相称。与此同时，著名人类学家凯斯爵士宁愿强调，大的脑容量和明显更像人的头颅结构——显然比尼安德特人更进一步——并且下颌构造看上去更不像猿。确切地说，这就是猿与人之间的一环。

实际上，凯斯如此偏爱大脑袋祖先的设想，以至于当达特1924年在非洲发现南方古猿时，他就曾经强烈地质询，它是否能够成为链条中的一环，因为它有一个小的脑袋和类人的下巴，正好与凯斯重建的辟尔唐人相反。凯斯在这些事情上是相当权威的反对者。有一次他邀请怀疑者打碎一个已知的头盖骨，然后根据若干碎片他就可以完整地予以重建。

但是直到 20 世纪 50 年代初，辟尔唐人的真相才大白于天下，当时大英博物馆的奥克莱（Kenneth Oakley，1911—1981）采用一种新方法，可用于测定古代骨头是否同一年代（这个方法对任何考古挖掘都非常有用）。当奥克莱用他的放射性氟定年法测试辟尔唐人的下巴和头盖骨时，发现头盖骨比下巴骨要早好几千年。正如一位科学家所证明的，除非"人死了，但他的下巴骨还继续活了几千年"，这两个碎片显然不属于同一个体。

更为深入的考察发现了更多的东西。后来证明，下巴骨原来属于一只猩猩，曾经修补过，牙齿用锉刀锉过，以便看起来像人牙，连接处有些破损从而不易看出破绽。两块碎片都涂成褐色并一起放置在沙砾深坑里。

1953 年 11 月，奥克莱宣布这一发现，立刻出现了这样的通栏标题：辟尔唐猿人是一场骗局，化石作假使得科学家受到猴子的愚弄。

没有人确切知道谁是这一骗局的始作俑者。道森可能是一个合适的人选：他酷爱化石，而辟尔唐人确实使他的名字列入了科学史册。福尔摩斯的作者柯南·道尔（Arthur Conan Doyle，1859—1930）是又一位可能的嫌疑人：他住在附近，热衷于不择手段地嘲弄科学家。但是没有人知道底细。能够肯定的是，一些著名的英国科学家相信这是真的——也许是因为他们不愿再看到，在人类起源早期史的研究中，法国和德国总是独占鳌头，或者也许在某些情况下，大脑袋反映了他们自己的信念，头脑是现代人脱颖而出的显著特性。

在我们这些旁观者看来，这些优秀出众的科学家居然会对（现在看来）如此明显的骗局轻信不疑，实在令人吃惊。但是，正如阿西莫夫针对这类主题所评述的，后见之明当然容易。1911 年人们很少知道人科动物的进化——现在掌握的复杂定年法和测试技术，当年的研究者都没有。辟尔唐人可以看成是一个极好的教训，说明一个人多么容易被自己的偏见和假设所愚弄。我们太多地看到我们想要看到的东西，而如果我们真的想要找到真理，我们必须看得更远些。

这场骗局的直接效应就是使古人类学威信扫地。英国议会的一位议员提议解散大英博物馆，凯斯 1955 年在尴尬中去世，一生良好的职业声誉受到严重玷污。一时间，这一职业的整个科学可靠性都成了问题，人们怀疑，从如此少的证据，怎能作出如此之多精确的推测来呢！

但是科学必定可以自我纠错，它会从错误中吸取教训。第二次世界大战之前，大多数人类学家认为，一个大的脑袋是人科动物最突出的特征之一。人类的虚荣心和辟尔唐人的骗局长时间强化了这一思想。现在辟尔唐人名声扫地，更多的人类学家把注意力放在这一不断增多的证据上，即小脑袋的南方古猿可以直立行走。人科动物的定义现在不再是看脑袋的大小，而是注意腿和骨盆的形状。然而，并不是所有人都同意这样的前提，脑容量仍然占有一定的地位，还有就是工具的使用。

"用手的人"

1961 年发现的"咬碎坚果之人"与利基的人类早期史观点不相吻合，就在这一新闻发布不久，他的儿子乔纳森在奥杜韦峡谷又发现了一块头骨碎片，看来像是"高级"人科动物。专家们用钾氩定年法确定其年代约为 175 万年之久，从现场发现的工具看来，似乎已经有熟练运用双手的能力。于是，这块化石被命名为"用手的人"。

利基的儿子理查德（Richard Leakey，1944—　）写道："这是第一个证据，证明人类谱系的早期成员是南方古猿的同代人，而不是像我们普遍相信的那样是它的后代。"

但是它确实是截然不同的其他物种还是另一个南方古猿，人们为此争论不休。这个区域还发现了其他的碎片，利基一家认为它们属于同一个体的不同部分，但这一鉴定和假设引起了一些异议和批评。

1972 年，和理查德一起在肯尼亚的东图尔卡纳工作的尼更奥（Bernard Ngeneo）发现了一个类似的头盖骨，叫做"1470"。后来这一头盖骨其他的碎片也找到了，理查德的妻子玛爱娃（Maeve Leakey，1942—　）和一群解剖学家把它们复原。理查德相信这个头盖骨是一个真正人类祖先的最古老化石，因为它的脑容量相当大，年龄测定为 189 万年（南方古猿和其他人科动物化石则成了旁系）。

与此同时，更多的南方古猿证据在其他地方正在出土。

∾ 露　西 ∾

1974 年 11 月 30 日，人类学家约翰森作出了一个令人激动的化石发现。他和他的同事在埃塞俄比亚的遥远边区哈达工作，在那里他们挖出了一个迄今最完全的骨骼，距今350 万年。现场勘探人员根据骨盆的形状判断，这是一具女人的标本，于是，给她起了一个名字叫露西。尽管不能绝对肯定这是女性（现场周围没有男性骨盆可资比较），但名字却沿用了下来。给她的科学名字是南方古猿阿法种（即使这些化石没有一个是来自南方，只是第一个古猿是在南非发现的。有些人还在争辩，用"猿"来描述是否正确，但是名字已经沿用下来了）。

根据在南非发现的化石还原的一对成年南方古猿阿法种，这一化石的名字叫做露西，大约生活在300万年前。

露西个子很小——直立只有 4 英尺高——脑袋很小,这就强化了如下的观念,"行走的高个子"先于脑容量的扩大。约翰森发现了一个化石女人的说法不胫而走。然而,正如通常那样,随之而起的是许多争论:关于化石的年龄(也许它只有 300 万年)、关于玛丽·利基在 1 000 英里之外发现的化石是不是同一物种(约翰森宣称是同一物种,而玛丽说不是)以及这一化石在人科动物历史上的地位。

在 20 世纪 80 年代初,局面相当混乱,80 年代的发现虽然精彩,但确实无助于澄清真相。

玛丽·利基1959年7月正在坦桑尼亚的奥杜韦峡谷挖掘早期人类的化石碎片。

⚭ 特卡纳男孩 ⚭

1984 年 8 月的一天,基穆(Kamoya Kimeu,1940—   )正在肯尼亚境内的特卡纳湖边工作,那天他又返回来再次审视昨天在这里路过时看到的犀牛头骨。基穆是和理查德·利基以及沃克(Alan Walker)一起工作的一组专家的组长,理查德·利基现在是肯尼亚博物馆馆长,而沃克是约翰·霍普金斯医学院的成员。从事这类工作需要敏锐的眼光和识别奇异而又能说明问题的形状、颜色或结构的能力,再加上对每一种现象回溯、重审和反思的耐心。

突然一件奇怪的小东西吸引了基穆的眼光:一片小小的头盖骨碎片。第二天全体工作人员都回到那里。黄昏时分他们终于发现了其余的部分,它原来是直立人头盖骨的一部分。他们花了好几天时间把找到的碎片筛选、分类并黏合在一起。但是大部分仍然找不到。他们决定再找一天。第二天,纯粹是碰运气,居然发现了不少战利品:在一株山楂树底部的乱石堆中,有一枚微细的牙齿片段,还有一些失踪的面骨。大家继续寻找。最后发现的是最完整的直立人骨骼,第一次发现了 160 万年前的古人。这是一个男孩,大约 12 岁,站立时约高 5 英尺 4 英寸,对于他的年纪,这一高度已是相当令人吃惊了。

黑 头 骨 人

回到 1959 年玛丽·利基的"咬碎坚果之人",1985 年沃克发现了另一个南方古猿,具有巨大的下颌和突出的眉脊。它被称为"黑头骨人",因为它的化石颜色是黑色的,在肯尼亚的土坎那湖附近发现,定年为 250 万至 260 万年之间。有时称之为"超粗壮人",这是一种更古老的粗壮型物种,分类学上属于南方古猿粗壮型。在所有人科动物头骨中,它的脑容量是最小的,尽管它并不是已经发现的最早的人科动物。它的眉脊最为突出。根据其巨大的臼齿(是现代人的四至五倍)和附在脊突上的发达的下巴肌肉来判断,显然已习惯于咀嚼粗硬的植物茎部或者咬碎种子或坚果。它的头部和面部也比其他南方古猿更为向前倾斜。

黑头骨人比南方古猿鲍氏种早 75 万年的事实暗示,南方古猿粗壮型是人科动物谱系中一个生活了很长时间而且很成功的分支。事实上,1989 年理查德·利基对谱系又有新的看法,他的结论是:依据已有证据,要描述人类的确切演化过程还为时过早。

没有解决的奥秘和后来的发现

在最近几十年里,化石记录尽管粗略,但有一点是越来越明确了:南方古猿必须被看做是一个共享重要特性的亚科。它们已经习惯于直立,是具有类人的牙齿和脑袋相对较小的两足动物。它们会使用工具。它们是人科动物祖先的合适候选者。但是到了 20 世纪末,越来越清楚的是,所谓人科动物的谱系树正在变得越来越不像一棵树,缺乏明确定义的分支和亚分支,倒是更像一株稠密而杂乱的树丛。大量不断发现的新化石和一些已有的发现,在新理论和新技术的重新审查后,表明南方古猿并不是单一的物种,而是生活在 500 万至 390 万年前七种明显不同的物种。

这七个物种现在分别命名为南方古猿湖畔种、南方古猿阿法种、南方古猿粗壮种、南方古猿羚羊河种、南方古猿埃塞俄比亚种、南方古猿非洲种和南方古猿鲍氏种。然而还要注意,并不是所有的专家都同意存在七类不同的物种。有人质询这是否囊括了全部,有人认为还应该加上一种。然而,大多数专家都普遍接受这样的观点:南方古猿属于人科动物亚科,这一亚科包括了人类;并且南方古猿的一个物种正是现代人的祖先(具体到哪个物种是人类的祖先专家则有不同意见)。

更为错综复杂的是,在不同的南方古猿中,专家们对其进化关系达不成共识。只有一点得到了普遍共识,那就是:大约在 250 万年前,导致现代人出现的进化谱系源于后来出现的南方古猿;大约 100 万年前,出于未知的原因,南方古猿最近的物种趋于灭绝。

东非的各种发现和最早的人类曾与南方古猿同时占据同样的领地这一共识,引出了许多问题。难道南方古猿和人类没有交配?是人类灭绝了南方古猿?那时发生了什么事情?不过至少我们可以肯定,已知的南方古猿和人类享有共同的祖先。

许多专家认为我们有理由假设,人类至少在 200 万年前就已经出现在东非,至少与南方古猿中的一个分支(南方古猿鲍氏种)平行发展。这两支人科动物的不同谱系显然至少同时生活了 100 万年,在这以后,南方古猿显然永远消失了。与此同时,能人这支谱系演变为以后的形式——直立人,直立人又发展成为智人(现代人)。

似乎越来越可信的是，这一谱系树是在 600 万年前分的岔，在这以后，各种猿、人、人-猿和类-人长期共存。有些专家认为，多至 15 个人种长时间存在，有些人甚至建议，在 1000 万年前有 10 种不同的人种同时存在。目前的证据让我们还无法肯定，他们是和平相处还是互相仇杀，我们也许永远也得不到答案。我们也无法从现有的记录肯定，谁是我们直接的祖先，谁是我们的远亲。

以后还会有更多的故事，在继续探讨人类和前人类之过去的更多线索时，肯定还会出现更多的争论。

激烈的争论

在21世纪到来之际，古人类学家中最激烈的争论之一是，现代人是不是完全在非洲进化，然后向外迁移，或者他们在世界上好几个地方同时进化。

如果他们是从非洲迁徙出来，那是什么时候？沿着什么方向迁徙？有没有与原始物种杂交或者取而代之呢？这两种主要假说："走出非洲"说和多地区起源说，在许多方面象征着现代人类学对于人类进化和谱系问题的两大主要研究方法 —— 有人称之为"石头与骨头"学派（考古学家和古人类学家）和"白大褂"学派（人口遗传学家和分子生物学家）。

现在，争论似乎有利于遗传学家和分子生物学家的假说，即现代人起源于非洲，再从那里经过几次移民"浪潮"扩散到世界上不同的地区，逐渐代替了其他的物种。根据宾夕法尼亚州立大学的分子生物学家黑基斯（S.Blair Hedges）的意见，"遗传证据告诉我们，智人种最近才出现，源于非洲"。他在2003年的《国家地理新闻》上撰文解释说："非洲人口有最古老的等位基因（编码特殊性状的基因对）和最丰富的遗传多样性，这就意味着，他们是最古老的物种。我们这一物种也许是在15万年前产生的，当时全部人口也许只有一万人。"根据遗传学家的说法，没有遗传证据支持关于杂交的思想，并且事实上，少数DNA研究证据强烈地反对这种思想。

第三部分
科学与社会，从1946年到现在

第九章

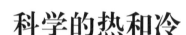

科学的热和冷

广岛和长崎遭受到的极为恐怖的摧残在整个世界留下了阴影。本来就有许多人视科学为威胁。然而到了20世纪50年代，这种威胁突然变得更为真实、更为直接和更具灾难性——不仅针对那些对科学早有芥蒂的人们，而且针对所有人。突然，某种新的灾难似乎一夜间降临，永远地改变了这个世界。正如广岛的一切所显示的恐怖情景那样，随着一架飞机的逼近，一声警报的响起，一个按钮的按下，死亡和摧残以从未有过的规模发生，如此突然，如此迅捷。

反对法西斯的战争胜利了，但是和平的庆典过于短促。在广岛和长崎之后，和平一词已失去了某种可靠性。在和平与战争之间已经画出了一条新战线，这一令人不安的战线叫做"冷战"，在冷战中两个超级大国和一度松散的盟国，美国和苏联，像是两个巨人站立于战场的两端，各持摧毁对方的武器，双方都知道报复是即刻和致命的。在这一过程中，他们可以很容易毁灭整个世界。谁都不愿离开这一魔鬼之道。

洛斯阿拉莫斯的科学家是不是永远地改变了世界的面貌？死亡和摧残比以前任何时候都更快、更残酷地逼近世界各国，所有这一切人们全都了解得一清二楚。都市和城镇会在一瞬间从地球的表面消失。无数人口会在一眨眼之间被烧成灰烬，代之以蘑菇状的乌云。

"我变成了世界的毁灭者湿婆神"，当试验用的原子弹在特林尼特引爆时，奥本海默在报告中这样宣称。这位才气横溢、被良心折磨的科学家并没有夸大他对世界上第一颗原子弹的诞生所作的贡献。他是为了帮助他的祖国和自由世界，做了他清楚地认为应该做的事情。他要把他的余生尽其所能用于挽回自己造成的破坏。现在美国和苏联竞相制造更大和破坏力更强的炸弹。在物理学家泰勒的领导下，美国研制了世界上第一枚氢弹，借助于氢的重同位素的核聚变，1952年11月1日在太平洋一个与世隔绝的环形珊瑚岛上进行试验。它相当于数百万吨 TNT，其破坏力超过投向广岛的原子弹上千倍。"氢弹"成了世界词典的一部分。学龄儿童接受了安全教育，学会如果在上学时遇到"氢弹"投下，如何保护自己。当然这一教育并没有什么价值，无非是在心理上放心而已，更多是让父母放心，而不是让被恐吓的儿童放心。许多家庭在后院修建了"轰炸避难所"，而知识界则在哲学上对这类避难所的伦理意义进行过多评述。试问，你让不让邻居进入你的避难所？如果他们硬要进入，你怎么办？你真的想走出来，在一个被破坏的世界里生活吗？这些问题和避难所一样都是毫无价值的。只有极其天真的人才会相信避难所有什么好处。

电影工业反映也许还强化了冷战年代公众的恐怖，它不断地提供科幻恐怖题材。（编剧们构思的）原子辐射的巨大效应产生的各种丑陋、畸形发展的怪物在电影院和车载影院的屏幕上横冲直撞。"科学太放肆了！"广告这样吼叫，"有好些事情人们是不想知道的！"如果"疯狂的科学家"不是直接或间接产生了这些怪物或其他给世界找麻烦的方式，他们也被描绘成难以相信的天真、粗劣或者令人讨厌的人物，而军人或其他坚定的英雄则与好莱坞炮制的致命和丑陋的东西进行战斗并且战胜了它们。

它们是致命和丑陋的东西。20 世纪 30 年代和 40 年代公众想象的"疯狂的科学家"创造了弗兰肯斯泰因那样脱离了创造者的控制并最终毁灭创造者的怪物，这些怪物只是对乡村城镇进行威胁，而 20 世纪 50 年代电影中所创造的巨型蚂蚁、蜘蛛和"原子人"则威胁要

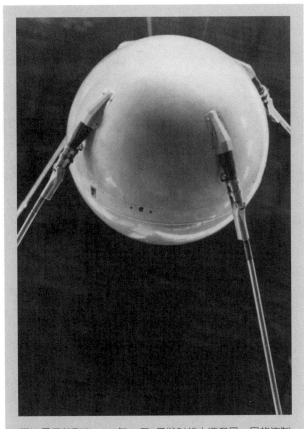

照片显示苏联在1957年10月4日发射的人造卫星一号的仿制品。它是第一个达到地球轨道的人造物体，是人类超越地球大气的第一步。

摧毁地球上所有的东西以及地球本身。人们在冷战的压力下处于紧绷状态、经常受到有可能整体毁灭的威胁，在一个被政治家、军事家和科学家支配的世界里，个人因感到无法控制自己命运而沮丧，这时人们发现，电影中的幻觉无论是走向胜利或者失败，至少提供了某种解决办法。

正当科幻电影反映了某种世界潮流以及对科学的不信任感时，1957 年发生的一件和科学幻想类似的惊人事件使公众态度发生了 180 度的转变。一个嘟嘟作响的小物体突然出现，这是夜晚在地平线上闪闪发光、环绕地球轨道的一颗新星。它的名字叫人造卫星一号，是苏联发射的。

世界的面貌在许多方面从 1957 年 10 月开始转变。不久，人类第一次从宁静的太空看自己的星球。两个超级大国开辟了冷战的另一个战场。苏联第一个把人造卫星送上围绕地球的轨道，但是美国的火箭制造者并没有落后太多。美国、苏联和英国在 1945 年战争行将结束时，都抢着争取德国科学家。德国可怕的 V2 火箭设计师名列最需要的名单之首。德国首席火箭科学家布劳恩（Wernher von Braun，1912—1977）意识到他的火箭制造团队对苏联和美国的价值。他和他的小组的许多人预想到在美国会生活得更好，于是他就带了一个大型分遣队向美军集体投降，而其他人则投降了苏联。两支人马都相当秘密地离开了德国。

这一竞赛的直接产物是所谓的导弹，可用于携带大规模的、能迅速杀伤对方的破坏性武器。然而，布劳恩以及小组的关键成员早就有了更大的梦想。布劳恩从小就梦想把人和火箭送上太空，而不仅是敌方领土。美国和苏联当局也都把眼光转向太空，不仅是出于

哈勃空间望远镜（HST）揭示了宇宙新知识的广阔情景。这幅图是它在 1993 年 12 月第一次飞行时拍摄的，宇航员正在忙于完成保养和修复哈勃空间望远镜，这时望远镜停靠于正在轨道上飞行的"奋进号"航天飞机旁。

军事考量,也是为了壮大声势。将会是谁率先打破科学与技术之间的壁垒,迈出走向太空的巨大一步,从而最先显示其超级实力和知识呢?

随着人造卫星一号的上天,苏联赢得了所谓太空竞赛的领先地位。锐气受到挫伤的美国,在经过几次灾难性和高度公开的失败之后,最后还是设法把自己的人造卫星送上了轨道。突然间,所有的眼光似乎都转向太空,并再次转向科学。苏联和美国的教室里都加强了科学教育。向年轻人展示和吹嘘科学项目的"科学博览会"不断普及,声望与日俱增。尽管"氢弹"的幽灵依然存在,但现在整个世界都把科学看成是英雄。两国的新闻媒体广泛报道"我们的科学家"和"他们的科学家"。在两个超级大国里,公众都知道"我们的科学家"是最优秀的科学家。美国总统肯尼迪意识到采取大胆和令人注目的姿态有着巨大的宣传价值,于是在1961年5月5日宣布,把人送上月球并"安全地带回地球"是国家的目标。冷战仍在继续,太空竞争在加温。1969年到1972年,是美国太空计划的辉煌日子,在6次太空飞行任务中,有12位美国宇航员曾在月球表面行走。

苏联在送人上月球的竞争中明显受挫,于是宣称美国的飞行无足轻重,它更多地关注宇航员在太空的长期逗留,这种飞行将为苏联的太空计划提供更有价值的信息。如果人类要生活在运行于轨道上的永久太空站上,这些信息是必需的,这类太空站既可民用。也可军用。

尽管初衷源于国家荣誉、宣传和军事机密的需要所推动,但美国和苏联的太空计划也为科学打开了新的时代。随着"猎奇性"逐渐消退,把美国宇航员送上月球又返回的阿波罗计划,在公众的漠不关心中平静地收场。再有,美国宇航局把重心转移到能重复使用的

人们相信"恒星孵化地"处于气体团之中,就像图中所示,这是天鹰座星云(M16)的一部分。

航天飞机上,吸引了经费和公众的注意。然而,许多其他的纯科学使命扩展了科学的范围,其影响远远超过了月球漫步者所带来的轰动效应。以先驱者、探测者和航行者命名的太空计划送出了无人太空船,它们满载科学仪器,不仅用于研究太阳系中的行星,而且也研究太阳系中的许多卫星。机器人"眼睛"和电子传感器给地球上正翘首以待的科学家送回了大量图片和信息。小型机器人"登陆者"不仅在火星表面登陆,而且在上面缓慢地爬行,揭开了这颗"红色"行星的许多秘密,又展示了新的奥秘和问题。被人们高度关注的"轨道中的眼睛"——哈勃空间望远镜,把它的触角指向遥远的星系和宇宙深处的黑暗星空,回答各种古老的问题,又提出新的问题,询问有关宇宙本身的诞生、生命和可能的死亡。

当21世纪开始时,科学似乎正处于新的黄金时代,这个黄金时代不仅属于天文学家和天体物理学家,也属于揭示原子深层结构和夸克奇异世界的粒子物理学家;以及探讨遗传秘密、借助遗传工程来设计和理解生命本身的生物学家和遗传学家。

然而,令人不可思议的是,当20世纪结束时,科学与社会之间那种不稳定的关系又一次卷土重来。随着科学对生命和宇宙知道得越来越多,对于许多人来说,它的语言和器具似乎过于强大、过于聪明,也过于深奥、过于远离大众,它与可以信赖的平凡世界之间的关系似乎是脱钩的。许多人对这一世界日益增加的复杂性和无法在传统宗教或科学中找到安慰而感到失望,他们不仅开始远离科学,而且开始亲近科学在传统上的老对手:神秘主义和迷信。尽管许多人享受和欣赏科学带来的许多好处——从即时全球通信到快递服务,从衣服容易洗涤到宇宙天体的绝妙图片——但很少有人发现科学的过程在于一种乐趣,也很少有人欣赏科学最基本的方面,欣赏它解决问题和作出发现的方法和途径。也许在21世纪到来时,这一切都会改变。

第十章

科学、后现代主义和"新世纪"

在过去50年里，就在科学不断深入探究自然奥秘的情况下，1995年在美国还召开过一个大会，讨论捍卫科学的途径，这实在是极大的讽刺。为什么要捍卫科学呢？因为相当部分受过教育的公众正在与科学渐行渐远，转而信奉各种反科学和伪科学的奇异信条。

根据《纽约时报》的一份报道所述，"来自美国各地大约200位深感不安的科学家、医生、哲学家、教育家和思想家参加了这次在纽约科学院召开的为时三天的集会，交换观点、筹划策略。会议亮出的口号是'借助科学和理性起飞'"。该报的解释是，"科学方法论的捍卫者被迫奋起抗击信仰疗法、占星术、宗教原教旨主义和超自然的庸医术"。

当天发现这样的新闻，读者想必尝到了某种时间之旅的奇异滋味，好像世界倒退到100多年以前。从表面上看，世界肯定是处于20世纪。就在2001年，在科学和技术的作用之下，日常生活的景象远非19世纪或20世纪初的普通公众所能想象。汽车飞驰在繁忙的都市街道上，街道两侧随处可见高耸入云的摩天大厦。在建筑物的上空，喷气式飞机把旅客从一个机场运送到另一个机场，从一个城市运送到另一个城市，从一个国家运送到

尽管对科学和技术有不少负面看法，21世纪的公众还是普遍拥有手机、笔记本电脑、MP3、DVD之类的灵巧设备。即使正在观赏山顶自然美景的徒步旅行者也要随身携带全球定位系统接收器、手机、电子记事本，甚至膝上电脑，没有科学和科学家，这一切技术都不会存在。

另一个国家。在建筑物的里面,办公室人员和住户居民用无绳电话或手机给顾客或朋友打电话、通过电视看新闻,用笔记本电脑或掌上电脑向世界各地发送电子邮件,还可以从几千英里外立即收到报纸和杂志的电子版。人类可以在月球上漫步,也可以打碎原子,运送机器人探测器去探测行星,人的寿命比以前延长一二十年。

那么,这200位参加纽约会议的科学家、医生、哲学家、教育家和思想家,以及更多没有参加会议、但也同样深切关心的人,他们忧虑的是什么呢?

根据1990年盖洛普民意测验:49%的美国人相信超感官知觉,21%的人相信有来生,17%的人相信他们曾经与死去的人接触过,25%的人相信有鬼神,14%的人相信闹鬼,55%的人相信魔鬼实际上存在,14%的人在最近曾经咨询过算命先生,25%的人相信占星术,46%的人相信巫医或精神治疗,27%的人相信过去外星人曾经访问过地球。2001年做的更近的民意测验表明,美国人中相信超自然力量的人数增加了,特别是在精神治疗方面增加到54%,与死者通信增加到28%,相信闹鬼的人增加到42%。还有人估计,美国人每年花几十亿美元用于草药、针灸疗法、顺势疗法,以及其他各种身体和心理的产品和服务,这些统称为另类健康疗法。

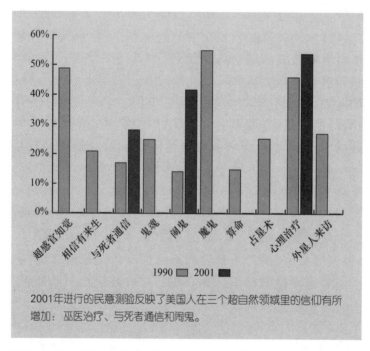

2001年进行的民意测验反映了美国人在三个超自然领域里的信仰有所增加: 巫医治疗、与死者通信和闹鬼。

显然,当21世纪来临之际,许多受过教育的人或者对科学感到极度不安,或者反对科学。这不仅是对科学的攻击,也令世界各地的科学家和思想家感到不安,而且还是对科学方法论本身,以及对诸如"客观真实性"、"理性"和"真理"这样一些概念有效性的沉重的打击。

《纽约时报》在那篇会议报道中继续写道:"许多人说,危险正在日益逼近,理性的构架已经四分五裂……再有……在美国和许多国家正在发生的这种抵毁科学的认知障碍,最终甚至会摧残民主本身,因为民主正是依赖于公民达到理性认识的能力。"

有一些争论涉及局势是不是真有这么严重,毕竟,不可能每个人都会认真考虑放弃科学或把它作为废弃的思想扔到垃圾堆里去。然而,参加纽约会议的与会者大多同意,此种关切有深层次的原因。尽管"理性的构架已经四分五裂"的说法过于严重,但在受过教育的人士中间,毋庸置疑,形形色色的文化思潮确实已将矛头都指向了科学。

新闻报道中所说的"认知障碍"指的是什么呢?尽管它的症状一目了然,原因却各不相同。然而,大多数观察家普遍指出这两种主要倾向:一种被称为"新世纪"的流行社会现象,在 20 世纪后半叶席卷西方世界;还有一种现象就是"后现代主义",大体上是一种纯理论哲学,在同一时期占据了许多学院和大学。

尽管精确的描述往往会因人而异,不过后现代主义的理论概念在 20 世纪下半叶步入正轨。它起初发端于许多学院和大学里的社会科学和人文学科领域,是对"现代主义"哲学及其科学和理性思维的一种反作用,这在 18 世纪的启蒙运动中已初见端倪。尽管它以各种不同的面目出现,贴有不同的标记,但其核心却是这样的主张,人们不可能通过自己不够完善的感知能力来真正认知这个世界的实在。因此,我们对于世界所做的任何陈述,无论科学还是文学,最多只是我们关于世界所做的一些解说,或者是一些故事,基于我们学过的文化和语言,它们教我们如何观看和描述世界。我们认为我们知晓这个世界,是基于我们自己的或其他文化关于"真理"和"真实性"本质的假设。所以当人类感知它时,人们能够感知的唯一方式——宇宙只不过是叙事体系的一种庞大集合,其中的每一部分都依赖于产生它的文化先天就有的偏见。既然不存在一个唯一"普遍有效"的真理(因为每一个关于"真理"的命题,其含义和解释必定植根于它所处的特定文化之中),因此我们没有办法确立哪一个"真理"凌驾于其他之上。我们能做的顶多就是认识到,每一个叙述就其自身而言都是真实的,它不能凌驾于其他叙述之上,包括被称为科学的叙述。这样一来,在极端后现代主义者看来,占星术和天文学一样都是合理的科学,美国土著的原始传说也和现代"西方科学"所提供的解释一样有效,而与鬼魂谈话也和电话里的谈话一样真实。

参与纽约会议的科学家所关切的事情并没有引起太多注意。许多学生缺乏批判性的思考,在他们通过学院或大学进入日常世界时,往往采取了后现代的态度。正如一位持有批评态度的观察家所谨慎指出的那样,尽管后现代主义者可能在教室里进行过有趣的讨论,但它顶多只是"在真实世界里绝对没有用处的……智力泡泡糖"。尽管这种说法也许太过粗糙——在社会科学和人文学科的某些领域里谨慎地使用它,有可能是对傲慢自负和沙文主义的一种纠正,但当推向极端时,这种态度有可能会使批评能力走向丧失。后现代主义的世界观加上"新世纪"的社会时尚,产生出一种哲学上的混合物,它不仅向科学家,而且也向 20 世纪末许多其他思想家发起警告,只要他们仍然相信人类具有理解世界的理性能力。

由于后现代主义者宣称不存在普遍真理,而"新世纪"的追随者坚持说有一个普遍真理,但不能被理性思维发现。取而代之的是,通向真理的唯一途径是放弃理性,采用灵性。

和后现代主义一样,要精确定义"新世纪"运动也有困难,但是可以大致将其定义为,个人和群体之间的一种广泛多样化的联盟,这些人都相信通过灵性觉悟可以实现个人和社会的转变。尽管其中的大多数人都是反对传统宗教的,但作为一条普遍规则,"新世纪"信徒都相信,宇宙并不是没有内涵和目的的,宇宙中的万事万物都存在着灵性上的相互联系。"新世纪"也许看到了社会、政治和精神混乱的尽头并因此而展望一个社会、政治和精神和谐的新时代。至少,那是许多"新世纪"追随者的哲学保护伞。

尽管追溯这样一种分散无序的运动的历史最多只能通过偶然事件（许多"新世纪"的信念，例如信仰疗法、转世和个人寻求特殊灵性和通灵"能力"，可以追溯至好几个世纪之前），但大多数评论家认为它主要崛起于 20 世纪 60 年代的反传统文化运动。20世纪 60 年代在年轻人中盛行的反传统文化，媒体称之为"嬉皮士"和"佩花嬉皮士"①，这些人以占星术中的"宝瓶座"作为自己的象征符号，因为根据占星术中的流行说法，宝瓶座代表和平与和谐。因此，每当日历翻到新的宝瓶座时期，许多人相信世界将会经历一场巨大的精神觉醒——这一觉醒将会带来和平与和谐，首先是对个人，然后通过个人行为影响世界。有一首当时的流行歌曲这样唱道："这是宝瓶座时代的开始。"尽管 20 世纪 60 年代的反传统文化运动在吸毒和媒体炒作的氛围中自我消亡，它的许多追随者返回到社会中，承担了传统的社会角色，然而他们却继续持有这场运动的许多信念，并且仍然支持其许多要旨。

20 世纪 60 年代的反传统文化运动有一个重要因素来源于对东方宗教的借鉴和改造。这一兴趣在 70 年代跟一种所谓的"超个体心理学"的趋势相结合，把个人的精神健康提升到极端的重要地位，从而为"新世纪"运动进一步奠定了基础。到了 20 世纪 80 年代，许多 60 年代反传统文化运动的参加者和曾经的逃避现实者现在不仅有了稳定职业，而且，在社会上占据要职，这些情况起到了为"新世纪"现象推波助澜从而在西方社会引起轰动效应的作用。

确实迎来了轰动效应。1980 年，弗格森（Marilyn Ferguson，1938—   ）的《宝瓶座同谋》（*The Aquarian Conspiracy*）一书论证说，世界正转向精神和谐的新时代，越来越多的人通过"通灵"（与精灵接触，精灵就是不再活着的个人——这是 19 世纪通灵术运动的现代形式）、水晶球②、意识提升和其他各种活动，发现他们的个人灵性。这本书的畅销令人吃惊。这是上百本类似流行读本中的第一本，它们塞满了整个 80 和 90 年代书店的书架。1983 年电影明星麦克雷恩（Shirley MacLaine，1934—   ）写的自传《超级女绑匪》（*Out on a Limb*）据说卖出了 300 万册以上。麦克雷恩在随后出版的书中详细叙述了她个人参加"新世纪"运动的经历和她的强烈信念，从通灵、轮回、超感知觉和太空来访者到草药、神游太空和信仰疗法。她还叙述了下列信仰，如预感、鬼魂、水晶球的神奇功能以及一度贴上"神秘的""超自然的"或者"形而上学的"等标签的好几种其他思想，这些思想现在都在"新世纪"的更"值得尊敬的"标签下找到了自己的位置。

麦克雷恩的《超级女绑匪》还改编为电视，由她主演，后来还写了另一本关于影片制作的书。显然，"新世纪"成了一桩大事情！在《宝瓶座同谋》出版之后的几年里，弗格森、麦克雷恩和其他"新世纪"作家开始占据书店里越来越多而且显著的部位，要比那些科学书籍引人注目得多。也许它们正好代替了，或者更正确地说，占据了同样的书店中曾经被称为"神秘学"的部分。

麦克雷恩等人主持的信息和"灵感"讨论会吸引了大量参与者（麦克雷恩的讲座一个听众席收 300 美元）。不止一家的大型公司邀请"新世纪"发言人向它们的雇员作演讲或者主持讨论会。

---

① 主张爱情、美好与和平。——译者注
② 用于预卜未来的一种方式。——译者注

弗格森在《宝瓶座同谋》中把"新世纪"称为"没有领导人但有强大的网络……是给美国带来根本变化的运动。它的成员已经跟西方思想的某些因素决裂,他们甚至割断了与历史的继承关系。"

到了 2002 年,美国有线电视中最流行的两个节目:"与约翰·爱德华一起超度"及"与詹姆斯·范·普拉一起超越",涉及一对超凡魅力的人物正与听众中死去的亲属"通灵"。这些"新世纪"的灵媒成了国内杂志的主要作者,撰写畅销书并且在网络电视和广播节目中作现场访谈。在一个更小的范围里,报纸和杂志广告、电视商业广告和"商业信息片"大肆炒作下述现象:从"心灵热线"到"心灵治愈"课程,以及冥思、草药与针灸的奇迹。"假日讲座"和周末"精神聚会"吸引数以百计的出席者。许多正规的护士学校和医务学校开始讲授"治疗性按摩",这种治疗方法只需要从业者感觉患者的"气味",在不接触患者身体的情况下,仅靠操纵实际上并不存在的能量场给病人治病。

少数丑闻也许会使这种行骗伎俩的高额效益打点折扣。2002 年,联邦贸易委员会指控"克劳小姐"在她提供的"免费朗诵"的心灵热线业务中,利用虚假广告、假票据,募捐活动等形式,使顾客耗费过多电话费。然而由此产生的丑闻引起的仅是同情,认为那是被告的公关事务。

"新世纪运动"尽管没有领导者,却并不是没有自己的精神领袖,我们不能割断历史的连续性,在许多批评者看来,这一运动只不过是捡取了历史长河中的各类秘术和超自然信念进行重新包装以适于现代消费而已。和"治疗性按摩"一样,"新世纪"信念的许多基础涉及科学上仍然未知的力和普遍的能量,信徒却声称它们存在于每个生物体中并渗透于所有的存在之中。正是这些力,通过冥思而释放,用于康复治疗,因超感知觉而唤起,被水晶球和锥体所引发或放大并且集中。

对于许多批评者来说,"新世纪"并不是什么新事物,而是古老的迷信和庸医,只是换上了新的包装。差别就在于"新世纪"的思想向公众中受教育阶层的渗透程度大大提高,它更容易被这些阶层接受了。极为非理性的想法,以前只是躲躲闪闪,或者在具有相似思想的一小群人中说说,现在却成了餐馆里、机场沙发上和电视访谈节目中的热门话题。以前曾经被冠以"神秘的"(意即"隐晦的")事物,在 20 世纪末竟成了思想交流场所的日常话题。

正当纽约会议把注意力聚焦在后现代主义和它对科学及科学方法论的直接打击时,"新世纪"在社会各个阶层里用它无所不在的影响以某种方式发起了更大的恐吓。正在新潮的购物中心里采购的普通夫妇也许从来没有听说过"后现代主义"或者"解构主义"(后现代主义的一种方法),或者在学术界中如此常见的任何其他什么主义,但他们仍然会偶尔停下来看看健康食品柜台、挑选各种草药,这些草药号称能够治疗百病,从肌肉酸痛到记忆力减退和注意力不能集中。走过几家店铺,他们可能会多看两眼磁性鞋垫,据说这种鞋垫有助于减轻双足的疲劳。然后他们会停下来进入一家书店看看,买上一本由最新的流行电视"频道师"所写的书,或者被一家音像商店吸引,租一套录像或者 DVD,据说它提供了 UFO 绑架者或者通灵宠物"真实而精彩"的故事,或者租一套可以为提高个人超感知觉能力提供指导的录像。

有些人论证说,正是科学的成功导致许多人离它而去。当科学不断剥去这个世界上的幻想和迷信时,许多人感到需要在宇宙及其个人生活中寻找更多的意义和目的。技术,尽管使亿万人生活变得更容易,但也使很多人感到失落,在现代世界的熙熙攘攘中感到自己无足轻重。

现代医学的巨大成功,对许多人来说已经成为一种失去个性化的例行公事。当家庭医生那双给人带来安慰的手被远距离的,并且出于经济考虑的卫生维护组织的官僚体制所取代时,他们感到被遗弃了。随着医学变成庞大的事业,许多人开始感到失去了与医生和护理人员的个人接触,从而失去了个人对自己健康需要的控制。另类医学——"新世纪"中心理念之一,似乎令他们再次体验到治疗师那双能带来平静和保障的手,从而对自己的健康恢复信心。

传统的宗教在20世纪末对许多人来说也失去了吸引力。尽管原教旨主义者和富有魅力的教会人士发现自己争取到了皈依者,但大部分公众不再把自己当做新教徒、天主教徒、犹太教徒或者其他传统宗教团体的成员。民意测验表明,西方世界大多数人仍然声明自己是"相信上帝的"和信教的,但是有越来越多的人,尤其把自己归为"年轻的职业中产阶级"的人们,宣称他们没有传统宗教信仰。

我们对"为什么"和"之所以"已经讨论得很多了,但是对大多数对此关切的人来说,直接的问题乃是:科学和理性思维正处于直接和间接的严重打击之下,不仅在局部,而且遍及社会的大部分。

面对这种情况,人们应该如何行事呢? 在纽约会议上有一个坚定的声音来自纽约市立大学的哲学教授格劳斯(Barry Gross)。他经常写文章捍卫科学和理性思维,直截了当地表明自己的信念,他认为科学家和支持理性思维与科学方法的人们应该挺身而出。他在会议上论证说,科学的捍卫者应该跟"反科学的队伍"战斗到底,并且"动员人群中的其他人起而反之"。格劳斯强烈地反映了许多与会者的观点,他强调说:"科学家必须把一部分力量用于系统地反抗科学的敌人上。"

萨根(Carl Sagan),为科学和理性思维战斗的空想家。

蒙特利尔的马克吉尔大学哲学教授和基础与哲学研究组主任本纪(Mario Bunge,1919—)直接针对某些大学部门热心于后现代主义运动的现象,说道:"有些教授是被雇佣、被唆使,或者得到权力认可来教授这样的内容:理性没有价值、经验证据没有必要、客观真理不存在、基础科学沦为或者是资本家的或者是男人统治的工具……拒绝一切知识的人在过去的500万年中照样努力地学会了许多东西。"

许多科学家、教育家、作家和哲学家已经开始采取坚定的立场。1976年,由当时的布法罗纽约州立大学的哲学教授库兹(Paul Kurtz,1925—2012)领头,参加者还有若干著名科学家,他们共同组建了"对于超自然现象进行科学调查委员会"(The Committee for the Scientific Investigation of Claims of the Paranormal,CSICOP)。到了20世纪90年代末,这个组织已经成为一个活跃和坦率直言的组织,有多达100多个分支机构。除了出版名为《怀疑的调查者》（*The Skeptical Inquirer*）的月刊和发起一系列针对伪科学和超自然声明的科学调查之外，还成了后现代主义运动和新世纪思想的公开反对者。它召开的讨论会吸引了很多人参加，其中包括世界上一流科学家、教育家、作家和其他思想家，他们进行有价值的意见交换，在他们的周围聚集了越来越多的积极分子，这些积极分子坚定地与他们所认为的非理性与反理性这一社会上的危险势力进行战斗。再有，越来越多的世界级科学家，包括诺贝尔奖得主在内，平常因过于专注自己的工作而难得有机会参加社会政治活动，到了21世纪初，都开始大声抗议对科学和理性的攻击。

未来将会获得胜利。世界将会继续重视理性思维、科学和一切辛苦得来的进步吗？这些进步是由热心的人们从启蒙运动甚至更早的时候就开始奠定的。21世纪的"新世纪"会不会逐渐倒退到黑暗和迷信的时代呢？

还有，21世纪的复杂世界能不能保存这个传统，或者人类最大的希望是不是还在于持续不断的奋斗——利用所有的智慧与理性力量来面对并且理解来自自然界的挑战，有时则是来自那令人迷惑的人性的挑战。

对于科学，回答是清楚的。但是，当时钟敲响新时代的黎明时，要赢得它所需要的社会支持仍然是一个令人烦恼的问题。

结　论

❧ 向远方航行 ❧

　　回顾 20 世纪的后半叶和 21 世纪的开始,容易看到,科学家跨出了巨大的步伐——突破性的发现,装备知识巨库,填补信息鸿沟,向着激动人心的新领域进军。21 世纪开始之际,我们面临着许多崭新的问题——正是迄今为止获得的大量知识提出了这些问题。在过去 50 年中,科学比以前任何时候都更深入到一个奇异的领域,这个领域变得越来越奇异和激动人心,因为它们都涉及宇宙最基本的问题,而我们正是生活在这个宇宙之中。认识这些新领域——亚原子粒子物理学和标准模型、大爆炸和膨胀宇宙、太阳系(远的和近的)、地球、DNA 和 RNA、病毒和逆转录病毒、遗传工程,以及其他领域——为我们提供了一个窗口,由此可以看到超越我们自身及利益之外的世界,我们成为宇宙中更有学识的公民,成为宇宙中更和谐的一员。从这一认识出发,我们还学会欣赏历代科学家揭示的知识的巨大价值,从中学习,并且不断提问,因为运用这一力量——运用我们智慧的力量——正是我们能够赋予自身也赋予世界的最大礼物——这正是人之为人的重要本质。

　　从真正的意义上看,世界的未来取决于科学的未来。我们依赖知识作出有见识的决定,我们也依赖科学的成果获得知识。我们作为公民执掌缰绳。因为许多(并不是全部)科学现在既需要有组织的团队合作,也需要昂贵的设备,因此它们需要来自政府和各界的支持,以便进行各种尚未有答案的巨大项目。

　　在 21 世纪需要作出许多艰难的选择。要对科学知识的用途做出明智的决策,取决于我们是否对其后果和伦理学有深刻的了解。我们站在一个关键的点上,它前所未有地令人振奋。不管我们是否选择亲自从事科学工作,我们都已经成为一项伟大事业、一项与人类最有关系的伟大事业的参与者。

专 家 评 论

　　《科学的旅程》虽说主要是写给青少年的科普读物，但是我觉得广大教师也值得读一读，很有吸引力，不只是讲大道理。一本科普读物能够写得这样深入浅出，是我们需要学习和改进的重大方面。

——许智宏（北京大学校长、中国科学院院士）

　　作为"国家图书馆文津图书奖"获奖图书，本书完全可以作为我国公众特别是青少年的科学教育教材，为提高全民族的科学素质服务。

——王渝生（中国科技馆馆长、北京市科协副主席）

　　《科学的旅程》是一部优秀的科学通史著作，可作为科学史专业研究生教材。

——任定成（中国科学院大学人文学院教授）

　　本书有一个特色，就是针对教育。现在教育改革强调加入人文色彩的东西，这本书很好地满足了这一需求。其特点是加入以科学作为研究对象的新观点，而不是传统的很旧的科学观。

—— 刘兵（清华大学教授）

　　科学最重要的精神气质就是怀疑精神和批判精神，《科学的旅程》这本书给我们当前的科学教育提供了深刻的借鉴。

—— 周程（北京大学教授）

　　《科学的旅程》的作者好像把我请到咖啡馆里，找一个安静的角落，举重若轻地与我聊科学的历史。他们说的，都是科学革命之类的伟大事情，可你一点不觉得沉重，一点不觉得拗口。看得出来，这两位作者激情四射，他们都是有科学基础的记者、作家，这使他们不仅深刻理解科学，而且富于人文情怀，特别善于表达。《科学的旅程》做得好，还好在作者与公众平起平坐，就像朋友在一起享用香浓的咖啡，并一起享受真实的思想之旅。

—— 王直华（中国科普作家协会副理事长、《科技日报》副总编）

英国科学家开尔文说:"我坚持奋斗55年,致力于科学发展,用一个词可以道出我最艰辛的工作特点,那就是'失败'。"《科学的旅程》这本书非常重视科学发展旅程中失败案例的研究,同类书籍往往忽略了这一重要的内容。

——杨建邺(华中科技大学教授)

　　作为《科学的旅程》的译者之一,当初之所以欣然接下这部篇幅不菲的译作任务,缘由就在于粗翻之下,书里许多精彩的情节吸引了我,忍不住有一种一睹为快的冲动,当最后再做全篇通读时,这些不凡的人物和生动的事迹依然令我心动,以致不觉枯燥。细细想来,令我心动的正是这些科学大师身上体现出的那种纯真的游戏精神。

——陈蓉霞(上海师范大学教授)

　　《科学的旅程》是一本科学史的普及读物,对一般读者来说,就像这本大书一样,颇有份量。

——胡作玄(中国科学院系统科学研究所研究员)

　　叙科学发现往事,析科学家所思所为。在《科学的旅程》视野里,科学摘下了高深的帽子,科学家也不再枯燥乏味。故事耐读,启人心智;内涵丰富,精彩之至!

——尹传红(中国科普作家协会常务副秘书长)

　　《科学的旅程》更清晰地展现了科学之旅的全貌,生动,并富有教益。

——姬十三(科学松鼠会创始人、果壳网CEO)

　　科学作为人类一种特殊的文化在《科学的旅程》这本书中焕发魅力。

——黄永明(《南方周末》记者)

　　科学不只是试管仪器公式数据,科学也并不总是沿着"科学方法"所指引的"正确"道路笔直前行。那么科学是什么?科学家又是什么样的人?此书在对科学历史的追溯中给出了答案。另外,书中用较多的篇幅讨论了科学与文化、社会以及历史事件之间的相互作用,对于身处科学日益深度介入人类生活的今日世界的读者们来说,这样的讨论与思考无疑也将是有益的。

——吴燕(上海交通大学博士)

读 者 来 信

我们每个人都渴望成功，因此学习借鉴前人的经验是必不可少的，然而真正能将这些人的经历写得如此透彻的书却寥寥无几……正是通过这本书，我对科学旅程上的艰辛有了更深一步的了解。在书中，我是如此近距离地观察这些科学巨人。更难得的是这本书详细而不枯燥，打开书本，扑面而来的精美图片、生动的文字……相信你会观赏到科学旅途中的美景，流连忘返。

——北京 大学生

《科学的旅程》以相当的篇幅介绍了科学史中的失败者，但纵贯科学的主线却相当清晰：通过科学，人类获得解放。

——杭州 大学教师

《科学的旅程》以"科学精神发展"为主干，而非以历史进程为主干。与市场上其他的科学史很不一样，突出科学与社会的关系。

——厦门 公务员

《科学的旅程》虽然很厚，却是可以让我有勇气读下去的科普书。文与图的搭配，读起来很轻松，喜欢它故事化的描述。它于平凡之中见真理，它让我们知道科学家不是神，而是人啊！在科学的迷途中偶遇此书，读罢，仿如拨云见日，豁然开朗，值得用心品读。

——广州 研究生

《科学的旅程》是一本让人"知其然，知其所以然"的书。以前觉得科学离我们很遥远，但读了这本书，却让我从此喜欢上科学。

——西安 中学生

《科学的旅程》给我脑子里的"科学"重新下了定义。我们以前上学的时候接受的科学观念是有问题，至少我这样感觉。作者是通过历史来编写这本书的，作为一本科普书，它照顾到了所有人，是每个渴望了解科学的人的理想读物。

——昆明 职员

该书披露了许多鲜为人知的科学家的故事。告诉我们"批判性思维的重要性"。挺适合青少年和中小学教师乃至大学文科生阅读。

——上海 中学教师

虽然说主要是写给青少年的科普读物，但是我觉得理科的教师也值得看看，很有吸引力，而不只是讲大道理。一直很困惑为什么国外的科普读物能够写得这样吸引人？几千年来我们写出了精美的诗词歌赋，但有实质内容的科学著作却少得可怜。

——烟台　中学教师

《科学的旅程》是一本好书，一本开卷有益的书，一本在图书日益商业化的今天很值得坐下来慢慢品味的书。泡一杯绿茶，坐在书桌旁，在袅袅的茶香和淡淡的书香中，徜徉在科学的历史长河中，那是何等的惬意！不知不觉中视野不再局限于眼前一隅，而是横跨整个人类的发展史，科学的发展史！

——长春　编辑

讲科学，总会让人觉得是很严肃很沉重的，可是这本书是口语化的叙述，图文并茂，通俗易懂，很愿意读下去……不管你喜欢不喜欢科学，这本书绝对能帮助你提高科学素养。

——银川　中学生

今天看了这本书真的是爱不释手，内容全面深入，图片也非常精美，这本书将科学和历史的发展结合得非常到位，让人喜欢看。如果你是一个对科学历史感兴趣的读者，我会强烈推荐你买这本书，一定让你眼界大开。很有收藏价值啊！读完了给我弟弟读。

——深圳　大学生

曾经认为科学家这个名头代表着绝对的理性，代表着毋庸置疑的正确。但在慢慢的学习中，除了达尔文的进化论，也学习到了拉马克的用进废退学说；学习了牛顿的经典的力学定律，也了解到他晚年对神学的热衷……所以，现在更认同批判性思维，认同科学理论的发展都是渐进式的。我们现在坚持的正确是不是在未来也会被证明是错误的呢？这本书以浅显易懂的文字讲述了"正确"与"错误"交织的科学史，值得收藏。

——天津　工程师

这是一本关于科学发现、发展的好书！它是国内急功近利的"学者"写不出来的。对于和科学沾边的学科，这本书都会对读者有启发，不论你是教授还是中学生。

——成都　中学教师

▲ 媒体报道《科学的旅程》

▲ 第五届国家图书馆文津图书奖颁奖典礼

▲ 第二届中国科普作家协会优秀科普作品奖颁奖典礼

▲ BTV"北京您好"节目推荐《科学的旅程》

▲ CCTV-10"读书"节目《科学的旅程》专题。

扫描二维码免费听音频

听书 001　科学与巫术

听书 002　科学的首次露脸——2500 年前的希腊

听书 003　古巴比伦文明与古埃及文明

听书 004　古希腊人：观察事物的新方式

听书 005　致富对他而言如此容易，可他为何不屑一顾

听书 006　因为这个重大发现，他竟宰杀了100 头牛庆贺

听书 007　不做王子却要当哲学家，这样的人全中国都找不到

听书 008　这个错误百出的伟大理论体系竟然是由他创立

听书 009　发现了这个惊人的秘密，他激动得在大街上裸奔

听书 010　这个错误太完美了，长达 1500 年都无人发现

听书 011　达尔文环球旅行时带了哪四本书？仔细听听吧

听书 012　第一次的错过是青春，第二次的错过是一生

听书 013　面对昔日恩师的嫉妒和打压，他选择了……

听书 014　阿拉伯人对世界最大的贡献竟然不是石油和天然气，而是……

听书 015　不可思议！很多人相信这个苏格兰"乡巴佬"1879 年去世后"转世"为了爱因斯坦

听书 016　世界历史的分水岭："理性与革命的时代" VS "康乾盛世"

科学元典丛书

即将出版